Buddecke · Pathobiochemie · 2. Auflage

E. Buddecke

Pathobiochemie

2. Auflage

Ausgewählte Prüfungsaufgaben

des Instituts für medizinische und pharmazeutische Prüfungsfragen in Mainz aus den Jahren 1978−1982 für das Sachgebiet

„Pathophysiologie/Pathobiochemie"

Walter de Gruyter · Berlin · New York 1983

1. Zur Fragensammlung

Die vorliegenden Fragen sind eine Auswahl von Prüfungsaufgaben, die vom Institut für Medizinische Prüfungsfragen in Mainz im Rahmen des Ersten Abschnitts der Ärztlichen Prüfung in den Jahren 1978-1982 gestellt wurden.

Die Auswahl ist willkürlich, berücksichtigt aber "die Häufigkeitsverteilung" auf die einzelnen Sachgebiete der Pathophysiologie und Pathobiochemie, die im Gegenstandskatalog 2 unter den Nummern 1-19 klassifiziert sind.

Die Fragensammlung soll soll eine Vorstellung vom Schwierigkeitsgrad der Prüfungsaufgaben vermitteln und dem Studierenden zeigen, welchen Wissensstandard er für ein erfolgreiches Bestehen der Staatsprüfung im Fach Pathophysiologie und Pathobiochemie erreichen muß. Schließlich können diese Fragen bei einer stichprobenartigen Überprüfung des Wissens im Rahmen der Examensvorbereitung nützlich sein.

Ein Teil der hier wiedergegebenen Fragen ist bereits mehrfach für den Ersten Abschnitt der Ärztlichen Prüfung verwendet worden. Dies entspricht der Erfahrung, daß Prüfungsaufgaben, die sich bezüglich Schwierigkeitsgrad und Trennschärfe bewährt haben, mit einem Anteil von 20-30% bei jeder der folgenden Staatsprüfungen wiederverwendet werden.

2. Aufgabentypen bei Multiple-Choice-Fragen

1. Aufgabentyp A_1 und A_2: Einfachauswahl
Erläuterung: Auf eine Frage oder unvollständige Aussage folgen bei diesem Aufgabentyp 5 mit (A)-(E) gekennzeichnete Antworten oder Ergänzungen, von denen eine ausgewählt werden soll, und zwar entweder die einzig richtige oder die beste von mehreren möglichen.

2. Aufgabentyp A_3: Einfachauswahl
Erläuterung: Auf eine Frage oder unvollständige Aussage folgen 5 mit (A)-(E) gekennzeichnete Antworten, von denen jeweils die einzig nicht zutreffende gewählt werden soll.

3. Aufgabentyp B: Aufgabengruppe mit gemeinsamem Antwortwortangebot (Zuordnungsaufgaben).
Erläuterung: Es handelt sich immer um 2 oder mehr Aufgaben. Jede dieser Aufgaben besteht aus
a) einer Liste mit numerierten Begriffen, Fragen oder Aussagen (Liste 1 = Aufgabengruppe) und
b) einer Liste von fünf, durch die Buchstaben (A)-(E) gekennzeichneten Antwortmöglichkeiten (Liste 2 = Antwortgruppe).
Zu jeder numerierten Aufgabe der Liste 1 soll aus der Liste 2 diejenige Antwort unter (A)-(E) ausgewählt werden, die für zutreffend gehalten wird und von der angenommen wird, daß sie im engsten Zusammenhang mit dieser Aufgabe steht. Es ist zu beachten, daß jede der Antwortmöglichkeiten (A)-(E) auch für mehrere Aufgaben der Liste 1 die Lösung darstellen kann, d.h. die Lösungsbuchstaben (A)-(E) können mehrmals verwendet werden.

4. Aufgabentyp C: Kausale Verknüpfung
Erläuterungen: Dieser Aufgabentyp besteht aus drei Teilen
Teil 1 = Aussage 1
Teil 2 = Aussage 2
Teil 3 = kausale Verknüpfung (weil)

Jede der beiden Aussagen ist zunächst unabhängig von der anderen zu beurteilen und kann richtig oder falsch sein. Wenn beide Aussagen richtig sind, so kann die Verknüpfung durch weil richtig oder falsch sein. Der jeweils richtige Lösungsbuchstabe ergibt sich nach Prüfung der einzelnen Teile aus dem nachfolgenden Lösungsschema:

Antwort	Aussage 1	Aussage 2	Verknüpfung
A	richtig	richtig	richtig
B	richtig	richtig	falsch
C	richtig	falsch	
D	falsch	richtig	
E	falsch	falsch	

5. Aufgabentyp D: Aussagenkombination
Erläuterung: Bei diesem Aufgabentyp werden mehrere durch eingeklammerte Zahlen - z.B. (1)-(4) - gekennzeichnete Aussagen gemacht. Es soll die zutreffende Lösung unter den fünf vorgegebenen Aussagenkombinationen (A)-(E) ausgewählt werden.

3. Prüfungsaufgaben

Die Prüfungsaufgaben sind nach Sachgebieten geordnet und entsprechen der im Gegenstandskatalog für den Ersten Abschnitt der Ärztlichen Prüfung (GK 2) aufgeführten Reihenfolge. Die 2. Auflage des GK 2, die auf den Seiten 187-212 den in den Kapitel 1-19 gegliederten Teilkatalog "Pathophysiologie - Pathobiochemie" enthält, ist seit August 1978 Grundlage des schriftlichen Examens.

Jede Aufgabe enthält einen Hinweis auf das entsprechende Lernziel (LZ). Zwar enthalten die Prüfungsfragen häufig Wissensinhalte aus verschiedenen Sachgebieten, doch wurde auf die Angabe mehrerer Lernziele verzichtet.

1. Stoffwechsel der Nucleinsäuren

1.1   LZ 1.1.1   Fragentyp A_3
Welche Aussage trifft nicht zu? Die Harnsäurekonzentration im menschlichen Serum ist von folgenden Faktoren abhängig:

(A) Puringehalt der Nahrung
(B) Geschlecht
(C) renaler Ausscheidung
(D) Harnsäureabbau
(E) Steuerung der Purinsynthese

1.2   LZ 1.1.1   Fragentyp A_3
Welche Aussage trifft nicht zu? Ein erhöhter Harnsäurespiegel im Blut kommt zustande durch

(A) vermehrte Zufuhr von Nukleoproteinen mit der Nahrung
(B) gestörte Leberfunktion
(C) tubuläre Nierenschäden
(D) vermehrten Zelluntergang
(E) gesteigerte Synthese von Purinbasen

1.3   LZ 1.1,   Fragentyp A_3
Welche der folgenden Aussagen zum Harnsäure- und Oxalsäurestoffwechsel trifft nicht zu?

(A) Ca-Oxalat-Steine machen weniger als 10% aller vorkommenden Nierensteine aus.
(B) Ist der Abbau von Glyoxylsäure zu Glykolsäure infolge eines enzymatischen Defektes gestört, kann es zur vermehrten Entstehung endogener Oxalsäure kommen.
(C) Die Löslichkeit der Harnsäure bei sauren pH-Werten ist deutlich geringer als bei neutralen pH-Werten.
(D) Eine Erhöhung des Harnsäurespiegels im Serum (Hyperurikämie) kann durch verminderte Ausscheidung von Harnsäure zustande kommen.
(E) Eine gestörte Rückkopplungskontrolle der Purinbiosynthese kann Ursache einer Hyperurikämie sein.

2. Stoffwechsel der Aminosäuren, Proteine

2.1 LZ 2.1 Fragentyp D
Allgemeine Folgen eines Stoffwechseldefektes im Aminosäurestoffwechsel können sein:

(1) Synthese von Proteinen mit veränderter Aminosäuresequenz
(2) vermehrte Synthese eines Aminosäure-Stoffwechsel-Nebenproduktes
(3) Anstau eines Metaboliten vor dem Stoffwechselblock
(4) Entwicklungs- und Funktionsstörungen des ZNS

(A) nur 1 ist richtig   (D) nur 2,3+4 sind richtig
(B) nur 3 ist richtig   (E) 1-4 = alle sind richtig
(C) nur 2+3 sind richtig

2.2 LZ 2.1 Fragentyp C
Die Entwicklung des ZNS ist bei der Phenylketonurie gestört,

weil

Phenylalanin bei der Phenylketonurie nicht in Protein eingebaut werden kann

2.3 LZ 2.1 Fragentyp A_3
Welche Aussage trifft nicht zu? Angeborene Störungen des Aminosäurestoffwechsels

(A) können als Aminosäure-Transportstörungen oder als Aminosäure-Abbaudefekte auftreten
(B) führen häufig zu irreversibler geistiger Retardierung
(C) bleiben folgenlos, wenn nichtessentielle Aminosäuren (z.B. Glycin oder Prolin) betroffen sind.
(D) können bei einigen Coenzym-bedingten Enzymopathien durch hohe Dosen des betreffenden Coenzyms erfolgreich behandelt werden
(E) sind häufig von einer Aminoazidurie begleitet

2.4 LZ 2.1.2 Fragentyp D
Eine vermehrte Ausscheidung von Aminosäuren mit dem Urin (Hyperaminoacidurie) kann auftreten bei

(1) verminderter tubulärer Rückresorption aufgrund eines Transportdefektes
(2) Erhöhung der Konzentration der Aminosäuren im Blutplasma
(3) schwerem Leberschaden (Leberzerfallskoma)
(4) hypophysärem Diabetes insipidus

(A) nur 1 ist richtig   (D) nur 1,2+3 sind richtig
(B) nur 2 ist richtig   (E) 1-4= alle sind richtig
(C) nur 2+4 sind richtig

2.5 LZ 2.1.3 Fragentyp D
Welche der genannten Symptome sind für Kwashiorkor charakteristisch?

(1) Malabsorption   (3) Fettleber
(2) Hypoproteinämie (4) Ödembildung

(A) nur 1+2 sind richtig   (D) nur 2,3+4 sind richtig
(B) nur 2+3 sind richtig   (E) 1-4= alle sind richtig
(C) nur 3+4 sind richtig

2.6, 2.7 LZ 2.2 Fragentyp B
Ordnen Sie bitte den in Liste 1 genannten Serumparametern den Störfaktor bzw. die Einflußgröße aus Liste 2 zu, die bei der quantitativen Bestimmung dieser Parameter von Bedeutung ist.

Liste 1
2.6 Kalium-Konzentration
2.7 Gesamtprotein-Konzentration

Liste 2
(A) Hypercholesterinämie
(B) Hämolyse
(C) Orthostase
(D) vegetarische Ernährung
(E) 24stündiges Fasten

2.8 LZ 2.1.3 Fragentyp D
Welche Stoffwechselveränderungen treten bei vollständigem Kalorienentzug unter erhaltener Flüssigkeitszufuhr ein?

(1) Mobilisierung des Leberglykogens
(2) verstärkte Gluconeogenese
(3) verstärkter Abbau der Fettdepots
(4) Utilisation von Ketonkörpern durch das ZNS
(5) Rückgang der Harnstoffausscheidung auf Werte unter 10 mg/Tag

(A) nur 1+3 sind richtig   (D) nur 1,2,3+4 sind richtig
(B) nur 2+4 sind richtig   (E) 1-5= alle sind richtig
(C) nur 1,2+3 sind richtig

2.9, 2.10 LZ 2.2 Fragentyp B
Bitte ordnen Sie den Plasmaproteinen (Liste 1) die zutreffende Aussage (Liste 2) zu.

Liste 1
2.9 α_1-Antitrypsin
2.10 Caeruloplasmin

(A) Synthese im Knochenmark
(B) erhöhte Plasmakonzentration bei Hämolyse
(C) erhöhte Plasmakonzentration bei Morbus Wilson
(D) gestörte Synthese führt häufig zu Leber- und/oder Gehirnschäd
(E) bei Mangel Entwicklung obstruktiver Lungenkrankheiten

2.11 LZ 2.2 Fragentyp D
Überprüfen Sie bitte die folgenden Aussagen:

(1) Ein verminderter Albumingehalt kann zur Ödembildung führen.
(2) Ein Mangel an Transferrin verursacht eine Hämosiderinablagerung in parenchymatösen Organen
(3) Caeruloplasminmangel bedingt eine Ablagerung von Kupfer im Hirn und in der Leber.
(4) Im Immunsystem gibt es keine Defektproteinämien

(A) nur 1 ist richtig   (D) nur 1,2+3 sind richtig
(B) nur 1+3 sind richtig   (E) 1-4= alle sind richtig
(C) nur 2+4 sind richtig

2.12 LZ 2.2 Fragentyp A_3
Welche Aussage über Blutplasmaproteine trifft nicht zu?

(A) Bei Leberzirrhose ist die Synthese von Immunglobulinen in der Regel stark vermindert.
(B) Haptoglobin bindet Hämoglobin.
(C) α-Fetoprotein ist im Serum beim Hepatom häufig stark vermehrt.
(D) Mangel an α_1-Antitrypsin kann zum Lungenemphysem führen.
(E) Serumalbumin wird in der Leber gebildet.

3. Enzyme

3.1 LZ 3.3 Fragentyp D
Geben Sie an, bei welcher der aufgeführten Erkrankungen eine Erhöhung der Aktivität der alkalischen Phosphatase im Serum zu erwarten ist:

(1) Verschlußikterus
(2) hämolytische Anämie
(3) perniziöse Anämie
(4) Herzinfarkt
(5) primärer Hyperparathyreoidismus

(A) nur 1 ist richtig   (D) nur 3,4+5 sind richtig
(B) nur 5 ist richtig   (E) 1-5= alle sind richtig
(C) nur 1+5 sind richtig

.2 LZ 3.3 Fragentyp D
Geben Sie an, bei welchem bzw. welchen der genannten
Fälle Sie einen Anstieg der Kreatin-Kinase (CK) im
Serum finden können.

(1) hämolytische Anämie
(2) nach i.m. Injektion
(3) Muskeldystrophie vom Typ Duchenne
(4) nach Herzinfarkt
(5) Osteomyelosklerose

(A) nur 1 ist richtig   (D) nur 2,3+4 sind richtig
(B) nur 1+4 sind richtig   (E) nur 2,4+5 sind richtig
(C) nur 2+3 sind richtig

.3 LZ 3.3 Fragentyp C
Ein erhöhter CK-Spiegel im Serum kann ein Hinweis auf
einen Herzinfarkt sein,

weil

CK ein Herzmuskel-spezifisches Enzym ist

.4 LZ 3.3 Fragentyp A_3
Welche Aussage trifft nicht zu? Eine Erhöhung der
Aktivität der alkalischen Serumphosphatase findet
sich bei folgenden Erkrankungen bzw. Zuständen:

(A) Hyperparathyreoidismus
(B) Verschlußikterus
(C) Fettleber
(D) Schwangerschaft im letzten Trimenon
(E) Rachitis

4. Stoffwechsel der Lipide

4.1, 4.2 LZ 4.1 Fragentyp B
Bitte ordnen Sie den Begriffen der Liste 1 die
jeweils zutreffende Aussage der Liste 2 zu.

Liste 1   Liste 2
4.1 LDL   (A) in der Leber synthetisiertes
4.2 Chylomikronen   Enzym
                     (B) Transportpartikel für Chole-
                         sterin
                     (C) bevorzugter Transportparti-
                         kel für endogene Triglyceride
                     (D) Substrat der Lipoprotein-
                         lipase
                     (E) typischerweise im Plasma
                         stark erhöht bei Hyperlipo-
                         proteinämie Typ IV nach
                         Fredrickson

4.3 LZ 4.1 Fragentyp D
Welche der folgenden Mechanismen können Folgen einer
gesteigerten Lipolyse im Fettgewebe sein?

(1) negative Rückkopplung auf die Fettsäuresynthese
    in den Hepatozyten durch Acyl-CoA-Verbindungen
(2) vermehrter oxidativer Abbau von Ketonkörpern
    in der Leberzelle
(3) Verwertung der Glycerin-Komponente zur Glucose-
    neubildung in der Leber
(4) eine zunehmende Verwertung von Fettsäuren im
    Zentralnervensystem bei länger andauernden
    Lipolysezuständen

(A) nur 1+3 sind richtig   (D) nur 2,3+4 sind richtig
(B) nur 2+4 sind richtig   (E) 1-4= alle sind richtig
(C) nur 1,2+4 sind richtig

4.4 LZ 4.1.3 Fragentyp A_3
Welche der aufgeführten Erkrankungen kommt nicht
als Ursache einer sekundären Hyperlipoproteinämie
in Frage?

(A) Diabetes mellitus
(B) Übergewicht
(C) Gicht
(D) Alkoholismus
(E) chronische Infekte

4.5 LZ 4.1 Fragentyp D
Eine Hyperlipoproteinämie

(1) ist bei Diabetes mellitus häufig
(2) ist bei nephrotischem Syndrom häufig
(3) geht meist mit gesteigertem HDL-Cholesterin
    einher
(4) ist für Sphingolipidosen sehr typisch

(A) nur 1 ist richtig   (D) nur 2+3 sind richtig
(B) nur 3 ist richtig   (E) 1-4= alle sind richtig
(C) nur 1+2 sind richtig

4.6 LZ 4.1.5 Fragentyp C
Das Vorhandensein von Chylomikronen im Nüchtern-Plasma
(12 Stunden Nahrungs-Karenz) ist ein pathologischer
Befund,

weil

die Halbwertzeit von Chylomikronen im Blut normalerweise unter 60 min. liegt.

4.7 LZ 4.1.5 Fragentyp A_1
Eine bevorzugte Vermehrung der ß-Lipoproteine (LDL)
weist hin auf eine

(A) Hypercholesterinämie
(B) fettinduzierte Hypertriglyceridämie
(C) endogene Hypertriglyceridämie
(D) Hyperchylomikronämie
(E) Keine der Aussagen trifft zu

4.8 LZ 4.1.6 Fragentyp D
Ganglioside

(1) sind Glykolipide
(2) sind am Aufbau der Plasmamembran beteiligt
(3) werden bei Gangliosidosen vermehrt synthe-
    tisiert
(4) werden bei Gangliosidosen verlangsamt bzw.
    unvollständig abgebaut

(A) nur 3 ist richtig   (D) nur 1,2+3 sind richtig
(B) nur 4 ist richtig   (E) nur 1,2+4 sind richtig
(C) nur 2+4 sind richtig

4.9 LZ 4.1.2 Fragentyp D
Die familiäre Hypercholesterinämie (familiäre Hyperlipoproteinämie Typ II) geht einher mit

(1) reduzierter Cholesterinbiosynthese in
    extrahepatischen Geweben
(2) Mangel der für LDL (low density lipoproteins)
    spezifischen Rezeptoren auf extrahepatischen
    Zellen
(3) Cholesterineinlagerungen in die Cornea
(4) frühzeitig auftretender Atherosklerose

(A) nur 4 ist richtig   (D) nur 2,3+4 sind richtig
(B) nur 1+2 sind richtig   (E) 1-4= alle sind richtig
(C) nur 2+3 sind richtig

4.10 LZ 4.2.1 Fragentyp A_1
Eine primäre Hypercholesterinämie Typ IIa wird
verursacht durch

(A) vermehrte Resorption von Nahrungscholesterin in-
    folge erhöhten Umsatzes von Gallensäuren
(B) vermehrte Synthese von Cholesterin in der Leber
    wegen gesteigerter Ausscheidung von Gallensäuren
(C) Hemmung des Abbaues von Cholesterin zu Gallen-
    säuren
(D) Störung der Biosynthese der cholesterinreichen
    VLDL (very low density lipoprotein)-Fraktion in
    der Leber
(E) einen Defekt des LDL (low density lipoprotein)-
    Rezeptors

4.11   LZ 4.13   Fragentyp D
Eine sekundäre Hyperlipoproteinämie kann verursacht werden durch:

(1) schlecht eingestellten Diabetes mellitus
(2) Ernährungsgewohnheiten
(3) nephrotisches Syndrom
(4) Hypothyreose

(A) nur 1+3 sind richtig   (D) nur 1,3+4 sind richtig
(B) nur 2+4 sind richtig   (E) 1-4=alle sind richtig
(C) nur 1,2+3 sind richtig

4.12   LZ 4.2   Fragentyp C
Bei übergewichtigen, aber sonst gesunden Personen kann ein mehr als 10tägiges totales Fasten zu einer sekundären Hyperurikämie führen,

weil

die beim Hungern entstehende metabolische Azidose zu einer Einschränkung der renalen Harnsäure-Ausscheidung führt.

4.13   LZ 4.2   Fragentyp A_3
Welche Aussage über Adipositas trifft nicht zu?

(A) Bei der Entwicklung der Adipositas findet sich immer ein Mißverhältnis zwischen Nahrungszufuhr und Energieverbrauch.
(B) Wegen der anabolen Wirkung der Schilddrüsenhormone findet sich eine Adipositas besonders häufig bei Hyperthyreose.
(C) Adipositas disponiert zu gestörter Glucosetoleranz.
(D) Bei Adipositas kommt es zu einem besonders bei Kohlenhydratbelastung nachweisbaren Hyperinsulinismus.
(E) Eine häufige Folge der Adipositas ist die Manifestation eines Diabetes mellitus.

4.14   LZ 4.2   Fragentyp A_1
Welche Aussage trifft zu? Die Fettsucht ist am häufigsten zurückzuführen auf

(A) Erbanlage
(B) Nachlassen der Keimdrüsenfunktion
(C) Hyperinsulinismus
(D) Unterfunktion der Schilddrüse
(E) länger anhaltende kalorische Überernährung

5. Stoffwechsel der Kohlenhydrate

5.1   LZ 5.1   Fragentyp A_1
Welche Aussage trifft zu?
Mit der Lactosebelastung diagnostiziert man

(A) chronische Lebererkrankungen
(B) Resorptionsstörungen von Monosacchariden
(C) den subklinischen Diabetes mellitus
(D) die Fettleber
(E) den Lactasemangel des Darmes

5.2   LZ 5.1   Fragentyp C
Die Glucose-Galaktose-Malabsorption kann mit einem renalen Diabetes gekoppelt sein,

weil

die Glucose-Galaktose Malabsorption mit einer tubulären Rückresorptionsstörung verbunden ist.

5.3   LZ 5.2.1   Fragentyp C
Bei der Galaktosämie des Neugeborenen besteht eine Erhöhung der Galaktose- bzw. Galaktose-1-phosphat-Konzentration im Erythrozyten,

weil

bei der Galaktosämie ein hereditärer Mangel an Galaktokinase bzw. Galaktose-1-phosphat-Uridylyl-Transferase vorliegt.

5.4   LZ 5.2.1   Fragentyp D
Die kongenitale Galaktosämie

(1) kann durch einen Mangel an Galaktokinase oder an Galaktose-1-phosphat-Uridylyltransferase bedingt sein
(2) führt unbehandelt bei längerer Dauer zu Leberzirrhose und Linsentrübung (Katarakt)
(3) kann durch Nachweis des Enzymdefekts in Erythrozyten diagnostiziert werden
(4) kann durch Einhalten einer lactose- und galaktosearmen Diät behandelt werden

(A) nur 1+4 sind richtig   (D) nur 2,3+4 sind richtig
(B) nur 1,2+3 sind richtig   (E) 1-4= alle sind richtig
(C) nur 1,3+4 sind richtig

5.5   LZ 5.2.3   Fragentyp D
Überprüfen Sie bitte die folgenden Aussagen zur Glucosurie:

(1) Glucose wird glomerulär filtriert
(2) Glucose wird im proximalen Tubulus wieder rückresorbiert
(3) Bei einem eingeschränkten Transportmaximum für Glucose kann auch bei normaler Glucosekonzentration im Blut eine renale Glucosurie auftreten

(A) nur 1 ist richtig   (D) nur 1+3 sind richtig
(B) nur 3 ist richtig   (E) 1-3= alle sind richtig
(C) nur 1+2 sind richtig

5.6   LZ 5.3.1   Fragentyp A_1
Welche Aussage trifft zu? Eine verstärkte Glucoseneubildung beim Diabetes mellitus

(A) ist eine direkte Folge des Glucoseverlustes im Urin
(B) ist für eine Versorgung des ZNS mit Glucose unabdingbar
(C) erfolgt vorwiegend in der Leber
(D) erfolgt in erster Linie aus Lactat
(E) erfolgt in erster Linie aus freien Fettsäuren

5.7   LZ 5.3.2   Fragentyp A_3
Welche Aussage trifft nicht zu? Auswirkungen einer erhöhten Lipolyse bei Insulinmangel sind

(A) weitgehender Ersatz des Glucoseverbrauchs im ZNS durch Ketonkörper
(B) Ketoazidose
(C) Begünstigung einer Leberverfettung
(D) verstärkte Fettsäureutilisation der Muskulatur
(E) erhöhte VLDL-Lipoproteinsynthese in der Leber

5.8   LZ 5.3   Fragentyp A_1
Welche Aussage über den Diabetes mellitus trifft nicht zu?

(A) Beim subklinischen Diabetes mellitus findet sich eine gestörte Glucosetoleranz bei noch normalem Nüchternblutzucker.
(B) Der manifeste Diabetes mellitus vom juvenilen Typ wird durch eine primäre Insulinresistenz extrahepatischer Gewebe ausgelöst.
(C) Ein Diabetes mellitus kommt häufig während endokriner Umstellung wie Pubertät, Schwangerschaft oder Menopause zur Manifestation.
(D) Der manifeste Diabetes vom Alterstyp kann sich durch inadäquate Sekretionsleistung bei erhaltener Fähigkeit zur Insulinbiosynthese auszeichnen.
(E) Der manifeste Diabetes mellitus vom Alterstyp wird häufig durch Adipositas ausgelöst.

5.9 LZ 5.3.3 Fragentyp D
Überprüfen Sie die folgenden Aussagen über Ketonkörper!

(1) Acetoacetat und ß-Hydroxybutyrat werden in der Leber aus dem bei gesteigerter Fettsäureoxidation anfallenden Acetyl-CoA gebildet.
(2) Die für die Ketonkörperbiosynthese in der Leber benötigten Fettsäuren werden überwiegend durch Lipolyse im Fettgewebe erzeugt.
(3) Ketonkörper können in der Muskulatur und im Zentralnervensystem utilisiert werden.
(4) Die Azidose beim diabetischen Koma wird durch eine Konzentrationserhöhung der Ketonkörper Acetoacetat und ß-Hydroxybutyrat ausgelöst.

(A) nur 2+4 sind richtig   (D) nur 2,3+4 sind richtig
(B) nur 3+4 sind richtig   (E) 1-4= alle sind richtig
(C) nur 1,2+3 sind richtig

5.10 LZ 5.3.3 Fragentyp C
Bei einem Patienten im ketoazidotischen Coma diabeticum kann die Therapie mit Insulin zu einer lebensbedrohlichen Hypokaliämie führen,

weil

nach Insulinbehandlung des ketoazidotischen Coma diabeticum vermehrt Kalium in die Zelle einströmt.

5.11 LZ 5.3.7 Fragentyp D
Als Faktoren für die Entstehung der Spätschäden beim chronischen Insulinmangelzustand kommen in Frage:

(1) Hyperlipoproteinämien
(2) Störung im Stoffwechsel der Basalmembran
(3) verstärkte intrazelluläre Sorbit-Bildung
(4) Mikroangiopathie

(A) nur 1+3 sind richtig   (D) nur 1,3+4 sind richtig
(B) nur 2+4 sind richtig   (E) 1-4= alle sind richtig
(C) nur 1,2+3 sind richtig

5.12 LZ 5.4 Fragentyp C
Nach längerer Nahrungskarenz steigt die Konzentration der Ketonkörper Acetoacetat und ß-Hydroxybutyrat im Blut an,

weil

nach längerer Nahrungskarenz die Utilisierung der Ketonkörper in der Muskulatur durch die gesteigerte Fettsäureoxidation gehemmt ist.

5.13 LZ 5.6, 9.6.2 Fragentyp D
Hypoglykämien können die Folge sein von

(1) schweren Lebererkrankungen mit Parenchymausfall
(2) Störungen im Glykogenstoffwechsel
(3) ausgedehnten retroperitonealen Tumoren
(4) chronischem Alkoholismus

(A) nur 1+3 sind richtig   (D) nur 1,3+4 sind richtig
(B) nur 2+4 sind richtig   (E) 1-4= alle sind richtig
(C) nur 1,2+3 sind richtig

5.14 LZ 5.6 Fragentyp A_3
Welche Aussage trifft nicht zu? Hypoglykämien können bei folgenden Zuständen auftreten:

(A) nach starker körperlicher Belastung
(B) bei Neugeborenen diabetischer Mütter
(C) beim Cushing-Syndrom
(D) bei angeborenen Störungen des Phosphorylase-Systems
(E) bei Inselzelladenom

5.15 LZ 5.6 Fragentyp A_3
Welche Aussage trifft nicht zu? Ursache für eine Hypoglykämie kann sein:

(A) angeborener Fructose-1,6-Diphosphatase-Mangel
(B) einige Formen der Glykogenspeicherkrankheiten
(C) intrahepatische Cholestase
(D) Fructoseintoleranz
(E) chronische Alkoholintoxikation

6. Innere Sekretion

6.1, 6.2 LZ 6.1.3, 6.7 Fragentyp B
Ordnen Sie jedem der in Liste 1 genannten Tests das ihm zugrundeliegende Prinzip (Liste 2) zu.

Liste 1
6.1 ACTH-Test
6.2 Dexamethason-Test

Liste 2
(A) Messung der ACTH-Reserve der Hypophyse bei intakter Nebenniere
(B) direkte Stimulation der Nebennierenrinde
(C) Hemmung der ACTH-Sekretion der Hypophyse
(D) Stimulierung der ACTH-Sekretion der Hypophyse
(E) direkte Hemmung der Nebennierenrinde

6.3 LZ 6.2.3 Fragentyp D
Die Konzentration von Wachstumshormon im Plasma ist erhöht

(1) nach einer insulininduzierten Hypoglykämie
(2) bei Akromegalie
(3) bei hypophysärem Riesenwuchs
(4) bei Langzeittherapie mit Glucocorticosteroiden

(A) nur 1+2 sind richtig   (D) nur 1,2+3 sind richtig
(B) nur 1+4 sind richtig   (E) 1-4= alle sind richtig
(C) nur 2+3 sind richtig

6.4 LZ 6.2.2 Fragentyp D
Die Konzentration folgender Hormone im Blut ist unabhängig von der Steuerung durch die Adenohypophyse:

(1) Calcitonin
(2) Trijodthyronin
(3) Cortisol
(4) Parathormon
(5) Adrenalin

(A) nur 1+3 sind richtig   (D) nur 1,4+5 sind richtig
(B) nur 4+5 sind richtig   (E) nur 2,4+5 sind richtig
(C) nur 1,3+4 sind richtig

6.5 LZ 6.2.2 Fragentyp A_3
Welche Aussage trifft nicht zu?
Eine verminderte Freisetzung von adenohypophysären Hormonen führt zu einem Konzentrationsabfall folgender Hormone im Blut:

(A) Testosteron   (D) Thyroxin
(B) Cortisol   (E) Parathormon
(C) Trijodthyronin

6.6 LZ 6.3 Fragentyp C
Exogenes antidiuretisches Hormon ist bei renalem Diabetes insipidus therapeutisch unwirksam,

weil

bei renalem Diabetes insipidus die endogene Bildung von antidiuretischem Hormon nicht vermindert ist.

6.7 LZ 6.4 Fragentyp A_1
Welcher der aufgeführten Mechanismen bzw. Defekte führt bei alimentärem Jodmangel zur endemischen blanden Struma?

(A) Fehlen des Jodspeicherungsvermögens des Schilddrüsengewebes
(B) Fehlen der Dehalogenasen für Monojod- und Dijodtyrosin
(C) Defekt der Synthese von T_3 und T_4
(D) Anstieg der TSH-Sekretion der Hypophyse
(E) verminderte TRH-Sekretion

6.8 LZ 6.4.2 Fragentyp A_3
Welche Aussage trifft nicht nicht?
Typische Merkmale im Stoffwechsel bei einer Überproduktion von Schilddrüsenhormonen sind:

(A) erhöhte Proteinsynthese und erhöhter Proteinumsatz
(B) Anhäufung von Mucopolysacchariden im Bindegewebe
(C) erhöhte Wärmeproduktion
(D) verstärkter Sauerstoff-Verbrauch
(E) erhöhte Adrenalinempfindlichkeit

6.9 LZ 6.4.1 Fragentyp A_3
Welche Aussage trifft nicht zu?
Die Wirkungen von thyreotropem Hormon (TSH) auf die Schilddrüse sind:

(A) Erhöhung der Proteolyserate von Thyreoglobulin
(B) Hemmung der Jodid-Peroxidase
(C) Steigerung der Jodidanreicherung in der Schilddrüse
(D) Beschleunigung der Überführung von Mono- und Dijodtyrosinresten in T_3 und T_4
(E) Stimulierung des Einbaus von Jod in Tyrosinreste

6.10 LZ 6.4.2 Fragentyp D
Überprüfen Sie die folgenden Aussagen zur Biosynthese und Sekretion von Schilddrüsenhormonen:

(1) Die Schilddrüse ist das einzige Organ, welches Jodid gegenüber der Konzentration im Serum anreichern kann.
(2) Die Jodidaufnahme in die Schilddrüse kann kompetitiv durch Perchlorat und Thiocyanat gehemmt werden.
(3) Die Proteolyse des Thyreoglobulins ist ein von außerhalb der Schilddrüse nicht zu beeinflussender Vorgang.
(4) Die Überführung von Jod in organische Bindung und die Kopplung von Mono- und Dijodtyrosin zu T_3 und T_4 kann durch Enzymdefekte behindert sein.

(A) nur 4 ist richtig   (D) nur 1,2+3 sind richtig
(B) nur 1+3 sind richtig   (E) 1-4= alle sind richtig
(C) nur 2+4 sind richtig

6.11 LZ 6.5 Fragentyp D
Überprüfen Sie die Aussagen zur Testes-Funktion:

(1) Die Östrogenproduktion beim Mann erfolgt zum Teil in den Testes direkt, aber auch durch periphere Umwandlung von Testosteron
(2) Der primäre Hypogonadismus geht mit einer Stimulation der Gonadotropinsekretion einher
(3) Ein Androgenausfall vor der Pubertät führt zu einem eunuchoiden Hochwuchs
(4) Eine Abnahme der Androgenwirkung im Alter beruht zum Teil auf einer vermehrten Proteinbindung von Testosteron und damit der Verminderung der Plasmakonzentration von freiem Hormon

(A) nur 1+3 sind richtig   (D) nur 2,3+4 sind richtig
(B) nur 2+4 sind richtig   (E) 1-4= alle sind richtig
(C) nur 1,2+3 sind richtig

6.12 LZ 6.5 Fragentyp A_3
Welche Aussage trifft nicht zu?
Ursachen einer unzureichenden Testosteronproduktion in den Testes können sein:

(A) Leydig-Zell-Tumoren
(B) Funktionsstörungen der Hypophyse
(C) genetische Enzymdefekte
(D) XXY-Trisomie
(E) Orchitis

6.13 LZ 6.7 Fragentyp A_3
Welche unerwünschte Wirkung ist nach langfristiger Gabe von Glucocorticoiden (z.B. Prednisolon) zur antirheumatischen Therapie nicht zu erwarten?

(A) Retention von Natrium
(B) Atrophie der Nebennierenrinde
(C) Hypoglykämie
(D) Osteoporose
(E) Rezidive von Magenulzera

6.14 LZ 6.7 Fragentyp C
Bei Tumoren der Nebennierenrinde mit Hyperaldosteronismus ist der Reninplasmaspiegel erniedrigt,

weil

die Aldosteron-bedingte Hypervolämie und Na^+-Retention die Reninproduktion hemmen.

6.15 LZ 6.7 Fragentyp D
Welche Aussage(en) über androgene/anabole Steroide ist (sind) richtig?

Androgene/anabole Steroide

(1) hemmen in höheren Dosen die Gonadotropin-Abgabe aus der Hypophyse und können Störungen der Spermatogenese auslösen
(2) führen zu einem Wachstumsstillstand bei Kindern
(3) führen zu einer positiven Stickstoffbilanz
(4) haben bei Frauen keine eiweißanabolen Wirkungen

(A) nur 4 ist richtig   (D) nur 1,2+3 sind richtig
(B) nur 1+3 sind richtig   (E) 1-4=alle sind richtig
(C) nur 2+4 sind richtig

6.16 LZ 6.7.1 Fragentyp C
Zur Beurteilung der Cortisolkonzentration im Blut ist die Kenntnis der Tageszeit der Probennahme erforderlich,

weil

die normale Cortisolkonzentration im Blut einem typischen Tagesrhythmus unterliegt.

6.17 LZ 6.7.1 Fragentyp D
Aldosteronmangel

(1) führt typischerweise zu Störungen der Wasserrückresorption in den Sammelrohren der Niere
(2) bewirkt hypotone Dehydration
(3) bewirkt Verminderung der renalen Na-Ausscheidung
(4) verursacht Ödeme

(A) nur 1 ist richtig   (D) nur 2+3 sind richtig
(B) nur 2 ist richtig   (E) nur 3+4 sind richtig
(C) nur 1+4 sind richtig

6.18 LZ 6.7.1 Fragentyp D
Beim adrenogenitalen Syndrom (21-Hydroxylase-Mangel) findet man
(1) erhöhten ACTH-Spiegel
(2) im unteren Normbereich liegende oder verminderte Glucocorticoidspiegel im Serum
(3) Virilisierung
(4) vermehrte Nebennierenrindenandrogene
(5) vermehrt Aldosteron

(A) nur 1+2 sind richtig   (D) nur 1,2,3+4 sind richtig
(B) nur 2,3+5 sind richtig (E) nur 2,3,4+5 sind richtig
(C) nur 3,4+5 sind richtig

6.19 LZ 6.7.2 Fragentyp A_3
Welche Aussage trifft nicht zu?
Ein Cushing-Syndrom kann folgende Ursachen haben:
(A) Hyperaldosteronismus
(B) Störung des normalen hypothalamisch-hypophysären Regelmechanismus der Nebennieren
(C) ACTH-produzierender Tumor
(D) Nebennierenrindenadenom
(E) Überangebot an exogenen Glucocorticosteroiden

6.20 LZ 6.7.2 Fragentyp C
Ein rechtsseitiges, Glucocorticosteroide im Überschuß produzierendes Nebennierenrindenadenom führt zur Atrophie der kontralateralen (linken) Nebennierenrinde,

weil

hohe Glucocorticosteroidspiegel eine Hemmung der ACTH-Bildung und -Ausschüttung im Hypophysenvorderlappen bewirken.

6.21 LZ 6.7.3 Fragentyp D
Primärer Hyperaldosteronismus (Conn-Syndrom) führt zu folgenden Stoffwechselstörungen:
(1) erhöhte Renin- und Angiotensinaktivität im Serum
(2) Erhöhung des Gesamtplasmavolumens
(3) hypokaliämische Alkalose
(4) Hyponatriämie

(A) nur 1+3 sind richtig   (D) nur 2,3+4 sind richtig
(B) nur 1+4 sind richtig   (E) 1-4= alle sind richtig
(C) nur 2+3 sind richtig

6.22 LZ 6.7.4 Fragentyp C
Die durch hypophysäre Störungen verursachte Nebennierenrindeninsuffizienz betrifft vorwiegend die Glucocorticosteroide,

weil

die Produktion von Aldosteron weitgehend unabhängig von der hypophysären Steuerung verläuft.

6.23 LZ 6.7.4 Fragentyp A_3
Welche Aussage trifft nicht zu?
Folgen einer chronischen Nebennierenrinden-Insuffizienz können sein:
(A) Muskelschwäche (Adynamie)
(B) Hypotonie
(C) Hyperpigmentation der Haut
(D) kompensatorische Androgenmehrproduktion
(E) Hyperkaliämie

6.24 LZ 6.8 Fragentyp C
Klinische Symptome eines Phäochromozytoms sind neben Hypertonie gesteigerte Glykogenolyse und Lipolyse,

weil

Catecholamine über das cAMP als "second messenger" bestimmte Enzyme der Glykogenolyse und Lipolyse aktivieren.

6.25 LZ 6.8 Fragentyp A_3
Welche Aussage trifft nicht zu?
Eine Tumor-bedingte Katecholaminüberproduktion äußert sich in einer
(A) vermehrten Ausscheidung von 3-Methoxy-4-hydroxymandelsäure im Harn
(B) vermehrten Ausscheidung von Katecholaminen im Harn
(C) in der Regel veränderten Relation von Adrenalin- und Noradrenalin-Biosynthese
(D) Veränderung der Rezeptorspezifität der Katecholamine
(E) paroxysmalen oder permanenten Hypertonie

6.26 LZ 6.8 Fragentyp D
Die parenterale Verabreichung von Adrenalin führt zu einer Zunahme
(1) der Glukose-Konzentration im Blut
(2) der Fettsäure-Konzentration im Blut
(3) der Kontraktionskraft des Myokards
(4) des Tonus der Bronchialmuskulatur

(A) nur 4 ist richtig   (D) nur 1,2+3 sind richtig
(B) nur 1+3 sind richtig   (E) 1-4= alle sind richtig
(C) nur 2+4 sind richtig

6.27 LZ 6.9 Fragentyp A_3
Welche Aussage trifft für einen Hyperparathyreoidismus nicht zu?
(A) Hyperkalzämie-bedingte Muskelerschlaffungen sind Ausdruck einer neuromuskulären Untererregbarkeit
(B) Die vermehrte Parathormonsekretion bei chronischer Niereninsuffizienz ist auf eine erhöhte Calciumausscheidung zurückzuführen
(C) Führt eine Calciumgabe nur zu einer geringen Senkung der Phosphatausscheidung, so kann ein primärer (autonomer) Hyperparathyreoidismus vorliegen
(D) Ein länger anhaltender sekundärer Hyperparathyreoidismus verursacht eine Hyperplasie des Nebenschilddrüsengewebes
(E) Vitamin-D-Intoxikation kann Ursache einer Hyperkalzämie sein und einen Hyperparathyreoidismus vortäuschen

6.28, 6.29 LZ 6.12 Fragentyp B
Bitte ordnen Sie den Gewebshormonen (Liste 1) die jeweils zutreffende Aussage der Liste 2 zu.

Liste 1   Liste 2
6.28 Prostaglandine   (A) Speicherung in Lymphozyten
6.29 Serotonin   (B) Synthese vorwiegend in der Prostata
                      (C) Stoffwechselendprodukt ist die Hydroxyindolessigsäure
                      (D) Synthese aus mehrfach ungesättigten Fettsäuren
                      (E) Steigerung der Lipolyse

6.30 LZ 6.12.1 Fragentyp D
Überprüfen Sie die folgenden Aussagen zum Kinin-System:
(1) Eine verstärkte Kininfreisetzung ist infolge der kurzen Halbwertszeit der Kinine nur schwer faßbar.
(2) Die Kininwirkung kann zur Ausbildung eines Schockzustandes beitragen.
(3) Kininfreisetzende Enzyme sind in einigen Organen und im Blutplasma vorhanden.
(4) Kinine sind am Entzündungsgeschehen beteiligt und können über die Erhöhung der Kapillarpermeabilität zur Ödembildung beitragen.

(A) nur 4 ist richtig   (D) nur 1,2+3 sind richtig
(B) nur 1+3 sind richtig   (E) 1-4= alle sind richtig
(C) nur 2+3 sind richtig

6.31 LZ 6.12.3 Fragentyp A_3
Welche Aussage trifft nicht zu?
Histamin

(A) entsteht durch Decarboxylierung aus der Aminosäure Histidin
(B) ist aufgrund seiner bronchokonstriktorischen Wirkung am allergischen Asthma beteiligt
(C) wird zu 5-Hydroxyindolessigsäure metabolisiert
(D) wird bei großen Weichteilverletzungen aus seinen Speicherzellen in Freiheit gesetzt
(E) ist für die Quaddelbildung nach einem Insektenstich mitverantwortlich

6.32 LZ 6.12.2 Fragentyp C
Bei der malignen Entartung enterochromaffiner Zellen ist vermehrt 5-Hydroxyindolessigsäure im Urin nachweisbar,

weil

5-Hydroxyindolessigsäure ein Metabolit des bei maligner Entartung enterochromaffiner Zellen vermehrt gebildeten Histamins ist.

7. Vitamine

7.1 LZ 7.0 Fragentyp D
Überprüfen Sie bitte die folgenden Aussagen über Vitamine:

(1) Eine Überdosierung von Vitamin D bei der Rachitis-Prophylaxe verursacht eine Hyperkalzämie, die zu Organverkalkungen führen kann.
(2) Läßt sich ein Prothrombinmangel durch parenterale Gabe von Vitamin K beseitigen, so kann das für das Vorliegen eines Verschlußikterus sprechen.
(3) Die Ausscheidung von Methylmalonat im Urin kann ein Hinweis für einen Vitamin B_{12}-Mangel sein.
(4) Da der Abbau von Histidin zu Glutaminsäure einen folsäureabhängigen Reaktionsschritt enthält, kann zur Erkennung eines Folsäuremangels die orale Histidinbelastung dienen.

(A) nur 1+3 sind richtig   (D) nur 2,3+4 sind richtig
(B) nur 2+4 sind richtig   (E) 1-4= alle sind richtig
(C) nur 1,2+3 sind richtig

7.2 LZ 7.2 Fragentyp A_3
Welche Aussage zum Vitamin A trifft nicht zu?

(A) Vitamin A-Mangel kann bei intestinalen Resorptionsstörungen auftreten.
(B) Die Gefahr einer Vitamin A-Überdosierung besteht bei jahrelanger hoher Zufuhr des Vitamins.
(C) Vitamin A ist wichtig für die Bildung des Sehpurpurs.
(D) Bei Vitamin A-Mangel treten primär Störungen des Farbensehens auf.
(E) Vitamin A-Mangel führt zur vermehrten Verhornung des Epithelgewebes.

7.3 LZ 7.4 Fragentyp A_1
Die unten angeführten Erkrankungen gehen mit Störungen der Blutgerinnung einher. Bei welcher erscheint eine parenterale Behandlung mit Vitamin K sinnvoll?

(A) idiopathische Thrombozytopenie
(B) Hämophilie A
(C) Leberzirrhose
(D) kongenitale Hypoprothrombinämie
(E) Verschlußikterus

7.4 LZ 7.5, 14.4 Fragentyp C
Die Gabe von Folsäure bei perniziöser Anämie vermag zwar die Erythropoese günstig zu beeinflussen, nicht jedoch die neurologischen Ausfallserscheinungen,

weil

Folsäure nicht ins Zentralnervensystem eindringen kann.

7.5 LZ 7.5 Fragentyp A_3
Welche Aussage trifft nicht zu?
Folsäure-Mangel

(A) kann beim Malabsorptionssyndrom auftreten
(B) bewirkt eine Störung der Purin- und Pyrimidin-Synthese
(C) führt zu einer megaloblastären Anämie
(D) führt zu einer Leukopenie
(E) hat typischerweise neurologische Störungen (Parästhesien, Lähmungen der unteren Extremitäten) zur Folge

7.6 LZ 7.5 Fragentyp A_3
Welche Aussage trifft nicht zu?
Zu einem schwerwiegenden Vitamin-B_{12}-Mangel mit resultierender megaloblastärer Anämie kann es kommen bei

(A) fehlender Synthese durch die Darmflora (Antibiotika-Therapie)
(B) Malabsorption bei Erkrankung distaler Dünndarmabschnitte
(C) Atrophie der Magenschleimhaut (Gastritis)
(D) ausgedehnter Magenresektion
(E) Befall mit Fischbandwurm

8. Gastrointestinaltrakt

8.1 LZ 8.2.1 Fragentyp A_3
Welche Aussage trifft nicht zu?
Die Entstehung eines Duodenalulkus kann begünstigt werden durch

(A) Vermehrung der Belegzellmasse, erhöhte HCl-Sekretion
(B) gestörte Blutversorgung (Ischämie)
(C) vermehrte Glykoproteinsekretion durch die Nebenzellen
(D) Schleimhautschädigung durch Gallensäuren (Duodenalreflux)
(E) Glucocorticoidbehandlung

8.2 LZ 8.2.1 Fragentyp A_3
Welche Aussage trifft nicht zu?
An der Ulkus-Entstehung im Magen und Duodenum können beteiligt sein:

(A) Salzsäure-Überproduktion
(B) Gastrin-produzierende Tumoren
(C) Schleimhautschäden
(D) Lokale Ischämie
(E) Hyperchlorämie

8.3, 8.4 LZ 8.3 Fragentyp B
Bitte ordnen Sie den Verdauungs- und Resorptionsstörungen (Liste 1) die jeweils zutreffende Aussage der Liste 2 zu.

Liste 1

8.3 Maldigestion
8.4 primäre Malabsorption

Liste 2

(A) bei chronischer Pankreatitis typisch
(B) häufig Ursache für Eisenmangelanämien
(C) hämolytische Anämie häufig
(D) Diagnostik durch D-Xylose-Test
(E) häufig mit Hyperkaliämie verbunden

8.5 LZ 8.2.2 Fragentyp C
Die Messung der HCl-Sekretion des Magens nach Pentagastrininjektion ist ein geeignetes Testverfahren zur Prüfung des Säuresekretionsvermögens,

weil

Pentagastrin die Belegzellen zu maximaler Säuresekretion anregt.

8.6 LZ 8.2.2 Fragentyp D
Folgen eines Salzsäureverlustes können sein:

(1) metabolische Alkalose
(2) verstärkte renale Ausscheidung von Bicarbonat
(3) Hypokaliämie
(4) verzögerte Proteinverdauung

(A) nur 1 ist richtig   (D) nur 1,3+4 sind richtig
(B) nur 1+3 sind richtig (E) 1-4= alle sind richtig
(C) nur 2+4 sind richtig

8.7 LZ 8.3.1 Fragentyp D
Steatorrhoe kann auftreten bei

(1) Lipasemangel
(2) abnormer bakterieller Besiedlung des Dünndarms
(3) Gallensäuremangel
(4) Zöliakie

(A) nur 1+4 sind richtig   (D) nur 2,3+4 sind richtig
(B) nur 2+3 sind richtig   (E) 1-4=alle sind richtig
(C) nur 1,3+3 sind richtig

8.8 LZ 8.3.1 Fragentyp A_1
Welche der genannten Funktionsproben wird bei Verdacht auf Malabsorption zur Diagnostik eingesetzt?

(A) Xylosebelastung
(B) Galaktosebelastung
(C) Glucosebelastung
(D) Vitamin B_{12}-Belastung
(E) Lactosebelastung

8.9 LZ 8.3.1 Fragentyp D
Bei einer totalen Resektion des Ileum können folgende Störungen auftreten:

(1) Malabsorption von Vitamin B_{12}
(2) Malabsorption von Gallensäuren
(3) Steatorrhoe
(4) Diarrhoe

(A) nur 1+2 sind richtig   (D) nur 3+4 sind richtig
(B) nur 1+3 sind richtig   (E) 1-4 = alle sind richtig
(C) nur 2+4 sind richtig

8.10 LZ 8.3.1 Fragentyp D
Eine Unterbrechung des enterohepatischen Kreislaufs der Gallensäuren durch mangelhafte Rückresorption

(1) kann bei chronischem Verlauf zu einer Abnahme des Gallensäure-Pools führen
(2) löst eine verstärkte Gallensäure-Synthese in der Leber aus
(3) kann durch ein vermehrtes Auftreten von Gallensäuren und ihren Umwandlungsprodukten im Colon laxierende Wirkungen verursachen
(4) führt über längere Zeit zu Lipid-Malabsorptionszuständen

(A) nur 1+3 sind richtig   (D) nur 1,3+4 sind richtig
(B) nur 2+4 sind richtig   (E) 1-4= alle sind richtig
(C) nur 1,2+3 sind richtig

8.11 LZ 8.3.2 Fragentyp A_1
Welche Aussage trifft zu?
Schwere chronische Diarrhoe kann zur nicht-respiratorischen Azidose führen, weil

(A) die Salzsäure-Produktion des Magens stimuliert wird
(B) bei Flüssigkeitsverlust die Nieren nur noch ungenügend Bicarbonat resorbieren
(C) die Pankreassekrete den Darminhalt nicht mehr ausreichend neutralisieren können
(D) intestinale Sekrete viel Bicarbonat enthalten
(E) der Kaliumgehalt der Darmsekrete wesentlich geringer ist als der des Blutplasmas

8.12 LZ 8.4.1 Fragentyp D
Welche Aussagen sind für eine akute Pankreatitis typisch?

(1) starker Anstieg der α-Amylase im Serum
(2) Auftreten von Fettgewebsnekrosen im Pankreas mit Kalkseifen-Einlagerungen
(3) Ausbildung von Schockzuständen
(4) gleichzeitiges Auftreten eines Insulinmangeldiabetes

(A) nur 1+4 sind richtig   (D) nur 1,2+4 sind richtig
(B) nur 2+3 sind richtig   (E) 1-4= alle sind richtig
(C) nur 1,2+3 sind richtig

8.13 LZ 8.4.2 Fragentyp C
Bei der akuten Pankreatitis kommt es zur Autodigestion von Pankreasgewebe,

weil

bei der akuten Pankreatitis α-Amylase und Lipase im Blut stark erhöht sind.

9. Leber-Galle

9.1 LZ 9.1 Fragentyp A_3
Welche Aussage trifft nicht zu?
Bei schweren Leberzellschädigungen oder Parenchymausfall können folgende Störungen auftreten:

(A) verminderte Albuminsynthese
(B) Aszites
(C) Hyperaldosteronismus
(D) Abfall der Aktivität der Pseudocholinesterase
(E) Störung des Harnsäureabbaus

9.2 LZ 9.1 Fragentyp C
Bei schwerer Leberschädigung mit herabgesetzter Proteinsyntheseleistung des Hepatozyten ist eine Störung der Blutgerinnung eher nachweisbar als eine Verminderung der Serumalbuminkonzentration,

weil

die von der Leber gebildeten Blutgerinnungsfaktoren eine kürzere Halbwertszeit haben als das Serumalbumin.

9.3 LZ 9.2.1 Fragentyp D
Für welche der genannten Krankheiten ist die vermehrte Ausscheidung von direkt reagierendem Bilirubin (Bilirubin-Diglucuronid) im Harn typisch?

(1) Virushepatitis
(2) hämolytische Anämie
(3) perniziöse Anämie
(4) Verschlußikterus
(5) Alkaptonurie

(A) nur 1 ist richtig   (D) nur 1+4 sind richtig
(B) nur 4 ist richtig   (E) 1-5= alle sind richtig
(C) nur 1+2 sind richtig

9.4 LZ 9.2 Fragentyp D
Überprüfen Sie die folgenden Aussagen zum Ikterus:

(1) Im Zustand einer intrahepatischen Cholestase kommt es zu vermehrter Urobilinogenausscheidung im Harn.
(2) Bei erythrocytären Formen des hämolytischen Ikterus sind nicht konjugiertes und konjugiertes Bilirubin gleichermaßen erhöht.
(3) Eine Ursache des Neugeborenen-Ikterus ist eine zu geringe Aktivität der UDP-Glucuronyl-Transferase der fötalen Leber.
(4) Der posthepatische Ikterus ist besonders im akuten Zustand (z.B. bei Gallengangverschluß) durch eine Erhöhung der Aktivitäten der alkalischen Phosphatase und Gamma-Glutamyl-Transpeptidase im Serum gekennzeichnet.

(A) nur 1+2 sind richtig   (D) nur 3+4 sind richtig
(B) nur 1+3 sind richtig   (E) nur 1,3+4 sind richtig
(C) nur 2+4 sind richtig

9.5 LZ 9.2.1 Fragentyp A_1
Welche Aussage trifft zu?
Ein prähepatischer Ikterus ist gekennzeichnet durch

(A) fehlende Bilirubinausscheidung in die Gallenkapillaren
(B) vermehrtes indirektes Bilirubin im Urin
(C) erhöhtes direktes Bilirubin im Blut bei normalem Gesamtbilirubin
(D) erhöhtes Gesamtbilirubin im Blut bei erhöhtem direktem Bilirubin
(E) erhöhtes Gesamtbilirubin im Blut bei erhöhtem indirektem Bilirubin

9.6 LZ 9.2.1 Fragentyp D
Hyperbilirubinämie mit vorwiegend konjugiertem Bilirubin kommt vor bei

(1) hepatozellulärem Ikterus
(2) hämolytischem Ikterus
(3) Gallengangsverschluß
(4) genetisch bedingter Störung der Bilirubin-Exkretion

(A) nur 1+3 sind richtig   (D) nur 1,3+4 sind richtig
(B) nur 2+4 sind richtig   (E) 1-4= alle sind richtig
(C) nur 1,2+3 sind richtig

9.7 LZ 9.2.1 Fragentyp D
Welche der nachstehenden Erkrankungen bzw. Ursachen können vorwiegend eine Erhöhung der Konzentration des Bilirubindiglucuronid bewirken?

(1) perniziöse Anämie   (4) Herzklappenersatz
(2) Verschlußikterus   (5) Leberzirrhose
(3) Hepatitis

(A) nur 2 ist richtig   (D) nur 1,3+5 sind richtig
(B) nur 4+5 sind richtig   (E) nur 2,3+5 sind richtig
(C) nur 1,2+4 sind richtig

9.8 LZ 9.3.3 Fragentyp A_3
Welche Aussage trifft nicht zu?
Eine massive Fettleber ist häufig verursacht durch

(A) Alkoholismus
(B) Diabetes mellitus
(C) Überernährung
(D) chronische Gallestauung
(E) Mangelernährung

9.9 LZ 9.3, 9.4 Fragentyp C
Immunglobuline sind im Plasma von Patienten mit Leberzirrhose meist vermindert,

weil

die Proteinsyntheseleistung der Leber bei Leberzirrhose reduziert ist.

9.10 LZ 9.4 Fragentyp D
Die verminderte Cholinesterase-Aktivität im Plasma bei chronischer Hepatozytenschädigung ist Ausdruck

(1) reduzierter Syntheserate in den Hepatozyten
(2) gesteigerter Inaktivierung des Enzyms
(3) des gesteigerten intravasalen Verbrauchs
(4) eines Vitamin K-Mangels

(A) keine der Aussagen trifft zu
(B) nur 1 ist richtig
(C) nur 4 ist richtig
(D) nur 1+4 sind richtig
(E) nur 1,2+3 sind richtig

9.11 LZ 9.4.2 Fragentyp C
Bei der akuten Alkoholintoxikation kann eine Lactatazidose entstehen,

weil

das bei der Äthanoloxidation in der Leber gebildete NADH eine verstärkte Bildung von Lactat aus Pyruvat begünstigt.

9.12 LZ 9.5 Fragentyp D
Welche der folgenden Aussagen zum Biotransformationssystem der Leber treffen zu?

(1) Erhöhung der Toxizität von Pharmaka bei Lebererkrankungen durch eingeschränkte Aktivität des Hydroxylasesystems
(2) Hemmung von Hydroxylierungsreaktionen durch den Anstau von Gallensäuren bei Cholestase
(3) Entstehung hepatotoxischer Abbauprodukte von Fremdstoffen durch das Hydroxylasesystem
(4) Induktion des Hydroxylasesystems durch Barbiturate als Therapie zur Entgiftung anderer Fremdstoffe

(A) nur 1+3 sind richtig   (D) nur 1,3+4 sind richtig
(B) nur 2+4 sind richtig   (E) 1-4= alle sind richtig
(C) nur 1,2+3 sind richtig

9.13 LZ 9.5 Fragentyp C
Die Verabreichung von Äthanol bei akuter Methanolvergiftung ist kontraindiziert,

weil

Äthanol den Abbau von Methanol hemmt.

9.14 LZ 9.5 Fragentyp D
Prüfen Sie bitte folgende Aussagen über den Bromthaleintest als Leberfunktionsprobe:

(1) Meßgröße ist die Ausscheidung des Bromthaleins im Urin.
(2) Bromthalein wird von der Leberzelle aufgenommen, glucuroniert und wieder in die Blutbahn gegeben.
(3) Vor Beginn des Tests muß die Blase entleert werden.

(A) Keine der Aussagen trifft zu
(B) nur 1 ist richtig
(C) nur 1+2 sind richtig
(D) nur 1+3 sind richtig
(E) 1-3 = alle sind richtig

9.15 LZ 9.6.2 Fragentyp A_1
Geben Sie an, welche der genannten Tests einen Hinweis auf die Verdachtsdiagnose Leberzirrhose liefern könnte.
Bestimmung der

(A) BSG
(B) elektrophoretischen Trennung der Serumproteine
(C) LDH (Lactat-Dehydrogenase)
(D) CK (Kreatin-phosphokinase)
(E) Amylase

10. Salz-, Wasser- und Säure-Basen-Haushalt

10.1 LZ 10.1 Fragentyp A_3
Welcher der folgenden Parameter ist $\underline{\text{nicht}}$ geeignet zur Beurteilung des Wasserhaushaltes?

(A) Natriumkonzentration im Serum
(B) Plasma-Osmolalität
(C) mittleres Zellvolumen der Erythrozyten (MCV)
(D) Calciumkonzentration im Serum
(E) Proteinkonzentration im Serum

10.2 LZ 10.1 Fragentyp C
Bei einer schweren essentiellen Hypertonie soll als therapeutische Maßnahme die Kochsalzzufuhr eingeschränkt werden,

weil

das NaCl-Angebot die Epitheloid-Zellen des juxtaglomerulären Apparates bei der Freisetzung von Renin beeinflußt.

10.3 LZ 10.1 Fragentyp A_1
Welche Aussage trifft zu?
Bei einem komatösen Patienten (70 kg) werden folgende Werte gemessen:

    Plasma-Osmolarität = 360 mosmol/l
    Plasma-Natrium   = 160 mmol/l
    Hämatokrit   = 60 %

Es handelt sich um eine

(A) hypotone Dehydratation
(B) hypertone Dehydratation
(C) isotone Dehydratation
(D) isotone Hyperhydratation
(E) hypertone Hyperhydratation

10.4 LZ 10.1.3 Fragentyp D
Hypertone Dehydratation kann auftreten bei

(1) Fieber, Schwitzen
(2) Diabetes insipidus
(3) chronisch oligurischer Niereninsuffizienz
(4) osmotischer Diurese bei Diabetes mellitus

(A) nur 1+3 sind richtig   (D) nur 2,3+4 sind richtig
(B) nur 1,2+4 sind richtig (E) 1-4= alle sind richtig
(C) nur 1,3+4 sind richtig

10.5 LZ 10.1.5 Fragentyp D
Ursachen eines Natriumionen-Mangels können sein:

(1) erhöhte Verluste von Sekret des Gastrointestinaltraktes
(2) Nebennierenrinden-Insuffizienz
(3) chronische Pyelonephritis ohne Störung der Nebennierenfunktion
(4) kochsalzarme Kost

(A) nur 1+2 sind richtig   (D) nur 1,3+4 sind richtig
(B) nur 2+4 sind richtig   (E) 1-4= alle sind richtig
(C) nur 1,2+3 sind richtig

10.6 LZ 10.2.1 Fragentyp A_1
Welche Aussage trifft zu?
Hypokaliämie

(A) wird durch eine Zufuhr von ca. 10 mmol Kalium/Tag ausreichend kompensiert
(B) zeigt manifeste Mangelsymptome bei Kalium-Werten von ca. 5,2 mmol/l Serum
(C) kann bei Insulinbehandlung des Coma diabeticum auftreten
(D) zeigt im EKG hohe, zeltförmige T-Wellen und Verkürzung der QT-Zeit
(E) tritt regelmäßig bei akuter Anurie auf

10.7 LZ 10.2.2 Fragentyp A_3
Welche Aussage trifft $\underline{\text{nicht}}$ zu?
Hyperkaliämie (Plasma-Kalium > 8 mmol/l) ist

(A) die Folge eines Hyperaldosteronismus
(B) lebensbedrohlich, wegen der Flimmerneigung des Herzens
(C) die Folge eines chronischen Nierenversagens
(D) die Folge einer schweren Hämolyse
(E) häufig gekoppelt mit nicht-respiratorischer (metabolischer) Azidose

10.8 LZ 10.3.4 Fragentyp A_3
Welche Aussage trifft $\underline{\text{nicht}}$ zu?
Die Bildung von Ödemen wird durch folgende Zustände gefördert:

(A) verminderten Lymphabfluß
(B) vermehrte Permeabilität der Kapillaren für Protein
(C) verstärkte Na^+-Retention durch die Niere
(D) Erhöhung des kolloidosmotischen Drucks im Plasma
(E) Erhöhung des mittleren hydrostatischen Kapillardrucks

10.9 LZ 10.4 Fragentyp A_1
Bei einer metabolischen Azidose oder Alkalose läßt sich der Basenhaushalt durch Infusion geeigneter Puffer korrigieren.

Welcher der folgenden Werte reicht allein aus zur Berechnung der erforderlichen Menge des Puffers?

(A) pH aktuell
(B) pCO_2
(C) Basenabweichung (base excess)
(D) aktuelle Bicarbonatkonzentration
(E) Pufferbasenkonzentration

10.10 LZ 10.4.1 Fragentyp D
Bei einer metabolischen Azidose

(1) besteht ein Pufferbasendefizit im Blut.
(2) ist die Ammoniak-Bildung in der Niere gesteigert.
(3) wird der arterielle CO_2-Partialdruck kompensatorisch gesenkt.
(4) ist die O_2-Bindungskurve verlagert.

(A) nur 1 ist richtig   (D) nur 2,3+4 sind richtig
(B) nur 1,2+3 sind richtig (E) 1-4=alle sind richtig
(C) nur 1,2+4 sind richtig

10.11 LZ 10.4.1 Fragentyp D
Metabolische Azidose kann ausgelöst werden durch

(1) Diabetes mellitus
(2) Diabetes insipidus
(3) chronische Niereninsuffizienz
(4) Überfunktion der Nebennierenrinde

(A) nur 1+3 sind richtig   (D) nur 1,3+4 sind richtig
(B) nur 2+3 sind richtig   (E) 1-4= alle sind richtig
(C) nur 2+4 sind richtig

10.12 LZ 10.4.4 Fragentyp D
Welche der folgenden Begriffe passen zu einer respiratorischen Alkalose?

(1) Tetanie
(2) vermehrte Ionisation von Calcium im Plasma
(3) kompensatorischer Abfall der HCO_3^--Konzentration im Plasma
(4) Minderung der Hirndurchblutung

(A) nur 1+2 sind richtig   (D) nur 1,3+4 sind richtig
(B) nur 1+3 sind richtig   (E) 1-4= alle sind richtig
(C) nur 3+4 sind richtig

10.13 LZ 10.4 Fragentyp A_1
Bei einem Patienten wurden folgende Werte für den Säure-Basen-Status im arteriellen Blut gemessen:

pH: 7,53

CO_2-Partialdruck: 56 mbar (42 mm Hg)

Basenüberschuß (BE): +10 mmol/l

Welcher pathologische Zustand könnte diesem Befund entsprechen?
(A) Schock
(B) Diabetes mellitus
(C) obstruktive Ventilationsstörung
(D) chronisches Erbrechen
(E) chronische Niereninsuffizienz

10.14 LZ 10.4.2 Fragentyp C
Bei einer stark ausgeprägten respiratorischen Azidose kann es zu tetanischen Krämpfen kommen,

weil

die Konzentration des ionisierten Calciums im Plasma vom jeweiligen pH-Wert abhängig ist.

11. Niere

11.1 LZ 11 Fragentyp D
Prüfen Sie die folgenden Aussagen zur Bildung von Nierensteinen:

(1) Die Ursache für die Entstehung von Calciumoxalatsteinen liegt selten in einer vermehrten Aufnahme von Oxalsäure mit der Nahrung.
(2) Eine erhöhte Harnsaurekonzentration im Urin kann die Bildung von Calciumoxalat begünstigen.
(3) Eine Ansäuerung des Urins durch orale Gaben von Ammoniumchlorid wirkt der Bildung von Calciumphosphatsteinen entgegen.
(4) Bei bakterieller Zersetzung des Harnstoffs kann es zur Bildung von Ammoniak und Magnesiumammoniumphosphatsteinen kommen.

(A) nur 1+2 sind richtig (D) nur 1,3+4 sind richtig
(B) nur 1+3 sind richtig (E) 1-4=alle sind richtig
(C) nur 3+4 sind richtig

11.2 LZ 11.1 Fragentyp D
Welche Aussagen bei Nierenfunktionsstörungen treffen zu?

(1) Eine verminderte Bildung von Ammoniumionen führt zur verminderten Protonenausscheidung.
(2) Bei glomerulären Nephropathien bedingt die Zunahme der Konzentration harnpflichtiger Substanzen in dem noch funktionsfähigen Nephron eine osmotische Diurese.
(3) Die Gegenregulation einer Phosphatretention bei chronischer Niereninsuffizienz ist eine Senkung des Calciumspiegels im Blut.
(4) Die Störung der Na^+-Rückresorption ist Frühsymptom einer schweren Nierenschädigung.

(A) nur 1+3 sind richtig (D) nur 1,3+4 sind richtig
(B) nur 2+4 sind richtig (E) 1-4= alle sind richtig
(C) nur 1,2+3 sind richtig

11.3 LZ 11. Fragentyp C
Nierenerkrankungen (z.B. Hypernephrom, Zystenniere, Nierenadenom) können zu einer sekundären Polyglobulie führen,

weil

die vermehrte Produktion und Aktivierung des Erythropoietins in der Niere bei bestimmten Nierenerkrankungen die Erythrozytenbildung im Knochenmark stimuliert.

11.4 LZ 11.2 Fragentyp D
Proteinurie findet man typischerweise
(1) nach schwerer Muskelarbeit
(2) bei Verschluß einer Nierenvene
(3) bei Hypervolämie (z.B. Infusion von Dextranlösung)
(4) bei Erhöhung der Aldosteronkonzentration im Blut

(A) nur 2 ist richtig (D) nur 2+4 sind richtig
(B) nur 1+2 sind richtig (E) nur 3+4 sind richtig
(C) nur 1+3 sind richtig

11.5 LZ 11.2 Fragentyp D
Eine pathologisch vermehrte Proteinausscheidung

(1) kann bei Nierenschäden einen täglichen Proteinverlust durch Ausscheidung mit dem Urin von mehr als 3,5 g erreichen.
(2) liegt vor, wenn sich im Urin α-Amylaseaktivität nachweisen läßt.
(3) ist beweisend für eine negative Stickstoffbilanz.
(4) kann zu Ödemen führen.

(A) nur 1+3 sind richtig (D) nur 2+4 sind richtig
(B) nur 1+4 sind richtig (E) 1-4= alle sind richtig
(C) nur 2+3 sind richtig

11.6 LZ 11.3 Fragentyp A_3
Welche Aussage trifft nicht zu?
Ein akutes Nierenversagen

(A) ist durch Verminderung der glomerulären Filtrationsrate charakterisiert
(B) führt zu Hyperkaliämie und Stickstoffretention (Azotämie)
(C) erfordert eine Bilanzierung der Flüssigkeitszufuhr
(D) führt zu einer metabolischen Alkalose
(E) kann Folge eines hypovolämischen Schocks sein

11.7 LZ 11.3.4, 11.4 Fragentyp A_1
Welche der im Coma urämicum festgestellten Elektrolytentgleisungen bedroht in erster Linie den Patienten vital?
(A) Hyperkaliämie (D) Hypokalzämie
(B) Hyperurikämie (E) Hyponatriämie
(C) Hyperphosphatämie

11.8 LZ 11.4 Fragentyp C
Bei der chronischen Niereninsuffizienz kann es u.a. zu sekundärem Hyperparathyreoidismus kommen,

weil

bei der chronischen Niereninsuffizienz die Fähigkeit der Niere zur Umwandlung von 25-Hydroxycholecalciferol zu 1,25 Dihydroxycholecalciferol eingeschränkt sein kann.

11.9 LZ 11.4 Fragentyp A_3
Welche Aussage trifft nicht zu?
Bei chronischer Niereninsuffizienz kommt es in der Regel zu einer Anämie, für die folgende Mechanismen verantwortlich zu machen sind:
(A) Zunahme der Hämolyserate
(B) verminderte Erythrozytenproduktion im Knochenmark
(C) Verkürzung der mittleren Erythrozyten-Lebensdauer
(D) verminderte Erythropoietinbildung
(E) erhebliche Steigerung der Eisenverluste durch die erkrankten Nieren

1.10   LZ 11.4   Fragentyp C
ei der chronischen Niereninsuffizienz tritt eine
etanie trotz Hypokalzämie nur selten auf,

eil

ine bei chronischem Nierenversagen auftretende
zidose Ca^{++} verstärkt aus der Proteinbindung löst.

.11   LZ 11.4   Fragentyp A_3
elche Aussage trifft nicht zu?
um nephrotischen Syndrom gehören definitionsgemäß
olgende Symptome:

(A) Hypoproteinämie   (D) Lipidurie
(B) Proteinurie   (E) Hypertonie
(C) Ödeme

Binde- und Stützgewebe

2.1   LZ 12.1   Fragentyp A_3
elche biochemische Veränderung tritt bei einer
kuten Entzündung nicht ein?

(A) vermehrte Lactatbildung der geschädigten Zellen
(B) Temperaturabfall im Entzündungsgebiet infolge
    Entkopplung der Atmungskette der geschädigten
    Zellen
(C) Freisetzung von Elektrolyten aus den geschädigten
    Zellen
(D) Freisetzung von schmerzauslösenden und vasoaktiven
    Substanzen (z.B. Kinine, Prostaglandine,
    Histamin) aus Makrophagen des Entzündungsgebietes
(E) Einstrom von Fibrinogen infolge erhöhter Kapillarpermeabilität

.2   LZ 12.4.1   Fragentyp D
i der Synthese des Kollagens führt ein angeborener
fekt der Prolin- bzw. Lysinhydroxylase zu

(1) mangelhafter mechanischer Belastbarkeit des
    Kollagens (z.B. abnormer Zerreißbarkeit der
    Haut)
(2) fehlender oder unvollständiger Bildung von
    Hydroxyprolin bzw. Hydroxylysin
(3) unvollständiger inter- bzw. intramolekularer
    Vernetzung der Kollagenmoleküle
(4) ähnlichen Ausfallserscheinungen wie ein
    Ascorbinsäuremangel

(A) nur 1+2 sind richtig (D) nur 2,3+4 sind richtig
(B) nur 2+3 sind richtig (E) 1-4= sind richtig
(C) nur 3+4 sind richtig

.3   LZ 12.5   Fragentyp A_3
lche Aussage trifft nicht zu?
e enterale Ca^{++}-Aufnahme kann beeinträchtigt werden
ch

(A) Störungen der Fettverdauung
(B) Mangel an D-Hormon
(C) Hypoparathyreoidismus
(D) hohen Proteingehalt der Nahrung
(E) Oxalsäure in der Nahrung

.4   LZ 12.5.1   Fragentyp A_3
che Aussage trifft nicht zu?
er Parathormon und Calcitonin wirken folgende
mone auf den Knochenstoffwechsel:

(A) somatotropes Hormon
(B) Mineralocorticoide
(C) Östrogene
(D) Schilddrüsenhormone
(E) Glucocorticoide

12.5   LZ 12.5   Fragentyp D
Die Calciumionen-Resorption aus der Nahrung kann gestört sein bei

(1) Mangel an Vitamin D
(2) chronischen Durchfällen
(3) Mangel an Parathormon
(4) erhöhter enteraler Konzentration freier
    Fettsäuren
(5) chronischer Niereninsuffizienz

(A) nur 1+3 sind richtig (D) nur 1,3,4+5 sind richtig
(B) nur 1,3+5 sind richtig (E) 1-5= alle sind richtig
(C) nur 2,4+5 sind richtig

12.6   LZ 12.5.2   Fragentyp D
Welche Aussagen über Vitamin D sind richtig?

(1) Das mit der Nahrung aufgenommene und resorbierte Vitamin D wird bei stärkerer Niereninsuffizienz nicht in ausreichenden Mengen in 1,25-Dihydroxycholecalciferol umgewandelt.
(2) Vitamin D fördert die Calcium-Mobilisierung aus dem Knochen in Gegenwart von Parathormon.
(3) Vitamin D steigert die enterale Calcium-Resorption.
(4) Durch Vitamin D in Überdosen kann eine pathologisch gesteigerte Calciumablagerung in parenchymatösen Organen ausgelöst werden.

(A) nur 1+4 sind richtig (D) nur 2,3+4 sind richtig
(B) nur 2+3 sind richtig (E) 1-4= alle sind richtig
(C) nur 1,2+3 sind richtig

12.7   LZ 12.5.4   Fragentyp D
Ursachen einer negativen Ca-Bilanz des Skeletts
können sein:

(1) Immobilität über mehrere Wochen
(2) Vitamin D-Mangel
(3) Hypoparathyreoidismus
(4) Östrogenmangel

(A) nur 2 ist richtig (D) nur 1,2+4 sind richtig
(B) nur 1+3 sind richtig (E) 1-4= alle sind richtig
(C) nur 2+4 sind richtig

13. Malignes Wachstum

13.1   13.0   Fragentyp A_3
Welche Aussage trifft nicht zu?
Eine Tumorzelle (maligne transformierte Zelle) unterscheidet sich von einer Normalzelle häufig durch folgende Merkmale:

(A) Auftreten neuer Oberflächenantigene
(B) verstärkte Agglutinierbarkeit durch Lectine
(C) veränderte Ladungsdichte der Glykoproteine und Glykolipide der Zellmembran
(D) Bildung tumorspezifischer Glykolyseenzyme
(E) fehlende Hemmung der Zellteilung bei Zell-Zell-kontakt

13.2   LZ 13.1   Fragentyp D
Kanzerogenese kann ausgelöst werden durch

(1) ultraviolette Bestrahlung der Haut
(2) Bildung von Nitrosaminen im Intestinaltrakt
(3) Aufnahme von Aflatoxin aus Nahrungsmitteln,
    die mit Schimmelpilz (Aspergillus flavus)
    befallen sind
(4) lokale Applikation von 3,4-Benzpyren

(A) nur 1+2 sind richtig (D) nur 1,3+4 sind richtig
(B) nur 2+3 sind richtig (E) 1-4= alle sind richtig
(C) nur 3+4 sind richtig

13.3 LZ 13.3 Fragentyp A_3
Welche Aussage trifft nicht zu?
Das Carcino-Embryonale Antigen (CEA)

(A) ist ein Glykoprotein
(B) ist physiologischerweise während des Fötallebens im Serum vorhanden
(C) ist auch beim gesunden Erwachsenen im Serum in geringer Konzentration (2-3 µg/l Serum) nachweisbar
(D) kann bei entzündlichen Erkrankungen des Intestinaltraktes in erhöhter Konzentration im Serum nachweisbar sein
(E) ist zur Frühdiagnose des Kolonkarzinoms geeignet

14. Pathophysiologie des Blutes und der blutbildenden Organe

14.1 LZ 14.2 Fragentyp D
Änderungen des Hämatokrits sind zu erwarten

(1) bei Zunahme der extrazellulären Osmolarität
(2) während einer hämolytischen Krise
(3) bei Anstieg des mittleren Erythrozytenvolumens
(4) bei Polyglobulie

(A) nur 2 ist richtig (D) nur 1,3+4 sind richtig
(B) nur 4 ist richtig (E) 1-4= alle sind richtig
(C) nur 2+4 sind richtig

14.2 LZ 14.3 Fragentyp A_1
Welche Aussage trifft zu?
Für eine unbehandelte Eisenmangelanämie ist charakteristisch:

(A) erhöhter Hb_E (mittlerer Hämoglobingehalt des einzelnen Erythrozyten)
(B) Megalozyten im peripheren Blut
(C) vermehrt Retikulozyten im peripheren Blut
(D) Anulozyten im peripheren Blut
(E) erhöhte LDH-Aktivität im Serum

14.3 LZ 14.3 Fragentyp D
Bei einer Hämolytischen Anämie

(1) ist der Serumeisenspiegel erhöht
(2) liegt häufig eine vermehrte Ausscheidung von Transferrin mit dem Urin vor
(3) kann eine erniedrigte Eisenresorption die Ursache sein
(4) ist die latente Eisenbindungskapazität erniedrigt

(A) nur 1+2 sind richtig (D) nur 3+4 sind richtig
(B) nur 1+4 sind richtig (E) nur 1,2+4 sind richtig
(C) nur 2+4 sind richtig

14.4 LZ 14.4 Fragentyp A_3
Welche Aussage trifft nicht zu?
Zu einem schwerwiegenden Vitamin-B_{12}-Mangel mit resultierender megaloblastärer Anämie kann es kommen bei

(A) fehlender Synthese durch die Darmflora (Antibiotika-Therapie)
(B) Malabsorption bei Erkrankung distaler Dünndarmabschnitte
(C) Atrophie der Magenschleimhaut
(D) ausgedehnter Magenresektion
(E) Befall mit Fischbandwurm

14.5 LZ 14.4 Fragentyp D
Megalocytäre, hyperchrome Anämie mit Megaloblasten im Sternalmark findet man bei Mangel an:

(1) Eisen (4) Protein
(2) Cobalamin (5) Kupfer
(3) Folsäure

(A) nur 2 ist richtig (D) nur 1+4 sind richtig
(B) nur 3 ist richtig (E) nur 2+3 sind richtig
(C) nur 5 ist richtig

14.6 LZ 14.3 Fragentyp A_3
Welche Aussage trifft nicht zu?
Die megaloblastäre Anämie ist charakterisiert durch

(A) verkürzte Lebenszeit der roten Blutzellen
(B) erhöhten Hb-Gehalt der Erythrozyten
(C) Thrombopenie
(D) Riesenformen in der Myelopoese
(E) Leukozytose

14.7 LZ 14.5.3 Fragentyp D
Bei langdauerndem Eisenmangel findet man folgende Symptome

(1) einen erniedrigten mittleren Hb-Gehalt der Erythrozyten
(2) ein erniedrigtes mittleres Erythrozytenvolumen
(3) ein erhöhtes mittleres Erythrozytenvolumen
(4) eine normochrome Anämie
(5) eine erniedrigte mittlere Hämoglobinkonzentration der Erythrozyten

(A) nur 3 ist richtig (D) nur 3+4 sind richtig
(B) nur 1+3 sind richtig (E) nur 1,2,5 sind richtig
(C) nur 2+4 sind richtig

14.8 LZ 14.5 Fragentyp A_3
Welche Antwort trifft nicht zu?
Die Erythropoese ist bei einem Mangel folgender Faktoren beeinträchtigt:

(A) Vitamin B_{12} (D) Wachstumshormon
(B) Pyridoxin (E) Folsäure
(C) Eisen-Ionen

14.9 LZ 14.5.2 Fragentyp A_1
Welchen Einfluß hat Blei auf die Erythropoese?

(A) Hemmung der Eisenresorption
(B) Blockade der Hämsynthese
(C) Hemmung der erythropoetischen Wirkung der Glucocorticoide
(D) Vitamin B_{12}-Antagonismus
(E) Stimulation der Erythropoietinsynthese

14.10 LZ 14.6 Fragentyp D
Enzymdefekte der Erythrozyten

(1) betreffen meist deren Aminosäure-Stoffwechsel
(2) zeigen sich in einer verkürzten Lebensdauer der Erythrozyten
(3) gehören zur Krankheitsgruppe der Hämoglobinopathien
(4) können durch Nahrungsmittel oder Medikamente klinisch manifest werden
(5) äußern sich klinisch meist durch Zyanose des Patienten

(A) nur 2+4 sind richtig (D) nur 2,4+5 sind richtig
(B) nur 3+5 sind richtig (E) 1-5= alle sind richtig
(C) nur 1,2+5 sind richtig

14.11 LZ 14.6 Fragentyp A_1
Welche Aussage trifft zu?
Ein pathologisch vermehrter Hämoglobinabbau führt

(A) zu Eisenmangel
(B) zur Hämoglobinurie
(C) zum Anstieg der Konzentration des indirekten Bilirubins im Serum
(D) zu vermehrter Bilirubinausscheidung im Harn
(E) zu keiner der angegebenen Veränderungen

4.12   LZ 14.7   Fragentyp C
ine sekundäre Polyglobulie kann als Folge einer
hronischen Hypoxämie bei kardialen und pulmonalen
rkrankungen auftreten,

eil

ei O$_2$-Mangel vom Nierengewebe vermehrt Erythropoietin
ebildet und freigesetzt wird.

4.13   LZ 14.10   Fragentyp C
ie therapeutische Wirkung von Cumarin-Derivaten auf
ie Blutgerinnung setzt innerhalb der ersten halben
tunde ein,

eil

umarin-Derivate wirksame Hemmstoffe der Prothrombin-
.osynthese sind.

4.14   LZ 14.10   Fragentyp A$_1$
elche Aussage trifft zu?
ie gerinnungshemmende Wirkung von Heparin läßt sich
ut aufheben durch i.v. Injektion von

) Calciumionen (z.B. Calciumgluconat)
) Protaminsulfat (Protamin Roche^R)
) Vitamin K$_1$ (Konakion^R)
) ε-Aminocapronsäure (Epsicapron^R)
) Streptokinase (Streptase^R)

.15   LZ 14.10   Fragentyp A$_1$
lche der folgenden Methoden scheint Ihnen am
ssagekräftigsten zur Erkennung einer Thrombasthe-
e?

) Thromboplastinzeit
) partielle Thromboplastinzeit
) Plasmathrombinzeit
) Thrombozytenzahl
) Blutungszeit

16   LZ 14.10   Fragentyp A$_1$
pisch für eine Hämophilie A ist eine

) verlängerte Thromboplastinzeit (Quick)
) verlängerte partielle Thromboplastinzeit (PTT)
) verlängerte Blutungszeit
) verlängerte Thrombinzeit (PTZ)
) verkürzte Rekalzifizierungszeit

17   LZ 14.10.2   Fragentyp A$_1$
an würden Sie bei einer verlängerten partiellen
omboplastinzeit (PTT) bei normaler Thromboplastin-
t (Quick) zuerst denken?

 Mangel an Faktor VIII
 Thrombasthenie
 Mangel an Faktor V und VII
 Dysfibrinogenämie
 Einfluß einer Cumarintherapie

18   LZ 14.10.2   Fragentyp A$_3$
che Aussage trifft nicht zu?
 einem schweren Leberparenchymschaden sind folgen-
 Gerinnungsfaktoren im Plasma erniedrigt:

 Fibrinogen (Faktor I)
 Prothrombin (Faktor II)
 antihämophiles Globulin A (Faktor VIII)
 Proaccelerin (Faktor V)
 Proconvertin (Faktor VII)

14.19   LZ 14.10   Fragentyp D
Geben Sie an, bei welchen der genannten Zustände das
Ergebnis des Quick-Tests pathologisch verändert ist:

   (1) Anwesenheit von therapeutisch zugeführtem
       Heparin
   (2) stark verminderte Antithrombin-III-Konzen-
       tration
   (3) schwerer Prothrombin-Mangel
   (4) schwere Hyperfibrinolyse
   (5) schwere Verbrauchskoagulopathie

(A) nur 3 ist richtig   (D) nur 1,3,4+5 sind richtig
(B) nur 1,2+3 sind richtig   (E) 1-5= alle sind richtig
(C) nur 3,4+5 sind richtig

14.20   LZ 14.10.3   Fragentyp D
Die Hämophilie A

   (1) ist autosomal-rezessiv vererbt
   (2) tritt selten bei Frauen auf
   (3) ist durch einen kongenitalen, den Faktor VIII
       betreffenden Defekt verursacht
   (4) läßt sich aufgrund einer herabgesetzten
       Thrombozytenzahl diagnostizieren.

(A) Keine der Aussagen trifft zu
(B) nur 1 ist richtig
(C) nur 2 ist richtig
(D) nur 2+3 sind richtig
(E) nur 1,2+4 sind richtig

14.21   LZ 14.10.4   Fragentyp D
Streptokinase (Streptase^R)

   (1) fördert die Umwandlung von Plasminogen in
       Plasmin
   (2) hemmt die Umwandlung von Fibrinogen in Fibrin
   (3) führt zur Bildung von Antikörpern
   (4) hemmt die Umwandlung von Prothrombin in Thrombin

(A) nur 4 ist richtig   (D) nur 1,2+3 sind richtig
(B) nur 1+3 sind richtig   (E) 1-4= alle sind richtig
(C) nur 2+4 sind richtig

14.22   LZ 14.10   Fragentyp D
Welche der genannten Substanzen können Calciumionen in
vitro komplex binden bzw. ausfällen?

   (1) Na-citrat   (4) Li-heparinat
   (2) K-EDTA   (5) Cumarin-Derivate
   (3) Na-oxalat

(A) nur 1+2 sind richtig   (D) nur 2,3+4 sind richtig
(B) nur 1+3 sind richtig   (E) nur 1,2,3+5 sind richtig
(C) nur 1,2+3 sind richtig

14.23   LZ 14.10   Fragentyp A$_3$
Welche Aussage trifft nicht zu?
An der Blutgerinnung ist (sind) beteiligt:

(A) Calcium-Ionen   (D) Prothrombin
(B) Fibrinogen   (E) Plasminogen
(C) Thrombozyten

14.24   LZ 14.10.5   Fragentyp A$_3$
Welche Aussage trifft nicht zu?
Bei der Verbrauchskoagulopathie werden verbraucht:

(A) Plättchen   (D) Prothrombin
(B) Fibrinogen   (E) Faktor V
(C) Calciumionen

4. Lösungen

1.1	D	6.20	A	11.5	B		
1.2	B	6.21	C	11.6	D		
1.3	A	6.22	D	11.7	A		
		6.23	D	11.8	A		
2.1	D	6.24	A	11.9	E		
2.2	C	6.25	D	11.10	A		
2.3	C	6.26	E	11.11	E		
2.4	D	6.27	B				
2.5	E	6.28	D	12.1	B		
2.6	B	6.29	C	12.2	E		
2.7	C	6.30	E	12.3	C		
2.8	D	6.31	C	12.4	B		
2.9	E	6.32	C	12.5	E		
2.10	D			12.6	E		
2.11	D			12.7	D		
2.12	A	7.1	E				
		7.2	D	13.1	D		
3.1	C	7.3	E	13.2	E		
3.2	D	7.4	C	13.3	E		
3.3	C	7.5	E				
3.4	D	7.6	A	14.1	E		
				14.2	D		
4.1	B	8.1	C	14.3	B		
4.2	D	8.2	E	14.4	A		
4.3	A	8.3	A	14.5	E		
4.4	E	8.4	D	14.6	E		
4.5	C	8.5	A	14.7	E		
4.6	A	8.6	E	14.8	D		
4.7	A	8.7	E	14.9	B		
4.8	E	8.8	A	14.10	A		
4.9	D	8.9	E	14.11	C		
4.10	E	8.10	E	14.12	A		
4.11	E	8.11	D	14.13	D		
4.12	A	8.12	C	14.14	B		
4.13	B	8.13	B	14.15	E		
4.14	E			14.16	B		
				14.17	A		
5.1	E	9.1	E	14.18	C		
5.2	A	9.2	A	14.19	D		
5.3	A	9.3	D	14.20	D		
5.4	E	9.4	D	14.21	B		
5.5	E	9.5	E	14.22	C		
5.6	C	9.6	D	14.23	E		
5.7	A	9.7	E	14.24	C		
5.8	B	9.8	D				
5.9	E	9.9	D				
5.10	A	9.10	B				
5.11	E	9.11	A				
5.12	C	9.12	D				
5.13	E	9.13	D				
5.14	C	9.14	A				
5.15	C	9.15	B				
6.1	B	10.1	D				
6.2	C	10.2	B				
6.3	D	10.3	E				
6.4	D	10.4	E				
6.5	E	10.5	E				
6.6	B	10.6	C				
6.7	D	10.7	A				
6.8	B	10.8	D				
6.9	B	10.9	C				
6.10	C	10.10	E				
6.11	E	10.11	A				
6.12	B	10.12	B				
6.13	C	10.13	D				
6.14	A	10.14	D				
6.15	D						
6.16	A	11.1	E				
6.17	B	11.2	D				
6.18	D	11.3	A				
6.19	A	11.4	B				

E. Buddecke

Pathobiochemie

2. Auflage

Korrelationsregister zu den Gegenstandskatalogen (GK)
„Pathophysiologie — Pathobiochemie" und „Klinische Chemie"
für den ersten Abschnitt der ärztlichen Prüfung

Bearbeitet von
Dr. med. A. Buddecke

Walter de Gruyter · Berlin · New York 1983

Hinweise für Benutzer

Der Gegenstandskatalog 2 (GK 2) ist in seiner revidierten und neugegliederten 2. Auflage seit August 1978 Grundlage des schriftlichen Examens für den ersten Abschnitt der ärztlichen Prüfung. Das Register enthält Seitenhinweise für die GK **Pathophysiologie und Pathobiochemie und Klinische Chemie.**

1. GK Pathophysiologie und Pathobiochemie

Das Register gibt für alle durch Dezimalklassifikation geordneten Prüfungsinhalte des Sachgebiets „Pathobiochemie" diejenigen Seiten im Lehrbuch **Pathobiochemie** an, auf denen die hierzu notwendigen Wissensinhalte abgehandelt sind. Das Register stellt lediglich die Dezimalziffern und die zugeordneten Hauptthemen der Lerninhalte zusammen, die angegebenen Seitenzahlen beziehen sich jedoch auch auf die im Katalog aufgeführte Untergliederung der Themen.

Für die Kapitel 15–19 des Gegenstandskatalogs, die Lerninhalt der Pathophysiologie bezeichnen, wird auf entsprechende Lehrbücher verwiesen.

2. GK Klinische Chemie

Seitenhinweise werden jeweils für die mit laufenden Ziffern versehenen Einzelkapitel gegeben, soweit die dort genannten Lerninhalte aus dem Lehrbuch **Pathobiochemie** entnommen werden können. Die innerhalb der Einzelkapitel durch Klassifikation spezifizierten Gegenstände sind durch die genannten Seitenzahlen jedoch nicht vollständig abgedeckt.

GK Pathophysiologie-Pathobiochemie

1. Stoffwechsel der Nucleinsäuren

1.1 **Purinstoffwechsel**
1.1.1 Hyperuricämie 36–42, 52, 96, 312
1.1.2 primäre Hyperuricämie 36-39
1.1.3 sekundäre Hyperuricämie 39–41, 301

2. Stoffwechsel der Aminosäuren, Proteine

2.1 **angeborene und erworbene Störungen des Aminosäurestoffwechsels**
2.1.1 genetische Aminosäure-Transportstörungen 53, 59, 68
2.1.2 Aminoazidurie 59–66, 315
2.1.3 Protein- und Aminosäuremangel 41–55, 111
2.1.4 Regulationsstörungen des Aminosäure- und Proteinstoffwechsels 49–55, 59–67, 308–309

2.2 **Plasma-Gesamt-Protein** 55–59, 306–308

2.3 **Pathoproteinämien** 47–54
2.3.1 erbliche Anomalien 46–48, 125–128
2.3.2 Dysproteinämien 55–56, 59, 243, 306–307
2.3.3 Paraproteinämien 48, 55–59, 429–430

3. Enzyme

3.1 **hereditäre Enzymopathien** 7, 10–13
3.1.1 primäre Auswirkungen 14, 27, 67, 214
3.1.2 sekundäre Auswirkungen 32, 103, 347, 353

3.2 **Allgemeine Gesichtspunkte zu erworbenen Enzymaktivitätsveränderungen**
3.2.1 Globalveränderungen 15–18, 260–261, 407–409
3.2.2 selektive Veränderungen 42–43, 60, 71–78, 101–104
3.2.3 reaktive Veränderungen 71–78, 407–411

3.3 **Enzymveränderungen im Serum (Plasma) und im Gewebe** 15–19, 261–262, 336–341

3.4 **Enzymveränderungen in anderen Körperflüssigkeiten und im Stuhl** 186, 292–293, 363

4. Stoffwechsel der Lipide

4.1 **Lipoproteinstoffwechsel**
4.1.1 Absorptionsstörungen 83–85, 96, 100
4.1.2 primäre Hyperlipoproteinämien 93–96
4.1.3 sekundäre Hyperlipoproteinämien 96–98, 143, 154, 159, 267, 271
4.1.4 nicht veresterte Fettsäuren im Blut 83, 148, 266, 270
4.1.5 Lipidzusammensetzung 86, 92, 266–268, 367
4.1.6 Lipidspeicherkrankheiten 100–103, 355–358

4.2 **Adipositas** 104–107, 404

5. Stoffwechsel der Kohlenhydrate

5.1 **Absorptionsstörungen** 71–72, 285–291

5.2 **Enzymdefekte im zellulären Stoffwechsel**
5.2.1 Galaktosämie, Fructoseintoleranz 32, 73, 80, 269, 315
5.2.2 Glykogenspeicherkrankheiten 32, 37, 71, 75, 96, 269
5.2.3 Melliturien 81, 315

5.3 **Diabetes mellitus** 78–80, 152–166
5.3.1 Störungen des Kohlenhydratstoffwechsels 152–154
5.3.2 Störungen des Lipidstoffwechsels 96, 152–154
5.3.3 Stoffwechselentgleisungen im Coma diabeticum 116, 120, 154–155
5.3.4 Störungen des Proteinstoffwechsels 159–163
5.3.5 Insulinsekretion 150, 166

5.3.6	Glukagon-Insulin-Relation 78–79, 107, 135, 156, 166, 188	6.7.2	Cushing-Syndrom 111, 166, 174, 239
5.3.7	diabetisches Spätsyndrom 159–163	6.7.3	Aldosteronismus 111, 121, 176
5.3.8	weitere Diabetesformen 126, 158, 170, 174	6.7.4	Nebennierenrindeninsuffizienz 178

5.3.6 Glukagon-Insulin-Relation 78–79, 107, 135, 156, 166, 188
5.3.7 diabetisches Spätsyndrom 159–163
5.3.8 weitere Diabetesformen 126, 158, 170, 174

5.4 **Stoffwechsel im Hungerzustand** 45, 50–52, 266

5.5 **Hyperlactatämie, Lactatacidosen** 76–77, 155, 254

5.6 **Hypoglykämie** 80, 178, 254, 259, 378

6. Innere Sekretion

6.1 **Endokrinopathien** 133–200
6.1.1 Ursachen 133–200
6.1.2 Rückkopplung 137
6.1.3 Hormon-Analoga 172, 185

6.2 **Hypothalamus-Hypophysenvorderlappenhormone** 181–189
6.2.1 Hypophysenvorderlappeninsuffizienz 96, 142, 173, 182
6.2.2 glandotrope Hormone 133, 173, 182
6.2.3 Wachstumshormon (GH, STH) und Prolactin (PRL) 187–189

6.3 **Hypophysenhinterlappenhormone** 190–191
6.3.1 ADH-Mindersekretion 109, 190
6.3.2 ADH-Mehrsekretion 191, 301, 335

6.4 **Schilddrüsenhormone** 139–146, 322
6.4.1 hypothalamisch-hypophysäre Regulation 140, 143, 424
6.4.2 Störung der Biosynthese der Schilddrüsenhormone 141
6.4.3 Immunpathogenese von Schilddrüsenerkrankungen 144, 146, 424
6.4.4 Entwicklungsstörungen 143
6.4.5 Stoffwechselwirkungen 142

6.5 **Testeshormone** 181–187
6.5.1 hypophysäre Regulation 181–184
6.5.2 Hypogonadismus 185, 304

6.6 **Ovarialhormone** s. GK Physiologische Chemie

6.7 **Nebennierenrindenhormone** 167–181
6.7.1 angeborene Biosynthesestörungen 175

6.7.2 Cushing-Syndrom 111, 166, 174, 239
6.7.3 Aldosteronismus 111, 121, 176
6.7.4 Nebennierenrindeninsuffizienz 178

6.8 **Katecholamine** 79, 134, 147, 151, 197, 266

6.9 **Parathormon, Vitamin D** 207–208, 327–329, 332

6.10 gastrointestinale Hormone 281–284

6.11 **Pankreashormone** 150, 166

6.12 **Gewebshormone und biogene Amine**
6.12.1 Kinin-System 191–192, 408
6.12.2 Serotonin (5-Hydroxytryptamin) 134, 193, 200, 400, 408, 413, 433
6.12.3 Histamin 134, 195, 295, 408, 433
6.12.4 Prostaglandine 42, 134, 196, 296, 408
6.12.5 Renin-Angiotensin-System 169, 177, 301

7. Vitamine

7.1 **Avitaminosen** 201–202

7.2 **Vitamin A** 47, 85, 207, 416

7.3 **Vitamin D** 207, 319, 321, 327, 332

7.4 **Vitamin K** 85, 206, 244, 392, 399

7.5 **Folsäure und Vitamin B_{12}** 12, 31, 202–205, 215–216, 261, 285, 288, 289, 387

8. Gastrointestinaltrakt

8.1 **Oesophagus**

8.2 **Magen** 276–281
8.2.1 Ulcus 187, 279–280
8.2.2 Hypo- und Achlorhydrie 216, 280, 283
8.2.3 chronisch atrophische Gastritis 216, 280, 289

8.3 **Darm**
8.3.1 Malabsorption 285–287
8.3.2 Diarrhoen 72, 111, 121, 273, 295
8.3.3 intestinale Hormone 200, 281–284

8.4	exokriner Anteil der Pankrease 291–293		
8.4.1	akute Pankreasnekrose 84, 293–294		
8.4.2	chronische Störung der Pankreasfunktion 53, 84, 283–284, 294–295		

9. Leber-Galle

9.1 **Leberinsuffizienz und hepatische Enzephalopathie** 258–266
9.1.1 Leberinsuffizienz 258, 264, 399
9.1.2 hepatische Enzephalopathie 263, 264

9.2 **Ikterus und Cholestase** 246–250, 270–272
9.2.1 Bilirubinstoffwechsel bei Erkrankungen 246–248
9.2.2 Bilirubin-Transportstörungen 247
9.2.3 enterohepatische Kreisläufe des Bilirubins und der Urobilinogene 246, 248
9.2.4 Cholestase 270–272

9.3 **Stoffwechselstörungen bei Lebererkrankungen**
9.3.1 Blutzucker 254, 259
9.3.2 Lipide 266–267, 272, 287

9.4 **Leberenzyme und Enzym-Diagnostik** 243, 260
9.4.1 Einteilung der Enzyme, Enzymmuster 9, 15, 53
9.4.2 Diagnostik 243, 260–261

9.5 **Biotransformation** 250–257
9.5.1 Belastbarkeit 250–257
9.5.2 medikamentöse Einflüsse und Interaktionen 13, 251
9.5.3 „Giftung" 253

9.6 **Leberdurchblutung, Pfortaderhochdruck, Aszites**
9.6.1 Durchblutungsstörungen der Leber 264
9.6.2 Pfortaderhochdruck 264
9.6.3 Aszites 47, 172, 336

9.7 **Galle** 270–275
9.7.1 Störungen der Bildung 83, 249
9.7.2 Störungen der Sekretion 244, 271, 286
9.7.3 extrahepatische Faktoren der Gallensteinbildung 272
9.7.4 Gallensäurenverlustsyndrom 84, 287, 297

10. Salz-, Wasser- und Säure-Basen-Haushalt

10.1 **Störungen des Wasser-Natrium-Haushalts** 110–114
10.1.1 isotone Dehydratation 109–112
10.1.2 isotone Hyperhydratation 109–112
10.1.3 hypertone Dehydratation 109–112
10.1.4 hypertone Hyperhydratation 109–112
10.1.5 hypotone Dehydratation 109–112
10.1.6 hypotone Hyperhydratation 109–112
10.1.7 Infusionslösungen s. GK Pharmakologie

10.2 **Störungen des Kaliumhaushalts** 114–116
10.2.1 Hypokaliämie 115, 172, 283, 302
10.2.2 Hyperkaliämie 114, 226, 301
10.2.3 Folgen 115–116

10.3 **Störungen der Volumen- und Osmoregulation**
10.3.1 Renin-Angiotensin-Aldosteron-System 168, 177, 301
10.3.2 Aldosteron 117, 167–169
10.3.3 antidiuretisches Hormon (ADH) 170, 253, 335
10.3.4 Ödeme 49, 53, 177, 291

10.4 **Störungen des Säure-Basen-Haushalts** 118–122
10.4.1 nichtrespiratorische (metabolische) Acidose 60, 112, 116, 120, 148, 154, 178, 304
10.4.2 respiratorische Acidose 120
10.4.3 nichtrespiratorische (metabolische) Alkalose 121
10.4.4 respiratorische Alkalose 121, 263
10.4.5 Folgen 118–122
10.4.6 Kompensationsmechanismen 298–300

11. Niere

11.1 **glomeruläre Filtrationsrate (GFR)** 298, 310
11.1.1 Einschränkung der GFR 302–304

11.2 **Proteinurie** 307
11.2.1 verschiedene Formen 54, 303, 306–307
11.2.2 nephrotisches Syndrom 54, 57, 177, 306–307, 399

11.3	akutes Nierenversagen 40, 41, 302		13.	**Malignes Wachstum**
11.3.1	Charakterisierung 302–303			
11.3.2	Formen 302		13.1	**Cancerogenese** 374–377, 380–382
11.3.3	Verlauf 302		13.2	**Stoffwechsel** 378–380
11.3.4	Gefahren 114, 120, 302		13.3	**Immunabwehr** 382–386
11.4	**chronische Niereninsuffizienz** 303–306			
11.4.1	Charakterisierung 304		14.	**Pathophysiologie des Blutes und der blutbildenden Organe**
11.4.2	renale Funktion 303–306			
11.4.3	renale und extrarenale Manifestation 304			
			14.1	**Blutplasma** 47–48, 55–59
11.5	**Störungen der Harnkonzentrierung** 298–302		14.2	**Blutvolumen** 213
11.6	**renale Hypertonie** 149, 176, 177, 200, 304, 368		14.3	**Anämien** 125, 204–206, 216–230, 422–424
			14.4	**Verminderung der Zellbildung durch Zellteilungs- und Reifungsstörungen**
			14.4.1	Störungen auf Stammzellebenen 216, 241
12.	**Binde- und Stützgewebe**		14.4.2	Störungen der DNA-Synthese 205, 216
12.1	**Entzündungen** 193, 405–411, 436		14.5	**Störungen der Hämoglobinbildung**
12.1.1	akute Entzündung 407–408		14.5.1	Hämoglobinopathien 219–223
12.1.2	chronische Entzündung 407–411		14.5.2	Störungen der Hämsynthese 231–235
			14.5.3	Eisenmangel 57, 114, 125, 223, 229
12.2	**degenerative Veränderungen (z. B. Atherosklerose)** 363–370		14.6	**beschleunigte Erythrozytenelimination** 217–218
12.3	**Proliferation, Reparation, Ablagerung** 43, 412–417, 430		14.6.1	gesteigerte Hämolyse bei zellulären Defekten 218–223, 224–228
			14.6.2	Hämolyse durch extrazelluläre Faktoren 228–229, 422–424
12.4	**Störungen des Kollagen- und Proteoglykanstoffwechsels** 343–363			
12.4.1	Kollagen 343–350		14.7	**Polyzythämie** 39, 230–231, 404
12.4.2	Glykosaminoglykane (Proteoglykane) 350–355, 358–361		14.8	**Leukozyten** 236–241
			14.8.1	Granulozytose 239
12.4.3	Alterung 371–373		14.8.2	Granulozytopenie (Agranulozytose) 241
12.5	**Skelett**		14.8.3	Lymphozyten, Plasmazellen, Monozyten 57, 236, 423–428
12.5.1	hormonabhängige Störungen 320–322			
12.5.2	Vitamin D („D-Hormon") 207, 319, 321, 327, 332		14.9	**Thrombozyten** 400, 413
			14.9.1	Thrombozytose, Thrombozytopenie 397–398, 400–401
12.5.3	Parathormon 207–208, 327–329, 332			
12.5.4	negative Bilanz des Knochenstoffwechsels (Osteoporose, Osteomalazie) 325–329		14.10	**Hämostase** 391–403
			14.10.1	hämorrhagische Diathese 47, 397
			14.10.2	Gerinnungsfaktoren 393
12.5.5	positive Bilanz des Knochenstoffwechsels (Hyperostose) 329–331		14.10.3	angeborene Gerinnungsdefekte 399
			14.10.4	Fibrinolyse 394

14.10.5 disseminierte intravasale Gerinnung 400
14.10.6 Thrombose 403

15. Herz

16. Kreislauf

17. Atmung

18. Wärmehaushalt

19. Nervensystem

GK Klinische Chemie

1. Der klinisch-chemische Befund 16–18, 57–58, 76, 94, 96, 110, 121, 145, 157, 178, 213, 229, 231, 260, 280, 292, 310, 332, 340, 397, 429
2. Klinisch-chemische Analytik XXXIII–XXXVI
3. Befunderstellung aus Analysenergebnissen
4. Proteine und Nucleinsäuren 20–59
5. Lipide und Lipoproteine 82–107
6. Kohlenhydrate 69–81
7. Hormone 135–199
8. Enzyme 3–19
9. Blut 213–235
10. Gastointestinaltrakt 276–297
11. Säuren-Basen-Haushalt und Blutgase 118–122
12. Wasser- und Elektrolyt-Haushalt 108–117
13. Niere und ableitende Harnwege 298–316
14. Stütz- und Bewegungsapparat 318–332, 342–373
15. Liquor
16. Vergiftungen

Eckhart Buddecke

Pathobiochemie

Ein Lehrbuch für Studierende und Ärzte

2., neubearbeitete Auflage

Walter de Gruyter · Berlin · New York 1983

Prof. Dr. med. Eckhart Buddecke
Direktor des Instituts für Physiologische Chemie
an der Universität Münster/Westfalen
Waldeyerstraße 15
4400 Münster

Das Buch enthält 255 Abbildungen, Tabellen und Formeln

CIP-Kurztitelaufnahme der Deutschen Bibliothek

Buddecke, Eckhart:
Pathobiochemie : e. Lehrbuch für Studierende u. Ärzte / Eckhart Buddecke. − 2., neubearb. Aufl. − Berlin ; New York : de Gruyter, 1983.
ISBN 3-11-009658-7

© Copyright 1983 by Walter de Gruyter & Co., vormals G. J. Göschen'sche Verlagshandlung, J. Guttentag, Verlagsbuchhandlung, Georg Reimer, Karl J. Trübner, Veit & Comp., Berlin 30. Alle Rechte, insbesondere das Recht der Vervielfältigung und Verbreitung sowie der Übersetzung, vorbehalten. Kein Teil des Werkes darf in irgendeiner Form (durch Photokopie, Mikrofilm oder ein anderes Verfahren) ohne schriftliche Genehmigung des Verlages reproduziert oder unter Verwendung elektronischer Systeme verarbeitet, vervielfältigt oder verbreitet werden. Printed in Germany. Satz und Druck: Arthur Collignon GmbH, Berlin. Bindearbeiten: Lüderitz und Bauer Buchgewerbe GmbH, Berlin.

Vorwort

Die Biochemie hat die naturwissenschaftlichen Grundlagen der Medizin erweitert und gefestigt. Nachdem die Lebensvorgänge als eine Folge zahlreicher autonom regulierter chemischer Reaktionen erkannt wurden, lassen sich auch Erkrankungen als distinkte Störungen chemischer Reaktionen und biochemischer Prozesse verstehen.

In der **Pathobiochemie** dokumentiert sich das erfolgreiche Zusammengehen der Biochemie mit der Medizin. So läßt sich bei einer Reihe krankhafter Veränderungen eine lückenlose Kette vom molekularbiologischen Defekt bis zum klinischen Symptomenbild herstellen. Trotzdem vermag die Pathobiochemie noch kein geschlossenes Konzept einer *molekularbiologischen Krankheitslehre* zu entwerfen. Weite Bereiche der Pathogenese und Symptomatologie krankhafter Störungen sind immer noch auf den phänomenologischen Bereich beschränkt, doch wird der stetige Erkenntniszugewinn der Pathobiochemie der klinischen Medizin in zunehmendem Maße bessere theoretische Grundlagen und neue diagnostische und therapeutische Modelle liefern.

Die vorliegende Einführung in die Pathobiochemie umfaßt die Hauptabschnitte *Stoffwechsel, Stoffwechselregulation, Zellen-, Gewebe und Organe* und *Dynamische Systeme*. Sie beschreibt genetische und erworbene Störungen biochemischer Reaktionen oder Abweichungen in der chemischen Struktur der Bausteine des menschlichen Körpers, soweit sie sich als Symptome mit Krankheitswert manifestieren. Seltenere erbliche Stoffwechselstörungen wurden jedoch – um die thematischen Proportionen nicht zu verschieben – entsprechend ihrer untergeordneten klinischen Bedeutung nur kurz, meist in tabellarischer Form erwähnt, wenn sie nicht wegen ihrer paradigmatischen Bedeutung eine ausführlichere Behandlung erforderten. Im übrigen wurde – wenn möglich – die Beziehung zwischen physiologischen Reaktionsabläufen und pathobiochemischen Stoffwechselprozessen oder Funktionszuständen an Hand schematischer Darstellung erläutert.

Das Verständnis der Pathobiochemie setzt ein Basiswissen der Biochemie, insbesondere die Kenntnis der Prinzipien der chemischen Struktur, des Stoffwechsels und der Funktion der Bausteine des menschlichen Körpers voraus, die Lerninhalte des vorklinischen Studienabschnitts sind. Insoweit ist die Pathobiochemie eine weiterführende medizinorientierte Teildisziplin der Biochemie. Diese Tatsache gestattet einen Verzicht auf die Repitition biochemischer Grundlagen und macht die Begrenzung der Pathobiochemie auf einen angemessenen Umfang möglich, erlaubt aber auch fachübergreifende Aspekte; denn als verbindendes Glied zwischen Biochemie und Medizin vermittelt die Pathobiochemie auch die Beziehung zu zahlreichen medizinischen Nachbargebieten wie z. B. zur Pathologie, Immunologie, Pharmakologie, Klinischen Chemie und Inneren Medizin.

Bei der Auswahl des Stoffes wurde die revidierte und neugegliederte **2. Auflage des Gegenstandskatalogs „Pathophysiologie und Pathobiochemie"** eingehend berücksichtigt, doch wurden auch Lernziele der Gegenstandskataloge **„Pathologie"**, **„Mikrobiologie"** (Immunologie) und **„Klinische Chemie"** aufgenommen, wenn es das Verständnis der Zusammenhänge erforderte. Ein bibliographischer Anhang gibt zusätzliche Hinweise für ein vertieftes Studium der Fachliteratur.

Bei der Überarbeitung der **2. Auflage** wurden alle Kapitel kritisch redigiert und einzelne Abschnitte entsprechend dem Wissenschaftsfortschritt neu gefaßt oder eingefügt.

Zahlreichen Fachkollegen*, meinen Mitarbeitern und vielen Studenten danke ich für sachkundige Hinweise, kritische Anregungen und konstruktive Zuschriften. Zu besonderem Dank verpflichtet mich auch die langjährige und vertrauensvolle Zusammenarbeit mit dem Verlag Walter de Gruyter.

Münster, März 1983 　　　　　　　　　　　　　　　　　　　　　　　　E. Buddecke

---

* K. Decker, Freiburg; M. Doss, Marburg; H. Egge, Bonn; K. von Figura, Münster; H. Greiling, Aachen; H. Kresse, Münster; G. Mersmann, Münster; J. Rauterberg, Münster; R. Schauer, Kiel; F. Schneider, Marburg; P. Scriba, Lübeck; I. Trautschold, Hannover.

Inhaltsübersicht

Nomenklatur XX
Abkürzungen XX
Ionisationszustand von Säuren und Basen XX
Enzyme XX
SI-Einheiten XX

Reaktionsschemata und Tabellen XXI

Tabelle der Abkürzungen XXIII

   1. Symbole für monomere Einheiten in Makromolekülen oder in phosphorylierten Verbindungen XXIII
   2. Halbsystematische oder Trivialnamen XXIV
   3. Enzyme XXVII
   4. Allgemeine Abkürzungen und Symbole XXIX

SI-Einheiten XXX

Tabelle der Normbereiche XXXII

A. Stoffwechsel

I. Enzyme 3

   1. Natur und Wirkungsweise von Enzymen 3
       Enzyme und Zellstoffwechsel 3
   2. Nomenklatur, Einheiten und Meßgrößen der Enzymologie 4
       Enzymeinheiten 5
       Spezifische katalytische Aktivität 6
   3. Multiple Enzymformen und Isoenzyme 6
   4. Subzelluläre Enzymlokalisation und Organverteilungsmuster von Enzymen 7
       Organenzymmuster 8
   5. Enzymopathien 9
   6. Primäre (genetische) Enzymopathien 10
       Enzymvarianten 11
       Coenzymbedingte Enzymopathien 11
   7. Sekundäre (erworbene) Enzymopathien 13
       Entzündliche und toxische Veränderungen des Organenzymmusters 13
       Hemmung und Aktivierung von Zellenzymen 13
       Änderung des Enzymmusters durch Entdifferenzierung . . . 14
   8. Folgen eines Enzymdefektes 14
   9. Enzyme im Blutplasma 15
       Zellenzyme 16

Sekretionsenzyme 17
Enzyme der Gallenflüssigkeit 18
10. Anwendungsbereich, Grenzen und Möglichkeiten der Enzymdiagnostik 18
11. Enzymimmunassay 19

II. Nucleinsäuren 20

1. Nucleinsäuren, Gene und Chromosomen 20
   Nucleinsäuren 20
   Gene und Chromosomen 20
2. Mutation 22
   Spontanmutationen 23
   Experimentell induzierbare Genmutationen 23
3. Molekularkrankheiten 27
4. DNA-Reparatur 27
   Reparaturdefekte 29
   Xeroderma pigmentosum 29
5. Hemmstoffe der Nucleinsäure- und Proteinbiosynthese 30
   Inhibitoren der Purin- und Pyrimidinbiosynthese 30
   Hemmstoffe der DNA-, RNA- und Proteinbiosynthese 30
6. Therapie genetischer Defekte 32
   DNA-Rekombinationstechnologie 34
7. Pathobiochemie des Purinstoffwechsels 36
   Hyperurikämie (Gicht) 36
   Primäre Hyperurikämie 37
   Sekundäre Hyperurikämie 39
   Folge- und Begleitkrankheiten der Hyperurikämie 40
   Therapeutische Aspekte 41
   Xanthinurie 42
8. Pathobiochemie des Pyrimidinstoffwechsels 42
   Orotacidurie 42

III. Proteine und Aminosäuren 44

1. Proteine und Proteinstoffwechsel 44
   Proteinumsatz 44
   Störungen des Proteinstoffwechsels 45
2. Primäre Störungen des Proteinstoffwechsels 46
   Proteinvarianten 46
   Proteindefekte 46
   Paraproteinämien 48
3. Sekundäre Störungen des Protein- (und Aminosäure-)stoffwechsels . 49
   Proteinmangelsyndrome 49
   Hunger und Fasten 50
   Magen-, Darm- und Pankreaserkrankungen 53
   Erkrankungen der Leber 53
   Erkrankungen der Niere 54
   Erkrankungen der Haut 54
   Endokrine Dysfunktion 54

4.	Blutplasmaproteine	55
	Einteilung und Funktion	55
	Pathobiochemie der Blutplasmaproteine	55
	Hyperproteinämien und Hypoproteinämien	59
5.	Störungen des Aminosäurestoffwechsels	59
	Aminosäureabbaudefekte	59
	Störungen des Phenylalanin- und Tyrosinstoffwechsels	61
	Störungen des Leucin-, Isoleucin- und Valinstoffwechsels	63
	Störungen des Cysteinstoffwechsels	64
	Störungen des Glycinabbaus	65
	Enzymdefekte des Harnstoffzyklus	67
	Aminosäuretransportdefekte	68
	Transportsystem für Oligopeptide	68

IV. Kohlenhydrate 69

1.	Stoffwechsel und Kohlenhydrate	69
	Funktion der Kohlenhydrate	69
	Stoffwechsel der Glucose	69
2.	Abbau- und Resorptionsstörungen	70
	Enzymdefekte	71
	Lactoseintoleranz (Lactose-Malabsorption)	71
	Saccharose-Isomaltose-Intoleranz (Saccharose-Maltose-Malabsorption)	72
	Glucose-Galaktose-Malabsorption	72
3.	Zelluläre Stoffwechseldefekte	73
	Galaktoseintoleranz	73
	Kongenitale Galaktosämie	73
	Galaktosediabetes	74
	Fructoseintoleranz	74
	Essentielle Fructosurie	75
	Glykogenspeicherkrankheiten	75
	Hyperlactatämie und Lactatacidose (Lactacidose)	77
	Chronische kongenitale Lactatacidose	77
4.	Blutzucker	78
	Hormonelle Regulation des Blutzuckers	79
5.	Hypoglykämien	80
6.	Nichtdiabetische Glucosurien und Melliturien	81

V. Lipide 82

1.	Stoffklasse der Lipide	82
	Funktion	82
	Klassifizierung	82
	Stoffwechsel	82
2.	Lipidresorption und Resorptionsstörungen	83
	Resorption	83
	Resorptionsstörungen	83
	Malabsorption	84

3. Lipoproteine 85
   Lipoproteine des Blutplasmas 85
   Stoffwechsel der Lipoproteine 88
4. Stoffwechsel der Lipoproteine geringer und sehr geringer Dichte
   (Chylomikronen, VLDL, LDL) 88
   Chylomikronen 88
   VLDL- und LDL-Stoffwechsel 88
5. HDL-Stoffwechsel 90
   Struktur 91
   Stoffwechsel 91
6. Hyperlipoproteinämien (HLP) 93
   Primäre Hyperlipoproteinämien 94
   Sekundäre Hyperlipoproteinämien 96
   Abnorme Lipoproteine 97
   Diagnostik der Hyperlipoproteinämien 97
   Therapie der Hyperlipoproteinämien 98
7. Hypolipoproteinämien und Dyslipoproteinämien 99
   Familiärer Lecithin-Cholesterin-Acyl-Transferase (LCAT)-Mangel . 100
8. Lipidspeicherkrankheiten 100
9. Störungen des Phytansäureabbaus 103
10. Fettsucht (Adipositas) und hormonelle Regulation des Lipidstoffwechsels 104
    Genetische Faktoren 105
    Fettsucht als Verhaltensstörung 106
    Hormonelle Kontrolle 106
    Thermogenese 106
    Nahrungsausnutzung im Magen-Darm-Kanal 106
    Fettsucht als Risikofaktor 106
    Therapeutische Aspekte 107
    Hormonelle Regulation des Fettstoffwechsels 107

VI. Wasser- und Elektrolythaushalt 108

1. Physiologische Chemie 108
2. Regulation 109
3. Wasser- und Natriumhaushalt 110
   Dehydration 112
   Hyperhydration 112
4. Natrium- und Chloridhaushalt 113
   Hypernatriämie und Hyponatriämie 113
   Chloridhaushalt 113
5. Kaliumhaushalt 114
   Hyperkaliämie 114
   Hypokaliämie 115
6. Magnesiumhaushalt 116
   Hypermagnesiämie 116
   Hypomagnesiämie 117
7. Säure-Basen-Haushalt 118
   Puffersysteme 118

Parameter zur Beurteilung des Säure-Basen-Haushalts 119
Acidose und Alkalose 119
Metabolische Acidose 120
Respiratorische Acidose 120
Metabolische Alkalose 120
Respiratorische Alkalose 122
8. Eisen 122
Eisenbestand 122
Eisenresorption 122
Eisentransport im Blutserum 123
Ferritin im Blutserum 123
Eisenmangel 125
Hämosiderose und Hämochromatose 125
Atransferrinämie 126
9. Kupfer 127
Wilsonsche Erkrankung 127
Caeruloplasmin im Serum 128
10. Zink 128
11. Blei 129

B. Stoffwechselregulation

I. Hormone 133

1. Mechanismus der Hormonwirkung 133
Klassifizierung 133
Wirkungsweise 134
Regulation der Hormonwirkung 136
2. Klinisch-chemische Diagnostik in der Endokrinologie 137
Radioimmunassay 138
Enzymimmunassay 138
Kompetitive Proteinbindungsanalyse 138
3. Schilddrüsenhormone und übergeordnete Hormone 139
Biosynthese der Schilddrüsenhormone 140
Transport der Schilddrüsenhormone im peripheren Blut 140
Stoffwechselwirkungen 142
Euthyreote Struma 142
Hypothyreose 143
Hyperthyreose 144
Schilddrüsenfunktionsdiagnostik 145
Exophthalmus 146
4. Hormonelle Regulation des Calcium-Phosphat-Stoffwechsels 146
s. auch Kapitel Calcium und Skelettsystem
5. Katecholamine 147
Stoffwechsel 147
Katecholaminwirkungen 148
Katecholaminüberproduktion 149
Katecholaminmangelzustände 149

6. Insulin 150
   Insulinbiosynthese, Insulinsekretion und Insulinwirkung 150
   Wirkungsmechanismus 152
7. Diabetes mellitus 152
   Epidemiologie 153
   Stoffwechselstörungen bei Diabetes mellitus 153
   Hyperglykämie, Glucosurie 153
   Coma diabeticum 154
   Formen des Diabetes mellitus 155
   Diabetes-Stadien 158
8. Diabetische Spätkomplikationen 159
   Makroangiopathie 159
   Mikroangiopathie 160
   Diabetische Katarakt und diabetische Neuropathie 160
   Glykosylierte Hämoglobine und Diabetes-Kontrolle 161
   Glykosylierte Proteine 163
9. Diagnose des Diabetes mellitus 163
   Glucosetoleranztest 163
   Tolbutamidtest 164
   Glucose-Cortison-Toleranztest 164
10. Therapeutische Aspekte oraler Antidiabetika 164
    Zuckeraustauschstoffe 165
    Glucosidasehemmer in der Therapie des Diabetes mellitus ... 165
11. Glukagon 166
    Enteroglukagon 166
12. Hypothalamus-Hypophysen-Nebennierenrinden-System 167
    Biosynthese und Chemie 167
    Regulation 167
    Glucocorticoide 169
    Mineralocorticoide 171
    Überproduktion von Nebennierenrindenhormonen 173
    1. Primäres Cushingsyndrom 174
    2. Sekundäres Cushingsyndrom 174
    3. Adrenogenitales Syndrom 175
    4. Hyperaldosteronismus 176
    Sekundärer Hyperaldosteronismus 177
    Nebennierenrindeninsuffizienz 178
    Nebennierenrindenfunktionsdiagnostik 178
13. Hypothalamus-Hypophysen-Testosteron-System 181
    Biosynthese der Androgene 181
    Antiandrogene Substanzen 184
    Androgenwirkungen 184
    Primärer Hypogonadismus 185
    Sekundärer Hypogonadismus 186
    Inkretorische Überfunktion 186
14. Hypothalamus-STH-Somatomedin-System 187
    STH-Releasing-Hormon und Somatostatin 187
    STH-Wirkung 187
    Somatomedinwirkungen 188
    Pathobiochemie 189

15. Hormone des Hypophysenhinterlappens (HHL) 190
    Chemie 190
    Biologische Wirkungen des ADH 190
    Regulation der ADH-Wirkung 190
    Pathobiochemie 190
16. Gewebshormone und biogene Amine 191
    Kininsystem 191
    Serotonin 193
    Histamin 195
    Prostaglandine 196
    Leukotriene 199

II. Vitamine und Coenzyme 201

1. Definition und Klassifizierung 201
    Definition 201
    Klassifizierung 201
2. Thiamin 202
    Mangelerscheinungen 202
    Nachweis eines Thiaminmangels 203
    Therapie 203
3. Riboflavin 203
    Mangelerscheinungen 203
    Nachweis eines Riboflavinmangels 203
4. Nicotinamid 203
    Mangelerscheinungen 203
    Nachweis eines Nicotinamidmangels 203
    Therapie 203
5. Pantothensäure 203
    Mangelerscheinungen 203
6. Biotin 203
    Mangelerscheinungen 204
    Therapie 204
7. Folsäure 204
    Mangelerscheinungen 204
    Nachweis eines Folsäuremangels 205
    Therapie 205
    Folsäureantagonisten 205
8. Cobalamin 205
    Mangelerscheinungen 205
    Nachweis eines Cobalaminmangels 205
    Therapie 205
9. Pyridoxin 206
    Mangelerscheinungen 206
    Nachweis eines Pyridoxinmangels 206
    Therapie 206
10. α-Liponsäure 206
    Mangelerscheinungen 206
    Therapie 206

11. Phyllochinon 206
    Mangelerscheinungen 206
    Therapie 206
    Vitamin K-Antagonisten 206
    Toxizität 206
12. Retinol 207
    Mangelerscheinungen 207
    Therapie 207
    Toxizität 207
13. Calciferol 207
    Mangelerscheinungen 207
    Therapie 207
    Toxizität 207
14. Tocopherol 208
    Mangelerscheinungen 208
    Therapie 208
15. Ascorbinsäure 208
    Mangelerscheinungen 209
    Therapie 209
    Toxizität 209

C. Zellen, Gewebe und Organe

I. Erythrozyten 213

1. Basisdaten des Erythrozytenstoffwechsels 213
2. Störungen des Erythrozytenumsatzes 214
3. Störungen der Stammzellproliferation und der DNA-Synthese .. 216
   Aplastische Anämie 216
   Cobalamin- und Folsäuremangel (Megaloblastenanämie) 216
4. Hämolyse, Hyperhämolyse und hämolytische Anämien 217
5. Korpuskuläre Anämien 218
   Hämoglobinopathien 219
   Thalassämien 220
   Hämoglobinvarianten 220
   Sichelzell-Hämoglobin 222
   Eisenmangel 223
   Sideroachrestische Anämien 224
   Enzymopathien 224
   Membrandefekte 226
   Methämoglobinämie 227
6. Blutungsanämien und extrakorpuskuläre Anämien .. 228
   Erworbene extrakorpuskuläre Anämien 228
7. Differentialdiagnose von Anämien 229
   Haptoglobin und Hämopexin 229
8. Polyzythämie 230
   Polycythämia vera 230
   Symptomatische Polyglobulie 230

9. Porphyrien 231
   Erythropoetische Porphyrie 232
   Erythropoetische Protoporphyrie 233
   Akute hepatische Porphyrien 233
   Chronische hepatische Porphyrien 234
   Sekundäre (symptomatische) hepatische Porphyrien 234
   Bleivergiftung 235

II. Granulozyten und Monozyten 236

1. Differenzierung und Bildung 236
2. Granulozyten 236
3. Phagozytose 237
4. Leukozytose 239
5. Akute und chronische Leukämie 239
   Akute myeloische Leukämie 239
   Chronische myeloische Leukämie 240
   Chronische lymphatische Leukämie 240
6. Granulozytopenie und Agranulozytose 241

III. Leber 242

1. Die Leber im Intermediärstoffwechsel 242
2. Leberfunktionsdiagnostik 243
   Permeabilitätsstörungen 243
   Synthesestörungen 243
   Konjugations- und Ausscheidungsstörungen 244
   Speicherfunktions- und Verwertungsstörungen 245
   Immunmechanismen 246
3. Bilirubinstoffwechsel 246
   Differentialdiagnose der Ikterusformen 247
   Hämolytische Ikterusformen 247
   Transportikterus 247
   Konjugationsikterus 249
   Exkretionsikterus 249
   Kanalisationsikterus 249
4. Biotransformation 250
   Biotransformation durch chemische Veränderung 250
   Ethanol- und Methanolstoffwechsel 253
   Konjugationsreaktionen 255
   Bildung von Glucuroniden 255
   Bildung von Schwefelsäureestern 256
   Glycinkonjugation 257
   Acetylierungsreaktion 257
   Mercaptursäurebildung 257
   Weitere Konjugationsreaktionen 257
5. Leberzellinsuffizienz 258
   Akuter und chronischer Schädigungsstoffwechsel 258

6. Differentialdiagnose und Verlaufsformen von Lebererkrankungen . 259
   Hepatitis 259
   Chronisch-persistierende und chronisch-aggressive Hepatitis 261
   Drogeninduzierte Hepatitis 261
   Galaktosaminhepatitis 262
7. Lebercoma 263
   Endogenes Lebercoma (Leberzerfallscoma) 263
   Exogenes Lebercoma 264
8. Fettleber 266
   Cholesterinester-Speicherkrankheit der Leber 267
9. Leberfibrose und Leberzirrhose 268
   Leberbindegewebe 268
   Klassifikation 268
   Funktion 269
   Diagnostik 269
10. Galle 270
    Lebergalle und Blasengalle 270
    Hormonelle Regulation 270
    Intra- und extrahepatische Cholestase 270
    Diagnostik 271
    Dysfunktion bei Cholestase 271
    Gallensteine 272
    Konservative Chemolitholyse 274

IV. Gastrointestinaltrakt 276

1. Magensaftsekretion 276
   Regulation 277
   Magensäuresekretionsanalyse 278
   Ulcus pepticum 279
2. Pathobiochemie der Hormone des Gastrointestinaltrakts 281
   Gastrin 281
   Sekretin 283
   Enterogastron (GIP, VIP) 284
   Cholezystokinin 284
3. Dünndarmverdauung 285
   Maldigestion 286
   Malabsorption 288
   Exsudative Enteropathie 291
4. Pankreas 291
   Akute Pankreatitis 293
   Makroamylasämie 294
   Chronische Pankreatitis und Pankreasinsuffizienz 294
   Cystische Pankreasfibrose 294
5. Colon 295
   Diarrhoe 295

V. Niere und Urin ... 298

1. Funktion und Funktionsstörung ... 298
2. Harnbildung und Regulation der Nierentätigkeit ... 298
   Durchblutung und Filtration ... 298
   Isoosmotische Rückresorption und Sekretion im proximalen Tubulussystem ... 299
   Resorption und Sekretion im distalen Tubulus ... 299
3. Kontrolle der Nierentätigkeit ... 301
   Diuretika ... 301
   Antikaliuretische Substanzen ... 301
   Osmotisch wirksame Substanzen ... 302
4. Akutes Nierenversagen ... 302
5. Chronische Niereninsuffizienz ... 303
   Proteinstoffwechsel bei chronischer Niereninsuffizienz ... 304
6. Nephrose und Proteinurie ... 306
   Pathogenese ... 306
   Proteinurie ... 307
7. Tubulopathien ... 308
8. Nierenfunktionsprüfung ... 310
   Messung der glomerulären Filtration und der Nierendurchblutung ... 310
   Tubulusfunktion ... 311
9. Harnkonkremente ... 311
   Calciumoxalatsteine ... 312
   Calciumphosphatsteine ... 314
   Harnsäuresteine ... 314
   Seltene Steine ... 314
10. Pathologische Harnbestandteile ... 315
    Aminosäuren ... 315
    Kohlenhydrate ... 315
    Ketonkörper ... 315
    Weitere pathologische Harnbestandteile ... 316
11. Extrakorporale Dialyse und Hämoperfusion ... 316

VI. Skelettsystem ... 318

1. Homöostase des Calcium- und Phosphathaushalts ... 318
   Funktionen des Ca^{2+} ... 318
   Resorption und Ausscheidung ... 319
2. Hormonelle Regulation des Calcium- und Phosphathaushalts ... 320
   Parathormon ... 320
   Calcitonin ... 321
   1,25-Dihydroxycholecalciferol ... 321
3. Dynamik des Knochenstoffwechsels ... 323
   Bildung der organischen Matrix und Calcifizierung ... 323
   Knochenstoffwechsel ... 323
4. Negative Bilanz des Knochenstoffwechsels ... 325
   Osteoporose ... 325
   Osteomalazie ... 326
   Vitamin D-resistente Rachitis ... 327

Hyperparathyreoidose 327
Osteodystrophia deformans Paget 328
5. Positive Bilanz des Knochenstoffwechsels 329
Hypoparathyreoidismus 329
Fluorose 330
Somatomedin 330
Osteopetrose 331
Heterotope Ossifikationen 331
6. Störungen des Proteoglykan- und Kollagenstoffwechsels 331
7. Diagnostik von Störungen des Calcium-Phosphatstoffwechsels . . . 331
Skelettszintigraphie 332

VII. Herz- und Skelettmuskel 333

1. Energiestoffwechsel des Herz- und Skelettmuskels 333
Proteinbiosynthese des Herzmuskels 334
2. Myocardinsuffizienz 334
3. Ischämische Herzinsuffizienz 336
4. Myopathien 336
Muskeldystrophie 336
Myotonie 337
Muskelatrophie 337
Hereditäre Myopathien 337
5. Motorische Endplatte 338
Myasthenia gravis 339
Genetischer Serum-Cholinesterasemangel 339
6. Muskelfunktionsdiagnostik 340
Myocardinfarkt 340
Skelettmuskel 341

VIII. Bindegewebe 342

1. Stoffwechsel des Bindegewebes 342
2. Störungen des Kollagenstoffwechsels 343
Kollagenbiosynthese 343
Biosynthesestörungen 346
Epidermolysis bullosa 349
Marfan Syndrom 350
3. Störungen des Proteoglykanstoffwechsels 350
Proteoglykanstoffwechsel 350
Mucopolysaccharidspeicherkrankheiten 352
4. Mucolipidosen und Sulfatidose 355
Mucolipidose I 356
Mucolipidosis II und III 357
Mucosulfatidose (Multiple Sulfatasedefizienz) 357
5. Arthrose und Arthritis 358
Biochemie der extrazellulären Matrix des Knorpels 358
Pathobiochemie der Arthrose 359
Chronische Polyarthritis 360
Alkaptonurie 362
6. Gelenkflüssigkeit 363

    7. Arteriosklerose 363
        Definition (WHO) 363
        Biochemie der Arterienwand 364
        Pathobiochemie der Arteriosklerose 366
        Theorien der Pathogenese der Arteriosklerose 368
    8. Alternsabhängige Veränderungen des Bindegewebes 371
        Proteoglykansynthese 371
        Veränderungen der Gewebskonzentration und der chemischen Zusammensetzung 372
        Proteoglykanaggregate 372
        Kollagen 373

IX. Malignes Wachstum 374

    1. Cancerogenese 374
        Tumorviren 374
        Chemische Cancerogene 376
        Ionisierende Strahlen 377
    2. Tumorstoffwechsel 378
        Glykolyse und Glucosestoffwechsel 378
        Enzyme der Tumorzelle 378
        Modifikation der Tumorzellmembran 379
    3. Hypothesen der Cancerogenese 380
        Somatische Mutation 380
        Virusinduzierte maligne Transformation 380
        Depression 380
        Tumorerzeugende Gene (Onko-Gene) 381
    4. Tumorimmunologie 382
        Immunabwehr 382
        „Escape"-Mechanismen 383
        Tumorassoziierte Antigene 384
        Tumormarker 385
    5. Therapeutische Aspekte 386
        Radiologische Therapie 386
        Chemotherapie 386
        Chemotherapie und Zellzyklus 387

D. Dynamische Systeme

I. Hämostase 391

    1. Mechanismus der Blutgerinnung 391
        Blutgerinnungsfaktoren 392
        Fibrinogen 394
    2. Fibrinolyse 394
    3. Klassifikation und Differentialdiagnose hämorrhagischer Diathesen . 397
        Plasmatisch bedingte hämorrhagische Diathesen 398
        Thrombozytär bedingte hämorrhagische Diathesen 400
        Verbrauchskoagulopathie 400
        Vaskulär bedingte hämorrhagische Diathesen 402
    4. Thrombosen 403

II. Entzündung 405
1. Bakterielle Toxine und Enzyme 405
2. Zellulärer Schädigungsstoffwechsel 407
3. Allgemeinreaktionen 409
   C-reaktives Protein 410
   Leukozytäre Entzündungsmediatoren 410

III. Wundheilung 412
1. Thrombozytenaggregation und Blutgerinnung 412
2. Chemotaktische und mitogene Faktoren 413
   Fibronectin 414
3. Bindegewebsneubildung 415
4. Regulation der Wundheilung 416
5. Störungen der Wundheilung 417

IV. Immunchemie 418
1. Mechanismen der Immunabwehr 418
2. Homologe und autologe Antigene 419
   Klassifizierung von Antigenen 419
   Homologe Antigene 419
   Autologe Antigene und Autoimmunkrankheiten 421
   Kollagenosen 423
3. Antikörper 423
   Spezifische Immunsysteme des Menschen 423
   T-Lymphozyten 425
   B-Lymphozyten 426
   Struktur der Antikörper 426
   Diagnostische Bedeutung der Immunglobuline 428
   Monoklonale Antikörper 428
   Paraproteinämien 429
   Amyloidose 430
4. Immunkrankheiten 430
   Primäre Immundefekte 430
   Sekundärer Mangel an Immunglobulinen 432
   Graft-versus-host-Reaktion 433
   Allergische Reaktionen 433
5. Komplementsystem 435
6. Interferon 437
   Therapeutische Anwendungen von Interferon 438
7. Immunsuppression und Immuntoleranz 439

Bibliographie 441

Sachregister 449

Nomenklatur

Abkürzungen. Die internationale Union für reine und angewandte Chemie (IUPAC = International Union for Pure and Applied Chemistry) und die internationale Union für Biochemie (IUB) haben ab 1965 Regeln für die Verwendung von Abkürzungen und Symbolen chemischer Namen herausgegeben, die in der Biochemie von Interesse sind. Die in diesem Buch verwendeten Abkürzungen folgen den Regeln der IUPAC und IUB. In Anpassung an den allgemeinen Gebrauch wurde eine Reihe zusätzlicher Abkürzungen aufgenommen.

Ionisationszustand von Säuren und Basen. Bei der Darstellung organischer Säuren, saurer und basischer Gruppen mit chemischen Formeln wurde in der Regel der Ionisationszustand nicht berücksichtigt. Aus Gründen der Vereinfachung wurde jeweils der nicht ionisierte Zustand dargestellt.

Enzyme. Die gemeinsame Kommission der IUPAC und IUB hat 1978 Empfehlungen für die Nomenklatur und Klassifikation von Enzymen, Enzymeinheiten und Symbolen der Enzymkinetik veröffentlicht (Enzyme Nomenclature, Academic Press, New York, 1979). Nach diesen Empfehlungen erhält ein Enzym einen systematischen Namen und eine vierstellige Codenummer (S. XXVIII). Neben den systematischen Namen werden Trivialnamen angegeben, die wegen ihrer Kürze für den allgemeinen Gebrauch empfohlen und auch hier benutzt werden. Auch für die Nomenklatur und Systematik der multiplen Formen von Enzymen bzw. Isoenzymen (S. 4) liegen Empfehlungen der IUB vor.

SI-Einheiten. Für die Angabe von Normbereichen bzw. Resultaten klinisch-chemischer Untersuchungen wird das neugeschaffene internationale System der Maßeinheiten (Système Internationale d'Unites, SI-System) verwendet. Das SI-System ist von zahlreichen Staaten (u. a. Schweiz, Österreich und Bundesrepublik Deutschland) offiziell angenommen und z. T. gesetzlich vorgeschrieben (Bundesrepublik Deutschland: Gesetz über Einheiten im Meßwesen vom 2. 7. 1969 (Bundesgesetzblatt I, S. 709)). Das Gesetz schreibt den Gebrauch der SI-Einheiten bei der Übermittlung von Meßergebnissen für die Bundesrepublik Deutschland ab 1. 1. 1978 vor. Zur Erleichterung der Umstellung enthält die Tabelle der Normbereiche (S. XXXIII) Angaben von konventionellen Einheiten **und** SI-Einheiten sowie einen Faktor für die rasche Umwandlung. Im Text sind neben den noch gebräuchlichen Meßwerten in konventionellen Einheiten auch die Werte in SI-Einheiten angegeben.

Reaktionsschemata und Tabellen

Reaktionsschemata. In Diagrammen oder schematischen Darstellungen chemischer Reaktionen bzw. Reaktionsfolgen werden verschiedene Typen von Reaktionspfeilen verwendet. Ist bei enzymkatalysierten Reaktionen das Enzym angegeben, steht es — eingerahmt — jeweils neben oder über dem (den) Reaktionspfeil(en). Reaktionspfeile und Symbole haben folgende Bedeutung:

──────► Reaktionsrichtung einer chemischen Reaktion, schließt jedoch die Reversibilität nicht aus.

⇌ Reversible chemische Reaktion

──∙∙∙─► Reaktionsfolgen, bei denen ein (oder mehrere) Zwischenprodukt(e) nicht in die schematische Darstellung aufgenommen wurde(n).

──────► Stoffwechselnebenweg oder Reaktionen, die nur unter bestimmten, im Stoffwechsel meist nicht gegebenen Bedingungen reversibel sind.

⟍⟋ Teilnahme eines Coenzyms oder Cosubstrats und/oder anderer Faktoren (in abgekürzter Schreibweise) an einer enzymkatalysierten Reaktion.

⇄ Materieaustausch von Zellen oder subzellulären Kompartimenten. Aufnahme und/oder Abgabe von Substraten oder Produkten des Stoffwechsels.

──[1]──► Stimulierte oder beeinflußte (in der Legende näher bezeichnete) Reaktion bzw. Reaktionsfolge.

──[1]──► Gehemmte bzw. unterbrochene (in der Legende näher bezeichnete) Reaktion bzw. Reaktionsfolge.

──■──► Rückkopplungs (feed-back)-Hemmung einer Synthesekette durch ein End- oder Zwischenprodukt des Stoffwechsels.

Tabellen. Soll in Tabellen ohne Angabe von Zahlenwerten eine Zunahme oder Abnahme zum Ausdruck gebracht werden, so geben die Symbole jeweils die relative Veränderung gegenüber dem Normbereich an. Es werden folgende Symbole verwendet:

N	Normbereich, normal.
↑ (↑↑)	Zunahme (starke Zunahme), Erhöhung, Vermehrung (Zunahme der Stoffmengen-, Massen- oder Anzahlkonzentration oder der Aktivität eines Enzyms).
↓ (↓↓)	Abnahme (starke Abnahme), Erniedrigung, Verminderung (Abnahme der Stoffmengen-, Massen- oder Anzahlkonzentration oder der Aktivität eines Enzyms).
+	Positive Reaktion, Vorhandensein der angegebenen Komponente oder des Systems.
○(∅)	Keine Veränderung, fehlende oder negative Reaktion, Fehlen der angegebenen Komponente oder des Systems.

Tabelle der Abkürzungen

1. Symbole für monomere Einheiten in Makromolekülen oder in phosphorylierten Verbindungen

Symbol	monomere Einheit
A	Adenosin
Ala	Alanin
Arg	Arginin
Asp	Asparaginsäure
Asn	Asparagin
C	Cytidin
Cys oder Cys	Cystin (halb)
Cys	Cystein
d	„desoxy" in Kohlenhydraten und Nucleotiden
dRib	2-Desoxyribose
Fru	Fructose
Gal	Galaktose
Glc	Glucose (auch G, wenn keine Verwechslung mit Guanosin möglich ist)
G	Guanosin
GlcA	Gluconsäure
GlcN	Glucosamin
GlcNAc	N-Acetylglucosamin
GlcUA	Glucuronsäure
Glu	Glutaminsäure
Gln	Glutamin
Gly	Glycin (bzw. Glykokoll)
His	Histidin
Hyl	Hydroxylysin
Hyp	Hydroxyprolin
I	Inosin
Ile	Isoleucin
Leu	Leucin
Lys	Lysin

Symbol	monomere Einheit
Man	Mannose
Met	Methionin
NeuAc, NANA	N-Acetylneuraminsäure
Orn	Ornithin
Ⓟ	anorganisches Phosphat
Ⓟ—	Phosphoryl-(Esterphosphat)
Ⓟ—Ⓟ	Pyrophosphat (Diphosphat)
Ⓟ—Ⓟ—	Pyrophosphoryl-(Diphosphatester)
Phe	Phenylalanin
Pro	Prolin
Rib	Ribose
Ser	Serin
Thr	Threonin
Trp	Tryptophan (auch Try)
T	Thymidin
dT	Desoxyribosylthymin
Tyr	Tyrosin
U	Uridin
Val	Valin

2. Halbsystematische oder Trivialnamen

Acetyl-CoA	Acetylcoenzym A
ACTH	Adrenocorticotropin, adrenocorticotropes Hormon
ADH	antidiuretisches Hormon (Adiuretin)
ADP	Adenosin-5'-diphosphat
AMP	Adenosin-5'-phosphat
Apo-A(B, C, D, E)	Apolipoprotein A(B, C, D, E)
ATP	Adenosin-5'-triphosphat
BAO	Basic Acid Output (Magensaftsekretionsanalyse)
BU	Bromuracil
CDP	Cytidin-5'-diphosphat
Cer	Ceramid

CMP	Cytidin-5'-phosphat
CoA	freies Coenzym A
–CoA	Coenzym A in Thioesterbindung
–$\boxed{\text{CoA}}$	Coenzym A in Thioesterbindung (in Formeln)
CRF	Corticotropin Releasing Faktor (Hormon)
CTP	Cytidin-5'-triphosphat
DNA	Desoxyribonucleinsäure
DON	6-Diazo-5-Oxo-Norleucin
DOPA	Dihydroxy-phenylalanin
FAD	Flavinadenindinucleotid
FFA	Freie (nicht veresterte) Fettsäuren (Free Fatty Acids)
FMN	Riboflavin-5'-phosphat
FolH$_4$	Tetrahydrofolsäure
FSH	Follikelstimulierendes Hormon
GAG	Glykosaminoglykane (Gesamtglykosaminoglykane)
GDP	Guanosin-5'-diphosphat
GIP	Gastric Inhibitory Polypeptide (Enterogastron)
GMP	Guanosin-5'-phosphat
GSH	Glutathion
GSSG	oxidiertes Glutathion
GTP	Guanosin-5'-triphosphat
H	$H^+ + e^-$
HDL	High Density Lipoprotein
HHL	Hypophysenhinterlappen
Hb, HbCO, HbO$_2$	Hämoglobin, Kohlenmonoxid-Hämoglobin, Oxyhämoglobin
HK	Hämatokrit
HVL	Hypophysenvorderlappen
ICSH	Luteinisierendes Hormon (Zwischenzellstimulierendes Hormon)
IDP	Inosin-5'-diphosphat
IgA (D, E, G, M)	Immunglobulin(e) der Klasse A(D, E, G, M)
IMP	Inosin-5'-phosphat
ITP	Inosin-5'-triphosphat
I. P.	Isoelektrischer Punkt
KS	Keratansulfat
LDL	Low Density Lipoprotein
LH	Luteinisierendes Hormon

LP	Lipoproteine
LTH	Luteotropes Hormon
MAO	Maximal Acid Output (Magensaftsekretionsanalyse)
MCHC	Mittlere korpuskuläre Hämoglobinkonzentration (der Erythrozyten)
MCV	Mittleres korpuskuläres Volumen (der Erythrozyten)
MSH	Melanozyten-stimulierendes Hormon
NA (NS)	Nicotinamid (Nicotinsäureamid)
NAD	NAD^+, Nicotinamidadenindinucleotid
$NADH_2$	$NADH + H^+$, reduziertes NAD
NADP	$NADP^+$, Nicotinamidadenindinucleotidphosphat
$NADPH_2$	$NADPH + H^+$, reduziertes NADP
NMN	Nicotinamidmononucleotid
NNR	Nebennierenrinde
PAO	Peak Acid Output (Magensaftsekretionsanalyse)
PAPS	3'-Phosphoadenosin-5'-phosphosulfat
PAS	Perjodsäure-Schiff-Reagenz
P-Lipide	Phospholipide
RNA	Ribonucleinsäure
m-RNA	Messenger Ribonucleinsäure
r-RNA	Ribosomale Ribonucleinsäure
t-RNA	Transfer-Ribonucleinsäure
SHBG	Sexualhormonbindendes Globulin
STH	Somatotropes Hormon
$T_3(T_4)$	Trijodthyronin (Tetrajodthyronin, Thyroxin)
TPP	Thiaminpyrophosphat
UDP	Uridin-5'-diphosphat
UDPG	Uridin-5'-diphosphat-glucose
UMP	Uridin-5'-phosphat
UTP	Uridin-5'-triphosphat
VIP	Vasoactive Intestinal Peptide
VLDL	Very Low Density Lipoprotein
ZNS	Zentralnervensystem
Zyklo-AMP (cAMP)	3', 5'-Adenosinmonophosphat

3. Enzyme

Abkürzungen für Enzyme werden von der IUB **nicht** empfohlen. Sie werden jedoch im Schrifttum und in der klinisch-chemischen Routine verwendet. Angegeben ist der von der IUB empfohlene Trivialname sowie in Klammern der systematische Name und die Klassifikationsnummer des Enzyms.

ALD	Fructose-bisphosphat-Aldolase (D-Fructose-1,6-bisphosphat:D-Glyceraldehyd-3-phosphat-Lyase, 4.1.2.13)
ADH	Alkoholdehydrogenase (Alkohol:NAD-Oxidoreduktase, 1.1.1.1)
Amylase	α-Amylase (1,4-α-D-Glucanohydrolase, 3.2.1.1)
AP (APh)	Alkalische Phosphatase (Orthophosphorsäure-Monoester-Phosphohydrolase, 3.1.3.1)
CK (CPK)	Kreatinkinase (ATP:Kreatin-N-Phosphotransferase, 2.7.3.2)
CK-MM (BB, MB)	Skelettmuskelspezifisches (gehirnspezifisches, hybrides) Isoenzym der Kreatinkinase
ENO	Enolase (2-Phospho-D-glycerat-Hydrolase, 4.2.1.11)
GAPDH	Glycerinaldehydphosphatdehydrogenase (D-Glycerinaldehyd-3-phosphat:NAD-Oxidoreduktase (phosphorylierend), 1.2.1.12)
G-6-PDH	Glucose-6-Phosphatdehydrogenase (D-Glucose-6-phosphat:NADP-1-Oxidoreduktase, 1.1.1.49)
GK	Glycerinkinase (ATP:Glycerin-3-Phosphotransferase, 2.7.1.30)
GLDH	Glutamatdehydrogenase (L-Glutamat:NAD(P)-Oxidoreduktase (desaminierend), 1.4.1.3)
GOT (SGOT)	Aspartat-Aminotransferase (Glutamat-Oxalacetat-Transaminase) (L-Aspartat:2-Oxoglutarat-Aminotransferase, 2.6.1.2)
GPT	Alanin-Aminotransferase (Glutamat-Pyruvat-Transaminase) (L-Alanin:2-Oxoglutarat-Aminotransferase, 2.6.1.2)

γ-GT (GGTP)	γ-Glutamyltransferase (γ-Glutamyl-Peptid: Aminosäure-γ-Glutamyltransferase, 2.3.2.2)
HBDH	β-Hydroxybutyrat-Dehydrogenase (Isoenzym der LDH)
HMG-CoA Reduktase	Hydroxymethylglutaryl-CoA-Reduktase (Mevalonat: NAD-Oxidoreduktase (CoA acylierend), 1.1.1.88)
ICDH	Isocitrat-Dehydrogenase (Threo-D-Isocitrat: NAD-Oxidoreduktase (decarboxylierend), 1.1.1.41)
LAP	Aminopeptidase (Leucinaminopeptidase) (α-Aminoacylpeptid-Hydrolase (Cytosol), 3.4.11.1)
LCAT	Lecithin-Acyltransferase (Lecithin: Cholesterin-Acyltransferase, 2.3.1.43)
LDH	Lactatdehydrogenase (L-Lactat: NAD-Oxidoreduktase, 1.1.1.27)
LDH-1 (2, 3, 4, 5)	Isoenzym 1 (2, 3, 4, 5) der Lactatdehydrogenase
Lipase	Triacylglycerin-Lipase (Triacylglycerin-Acylhydrolase, 3.1.1.3)
MDH	Malatdehydrogenase (L-Malat: NAD-Oxidoreduktase, 1.1.1.37)
ME	Malatdehydrogenase (decarboxylierend), Malat-Enzym (L-Malat: NADP-Oxidoreduktase (Oxalacetat-decarboxylierend), 1.1.1.40)
OCT	Ornithin-Carbamyltransferase (Carbamylphosphat-L-Ornithin-Carbamyltransferase, 2.1.3.3)
PFK	6-Phosphofructokinase (ATP: D-Fructose-6-phosphat-1-Phosphotransferase, 2.7.1.11)
PK	Pyruvatkinase (ATP: Pyruvat-2-O-Phosphotransferase, 2.7.1.40)
SDH	L-Iditol-Dehydrogenase (Sorbit-Dehydrogenase) (L-Iditol: NAD-5-Oxidoreduktase, 1.1.1.14)
SP	Saure Phosphatase (Orthophosphosäuremonoester-Phosphohydrolase, 3.1.3.2)

4. Allgemeine Abkürzungen und Symbole

Å	Angström-Einheit (1 Å = 10^{-10} m)
Abb.	Abbildung
Ci	Curie (1 Ci = 3,7 × 10^{10} radioaktive Zerfälle/sec). SI-Einheit:Becquerel (Bq), 1 Ci = 37 · 10^9 Bq
e^-	Elektron
g	Erdbeschleunigung (Fallbeschleunigung = 9,81 m/sec²)
Kap.	Kapitel
min (Min.)	Minute
Mol.-Gew.	Molekulargewicht, relative molare Masse
sec	Sekunde
h (Std.)	Stunde
h (Stdn.)	Stunden
Tab.	Tabelle
TG (T. G.)	Gewebstrockengewicht
UV	Ultraviolett
z. T.	zum Teil
∅	Durchmesser
>	größer als
<	kleiner als
~	„energiereiche" Bindung
≈	ca. (circa)

SI-Einheiten

Das neugeschaffene internationale System der Maßeinheiten (Système International d'Unites, **SI-Einheiten**) benutzt voneinander unabhängige **Basisgrößen,** deren Gebrauch ab 1. 1. 1978 bei der Übermittlung von Meßergebnissen gesetzlich vorgeschrieben ist.

a) Vielfache und Teile von Basisgrößen

k	Kilo (10^3)	d	dezi	(10^{-1})
M	Mega (10^6)	m	milli	(10^{-3})
G	Giga (10^9)	μ	mikro	(10^{-6})
T	Tera (10^{12})	n	nano	(10^{-9})
		p	pico	(10^{-12})
		f	femto	(10^{-15})

b) Basisgrößen der SI-Einheiten

Meßgröße		Einheit	
Name	Symbol	Name	Symbol
Länge	l	Meter	m
Masse	m	Kilogramm	kg
Zeit	t	Sekunde	s
elektr. Stromstärke	I	Ampère	A
thermodynam. Temperatur	T	Kelvin	K
Stoffmenge	n	Mol	mol

c) Von der Basisgröße der SI-Einheiten abgeleitete Einheiten

Meßgröße		Einheit	
Name	Symbol	Name	Symbol
Volumen	V	Kubikmeter	m^3
Konzentrationen		Liter	l
Stoffmengenkonzentration	c	Mol/Liter	mol/l
Massenkonzentration	ϱ	Kilogramm/Liter	kg/l
Anzahlkonzentration	C	Reziprokes Liter	1/l
Kraft		Newton	$N = m \cdot kg/s^2$
Druck	p	Pascal	$Pa = N/m^2$
Energie		Joule	$J = N/m$
Leistung		Watt	$W = J/s$
Radioaktivität		Bequerel	$Bq = 1/s$

d) Im Zusammenhang mit den SI-Einheiten dürfen folgende Einheiten benutzt werden:

Minute (min), Stunde (h), Tag (d), Liter (l), Grad Celsius (°C).

e) Definitionen

Mol — Stoffmenge, die aus ebensovielen Elementarteilchen (Atomen, Molekülen, Ionen, Radikalen, Elektronen) besteht wie Atome in 0,0120 kg des Nuklids ^{12}C enthalten sind. (1 Mol = $6,022169 \times 10^{23}$ Elementarteilchen). Die SI-Einheit mol gilt auch für die alten Einheiten **Val** (Stoffmenge, die $6,022169 \times 10^{23}$ Äquivalente enthält) und **Osmol** (Stoffmenge, die $6,022169 \times 10^{23}$ gelöste osmotisch wirksame Teilchen enthält).

mg/100 g — mg des gelösten Stoffes in 100 g Gesamtlösung. Bei Angabe für Organe oder Gewebe wird das Frischgewicht oder Trockengewicht des Organs mit dem Gewicht der Gesamtlösung gleichgesetzt.

g/l — g des gelösten Stoffes in einem Liter Gesamtlösung (z. B. Blut, Plasma, Serum, Harn). Als SI-Einheit zu verwenden, wenn die Molmasse des gelösten Stoffes nicht bekannt ist. Anstelle der (nicht mehr empfohlenen) Massenkonzentration g/100 ml bzw. mg/100 ml wird im Schrifttum z. T. die Bezeichnung g/dl bzw. mg/dl (dl = Deziliter) verwendet.

Tabelle der Normbereiche

A. Serum bzw. Vollblut (V)

Parameter	Konventionelle Einheit	Faktor	SI-Einheit
1. Elektrolyte			
Natrium	126–150 mval/l	1	126–150 mmol/l
Kalium	3,6–5,2 mval/l	1	3,6–5,2 mmol/l
Calcium	4,2–5,4 mval/l	0,5	2,1–2,7 mmol/l
Magnesium	1,5–2,8 mval/l	0,5	0,7–1,4 mmol/l
Chlorid	96–107 mval/l	1	96–107 mmol/l
Hydrogencarbonat	20–28 mval/l	1	20–28 mmol/l
Phosphor (anorg.)	1,1–3,0 mval/l	0,5556	0,6–1,7 mmol/l (pH 7,4/38 °C)
Sulfat (anorg.)	0,006–0,02 mval/l	0,5	0,003–0,01 mmol/l
Lithium	0,5–2 mval/l	1	0,5–2 mmol (therap. Bereich)
2. Enzyme (Nomenklatur s. Tab. der Abkürzungen)			
a) Transaminasen			
Glutamat-Oxalacetat-Transaminase (GOT)			♂ bis 18 U/l (25°)* ♀ bis 15 U/l (25°)*
Glutamat-Pyruvat-Transaminase (GPT)			♂ bis 22 U/l (25°)* ♀ bis 17 U/l (25°)*
b) Dehydrogenasen			
Glutaminsäure-Dehydrogenase (GlDH)			♂ bis 4 U/l (25°)* ♀ bis 3 U/l (25°)*
Lactat-Dehydrogenase (LDH)			120–240 U/l (25°)*
α-Hydroxybutyrat-Dehydrogenase (HBDH)			bis 140 U/l (25°)
LDH/HBDH-Quotient			1,2–1,6
Sorbit-Dehydrogenase (SDH)			bis 0,4 U/l (25°)
c) Hydrolasen			
saure Phosphatase (ges.)			bis 11 U/l (37°)
saure Phosphatase (Prostata)			bis 4 U/l (37°)
alkalische Phosphatase			Ki. 150–470 U/l (25°)* Erw. 60–170 U/l (25°)*
α-Amylase**			70–300 U/l (37°)
Cholinesterase*** (ChE)			1900–3800 U/l (25°)
Lipase			bis 150 U/l (25°)
Leucin-Aminopeptidase (LAP)			10–35 U/l (25°)

* optimierte Methode
** α-Amylase im Urin: 100–2000 U/l (37 °C)
*** Acetylthiocholin, 25 °C, pH 7,2

XXXIV Tabelle der Normbereiche

Parameter	Konventionelle Einheit	Faktor	SI-Einheit
d) Weitere Enzyme			
Kreatin-Phosphokinase (CK)			bis 50 U/l (25°)*
CK-MB			bis 10 U/l (25°)
Aldolase (AlD)			bis 3 U/l (25°)
Glucose-6-phosphat-Isomerase			13−86 U/l (37°)
γ-Glutamyl-Transpeptidase (γ-GT)			♂ 6−28 U/l (25°) ♀ 4−18 U/l (25°)
Ornithincarbamyl-Transferase (OCT)			bis 10 U/l (37°)
3. Hämoglobinstoffwechsel			
Hämoglobin (V)	♂ 12,6−18,0 g/100 ml ♀ 11,4−16,4 g/100 ml	0,6206	7,8−11,2 mmol/l (Hb/4) 7,1−10,2 mmol/l (Hb/4)
Methämoglobin			0,2−1,0% des Gesamt-Hb
CO-Hämoglobin			bis 2% des Gesamt-Hb
Hämatokrit			♂ 40−48 Vol. % ♀ 36−42 Vol. %
Färbeindex			0,9−1,1
Bilirubin (ges.)	0,22−1,0 mg/100 ml	17,10	3,4−17,1 μmol/l
konjug. Bilirubin	0,05−0,3 mg/100 ml		0,8−5,1 μmol/l
4. Kohlenhydrate			
Glucose (Blutzucker) (V)	60−110 mg/100 ml	0,05551	3,3−6,1 mmol/l
Galaktose			
Neugeborene	bis 10 mg/100 ml	0,05551	bis 0,56 mmol/l
Erwachsene	bis 4,3 mg/100 ml		bis 0,24 mmol/l
Fructose (V)	bis 10 mg/100 ml	0,05551	bis 0,56 mmol/l
Gebundene Kohlenhydrate	200 mg/100 ml	0,01	2 g/l
Lactat (V)	6−20 mg/100 ml	0,111	0,66−2,2 mmol/l
5. Lipide			
Gesamtlipide			4−10 g/l
Triglyceride	70−175 mg/100 ml	0,01143	0,8−2,0 mmol/l
Gesamtcholesterin	160−220 mg/100 ml	0,02586	4,1−5,7 mmol/l
Verestertes Cholesterin			70% des Gesamtcholesterins
Phospholipide	120−300 mg/100 ml	0,01292	1,6−3,9 mmol/l
freie Fettsäuren	6−34 mg/100 ml	0,0354	0,2−1,2 mmol/l
β-Lipoproteine	bis 550 mg/100 ml	0,01	bis 5,5 g/l
Gallensäuren	0,2−1 mg/100 ml	25,47	5,1−25 μmol/l (Desoxycholsäure)

* optimierte Methode

Parameter	Konventionelle Einheit	Faktor	SI-Einheit
6. Proteine und N-haltige Verbindungen			
Gesamtprotein	6–8 g/100 ml	10	60–80 g/l
Albumine	55–67%		38–47 g/l
α_1-Globuline	2–4,5%		1,4–3,2 g/l
α_2-Globuline	6–11%		4,2–7,7 g/l
β-Globuline	8–12,5%		5,6–8,8 g/l
γ-Globuline	13–21%		9,1–14,7 g/l
Gesamtaminosäuren (als α-Amino-N)	4–6 mg/100 ml		0,04–0,06 g/l
Harnsäure (enzymatisch)	♂ 2,5–6,9 mg/100 ml	59,48	150–410 µmol/l
	♀ 2,0–6,2 mg/100 ml		120–370 µmol/l
Harnstoff	10–50 mg/100 ml	0,1665	1,7–8,3 mmol/l
Harnstoff-N	5–23 mg/100 ml	0,3561	1,7–8,3 mmol/l
Kreatinin	♂ 0,7–1,2 mg/100 ml	88,40	62–106 µmol/l
	♀ 0,5–1,0 mg/100 ml		44–88 µmol/l
Kreatin	0,2–0,7 mg/100 ml	76,26	15–53 µmol/l
Ammoniak (V)	50–100 µg/100 ml	0,588	29–59 µmol/l
α_1-Glykoprotein	50–140 mg/100 ml	0,01	0,5–1,4 g/l
α_1-Antitrypsin	154–302 mg/100 ml	0,01	1,54–3,02 g/l
Caeruloplasmin	20–45 mg/100 ml	0,01	0,2–0,45 g/l
Haptoglobin	70–220 mg/100 ml	0,01	0,7–2,20 g/l
Transferrin	200–400 mg/100 ml	0,01	2–4 g/l
Ferritin	20–280 ng/ml		20–280 µg/l
α_2-Antitrypsin	200–400 mg/100 ml	0,01	2–4 g/l
α_2-HS Glykoprotein	40–85 mg/100 ml	0,01	0,4–0,85 g/l
α_2-Makroglobulin	150–400 mg/100 ml	0,01	1,5–4 g/l
Hämopexin	70–130 mg/100 ml	0,01	0,7–1,3 g/l
7. Schwermetalle			
Eisen (Fe)	♂ 90–140 µg/100 ml	0,1791	16–25 µmol/l
	♀ 80–120 µg/100 ml		14–22 µmol/l
totale Eisenbindungskapazität	♂ 300–400 µg/100 ml		54–72 µmol/l
	♀ 250–350 µg/100 ml		45–63 µmol/l
latente Eisenbindungskapazität	♂ 200–300 µg/100 ml		36–54 µmol/l
	♀ 150–250 µg/100 ml		27–45 µmol/l
Kupfer	♂ 70–140 µg/100 ml	0,1574	11–22 µmol/l
	♀ 85–155 µg/100 mg		13–24 µmol/l
Eisen/Kupfer/Quotient			0,8–1,0
Caeruloplasmin	30–60 mg/100 ml	0,0667	2–4 µmol/l (Mol. Gew. 151000)
Zink	80–150 µg/100 ml	0,153	12–23 µmol/l
Blei (V)	bis 40 µg/100 ml	0,0483	bis 2 µmol/l

XXXVI Tabelle der Normbereiche

B. Urin

Parameter	Konventionelle Einheit	Faktor	SI-Einheit
Elektrolyte			
Kalium	35–80 mval/d	1	35–80 mmol/d
Natrium	130–260 mval/d	1	130–260 mmol/d
Calcium	5–10 mval/d	0,5	2,5–5 mmol/d
Magnesium	3,4–24 mval/d	0,5	1,7–12 mmol/d
Chlorid	110–280 mval/d	1	110–280 mmol/d
anorg. Phosphat	700–1500 mg/d	0,032	22,4–48 mmol/d
Kupfer	10–70 µg/d	0,01574	0,16–1,1 µmol/d
NH_4-Ionen			20–70 nmol/d
Hormone und Derivate			
Adrenalin	0,8–7,5 µg/d	5,46	4,3–30,9 mmol/d
Noradrenalin	15–20 µg/d	5,92	88–118 mmol/d
Vanillinmandelsäure	1,7–7,5 mg/d	5,031	8,6–38 µmol/d
Aldosteron	5–20 µg/d	2,78	14–55 nmol/d
Cortisol	20–200 µg/d	0,0276	0,55–5,5 µmol/d
Hydroxyindolessigsäure	5–8 mg/d	5,23	26–42 µmol/d
17-Hydroxycorticoide	♂ 7–20 mg/d	2,758	♂ 19,3–55 µmol/d
	♀ 4,5–14 mg/d		♀ 12,4–38,6 µmol/d
17-Ketosteroide	♂ 10–20 mg/d	3,47	♂ 34,7–69,4 µmol/d
	♀ 6–14 mg/d		♀ 20,8–48,5 µmol/d
Organische Substanzen			
Protein			0–0,3 g/d
Harnstoff	10–34 g/d	16,65	167–566 mmol/d
Kreatinin	400–2100 mg/d	0,00885	3,54–18,6 mmol/d
Kreatin	10–190 mg/d	7,625	76–1450 µmol/d
Harnsäure	80–1000 mg/d	0,00594	0,48–5,95 mmol/d
Porphyrine			
δ-Aminolävulinsäure	0,5–5 mg/d	7,63	3,8–38 µmol/d
Porphobilinogen	0,8–2 mg/d	4,42	3,53–8,8 µmol/d
Koproporphyrin (gesamt)	50–200 µg/d	1,53	76–306 nmol/d
Uroporphyrin (gesamt)	20–60 µg/d	1,20	24–72 nmol/d

C. Magensaft (M) und Faeces (F)

Na (M)	30–90 mval/l	1	30–90 mmol/l
K (M)	4–12 mval/l	1	4–12 mmol/l
Ca (M)	2–5 mval/l	0,5	1–2,5 mmol/l
Cl (M)	50–120 mval/l	1	50–120 mmol/l
Na (F)	7–60 mval/d	1	7–60 mmol/d
K (F)	30–130 mval/d	1	30–130 mmol/d
Cl (F)	15–160 mval/d	1	15–160 mmol/d

A. Stoffwechsel

I. Enzyme

II. Nucleinsäuren

III. Proteine und Aminosäuren

IV. Kohlenhydrate

V. Lipide

VI. Wasser- und Elektrolythaushalt

I. Enzyme

1. Natur und Wirkungsweise von Enzymen

Alle Lebensvorgänge lassen sich auf chemische Reaktionen zurückführen, deren geordneter Ablauf innerhalb einer Zelle oder eines Organs charakteristische Stoffwechselphänomene zur Folge hat. Der Stoffwechsel umfaßt die Summe aller jener chemischen Prozesse,

- durch die Stoffumwandlungen im lebenden Organismus vollzogen werden,
- durch die das chemische und funktionelle Organisationsprinzip der Zelle aufrechterhalten wird,
- die dem ständigen Informations- und Materieaustausch der Zelle mit der Umgebung dienen und
- die mit der Bereitstellung oder Gewinnung der benötigten Energie verbunden sind.

Die chemischen Reaktionen des Stoffwechsels vollziehen sich nach den Gesetzen der **Thermodynamik** (Energetik), ihre Geschwindigkeit wird durch die Gesetze der **Kinetik** beschrieben. Die im lebenden Organismus ablaufenden Stoffumwandlungen würden sich jedoch mit unmeßbar kleiner Geschwindigkeit vollziehen, wenn sie nicht durch **Enzyme** katalysiert und in ihrer Geschwindigkeit auf eine für den Stoffwechsel erforderliche Größenordnung erhöht würden.

Die Enzyme gehören ausnahmslos in die Stoffklasse der Proteine, ihre Fähigkeit zur katalytischen Beschleunigung einer chemischen Reaktion geht auf die Wirkung eines aktiven Zentrums zurück, das entweder durch einen bestimmten Teil des Proteinmoleküls selbst repräsentiert oder durch Zusammenwirken des Enzymproteins mit einem Coenzym oder Cofaktor gebildet wird.

Eine auffallende und wichtige Eigenschaft der Enzyme ist ihre ausgeprägte katalytische Spezifität, d. h. Fähigkeit, nur mit einem bestimmten Substrat und auch nur unter bestimmten Bedingungen zu reagieren. Sie drückt sich darin aus, daß viele Enzyme nur auf bestimmte chemische Gruppen wirken. Reagiert ein Enzym mit mehreren (meist chemisch ähnlichen) Substraten, so sind in solchen Fällen die Reaktionsgeschwindigkeiten für die Substratanaloga beträchtlich niedriger.

Die kinetischen und energetischen Gesetzmäßigkeiten enzymkatalysierter Reaktionen werden durch die Biochemie beschrieben.

Enzyme und Zellstoffwechsel. Die Stoffwechselleistungen einer Zelle bzw. eines Organs werden bestimmt durch die Anzahl und die Aktivität der darin enthaltenen Enzyme. Der Synergismus der Enzyme zeigt sich in der Existenz von Reaktionsketten und Reaktionszyklen, in denen jeweils eine größere Anzahl von enzymatischen Einzelreaktionen hintereinander geschaltet ist. Dabei wird das Reaktionsprodukt der vorangehenden Reaktion durch die nächste Reaktion fortlaufend verbraucht („Fließgleichgewicht des Stoffwechsels").

Jede Verminderung der Aktivität eines Enzyms unter ein für die physiologischen Erfordernisse notwendiges Maß hat eine Veränderung des Stoffwechsels zur Folge und kann sich ggf. als Erkrankung des betreffenden Organs oder des Gesamtorganismus manifestieren.

2. Nomenklatur, Einheiten und Meßgrößen der Enzymologie

Die Biochemie hat weit über 1000 Enzyme identifiziert und bezüglich ihrer Spezifität charakterisiert, viele der Enzyme wurden hochgereinigt, etwa 150 in kristallisierter Form dargestellt.

Eine systematische Einteilung der Enzyme basiert auf Empfehlung der Enzymkommision (EC) der Internationalen Vereinigung für Biochemie (International Union of Biochemistry = IUB). Danach besitzt jedes Enzym

- eine Klassifikations-Nummer (EC),
- einen systematischen Namen, der Angaben über Substrat und Reaktionsmechanismus macht und
- einen empfohlenen Trivialnamen für den praktischen Gebrauch.

Der systematische Name eines Enzyms enthält drei Teile:

- Der erste Teil bezeichnet das (oder die) Substrat(e),
- der zweite Teil sagt etwas über den Typ der katalysierten Reaktion aus, der
- dritte Teil besteht aus dem Suffix „ase".

Zusätzliche Informationen können − in Klammern gesetzt − folgen. Die Enzyme sind in 6 Hauptklassen mit jeweils mehreren Unterklassen eingeteilt. Die 6 Hauptklassen sind nachfolgend zusammengestellt:

1. Oxidoreduktasen: Enzyme, welche die Oxidoreduktion zwischen einem Substratpaar katalysieren. Diese Klasse wurde früher als Dehydrogenasen oder als Oxidasen bezeichnet.
2. Transferasen: Enzyme, die eine Gruppe (die kein Wasserstoff ist) zwischen einem Substratpaar transferieren.
3. Hydrolasen: Enzyme, welche Ester-, Ether-, Peptid-, Glykosid-, Säureanhydrid-, C−C- oder P−N-Bindungen hydrolytisch spalten.
4. Lyasen: Enzyme, die vom Substrat Gruppen über einen nichthydrolytischen Mechanismus abspalten und dabei eine Doppelbindung hinterlassen oder die Anlagerung einer Gruppe an eine Doppelbindung katalysieren.

5. Isomerasen: Enzyme, welche die Umwandlung optischer, geometrischer oder sonstiger isomerer Verbindungen katalysieren.
6. Ligasen: Enzyme, welche die Bindung zwischen zwei Substraten katalysieren, wobei die Reaktion mit dem Lösen einer Pyrophosphatbindung im ATP oder eines anderen energiereichen Phosphates verbunden ist.

Enzymeinheiten. Die quantitative Erfassung der katalytischen Aktivität eines Enzyms basiert auf der Bestimmung der Zunahme der Geschwindigkeit einer spezifischen chemischen Reaktion in Gegenwart des Enzyms im Vergleich zur Geschwindigkeit der gleichen chemischen Reaktion in Abwesenheit des Enzyms. Dabei ist zu berücksichtigen, daß die katalytische Aktivität eines Enzyms nur unter bestimmten Bedingungen, d. h. innerhalb enger Grenzen des pH-Wertes, bei hinreichender Substratkonzentration sowie definierter Temperatur und gegebenenfalls bei Anwesenheit von Coenzymen bzw. Cofaktoren zuverlässig und reproduzierbar erfaßt werden kann.

Die Geschwindigkeit einer enzymatischen Reaktion wird — entsprechend den Gesetzmäßigkeiten der Kinetik — angegeben als Änderung (meistens als Abnahme) der Substratkonzentration in der Zeiteinheit, d. h. als verbrauchte Stoffmenge.

Im Internationalen System der Maßeinheiten (SI) sind Stoffmenge und Zeiteinheit Basisgrößen, die in **mol** und **sec** angegeben werden. Die Geschwindigkeit einer enzymkatalysierten Reaktion hat demnach die Dimension Stoffmenge/Zeit ($n \cdot t^{-1}$) und die Einheit Mol/Sekunde (mol/sec).

Da auch die Menge eines Enzymproteins als Stoffmenge angegeben werden kann, wäre für abgeleitete Meßgrößen wie z. B. eine Enzymeinheit auch die Angabe der Enzymmenge in der Basisgröße Mol zu fordern. Bei enzymologischen Messungen in der Medizin bzw. Pathobiochemie liegt das zu untersuchende Enzym jedoch niemals in reiner Form vor, sondern ist Bestandteil eines Vielkomponentensystems (z. B. von Blut, Serum, Plasma, Körpersäften, Zellen oder Gewebeextrakten). Das bedeutet, daß die katalytische Aktivität eines Enzyms nicht als Stoffmenge des betreffenden Enzymproteins, sondern nur aufgrund seiner katalytischen Aktivität definiert werden kann.

Unter Berücksichtigung dieser Zusammenhänge hat die Enzymkommission der IUB 1973 folgende **neue Definitionen** der Enzymeinheit für den internationalen Gebrauch vorgeschlagen:

> Eine internationale katalytische Einheit (Name: Katal, Symbol: kat) ist die katalytische Aktivität („Enzymmenge"), welche die Umwandlung von 1 Mol Substrat pro Sekunde (mol/sec) unter Standardbedingungen katalysiert.

Standardbedingungen sind z. B. bei einer Temperatur von 25° C, Einhalten des pH-Optimums und bei Substratsättigung gegeben. Die Basiseinheit, das Katal, soll die folgende (1964 von der EC empfohlene) **alte Definition** ablösen:

> Eine Einheit U (= Unit) ist die Enzymmenge, welche die Umwandlung von einem μmol Substrat in einer Min. unter Standardbedingungen katalysiert.

Die Meßgröße U ist (noch) allgemein gebräuchlich und steht zur Meßgröße kat in folgender Beziehung:

> 1 U (μmol/Min.) = 1/60 μkat (μmol/sec).

Für Angaben von Enzymaktivitäten wird im folgenden die Meßgröße U benutzt. Enzymaktivitäten in Lösung (z. B. Serum) werden als U/Liter (U/l) angegeben.

Spezifische katalytische Aktivität. Die spezifische katalytische Aktivität ist eine abgeleitete Meßgrößenart, die aus der Division der katalytischen Aktivität durch die Proteinmasse gewonnen wird. Sie hat die Dimension katalytische Aktivität/ Proteinmasse, ihre Einheit ist kat/kg Protein (kat · kg^{-1}). Die spezifische katalytische Aktivität ist ein direktes Maß für die Reinheit eines Enzyms bzw. für den Anteil eines Enzymproteins an einem Stoffgemisch.

3. Multiple Enzymformen und Isoenzyme

Die Bezeichnung multiple Enzymformen wird auf alle diejenigen Enzyme angewandt, von denen zwei oder mehrere Enzymproteine existieren, welche die gleiche enzymatische Reaktion katalysieren, sich jedoch durch geeignete Methoden (z. B. Elektrophorese) voneinander trennen lassen.

Die möglichen Ursachen für das Auftreten multipler Formen von Enzymen sind in nachfolgender Tabelle zusammengestellt.

Die multiplen Formen der Enzyme in den Gruppen 1−3 werden auch als **Isoenzyme** bezeichnet. Sie unterscheiden sich durch ihre Primärstruktur (Aminosäuresequenz) und weitere Charakteristika (K_m-Werte, Hemmbarkeit durch Enzyminhibitoren, Hitzestabilität). Die verschiedenen Gewebe und Organe besitzen oft ein unterschiedliches Isoenzym-Verteilungsmuster (proz. Anteil der einzelnen Isoenzyme). Bei Enzymen mit Quartärstruktur können durch Hybridisierung intermediäre Typen auftreten.

Die multiplen Formen von Enzymen der Gruppe 4−7 besitzen dagegen gleiche Primärstruktur oder sind Derivate einer gemeinsamen Vorstufe, unterscheiden

Multiple Formen von Enzymen

Gruppe	Ursachen für das Auftreten multipler Formen	Beispiele
1	Genetisch voneinander unabhängige Enzyme. Enzymproteine, die durch verschiedene Gene codiert werden.	Mitochondriale und zytoplasmatische Malat-Dehydrogenase
2	Heteropolymere (hybride) Enzyme, die aus 2 oder mehr nichtkovalent gebundenen Polypeptidketten zusammengesetzt sind.	Isoenzyme der Lactat-Dehydrogenase
3	Genetische Varianten (Allele) von Proteinen. Enzymproteine, die verschiedenen allelen Zuständen des codierten Gens entsprechen.	Mehr als 80 Glucose-6-phosphat-Dehydrogenasen des Menschen
4	Enzymproteine, die sich voneinander durch den Besitz eines Nichtproteinanteils unterscheiden.	Phosphorylase a und b
5	Enzymproteine, die aus einer Polypeptidkette (gemeinsamen Vorstufe, Proenzym) entstanden sind.	Chymotrypsinogen $\to \pi$ $\to \delta \to \alpha$-Chymotrypsin
6	Polymere Enzymproteine, die aus identischen Polypeptidketten (Proteinuntereinheiten) zusammengesetzt sind.	Glutamat-Dehydrogenasen mit einem Mol.-Gew. von $1 \cdot 10^6$ und $0{,}25 \cdot 10^6$
7	Proteine mit unterschiedlicher Konformation. Enzymproteine, die in verschiedenen Raumstrukturen mit unterschiedlicher Enzymaktivität vorliegen.	Alle allosterischen Enzyme

sich jedoch durch andere Kriterien (Nichtproteinanteil, Konformation, Quartärstruktur).

4. Subzelluläre Enzymlokalisation und Organverteilungsmuster von Enzymen

Im Organismus befinden sich die Enzyme eines bestimmten Stoffwechselweges oder einer Reaktionskette häufig in kompartimentierter Form z. B. innerhalb eines Multienzymkomplexes oder in Bindung an subzelluläre Strukturen und Partikel. Dies hat den Vorteil, daß die zahlreichen, im Stoffwechsel nebeneinander ablaufenden Reaktionsketten und Stoffwechselwege mit hoher Selektivität ablaufen und einer getrennten Regulation unterliegen. Durch Biosynthese werden die Enzyme einer Zelle laufend erneuert und ihre Konzentration bzw. Aktivität dem Bedarf angepaßt. Für die diagnostische Beurteilung von Enzymaktivitäten im Blutserum ist die intrazelluläre Lokalisation von Bedeutung, da sie Aufschluß über das Ausmaß des Zellschadens und den Sitz des Enzymdefekts geben kann.

Subzelluläre Struktur	Funktion (Beispiele)	Enzymdiagnostik (Beispiele)
Kern	DNA-Replikation, RNA-Synthese, NAD-Synthese	
Mitochondrien	Endoxidation der Substrate (Citratzyklus, Atmungskette, oxidative Phosphorylierung), Fettsäureoxidation, Harnstoffsynthese	Glutamat-Dehydrogenase (GlDH) Ornithin-Carbamylphosphat-Transferase (OCT) Glutamat-Oxalacetat-Transaminase (GOT)
Lysosomen	Enzymatische Kontrolle des katabolen Stoffwechsels durch Hydrolasen (Nucleasen, Proteasen, Phosphatasen, Glykosidasen u. a.)	Saure Phosphatase β-Glucuronidase Multiple Formen der β-N-Acetylhexosaminidase
Mikrosomen (Ribosomen, Endoplasmatisches Retikulum)	Proteinbiosynthese, Cholesterinbiosynthese, Glucuronidsynthese, Glykoproteinbiosynthese, Proteoglykanbiosynthese	Steroid-Hydroxylasen, Glycosyl(Glucuronid)-Transferasen Barbituratinduzierbare biotransformierende Enzyme Glucose-6-Phosphatase
Zellmembran	Elektrolyt- und Stofftransport, Permeabilitätsschranke	5'-Nucleotidase, Mg^{2+}-aktivierbare ATP-ase γ-Glutamyl-Transpeptidase (γ-GT)
Zytoplasma	Glykolyse, Glykogensynthese und -abbau, Pentosephosphatzyklus Fettsäuresynthese	Lactat-Dehydrogenase (LDH) α-Hydroxybutyrat-Dehydrogenase (HBDH) Glutamat-Oxalacetat-Transaminase (GOT) Glutamat-Pyruvat-Transaminase (GPT) Kreatin-Kinase (CK), Sorbit-Dehydrogenase (SDH) Glucose-6-phosphat-Dehydrogenase

Organenzymmuster. Die meisten der in der klinisch-chemischen Diagnostik benutzten Enzyme gehören zu den Hauptketten des Stoffwechsels, sind also in den Zellen aller Organe vorhanden (Enzyme der Glykolyse, des Citratzyklus, der Atmungskette u. a.). Sie bilden ein Grundmuster, das allerdings entsprechend der speziellen Funktion der einzelnen Organe durch eine spezifische Ausstattung mit Enzymen und Isoenzymen ergänzt bzw. modifiziert wird. Die Organe des menschlichen Körpers sind daher weniger durch die Existenz organspezifischer Enzyme als durch das Verteilungsmuster (Mengenverhältnis) der einzelnen Enzyme charakterisiert. Für manche Enzyme sind die Aktivitätsunterschiede von Organ zu Organ allerdings so groß, daß der Begriff der **relativen Organspezifität** geprägt wurde (Tabelle). Dies trifft vor allem für das Verteilungsmuster von Isoenzymen zu (LDH, alkalische Phosphatase, CK).

Enzyme	Herkunftsort und **relative Organspezifität**
1. Lactat-Dehydrogenase (LDH)*	Alle Organe (Skelett-, Herzmuskel, Leber, Erythrozyten, Thrombozyten)
α-Hydroxybutyrat-Dehydrogenase (HBDH)	**Herzmuskel, Erythrozyten**
Sorbit-Dehydrogenase (SDH)	**Leber**
Glutaminsäure-Dehydrogenase (GIDH)	**Leber-Mitochondrien,** Niere, Gehirn, Lunge
2. Glutamat-Oxalacetat-Transaminase (GOT)	Alle Organe, Herzmuskel, Leber, Gehirn, Erythrozyten
Glutamat-Pyruvat-Transaminase (GPT)	**Leber-Zytoplasma,** Niere, Skelett-, Herzmuskel
γ-Glutamyl-Transpeptidase (γ-GT)	**Leber, Gallenwegsepithel,** Niere, Pankreas
Kreatin-Kinase (CK)*	**Skelett-, Herzmuskel**
3. α-Amylase	**Pankreas, Parotis**
Lipase	**Pankreas**
Leucin-Aminopeptidase (LAP)	**Gallenwegsepithel**
Alkalische Phosphatase (AP)*	**Knochen, Leber, Gallenwegsepithel,** Dünndarm
Saure Phosphatase (SP, gesamt)*	Niere, Leber, Pankreas, Erythrozyten
Saure Phosphatase (Prostata)	**Prostata**
Serum-Cholinesterase (CHE)	**Leber** (Sekretionsenzym)
4. Aldolase	**Skelettmuskel**

* Weitere Differenzierung durch Isoenzymverteilungsmuster

5. Enzymopathien

Die herabgesetzte Aktivität eines Enzyms, die Veränderung des Enzymverteilungsmusters innerhalb einer Zelle oder eines Organs oder der Verlust zellulärer Enzyme führen zu Störungen des Stoffwechels und u. U. zur Stoffwechselinsuffizienz des Organs. Der Verlust zellulärer Enzyme durch Austritt aus der Zelle ist immer ein Sekundärvorgang, d. h. durch einen Primärschaden bedingt.

Als **primäre Enzymopathien** bezeichnet man Erkrankungen, die ihre Ursache in einem ein bestimmtes Enzym betreffenden genetischen Defekt (genetischer Enzymdefekt) haben. **Sekundäre Enzymopathien** treten als Folge exogener Einflüsse auf ein Zellsystem (mangelnde Versorgung mit Substraten, Zellschädigung, Enzymhemmung durch Inhibitoren) auf. Da bei den sekundären Enzymopathien zelluläre Enzyme häufig in den Extrazellulärraum bzw. in das Plasma übertreten, spielen sie für die Erkennung und Verlaufskontrolle von Organschäden in der klinisch-chemischen Diagnostik eine wichtige Rolle.

Eine Klassifizierung von Enzymopathien in schematischer Form gibt die nachstehende Abbildung.

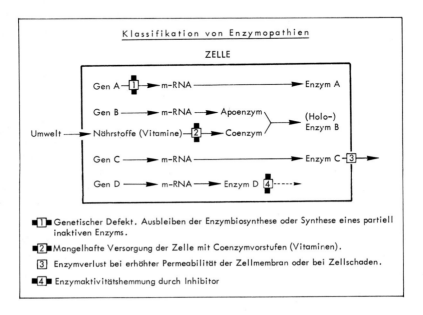

6. Primäre (genetische) Enzymopathien

Kommt es aufgrund einer Mutation (Genveränderung) zur Synthese eines Enzyms mit fehlerhafter Struktur, so kann dessen katalytische Aktivität bis zur vollständigen Inaktivität herabgesetzt sein. Enzymdefekte (sehr geringe bzw. fehlende Aktivität) oder Enzymdefizienz (herabgesetzte Aktivität) können folgende Ursachen haben:

- Es liegt eine Veränderung der Enzymstruktur vor, wobei die Aktivität des Enzyms vermindert, seine molekulare Konzentration im Gewebe oder Serum jedoch normal ist. Ursache ist die Mutation (Punktmutation) eines Strukturgens, die zu einer Veränderung der Aminosäuresequenz des Enzyms führt.
- Zusätzlich zu der Veränderung der Enzymstruktur kann eine verminderte Syntheserate oder eine erhöhte Abbaugeschwindigkeit vorliegen.

- Das Enzym weist keine Veränderungen seiner Primärsequenz auf, jedoch kann seine Syntheserate vermindert oder (seltener) gesteigert sein. Solche Defekte werden auf Kontrollgenmutationen zurückgeführt.
- Ist durch eine Mutation ein Regulatorgen betroffen, so kann dies zur Folge haben, daß das betreffende Protein überhaupt nicht synthetisiert wird. Die Entscheidung darüber, ob die Synthese des Proteins vollständig blockiert ist oder aber ein katalytisch inaktives Enzymprotein gebildet wird, läßt sich durch immunologischen Nachweis des Enzymproteins führen. In zahlreichen Fällen von „Enzymdefekten" hat die immunologische Diagnostik eine äquivalente Menge an enzyminaktivem Protein nachgewiesen.

Enzymvarianten („Enzympolymorphismen", multiple Formen von Enzymen). Das Auftreten von Proteinvarianten ist ein häufiges Ereignis (Kap. Proteine und Aminosäuren, S. 46). Auch die Enzymvarianten, die in die Gruppe der Isoenzyme bzw. der multiplen Enzymformen gehören, treten bei etwa 1/3 aller Enzyme auf. Bezüglich ihrer katalytischen Aktivität weisen Enzymvarianten alle Übergänge auf von normaler über verminderte Aktivität mit nur geringen oder passager auftretenden klinischen Erscheinungen bis zum fast vollständigen Aktivitätsverlust mit schweren Allgemeinsymptomen. Das Auftreten von Enzymvarianten wird als die molekular-biologische Basis für die unterschiedliche individuelle Reaktionsweise auf Nahrungsmittel, Arzneimittel, Toxine, Infektionen u. a. angesehen.

Enzymvarianten können ihrem Träger jedoch auch Selektionsvorteile bieten. Dies zeigt das Beispiel der Malariaresistenz heterozygoter Individuen mit Erythrozytenenzymopathien bzw. Hämoglobinopathien (S. 219). Das gemeinsame Merkmal dieser genetischen Variante ist eine Verminderung der Konzentration an reduziertem Glutathion im Erythrozyten, die entweder direkte Folge eines Enzymmangels (Glutathion-Reduktasemangel) ist, oder indirekt durch $NADH_2$-Mangel (z. B. bei Glucose-6-phosphat-Dehydrogenasedefekt oder Sichelzellanämie) bedingt ist. Die herabgesetzte Konzentration an reduziertem Glutathion im Erythrozyten verleiht dem Träger Schutz vor einer Malariainfektion, da im Verlauf des ungeschlechtlichen Vermehrungszyklus die Umwandlung des Malaria-Merozoiten zum Schizonten an eine ausreichende Konzentration an reduziertem Glutathion gebunden ist.

Coenzymbedingte Enzymopathien. Auch coenzymabhängige Enzyme können Sitz von Stoffwechselstörungen sein. Viele Coenzyme benötigen Vitamine als Stoffwechselvorstufen, aus denen sie durch enzymatische Umwandlung gebildet werden. Apoenzym und Coenzym gehen dabei oft eine nichtkovalente dissoziable Verbindung ein, wobei das katalytisch aktive Holoenzym entsteht.

Eine herabgesetzte oder fehlende Enzymaktivität kann bei coenzymabhängigen Enzymen folgende Ursache haben:

- reduzierte Affinität des Coenzyms zum strukturell veränderten Apoenzym,

- Blockierung der enzymatischen Umwandlung des Vitamins zum Coenzym (Defekt der enzymatischen Reaktion Vitamin → Coenzym),
- mangelhafte Zufuhr des Vitamins oder der Vitaminvorstufe mit der Nahrung (Hypovitaminose, Avitaminose, Kap. Vitamine und Coenzyme, S. 201).

Solche Störungen sind durch Beispiele in der folgenden Tabelle belegt.

Beispiele für Coenzym- bzw. Vitaminmangel-bedingte Enzymopathien

Enzymdefekt	Coenzymvorstufe (Vitamin)	Stoffwechseldefekt
1. **Herabgesetzte Affinität des Apoenzyms zum Coenzym**		
Cystathioninsynthetase	Pyridoxin (B_6)	Homocystinurie
Cystathioninlyase	Pyridoxin (B_6)	Cystathioninurie
Glyoxylat-α-Ketoglutarat-Carboligase	Pyridoxin (B_6)	Oxalose
α-Ketosäuredecarboxylase	Thiamin (B_1)	Ahornsirupkrankheit
Propionyl-CoA-Carboxylase	Biotin	Propionacidürie
2. **Defekt der enzymatischen Umwandlung vom Vitamin zum Coenzym**		
5'-Desoxy-adenylcobalamin-synthese	Cobalamin (B_{12})	Methylmalonacidurie, Methylmalonacidurie mit Homocystinurie
3. **Verminderte Bildung des Vitamins aus Vorstufen**		
Intestinaler Tryptophantransport	Nikotinamid	Hartnupsche Krankheit

Da die Bindung eines Coenzyms an das Apoenzym dem Massenwirkungsgesetz folgt, kann in Fällen herabgesetzter Affinität des Apoenzyms zum Coenzym durch exzessive Erhöhung der Coenzymkonzentration eine so hohe Konzentration an Coenzym-Apoenzymkomplex erreicht werden, daß die katalytische Aktivität des Holoenzyms wieder im Normbereich liegt. Dieser Effekt läßt sich für die Therapie ausnutzen, indem man das betreffende Vitamin in „pharmakologischen" Dosen zuführt. Die hierfür benötigte tägliche Vitaminzufuhr liegt für Pyridoxin in der Größenordnung von 0,5–2,0 g, für Thiamin und Biotin etwa 30 mg, für Cobalamin etwa 1 mg und für Nikotinamid 0,25 g.

Viele erbliche Störungen des Aminosäure-, Kohlenhydrat-, Lipid-, Porphyrin-, Purin- und Pyrimidinstoffwechsels sind als Enzymdefekte identifiziert. Beispiele hierfür sind in entsprechenden Kapiteln abgehandelt. Auch die angeborenen Transportdefekte haben wahrscheinlich ihre Ursache in fehlenden oder falschen Struktur- oder Enzymproteinen.

7. Sekundäre (erworbene) Enzymopathien

Die Einwirkung von zellschädigenden Substanzen, von Medikamenten, Substraten oder Hormonen können zu Veränderungen des Enzymmusters von Organen führen.

Entzündliche und toxische Veränderungen des Organenzymmusters. Zellschäden der unterschiedlichsten Ursache (Kap. Entzündung, S. 405) betreffen primär häufig die besonders exponierte Zellmembran, die mit Verlust ihrer Fähigkeit zur selektiven Kontrolle der Permeabilitätsprozesse und erhöhter Durchlässigkeit reagiert. Der Austritt zellulärer Enzyme durch die geschädigte Membran (S. 408) hat Stoffwechselstörungen zur Folge, insbesondere, wenn in der geschädigten Zelle eine Kompensation des Enzymverlusts durch de novo Synthese nicht möglich ist.

Hemmung und Aktivierung von Zellenzymen. Zahlreiche Pharmaka, Gifte oder in pflanzlichen und tierischen Nahrungsmitteln enthaltene Wirkstoffe haben den Charakter von **Enzyminhibitoren.** Sie bewirken häufig eine definitive Hemmung, indem sie durch kovalente Bindung an eine funktionelle Gruppe das Enzym irreversibel inaktivieren. Beispiele hierfür sind die Alkylantien (S. 387), das Diäthyl-p-nitrophenylphosphat (S. 253), die Acetylsalizylsäure (S. 198), die den Essigsäurerest in kovalenter Bindung auf Enzyme übertragen kann oder das Rifampicin (S. 31), das (bei Bakterien) die DNA-abhängige RNA-Polymerase inhibiert. Die Enzymhemmung wird in diesen Fällen erst dann und in dem Umfang wieder aufgenommen, wenn funktionell aktives Enzym durch Neusynthese bereitgestellt wird.

Umgekehrt können Arznei- oder Fremdstoffe über eine Induktion der Proteinbiosynthese zu einer **Aktivitätssteigerung** von Enzymen führen. Hierbei spielt das Cytochrom P-450-abhängige Hydroxylierungssystem der Leber eine wichtige Rolle. Viele Arzneimittel z. B. Phenobarbital, Phenylbutazon, Rifampicin oder Fremdstoffe wie (das krebsauslösende) Benzpyren, steigern die Aktivität der Cytochrom P-450-abhängigen Hydroxylase durch Induktion der Neusynthese. Die Bedeutung einer Induktion hydroxylierender Enzymsysteme liegt darin, daß einerseits die Entstehung toxischer Metabolite verstärkt werden kann („Giftung"), andererseits Medikamente aufgrund der induktiv gesteigerten Aktivität des hydroxylierenden Enzymsystems rascher abgebaut werden. So wird z.B. der Abbau von kontrazeptiven Östrogenen durch die Behandlung mit dem tuberkulostatischen Rifampicin um fast das 5fache gesteigert und damit die kontrazeptive Wirkung der Östrogene herabgesetzt.

Phenobarbital kann zur Induktion des Marcumar-abbauenden Enzymsystems führen, so daß mit gleichzeitiger Gabe von Barbitursäurederivaten und dem gerinnungshemmenden Marcumar größere Mengen Marcumar benötigt werden, um einen blutgerinnungshemmenden Effekt zu erzielen.

Änderung des Enzymmusters durch Entdifferenzierung. Bei Lebertumoren, aber auch bei nichtmalignen Erkrankungen entdifferenziert sich das Lebergewebe zum fetalen Verteilungstyp, das u. a. durch Unterschiede des Lactatdehydrogenase- und Aldolase-Isoenzymverteilungsmuster gegenüber dem Organ des Erwachsenen gekennzeichnet ist. Nach Abklingen der Schädigung und Normalisierung der Zellfunktion ist eine Redifferenzierung möglich.

8. Folgen eines Enzymdefektes

Der Funktionsausfall eines Enzyms − z. B. innerhalb eines Stoffwechselweges A → D (s. Schema) − wirkt sich nicht nur auf die verminderte oder fehlende Bildung seines Reaktionsprodukts aus (I), sondern führt ebenso zum Anstau des Metaboliten, der von dem defekten Enzym nicht mehr umgesetzt werden kann, und häufig auch zu einem Rückstau von Stoffwechselvorstufen oder zur Speicherung des akkumulierten Zwischenprodukts (II) bzw. zu dessen Ausscheidung mit dem Harn. Auch eine Umwandlung des akkumulierten Zwischenprodukts über Stoffwechselnebenwege zu atypischen, sonst nur in geringer Konzentration gebildeten Stoffwechselprodukten (III) ist möglich.

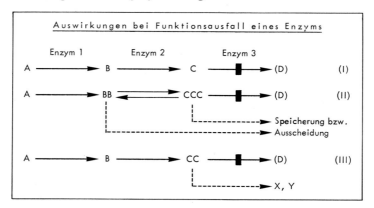

Beispiele sind die ausbleibende Tyrosinsynthese und der gleichzeitige Anstau von Phenylalanin bei der Phenylketonurie (S. 61), der durch Rückstau erhöhte Galaktosespiegel im Blut bei Galaktosämie (S. 73), die Speicherung partieller Abbauprodukte von Sphingolipiden und Glykosaminoglykanen bei den lysosomalen Speicherkrankheiten (S. 352) und die Bildung von Dulcit aus Galaktose oder von Phenylessigsäure aus Phenylalanin als atypische, über einen Nebenweg gebildete Stoffwechselprodukte. Auch pharmakainduzierte Enzymhemmungen können eine unphysiologische Konzentrationserhöhung von Metaboliten des Zellstoffwechsels herbeiführen (Anstieg des Hypoxanthinblutspiegels bei Allopurinolbehandlung, S. 41).

9. Enzyme im Blutplasma

Im normalen Plasma bzw. Serum des Menschen lassen sich zahlreiche Zellenzyme in relativ konstanter Aktivität nachweisen. Im Säuglingsalter sind die Aktivitäten meist höher als beim Erwachsenen. Die Zellenzyme des Serums entstammen verschiedenen Quellen. Den größten Anteil an den Serumenzymen scheinen Leber- und Muskelenzyme zu haben, welche die Zellen dieser Organe über einen physiologischen Exportmechanismus verlassen. Auch Thrombozyten und vermutlich Leukozyten können Enzyme ohne nachweisbare Schädigung an das Blut abgeben. Dagegen scheint der Anteil an Enzymaktivitäten, die aus physiologischem Zellumsatz („Zellmauserung") stammen, gering zu sein, da bei einem geordneten Zellabbau keine Abgabe aktiver Enzyme erfolgt.

Nach Austritt der Enzyme aus den Zellen kann es zu Veränderungen der Enzymaktivität kommen, die z.B. durch Konformationsänderung des Enzymproteins im extrazellulären Milieu oder durch reversible Oxidation von Thiolgruppen (z.B. bei der Kreatinkinase) bedingt sein können.

Nach Verlassen der Zelle verteilen sich die Enzyme im extrazellulären Raum und gelangen über das Lymphsystem in den Blutkreislauf. Die Enzyme der Leberparenchymzellen treten aufgrund ihres unmittelbaren Kontaktes mit dem Blutplasma direkt in den Blutkreislauf über.

Die Verteilung der ausgetretenen Zellenzyme auf die verschiedenen Flüssigkeitsräume erfolgt innerhalb von Minuten und ist nach wenigen Stunden abgeschlossen. Die darauf folgende Abnahme des Enzymaktivitätsspiegels im Blutplasma entspricht der Enzymelimination, deren Kinetik − unabhängig von der absoluten Aktivität des Enzyms − einer Exponentialfunktion folgt und eine Berechnung von Halbwertszeiten der einzelnen Enzyme erlaubt (Tab.). Der Abfall der Enzymaktivitäten im Plasma beruht also nicht auf einem Verlust ihrer katalytischen Aktivität, sondern ist Ausdruck der Tatsache, daß die Zellen der meisten Gewebe und Organe − vor allem Leber, Niere und Lunge − in der Lage sind, Enzymproteine aus der Zirkulation aufzunehmen. Dieser Prozeß erfolgt auch bei schweren Erkrankungen mit weitgehender Konstanz.

Enzyme mit geringerem Molekulargewicht (α-Amylase, Pepsinogen) können auch durch Ausscheidung über die Niere aus dem Plasma eliminiert werden.

Halbwertszeiten von Plasmaenzymen

	Stunden		Stunden		Tage		Tage
α-Amylase	3− 6	GOT	12−22	GPT	1−3	LDH 1	3− 7
Lipase	3− 6	CPK	13−17	γ-GT	3−4	CHE	8−12
LDH 5	8−12	GLDH	17−19	AP	3−7		

Bei Anwendung hinreichend empfindlicher Methoden werden sich vermutlich die meisten Enzyme des Zellstoffwechsels im Plasma nachweisen lassen. Die Zahl der für die klinisch-chemische Routinediagnostik eingesetzten Serumenzyme ist jedoch begrenzt (20–30). Ihre Auswahl erfolgt nach den Kriterien einer möglichst hohen Empfindlichkeit, Schnelligkeit, Einfachheit und Genauigkeit einer quantitativen Bestimmung der Enzymaktivität.

Nach ihrer Funktion und Bedeutung für die Diagnostik lassen sich drei Gruppen von Enzymen im Serum unterscheiden:

1. Zellenzyme, 2. Sekretionsenzyme, 3. Enzyme der Gallenflüssigkeit

Zellenzyme. Zellenzyme verbleiben nach ihrer intrazellulären Synthese innerhalb der Zelle. Sie sind z. T. strukturgebunden, z. T. in definierten Zellkompartimenten lokalisiert oder Bestandteile von Multienzymkomplexen bzw. speziellen Stoffwechselketten und werden durch die Zellmembran am Verlassen der Zelle gehindert. Erst bei Zellschäden mit pathologischer Steigerung der Permeabilität der Zellmembran oder Zytolyse mit Strukturverlust und Zelltod treten die Enzyme der Zelle in den Extrazellulärraum und in das Blutplasma über und sind dort in erhöhter Aktivität nachweisbar.

Je ausgedehnter der geschädigte Bezirk eines Organs ist, d.h. je mehr Zellen beteiligt sind und je schwerer (akuter) die Schädigung ist, desto höher ist der zu erwartende Aktivitätsanstieg von Zellenzymen im Plasma. Im Extremfall kann sich das Enzymverteilungsmuster des Serums an das des schwer geschädigten Organs völlig angleichen (z. B. bei schwerem Myocardinfarkt). In der Regel findet man jedoch das Enzymverteilungsmuster des geschädigten Organs im Serum „verzerrt". Die Gründe hierfür liegen u. a. darin, daß der Übertritt der Zellenzyme in das Blut nicht gleichmäßig erfolgt, sondern von folgenden Faktoren abhängt:

- Von dem Konzentrationsgradienten: Enzyme mit höherer Aktivität in der Zelle führen zu einem rascheren Anstieg der Aktivität im Serum.
- Von dem Molekulargewicht des Enzyms: Enzyme mit geringerem Mol.-Gew. diffundieren rascher als Enzyme mit höherem Mol-Gew.
- Von der subzellulären Lokalisation: Zytoplasmatische Enzyme erscheinen eher und bei geringerer Schädigung im Blutserum als z. B. mitochondriale Enzyme, die eine Desintegration der Mitochondrienstruktur voraussetzen.
- Unterschiedliche Halbwertszeit für Enzyme im Plasma. Nach dem Austritt aus der Zelle unterliegen die Enzyme einer unterschiedlich raschen Aktivitätsabnahme (s. o.). Die Halbwertszeiten der Enzyme im Plasma sind enzymspezifische Kenngrößen und schwanken zwischen Stunden und Tagen (Tabelle). Auch für einzelne Isoenzyme können große Unterschiede bestehen.

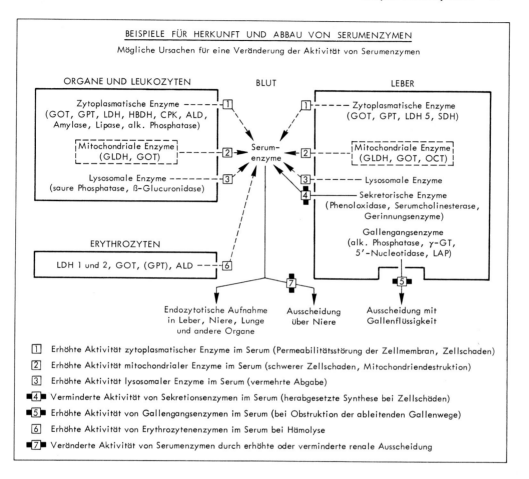

Sekretionsenzyme. Die Zellen einiger Organe produzieren Enzyme, die für den Export aus der Zelle bestimmt sind und ihren Wirkungsort nach aktiver Sekretion aus der Zelle erreichen. Einige typische Beispiele sind die Enzyme exokriner Drüsen (Pankreas, Parotis), die regelmäßig auch einen kleinen Teil ihrer Sekretenzyme in das Blut abgeben. Bei akuter und chronischer Schädigung oder bei Rückstau infolge Verschluß des Ausführungsganges werden jedoch große Mengen in das Blut ausgeschüttet.

Auch die Leber synthetisiert Enzyme, die unmittelbar nach der Bildung an das Blut abgegeben werden (Serumcholinesterase, Caeruloplasmin, das Phenoloxidaseaktivität besitzt) und deren Aktivität im Blut daher stets höher ist als in der Leber selbst. Leberschäden, die auch die Synthese dieser Enzyme betreffen, führen daher zum Absinken der Aktivität der Sekretionsenzyme im Blut. Bei Vergiftungen mit organischen Phosphorverbindungen (Insektiziden) wird die Cholinesterase irreversibel inaktiviert. Entsprechend der Neubildung des Enzyms steigt die Plasmaaktivität im Laufe der folgenden Wochen wieder bis zum Normwert an. Vergiftungen mit organischen Phosphorverbindungen können bis 2 Wochen nach der Vergiftung an der herabgesetzten Aktivität erkannt werden.

Enzyme der Gallenflüssigkeit. Eine physiologische Ausscheidung von Enzymen des Blutplasmas über Leber und Gallenflüssigkeit ist nicht nachweisbar, doch gelangen „Exkretionsenzyme", die in Gallengangsepithelien synthetisiert werden, mit der Galle in den Intestinaltrakt wie z. B. alkalische Phosphatase, Leucinaminopeptidase, oder (ein Teil der) γ-Glutamyltranspeptidase. Bei einem Gallengangsverschluß kommt es nicht nur durch Rückstau, sondern auch durch verstärkte Synthese zur vermehrten Abgabe dieser Enzyme an das Blut. Sie werden daher auch als „Cholestaseanzeigende Enzyme" bezeichnet (Kap. Leber, S. 271).

Die alkalische Phosphatase der Gallenflüssigkeit stammt aus den Epithelzellen der Gallekanälchen und gelangt physiologischerweise mit der Gallenflüssigkeit in den Intestinaltrakt. Bei Verschluß des Gallenganges kommt es zu einer vermehrten Synthese der alkalischen Phosphatase und Abgabe des Enzyms an das Serum. Die im Serum nachweisbare alkalische Phosphatase der Plazenta und des Knochens werden jedoch physiologischerweise nicht über das Gallengangssystem ausgeschieden. So führt z.B. eine Infusion der alkalischen Plazenta-Phosphatase bei Patienten mit Gallengangsverschluß zur gleichen Eliminationsrate dieses Enzyms aus dem Serum wie bei Kontrollpatienten.

10. Anwendungsbereich, Grenzen und Möglichkeiten der Enzymdiagnostik

Für eine diagnostische Verwertbarkeit von Enzymaktivitätsanstiegen im Blutplasma gelten folgende Voraussetzungen bzw. Bedingungen:

- Die Zellschädigung muß zu einer erhöhten Zellpermeabilität geführt haben.
- Die geschädigten Zellen dürfen nicht vom intravasalen Raum abgeschnitten sein.
- Ist das betroffene Organ klein (z.B. Myocard), muß die Schädigung schwer und akut sein, um einen erkennbaren Enzymanstieg im Plasma hervorzurufen.
- Ist das betroffene Organ groß (z.B. Leber), so können auch schon leichtere Schäden zu einem diagnostisch verwertbaren Anstieg führen.
- Auch kleinere Organe können einer Enzymdiagnostik zugängig sein, wenn sie einen hohen Gehalt an einem (oder mehreren) organspezifischen Enzym(en) haben (z.B. α-Amylase des Pankreas, Tartrat-hemmbares Isoenzym der sauren Prostataphosphatase, LDH der Erythrozyten).

Eine Enzymdiagnostik ist sinnvoll und geboten
- bei allen Erkrankungen und Miterkrankungen der Leber,
- bei akuten oder ausgedehnten Schädigungen der Skelettmuskulatur und des Knochens,
- bei Bluterkrankungen mit einem erheblich erhöhtem Zellumsatz,
- bei schweren akuten Erkrankungen des Herzens, des Pankreas und der Prostata.

11. Enzymimmunassay

Die hohe Empfindlichkeit und Spezifität von Enzymaktivitätsbestimmungsmethoden haben der Enzymologie neue Anwendungsbereiche erschlossen. Dazu gehört der **E**nzym-**I**mmun-**A**ssay (EIA). Er dient der quantitativen Analyse von Substanzen bzw. Plasmabestandteilen, die die Eigenschaften von Antigenen oder Haptenen aufweisen, sich aber aufgrund ihrer niedrigen Konzentration dem Nachweis mit anderen Methoden entziehen. Der EIA ähnelt im Prinzip dem Radioimmunassay (RIA, S. 138), vermeidet aber die beim RIA auftretenden Probleme des Strahlenschutzes und der Beseitigung radioaktiver Abfälle.

Der EIA nutzt die Tatsache aus, daß einerseits ein Enzym (sog. „Marker-Enzym") bei chemischer Konjugation an ein Antigen oder Hapten seine Aktivität nicht verliert, andererseits aber auch das enzymkonjugierte Hapten oder Antigen ihre Fähigkeit zur spezifischen Bindung an Antikörper beibehalten.

Bei dem „**E**nzyme **L**inked **I**mmuno **S**orbent **A**ssay" (ELISA) werden das zubestimmende Antigen, das in der zu untersuchenden Lösung (z. B. Blutplasma) enthalten ist, zusammen mit einer definierten Menge des gleichen, aber enzymkonjugierten Antigens und einem spezifischen (unlöslich gemachten) Antikörper inkubiert, wobei der Antikörper im Unterschuß vorhanden sein muß. Im Reaktionsansatz konkurrieren Antigen und enzymkonjugiertes Antigen um die Bindung an den Antikörper, wobei sich ein durch das Massenwirkungsgesetz bestimmtes Reaktionsgleichgewicht einstellt.

Man trennt den unlöslichen Antigen-Antikörperkomplex ab und bestimmt die enzymatische Aktivität des freien enzymkonjugierten Antigens durch Substratzugabe. Die Abnahme der Aktivität des Enzyms gegenüber der dem Testansatz zugesetzten Enzymaktivität ist der Konzentration des gesuchten Antigens umgekehrt proportional. Es ist jedoch auch möglich, die Enzymaktivität des unlöslichen Antigen-Antikörperkomplexes zu bestimmen, da das enzymkonjugierte Antigen auch nach Bindung an den Antikörper seine enzymatische Aktivität noch besitzt.

Eine weitere Enzymimmunassay-Methode unterscheidet sich von dem ELISA dadurch, daß das enzymkonjugierte Antigen bzw. Hapten bei Bindung an den Antikörper seine Aktivität verliert.

Das Verfahren des Enzymimmunassay eignet sich gut, um kleine Moleküle – Pharmaka, Hormone, Peptide – quantitativ zu bestimmen.

II. Nucleinsäuren

1. Nucleinsäuren, Gene und Chromosomen

Nucleinsäuren. Jede spezifische biologische Leistung einer Zelle einschließlich ihrer Teilung ist direkt oder indirekt von der Mitwirkung von Nucleinsäuren abhängig. Aufgrund ihrer chemischen Konstitution, makromolekularen Struktur und Funktionen werden die

- DNA (Desoxyribonucleinsäure) und
- verschiedene Formen der RNA (Ribonucleinsäure) unterschieden.

Die DNA ist Träger der genetischen Information. Sie erfüllt im Organismus zwei grundlegende Funktionen:

- Sie besitzt die Fähigkeit zur identischen Verdoppelung (Replikation),
- sie bildet die Matrize für die Weitergabe der genetischen Information an Ribonucleinsäuren (Transkription).

Gene und Chromosomen. In der Zelle sind die (nur bei der Zellteilung sichtbaren) Chromosomen das morphologische Äquivalent der DNA. Die 46 Chromosomen des Menschen (diploider Chromosomensatz) bestehen aus einer noch nicht bekannten Anzahl von DNA-Molekülen, die zusammen mehr als 10^9 Mononucleotide besitzen. Da zur Kodierung eines Proteins etwa 600 Nucleotide benötigt werden, können mit Hilfe des menschlichen Chromosomensatzes mehr als 10^9 verschiedene Proteine gebildet werden.

Der Abschnitt des DNA-Moleküls, der ein Protein (z.B. ein Enzym) kodiert, wird als **Gen** bezeichnet. Bei den Eukaryonten sind Gene jedoch meist nicht in einem zusammenhängenden Abschnitt, sondern in Teilstücken auf der DNA vorhanden. Diese Genteilstücke werden als **Exons** bezeichnet und sind durch Basenfrequenzen, die keine Information für die Synthese des betreffenden Proteins liefern – sog. **Introns** (Spacer) – unterbrochen. Exon- und Intronabschnitte eines Gens können sich in regelmäßiger Folge (sog. „Tandemanordnung") tausendfach wiederholen. Bei der Transkription eines aus Exon- und Intronabschnitten bestehenden Gens werden zunächst Exons und Introns zu einer gemeinsamen einsträngigen RNA umgeschrieben. Das primäre Transkriptionsprodukt – die sog. heterogene nukleäre RNA – enthält also informationstragende Exonkopien und nichtinformationstragende Intronkopien, die im Rahmen eines Fertigungsprozesses (processing) enzymatisch herausgeschnitten werden. Durch die Verknüpfung der Exonkopien („splicing") und Modifikation des 5'-Phosphatendes und des 3'-OH-Endes entsteht die informationstragende Messenger-RNA (Abb.).

Nucleinsäuren, Gene und Chromosomen 21

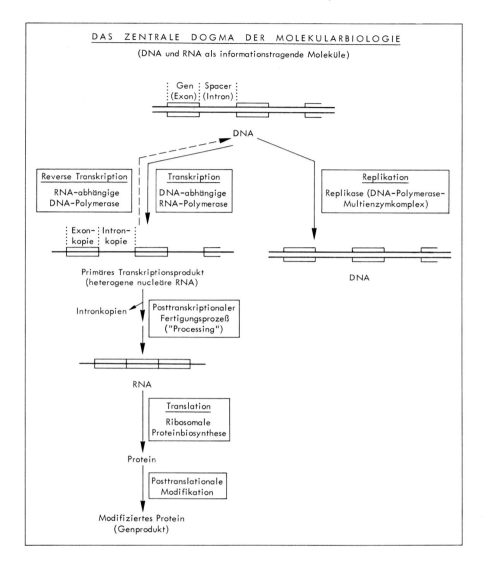

Bei der RNA-Synthese wird die Information der DNA auf RNA übertragen **(Transkription)** und unter spezifischer Wechselwirkung der verschiedenen RNA-Typen schließlich in die Proteinstruktur übersetzt **(Translation)**. Eine Rückübertragung der in der RNA enthaltenen Information auf DNA ist durch **umgekehrte** (reverse) **Transkription** möglich und wird durch die RNA-abhängige DNA-Polymerase („reverse Transkriptase") gesteuert.

Die Bedeutung dieses Enzyms, das ubiquitär im Tierreich, bei Mikroorganismen und Viren verbreitet ist, ist noch unklar. Bei RNA-Tumorviren (S. 375), die z.B.

22 Nucleinsäuren

das Rous-Geflügelsarkom, die Vogelmyeloblastose und das Mamacarcinom bei Nagern erzeugen, dient das im Viruspartikel vorhandene Enzym zur Herstellung einer Virus-DNA, die den genetischen Code des Tumorvirus enthält und die originale Virus-RNA als codogenen Strang benutzt. Der Nachweis einer reversen Transkriptase auch in Leukozyten von Patienten mit Leukämie (S. 375) läßt allerdings im Hinblick auf das Vorkommen auch in Normalzellen keine Rückschlüsse auf die Pathogenese der malignen Hämoblastosen zu.

Bei der Chromosomenkartierung sind zahlreiche Enzyme bzw. Proteine (Genprodukte) in ihrer Lokalisation auf bestimmten Chromosomenabschnitten festgelegt. Die Abbildung zeigt dies am Beispiel des Chromosoms Nr. 1 des Menschen.

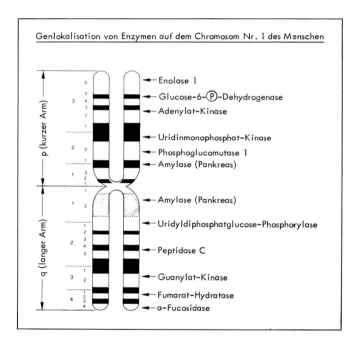

2. Mutation

Unter dem Begriff der Mutation wird eine Reihe umschriebener Reproduktionsirrtümer des genetischen Materials zusammengefaßt. Sie beruhen auf einer irreversiblen Veränderung der Basensequenz und folglich des Informationsgehalts der DNA, der bei der Replikation an die Tochter-DNA oder bei der Transkription an die korrespondierende RNA weitergegeben wird. Die Folge einer Mutation ist ein genetischer Defekt, der sich als **Molekularkrankheit** (s. S. 27) manifestieren kann.

Spontanmutationen. Mutationen treten beim Menschen spontan auf. Ursache und Mechanismus sind unbekannt. Je nach Ausmaß der Mutation unterscheidet man verschiedene Typen von Mutationen:

- **Genommutationen** betreffen den gesamten Genbestand eines Organismus. In diese Gruppen fallen die numerischen Chromosomenaberrationen (Veränderung der normalen Anzahl der Chromosomen). Numerische Chromosomenaberrationen können die Gonosomen (Geschlechtschromosomen) betreffen, wie z.B. das Klinefelter Syndrom (S. 186) oder das Ullrich-Turner-Syndrom (XO). Beispiele für autosomale numerische Chromosomenaberrationen sind die Trisomie 21 (= Down-Syndrom = Mongolismus, Häufigkeit 1:600) oder die Trisomie 13 bzw. 18 (Häufigkeit 1:7600−9000 bzw. 1:3500− 6700), die beide mit schweren äußeren und inneren Mißbildungen einhergehen.
- **Chromosomenmutationen** betreffen den Verlust, das Hinzukommen oder die Umlagerung einzelner Segmente eines Chromosoms und treten als strukturelle Chromosomenaberrationen oder Chromatidaberrationen in Erscheinung. Ein Beispiel gibt die chronische myeloische Leukämie (S. 240).
- **Genmutationen** sind definierte Veränderungen des einzelnen Gens. Hierbei sind nur eine oder wenige Basen bzw. Basenpaare der DNA betroffen (Punktmutationen).

Die Humangenetik hat die Genommutationen und Chromosomenmutationen durch typische Chromosomenbilder belegt. Die Molekularpathologie von Genmutationen ist in vielen Fällen durch biochemische Untersuchungen näher geklärt.

Die Häufigkeit von Mutationen beim Menschen ist schwer abschätzbar, weil einerseits meist nur homozygote Defektgenträger manifest erkranken, andererseits ein unbekannter Anteil von Mutationen letal verläuft. Auch haben nicht alle Mutationen, die zu einem definitiven Enzymdefekt geführt haben, Krankheitswert. So kann z.B. das Merkmal der Blutgruppe 0 (Häufigkeit 50%) als Defekt der N-Acetylgalaktosamin- bzw. Galaktose-Glykosidtransferase aufgefaßt werden, welche die Erythrozytenantigene A bzw. B (aus der Vorstufe H!) synthetisieren. Ebenso kann der zu Ascorbinsäurebedürfnis führende Defekt der L-Gulonolacton-Oxidase (Häufigkeit beim Menschen 100%) durch adäquate Nahrung vollständig kompensiert werden.

Experimentell induzierbare Genmutationen. *Mutation durch UV-Licht und energiereiche Strahlung.* Einwirkung von ultraviolettem Licht führt zur Dimerisierung von zwei unmittelbar miteinander benachbarten Thyminbasen in der DNA (Abb.). Das Thymindimere existiert in 4 optisch aktiven Formen, von denen jedoch lediglich die Mesoform nach UV-Bestrahlung entsteht. Als Folge der durch die Thymindimerisierung verursachten Strukturänderung der DNA kommt es zu

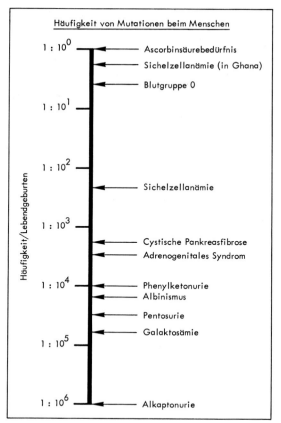
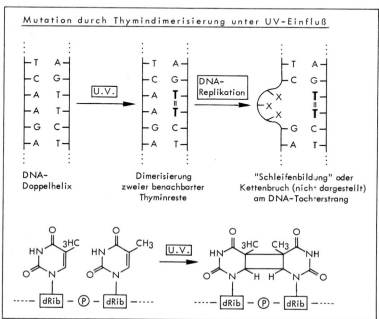

Störungen sowohl der DNA-Replikation als auch der RNA-Synthese, falls das Thymindimere nicht in einem DNA-Reparaturprozeß (S. 28) wieder entfernt und durch die ursprüngliche Basensequenz ersetzt wird. Bleibt die Reparatur aus, kann es bei der DNA-Replikation zu Brüchen oder Schleifenbildungen innerhalb der neugebildeten DNA kommen. Eine Schleifenbildung kann mit dem Einfügen zusätzlicher Basen in den DNA-Strang (Insertion) verbunden sein.

Energiereiche Strahlung (Röntgenstrahlen, α-, β- und γ-Strahlen) hat die Eigenschaft, bei der Absorption Energie zu übertragen und Moleküle zu ionisieren. Diese Ionisierung leitet die Bildung von Hydroxyl- und Perhydroxylradikalen ein, die strukturelle Veränderungen an zahlreichen Bausteinen verursachen. An Nucleinsäuren (DNA, RNA) können hohe Strahlendosen zu einer Zerstörung von Purin- und Pyrimidinbasen führen, während der Desoxyribose- bzw. der Riboseanteil weniger strahlenempfindlich ist. Unabhängig von ihrer direkten Wirkung auf die DNA-Struktur führen ionisierende Strahlen zu einer Wachstumshemmung, die – dosisabhängig – aus einer Hemmung der DNA-Synthese und Blockierung der Mitose besteht.

Der Verlust einer Base (Deletion) oder die Einfügung eines zusätzlichen Nucleotidpaares (Insertion) führen zu einer Rasterverschiebung der DNA, so daß bei der Transkription infolge falschen Ablesens eine veränderte RNA entsteht und Proteine gebildet werden, die – beginnend mit dem durch Deletion oder Insertion veränderten Triplett – eine völlig andere Aminosäuresequenz aufweisen.

Mutation durch Basenanaloge. In der Natur nicht vorkommende Strukturanaloge von Basen können anstelle der richtigen Basen in die DNA eingebaut werden und zur Mutation führen. Ein gut untersuchtes Beispiel ist das 5-Bromuracil (BU), das bei der DNA-Synthese an die Stelle des Thymins treten kann. Normalerweise findet sich im 5-Bromuracil die 4-OH-Gruppe in der Ketoform und korrespondiert mit Adenin. Da BU jedoch auch kurzzeitig in eine ionisierte Form bzw. in seine Enolform übergehen kann, ist es auch zu einer Paarung mit Guanin fähig.

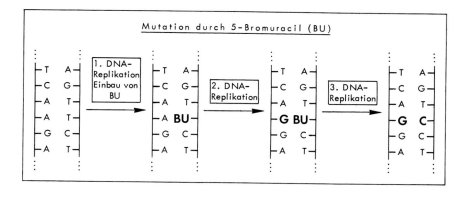

Bei der Replikation ersetzt 5-Bromuracil meist Thymin, kann jedoch in seiner Enolform als Basenpartner auch mit Guanin korrespondieren, so daß bei der nächsten Replikation Guanin mit Cytosin paart. Auf diese Weise kann ein AT-Paar in ein GC-Paar übergehen (Mutation).

Mutation durch chemische Veränderung normaler Basen. Eine Reihe von Mutationen auslösenden Chemikalien verändert die DNA durch direkte chemische Modifikation der Basen. Beispiele hierfür sind Nitrit und Hydroxylamin. Nitrit führt zum Verlust der Aminogruppe von Cytosin, Adenin und Guanin und bewirkt dadurch die Umwandlung von C nach U, von A nach Hypoxanthin und von G nach Xanthin. Hydroxylamin greift Cytosin an und erzeugt eine modifizierte Base, die mit Adenin paart.

Wird im Rahmen einer Mutation eine Base ausgetauscht, so bezeichnet man diesen Vorgang als **Transition,** wenn z.B. eine Purinbase gegen eine andere Purinbase ausgetauscht wird, dagegen als **Transversion,** wenn es zum Austausch einer Purinbase gegen eine Pyrimidinbase oder umgekehrt kommt.

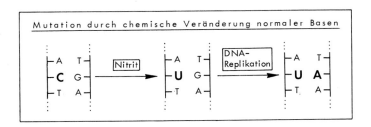

Mutation durch Intercalation. Bestimmte Acridinfarbstoffe schieben sich innerhalb der DNA-Doppelhelix zwischen zwei nebeneinanderliegende Basenpaare und verlängern dadurch die DNA um einen bestimmten Betrag (0.34 nm), also die Distanz, die ein normales Basenpaar einnimmt. Bei der Synthese neuer DNA-Stränge kann dann entweder eine Base ausgelassen werden (wenn der wachsende DNA-Strang durch das Acridinmolekül verlängert wird) oder es kann eine zusätzliche Base eingeführt werden (wenn der Matrizenstrang zu lang ist). Diesen Vorgang bezeichnet man als Basendeletion oder Basenaddition (Baseninsertion).

Mutation durch alkylierende Substanzen. Alkylierende Chemikalien (Stickstofflost, Zyklophosphoamid, Äthylenimine u.a.) können zu Quervernetzungen innerhalb der DNA-Doppelspirale, zu einzelnen Strangbrüchen oder zu Brüchen in beiden komplementären DNA-Strängen führen.

Wegen der temperaturabhängigen Instabilität der DNA lassen sich (im Experiment) auch *Mutationen durch Temperaturerhöhungen* auslösen.

3. Molekularkrankheiten

Die in einem Gen enthaltene spezifische Information kann in einem Genprodukt exprimiert werden. Dieser Prozeß setzt einen geregelten Informationsfluß von der DNA über die RNA zum spezifischen Genprodukt voraus und erfordert das koordinierte Zusammenwirken von einer großen Zahl von Makromolekülen (Enzymen) und die Bereitstellung von Energie. Das Syntheseendprodukt – ein Protein bzw. modifiziertes Protein mit der genetisch vorgegebenen Funktion – wird nach einer unterschiedlichen Lebensdauer (biologische Halblebenszeit) enzymatisch abgebaut und durch ein gleiches, aber neu synthetisiertes Genprodukt ersetzt.

Jeder Schritt der Informationsweitergabe von der DNA bis zum Genprodukt, aber auch der Katabolismus wird durch Enzyme katalysiert, durch Kontrollmechanismen überwacht und reguliert, kann aber auch Sitz von Störungen sein, so daß die Informationsweitergabe an ganz verschiedenen Stationen des Informationsflusses unterbrochen werden kann. Für viele Störfälle sind inzwischen Beispiele bekannt. Die Tatsache, daß ein bestimmtes lebensnotwendiges Genprodukt nicht oder fehlerhaft gebildet wird, oder aber unvollständig abgebaut wird, kann also ganz verschiedene Ursachen haben, geht aber letztlich immer auf Veränderungen des Informationsgehaltes der Basensequenz der DNA zurück.

Die Zahl der genetisch bedingten, d.h. durch Mutation entstandenen Molekularkrankheiten (Stoffwechselerkrankungen) beträgt beim Menschen über 150. Sie manifestieren sich entweder als

- Enzymdefekte
- gestörte Transportprozesse
- Proteine mit veränderten biologischen und funktionellen Eigenschaften oder in einem
- vollständigen Fehlen eines Genproduktes.

Diese Defekte umfassen alle Bereiche des Stoffwechsels.

Die Konsequenzen eines Enzymdefektes sind im Kap. Enzymologie (S. 14) dargestellt. Eine Vielzahl genetisch bedingter Stoffwechselstörungen ist in den nachfolgenden Kapiteln beschrieben.

4. DNA-Reparatur

Zellen besitzen die Fähigkeit, durch Mutation entstandene Informationsdefekte, insbesondere unter UV-Einwirkung gebildete Thymindimere zu erkennen und zu entfernen. Dies erfolgt entweder durch eine enzymatische lichtabhängige Spaltung der Dimeren in die Monomeren (Photoaktivierung) oder (häufiger) durch die Exzisionsreparatur (sog. „Dunkelreparatur"), bei der die DNA in unmittelbarer

Nähe der Thymindimeren durch eine Endonuclease „eingeschnitten" und ein Abschnitt des mutierten DNA-Stranges durch die Exonucleaseaktivität der DNA-Polymerase aus der DNA heraushydrolisiert wird. Die entstandene Lücke wird durch eine de novo Synthese mit Hilfe der gleichen DNA-Polymerase geschlossen, wobei der intakte Komplementärstrang als Matrize dient, und die Verknüpfung zwischen neusynthetisiertem DNA-Stück und altem DNA-Strang durch eine DNA-Ligase erfolgt. Die DNA-Reparatur ist eine „Anti-Mutation". Bei der Reparatur kurzer Strangabschnitte (Abb.) kommt es zu einer Verschiebung der Schnittstelle („nick translation").

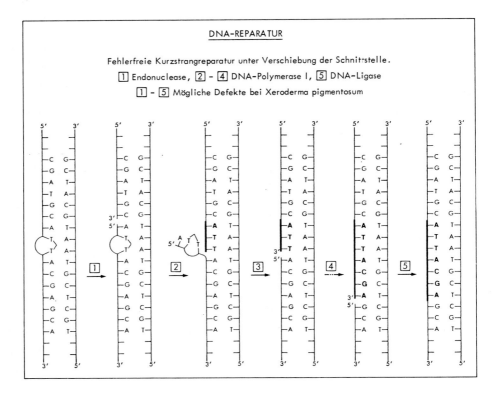

DNA-REPARATUR

Fehlerfreie Kurzstrangreparatur unter Verschiebung der Schnittstelle.
[1] Endonuclease, [2] - [4] DNA-Polymerase I, [5] DNA-Ligase
[1] - [5] Mögliche Defekte bei Xeroderma pigmentosum

Schlüsselreiz für die Aktivität der Reparaturenzyme ist die räumliche Verzerrung (Konfigurationsänderung) des betroffenen DNA-Stranges wie sie z. B. nach Bildung von Thymindimeren eintritt. Primär ist die Reparatur auf die Integrität der DNA-Replikation gerichtet. Die Aktivität der Reparaturenzyme ist daher während der DNA-Teilung 4–6mal intensiver als während der G_0- oder G_1-Phase.

Reparaturdefekte. Defekte im Reparaturvermögen menschlicher Zellen haben ihre Ursache in mangelhafter oder fehlender Aktivität der am Reparaturprozeß beteiligten Enzyme. Die klinische Manifestation von DNA-Reparaturdefekten zeigt sich in verschiedenen Krankheitsbildern.

Xeroderma pigmentosum. Xeroderma pigmentosum-Zellen sind nicht in der Lage, UV-induzierte Thymidindimere (das Hauptschädigungsprodukt der DNA nach UV-Bestrahlung) zu exzidieren. Dieser Defekt kann in den verschiedenen Xeroderma pigmentosum-Zellinien unterschiedlich stark ausgeprägt sein. Der Ausprägungsgrad wird von der sog. Komplementationsgruppe bestimmt, der einer Zellinie zugehört. Die Komplementationsgruppen sind genetisch und biochemisch verschiedene Unterformen des Xeroderma pigmentosum-Defektes und sind dadurch bedingt, daß die heterogenen Zellen zwar unvollständige Reparaturenzymsätze haben, den Zellen der einzelnen Unterformen jedoch unterschiedliche Komponenten fehlen. Bis heute sind mindestens 7 für die enzymatische DNA-Reparatur benötigte Komponenten bekannt (Komplementationsgruppen A−G). In Zellfusionsexperimenten läßt sich zeigen, daß bei Fusion zweier Zellinien mit unvollständigen Reparaturenzymsätzen die volle Funktion wieder hergestellt werden kann.

Xeroderma pigmentosum-Kranken fehlt infolge eines genetischen Defekts die Endonuclease oder ein anderes an der Reparatur beteiligtes Enzym. Sie können daher Thymindimere aus ihrer DNA nicht im erforderlichen Umgang entfernen und sind extrem empfindlich gegen Sonnenlicht. Aus den entstehenden warzenartigen Gebilden der Haut entwickeln sich langsam bösartige Tumoren.

Die Beteiligung mehrerer Enzyme an der Reparatur der DNA ist die Ursache für die Existenz weiterer DNA-Reparaturdefekte, zu denen folgende Krankheitsbilder gehören:

- **Ataxia teleangiectasia.** Diese seltene rezessive Erbkrankheit mit komplexem Erscheinungsbild ist durch abnorme Immunreaktionen, neurologische Defekte, Entstehung bösartiger Geschwülste, gestörte Leberfunktion und sterile Gonaden gekennzeichnet. In den Ataxia teleangiectasia-Zellen scheinen eine oder mehrere Endonucleasen blockiert zu sein, die zur Einleitung der Exzisionsreparatur notwendig sind.
- **Fanconi-Anämie.** Bei homozygoten Patienten (rezessiver Erbgang) treten Wachstumshemmung, Hautpigmentierungen und häufig Leukämie und bösartige Geschwülste auf. Das Krebsrisiko ist auch bei heterozygoten Verwandten von Fanconi-Anämie-Patienten erhöht. Der zugrunde liegende Defekt besteht möglicherweise in einer Behinderung der Reparatur von Interstrang-DNA-Brücken, die durch ionisierende Strahlen induziert sein können.
- **Cockayne-Syndrom.** Zu den Merkmalen dieser Krankheit gehören Zwergwuchs, Störungen der Retina, Taubheit, neurologische Defekte, Mikrocepha-

lie und Überempfindlichkeit der Haut gegen Sonnenlicht. Der molekulare DNA-Reparaturdefekt ist bei diesem Syndrom noch unbekannt.
- **Bloom-Syndrom.** Bei reduziertem Wachstum, gestörter Immunfunktion, Sensibilität gegenüber Sonnenlicht, Veranlagung zur Bildung bösartiger Tumoren dieser Patienten (rezessiver Erbgang) kommt es zum gehäuften Auftreten von Chromosomenabberationen und Chromosomenstückaustausch bei Unfähigkeit, diese DNA-Defekte durch Reparaturprozesse zu beseitigen.

5. Hemmstoffe der Nucleinsäure- und Proteinbiosynthese

Das System der Nucleinsäure- und Proteinbiosynthese kann durch zahlreiche, chemisch definierte Substanzen, die eine Zelle von außen her erreichen, inhibiert werden. Dabei ist eine Beeinflussung auf ganz verschiedenen Ebenen des Zellstoffwechsels möglich. Oft resultiert aber nicht nur eine selektive Hemmung der Nucleinsäure- bzw. Proteinbiosynthese, sondern eine generelle Hemmung des Zellstoffwechsels. Die beim Studium der Hemmstoffe gewonnenen Erkenntnisse sind von großer praktischer Bedeutung geworden.

Ein Teil der Hemmstoffe vermag Wachstum und Zellteilung von malignen Tumoren und bei neoplastischen Erkrankungen des hämopoetischen Systems zu unterdrücken. Der Effekt dieser als **Zytostatika** bezeichneten Verbindungen (S. 386) ist jedoch nicht spezifisch, sondern erstreckt sich auf alle Gewebe mit hoher Zellteilungsrate (z. B. Knochenmark, Keimdrüsen, Darmschleimhaut, Haarfollikel).

Viele Hemmstoffe sind jedoch mit hoher (oder relativ hoher) Spezifität gegen den Stoffwechsel von Mikroorganismen gerichtet, ohne den Stoffwechsel des Wirtsorganismus zu beeinträchtigen. Solche antimikrobiellen Wirkstoffe – **Chemotherapeutika** und **Antibiotika** – werden bei der Behandlung von bakteriellen Infektionen eingesetzt. Nach ihrem Angriffsort bzw. Wirkungsmechanismus lassen sich die Hemmstoffe wie folgt klassifizieren:

Inhibitoren der Purin- und Pyrimidinbiosynthese. Die Abbildung zeigt den Angriffsort einer Reihe von Hemmstoffen, die z.T. direkt, z.T. über eine Hemmung des Einkohlenstoff- (Folsäure-)stoffwechsels in die Purin- bzw. Pyrimidinbiosynthese eingreifen.

Hemmstoffe der DNA-, RNA- und Proteinbiosynthese. Das Schema erläutert das Wirkungsprinzip von Inhibitoren der DNA-Replikations-, der Transkriptions- und Translationsphase. Die genannten Hemmstoffe sind Beispiele einer sich ständig vergrößernden Zahl von Wirkstoffen, die z.T. als Bakteriostatika und z.T. als Zytostatika bzw. onkozide Substanzen große praktische Bedeutung erlangt haben. Inhibitoren der DNA-Replikation bzw. der RNA-Biosynthese wirken außerdem – soweit sie mit der DNA-Doppelhelix bzw. dem DNA-Matrizenstrang reagieren – mutagen.

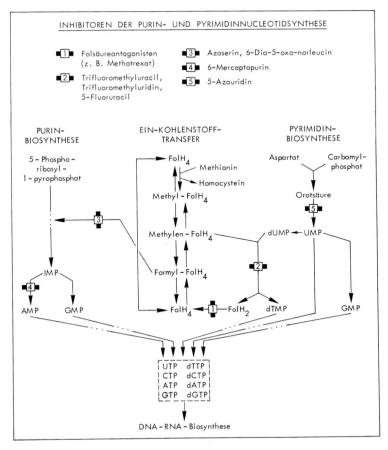
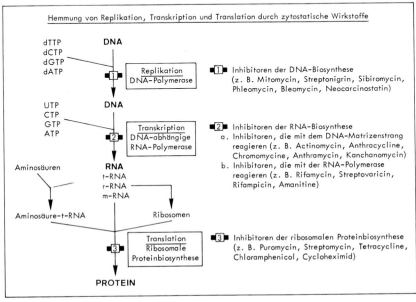

6. Therapie genetischer Defekte

Die Möglichkeit einer Behandlung genetisch bedingter Stoffwechselstörungen sind begrenzt. Für eine **symptomatische** Therapie bieten sich folgende Möglichkeiten:

- **Verhinderung der Akkumulation eines nicht metabolisierbaren Substrats.** Die Folgesymptome eines Enzymdefekts lassen sich weitgehend verhindern durch Behandlung mit einer Diät, welche das nicht metabolisierbare Substrat nicht oder in nur geringer Menge enthält. Dieses Prinzip ist z. B. bei der phenylalaninarmen Diät bei Phenylketonurie (S. 61), durch Ausschaltung der Nahrungslactose bzw. Galaktose bei Galaktosämie (S. 73) und durch Vermeidung von Milchfett bei der Refsumschen Erkrankung (S. 103) realisiert.
- **Supplementierung des fehlenden Endprodukts.** Beispiele sind die Behandlung des familiären Hypothyreoidismus mit Thyroxin, des Adrenogenitalen Syndroms mit Glucocorticoiden und der Glykogenspeicherkrankheit Typ I mit häufigen kleinen Glucosegaben zur Vermeidung der Hypoglykämie.
- **Substitution des Genprodukts.** Sie kann bestehen in einer Zufuhr von Immunglobulinen bei erblichem Antikörpermangel-Syndrom (S. 430) oder von gereinigtem Faktor VIII bei der klassischen Hämophilie (S. 399).

Versuche, das defiziente Enzym durch parenterale Zufuhr zu substituieren, werfen zahlreiche Probleme auf: Die Enzyme müssen aus homologen Quellen angereichert werden, einen hohen Reinheitsgrad aufweisen und in beträchtlichen Quantitäten verfügbar sein. Eine Dauertherapie ist erforderlich, da exogen zugeführte Enzyme rasch eliminiert bzw. zerstört werden, und nur ein geringer Teil von den Zellen des Wirtsorganismus aufgenommen wird. Die Gefahr allergischer Reaktionen ist nicht auszuschließen.

Bessere Aussichten verspricht die Substitution der Enzyme in „liposomenverkapselter" Form. **Liposomen** sind artefizielle, von einer Phospholipiddoppelmembran umgebene Partikel, die das defiziente Enzym in konzentrierter wäßriger Lösung einschließen. Bei parenteraler Zufuhr werden Liposomen vorzugsweise von der Leber aufgenommen. Stattet man die Liposomen jedoch mit hitzedenaturierten aggregierten humanen IgG-Molekülen aus, die über hydrophobe und elektrostatische Bindungen fest mit der Liposomenmembran assoziiert sind, orientieren die aggregierten IgG-Moleküle ihre Fc-Bereiche (S. 427) auf der Oberfläche der Liposomen in Richtung auf das Außenmedium. Zahlreiche Zellen des menschlichen Körpers besitzen jedoch membrangebundene spezifische Erkennungs- und Bindungsregionen für die Fc-Bereiche von Immunglobulinen. Dies gilt z. B. für polymorphkernige Leukozyten, für Milz, Knochenmark und Leber, die mit diesen Rezeptoren die Liposomen erkennen, binden und mit hoher Ausbeute phagozytotisch aufnehmen. Das in den Liposomen eingeschlossene Enzym wird nach Phagozytose intrazellulär freigesetzt und bringt den Abbau der aufgrund der Enzymdefi-

zienz akkumulierten Stoffwechselzwischenprodukte in Gang. Das Problem der Überwindung der Bluthirnschranke ist jedoch noch ungelöst.
- **Enzyminduktion.** Begrenzte Erfolge wurden mit einer Induktion der UDP-Glucuronyltransferase durch Phenobarbital bei Hyperbilirubinämie (Konjugationsikterus, S. 249) erzielt. Die Behandlung setzt allerdings eine Restaktivität des fehlenden Enzyms voraus. Homozygote Patienten reagieren nicht.
- **Aktivierung coenzymabhängiger Enzyme** durch Substitution des Coenzyms bzw. seiner Vorstufe (Vitamine, Tab. S. 12).
- **Vermeidung bestimmter Medikamente.** Bei Enzymdefekten kann eine Stoffwechselbalance ohne klinische Symptome bestehen, die erst bei Belastung durch exogene Fremdstoffe gestört wird. So können zahlreiche Medikamente bei Vorliegen eines Enzymmangels die Restaktivität der Glucose-6-phosphat-Dehydrogenase in Erythrozyten soweit herabsetzen, daß es zu akuten hämolytischen Krisen kommt.

Eine **causale** Therapie enzymatischer Defekte durch Einführen neuen genetischen Materials, das die Information für das fehlende Enzym oder Protein enthält, ist theoretisch möglich. Es handelt sich um eine genetische Manipulation, die z. Zt. noch als futuristisch angesehen werden muß, als therapeutisches Prinzip aber zu einer tatsächlichen Korrektur des genetischen Defekts führen kann.

- Die **Transplantation** eines Organs oder von kultivierten Zellen mit dem Ziel, genetisch nicht mögliche Leistungen durch das Transplantat bzw. die transplantierten Zellen erbringen zu lassen, ist formal mit der Einführung eines neuen Genotyps in den Empfängerorganismus gleichzusetzen. Die Transplantation von Knochenmark bei Wiskott-Aldrich-Syndrom (S. 431), Thalassämie (S. 220) bzw. Hypogammaglobulinämie hat positive Ergebnisse gezeigt, ebenso die Behandlung der Fabryschen Erkrankung (S. 101) durch Nierentransplantation, obgleich bei letzterer zwar nicht der Enzymdefekt korrigiert, jedoch das u. a. im Blut akkumulierende Gal-Gal-Glc-Ceramid durch die transplantierte Niere eliminiert und abgebaut wird.

  Bei der primären Hyperoxalurie (Oxalosis 1) hat die Nierenüberpflanzung allerdings eindeutig versagt. Auch die Transplantation von Hautfibroblasten gesunder Spender an Patienten mit Mucopolysaccharidose hat sich als wenig erfolgreich erwiesen.
- **Transduktion** (Übertragung von DNA durch Phagen auf menschliche Zellen). Der das Bakterium *E. coli* infizierende Phage λ (Lambda) kann z. B. die Erbinformation des Gal-Operons bei seiner Vermehrung in der *E. coli*-Zelle übernehmen und auf menschliche Fibroblasten, die in Zellkulturen gehalten werden, übertragen. Das Gal-Operon von *E. coli* enthält den DNA-Abschnitt, der die für die Galaktoseverwertung notwendigen Enzyme codiert. Galaktokinase, Gal-1-Ⓟ-UDPG-Transferase und UDP-Galaktose-4-Epimerase. Setzt man die λ-Phagen menschlichen Fibroblastenkulturen von Patien-

ten zu, die an Galaktosämie (Mangel an Gal-1-Ⓟ-UDPG-Transferase) leiden, so nimmt ein Teil der Fibroblasten das vom Phagen übertragene Gal-Operon auf und inkorporiert es in die eigene DNA. Die so behandelten Zellen vermögen danach das fehlende Enzym wieder zu synthetisieren, sie sind also „geheilt". Dieses Behandlungsprinzip hat bislang theoretische Bedeutung.

DNA-Rekombinationstechnologie. Mit zunehmender Kenntnis der Vorgänge der DNA-Replikation und DNA-Reparatur verfügt man auch über Enzyme mit der Fähigkeit, aus Chromosomen beliebiger Zelltypen kurze spezifische DNA-Segmente, die meist verschiedene Gene enthalten, herauszulösen. Die dabei verwendeten Enzyme – sog. Restriktionsenzyme (Endonucleasen) – trennen die DNA in Bereichen spezifischer Sequenzen derart, daß sie sich leicht wieder zusammenfügen lassen. Solche Segmente können dann mit Hilfe gleicher oder anderer Enzyme entweder in die DNA-Viren oder die natürlich vorkommenden ringförmigen extrachromosomalen DNA-Partikel – sog. Plasmide – inkorporiert werden.

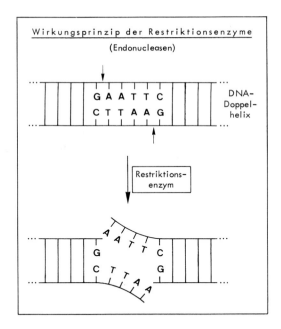

Solche durch Rekombination entstandenen artifiziellen Viren bzw. Plasmide können dann von Bakterien, tierischen oder pflanzlichen Zellen aufgenommen werden und sich dort – synchron mit der Wirtszelle, manchmal jedoch auch unabhängig und schneller – reproduzieren. Enthalten solche inkorporierten DNA-Segmente Gene für Enzyme, die der Wirtszelle (vielleicht aufgrund eines genetischen Defekts) fehlen, besteht die Möglichkeit einer Korrektur von Molekularkrankheiten.

Therapie genetischer Defekte 35

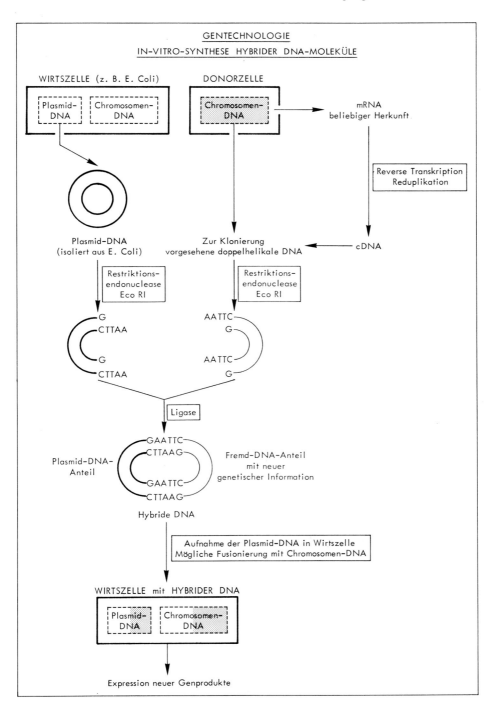

Gelegentlich kann das neue genetische Material auch mit den Chromosomen der Wirtszelle fusionieren und so eine integrierte Komponente des genetischen Apparates werden. Zellen, die solch fremdes genetisches Material integriert haben, sind **neue** Organismen, deren Eigenschaften grundlegend von den Zellen des Wirts- oder Spenderorganismus differieren können (Schema).

Die aus der DNA-Rekombinationstechnologie sich ergebenden Möglichkeiten der Genmanipulation haben ethische Probleme und Fragen nach dem Sicherheitsstandard der „Genchirurgie", nach der Gefahr für die Evolution und nach der Verantwortlichkeit der Wissenschaftler, die solche Experimente ausführen, aufgeworfen.

7. Pathobiochemie des Purinstoffwechsels

Harnsäure (Urat) entsteht im Stoffwechsel durch Abbau von Purinbasen (Adenin, Guanin und Derivate), die als Bausteine von Nucleinsäuren und Nucleotiden aus endogenen und exogenen Quellen stammen können (Abb.). Die Ausscheidung von Urat erfolgt über die Niere und den Intestinaltrakt.

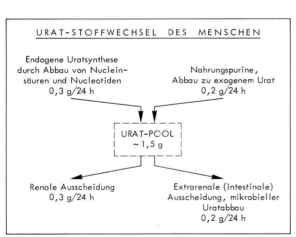
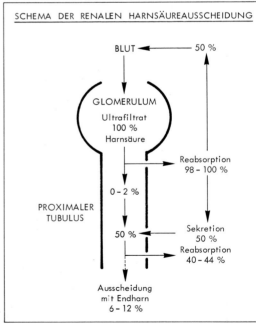

Hyperurikämie (Gicht). Eine Erhöhung der Harnsäurekonzentration in Blut und Körpersäften führt wegen der begrenzten Löslichkeit der Harnsäure (bis 405 µmol/l, 6,8 mg/100 ml Serum) zur Ablagerung freier Harnsäure bzw. von

Harnsäuresalzen (Uraten) im Gelenkknorpel (Arthritis urica), in der Niere (Gichtniere) und zur Konkrementbildung in den ableitenden Harnwegen (Nieren-, Ureter-, Blasensteine). Der akute Gichtanfall ist durch plötzlich auftretende enorme Schmerzhaftigkeit und intensive entzündliche Reaktion der befallenen Gelenke gekennzeichnet (Häufigkeit des Gelenkbefalls in abnehmender Reihenfolge: Großzehengrundgelenk, Sprunggelenk und Fußwurzelgelenke, Kniegelenk, Fingergelenke, Handgelenke, Gelenke der kleinen Zehen, Schulter- und Ellenbogengelenke).

Bei Serum-Harnsäurewerten zwischen 7 und 8 mg/dl tritt in 20%, bei Werten > 9 mg/dl in 80–100% der Betroffenen ein Gichtanfall auf.

Ursachen der Hyperurikämie (s. Abb.) können sein:

- Vermehrte Bildung (Biosynthese) von Harnsäure oder
- verminderte renale Ausscheidung

Ob eine Hyperurikämie Folge einer gesteigerten Harnsäuresynthese oder verminderten Ausscheidung ist, läßt sich durch Bestimmung der Harnsäureausscheidung im 24 h-Harn unter Purin-freier Kost ermitteln. Bei dem überwiegenden Anteil der Fälle ist die Hyperurikämie durch eine verminderte Ausscheidung bedingt.

Beide Ursachen – vermehrte Harnsäuresynthese oder verminderte Ausscheidung – können als **primäre** (genetisch bedingte und vererbbare) Stoffwechseldefekte (primäre Hyperurikämie) oder **sekundär** als Folge einer Grundkrankheit (sekundäre Hyperurikämie) auftreten.

Eine latente Hyperurikämie läßt sich am einfachsten mit dem Harnsäurebelastungstest erkennen. Sie liegt vor, wenn der Harnsäurewert nach Belastung (orale Zufuhr von 2 g Purinbasen) nach 24–36 Stunden um mehr als 3 mg/dl Serum ansteigt und am Ende des zweiten Tages nach der Belastung noch nicht in den Normbereich abgefallen ist. Der Test erlaubt allerdings keine Unterscheidung zwischen Patienten mit vermehrter Harnsäuresynthese und verminderter Harnsäureausscheidung.

Primäre Hyperurikämie. Der Uratpool des Menschen beträgt etwa 1 g. Bei der primären Hyperurikämie ist die Menge auf 15–25 g erhöht. Das Schema zeigt verschiedene pathogenetische Möglichkeiten, die primär zu einer vermehrten Synthese oder verminderten Ausscheidung von Harnsäure führen können.

- Eine vermehrte Bereitstellung von Vorstufen der Purinbiosynthese hat eine vermehrte Harnsäurebildung zur Folge. Dies ist z. B. bei einem erhöhten Umsatz von Ribose-5-phosphat bei erhöhter Aktivität der 5-Phosphoribosyl-1-pyrophosphat-Synthetase der Fall. Auch ein Mangel an Glucose-6-phosphat-Phosphatase (Glykogenspeicherkrankheit Typ I) führt in der Leber über eine Akkumulation von Glucose-6-phosphat zu einem verstärkten Durchsatz im Pentosephosphatzyklus und vermehrter Bereitstellung von Ribose-5-phosphat für die Purinbiosynthese. Das gleiche gilt für eine Variante der Gluta-

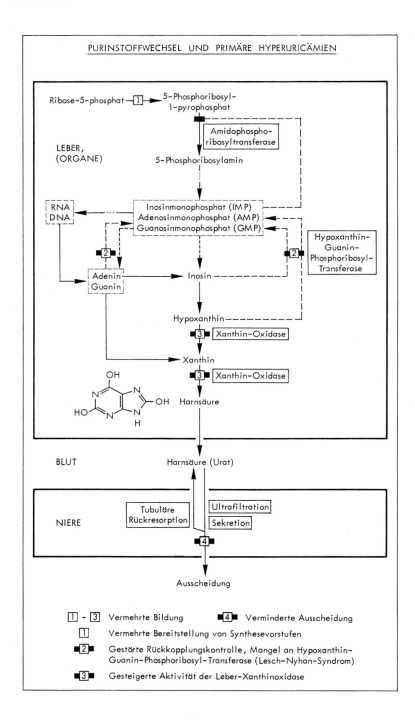

thion-Reduktase, deren erhöhte Aktivität zu einer stärkeren Beanspruchung des zellulären NADPH$_2$-Pools führt und dadurch den Pentosephosphatzyklus stimuliert.
- Eine vermehrte Harnsäurebildung kann auch über eine aus ungeklärten Gründen gesteigerte Aktivität der Leberxanthin-Oxidase zustande kommen, die das Fließgleichgewicht des Purinstoffwechsels in Richtung auf die Harnsäuresynthese verschiebt.
- Gestörte Rückkopplungskontrolle. Bei der Regulation der Purinbiosynthese nimmt die Phosphoribosyl-Transferase eine Schlüsselstellung ein, da ihre Aktivität allosterisch durch IMP, GMP und AMP reguliert wird (negative Feedback-Kontrolle). Eine Störung dieses Regulationsmechanismus liegt beim **Lesch-Nyhan-Syndrom** vor, bei dem aufgrund eines Defekts der Hypoxanthin-Guanin-Phosphoribosyltransferase die intrazelluläre IMP- und GMP-Konzentraton erniedrig ist. Dies führt zu einer etwa 20fachen Steigerung der Purinbiosynthese mit entsprechend verstärktem Purinabbau und erhöhtem Harnsäurespiegel im Blut und in den Geweben. Die klinischen Symptome dieser rezessiv vererbbaren geschlechtsgebundenen Krankheit (es werden nur männliche Personen befallen) sind verzögerte geistige Entwicklung, aggressives Verhalten und Tendenz zur Selbstverstümmelung.
- Die Pathogenese der **verminderten Harnsäureausscheidung** über die Niere ist noch ungeklärt, da es sich um einen komplexen, aus Filtration, Rückresorption und tubulärer Sekretion bestehenden Prozeß handelt. Vermutlich ist die Harnsäuresekretion bei der primären Gicht verringert.

Sekundäre Hyperurikämie. Eine Übersicht über die sekundären Hyperurikämien gibt die Tabelle.

Mögliche Ursachen sekundärer Hyperurikämien

Vermehrte Harnsäurebildung	Verminderte renale Harnsäureausscheidung

1. Hämoblastosen
   Chronische myeloische Leukämie
   Polyzythämie
   Osteomyelosklerose
   Chronische hämolytische Anämie
	1. Chronische Nierenkrankheiten

	2. Hoher Alkoholspiegel

	3. Acidosen
	   Lactacidämie, Ketoacidose
	   (Fasten, Diabetes mellitus)

2. Psoriasis	4. Arzneimittel Saluretika, Pyrazinamid
3. Vermehrte Zufuhr von Nahrungspurinen	5. Vergiftungen Blei, Beryllium

Die durch vermehrte Harnsäurebildung bedingte sekundäre Hyperurikämie kommt gehäuft vor bei erhöhtem Zellumsatz. So erklärt sich z. B. der gesteigerte Nucleinsäureabbau mit vermehrter Harnsäurebildung bei der chronischen myeloischen Leukämie (trotz der verlängerten Halbwertszeit der Leukozyten) aus ihrer absolut hohen Zahl, wobei Zytostatika-Medikation einen akuten massiven Zelluntergang begünstigen kann.

So können z. B. bei der akuten lymphatischen oder myeloischen Leukämie Harnsäurewerte über 20 mg/dl auftreten. Durch Ausfällen der Harnsäurekristalle im Nierenmark kann es dabei zu einem akuten Nierenversagen (s.u.) kommen.

Bei der Polyzythämie bzw. bei chronischen Anämien ist die Neubildungsrate von Erythrozytenvorstufen (Mitose) stark heraufgesetzt. Da die Erythrozytenvorstufen im Verlauf ihres Reifungsprozesses den Kern ausstoßen (DNA-Abbau) und ihre RNA-haltigen Ribosomen abbauen, ist der Katabolismus von Nucleinsäuren entsprechend gesteigert.

Außerdem besteht eine eindeutige Relation zwischen der Zufuhr von Nahrungspurinen (purinreiche Lebensmittel sind die Leber, Niere, Bries, Wildfleisch, Fleischextrakt, Ölsardinen, Hering) und dem Blutharnsäurespiegel. Bei purinfreier Kost sinkt der Harnsäurespiegel auf einen Wert von 180−210 µmol/l (3,0−3,5 mg/100 ml Serum), um bei Purinzulagen proportional anzusteigen.

Eine sekundäre durch verminderte renale Harnsäureausscheidung bedingte Hyperurikämie kann ihre Ursache in Nierenkrankheiten haben, wenn die tubuläre Sekretion von Harnsäure (S. 36, 300) beeinträchtigt ist.

Infusionen mit sog. Zuckeraustauschstoffen (Xylit, Sorbit, Fructose), die im Rahmen einer parenteralen Ernährung verabreicht werden, führen ebenfalls zu einem deutlichen Harnsäureanstieg im Serum, dessen Ursache jedoch nicht geklärt ist.

Auch eine Erhöhung der Milchsäure- oder Ketonkörperkonzentration im Serum führt zu Hyperurikämie, die hier durch eine Konkurrenz der Milchsäure bzw. der β-Hydroxybuttersäure und Acetessigsäure mit der Harnsäure um das tubuläre Ausscheidungs-Transportsystem bedingt ist.

Außerdem gibt es eine Reihe von Medikamenten, die durch Hemmung der renalen Ausscheidung zu einer verminderten Harnsäureausscheidung der Niere führen. Dazu gehören u. a. Saluretika (z. B. Thiazide, Furosemid S. 301), Salizylsäure und die Tuberkulostatika Pyrazinamid, Isonikotinsäurehydrazid, D-Cycloserin und Ethambutol. Der Aldosteronantagonist Spironolacton hat hingegen keinen Einfluß auf den Harnsäurespiegel.

Folge- und Begleitkrankheiten der Hyperurikämie. Als direkte Folge der intrarenalen Harnsäureablagerung und der Bildung von Harnsäurekonkrementen im Nierenbecken und Harnleiter kann es zu Nierenerkrankungen (Nephropathien,

Hypertonus, Pyelonephritis) bis zum akuten Nierenversagen oder zur chronischen Niereninsuffizienz (S. 303) kommen.

Die Hyperurikämie ist ferner oft mit anderen Stoffwechselleiden kombiniert. Häufig bestehen gleichzeitig Fettsucht, Fettleber, Hyperlipoproteinämien (meist vom Typ IV) und verminderte Kohlenhydrattoleranz. Die Hyperurikämie ist außerdem ein wesentlicher Risikofaktor für die Entstehung einer Arteriosklerose.

Therapeutische Aspekte. Allopurinol – ein Isomeres des Hypoxanthins – ist als kompetitiver Inhibitor der Xanthinoxidase wirksam, vermag also die Harnsäurebildung deutlich zu reduzieren. Der therapeutische Effekt besteht jedoch nicht nur in der Ausscheidung des besser löslichen Hypoxanthins als Endprodukt des Purinstoffwechsels (anstelle der Harnsäure), sondern zeigt sich bei Langzeitwirkung besonders in einer Suppression der Purinbiosynthese. Sie kommt durch Umwandlung des Allopurinols im Stoffwechsel in ein atypisches Nucleotid zustande, das einen stark allosterischen Hemmeffekt auf die Amidophosphoribosyl-Transferase – das Schrittmacherenzym der Purinbiosynthese – entfaltet (Abb.).

WIRKUNGEN DES ALLOPURINOLS AUF DEN PURINSTOFFWECHSEL

Allopurinol → Kompetitive Hemmung der Xanthinoxidase → Herabgesetzte Bildung von Harnsäure Hypoxanthin als Endprodukt des Purinstoffwechsels

Allopurinol → Allopurinolnucleotid (Phosphat – Ribose) → Rückkopplungshemmung des Schrittmacherenzyms der Purinbiosynthese (Glutaminphosphoribosylpyrophosphat-Amidotransferase)

Die Allopurinoltherapie wird ergänzt durch urikosurisch wirksame Medikamente (Probenecid, Sulfinpyrazon, Benzbromaron), die über eine Hemmung der tubulären Rückresorption zu einer vermehrten Ausscheidung von Harnsäure führen. Da die Löslichkeit der Harnsäure bei sauren pH-Werten deutlich geringer ist, muß die Behandlung mit Urikosurika durch Alkalisierung des Harns (Uralyt) sowie reichliche Flüssigkeitszufuhr unterstützt werden (s. Harnkonkremente, S. 311).

Es ist zu berücksichtigen, daß Allopurinol auch die Abbaurate aller Medikamente verlangsamt, an deren Abbau die Xanthinoxidase beteiligt ist. Dies gilt z. B. für das 6-Mercaptopurin und das Azathioprim, deren Dosierung bei gleichzeitiger Verabreichung von Allopurinol auf 25% der normalen Dosierung reduziert werden muß. Auch der Abbau von Vitamin K-Antagonisten (Dicumarol, Marcumar) in der Leber wird durch Allopurinol gehemmt. So ist z. B. für die Antikoagulantientherapie von Bedeutung, daß die Halbwertszeit von Marcumar zunimmt.

Der akute Gichtanfall läßt sich durch Colchicin kupieren. Die therapeutische Wirkung des Colchicins besteht in einer Hemmung der Migration und Phagozytosetätigkeit der Leukozyten. Der Gichtanfall wird nämlich durch die Phagozytose der Harnsäurekristalle, durch Leukozyten und Makrophagen ausgelöst. Wegen der Unfähigkeit zum enzymatischen Abbau der Harnsäure gehen die phagozytierenden Zellen jedoch schließlich zugrunde und setzen dabei entzündungserregende und schmerzverursachende Mediatorstoffe (Prostaglandine S. 196) frei. Auch durch hohe Dosen von ACTH (80–100 E/24 h) läßt sich ein Gichtanfall beherrschen. In der Phase des akuten Gichtanfalls sind therapeutische Maßnahmen, die eine Senkung des Blutharnsäurespiegels im Blut zum Ziel haben, kontraindiziert, da sie die entzündliche Symptomatik verschlimmern.

Das wegen seiner cortical-stimulierenden Wirkung therapeutisch verwendete Coffein ist ein Purinderivat. Eine Tasse Kaffee oder Tee enthalten 0,05–0,1 g Coffein (1,3,7-Trimethylxanthin). Coffein fördert die Glykogenolyse (Leber) und Lipolyse (Fettgewebe) durch Hemmung der Phosphodiesterase, wodurch die intrazelluläre Konzentration des Zyklo-AMP ansteigt. Der Abbau des Coffeins erfolgt z. T. durch Oxidation bis zum Harnstoff, z. T. durch Demethylierung zu Harnsäurederivaten (z. B. 1-Methylharnsäure), nicht aber zu reiner Harnsäure. Der Harnsäurespiegel des Serums und die Harnsäureausscheidung im Urin werden beim Gichtkranken durch Coffeingaben **nicht** verändert.

Xanthinurie. Bei der Xanthinurie, einem angeborenen Defekt des Purinabbaus, fehlt die Xanthinoxidase, oder sie ist in zu geringer Aktivität vorhanden. Der Abbaublock zeigt sich in der Ausscheidung von Hypoxanthin anstelle des Urats.

8. Pathobiochemie des Pyrimidinstoffwechsels

Orotacidurie. Bei zwei unabhängigen (autosomal) vererbbaren Enzymdefekten (Abbildung) ist die Synthese von Orotidin-5-phosphat bzw. UMP nicht möglich, und es kommt zu einer Akkumulation von Orotsäure in den Geweben und im Serum sowie zu einer vermehrten Ausscheidung im Harn. Das durch den Enzymdefekt bedingte Absinken des zellulären UTP-Spiegels führt zu einer allosterischen Steigerung der Aktivität der (für die Pyrimidinsynthese geschwindigkeitsbestimmenden) Carbamylphosphat-Synthetase II, wodurch Orotsäuresynthese und -ausscheidung verstärkt werden. Die Orotacidurie führt zu Störungen des Wachstums, der geistigen Entwicklung und zu einer hyperchromen Megaloblastenanämie. Die Therapie besteht in Substitution von Uridin, das durch die ATP-abhängige Uridin-Kinase in UMP überführt und so in den Pyrimidinstoffwechsel eingeschleust wird.

Eine erbliche Thyminabbaustörung betrifft die Reaktion β-Aminoisobutyrat → Methylmalonsäure-Semialdehyd, hat jedoch keinerlei pathologische Bedeutung.

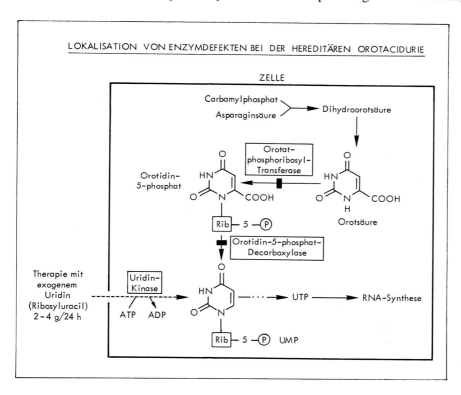

III. Proteine und Aminosäuren

1. Proteine und Proteinstoffwechsel

Proteine enthalten eine variable, aber für jedes Protein konstante Zahl von Aminosäuren. Sie besitzen die Struktur von Polypeptiden und können aus **einer** Polypeptidkette bestehen, sich aber auch aus **mehreren** Polypeptidketten zusammensetzen. In einem Protein entspricht die Zahl der Peptidbindungen ($n-1$) der Zahl der am Aufbau beteiligten Aminosäuren (n). Viele Proteine enthalten neben Aminosäuren noch andere Bausteine (Kohlenhydrate, Farbstoffe, Lipide, Metalle usw.). Die für ein Protein charakteristische (und genetisch festgelegte) Reihenfolge (Sequenz) der Aminosäuren wird als **Primärstruktur** bezeichnet.

Da die Primärstruktur eines Proteins auch die Sekundärstruktur (Konformation einzelner Peptidketten-Abschnitte des Proteins) und die **Proteinkonformation** (räumliche Anordnung der Polypeptidketten des Proteins) bestimmt, können schon geringfügige Änderungen der Primärstruktur eines Proteins − z. B. der Austausch einer Aminosäure als Folge einer Punktmutation − zu Einschränkung oder Verlust der Funktion (Enzymaktivität, Löslichkeit) des Proteins führen.

Die Proteine sind die beim Menschen quantitativ am stärksten beteiligten Bausteine der lebenden Substanz. Leber-, Muskel- und Nierengewebe bestehen zu 70−80% ihres Trockengewichts aus Proteinen. Der größte Teil der zellulären Proteine sind Enzyme, die z. T. in löslicher Form, z. T. in strukturgebundener Form vorliegen. In der Säugetierleber ist die Zahl der bekannten Enzyme sogar so groß, daß sie das gesamte Zellprotein beanspruchen. Proteine mit Spezialfunktionen sind u. a. die kontraktilen Muskelproteine, das Hämoglobin und die Serumproteine. Mechanische Aufgaben haben die extrazellulären Proteine Kollagen und Elastin und das Keratin der Haare und Hornsubstanzen.

Proteinumsatz. Der Stoffwechsel der Proteine ist durch ein dynamisches Gleichgewicht von Synthese und Abbau gekennzeichnet und läßt sich quantitativ für jedes Protein durch seine **Halbwertszeit** ausdrücken. Die Halbwertszeiten der Proteine des menschlichen Organismus schwanken jeweils um Stunden (z. B. Blutgerinnungsfaktoren) bis zu Tagen oder Monaten (Tabelle).

Da die Proteine im Rahmen des Ersatzes durch Neusynthese zu Aminosäuren abgebaut werden, und deren Stickstoff im Harn ausgeschieden wird, läßt sich der Gesamtproteinumsatz aus der Stickstoffausscheidung berechnen (Stickstoffbilanz). Hierfür kann in erster Näherung die Menge des pro 24 h ausgeschiedenen Harnstoffs herangezogen werden, dessen Stickstoff 80−90% des ausgeschiedenen Gesamtstickstoffs enthält. Neubildung durch Synthese und enzymatischen Abbau des Gesamtproteins liegen beim erwachsenen Menschen (70 kg) in einer Größen-

Biologische Halbwertszeit von Proteinen (Durchschnittswerte)

Proteine	Tage
Prokonvertin (Faktor VII)	0,3
Antihämophiles Globulin (Faktor VIII)	0,5
Pseudocholinesterase	1,0
Präalbumin	1,9
Retinolbindendes Protein	2,1
Fibrinogen	5,0
IgM	5,1
IgA	5,7
Transferrin	7,5
Albumin	19
IgG	21
Hämoglobin	60
Myosin	180
Kollagen	> 360

ordnung von 400 g Protein/24 h. Die für die Synthese benötigten Aminosäuren entstammen zu etwa 20% den Nahrungsproteinen; ca. 80% des Aminosäurebedarfs werden durch Reutilisation abgebauter Körperproteine gedeckt.

Durch Sekrete und Mucosaepithelabschilferung entsteht ein intestinaler Proteinverlust von etwa 85–150 g/24 h. Eine Wiedergewinnung erfolgt jedoch zu 80% nach enzymatischem Abbau zu Aminosäuren bzw. Peptiden, die vorzugsweise für die enterale Proteinbiosynthese reutilisiert werden.

Störungen des Proteinstoffwechsels. Die Störungen des Proteinstoffwechsels können vielfältige Ursachen haben. Man unterscheidet primäre und sekundäre Störungen.

- **Primäre Proteinstoffwechselstörungen.** Die Proteinbiosynthese kann aufgrund eines genetischen Defektes fehlerhafte Proteine liefern (Proteinvarianten), ganz ausbleiben (Proteindefekte) oder aber durch Vermehrung einzelner (maligne transformierter) Zellklone pathologische Mengen eines Proteins bilden (Paraproteinämien).

- **Sekundäre Proteinstoffwechselstörungen.** Die mangelnde Versorgung des Organismus mit Nahrungsproteinen oder eine vollständige Unterbrechung der Zufuhr von Nahrungsenergie (Hunger, Fasten) führt zu Störungen oder Umstellungen des Protein- und Gesamtstoffwechsels. Erkrankungen des Magen- und Darmtrakts können einen gestörten enzymatischen Abbau (Maldigestion) und/oder ungenügende Resorption (Malabsorption) zur Folge haben. Aminosäuretransportdefekte (S. 68) sind genetisch bedingte Störungen, die wiederum den Proteinstoffwechsel beeinträchtigen. Ebenso können Erkrankungen anderer Organe (z. B. Leber, Niere, Haut) oder endokrine Dysfunktionen das dynamische Gleichgewicht des Proteinstoffwechsels stören und sich in Veränderungen des Plasmaproteinverteilungsmusters (Dysproteinämie) manifestieren.

In den nachfolgenden Abschnitten dieses Kapitels sind die primären und sekundären Störungen des Proteinstoffwechsels behandelt.

2. Primäre Störungen des Proteinstoffwechsels

Proteinvarianten. Von einem Gen, das die Information für die Synthese eines bestimmten Proteins (Genprodukt) codiert, können zwei oder mehrere verschiedene Zustandsformen existieren, die als **Allele** bezeichnet werden. Ein alleler Zustand eines Gens ist einem Mutationsereignis analog, wird aber viel häufiger beobachtet als eine Mutation. Allele Gene nehmen auf homologen Chromosomen homologe Loci ein. Bei homozygoten Individuen sind die Allele in Allelenpaaren identisch, bei Heterozygoten dagegen verschieden.

Gibt es von einer Genart eine Reihe verschiedener Allele, spricht man von multipler Allelie und bezeichnet die Genprodukte — sofern es sich um Proteine handelt — als **Proteinvarianten.** Als weitere Synonyme sind die Begriffe „Protein-Polymorphismus" und „multiple molekulare Formen von Proteinen" im Gebrauch.

Proteinvarianten sind von zahlreichen Blutplasmaproteinen, aber auch von Enzymen bekannt und werden definitionsgemäß als Isoenzyme (multiple Formen von Enzymen) bezeichnet (Kap. Enzyme, S. 7). Von der Glucose-6-phosphat-Dehydrogenase kennt man mehr als 80 Isoenzyme (Varianten), von denen 40 eine normale oder nur geringfügig reduzierte Aktivität aufweisen und daher auch keine klinischen Symptome verursachen. Etwa 20 Varianten sind von einem Enzymdefekt begleitet, der jedoch erst durch die Einwirkung eines exogenen Stoffes (Medikamente, Infektionen, Favabohnen) ausgelöst wird, während die restlichen Varianten sich auch ohne Gegenwart einer auslösenden Noxe als Enzymdefekt manifestieren.

Das Auftreten verschiedener Varianten eines Proteins ist ein allgemeines Phänomen. Im Gegensatz zu den Blutplasmaprotein**defekten** hat das Auftreten von Blutplasmaprotein**varianten** meist keine pathologische Bedeutung. Die Tabelle gibt Beispiele für die Blutplasmaproteine.

Proteindefekte. Durch Mutation werden abgewandelte Gene erzeugt, die funktionell zu veränderten (oder fehlenden) Genprodukten führen. Da ein Protein meistens aus mehr als 100 Aminosäuren besteht, und bei einer Punktmutation jede der Aminosäuren durch eine andere ersetzt werden kann, ist eine Vielzahl von

Genetische Varianten (Polymorphismus) von Blutplasmaproteinen

Plasmaprotein	Beispiele für Plasma-proteinvarianten (V)	Defektdysproteinämie Bezeichnung	Symptome
Albumin	20 Albumin-V	Analbuminämie	Geringe Ödemneigung, Transportstörungen für Thyroxin
α_1-Globuline	23 α_1-Antitrypsin-V	α_1-Antitrypsinmangel	Bronchopulmonale Erkrankungen, Lungenemphysem, Leberzirrhose
	4 α_2-Glykoprotein-V	Transcortinmangel	Transportstörung für Glucocorticoide
α-Globuline	Mehrere Haptoglobulin-V 6 Caeruloplasmin-V	A-Haptoglobinämie A-Caeruloplasminämie	Keine Wilson'sche Erkrankung
α-Lipoproteine		An-α-Lipoproteinämie	Cholesterinablagerung in Leber und Tonsillen
β-Globuline	20 Transferrin-V	A-Transferrinämie	Eisenrefraktäre Anämie, Hämosderinablagerung in Organen
β-Lipoproteine	Mehrere β-LP-V	A-β-Lipoproteinämie	Vitamin-A-Mangel, neurologische Störungen, Akanthozytose
Fibrinogen		A-Fibrinogenämie	Blutgerinnungsstörungen
γ-Globuline	Zahlreiche H- und L-Ketten-V	A-γ-Globulinämie	Antikörpermangelsyndrome

strukturell durch Mutation veränderten Proteinen möglich. Sie unterscheiden sich in ihren physikalisch-chemischen und funktionellen Eigenschaften voneinander, je nachdem welche Aminosäure an welcher Stelle substituiert wurde. Betrifft eine solche Mutation ein Enzymprotein, so kann dessen Konformation so verändert werden, daß es zu einer hochgradigen Reduktion oder zu einem Verlust der enzymatischen Aktivität kommt. Man nimmt an, daß die meisten der bekannten Enzymdefekte durch Mutation verursacht sind. In vielen Fällen läßt sich das durch Mutation veränderte und katalytisch nicht mehr aktive Enzymprotein durch immunologische Methoden nachweisen.

Eine Mutation kann jedoch auch Operator-, Repressorgen, Promotor oder Repressor betreffen, so daß u. U. keine Synthese von m-RNA und spezifischem Protein stattfindet und ein echter – genetisch bedingter – Proteindefekt vorliegt. Blutplasmaproteindefekte werden als **Defektdysproteinämien** bezeichnet (Tabelle s. o.), da sie immer eine Änderung der quantitativen Zusammensetzung der Plasmaproteine zur Folge haben.

Paraproteinämien. Die Paraproteinämien haben ihre Ursache in der Vermehrung eines Zellklons aus der Klasse der Immunglobuline und werden deshalb auch als **„monoklonale Immunglobulinopathien"** (Immunoglobulinämien, Gammopathien) bezeichnet (Kap. Immunchemie, S. 429). Ihr Syntheseort sind Zellen des lymphoretikulären Systems, die auch physiologischerweise Immunglobuline synthetisieren und sezernieren, jedoch bei Tumoren und Entzündungen des lymphoretikulären Systems zu exzessiver Produktion von Immunglobulinen übergehen. Sie stammen in der Regel aus einem einzelnen Zellklon (selten auch von zwei verschiedenen oder mehreren Zellklonen).

Die **malignen Gammopathien** umfassen die paraproteinämischen Hämoblastosen des lymphoretikulären Systems, bei denen eine obligate Paraproteinbildung stattfindet wie z. B. beim **Plasmozytom,** beim **Waldenström-Syndrom** (Vermehrung der IgM, früher als Makroglobulinämie bezeichnet) und der **H-Kettenkrankheit.** Fakultativ treten Paraproteine bei verschiedenen malignen Lymphomen (Lymphosarkom) auf.

Paraproteine aus der Klasse der Immunglobuline zeigen gelegentlich anomale Temperatursensitivität. Bei Abkühlen von Plasma oder Serum unter 37 °C gehen sie in einen kristallinen oder amorphen Niederschlag über, der sich bei Wiedererwärmen auf 37 °C ganz oder teilweise wieder auflöst. Diese gelartige Erstarrung der Proteine, die wegen dieses Verhaltens auch als **Kryoproteine** bezeichnet werden, kann durch Viskositätssteigerung des Blutes und Kapillarthrombosen zur Kryopathie (Purpura, Kälteurtikaria, Zyanose, Paraesthesien) und u. U. zu Nekrosen und Gangrän der Akren führen.

Von den **benignen Gammopathien** gibt es zwei Formen: die sog. **idiopathische Gammopathie,** bei der die γ-Globuline permanent oder intermittierend erhöht sind. Ihre Diagnose erfolgt im Ausschlußverfahren, da trotz exzessiver Synthese von Immunglobulinen kein entsprechendes morphologisches Substrat oder Krankheitssyndrom faßbar ist. Die Diagnose kann daher erst nach Jahren sorgfältiger Beobachtung gestellt werden. Den **symptomatischen (sekundären) Gammopathien** liegen Autoimmunkrankheiten (S. 421) wie z. B. Lupus erythematodes, chronische Polyarthritis oder chronische Hepatitis zugrunde.

Charakteristisch für die Gammopathien ist der schmalbasige spitze Gipfel im Elektropherogramm, der im Bereich der γ- oder β-Globuline liegt (Abb. S. 58).

3. Sekundäre Störungen des Protein- (und Aminosäure-) Stoffwechsels

Proteinmangelsyndrome. Die im Organismus ablaufende Proteinsynthese erfordert Bereitstellung von Aminosäuren und einen intakten Energiestoffwechsel. Ein Proteinmangelsyndrom kann durch Einschränkung der Protein- und der Energiezufuhr eintreten, wobei es zu einer charakteristischen Reduktion des Muskel- und Fettgewebes kommt **(Marasmus)**, aber keine Ödeme beobachtet werden. Ist der Proteinmangel jedoch mit einer gleichzeitig gesteigerten Energiezufuhr in Form von Kohlenhydraten verbunden **(Kwashiorkor)**, stehen Ödeme, Hypoproteinämien, Leberverfettung und Steatorrhoe als Symptome im Vordergrund (Tabelle).

Proteinmangelsyndrome

	Marasmus	Kwashiorkor
Organe		
Leber	Normaler Proteingehalt	Proteingehalt stark vermindert, Hepatomegalie, Fettleber
Muskulatur	Starke Reduktion	Geringe Reduktion, Fetteinlagerung
Unterhautfettgewebe	Starke Reduktion	Keine Reduktion
Intestinaltrakt	Keine Resorptionsstörung	Malabsorption, Steatorrhoe
Serum		
Proteine	Geringe Hypoproteinämie → keine Ödeme	Schwere Hypoproteinämie (besonders Albumin und Lipoproteine herabgesetzt) → exzessive Ödeme
Aminosäuren	Geringe Verminderung	Starke Verminderung

Weitere Folgen sind schwere Entwicklungsstörungen, Wachstumsstillstand und verminderte Resistenz gegenüber Infektionen.

Der Kwashiorkor tritt überwiegend in Gebieten mit chronischen Nahrungsproteinmangel (Entwicklungsländer) auf. Betroffen sind meist Kinder im Alter von 2–6 Jahren, die während der Wachstumsphase einen erhöhten Proteinbedarf haben, deren Nahrung aber vorwiegend aus Kohlenhydraten (Mais, Reis, Hirse) besteht.

Neben der Quantität der Proteinzufuhr ist die Qualität der Nahrungsproteine für eine ausgeglichene Stickstoffbilanz von Bedeutung. Ein Maß für die Qualität eines Proteins ist die biologische Wertigkeit bzw. sein Gehalt an essentiellen Aminosäuren. Der Minimalbedarf für die einzelnen acht essentiellen Aminosäuren (Valin, Phenylalanin, Leucin, Isoleucin, Threonin, Tryptophan, Methionin und Lysin) ist zwar in Ernährungsversuchen ermittelt worden, doch wird die biologi-

50 Proteine und Aminosäuren

sche Wertigkeit eines Proteins nicht allein durch den Gehalt an essentiellen Aminosäuren limitiert, sondern ist auch vom Verteilungsmuster der essentiellen Aminosäuren und vom Verhältnis der essentiellen zu den nichtessentiellen Aminosäuren abhängig.

Hunger und Fasten. Als Hunger wird derjenige Zeitraum definiert, der zwischen Beendigung der intestinalen Resorption nach Nahrungsaufnahme und dem Beginn der nächsten Resorption (nach erneuter Nahrungsaufnahme) liegt. Diese Stoffwechselphase beträgt physiologischerweise 6–18 Stunden. Das Fasten (Nulldiät) kennzeichnet dagegen einen Zustand, der nach mindestens zweiwöchiger Nahrungskarenz eintritt.

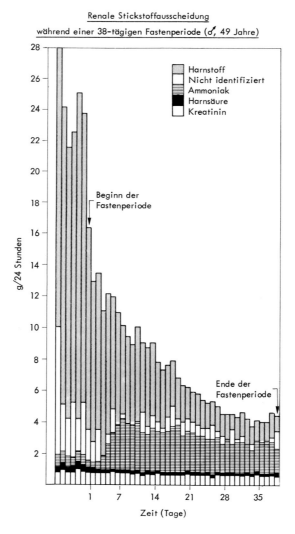

Die während des Hungers bzw. des Fastens notwendige Energie wird beim Menschen (70 kg) durch folgende Energiespeicher zur Verfügung gestellt: 10−15 kg Triglyceride (Depotfette des subcutanen Gewebes und des Omentum majus), 300−400 g Glykogen (Leber, Skelettmuskulatur) und ca. 2 kg Proteine (Skelettmuskulatur).

Der totale Kalorienentzug bei adäquatem Konsum von Flüssigkeit, Substitution von Vitaminen und ggf. von Mineralien (Nulldiät) führt zu einer charakteristischen, in mehreren, fließend ineinander übergehenden Phasen ablaufenden Umstellung des Stoffwechsels:

- Während der ersten ca. 18 h andauernden Phase kommt es durch Absinken des Seruminsulinspiegels zur Blockierung der Glucoseaufnahme in Muskel- und Fettgewebe. Demgegenüber wird die Glucoseutilisation des Zentralnervensystems mit ca 120 g/d zunächst nicht verändert. Die für die Versorgung des Zentralnervensystems notwendige Glucose stammt vorzugsweise aus dem Glykogendepot der Leber. Die Glykogenmobilisation ist begleitet von einer Hemmung der Glucoseoxidation und einer entsprechenden Aktivierung des Glucose-Lactatzyklus (Corizyklus). Auch die Erythrozyten sind auf eine ständige Zufuhr von Glucose angewiesen. Sie benötigen täglich 30−25 g.

- In der zweiten nach 18−24 h einsetzenden Phase des totalen Kalorienentzugs wird die für die Funktion des Zentralnervensystems notwendige Tagesmenge von etwa 120 g Glucose durch Gluconeogenese zur Verfügung gestellt. Hierfür ist ein Abbau von ca. 75 g Protein/24 h erforderlich, der sich in einer negativen Stickstoffbilanz ausdrückt. Die freigesetzten 90 g Aminosäuren werden fast ausschließlich der Leber zugeführt, die sie zu 60% in Glucose umwandelt und den Rest oxidativ abbaut. Der weitere Glucosebedarf wird durch Gluconeogenese aus Glycerin (Abbau von Depotlipiden) und aus Lactat (aus Erythrozyten) gedeckt. Da der Verlust von mehr als 40% des Körperproteins mit dem Leben unvereinbar wäre, wird die Energieversorgung des Organismus über diesen Mechanismus nur etwa 2−3 Wochen aufrechterhalten.

- Nach etwa 3 Wochen erfolgt eine entscheidende Stoffwechselumstellung, die durch maximale Lipolyse und Ketogenese gekennzeichnet ist. Dabei werden die Ketonkörper (45−50 g/24 h) zum bevorzugten Substrat des Oxidationsstoffwechsels im Zentralnervensystem, das nur noch einen kleinen Anteil seiner Energie durch Utilisation von Glucose (30−40 g/24 h) deckt. Diese Stoffwechselumstellung ist mit einer drastischen Einschränkung der Gluconeogenese aus Proteinen verbunden. Die Einschmelzung der Proteinspeicher wird von 75 g auf 20 g/24 h reduziert. Der Eiweißsparmechanismus kommt in einem deutlichen Abfall der Stickstoffausscheidung im Urin (Abb.) zum Ausdruck. Gleichzeitig erfolgt auch an den peripheren Geweben eine Umschaltung von der Ketonkörperutilisation zur Oxidation von freien Fettsäuren. Hierzu werden täglich etwa 150 g Depotfette abgebaut, die ca. 15 g Glycerin und 150 g Fettsäuren liefern. Der überwiegende Teil der Fettsäuren wird von Skelettmuskel, Herzmuskel und Niere **direkt** zur Energiegewinnung verbraucht, etwa 35 g werden von der Leber zu ca. 55 g Ketonkörper umgewandelt. Während die Ketonkörper den Stoffwechsel des ZNS aufrechterhalten, werden die freien Fettsäuren zum bevorzugten Substrat der oxidativen Energiegewinnung für die übrigen Organe des Körpers. Dieser Adaptationsmechanismus, dessen Kontrolle und Induktion noch unbekannt ist, versetzt den Organismus in die Lage, den Kohlenhydrat- und Proteinabbau zu unterdrükken und seinen Energiebedarf vorzugsweise über den Abbau der Triglyceride des Fettgewebes zu decken. In dieser Phase liefert die Leber nur noch 60% der durch Gluconeogenese gebildeten Glucose. Die restlichen 40% stammen aus der Niere, die wegen der bestehenden Ketoacidose vermehrt Ammoniak zur Neutralisierung des Harns benötigt und das Kohlenstoffskelett der Aminosäuren vermehrt zu Glucose umbaut.

Wird während des Fastens keine Arbeit geleistet, reduziert sich der Grundumsatz auf etwa 1500 kcal/24 h, so daß der Energiebedarf etwa dem Grundumsatz entspricht. Bei einem Lipiddepot von 10–15 kg errechnet sich für Grundumsatzbedingungen eine Energiereserve für 72–93 Tage, während die Proteinreserven (ca. 2 kg) bei einem Tagesbedarf von etwa 20 g für ca. 100 Tage reichen würden.

Da der effektive Energiebedarf den Grundumsatz übersteigt, kann der normalgewichtige Stoffwechselgesunde (70 kg) etwa 40 Tage lang fasten, wobei es zu einem Gewichtsverlust von 14 kg kommt (ca. 350 g/Fastentag in Ruhe). Übergewichtige können entsprechend länger fasten, vorausgesetzt, daß der Proteinspareffekt (Verminderung des Proteinabbaus von täglich 75 g auf 20 g) in vollem Umfange wirksam wird.

Wird das Fasten (Nulldiät) als Maßnahme für eine Gewichtsreduktion gewählt, sind folgende mögliche Komplikationen zu beachten:

- Die Elektrolytverluste durch den Urin können nur für einige Tage aus den Körperbeständen gedeckt werden und müssen durch Mineralwässer ausgeglichen werden. Gegebenenfalls ist eine Substitution von Na^+ und K^+ erforderlich.
- Die Flüssigkeitszufuhr soll 2000–3000 ml/24 h betragen, um eine normale glomeruläre Filtration und die renale Regulation der bestehenden Ketoacidose zu garantieren.
- Mit dem Abbau von Proteinreserven ist ein Zelluntergang verbunden (Atrophie der Muskulatur), der zu einer vermehrten Bildung von Harnsäure (Abbau von Nucleinsäuren) führt. Da Ketonkörper und Harnsäure um den gleichen Transportmechanismus in der Niere konkurrieren, kann es während des Fastens zu einer Hyperurikämie kommen. Ein Gichtanfall kann ausgelöst werden.

Magen-, Darm- und Pankreaserkrankungen. Chronische Erkrankungen des Magens, des Darms und Pankreas führen häufig zu einem Proteinmangelsyndrom, das entweder auf einem ungenügenden enzymatischen Aufschluß der Nahrungsproteine (Maldigestion), auf ungenügender Resorption von Aminosäuren bzw. Peptiden (Malabsorption) oder auf einer vermehrten Abgabe von Proteinen in den Magen-Darmtrakt (exsudative Enteropathie) beruhen kann. Typische Symptome sind die Heraufsetzung der Stickstoffausscheidung im Stuhl (normal 0,5–2,0 g/ 24 h), Hypoproteinämie, Hypoalbuminämie und Ödeme.

Eine **Maldigestion** für Proteine wird nach totaler oder partieller Gastrektomie (Mangel an Salzsäure und Pepsin), verminderter Sekretion von Pankreasenzymen (chronische Pankreatitis, Pankreaskarzinom, zystische Pankreasfibrose) beobachtet. Eine totale Pankreatektomie führt zur Ausscheidung von 4–8 g Stickstoff/ 24 h mit dem Stuhl.

Eine **Malabsorption** kann die Folge verschiedener organischer und funktioneller Darmerkrankungen sein und tritt u. a. bei Sklerodermie, Amyloidose, Störung der Darmmotorik, bei Hyperthyreose, arteriellen Durchblutungsstörungen, Pfortaderstauung, Stauung im Lymphgefäßsystem und bei chronischen Schleimhautveränderungen infolge Darminfektionen auf. Eine Malabsorption einzelner Aminosäuren gehört zu den primären (genetisch bedingten) Defekten des Aminosäuretransports (s. u.).

Der Stoffwechselgesunde gibt 35 g Protein in Form von Enzymen und Proteinen mit den Sekreten sowie abgeschilferten Epithelzellen/24 h in den Darmkanal ab, wobei der größte Teil nach proteolytischem Aufschluß rückresorbiert wird, so daß der enterale Stickstoffverlust 0,5–2,0 g/Tag beträgt (s. o.). Eine Steigerung des intestinalen Eiweißverlustes wird als **exsudative Enteropathie** bezeichnet und tritt bei entzündlichen Darmerkrankungen, Polyposis, malignen Tumoren, Lymphstauungen und bei Whipple'scher Erkrankung auf. Eine weitere Ursache ist die angeborene intestinale Lymphangiektasie mit abnormaler Erweiterung der enteralen Lymphgefäße und Übertritt von Proteinen in das Darmlumen, die zu Hypoproteinämie, Ödemen, Aszites und Pleuraergüssen führt.

Erkrankungen der Leber. Die Leber ist ein wichtiges Organ der Proteinbiosynthese und der Proteinspeicherung. Erkrankungen mit Schwund des Leberparenchyms (z. B. Leberzirrhose) oder Funktionsausfall (Entzündungen, Nekrose) führen zu einer Störung der Proteinbiosynthese, die sich besonders für Proteine mit kurzer Halbwertszeit (s. Tab. S. 45) bemerkbar macht. Bei Entzündungen mit Permeabilitätsstörungen der Zellmembran können zusätzliche Zellproteine in das Blutplasma übertreten (Nachweis zytoplasmatischer oder mitochondrialer Leberenzyme in der klinisch-chemischen Diagnostik der Lebererkrankungen). Da die Leber auch der hauptsächliche Ort des Abbaus von Aminosäuren und der Harnstoffsynthese ist, kommt es bei Einschränkung der Leberfunktion zur Erhöhung der Aminosäure- und Ammoniakkonzentration im Blut. Bei akuter Hepatitis sind

Phenylalanin und Tyrosin regelmäßig, bei Leberzirrhose auch Prolin, Citrullin und Glutaminsäure im Serum vermehrt (Defekte im Abbau einzelner Aminosäuren und Enzymdefekte des Harnstoffzyklus s. primäre Störungen des Aminosäurestoffwechsels).

Erkrankungen der Niere. Das von der Niere gebildete Ultrafiltrat des Blutplasmas enthält 100–200 mg Protein/l. Von dieser Menge wird jedoch der größte Teil durch tubuläre Rückresorption zurückgewonnen, so daß die tägliche Proteinausscheidung mit dem Harn beim Stoffwechselgesunden < 50 mg/24 h beträgt.

Eine Proteinurie (S. 307) kann durch vermehrte glomeruläre Proteinfiltration oder durch verminderte Rückresorption im proximalen Abschnitt des Tubulussystems zustande kommen. Am häufigsten sind Kombinationen von glomerulären und tubulären Prozessen (Nephrose, Pyelonephritis). Je ausgeprägter die Störung im Glomerulus ist, um so mehr gleicht sich die Proteinverteilung im Urin derjenigen des Serums an. Bei rein tubulären Formen der Proteinurie enthält der Urin vorwiegend α_2- und β-Globuline.

Eine gesteigerte Proteinausscheidung mit dem Urin hat eine gesteigerte Synthese von Plasmaproteinen in der Leber zur Folge, wobei die für die Synthese benötigten Aminosäuren bei ungenügender exogener Zufuhr durch den Abbau von Muskelproteinen gewonnen werden.

Erkrankungen der Haut. Thermische Schäden der Haut (u. U. auch der Schleimhaut von Mund und Rachen) treten nach Verbrennungen (Verbrühungen) auf und führen innerhalb weniger Minuten zur Koagulation (Hitzedenaturierung) der Proteine und zu einer Permeabilitätssteigerung der benachbarten Kapillaren, die durch Freisetzung vasoaktiver Wirkstoffe bedingt ist. Es kommt zur Exsudation aus den Wundflächen und zu Ödembildung, die einen Verlust an Serumproteinen (bis zu 50%) zur Folge haben und zu einer negativen Stickstoffbilanz führen kann, die durch gesteigerte Proteolyse begünstigt wird. Die Fibrinsynthese der Leber ist dagegen auf ein Mehrfaches der Norm gesteigert.

Endokrine Dysfunktion. Da der Proteinstoffwechsel auch einer hormonellen Regulation unterliegt, können sekundären Störungen des Proteinstoffwechsels auch primäre endokrine Dysfunktionen zugrunde liegen:

Zu einer negativen Stickstoffbilanz führen die proteinkatabol wirkenden Schilddrüsenhormone und Glucocorticoide. Anabol wirkende Hormone sind das Wachstumshormon, Insulin und Testosteron. Die unter dem Einfluß dieser Hormone gemessene positive Stickstoffbilanz kommt vorwiegend durch gesteigerte Proteinbiosynthese in der Muskulatur zustande.

4. Blutplasmaproteine

Einteilung und Funktion. Die Proteinkonzentration des Blutplasmas beträgt 60–80 g/l. Die Plasmaproteine sind ein komplexes Gemisch verschiedener, vorwiegend zusammengesetzter Proteine (Glykoproteine, Lipoproteine), die z.T. im Gefäßsystem zirkulieren, jedoch auch – je nach Molekülgröße – im extravasalen Raum nachweisbar sind. Aufgrund eines ständigen Austausches zwischen vasalem und extravasalem Raum steht das Serumproteinverteilungsmuster in direkter Relation zur Konzentration der Serumproteine des Extrazellulärraums.

Pathobiochemie der Blutplasmaproteine

Symptom	Pathogenese
Hypoproteinämie	Absolute oder relative Verminderung des Plasmaeiweißgehaltes
Hyperproteinämie	Absolute oder relative Vermehrung des Plasmaeiweißgehaltes
Dysproteinämie	Änderung der quantitativen Zusammensetzung der Plasmaeiweißfraktionen
Defektdysproteinämie	Genetisch bedingtes Fehlen oder Verminderung einzelner Plasmaproteine oder Fraktionen
Paraproteinämie	Monoklonale Vermehrung von Immunglobulinen

Die Zahl der Plasma- bzw. Serumproteine beträgt über 100, ihre Konzentration weist beträchtliche Unterschiede auf (Tab.). Trotz der unterschiedlichen Halbwertszeiten wird die Zusammensetzung der Blutplasmaproteine in engen Grenzen konstant gehalten. Ein Teil der Blutplasmaproteine sind plasmaspezifische Syntheseprodukte von Leber, Knochenmark, retikuloendothelialem System und lymphatischem System, andere nur in geringer Konzentration nachweisbare Plasmaproteine – wie ein Teil der Enzyme – stammen aus Zellen und Geweben und werden nicht als Proteine selbst, sondern aufgrund ihrer Funktion bzw. Enzymaktivität quantitativ bestimmt.

Die Funktionen der Plasmaproteine sind vielfältig: Sie dienen der Wasserbindung und Regulation des kolloidosmotischen Drucks, dem Transport von wasserunlöslichen Verbindungen, Hormonen, Metallen und Lipiden, als Gerinnungs- und Fibrinolysefaktoren, als Enzyme und Enzyminhibitoren, Komplementkomponenten und Immunglobuline.

Pathobiochemie der Blutplasmaproteine. Die Blutplasmaproteine weisen beim Stoffwechselgesunden eine konstante Konzentration und ein konstantes Verteilungsmuster auf. Mit Hilfe der **Elektrophorese** des Blutserums bei alkalischem pH (pH 8,6) lassen sich 5 Hauptgruppen von Proteinen trennen: Albumine, α_1-, α_2-, β, γ-Globuline. Die Elektrophorese dient einer ersten Erfassung relativer oder absoluter Veränderungen der Plasmaproteinfraktionen.

Die **radiale Immundiffusion** gestattet die Messung quantitativer Veränderungen der Konzentration einzelner Blutplasmaproteine. Mit Hilfe der **Immunelektrophorese** lassen sich qualitative Veränderungen weiter differenzieren.

Das Blutplasma enthält zahlreiche Proteine, von denen die nachfolgende Tabelle eine Auswahl wiedergibt, bei der die pathobiochemische Bedeutung berücksichtigt wurde.

Zahlreiche weitere Proteine kommen im Blutplasma nur in sehr geringer Konzentration vor, lassen sich jedoch anhand ihrer biologischen Aktivität als Enzyme, Hormone oder Komponenten des Blutgerinnungs- bzw. Komplementsystems nachweisen. Einige Blutplasma-Proteine haben die Funktion von Proteaseinhibitoren.

Weitere Angaben über die Pathobiochemie der Blutplasma-Proteine finden sich in den nachfolgenden Kapiteln:

- Lipoproteine (Lipide, S. 85)
- Transferrin und Ferritin (Eisen, S. 122)
- Caeruloplasmin (Kupfer, S. 127)
- Steroid- und Thyroxin-bindende Globuline (Hormone, S. 140, 167)
- Haptoglobin und Hämopexin (Erythrozyten, S. 230)
- Tumor-assoziierte Antigene, α-Fetoprotein, β_2-Mikroglobulin, karzinoembryonales Antigen (Malignes Wachstum, S. 241, 384)
- Blutgerinnungsfaktoren (Hämostase, S. 393)
- C-reaktives Protein (Entzündung, S. 410)
- Immunglobuline und Komplementsystem (Immunchemie, S. 426, 435)

Die definitive Zahl der Blutplasmaproteine ist unbekannt. Auch die physiologische Funktion konnte bei einigen Blutplasmaproteinen noch nicht geklärt werden. Hierzu gehören u. a. das α_1-Glykoprotein (Synonym: Orosomucoid), das Gc-Globulin (group specific component) und das β_2-Mikroglobulin.

Ein durch Elektrophorese erkanntes pathologisch verändertes Blutplasmaprotein-Verteilungsmuster wird als **Dysproteinämie** bezeichnet, wenn gleichzeitig der Gesamtproteingehalt des Blutes im Normbereich (60–80 g/l) liegt. Das Symptom einer Dysproteinämie beschränkt sich jedoch auf die Feststellung einer Verschiebung im Serumprotein-Verteilungsmuster und sagt nichts darüber aus, ob eine primäre oder sekundäre Störung des Proteinstoffwechsels zugrunde liegt. Der diagnostische Wert einer Dysproteinämie ist wegen der mangelnden Spezifität begrenzt.

Proteine des menschlichen Blutserums (Blutplasmas)

Ordnung nach elektrophoretischer Mobilität bei pH 8,6. Konzentrationsangaben in g/l Serum bzw. Plasma. Lipoproteine siehe Kapitel Lipide. Immunoglobuline siehe Kapitel Immunchemie.

↑ Vermehrung, ↓ Verminderung

Proteine	g/l	Pathobiochemie
Präalbumin	0,25	↑ bei schweren Leberleiden
Albumin	44,0	↓ bei Leberzirrhose, Nephrose, Analbuminämie
Saures α_1-Glykoprotein	0,90	↑ bei chronischen Entzündungen, pcP, malig. Neoplasien
α_1-Antitrypsin	0,290	↑ bei entzündlichen Prozessen, juveniler Leberzirrhose, Lungenemphysem
Prothrombin		↓ bei Lebererkrankungen, Antikoagulantien-Therapie
Transcortin	0,070	↓ Syndrom mit geringer Cortisol-Bindungskapazität
α_1-Fetoprotein		↑ bei Hepatom und embryonalen Tumoren, ↑ Hepatitis, Leberzirrhose
Gc-Globulin	0,400	↓ bei schwerem Leberschaden
Antithrombin III	0,230	↑ bei Leberschaden
Caeruloplasmin	0,350	↑ bei Schwangerschaft ↓ bei Wilsonscher Krankheit
C'I-Inaktivator	0,240	↓ bei angioneurotischem Ödem
Haptoglobin	1,70	↓ bei hämolytischen Erkrankungen, Leberschaden ↑ bei nephrotischem Syndrom, Leberleiden, Diabetes mellitus
α_2-Makroglobulin	2,60	↑ bei Nephrose, Leberschaden, Diabetes mellitus
Serum-Cholinesterase	0,001	↓ bei genetischem Mangel, E 605 Vergiftungen
Plasminogen	0,120	↓ bei starker Fibrinolyse
Hämopexin	0,750	↓ bei hämolytischen Anämien
C 2-Komponente		↓ bei familiärem Mangel an C 2
C 3-Komponente	1,10	↓ bei Autoimmunerkrankungen (Glomerulonephritis, Lupus erythematodes u. a.)
Transferrin	2,95	↓ bei Nephrose, malignen Neoplasien, Fe-Mangelanämie
Fibrinogen	3,00	↑ bei Leberschaden, Hyperfibrinolyse, Afribrinogenämie
Fibrinstabilisierender Faktor (XIII)		↑ bei gestörter Wundheilung
C-reaktives Protein		↑ bei akut-entzündlichen Prozessen
β_2-Glykoprotein	0,200	↓ bei genetischen Defekten
Lysozym (Muraminidase)		↑ bei Monozyten-Leukämie

Eine Dysproteinämie läßt sich bei zahlreichen Erkrankungen – vor allem bei akuten und chronisch entzündlichen, nekrotisierenden bzw. malignen Prozessen – beobachten, doch nur bei bestimmten Erkrankungen (z. B. Nephrose, Gammopathien, Leberzirrhose) treten charakteristische, diagnostisch verwertbare Veränderungen der Serumproteine auf. Sie sind häufig durch eine Abnahme des Serumalbumingehalts und einen Anstieg individueller Globulinfraktionen gekennzeichnet. Die Abb. gibt einige typische Elektrophoresediagramme (weitere Pherogramme S. 243).

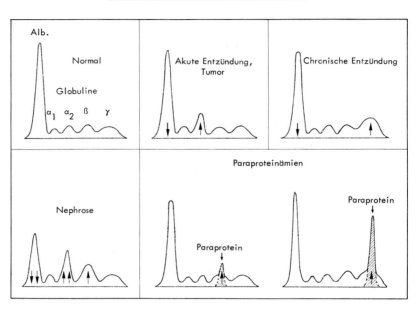

Typische Elektrophorese-Diagramme

Der Albuminverlust kommt bei aseptischen Nekrosen (z. B. Herzinfarkt, nach Operationen), ferner bei akuten Infekten und malignen Tumoren durch Abwanderung des Albumins ins Entzündungsgebiet bzw. in die Tumorinfiltrate zustande. Bei Erkrankungen von Hohlorganen (Magen-Darmtrakt, Bronchien) kann es zu einem zusätzlichen Albuminverlust durch Einstrom in die Hohlräume kommen. Durch einen unbekannten Mechanismus werden die α_1- und α_2- Globuline und das Fibrinogen kompensatorisch vermehrt. Diese einfach inverse Regulierung des Albumin/Globulin-Verhaltens hält den Plasmaproteinspiegel meistens auch dann im Normbereich, wenn infolge einer Begleitanämie das Plasmavolumen zur Aufrechterhaltung des Gesamtblutvolumens ausgeweitet werden muß.

In der Spätphase einer akuten Entzündung, bei chronischen Entzündungen und oft auch bei malignen Tumoren werden Proteinverteilungsmuster beobachtet, die durch eine mäßige Albuminverminderung mit α-Globulinvermehrung und einer Zunahme der γ-Globuline charakterisiert sind. Über die differentialdiagnostischen Möglichkeiten, die sich aus einer Analyse der einzelnen Immunglobulinklassen (IgG, IgM, IgA) ergeben, wird im Kapitel Immunchemie (S. 426) berichtet.

Hyperproteinämien und Hypoproteinämien. Quantitative Veränderungen der Blutplasmaproteine werden als Hyperproteinämie (Zunahme) bzw. Hypoproteinämie (Abnahme) bezeichnet und können ihre Ursache entweder in einer Zu- oder Abnahme des Proteingehalts haben oder aber durch Änderungen des Wassergehalts im Gefäßsystem (Hydration bzw. Dehydration, S. 110) vorgetäuscht sein.

Eine echte Vermehrung aller Serumproteine gibt es nicht. Eine pathologische **Hyperproteinämie** beruht stets auf der selektiven Zunahme eines (oder weniger) Plasmaproteins(e) und hat damit Merkmale einer **Dysproteinämie** bzw. **Paraproteinämie** (s. o.). Eine relative Vermehrung der Plasmaproteine kann nach Wasserverlust (Durst, Erbrechen, Diarrhoe) eintreten.

Eine **Hypoproteinämie** liegt bei absoluter oder relativer Verminderung der Plasmaproteine vor, betrifft aber selten alle Proteinfraktionen gleichmäßig. Als Ursachen kommen in Betracht:
- mangelhafte Proteinzufuhr: Hunger, Fehlernährung (S. 49), Malabsorption,
- mangelhafte Proteinbiosynthese: Lebererkrankungen, kataboler Proteinstoffwechsel bei Infekten, Fieber oder Corticoidtherapie,
- Proteinverluste: Proteinurie (s. Kap. Niere, S. 307), Blutungen, Verbrennungen (s. o.), Punktion eiweißreicher Flüssigkeiten (Ascites, Pleuraerguß).

5. Störungen des Aminosäurestoffwechsels

Die Kenntnis des Stoffwechsels der Aminosäuren, insbesondere ihrer Abbauwege, ist die Voraussetzung für das Verständnis zahlreicher erblicher Stoffwechselstörungen. Diese sind nicht nur von theoretischem Interesse. Die Diagnose einer erblichen Störung des Aminosäurestoffwechsels muß vielmehr schon in den ersten Lebenswochen erfolgen, da nur durch frühzeitiges Einleiten einer adäquaten Therapie (Diät) die sonst unvermeidlichen schweren und irreversiblen Schäden – die häufig zum Schwachsinn führen – vermieden werden können. Zwei Typen von Störungen lassen sich unterscheiden: **Aminosäureabbaudefekte** (s. u.) und **Aminosäuretransportdefekte** (S. 68).

Aminosäureabbaudefekte. Der Organismus ist nicht in der Lage, ein am Abbau einer Aminosäure beteiligtes Enzym in genügender Menge zu bilden. Dies führt zu vollständiger oder partieller Blockierung des Abbauweges, zur Akkumulation desjenigen Zwischenprodukts, das aufgrund des Enzymdefekts nicht weiter umgesetzt werden kann, und zu dessen Ausscheidung im Harn. Die Diagnose wird durch den Nachweis der erhöhten Konzentration in Blut und Harn gestellt.

Bei einigen Aminosäureabbaustörungen scheint die herabgesetzte Enzymaktivität durch mangelnde Affinität des Coenzyms zum Apoenzym (z. B. bei der Homocystinurie, s. u.) oder durch eine Hemmung der Umwandlung der Vitamine in die

Coenzymform (z. B. gehemmte Reaktion Cobalamin → Desoxyadenosylcobalamin bei der Methylmalonacidurie) bedingt zu sein. Beispiele sind der Tabelle zu entnehmen.

Erbliche Störungen des Aminosäureabbaus

Aminosäuren	Defektes Enzym	Akkumulierter Metabolit	Folgeerscheinungen
Phe, Tyr			
Phenylketonurie	Phenylalanin-4-Hydroxylase	Phenylalanin, Phenylpyruvat u. a.	Schwachsinn, Krämpfe, Ekzeme, Pigmentmangel
Tyrosinose (Tyrosinämie)	p-Hydroxyphenylbrenztraubensäureoxidase	Tyrosin	Leberschaden, im Kindesalter tödlich, Leberzirrhose, tubulärer Nierenschaden, Vitamin-D-resistente Rachitis
Alkaptonurie	Homogentisinsäureoxidase	Homogentisinsäure	Ochronose, Arthritis mit Ablagerungen schwarz-brauner Pigmente in Knorpel und Bindegewebe
Albinismus	Tyrosinase		Melaninmangel, weiße Haut, weißes Haar, Photophobie
Gly			
Glycinose	Serinhydroxymethyltransferase	Glycin	Schwachsinn, Krämpfe, spast. Paraplegie
Hyperglycinämie	Glycinoxidase	Glycin	Schwachsinn, Krämpfe, spast. Paraplegie
Hyperoxalurie (Oxalose 1)	Glyoxalattransferase	Oxalat	Calcium-Oxalatsteine, Nephrocalcinose, geistige und körperliche Retardierung
Oxalose 2	2-Hydroxy-3-oxoadipat-Carboxylase	Oxalat	Calcium-Oxalatsteine, Nephrocalcinose, geistige und körperliche Retardierung
Hypersarkosinämie	Sarkosinoxidase	Sarkosin	Schwachsinn
Val, Leu, Ile			
Ahornsirupkrankheit	Decarboxylase	α-Ketosäurederivate von Valin, Leucin, Isoleucin	Progrediente neurologische Ausfallserscheinungen, im Säuglingsalter tödlich, z. T. intermittierende Form
Isovalinacidose	Desaminase	Isovaleriansäure	Metabolische Acidose
Hypervalinämie	Valintransaminase	Valin	Geistige und körperliche Retardierung
Cys, Met			
Cystathioninurie	Cystathioninlyase	Cystathionin	Neurologische und psychiatrische Symptome
Homocystinurie	Cystathioninsynthetase	Homocystin	Geistige Retardierung, Ectopia lentis, Skelettanomalien
His			
Histidinämie	Histidin-Ammoniaklyase	Histidin, Imidazolpyruvat, Imidazollactat	Sprachstörungen, z. T. geistige Retardierung
Formiminotransferasemangel	Glycinformiminotransferase	Formiminoglutaminsäure	Schwachsinn, Krämpfe, Minderwuchs
Trp			
Tryptophanurie	Tryptophan-2,3-Dioxygenase	Tryptophan	Schwachsinn, Zwergwuchs, Photosensibilität, neurologische Störungen
Pro, Hyp			
Hyperprolinämie I	Pyrrolincarboxylatreduktase	Prolin	Keine
Hyperprolinämie II	Pyrrolincarboxylatdehydrogenase	Pyrrolincarbonsäure	Leichter Schwachsinn, Krämpfe
Hydroxyprolinämie	Hydroxypyrrolincarboxylat-Reduktase	Hydroxyprolin	Schwachsinn

Alle diese Defekte werden autosomal rezessiv vererbt und sind mit einer Verminderung der Lebensfähigkeit verbunden. Ihre Häufigkeit variiert von etwa 1 : 10^4 bis 1 : 10^7. In der Tabelle und den folgenden Schemata sind Beispiele zusammengestellt.

Störungen des Phenylalanin- und Tyrosinstoffwechsels. *Phenylketonurie* (Oligophrenia phenylpyruvica, Föllingsche Erkrankung). Wegen ihrer weiten Verbreitung kommt dieser autosomal rezessiv vererbten Störung des Phenylalaninstoffwechsels besondere Bedeutung zu. Die Erkrankungsfrequenz beträgt in allen Bevölkerungsgruppen der Erde etwa 1 : 10 000, die Zahl der Heterozygoten, d. h. der nicht erkrankten Defektträger, wird mit 1 : 50 angenommen. Der zugrundeliegende Enzymdefekt betrifft die Phenylalanin-Hydroxylase, die bei den Erkrankten vollständig fehlt und so eine Umwandlung des Phenylalanins in Tyrosin im Intermediärstoffwechsel unmöglich macht. Als Folge akkumuliert das Phenylalanin im Blutplasma (1,2 – 3,6 mmol/l, 20 – 60 mg/100 ml gegenüber Normalwerten von 0,06 – 0,24 mmol/l, 1 – 4 mg/100 ml) und beträchtliche Mengen des Phenylalanins und seiner atypischen Stoffwechselprodukte werden im Urin ausgeschieden. Unter den desaminierten Stoffwechselprodukten, die in nachfolgender Tabelle zusammengestellt sind, nimmt die Phenylbrenztraubensäure den größten Anteil ein. Die auch physiologischerweise gebildete Phenylessigsäure wird zum größten Teil in der Leber mit Glutamin zu einem Konjugationsprodukt, dem Phenylacetylglutamin, umgewandelt.

Ausscheidung von Phenylalanin und seiner Stoffwechselprodukte bei Phenylketonurie

Stoffwechselprodukt	Ausscheidung im Urin (g/24 h)	
	normal	Phenylketonurie
Phenylalanin	0,03	0,3 – 1,0
Phenylbrenztraubensäure	–	0,3 – 2,0
Phenylmilchsäure	–	0,3 – 0,5
Phenylessigsäure	–	vermehrt
Phenylacetylglutamin	0,2 – 0,3	2,0 – 2,5

Die Phenylketonurie führt zu verzögerter geistiger Entwicklung und zum Schwachsinn. Myelinisierungsdefekte und deutliche Verminderung des Cerebrosidgehaltes lassen sich nachweisen. Auch die Melaninsynthese und die Bildung von Katecholaminen sind eingeschränkt. Bei der Entstehung dieser Symptome spielen nicht nur die erhöhte Konzentration des Phenylalanins und der Phenylbrenztraubensäure im Blut und die daraus resultierende Kompetition für Transport und Umsatz anderer Aminosäuren, sondern möglicherweise weitere Faktoren eine Rolle. Dazu gehört die Beobachtung, daß bei Phenylketonurie im Blut ein erniedrigter Serotoninspiegel und im Urin eine verminderte 5-Hydroxyindolessigsäure-

Ausscheidung vorliegt, vermutlich, weil die 5-Hydroxytryptophan-Decarboxylase, welche 5-Hydroxytryptophan in Serotonin überführt, durch die Phenylalaninmetaboliten gehemmt wird. Nach Beschränkung des Phenylalanins in der Diät steigt der Serotoninspiegel im Plasma signifikant an. Weiterhin wurde gefunden, daß Phenylalanin und Tryptophan in der Leber durch das gleiche Enzym hydroxyliert werden und daß bei erhöhtem Phenylalaninspiegel Phenylalanin einen Inhibitor der Tryptophanhydroxylierung darstellt, das dafür selbst (allerdings zum o-Hydroxyphenylalanin) hydroxyliert wird.

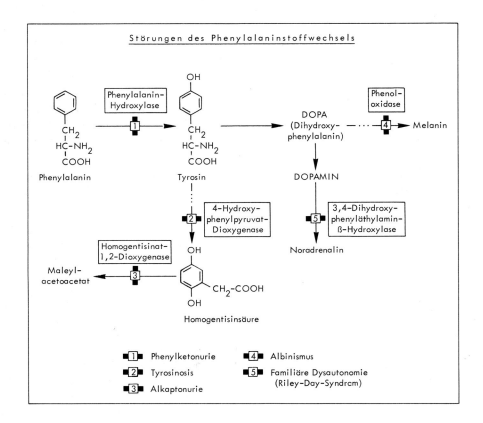

Da Entwicklungsstörungen und Schwachsinn ausbleiben, wenn eine rigorose Beschränkung des Phenylalanins in der Nahrung (bis zum 10. Lebensjahr bzw. bis zum Abschluß der cerebralen Entwicklung) durchgeführt wird, ist die Frühdiagnose der Phenylketonurie entscheidend. Beim Neugeborenen kommt es zu einem Anstieg der Phenylalaninkonzentration im Blut, allerdings erst nach Nahrungsaufnahme (Proteinbelastung), so daß die (als kostenfreie Reihenuntersuchung durchgeführte) mikrobiologische quantitative Bestimmung des Phenylalaningehalts im

Blut (Guthrie-Test) erst vom 4.–6. Lebenstag an sichere Hinweise auf das Vorliegen einer Erkrankung gibt.

Sonderformen der Phenylketonurie und Hyperphenylalaninämie können u. a. dadurch bedingt sein, daß die Phenylalanin-Hydroxylase eine verringerte Affinität zum Cofaktor (Tetrahydrobiopterin) besitzt (**Hyperphenylalaninämie** ohne Phenylketonurie). Auch eine verzögerte Reifung der Phenylalanin-Hydroxylase kann vorliegen. Sie verschwindet nach der Geburt ohne Behandlung im Säuglings- oder Kindesalter. Eine **maternale Phenylketonurie** kann bei heterozygoten Neugeborenen phenylketonurischer Mütter auftreten, da das materne Phenylalanin aktiv über die Plazenta in den foetalen Kreislauf eingeschleust wird.

Alkaptonurie. Ist der Abbau des Tyrosins wegen Fehlens der Homogentisinsäure-Dioxygenase auf der Stufe der Homogentisinsäure blockiert, so kann diese nicht weiter zum Maleylacetoacetat abgebaut werden, sondern wird im Urin ausgeschieden. An der Luft wandelt sie sich spontan in ein dunkelgefärbtes Oxidationsprodukt (Alkapton) um, das auch im Organismus selbst gebildet und vorzugsweise im Knorpelgewebe (S. 362) abgelagert wird, das dadurch eine dunkle Farbe erhält (Ochronosis). Homogentisinsäure reduziert Silber- und Kupfersalzlösungen, gibt also positive Reduktionsproben.

Da die Homogentisinsäure-Dioxygenase ein Vitamin C-abhängiges Enzym ist, wird die Alkaptonurie auch bei Skorbut beobachtet, verschwindet jedoch im Gegensatz zu der genetischen Form nach Ascorbinsäuregaben wieder.

Albinismus. Beim Albinismus, einer angeborenen Stoffwechselstörung, bleibt die Melaninbiosynthese wegen Fehlens der Phenoloxidase in den Melanozyten aus. Dieser Stoffwechseldefekt kann generalisiert oder lokalisiert auftreten.

Tyrosinosis. Die seltene Tyrosinosis ist durch eine Ausscheidung von p-Hydroxyphenylpyruvat charakterisiert, das auf Grund eines Enzymdefektes nicht in Homogentisinsäure umgewandelt werden kann.

Störungen des Leucin-, Isoleucin- und Valinstoffwechsels. Die *Ketoacidurie* (Ahornsirupkrankheit) ist eine vererbbare Stoffwechselstörung (Häufigkeit $1 : 4-6 \times 10^4$) der verzweigtkettigen Aminosäuren **Leucin, Isoleucin** und **Valin**. Nach der Desaminierung bleibt der Abbau – aufgrund eines Decarboxylasedefektes – auf der Stufe der α-Ketosäuren bzw. α-Hydroxysäuren stehen, die im Harn ausgeschieden werden. Durch den Abbaublock kommt es ferner zu einer etwa 10fachen Erhöhung des Plasmaspiegels von Leucin, Isoleucin und Valin, die ebenfalls ausgeschieden werden, und deren Zersetzungsprodukte dem Harn einen eigentümlichen charakteristischen Malzgeruch (Ahornsirup) verleihen. Die Krankheit ist von schweren, vor allen Dingen das Zentralnervensystem betreffenden Entwicklungsstörungen (pathologisches Encephalogramm, klonische Krämpfe, Atemnot, Cyanosis) begleitet, die im Kindesalter zum Tode führen, wenn nicht eine diätetische Beschränkung der Zufuhr von Leucin, Isoleucin und Valin erfolgt.

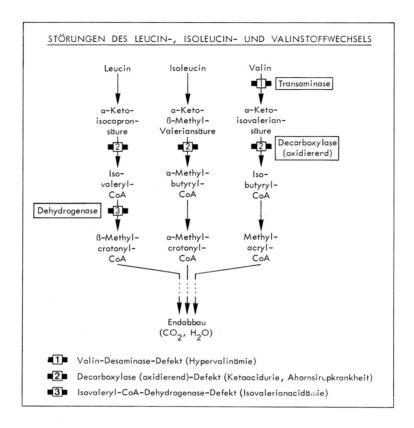

Von der Ahornsirup-Krankheit sind Varianten bekannt, bei denen eine 5–10 proz. Restaktivität der Decarboxylase vorhanden ist und akute Stoffwechselentgleisungen, die von komatösen Zuständen begleitet sein können, nur bei übermäßiger Proteinzufuhr oder erhöhtem Proteinumsatz (fieberhafte Infekte, Gravidität) eintreten.

Hypervalinämie und Isovalerianacidämie sind seltenere Störungen des Valin- bzw. Leucinabbaus (Schema).

Störungen des Cysteinstoffwechsels. *Homocystinurie.* Fehlen oder verminderte Aktivität der Cystathionin-Synthetase hat zur Folge, daß das aus dem Methionin stammende und für die Cysteinbiosynthese bereitgestellte Homocystein nicht oder in nicht ausreichender Menge umgesetzt werden kann, in erhöhter Konzentration im Blutplasma erscheint und als Homocystin mit dem Urin ausgeschieden wird (0,37 mmol/d, 0,1 g/24 h).

Diese rezessiv vererbbare Erkrankung ist durch verzögerte geistige Entwicklung, beidseitige Linsenektopie (Synthesestörung des Zonulafaserproteins?) und dünne Haare gekennzeichnet. Exogenes Cystein, das therapeutisch zur Depression der endogenen Cysteinbiosynthese gegeben wird (bei gleichzeitig methioninarmer Diät!), wird glatt metabolisiert. Die Cystathionin-Synthetaseaktivität ist auch bei den Defektgenträgern herabgesetzt (40% der Normalaktivität), die nicht manifest erkrankt sind.

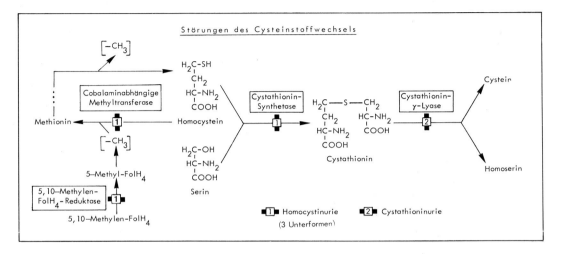

Die chronische metabolisch-toxische Schädigung des Gefäßwandendothels begünstigt die Adhaesion von Thrombozyten an die subendotheliale Basalmembran (Kollagen-Typ IV und V), die Aggregation von Thrombozyten und die Freisetzung eines Proliferations-anregenden Faktors, der eine Teilung der glatten Muskelzellen der Gefäßwand auslöst und damit die Entwicklung einer Arteriosklerose (S. 363) begünstigt. Thromboembolien und Arteriosklerose sind die häufigste Todesursache bei Homocystinurie.

Bei einem Teil der Homocystinuriefälle lassen sich Besserung bzw. Heilung durch hohe Pyridoxin (Vitamin B_6)-Gaben (1–2 g/24 h) erzielen, so daß als Ursache eine herabgesetzte Affinität des Pyridoxalphosphats zur Cystathionin-Synthetase angenommen wurde (Tabelle S. 12).

Ein erhöhter Homocysteinspiegel kann (in seltenen Fällen) jedoch auch durch eine defekte Remethylierung des Homocysteins zum Methionin bedingt sein. Als Ursache wurden zu geringe oder nicht nachweisbare Aktivitäten der cobalaminabhängigen Methyltransferase oder der 5,10-Methylentetrahydrofolsäure-Reduktase festgestellt.
Von der Cystathioninurie (Schema, Tabelle) sind nur wenige Fälle bekannt.

Störungen des Glycinabbaus. Für den Abbau des Glycins existieren alternative Stoffwechselwege: Desaminierung durch die Glycin-Oxidase führt zur Glyoxylsäure, die entweder in einer Kondensationsreaktion mit α-Ketoglutarat zu 2-Hydroxy-3-ketoadipinsäure reagiert oder in Glykolsäure umgewandelt wird. Ein Defekt der beteiligten Enzyme und Blockierung dieser Abbauwege führt zur exzessiven Steigerung der Oxalatsynthese, die physiologischerweise für den Glycinabbau nur geringe Bedeutung besitzt. Die resultierenden Erkrankungen sind die primäre *Hyperoxalurie* (Oxalosis Typ 1) und die Oxalosis Typ 2 (Schema). In einer pyridoxalphosphatabhängigen Transaminasereaktion kann Glyoxylsäure mit Glutamat eine Rückreaktion zu Glycin und α-Ketoglutarat eingehen (Kap. Niere, S. 313).

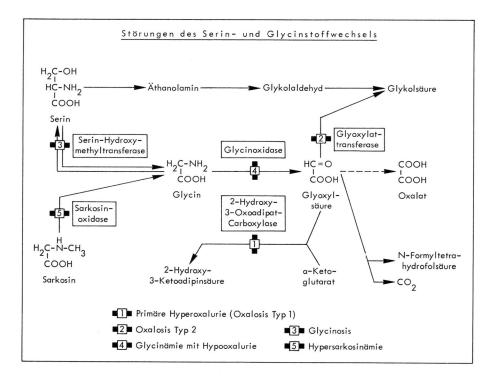

Bei diesen Stoffwechselstörungen werden unabhängig von der Zufuhr mit Nahrungsoxalat große Mengen von Oxalsäure mit dem Harn ausgeschieden. Die Folge ist eine Ablagerung von Calciumoxalat im Nierenparenchym und in den ableitenden Harnwegen (Steinbildung). Infolge der Konkrementbildung kommt es meist noch im Kindesalter zum Tod durch Nierenversagen oder Bluthochdruck (s. Kap. Niere, S. 303).

Ist dagegen der direkte Abbau des Glycins durch Enzymdefekte blockiert, resultiert eine Glycinämie mit Hypooxalurie bzw. Glycinosis (Schema und Tabelle, S. 60), die bei schwerer Entwicklungsstörung des Zentralnervensystems zum Tod in den ersten Lebensjahren führen.

Enzymdefekte des Harnstoffzyklus. Bei einigen Erbkrankheiten liegen Enzymdefekte des Harnstoffzyklus vor. In den meisten Fällen ist die katalytische Funktion der betreffenden Enzyme nicht vollständig, sondern nur partiell gestört, jedoch weist die Michaelis-Konstante der vermutlich durch Mutation veränderten Enzyme (Enzymvarianten, S. 11) 10–20fach höhere Werte auf. Dies bedeutet eine verminderte Affinität der entsprechenden Substrate zum Enzym und die Notwendigkeit höherer Substratkonzentrationen für einen normalen Umsatz. Daraus erklärt sich auch, warum die Harnstoffbildung und Ausscheidung bei allen diesen Störungen normal ist, jedoch ein Teil der Zwischenprodukte des Harnstoffzyklus und in allen Fällen auch Ammoniak sich im Blut anreichern. Die Erhöhung des Ammoniakspiegels, die charakteristischerweise nach exzessiver exogener Proteinzufuhr eintritt („Proteinintoleranz"), kann bis zur Ammoniakvergiftung führen (5,9 mmol/l, 10 mg/100 ml). Regelmäßiges klinisches Kennzeichen dieser rezessiv vererbbaren Enzymdefekte ist Schwachsinn. Sie werden mit proteinarmer Diät behandelt.

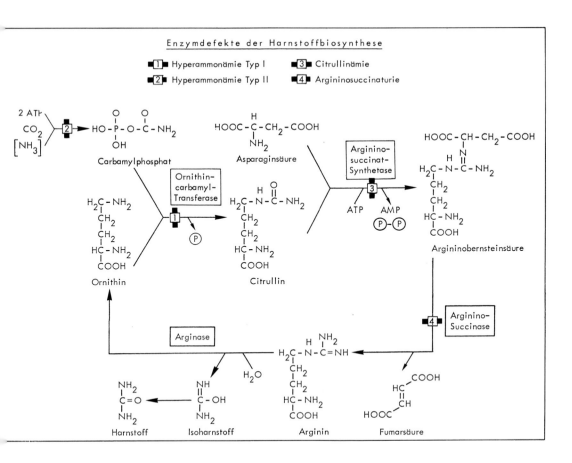

Aminosäuretransportdefekte. Die Resorption der L-Aminosäuren aus dem Darm und ihre Rückresorption durch das Tubulussystem der Niere (nach Ultrafiltration) erfolgt über Aminosäuretransportsysteme, die sich nach ihrer Spezifität für verschiedene Aminosäuregruppen klassifizieren lassen (Tab.).

Bei genetisch bedingten Ausfallserscheinungen des Aminosäuretransportsystems, die auf Niere und Darm beschränkt sein können, häufig aber beide Organe betreffen, treten meist schwere Krankheitserscheinungen auf, die durch Aminosäuremangelerscheinungen, Retardierung des Wachstums und der geistigen Entwicklung, ferner durch Ausscheidung größerer Mengen von Aminosäuren im Harn (Aminoacidurie) bzw. das Auftreten bakterieller Abbauprodukte der betreffenden Aminosäuren durch die Mikroorganismen des Darms gekennzeichnet sind.

Transportsystem für Oligopeptide. Im Intestinaltrakt existiert neben den Aminosäuretransportsystemen auch ein carriervermitteltes Transportsystem für Tri- und Dipeptide, das eine Sättigungskinetik aufweist und durch Tetra- (bzw. Oligopeptide), nicht jedoch durch Aminosäuren, kompetitiv gehemmt wird. Die Bedeutung des Peptidtransportsystems zeigt sich in der etwa normalen Resorption von Peptiden bei Patienten mit Hartnupscher Erkrankung oder Cystinurie. Auch beim Malabsorptionssyndrom (z. B. Zöliakie, S. 290) scheint die Peptidresorption weniger beeinträchtigt zu sein als die der Aminosäuren.

Aminosäuretransportdefekte

Aminosäure-Transportsystem	Transportdefekte		
	Name	Betroffene Organe	Symptome
Neutrale Aminosäuren			
I Ala, Ser, Tyr, Phe, (Trp), Asn, Gln, Leu, Val, Ile	Hartnup-Syndrom	Niere, Darm	Geistige Unterentwicklung, cerebellare Ataxie, Nicotinsäuremangel (Pellagra) als Folge unzureichender Tryptophanversorgung, Ausscheidung bakterieller Abbauprodukte des Tryptophans in Harn und Faeces
II Met (Leu, Val, Ile)	Methionin-malabsorption	Darm, (Niere)	Geistige Retardierung, Neigung zu Konvulsionen, Ausscheidung eines bakteriellen Abbauproduktes des Methionins mit charakteristischem "Maische"-geruch (α-Hydroxybuttersäure) im Harn, weiße Haare
III Trp	Tryptophan-malabsorption	Darm	Lebensunfähigkeit des Neugeborenen, Nephrocalcinose, bakterieller Abbau des Tryptophans zu einem blaugefärbten Indikanderivat und dessen Ausscheidung im Harn ("blue diaper disease")
Basische Aminosäuren			
I Lys, Arg, Ornithin	Dibasicamino-acidurie	Niere	Verzögertes Wachstum, Cystinsteine in den Nieren und ableitenden Harnwegen (geringe Löslichkeit des Cystins), Ausscheidung der bakteriellen Abbauprodukte von Lysin und Ornithin (Putrescin und Cadaverin)
II Cystin	Cystinurie	Niere	
III Lys, Arg, Ornithin, Cystin	Cystin-Lysinurie	Niere, Darm	
Iminosäuren			
Gly, Pro, Hyp, (Sarkosin, Betain)	Iminoglycinurie	Niere	Nur partieller Defekt des Transportsystems, außer Aminoacidurie keine Krankheitssymptome
Saure Aminosäuren			
Glu, Asp			Nicht bekannt

IV. Kohlenhydrate

1. Stoffwechsel und Kohlenhydrate

Funktion der Kohlenhydrate. Kohlenhydrate sind essentielle Bausteine aller Zellen und Gewebe und bilden einen wesentlichen Bestandteil (60—90%) der menschlichen Nahrung.

Im Stoffwechsel der Kohlenhydrate des Menschen nimmt die Glucose eine Schlüsselposition ein. Sie ist nicht nur ein leicht angreifbares und bevorzugtes Substrat des Stoffwechsels, dessen Abbau gewöhnlich einen wesentlichen Teil der nutzbaren Energie liefert, sondern sie erfüllt weitere wichtige Funktionen: Die Abbau- und Umwandlungsprodukte der Glucose können für die Synthese weiterer Kohlenhydrate, Kohlenhydrat-Eiweißverbindungen (Glykoproteine), Kohlenhydrat-Lipidverbindungen (Glykolipide) herangezogen, aber auch in nicht kohlenhydrathaltige Verbindungen umgewandelt werden. Der nicht zur Energiegewinnung verbrauchte Anteil der Glucose kann in geringem Umfange als Reservepolysaccharid (Glykogen), nach Umwandlung in Lipide jedoch in größerem Ausmaß gespeichert werden.

Bei kohlenhydratfreier Ernährung wird Glucose zur Aufrechterhaltung der Versorgung glucoseabhängiger Organe aus Aminosäuren gebildet (Gluconeogenese).

Stoffwechsel der Glucose. Nach Aufnahme in die lebende Zelle wird die Glucose — von wenigen Ausnahmen abgesehen — in Glucose-6-phosphat überführt. Das Glucose-6-phosphat ist eine der Schlüsselsubstanzen im Stoffwechsel der Glucose. Hier teilen sich die Stoffwechselwege; vom Glucose-6-phosphat aus ist ein Abbau und Umbau der Glucose in der vielfältigsten Form möglich, wie die folgende schematische Übersicht zeigt.

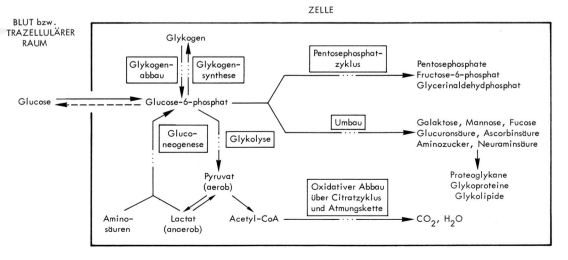

2. Abbau- und Resorptionsstörungen

Ein großer Teil der Kohlenhydrate der Nahrung wird in Form von Stärke (Glykogen) aufgenommen, doch tragen — je nach Alter und Ernährungsgewohnheit — auch Saccharose (Rohrzucker), Lactose (Milchzucker), Fructose (Fruchtzucker) und Glucose (Traubenzucker) zur Kohlenhydratversorgung bei.

Die Kohlenhydrate der Nahrung unterliegen — sofern sie nicht als Monosaccharide zugeführt werden — vor ihrer Aufnahme in den Organismus einem enzymatischen Abbau im Intestinaltrakt. Beim Abbau von Stärke entstehen unter der Wirkung der α-Amylase und Oligo-1,6-α-Glucosidase zunächst Maltose und Isomaltose (sowie geringe Mengen Glucose). Maltose und Isomaltose und andere mit der Nahrung aufgenommene Disaccharide (Lactose, Saccharose) werden durch Glykosidasen (Disaccharidasen) gespalten, die fest mit dem Bürstensaum der Mucosazellen des Dünndarms verankert sind, so daß enzymatische Spaltung und die Resorption der entstehenden Monosaccharide gleichzeitig erfolgen.

Relative Aktivität (%) der Disaccharidasen des Darmepithels

Enzym	%
Maltase (5 multiple Formen)	100
Saccharase	30
Isomaltase	30
β-Galaktosidase (Lactase)	20
Cellobiase	2

Die Resorption von Monosacchariden erfolgt über spezifische, z. T. energieabhängige Transportsysteme. Sie vollzieht sich in unterschiedlicher Geschwindigkeit, die sich durch folgende Verhältniszahlen ausdrücken läßt:

Galaktose 110, Glucose 100, Fructose 43, Mannose 19, Xylose 15, Arabinose 9.

Abbau bzw. Umbau der Nahrungsglucose erfolgt nach Überführung in Glucose-6-phosphat. Für Galaktose und Fructose existieren spezielle Stoffwechselwege.

Eine Übersicht über die Störungen des Kohlenhydratstoffwechsels, die ihre Ursache in fehlendem bzw. unvollständigem intestinalen oder zellulärem enzymatischen Abbau oder ausbleibender Resorption infolge eines Transportdefekts haben, gibt das Stoffwechselschema mit folgender Klassifizierung

- Maldigestion (Enzymdefekt)
- Malabsorption (Transportdefekt)
- Zelluläre Abbaustörungen

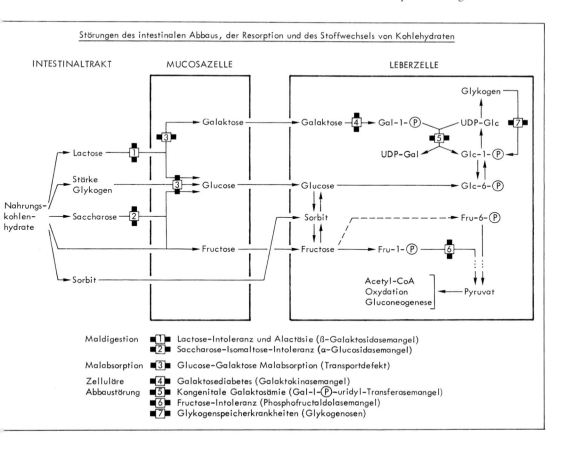

Enzymdefekte sind für Lactase, Saccharase und Isomaltase beschrieben. Die Disaccharide werden nicht zu den Monosacchariden abgebaut und folglich auch nur in geringem Umfang resorbiert. Diese Störungen werden daher auch fälschlicherweise als „Malabsorption" bezeichnet. Die Diagnose wird gesichert durch Blutzuckerbestimmung nach oraler Belastung mit den entsprechenden Substraten (Disacchariden). Bei Enzymdefekten bleibt ein physiologischerweise nach Disaccharidbelastung beobachteter Blutzuckeranstieg aus, tritt dagegen bei Verabreichung der Spaltprodukte (Monosaccharide) ein.

Lactoseintoleranz (Lactose-Malabsorption). Ein Mangel an β-Galaktosidase („Lactase") wird als Lactoseintoleranz bezeichnet. Sie ist die häufigste Form des Disaccharidasemangels und kann angeboren sein (kompletter Galaktosidasemangel) oder nach der Stillzeit (erworbene Form) auftreten. Bei der Lactoseintoleranz wird die Nahrungslactose (βGal(1–4)Glc) nicht hydrolysiert, sondern z.T. resorbiert (Lactosämie) und mit dem Harn ausgeschieden (Lactosurie). Zum größten Teil bleibt die Lactose jedoch unresorbiert (Lactose-Malabsorption) und wird durch die intestinalen Bakterien vergärt. Die Folge sind Diarrhoen (Abb. S. 290). Gleichzeitig scheint jedoch eine Rückresorptionsstörung für Aminosäuren im Nierentubulussystem vorzuliegen, die zur Aminoacidurie führt. Die diagnostische Klärung erfolgt durch den Lactosetoleranztest (Kap. Gastrointestinaltrakt, S. 290).

Die angeborene Lactoseintoleranz ist vor allem für ostasiatische Volksstämme (z. B. Thailand) charakteristisch, bei denen Milch (40 g Lactose/l) als Abführmittel verwendet wird.

Saccharose-Isomaltose-Intoleranz (Saccharose-Maltose-Malabsorption). Bei der Saccharose-Isomaltose-Intoleranz fehlen die multiplen Maltaseformen 3, 4 und 5 (die Saccharase- bzw. Isomaltaseaktivität haben), so daß Saccharose und Isomaltose bzw. α-1,6-Oligosaccharide nicht hydrolysiert und verwertet werden. Kennzeichnend ist das Auftreten einer Diarrhoe nach Saccharose-Einnahme, die durch Produkte der bakteriellen Vergärung der nicht-resorbierten Saccharose zustande kommt. Beim bakteriellen Abbau der Saccharose entsteht auch Wasserstoff, der nach Resorption durch die Lunge ausgeatmet wird und eine nicht-invasive Diagnostik (Wasserstoff-Bestimmung) in der Atemluft nach Saccharose-Belastung ermöglicht.

Bei Stärkezufuhr sind die Erscheinungen nur gering ausgeprägt oder fehlen, da die Zahl der α-1,6-glykosidischen Bindung im Stärkemolekül (die beim Abbau Isomaltose geben) begrenzt ist. Da bei fehlendem Abbau zu den Monosacchariden auch keine Resorption stattfindet, wird dieser Enzymdefekt auch als Saccharose-Isomaltose-Malabsorption bezeichnet. Die Krankheitssymptome lassen sich durch Einhalten einer saccharosefreien Diät verhindern.

Glucose-Galaktose-Malabsorption. Ein kombinierter Defekt der für Glucose und Galaktose spezifischen aktiven Transportprozesse hat eine Störung in der Aufnahme von Glucose und Galaktose durch die Mucosazellen zur Folge, führt jedoch nicht zu vollständiger Hemmung der Glucose- und Galaktosepassage, da ein passiver Transport (Diffusion) noch möglich ist. Die Glucose-Galaktose-Malabsorption ist meist mit entsprechenden Störungen der tubulären Rückresorption in der Niere (renaler Diabetes) gekoppelt.

Die nicht resorbierten Monosaccharide werden durch intestinale Mikroorganismen utilisiert, so daß bei Verabreichung von Glucose und Galaktose (oder glucosehaltigen Polysacchariden) Diarrhoen auftreten. Bei oraler Belastung mit Glucose steigt der Blutzuckerspiegel nicht oder nur verzögert an. Die diätetische Behandlung (Stärke-, Glykogen-, Glucose- bzw. Lactose-freie Nahrung) ist wegen der ubiquitären Verbreitung glucosehaltiger Kohlenhydrate erschwert.

3. Zelluläre Stoffwechseldefekte

Galaktoseintoleranz. Als Galaktoseintoleranz bezeichnet man erbliche Stoffwechselstörungen, bei denen aufgrund eines Enzymdefekts eine Galaktoseverwertung nicht möglich ist. Die zwei bisher bekannten Defekte betreffen die Galaktose-1-phosphat-Uridyltransferase (kongenitale Galaktosämie) und die Galaktokinase (Galaktosediabetes).

Kongenitale Galaktosämie. Die kongenitale Galaktosämie ist eine angeborene Stoffwechselstörung, die sich (unbehandelt) in Dystrophie, Ikterus, Hepato-Splenomegalie mit Entwicklung einer Zirrhose (Kap. Leber, S. 268), Katarakt (Linsentrübung) und Intelligenzstörungen äußert. Ursache dieser kongenitalen Erkrankung ist das Fehlen der Galaktose-1-phosphat-Uridyltransferase, welche die Reaktion Gal-1-Ⓟ + UDP-Glc → UDP-Gal + Glc-1-Ⓟ katalysiert. Dies bedingt, daß exogene Galaktose nicht verwertet werden kann. Freie Galaktose, Galaktose-1-phosphat und z. T. auch Dulcit (Galaktit) reichern sich in Blut, Erythrozyten und Gewebe an und sind Ursache der Stoffwechselstörung und Organveränderungen. Die osmotische Schädigung durch Dulcit, das nicht verstoffwechselt wird, aber die

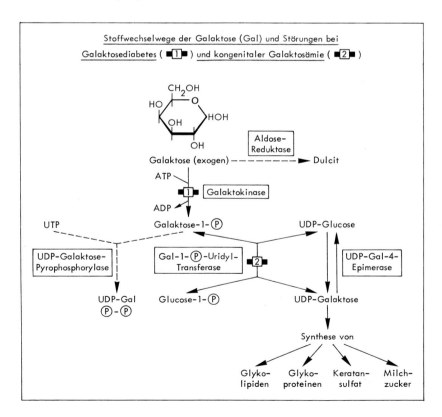

Zellen auch nicht wieder verlassen kann, spielt dabei eine wichtige Rolle. Dieser atypische Metabolit scheint die (oder eine der) Ursache(n) der Linsentrübung zu sein und − über eine kompetitive Hemmung des Inositstoffwechsels im Gehirn (Inositphosphatsynthese!) − an der Entwicklung des Intelligenzdefekts mitbeteiligt zu sein.

Die endogene Galaktosesynthese (UDP-Glc → UDP-Gal) ist nicht gestört. Bei galaktosefreier Ernährung ist die körperliche und geistige Entwicklung normal. Der Enzymmangel läßt sich durch Bestimmung der Gal-1-Ⓟ-Uridyltransferaseaktivität in Erythrozyten diagnostizieren.

Ein alternativer Stoffwechselweg für die Bildung von UDP-Galaktose besteht in der Reaktion UTP + Galaktose-1-phosphat → UDP-Galaktose + Pyrophosphat. Diese Reaktion wird durch die Uridin-diphosphatgalaktose-Pyrophosphorylase katalysiert, die in der foetalen und kindlichen Leber nur in sehr geringer Aktivität vorhanden ist, mit steigendem Lebensalter jedoch an Aktivität zunimmt, so daß die von Galaktosämie betroffenen Kinder später die Fähigkeit zum Umsatz von Nahrungsgalaktose gewinnen.

Bei der „Duarte-Variante" liegt lediglich eine Aktivitätsminderung des Enzyms − vermutlich auf der Basis einer veränderten Aminosäuresequenz − vor. Bei Homozygoten beträgt die Enzymaktivität 50%, bei Heterozygoten 70% der Norm.

Galaktosediabetes. Beim Galaktosediabetes liegt ein Mangel an Galaktokinase vor, so daß sich Nahrungsgalaktose im Blut anstaut und Symptome der kongenitalen Galaktosämie auftreten. Ein kleiner Teil der Galaktose kann zu Galaktonsäure oxidiert und schließlich zu D-Xylulose-5-phosphat abgebaut werden. Auch eine Reduktion der C-1-Aldehydgruppe der Galaktose kann in begrenztem Umfange erfolgen, so daß Dulcit entsteht. Die infolge Dulcitanreicherung sich entwickelnden Symptome ähneln denen der Galaktosämie (s. o.).

Fructoseintoleranz. Bei der angeborenen (autosomal rezessiv vererbbaren) Fructoseintoleranz ist eine Verwertung von Nahrungsfructose wegen des Fehlens der Leber-Phosphofructaldolase gestört, so daß sich bei Zufuhr von Nahrungsfructose Fructose und Fructose-1-phosphat in der Leber anreichern. Da das Fructose-1-phosphat die Leber-Phosphorylase, die Fructose-Bisphosphataldolase und die Fructose-1,6-bisphosphat-Phosphatase hemmt, kommt es zu einer Störung des Glykogenabbaus, der Glykolyse und der Gluconeogenese sowie zu einer durch Fructosebelastung auslösbaren charakteristischen Senkung des Blutzuckerspiegels, die bis zum hypoglykämischen Schock führen kann. Bei Kleinkindern sinkt der Blutzuckerspiegel auf Werte unter 0,55 mmol/l (10 mg/100 ml), bei Erwachsenen ist die Hypoglykämie (z. B. nach obsthaltigen Mahlzeiten) weniger stark ausgeprägt. Unbehandelt (ohne Saccharose-, Sorbit- und Fructose-freie Ernährung) führt die Erkrankung zu Dystrophie, Hirn- und Leberschäden.

Essentielle Fructosurie. Bei einem genetischen Defekt der Leberfructokinase ist eine Verwertung von Nahrungsfructose (in Saccharose bzw. Früchten enthalten) nur begrenzt möglich, so daß die resorbierte Fructose zu 10−40% mit dem Harn ausgeschieden wird. Im Gegensatz zur Fructoseintoleranz verursacht die essentielle („benigne") Fructosurie keine Stoffwechselschäden und bedarf auch keiner Therapie.

Glykogenspeicherkrankheiten. Unter dieser Bezeichnung werden verschiedene vererbbare Krankheiten zusammengefaßt, die durch eine abnorm hohe Speicherung von Glykogen in der Leber, Muskulatur, in den Nierentubuluszellen u. a.

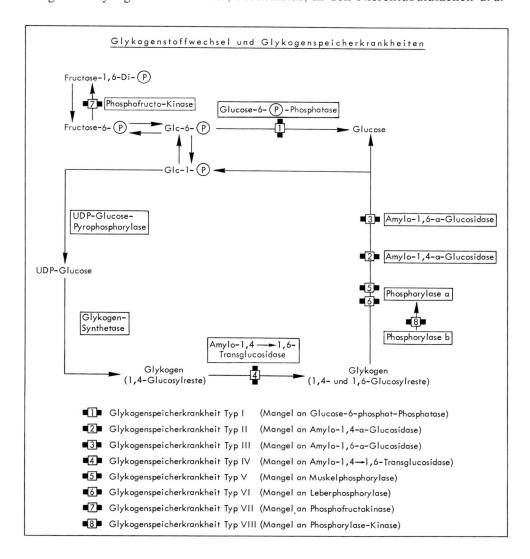

Organen charakterisiert sind. Die bisher bekannten, in der nachstehenden Abbildung aufgeführten Typen haben ihre Ursache im Fehlen eines Enzyms des Glykogenstoffwechsels.

Die Diagnose der Glykogenspeicherkrankheiten wird durch histologischen Nachweis der exzessiven Glykogenspeicherung und durch den histochemischen Nachweis des Enzymdefektes im Biopsiematerial (Leber, Muskulatur oder Leukozyten bei Typ II und IV) gestellt. Eine diagnostische Differenzierung ist auch durch den Adrenalin- bzw. Glukagon-Belastungstest möglich. Er basiert auf der Tatsache, daß intravenöse Adrenalininjektion über eine Aktivierung der Leber- und Muskel-Phosphorylase zur Hyperglykämie und Lactatämie führt. Der adrenalininduzierte Anstieg des Blutzuckers und des Lactats bleibt aus, wenn der Abbau von Leber- **und** Muskelglykogen gestört ist. Bei den muskulären Formen, bei denen lediglich die periphere Glykogenmobilisierung nicht möglich ist, wird nur der Anstieg des Blutlactats vermißt.

Symptome und Diagnostik bei Glykogenspeicherkrankheiten

Typ	Vererbungs-modus	Betroffene Organe	Symptome	Glukagon- bzw. Adrenalin-test*	Fasten-hypo-glykämie
Typ I (v. Gierke)	rezessiv	Leber, Niere, Dünndarm	Hepatomegalie, Hyperlipämie, Ketoacidose, Lactatacidose	+	+
Typ II (Pompe)	rezessiv	Skelettmuskulatur, Leber, ZNS, Leukozyten	Kardiomegalie, Muskelschwäche	−	−
Typ III (Cori)	rezessiv	Skelettmuskulatur, Leber, Leukozyten	(Hepatomegalie)	(+)	(+)
Typ IV (Andersen)	?	Skelettmuskulatur, Leber	Hepatomegalie, progrediente Leberzirrhose	(+)	−
Typ V (McArdle)	X-gebunden (?)	Skelettmuskulatur	Muskelkrämpfe bei Belastung	−	−
Typ VI (Hers)	?	Leber, Leukozyten	(Hepatomegalie), mäßige Hyperlipämie, mäßige Keto- und Lactatacidose	(+)	−

* Ein positiver Test bedeutet Ausbleiben der Glukagon- bzw. Adrenalin-induzierten Hyperglykämie

Die Glykogenspeicherkrankheiten führen zur Vergößerung und Funktionsstörung der betroffenen Organe und Gewebe (intestinale Hämorrhagie, Leberzirrhose, Herzversagen, Nierenschäden, Schwäche der Atemmuskulatur). Je nach Organbefall und Schwere der Symptome haben die Glykogenspeicherkrankheiten eine relativ günstige Prognose (Typ I, III, V, VI) oder führen zum Tod (Typ II, IV) in den ersten Lebensjahren.

Hyperlactatämie und Lactatacidose (Lactacidose). Eine vermehrte Produktion von Lactat mit Anstieg des Blutlactatspiegels (z. B. bei körperlicher Belastung, vermehrter Katecholaminausschüttung oder Kohlenhydratinfusionen) wird als **Hyperlactatämie** bezeichnet, wenn der Lactat/Pyruvat-Quotient normal ist und der pH-Wert des Blutes im Normbereich liegt. Ist bei erhöhtem Blutlactatspiegel (> 5 mmol/l) der Lactat/Pyruvat-Quotient erhöht und der pH-Wert des Blutes erniedrigt, liegt eine **Lactatacidose** vor.

Chronische kongenitale Lactatacidose. Eine reduzierte Verwertung des (vorzugsweise aus dem Muskelstoffwechsel stammenden) Lactats durch die Leber (Corizyklus) führt zum Anstieg der Blutlactatkonzentration (Lactatacidose, die allerdings — wegen des konstanten Lactat/Pyruvat-Quotienten im Blut (10−20) — stets von einer entsprechenden Erhöhung der Blutpyruvatkonzentration begleitet ist.

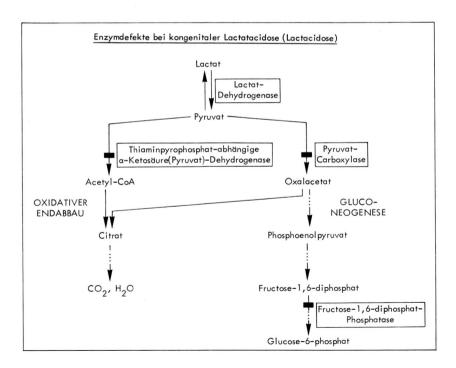

Die kongenitale Lactatacidose ist kein einheitliches Krankheitsbild, sondern kann verschiedene Ursachen haben:

- Eine Aktivitätseinschränkung der Thiaminpyrophosphat-abhängigen Pyruvat-Dehydrogenase (α-Ketosäure-Dehydrogenase) limitiert den Abbau von Pyruvat zu Acetyl-CoA und erklärt, warum eine symptomatische α-Ketoglutaratacidose auch nach Zufuhr von Citrat oder Glutaminsäure eintritt, deren weiterer Abbau nach Umwandlung zu α-Ketoglutarat blockiert ist, und warum durch Thiamin (Vitamin B_1)-Behandlung Besserung erzielt wird.
- Bei Pyruvat-Carboxylase- oder Fructose-1,6-Diphosphatase-Mangel ist die Gluconeogenese gestört, so daß dieser Stoffwechselweg für die Verwertung von Pyruvat bzw. Lactat ausfällt.
- Auch bei Störungen des Stoffwechsels der Propionsäure, die zu Oxalacetat abgebaut wird, kann es zu schweren Lactatacidosen kommen. Die klinischen Symptome betreffen bevorzugt das Zentralnervensystem (Krämpfe, geistige Unterentwicklung, Myelinnekrose). Die schweren Fälle führen zum Tod im frühen Lebensalter.

Eine **metabolische Lactatacidose** kann u. a. bei Diabetes mellitus (S. 155), bei hypervolämischem Schock und nach Behandlung mit Biguaniden (S. 165) auftreten.

Mucopolysaccharidosen und **Mucolipidosen** s. Kap. Bindegewebe (S. 352, 354).

4. Blutzucker

Die Konzentration an freier Glucose im Blut ist eine während des ganzen Lebens konstante individuelle Größe, die — unabhängig vom Alter und Geschlecht — nach 12stdg. Fasten 3,33–5,55 mmol/l (60–100 mg/100 ml) beträgt (lediglich das Neugeborene macht mit 1,66 mmol/l (30 mg/100 ml) eine Ausnahme). Nach einer kohlenhydratreichen Mahlzeit steigt der Blutzucker auf 6,66-7,22 mmol/l (120–130 mg/100 ml), um nach 1 bis 1½ h wieder auf den Nüchternwert abzusinken. Die Glucosekonzentration unterliegt einem feineingestellten Regelmechanismus. Er besteht im Prinzip darin, daß die Leber überschüssige Nahrungsglucose aus dem Blut entfernt und als Glykogen speichert und umgekehrt bei Bedarf Glucose zur Konstanterhaltung des Blutzuckers zur Verfügung stellt.

Bilanzversuche haben ergeben, daß der Mensch etwa 300 mg Glucose/kg Körpergewicht/h verbraucht. Diese Glucose wird von der Leber geliefert und kann aus Nahrungskohlenhydraten oder dem Leberglykogen stammen, aber auch durch Gluconeogenese gebildet werden.

Ein Übertritt der Blutglucose in den Harn (Glucosurie) findet statt, wenn der venöse Blutzucker Werte von 8,33-8,88 mmol/l (150–160 mg/100 ml) (Nierenschwelle) übersteigt.

Hormonelle Regulation des Blutzuckers. An der Regulation des Blutzuckers sind zahlreiche Hormone beteiligt. Ihre antagonistische bzw. synergistische Wirkung macht das Schema deutlich:

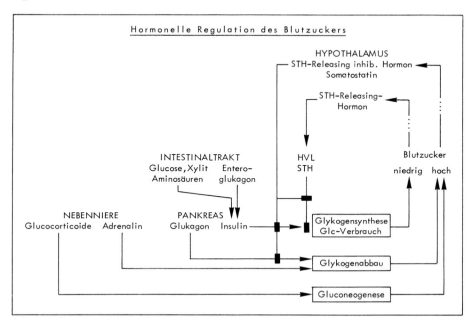

STH, STH-Releasing-Hormon, Glukagon, die Katecholamine und die Glucocorticoide wirken Blutzucker erhöhend (diabetogen), Insulin und Somatostatin (S. 151) senken den Blutzucker (antidiabetogene Wirkung). Im Kapitel Endokrinologie ist der Wirkungsmechanismus von Insulin, STH (und der übergeordneten hypothalamischen Hormone des STH, S. 187), der Katecholamine (S. 148) und der Glucocorticoide (S. 169) beschrieben.

Insulin bewirkt eine Senkung des normalen oder erhöhten Blutglucosespiegels, die bei genügend hoher Insulinproduktion und Ausschüttung (bzw. bei Zufuhr hoher Insulindosen) bis zum völligen Verschwinden der Glucose aus dem Blut gehen kann. Dabei kommt es zum **hypoglykämischen Schock.**

Ungenügende Bildung und Sekretion oder Wirkung von Insulin führt dagegen zum Anstieg des Blutzuckers (Hyperglykämie), der bei vollständigem Insulinmangel ein Vielfaches der Normwerte erreicht und mit der Ausscheidung von freier Glucose im Harn verbunden ist. Hyperglykämie und Glucosurie sind charakteristische Symptome des Diabetes mellitus.

Die Stoffwechselstörungen bei Insulinmangel sind jedoch nicht auf den Kohlenhydratstoffwechsel beschränkt, sondern betreffen auch den Stoffwechsel der Lipide und haben unmittelbare nachteilige Konsequenzen für den Wasser-, Elektrolyt- und Säure-Basenhaushalt.

5. Hypoglykämien

Eine Störung der Koordination bzw. Regulation zwischen Glucoseabgabe durch die Leber (Glykogenreservoir oder Gluconeogenese) und Glucoseaufnahme durch die verbrauchenden Organe hat eine Hypoglykämie zur Folge.

Nach dem Zeitpunkt des Auftretens unterscheidet man die **Nüchternhypoglykämie,** die im Nüchternzustand oder während körperlicher Arbeit auftritt, und die **reaktive Hypoglykämie** nach Aufnahme kohlenhydrathaltiger Nährstoffe. Die Tabelle macht Angaben zur Pathogenese der Hypoglykämien bei Insulinüberproduktion bzw. infolge extrainsulärer Faktoren. Weitere Einzelheiten s. S. 74, 76, Hormone (S. 178, 187), Tumorhypoglykämie (S. 378). Auch schwere mit Zerstörung des Parenchyms einhergehende Organschäden (nekrotisierende Hepatitis, akute Pankreatitis) können zur Hypoglykämie führen.

Eine Hypoglykämie kann sich akut entwickeln und führt dann zu einer reaktiven Adrenalinausschüttung, die an der charakteristischen Symptomatik (Zittern, Schwitzen, Herzklopfen, Nausea) erkennbar ist.

Bei langsam auftretenden Hypoglykämien fehlen Adrenalinwarnsymptome, ihre Gefahr liegt im Auftreten plötzlicher schwerer Störungen des Zentralnervensystems (Hypoglykämischer Schock).

Pathogenese der Hypoglykämien

Hypoglykämietyp	Hypoglykämie infolge	
	Insulinüberproduktion	extrainsulärer Wirkungen
Nüchtern- bzw. Arbeitshypoglykämie	1. Inselzelladenom bzw. Inselzellcarcinom 2. Funktioneller Hyperinsulinismus bei Neugeborenen diabetischer Mütter	1. Störungen von Glykogenabbau und Gluconeogenese (Glykogenspeicherkrankheiten, Fructose-1,6-bisphosphat-Phosphatasemangel, Leberschaden) 2. Endokrine Störungen (STH-Glucocorticoid-, ACTH-Mangel) 3. Tumorhypoglykämie
Reaktive Hypoglykämie (nach KH-reichen Mahlzeiten)	1. Vegetative Dystonie (überschießende Insulinsekretion) 2. Verzögerte endogene Insulinsekretion bei Diabetes mellitus 3. Leucin-induzierte Hypoglykämie	1. Enzymdefekte mit sekundärer Glykogenabbaustörung (Fructoseintoleranz, Galaktosämie, Galaktosediabetes)

6. Nichtdiabetische Glucosurien und Melliturien

Die **renale** (autosomal dominant vererbbare) **Glucosurie** ist eine angeborene Stoffwechselstörung, die durch eine mangelhafte Glucoserückresorption im proximalen Tubulus gekennzeichnet ist. Da sie ohne Symptome einhergeht, wird sie häufig nur als Zufallsbefund bei Urinuntersuchungen entdeckt. Die Tatsache, daß die im Urin ausgeschiedenen Glucosemengen zwischen wenigen Gramm bis zu 50 g/24 h variieren können, weist auf die Existenz verschiedener Formen hin. Der Blutzucker liegt bei dieser Stoffwechselanomalie im Normbereich.

Eine renale Glucosurie kann kombiniert mit einer Phosphatrückresorptionsstörung auftreten (renaler Phosphatdiabetes) und auch mit einer Rückresorptionsstörung für Aminosäuren kombiniert sein (Debré-de Toni-Fanconi-Syndrom, s. Kap. Niere S. 309). Bei diesen Stoffwechselstörungen ist nur die tubuläre Glucoserückresorption, nicht jedoch die Aufnahme der Glucose in die Mucosazelle des Darms gestört.

Eine nichtdiabetische Glucosurie entsteht nach Zufuhr des **Phlorrhizins,** eines Glykosids aus den Wurzeln von Apfel-, Pflaumen- oder Kirschbäumen. Es vergiftet das für die Rückresorption der Glucose im Nierentubulus verantwortliche Transportsystem und führt auch ohne Erhöhung des Blutzuckers zur Glucosurie („Phlorrhizindiabetes").

Eine Ausscheidung von Nichtglucose-Zuckern mit dem Urin wird als **Melliturie** bezeichnet. Sie kann auf angeborenen Stoffwechselstörungen beruhen. Dies ist bei der essentiellen Fructosurie, einer Abbaustörung der Fructose, bei der die Fructokinase fehlt, und bei der hereditären Fructoseintoleranz (S. 74) der Fall. Der blockierte Abbau der Fructose führt zu einer Rückstauung von freier Fructose im Blut und zur Ausscheidung im Urin, da die Fructoserückresorptionskapazität der Niere ohnehin sehr viel niedriger liegt als für Glucose.

Bei der **essentiellen Galaktosämie** und beim **Galaktosediabetes** (S. 73) erscheint die aufgrund der Abbaustörung akkumulierte Galaktose im Blut und wird über die Niere ausgeschieden (mehrere Gramm/24 h).

Lactose wird bei der **Lactoseintoleranz** (S. 71), jedoch auch physiologischerweise in den letzten Monaten der Gravidität und während der Lactation mit dem Harn (0,5–1,0 g/24 h) ausgeschieden.

Bei der **familiären essentiellen Pentosurie** besteht ein Enzymdefekt der L-Xylulose-Reduktase, der zu einem Block der Reaktion L-Xylulose → Xylit führt. Bei dieser ohne Symptome einhergehenden harmlosen Stoffwechselanomalie werden 1–5 g L-Xylulose/24 h ausgeschieden.

V. Lipide

1. Stoffklasse der Lipide

Funktion. Lipide sind Bestandteile jeder lebenden Zelle und integrierende Strukturelemente der Membran tierischer Zellen und ihrer subzellulären Partikel. Sie sind aufs engste mit dem Stofftransport in die Zelle und innerhalb der Zelle verknüpft. Durch ihren apolaren Charakter und ihre Unlöslichkeit in Wasser verwirklichen die Lipide das Prinzip der Substrukturierung der Zelle durch Trennung lipophiler und hydrophiler Bezirke und tragen so zur topochemischen Selektivität der Stoffwechselprozesse in der Zelle bei. In Membranen können apolare Bezirke von Proteinmolekülen mit Lipiden zu funktionellen Einheiten assoziieren.

Im Blut bilden Komplexe aus Protein und Lipiden – Lipoproteine – spezifische Transportsysteme für Lipide.

Der hohe Gehalt an Lipiden im Zentralnervensystem und im Nervengewebe weist auf besondere Funktionen hin.

Wegen ihrer Unlöslichkeit in Wasser, der dadurch bedingten osmotischen Indifferenz und der Fähigkeit zur Speicherung sehr großer Quantitäten sind die Lipide als Speicherstoffe prädestiniert und dienen als Energiereserve.

Auch Hormone, Vitamine und andere Wirkstoffe gehören der Stoffklasse der Lipide an.

Klassifizierung. Die Stoffklasse der Lipide läßt sich in folgende Untergruppen klassifizieren:

- **Neutralfette** (Triglyceride, Triacylglycerine)
- **Glycerinphosphatide** (Lecithin, Kephaline, Phosphatidylinosit, Plasmalogene)
- **Sphingolipide** (Sphingomyelin, Cerebroside, Ceramid, Ganglioside, Sulfatide)
- **Steroide** (Cholesterin, Cholesterinester und Derivate)
- **Carotinoide** (Polymere des Isoprens)

Stoffwechsel. Die Synthese der Lipide bzw. ihrer Bausteine erfolgt unter Verwendung der mit der Nahrung aufgenommenen Lipidbestandteile, kann sich aber auch – mit Ausnahme der essentiellen Fettsäuren (Linolsäure, Linolensäure) – als de novo Synthese vollziehen, wobei Acetyl-CoA und Malonyl-CoA eine Schlüsselposition einnehmen. Da der Acetyl-CoA-Pool aus dem Abbau von Fettsäuren, Glucose und ketoplastischen Aminosäuren gespeist wird, ist eine Synthese von Fettsäuren bzw. Lipiden auch aus Kohlenhydraten und Proteinen möglich.

Die Lipide des menschlichen Organismus unterliegen einem ständigen lebhaften Umsatz, an dem die Lipide aller Organe — auch die Depotlipide — teilnehmen. Unter Heranziehung tierexperimenteller Ergebnisse lassen sich für die Halbwertszeit der Fettsäuren folgende Größenordnungen angeben: Leber 4—6 Tage, Fettgewebe 15—20 Tage, Gehirn 20—30 Tage.

Der Lipidtransport innerhalb der einzelnen Organe erfolgt über die Lipoproteine (S. 85) und die freien (albumingebundenen) Fettsäuren des Blutes.

2. Lipidresorption und Resorptionsstörungen

Die mit der Nahrung aufgenommenen tierischen oder pflanzlichen Lipide werden vorwiegend im Dünndarm unter der Wirkung lipidspaltender Enzyme des Pankreassekretes (Triglyceridlipase, Phospholipase A_1, A_2, B, Cholesterinesterhydrolase, S. 292) und des Dünndarmsekrets (Phospholipase C) vollständig oder weitgehend in ihre Strukturbestandteile zerlegt. Eine Ausnahme machen die Triglyceride kurzkettiger Fettsäuren (z.B. Trioctanoin), die auch ohne vorherige Hydrolyse — und ohne Mitwirkung von Gallensäuren — rasch durch die Mucosazelle aufgenommen und dort durch mikrosomale Enzyme hydrolysiert werden können.

Resorption. Die lipidlöslichen Bestandteile der Lipide (Fettsäuren, Cholesterin, Carotinoide) werden nach Komplexbildung mit konjugierten Gallensäuren in wasserlöslicher Form (Choleinsäuren) resorbiert. Mit den Lipiden werden auch die lipidlöslichen Vitamine aufgenommen. In den Mucosazellen finden eine Resynthese der Lipide und die Bildung der Chylomikronen statt, die über das Lymphgefäßsystem abtransportiert werden.

Kurzkettige Fettsäuren (bis zu 10 C-Atomen) können nach der Resorption in freier (nicht veresterter) Form direkt über die Vena portae die Leber erreichen. Mit dem Stuhl werden physiologischerweise 1—2 g Lipide bzw. Fettsäuren/24 h ausgeschieden.

Resorptionsstörungen. Eine Störung des intestinalen Lipidstoffwechsels kann bei Fehlen oder mangelnder Aktivität der lipidspaltenden Enzyme oder bei Störungen der Resorption eintreten (Schema).

Die **Gallensäuren** bilden durch Emulgierung der Nahrungslipide, Aktivierung der Pankreaslipase und Überführung der apolaren Lipidbausteine in wasserlösliche Verbindungen die Voraussetzung für den enzymatischen Abbau und die Resorption der Lipide.

Ein Gallengangsverschluß oder eine mit dem Funktionsverlust der konjugierten Gallensäuren verbundene Abspaltung ihrer Glycin- oder Taurinreste durch pathologische Darmflora führen daher zu gestörter intestinaler Fettverdauung.

Lipide

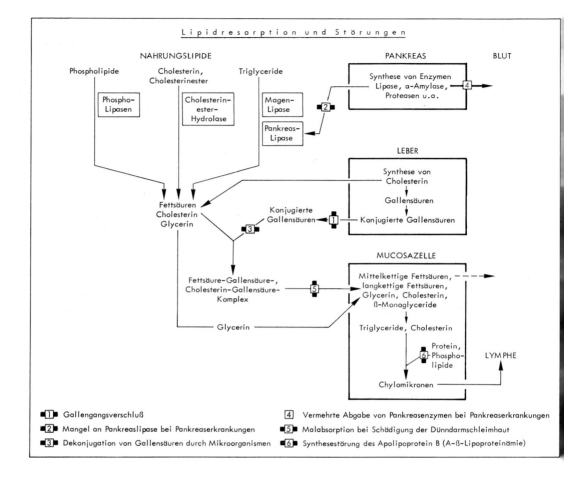

Chronische Pankreopathie führt zur Verminderung der Sekretmenge und zu herabgesetzter Lipaseaktivität des Dünndarmsekrets. Bei akuter Pankreatitits (S. 293) sind Lipase- (und α-Amylase-)aktivität des Blutplasmas erhöht.

Malabsorption. Die Malabsorption der Lipide ist durch einen (aus ungeklärten Gründen) gestörten Transport der Lipide in die Muscosazelle bedingt, kann ihre Ursache aber auch in akuten oder chronisch entzündlichen Veränderungen der Darmschleimhaut haben. Die mit der Nahrung zugeführten Lipide werden teils unverändert, teils nach enzymatischem (oder bakteriellem) Abbau als Fettsäuren bzw. als Calciumsalze der Fettsäureanionen mit dem Stuhl vermehrt ausgeschieden (6–8 g/24 h) und verursachen das Symptomenbild der **Steatorrhoe.** Die Lipidausscheidung kann weiterhin durch endogene (vorzugsweise mit dem Gallensekret ausgeschiedene) Lipide gesteigert werden.

Die Malabsorption von Lipiden führt sekundär zu Hypovitaminosen der fettlöslichen Vitamine mit entsprechenden Symptomen (erhöhte Blutungsneigung bei Vitamin K-Mangel, Nachtblindheit bei Vitamin A-Mangel, gestörte Calciumresorption bei Vitamin D-Mangel). An der Störung des Calciumstoffwechsels ist zusätzlich die Bildung der unlöslichen Calciumsalze der Fettsäuren („Kalkseifen") beteiligt. Sie bilden sich bei Ausbleiben einer Resorption der Fettsäuren und verhindern so auch eine Resorption des Calciums.

3. Lipoproteine

Lipoproteine des Blutplasmas. Blut von stoffwechselgesunden nüchternen Menschen enthält 5−8 g Lipide/l (500−800 mg Lipide/100 ml) Serum. Sie setzen sich aus Triglyceriden 0,8−2,0 mmol (0,7−1,8 g), Gesamtcholesterin 4−6 mmol (1,6−2,3 g), Phospholipiden 2−3 mmol (1,6−2,3 g) und freien Fettsäuren 0,35−1,25 mmol (0,10−0,35 g)/l zusammen. Die Normbereiche unterliegen alters- und geschlechtsabhängigen Veränderungen. Es besteht eine alternsabhängige Tendenz zur Zunahme des Serumcholesterin- und Serumtriglyceridgehalts. Die Blutlipidkonzentrationen der Männer liegen durchschnittlich höher als diejenigen der Frauen.

Im Blut sind die Lipide jedoch nicht in freier Form vorhanden, sondern werden als **Lipoproteine** transportiert. Lipoproteine sind wasserlösliche Protein-Lipid-Komplexe, in denen die Lipide von einer Proteinhülle umgeben sind. Es werden 4 Hauptlipoproteintypen unterschieden:

- Chylomikronen,
- Lipoproteine sehr geringer Dichte (VLDL, prä-β-Lipoproteine),
- Lipoproteine geringer Dichte (LDL, β-Lipoproteine) und
- Lipoproteine hoher Dichte (HDL, α-Lipoproteine), die sich in die Fraktionen HDL_2 und HDL_3 (s.u.) trennen lassen.

Die Lipoproteine sind durch Molekülgröße, Lipidzusammensetzung, Proteinanteil sowie ihr Verhalten in der Ultrazentrifuge (unterschiedliche Dichte) und ihre Wanderung im elektrischen Feld (Lipoproteinelektrophorese) charakterisiert.

Die Lipoproteine mittlerer Dichte (IDL, intermediate density), die eine Dichte zwischen 1,006 und 1,019 aufweisen, sind Abbauprodukte der VLDL bzw. Vorstufen der LDL (s.u.) und im Serum in einer Konzentration von 5−15 mg/dl nachweisbar.

Chylomikronen sind physiologischerweise nur nach lipidreichen Mahlzeiten vorhanden, die übrigen Lipoproteine sind auch im Nüchternblut nachweisbar. Ihre Zusammensetzung zeigt die nachstehende Tabelle.

86 Lipide

Lipoproteine im Blutserum*

Lipoprotein (L) (Ultrazentrifuge)	Chylomikronen (VLDL)	VLDL (Very low density)	LDL (Low density)	HDL** (High density)
Konzentration (mg/dl Serum)	15±5	80±60	340±90	300±80
Dichte (g/ml)	0,90–0,94	0,94–1,006	1,000–1,063	1,063–1,210
Größe (∅ in nm)	100–1000	30–70	15–25	7–10
Elektrophorese-Fraktion	keine Wanderung	Prä-β	β	α
Hauptapolipoproteintyp	A, B, C	B, C, E	B	A, C, E
Chemische Zusammensetzung (%) Apolipoprotein Triglyceride Cholesterin Phospholipide	1 85–90 6 4	10 50 19 18	20 10 45 23	50 1–5 18 30

 * IDL (Intermediate Density) s. Stoffwechsel der Lipoproteine
 ** HDL_2 und HDL_3 s. Tab. S. 92.

Eigenschaften und Funktion von Apolipoproteinen (Apo) (Chylom. = Chylomikronen)

Bezeichnung*	Mol. Gew. $\times 10^{-3}$	Vorkommen	Funktion
Apo-A_I Apo-A_{II}	28,5 17,5	HDL, Chylom. HDL	LCAT-Aktivierung, Lipidaufnahme ?
Apo-B	270	LDL, VLDL	Lipidresorption, Ligand für LDL (Apo B)-Rezeptor
Apo-C_I Apo-C_{II} Apo-C_{III}	7,0 8,5 8,5	Chylom., VLDL, (HDL) Chylom., VLDL, (HDL) Chylom., VLDL, (HDL)	LCAT-Aktivierung Aktivierung der Lipoproteinlipase Steuerung der Lipolyse
Apo-D	22,0	HDL_3	?
Apo-E	36,5	VLDL, Chylom., (HDL)	Regulation des Cholesterinstoffwechsels Ligand für Apo E-Rezeptor der Leber

* Weitere Apolipoproteine (F, G, A_{IV} und (a)) sind in einer Serumkonzentration von < 5 mg/dl oder in variabler Konzentration (a) vorhanden.

Die Proteinkomponenten der Lipoproteine (Apolipoproteine) lassen sich in verschiedene Typen klassifizieren, die in charakteristischer Weise am Aufbau der individuellen Lipoproteine beteiligt sind und sich durch ihre Umsatzgeschwindigkeit unterscheiden (Tabelle).

Mit Hilfe der immunologischen Differenzierung läßt sich zeigen, daß alle Apolipoproteine in jedem Lipoprotein nachweisbar, jedoch in den einzelnen Lipoproteinklassen in unterschiedlicher Menge vertreten sind.

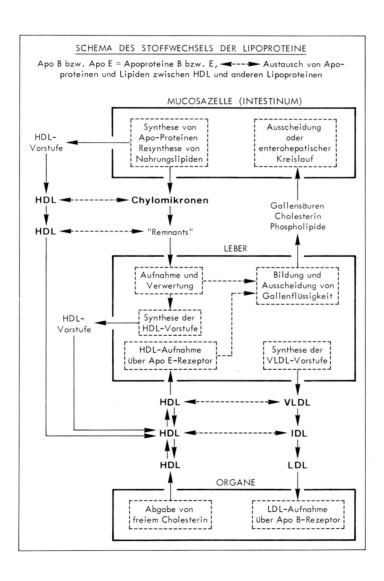

Die Apolipoproteine weisen zum Teil hydrophobe Strukturbereiche auf und besitzen dadurch eine hohe Affinität zu Lipiden. Die Apolipoproteine sind jedoch nicht nur Trägerproteine für Lipide, sondern nehmen definierte Funktionen im Stoffwechsel der Lipoproteine wahr. Die Apolipoproteine B und E verfügen außerdem über eine „Erkennungsregion" zur spezifischen Wechselwirkung mit Rezeptoren der Membran peripherer Zellen oder Leberzellen.

Stoffwechsel der Lipoproteine. Bildungsort der Lipoproteine sind die Leber (VLDL, HDL) und die Mucosazellen des Intestinaltraktes (Chylomikronen, HDL). Die Syntheseprodukte werden allerdings zunächst in Form von Lipoproteinvorstufen an das Blut (Leber) bzw. Lymphgefäßsystem (Intestinaltrakt) abgegeben. Im Blut erfolgt dann der Umbau und Abbau der Lipoproteine.

4. Stoffwechsel der Lipoproteine geringer und sehr geringer Dichte (Chylomikronen, VLDL, LDL)

Chylomikronen. Die Lipoproteinfraktion mit der geringsten Dichte und dem größten Lipidanteil sind die Chylomikronen. Sie kommen im Nüchternplasma des Stoffwechselgesunden nicht vor, sondern werden als primäre Lipidtransportpartikel in der Mucosazelle der Darmschleimhaut aus den Nahrungslipiden synthetisiert. Von dort aus gelangen sie auf dem Lymphweg (Ductus thoracicus) in das venöse Blut. Während des Transports durch Lymphe und Serum kommt es unter Wechselwirkung mit Lipoproteinen hoher Dichte (HDL) zum Austausch von Apoproteinen und zum Abbau der Lipide durch die in den Endothelzellen des Gefäßsystems lokalisierte **Lipoproteinlipase** und die an die Leberzellmembran lokalisierte **Triglyceridlipase.** Durch diesen Abbau, bei dem etwa 80% der Triglyceride und 50% der Phospholipide enzymatisch gespalten werden und die Chylomikronen verlassen, entstehen Abbauprodukte (engl. „Remnants") mit einer Halbwertszeit von nur wenigen Minuten, die von der Leber aufgenommen werden (Abb.).

VLDL- und LDL-Stoffwechsel. Die Lipoproteine sehr geringer Dichte (VLDL) werden in der Leber gebildet. Für ihre Sekretion in das Blut ist Apoprotein B essentiell, das 50% ihres Apoproteinanteils ausmacht. Auch die VLDL tauschen im Blut einen Teil ihrer Apoproteine mit den HDL (s. u.) aus und unterliegen einem ähnlichen Abbaumechanismus wie die Chylomikronen, wobei zunächst **IDL**-Partikel (Intermediate density lipoprotein, Serumkonzentration 5–15 mg/dl) und schließlich die **LDL**-Partikel entstehen, die von peripheren Organen und Geweben nach Bindung an Apoprotein B-spezifische Zellmembranrezeptoren durch Endozytose aufgenommen werden (Abb.).

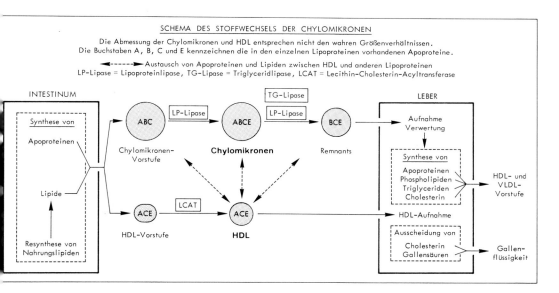

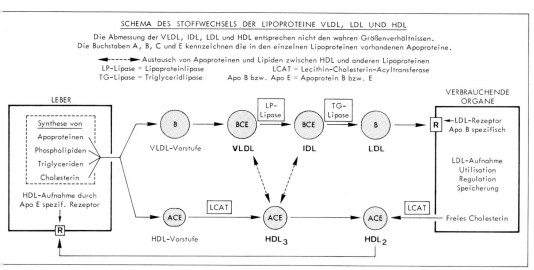

Nach Bildung eines Endozytosebläschens, das mit einem Lysosom fusioniert, beginnt der intralysosomale Abbau der Lipid- und Proteinkomponente der LDL. Die dabei freigesetzten Fettsäuren und das Cholesterin werden für die Lipidsynthese der Zelle verfügbar. Darüber hinaus entfaltet das in der Zelle freigesetzte Cholesterin folgende regulative Effekte:

- es supprimiert die HMG-CoA-Reduktase und bewirkt damit eine Reduktion der Cholesterinsynthese,

- es aktiviert die Acyl-CoA-Cholesterin-Acyl-Transferase und begünstigt damit die Veresterung des Cholesterins und seine Speicherung als Cholesterinester, und
- es entfaltet eine Feed back-Hemmung auf die Synthese der LDL-Rezeptoren selbst und limitiert dadurch die zelluläre Akkumulation von Cholesterin.

Störungen des LDL-Stoffwechsels können ihre Ursache in einem zur Hyperlipoproteinämie führenden hereditären Rezeptormangel (Hyperlipoproteinämie Typ IIa, s.u.) haben (Abb.).

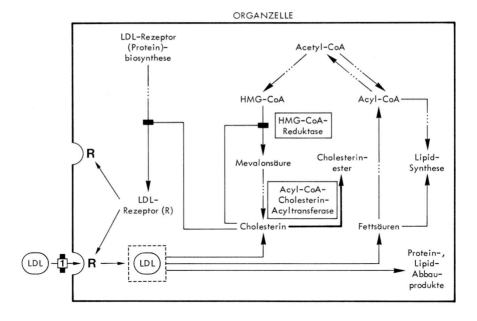

LDL-INDUZIERTE REGULATION DES CHOLESTERINSTOFFWECHSELS LDL-VERBRAUCHENDER ORGANE UND GEWEBE

■[1]■ Fehlen, herabgesetzte Aktivität oder fehlerhafte Verteilung des zellmembrangebundenen LDL-Rezeptors bei Hyperlipoproteinämie IIa (Familiäre Hypercholesterinämie)

Zwischen der Höhe des LDL-Spiegels im Serum und dem Risiko des Auftretens einer Arteriosklerose besteht eine positive Korrelation.

5. HDL-Stoffwechsel

Im Stoffwechsel der Lipoproteine nehmen die HDL eine zentrale Bedeutung ein. Sie erfüllen verschiedene Funktionen:

1. Die HDL-Vorstufe („nascent HDL") bereitet die Chylomikronen-Vorstufe und die VLDL-Vorstufe (Abb.) durch Austausch von Apolipoproteinen und Lipiden für den weiteren Abbau vor.
2. Bei Kontakt mit peripheren Organen und Geweben vermag HDL freies zellmembranassoziiertes Cholesterin zu übernehmen und mit Hilfe der Lecithin-Cholesterin-Acyl-Transferase (LCAT) in Cholesterinester zu überführen.
3. Die HDL-Partikel werden von der Leber über einen spezifischen Rezeptormechanismus an ihrer Apoprotein-E-Komponente erkannt und aufgenommen. Die im HDL enthaltenen Cholesterinester werden über die Galle ausgeschieden.
4. Wegen der regulierenden Wirkung auf den Lipoproteinstoffwechsel und der Fähigkeit zum Abtransport von freiem Cholesterin aus Organen und Geweben wird dem HDL eine arteriosklerose-protektive Wirkung zugesprochen.

Struktur. HDL-Partikel sind sphärische Micellen von ungefähr 12 nm ∅. Ihre Oberfläche besteht aus dem Apolipoproteinanteil, der zu 75% Helixstruktur mit vorwiegend polaren Gruppen aufweist. Die Ausbildung der Helixstruktur wird durch Phospholipide begünstigt, die mit ihrem Phosphatidyl-Cholinanteil in Wechselwirkung mit dem polaren Helixanteil des Apolipoproteins treten. Die ersten 3–5 C-Atome der Acylreste (Fettsäurereste) der Phospholipidmoleküle sind dagegen in die apolaren (lipophilen) Bereiche des Apolipoproteins eingebettet. Auch die Cholesterinestermoleküle korrespondieren mit den apolaren Apolipoproteinbezirken. Lipide und Protein werden durch hydrophobe Kräfte zusammengehalten. Einen Ausschnitt aus dem Protein-Phospholipid-Oberflächenmosaik der HDL gibt die Abbildung in stark schematisierter Form wieder.

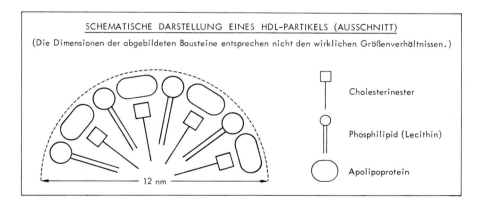

Stoffwechsel. Die von der Leber bzw. Mucosazelle des Intestinaltraktes synthetisierte HDL-Vorstufe („Nascent-HDL") besitzt primär die Form eines diskoiden Partikels. Ihr Lipidanteil besteht hauptsächlich aus Phospholipiden und freiem

Cholesterin. Im Serum nimmt das zirkulierende HDL – auch als HDL_3 bezeichnet – Phospholipide und freies Cholesterin anderer Lipoproteine auf und überführt das freie Cholesterin in Cholesterinester. Bei dieser Reaktion spielt die Lecithin-Cholesterin-Acyl-Transferase (LCAT) eine wichtige Rolle. Die LCAT überträgt C-2-Fettsäuren des Lecithins auf die C-3-Hydroxylgruppe des freien Cholesterins, das durch diesen Acyl-Transfer zum Cholesterinester umgewandelt wird. Während der Quotient von freiem zu verestertem Cholesterin für alle Lipoproteinfraktionen des Serums etwa 1:2 beträgt, liegt das Verhältnis von freiem zu verestertem Cholesterin in der HDL-Fraktion bei etwa 1:6. Durch die Aufnahme von Lipiden verringert sich die Dichte der HDL_3 und sie werden zu HDL_2.

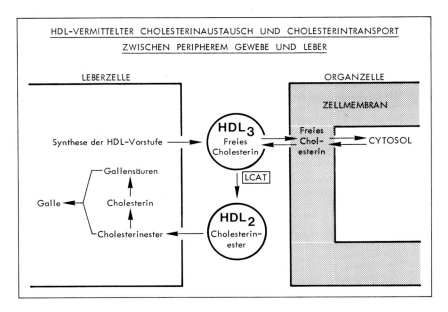

Die HDL-Unterfraktionen HDL_2 und HDL_3 unterscheiden sich durch ihre Dichte und chemische Zusammensetzung (Tab.).

HDL-Unterfraktionen im Blutserum*

HDL Fraktion	% Lipoprotein				Dichte g/ml	mg/dl Serum
	Apo-protein	Gesamt-cholest.	Phospho-lipide	Trigly-ceride		
HDL_2	41	19	35	5	1.063–1.125	50–150
HDL_3	57	16	23	4	1.125–1.210	100–200

* HDL_1 (Dichte 1.08–1.09 g/ml) entsteht vermutlich bei der Umwandlung von HDL_3 in HDL_2 als Nebenprodukt.

Bei Kontakt mit peripheren Organen und Geweben kann HDL freies Zellmembran-assoziiertes Cholesterin übernehmen, mit Hilfe der LCAT in Cholesterinester überführen und in die Leber abtransportieren. Die HDL-Partikel werden von der Leber über einen spezifischen Rezeptormechanismus an ihrer Apoprotein-E-Komponente erkannt und aufgenommen. Während der Leberpassage werden die HDL_2-Partikel durch die Leberlipase teilweise hydrolysiert und wieder in die HDL_3-Fraktion zurückverwandelt. Während dieses Prozesses wird Cholesterin von der Leberzelle aufgenommen und bevorzugt in Gallensäuren überführt bzw. als Cholesterinester über die Galle ausgeschieden. An der biliären Membran bilden sich Cholesterin-Lecithinmicellen, die an die Gallenflüssigkeit abgegeben werden. Mit der Gallenflüssigkeit gelangen pro Tag 2,0−2,6 mmol (800−1000 mg) Cholesterin in den Intestinaltrakt und werden nach Reduktion zu Koprosterin mit den Faeces ausgeschieden. Dieser Cholesterineliminationsmechanismus wird auch bei pathologischen Cholesterinablagerungen (z.B. in Arterien) wirksam. Bei auffallend langlebigen Familien ohne kardiovaskuläre Erkrankungen werden regelmäßig besonders hohe HDL-Serumspiegel gefunden.

6. Hyperlipoproteinämien (HLP)

Jede Erhöhung der Blutlipide (Serumlipide) wird mit Rücksicht auf die Tatsache, daß die Blutlipide in Form von Lipoproteinen transportiert werden, als **Hyperlipoproteinämie** bezeichnet. Die Zunahme der Serumlipidkonzentration (Hyperlipidämie) kann in einer Erhöhung des Serumcholesterins (Hypercholesterinämie) und/oder der Serumtriglyceride (Hypertriglyceridämie) bestehen. Als diagnostisches Kriterium für eine Hyperlipoproteinämie gilt sowohl die absolut erhöhte Konzentration des Cholesterins bzw. der Triglyceride des Serums als auch die der Lipoproteinklassen. Ein charakteristisches Merkmal der Hyperlipoproteinämie ist weiterhin eine Verschiebung des relativen Anteils der LDL- bzw. VLDL-Fraktion (β-LP bzw. prä-β-LP) an den Gesamtlipoproteinen.

Als **primäre Hyperlipoproteinämie** werden alle Krankheitsformen mit genetischer Ursache oder unbekanntem Auslösemechanismus zusammengefaßt. Besteht dagegen ein Causalzusammenhang mit einer Grundkrankheit, liegt eine **sekundäre Hyperlipoproteinämie** vor.

Hyperlipoproteinämien sind häufig (bei etwa 10% der erwachsenen Bevölkerung) anzutreffen. Die pathogenetische Bedeutung der Hyperlipoproteinämien liegt darin, daß eine ständige oder über längere Zeit anhaltende Erhöhung der Blutserumlipoproteine oder eine Verschiebung des Lipoproteinverteilungsmusters ein erhebliches **Arterioskleroserisiko** bedeuten kann. Die Lipoproteine dringen in die arteriellen Gefäßwände ein, akkumulieren dort und führen zu arteriosklerotischer Verengung und schließlich − oft in Verbindung mit einer Thrombusbildung − zum Verschluß des Gefäßlumens (Kap. Bindegewebe, S. 366). In der Mortalitätsstatistik nehmen die Arteriosklerose und ihre Folgeerkrankungen mit über 50% den ersten Platz ein.

Primäre Hyperlipoproteinämien. Die primären Hyperlipoproteinämien lassen sich in 5 Typen (nach Fredrickson I−V) klassifizieren (Tab.) Die genetisch bedingten HLP zeigen rezessiven (Typ I), dominanten (Typ II, IV) oder unklaren Erbgang. Die Hyperlipoproteinämien vom Typ II und IV sind besonders häufig (> 80% der primären Hyperlipoproteinämien).

Klassifikation primärer Hyperlipoproteinämien (nach Fredrickson)
TG = Triglyceride, Chol. = Gesamtcholesterin, Chylom. = Chylomikronen, N = Normbereich
↑ = erhöht, ↓ = erniedrigt

Phäno-Typ	Lipid-analyse	LP-Muster	Defekt(e)	Erbgang	Klinik	Arteriosklerose-risiko
I	TG ↑↑ Chol. ↑	LDL ↓ VLDL ↓ Chylom. ↑↑	Mangel an Lipoproteinlipase	autosomal rezessiv	Eruptive Xanthome, Hepatosplenomegalie, Lipämia retinalis, Abdominelle Koliken	gering
IIa	TG N (↑) Chol. ↑	LDL ↑ (↑↑) VLDL N (↑)	1. LDL-Rezeptormangel 2. LDL-Rezeptordefizienz 3. LDL-Rezeptor-Verteilungsfehler	autosomal dominant (genetisch inhomogen)	Tendinöse Xanthome, Tuberöse Xanthome, Cornealring	sehr hoch
IIb	TG ↑ Chol. ↑	LDL ↑ (↑↑) VLDL ↑				
III	TG ↑↑ Chol. ↑↑	LDL ↑↑	Apo-E-Variante in Kombination mit Hyperlipidämie-Gen		Tendinöse und palmare Xanthome assoziiert mit Diab. mellitus und Hyperurikämie	sehr hoch
IV	TG ↑↑ Chol. N (↑)	LDL N VLDL ↑↑	unbekannt (vermehrte VLDL-Synthese? verminderter VLDL-Abbau?)	autosomal dominant	Pathologische Glucosetoleranz, Fettsucht, Xanthome	hoch
V	TG ↑↑ Chol. ↑	LDL N (↑) VLDL ↑ Chylom. ↑	Lipoproteinlipaseaktivität häufig aber nicht immer erniedrigt	unbekannt	Xanthome, Hepatosplenomegalie, Lipämia retinalis, Abdominelle Koliken	gering

Bei der **Hyperlipoproteinämie I** (selten) liegt regelmäßig, bei der **Hyperlipoproteinämie V** (5–8% der HLP) in einigen Fällen eine Störung des Abbaus der Chylomikronen aufgrund eines Mangels an heparininduzierbarer Lipoproteinlipase (früher „Klärfaktor") vor. Da die Chylomikronen mehr als 80% Triglyceride enthalten, bleibt die nach einer lipidreichen Mahlzeit auftretende physiologische Chylomikronämie bestehen und ist Ursache für die pathologische Ablagerung von Lipiden in Leber, Milz und Xanthomen der Haut.

Bei der **Hyperlipoproteinämie vom Typ II** (Häufigkeit 20% der HLP) liegt ein Defekt bzw. eine Funktionsuntüchtigkeit des LDL-Rezeptors vor. Der Rezeptordefekt, der sich in völligem Fehlen oder einer herabgesetzten Zahl von Rezeptoren, aber auch in einer Fehlverteilung der LDL-Rezeptoren an der Zellmembran manifestieren kann, hat die Konsequenz, daß LDL von den verbrauchenden Organen nicht mehr über eine Rezeptor-vermittelte Endozytose, sondern lediglich durch unspezifische Prozesse aufgenommen werden kann. Damit entfällt in den betroffenen Zellen einerseits die Cholesterin-induzierte Rückkopplungshemmung der Cholesterinsynthese, andererseits ist auch der intrazelluläre Abbau der LDL verzögert. Die selektive Vermehrung der LDL im Serum wird jedoch nicht nur durch die Utilisations- und Abbauhemmung der LDL erklärt, sondern ist Folge einer gleichzeitig bestehenden Regulationsstörung in der Leber, in der sich der Defekt durch eine ungehemmte VLDL-Synthese und Sekretion auswirkt. Die bei Homozygoten regelmäßig nachweisbaren hohen Serumcholesterinspiegel verursachen schwerste arteriosklerotische Gefäßveränderungen, die schon in der Jugend zu tödlichen Infarkten führen können.

Bei der **Hyperlipoproteinämie III** (familiäre Dys-β-Lipoproteinämie, Häufigkeit 2–9% der HLP) wurde eine genetische Variante des Apolipoproteins E nachgewiesen, die in Verbindung mit einem noch nicht näher definierten Hyperlipidämie-Gen zu einer Hyperlipoproteinämie führt. Die Existenz der Apolipoprotein E-Variante in den VLDL-Partikeln hat einen unvollständigen Abbau der VLDL zur Folge. Im Serum akkumuliert ein partielles Abbauprodukt der VLDL – das Intermediate density lipoprotein (IDL) – dessen Dichte und elektrophoretische Wanderungsgeschwindigkeit zwischen derjenigen der VLDL- und LDL-Fraktion liegt.

Die Pathogenese der **Hyperlipoproteinämie IV** (etwa 30% der HLP) ist noch unklar. Von Bedeutung ist jedoch die häufig beobachtete herabgesetzte Glucosetoleranz (bzw. Kohlenhydratinduzierbarkeit), die in der Leber aufgrund des erhöhten Angebotes von Glucose zu einer vermehrten Umwandlung der Kohlenhydrate in Triglyceride führen könnte.

Die **familiäre kombinierte Hyperlipidämie** kann unter den Phänotypen der Hyperlipoproteinämie IIa, IIb, IV oder V auftreten. Bei dieser möglicherweise polygenetischen Erkrankung, die mit erhöhtem VLDL-Spiegel im Serum einhergeht, kommt es zu frühzeitigen und schweren arteriosklerotischen Veränderungen des Gefäßsystems.

Ein dem LDL verwandtes Cholesterin-reiches Lipoprotein – das **Lipoprotein a** – variiert in seiner Serumkonzentration in weiten Grenzen (0–100 mg/dl). Bei Serumwerten > 25 mg/dl stellt es einen zusätzlichen Risikofaktor für Arteriosklerose dar. Im Gegensatz zum LDL wird das Lipoprotein a nicht aus triglyceridreichen Vorstufen gebildet, sondern direkt in der Leber synthetisiert und an das Blut abgegeben, unterliegt aber einem ähnlichen Abbaumechanismus wie LDL.

Sekundäre Hyperlipoproteinämien. Die sekundären Formen der Hyperlipoproteinämien sind im Gegensatz zu den primären Hyperlipoproteinämien Folge einer bestimmten Grundkrankheit, die nicht selbst eine Störung des Lipidstoffwechsels darstellt. Sie haben ihre Ursache in diätetischen Faktoren, Stoffwechselstörungen oder Organerkrankungen (Tabelle). Primäre und sekundäre Hyperlipoproteinämien bieten die gleichen Erscheinungsmuster und sind durch blutchemische oder physikochemische (Ultrazentrifuge) Methoden nicht voneinander zu trennen. Die

Pathogenese und Phänotyp sekundärer Hyperlipoproteinämien

	Veränderungen der Blutplasmalipoproteine			Häufiger HLP-Typ
	Chylomikronen	LDL	VLDL	
1. Diätetische Faktoren				
Alkoholismus	↑		↑	IV (V, I)
Lipidreiche Ernährung		↑		II
Hyperkalorische kohlenhydratreiche Ernährung			↑	IV
2. Stoffwechseldefekte				
Diabetes mellitus	↑		↑	IV (V, I)
Hyperurikämie			↑	IV (IIb, V)
Glykogenspeicherkrankheiten			↑	IV
HVL-Insuffizienz			↑	IV
Hypothyreose	↑	↑	↑	IIa (IV, I)
3. Organerkrankungen				
Hepatitis		↑		
Cholestase				LP-X
Nephrotisches Syndrom		↑	↑	IV, II
Urämie			↑	IV
Pankreatitis	↑		↑	IV, V
4. Arzneimittel				
Ovulationshemmer			↑	IV
Corticosteroide		↑		II
5. Gravidität		↑	↑	IV, II

sekundären Hyperlipoproteinämien werden durch erfolgreiche Behandlung des Grundleidens geheilt.

Angaben über die Genese sekundärer Hyperlipoproteinämien: Alkoholismus (S. 254), Diabetes mellitus (S. 160), Hypothyreose (S. 143), Fettleber (S. 267), Cholestase (S. 271), Nephrotisches Syndrom (S. 307).

Abnorme Lipoproteine. Im Serum von Patienten mit Cholestase tritt ein atypisches **Lipoprotein X** auf, das — bei einer der LDL-Fraktion entsprechenden Dichte — 6% der Apoproteintypen C und D, 66% Phospholipide, 22% freies Cholesterin, 3% Cholesterinester und 3% Triglyceride enthält. Beim Lipoprotein X handelt es sich vermutlich um die physiologischerweise mit der Gallenflüssigkeit ausgeschiedenen Lipoproteinpartikel. Ihre Bestimmung wird für die Differentialdiagnose des Gallengangsverschlusses herangezogen. Der bei Cholestase beobachtete Anstieg des Cholesterins im Serum ist z.T. durch die fehlende Inhibitorwirkung der Gallensäuren auf die Cholesterinsynthese der Darmmucosa bedingt.

Der LP-X-Nachweis erlaubt jedoch keine differentialdiagnostischen Rückschlüsse bezüglich des Vorliegens einer intra- oder extrahepatischen Cholestase (S. 270).

Diagnostik der Hyperlipoproteinämien. Eine Differentialdiagnose (Typisierung) der Hyperlipoproteinämien ist notwendig

- wegen der Abschätzung des Arteriosklerose-Risikos (großes Risiko bei den Typen II, III und IV)
- wegen der sich ergebenden therapeutischen Konsequenzen. Die verschiedenen Hyperlipoproteinämietypen erfordern eine unterschiedliche diätetische bzw. medikamentöse Therapie.

Die Diagnostik umfaßt die Bestimmung folgender Parameter

- Triglyceride
- Gesamtcholesterin
- HDL-Cholesterin
- LDL-Cholesterin, das als rechnerische Größe nach der sog. „Friedewald-Formel" (LDL-Cholesterin = Gesamtcholesterin − Triglyceride/5 − HDL-Cholesterin) bestimmt werden kann, sofern der Triglyceridspiegel nicht über 400 mg/dl liegt.

Hohe LDL-Cholesterin-Spiegel im Plasma und erhöhte LDL-Cholesterin/HDL-Cholesterin-Quotienten gelten als Indikatoren für ein Arterioseriserisiko, während hohen HDL-Konzentrationen im Serum eine arterioskleroseprotektive Wirkung zugeschrieben wird.

Eine weitere diagnostische Klärung erfolgt gegebenenfalls durch die Lipoproteinelektrophorese oder Fraktionierung der Lipoproteine in der analytischen Ultrazentrifuge, ferner durch Bestimmung der Glucosetoleranz (Kohlenhydrat-induzierbare Hyperlipoproteinämien?) und der Postheparinlipaseaktivität des Plasmas (Lipoproteinlipasedefekt?). Einige Parameter einer atherogenen Lipoproteinkonstellation zeigt die Tabelle.

Atherogene Lipoprotein-Konstellation

Parameter	Änderung
LDL-Cholesterin	↑
HDL-Cholesterin	↓
LDL/HDL-Cholesterin	↑
Apo B	↑
Apo A−I	↓
Apo B/Apo A−I	↑
„Remnant"-Konzentrationen	↑
HDL_2/HDL_3	↓

Ein häufiges − auch diagnostisch verwertbares − Begleitsymptom einer Hyperlipoproteinämie ist die Ausbildung von **Xanthomen,** die pathognomonisch bei der HLP II an Achilles-, Patellar- und Fingerstrecksehnen, bei HLP III in Handflächen und an Fußsohlen auftreten. Xanthome enthalten bis zu 50% Gesamtlipide (bezogen auf das Gewebstrockengewicht). Die chemische Zusammensetzung der planen, tendinösen und tuberösen Xanthome ist durch Vorherrschen des Cholesterins (bis 70%) gekennzeichnet und zeigt keine Beziehung zum Hyperlipoproteinämietyp. Die eruptiven Xanthome (HLP-Typ III) fallen jedoch − vor allem in der Phase ihrer Entstehung − durch ihren hohen Gehalt an Triglyceriden (bis 50%) und freien Fettsäuren (bis 15%) auf.

Therapie der Hyperlipoproteinämien. Jede Hyperlipoproteinämie ist behandlungsbedürftig. Das Prinzip der Therapie richtet sich nach dem Hyperlipoproteinämietyp und verfolgt das Ziel einer diätetischen bzw. medikamentösen Senkung des Lipoproteinspiegels. Folgende diätetische Maßnahmen stehen zur Verfügung:

- Kalorienarme Diät bzw. Gewichtsabnahme bis zum Erreichen des Idealgewichtes
- kohlenhydratarme Diät (HLP Typ IV, Typ V)
- Ersatz der Nahrungslipide durch Lipide mit mittelkettigen Fettsäuren (HLP Typ I) oder durch Lipide mit mehrfach ungesättigten Fettsäuren (Typ II)

Die Wirkungsmechanismen Lipoproteinspiegel-senkender Medikamente sind unterschiedlich. Eine Übersicht gibt die Tabelle.

Lipidsenkende Medikamente
(TG = Triglyceride, CH = Gesamtcholesterin)

Medikament und Dosis	Wirkung auf Serum – TG CH	Indikation Typ	Wirkungsmechanismus
Cholestyramin 12–32 g/Tag	↓	IIa, IIb	Unterbrechung des enterohepatischen Kreislaufs durch Bindung von Cholesterin und Gallensäuren im Darm
Clofibrate, Bezafibrate 1–2 g/Tag	↓ ↓	IIb, III, IV, V	VLDL-Katabolismus ↑ Chol- und TG-Synthese ↓ Lipoproteinlipase ↑ Fettgewebsadenylzyklase ↓
D-Thyroxin 4–8 mg/Tag	↓	IIa, IIb	LDL-Katabolismus ↑
Nicotinsäure bis 3 g/Tag	↓	IIa, IIb, III, IV, V	VDVL- und LDL-Synthese ↓ Lipolyse ↓ LDL-Katabolismus ↑
Sitosterin bis 20 g/Tag	↓ ↓	IIa, IIb	kompetitive Hemmung der Cholesterinresorption im Darm

7. Hypolipoproteinämien und Dyslipoproteinämien

Sind Leber- oder Darmmucosazellen aufgrund eines genetischen Defekts nicht in der Lage, die für die Bildung der Lipoproteine bzw. Chylomikronen notwendigen Apolipoproteine zu synthetisieren, so ist eine Abgabe von Chylomikronen oder Lipoproteinen an das Lymph- bzw. Blutgefäßsystem nicht möglich. In solchen Fällen findet man fehlende oder extrem niedrige Blutlipoproteinspiegel und eine entsprechende Akkumulation der für die Lipoproteinsynthese bestimmten, aber nicht verwertbaren Lipide in Darm, Leber (und auch anderen Organen).

Bei der **An-α-Lipoproteinämie** (Tangier-Krankheit) liegt ein hereditärer Defekt mit autosomalem rezessivem Erbgang für die Bildung der Apolipoproteinkomponente A_I und A_{II} der HDL (α-Lipoproteine) vor. Das Apolipoprotein A_I wird als strukturdefektes Protein gebildet, aber nicht in HDL eingebaut und ist in freier Form im Serum vorhanden. Die HDL-Konzentration im Blut beträgt daher nur $1/10$ des Normbereichs (etwa 30 mg/100 ml), der Cholesterinspiegel ist herabgesetzt, obgleich β- und prä-β-Lipoproteine keine Veränderungen ihrer Konzentration zeigen. In Leber, Milz, retikuloendothelialem System, Cornea und in auffälliger Weise auch in den (stark vergrößerten und orange-rot gefärbten) Tonsillen lagern sich Cholesterinester ab. Dies ist als Hinweis auf die Funktion der HDL bei der Aufrechterhaltung des Gleichgewichts zwischen Gewebs- und Blutcholesterin (s. o.) zu betrachten.

Die **A-β-Lipoproteinämie** (Bassen-Kornzweig-Syndrom) ist durch Fehlen von β-Lipoproteinen (und Chylomikronen) gekennzeichnet und häufig mit gestörter Lipidresorption und Steatorrhoe vergesellschaftet. Ursache ist das Unvermögen zur Synthese von Apolipoprotein B, so daß die Bildung von Chylomikronen im Intestinum, der VLDL in der Leber und der daraus entstehenden LDL vermindert ist. Leber- und Mucosazellen zeigen ausgeprägte Lipideinlagerungen, die nach fettreichen Mahlzeiten sonst typische Chylomikronämie bleibt aus. Die Störung im Lipidstoffwechsel führt sekundär zu neurologischen Ausfallserscheinungen (Retinitis pigmentosa) und Akanthozytose (Stechapfelform der Erythrozyten). In einigen Fällen wurde lediglich eine auf 10−50% des Normbereichs herabgesetzte Konzentration der β-Lipoproteine (Hypo-β-Lipoproteinämie) gefunden.

Familiärer Lecithin-Cholesterin-Acyl-Transferase (LCAT)-Mangel. Bei Patienten mit angeborenem LCAT-Defekt (sehr selten) fehlt die Lecithin-Cholesterin-Acyl-Transferaseaktivität im Plasma. Alle Plasmalipoproteine enthalten abnorm geringe Mengen von Cholesterinestern und weisen eine veränderte elektrophoretische Beweglichkeit auf. Charakteristische Krankheitssymptome sind Nierenversagen mit Proteinurie und renalem Hochdruck, durch verstärkte Hämolyse bedingte Anämie und arteriosklerotische Veränderungen des Blutgefäßsystems.

8. Lipidspeicherkrankheiten

Innerhalb der Lipidunterklassen der Sphingoglykolipide umfassen die **Ganglioside** ein komplexes Gemisch strukturell verschiedener Glykolipide, von denen die Hauptvertreter jedoch alle die Basisstruktur des Gangliosids G_{M1} aufweisen.

Ihr Abbau erfolgt durch eine schrittweise enzymatische Abspaltung der Monosaccharidreste durch spezifische Glykosidasen vom nichtreduzierenden Ende her.

Unter dem Begriff der Lipidspeicherkrankheiten (Lipidosen) wird eine Reihe von **Störungen des Sphingoglykolipidstoffwechsels** zusammengefaßt, bei denen sich aufgrund eines Defekts der am Abbau beteiligten Enzyme große Mengen des partiell abgebauten Glykolipids in einem oder mehreren Organen ansammeln. Die Lipidanreicherung ist also **nicht** durch vermehrte Synthese bedingt. Die Lipidosen lassen sich durch chemische Analyse des akkumulierten Lipids und durch Nachweis des Enzymdefekts (Abb., Tab.) voneinander abgrenzen. Der Defekt kann jedoch nicht nur das Enzymprotein selbst, sondern auch einen Enzym-Cofaktor (Tay-Sachs-AB-Variante) betreffen.

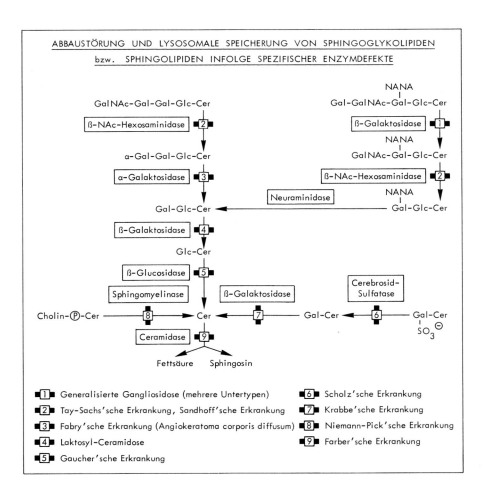

Lipidspeicherkrankheiten (Lipidosen)

Name	Akkumuliertes Lipid	Häufig befallene Organe	Enzymdefekt
Faber'sche Erkrankung	Ceramid	Hirn, Haut, Skelett	Ceramidase
Gaucher'sche Erkrankung	βGlc-Ceramid	Leber, Milz, Knochenmark, Lymphknoten	Glucocerebrosid-β-Glucosidase
Niemann-Pick'sche Erkrankung	Sphingomyelin	Hirn, Leber, Niere	Ceramid-Phosphorylcholin-spaltendes Enzym
Krabbe'sche Erkrankung (Leukodystrophie)	βGal-Ceramid	Nervengewebe	Galaktocerebrosid β-Galaktosidase
Scholz'sche Erkrankung (Metachromatische Leukodystrophie)	Gal-Sulfat-Ceramid	Zentrales Nervensystem, Harn- und Gallenblase, Niere	Spezifische Sulfatase
Lactosid-Lipidose	βGal-Glc-Ceramid	Gehirn, Leber	Neutrale β-Galaktosidase
Fabry'sche Erkrankung (Angiokeratoma corporis diffusum)	αGal-Gal-Glc-Ceramid	Blutgefäße, Herzmuskel, Nervensystem, Niere	α-Galaktosidase
Tay-Sachs'sche Erkrankung (G_{M2}) (Amaurotische Idiotie)	βGalNAc-Gal-Glc-Ceramid | NeuAc	Hirn, Leber, Milz	β-N-Acetylhexosaminidase A
Tay-Sachs-Sandhoff-Variante	βGalNAc-Gal-Gal-Glc-Ceramid	Hirn, Leber, Milz	β-N-Acetylhexosaminidase A + B
Tay-Sachs-AB-Variante	βGalNAc-Gal-Glc-Ceramid | NeuAc	Hirn, Leber, Milz	β-N-Acetylhexosaminidase AB-Cofaktor
Generalisierte Gangliosidose (G_{M1})	βGal-GalNAc-Gal-Glc-Ceramid | NeuAc	Leber, Milz, RES	Spezifische β-Galaktosidasen
Fucosidose	Gal-GlcNAc-Gal-Glc-Ceramid | | αFuc NeuAc	Hirn, Muskel, Haut	α-Fucosidase

Die Sphingolipidosen sind genetisch determinierte (z.T. rezessiv, z.T. dominant vererbbare) Stoffwechselanomalien, die gewöhnlich in der frühen Kindheit, gelegentlich auch erst später auftreten und häufig zum Tode führen, der meist infolge Gehirndegeneration (Gaucher-, Tay-Sachs-, Niemann-Pick-, Scholzsche Erkrankung) innerhalb der ersten Lebensjahre eintritt. Bei den klinischen Symptomen stehen Demenz, Verlust des Augenlichts (Amaurose) und neurologische Ausfallserscheinungen im Vordergrund.

Bei den generalisierten **Gangliosidosen** lassen sich verschiedene Formen (angeboren, frühkindlich, spätkindlich-juvenil, adult, generalisiert) differenzieren, die sich jedoch weniger durch ihre Symptomatik als durch den zeitlichen Verlauf unterscheiden. Sie weisen autosomal-rezessiven Erbgang auf. Die unter den Symptomen häufige Erblindung hat ihre Ursache in einer Degeneration des Nervus opticus und der Retina, die im Augenhintergrund an einem charakteristischen kirschroten Fleck – der ganglienfreien Fovea centralis – erkennbar ist. Die Speicherung des akkumulierten Gangliosids führt in allen Fällen zu einer mehr oder weniger ausgeprägten Volumenvergrößerung der Ganglienzellen (bei den frühkindlichen Formen 6–10fach) mit der Folge einer Makroencephalie und späteren Decerebration. Bei der generalisierten (neuro-visceralen) Form sind Speicherzellen (Schaumzellen) auch im Knochenmark, in der vergrößerten Leber und Milz u.a. Organen nachweisbar. Im Speichermaterial finden sich neben Gangliosiden auch Dermatansulfat, Chondroitinsulfat und Keratansulfat (S. 353).

9. Störungen des Phytansäureabbaus

Phytansäure ist Bestandteil des Milchfetts und außerdem ein Zwischenprodukt des Phytolstoffwechsels. Phytansäure ist physiologischerweise in einer Konzentration von < 1 mg/l (< 1 µg/ml) im Serum vorhanden.

Als Nahrungsbestandteil wird Phytansäure mit Milch, Milchfettprodukten und tierischen Fetten (hauptsächlich von Wiederkäuern) aufgenommen. Auch die aus Pflanzen stammenden Lipide und Fischöle enthalten geringe Mengen Phytansäure. Im Stoffwechsel entsteht Phytansäure vorwiegend aus Phytol, das als Bestandteil des Chlorophylls mit dem Propionsäurerest am Pyrrolring IV des Chlorophylls verestert ist. Nach Abspaltung aus dem Chlorophyll wird Phytol in die gesättigte Phytansäure (3,7,11,15-Tetramethylhexadekansäure) umgewandelt und nach dem Prinzip verzweigtkettiger Fettsäuren oxidativ weiter abgebaut. Das chlorophyllgebundene Phytol wird jedoch nicht resorbiert, sondern unverändert mit den Faeces ausgeschieden.

Bei der **Heredopathia atactica polyneuritiformis** (Refsum-Syndrom) ist der Abbau der Phytansäure durch α-Oxidation zur 2,6,10,14-Tetramethylpentadecansäure gestört, so daß sich Phytansäure im Blutserum und in zahlreichen Organen anreichert, und schließlich 20% der Serumfettsäuren und 50% der Leberfettsäuren aus Phytansäure bestehen können. Diese Stoffwechselstörung ist von schweren neurologischen Ausfallserscheinungen (cerebellare Ataxie, periphere Neuropathie und zur Blindheit führende Retinitis pigmentosa) begleitet. Durch konsequente diätetische Beschränkung von phytol- bzw. phytansäurehaltigen Nahrungsmitteln kann die Entwicklung des Leidens verzögert oder zum Stillstand gebracht werden.

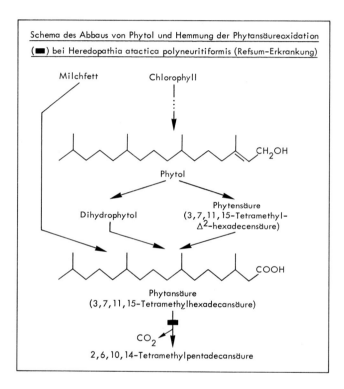

10. Fettsucht (Adipositas) und hormonelle Regulation des Lipidstoffwechsels

Als Adipositas bezeichnet man ein durch Zunahme des Fettgewebes bedingtes Überschreiten des Sollgewichts um mehr als 20%. Eine Fettsucht entsteht, wenn über längere Zeit hin die Energieaufnahme größer ist als die Energieabgabe. Die Störung des energetischen Gleichgewichts kann Folge einer

- primär erhöhten Energieaufnahme oder
- primär verminderter Energieabgabe sein.

Ein Nahrungsüberschuß von etwa 42 Joule (10 cal), der bei der Verstoffwechselung von Glucose oder Fettsäuren anfallen würde, führt zur Ablagerung von 1 g Depotfett.

Die Zunahme des Körpergewichts bei Adipositas beruht auf einer vermehrten Einlagerung von Triglyceriden in die Zellen des Fettgewebes, die dabei an Volumen zunehmen, sich beim Erwachsenen jedoch nicht mehr vermehren. Die analytische Bilanz des Übergewichts weist daher eine selektive Erhöhung des Lipidgehalts auf, während der Absolutgehalt an Wasser, organischer und anorganischer Substanz des Körpergewichts unverändert bleibt (Abbildung).

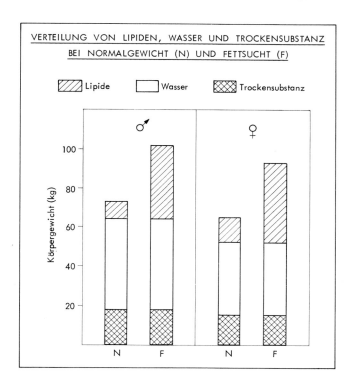

Die Ursachen einer Fettsucht werden z. T. in genetischen Faktoren, z. T. in Verhaltensstörungen und z. T. in Anomalien des Stoffwechsels gesehen.

Genetische Faktoren. Sind beide Eltern adipös, ist bei 80% der Kinder mit Übergewicht zu rechnen. Die genetische Disposition steht möglicherweise mit der Tatsache in Zusammenhang, daß Patienten mit massivem Übergewicht nicht nur größere, sondern auch mehr Fettzellen haben als Normalgewichtige.

Fettsucht als Verhaltensstörung. Die Theorie, daß der Fettsüchtige im Gegensatz zum Stoffwechselgesunden sich bei der Nahrungsaufnahme nicht nach dem

Hungergefühl richtet, sondern sich in Frequenz und Menge der Mahlzeiten von äußeren Faktoren (leichte Erreichbarkeit und ansprechende Aufmachung von Eßbarem) oder psychischen Einflüssen (Nahrungsaufnahme als Ersatz für Zuneigung und Sicherheit) leiten läßt, bedarf der Bestätigung durch Langzeiterfolge verhaltenstherapeutischer Maßnahmen.

Hormonelle Kontrolle. Das gastrointestinale Peptidhormon (S. 282) Cholecystokinin, das auch im Zentralnervensystem in hoher Konzentration nachgewiesen wurde, hemmt die Nahrungsaufnahme bei Tier und Mensch signifikant. Umgekehrt scheinen Endorphine und Enkephaline die Entwicklung einer Adipositas positiv zu beeinflussen. Da Angst und seelische Spannungen zu einer vermehrten Produktion endogener (euphorisierend wirkender) Endorphine führen, könnte damit die gesteigerte Nahrungsaufnahme in Verbindung gebracht werden. Bei genetisch fettsüchtigen Mäusen sind die β-Endorphinspiegel deutlich höher als bei schlanken Kontrollen.

Thermogenese. Als Thermogenese wird eine Erhöhung des Grundumsatzes bezeichnet, die durch Nahrungsaufnahme, Kälte, Hormone oder Medikamente ausgelöst werden kann (Grundumsatzerhöhung durch körperliche Arbeit gehört nicht zur Thermogenese).

Die nahrungsinduzierte und thermoregulatorische Wärmebildung macht beim Normalgewichtigen etwa 25% des Energiebedarfs aus.

Ein entscheidender Unterschied zwischen Normalgewichtigen und Übergewichtigen besteht darin, daß die nahrungsinduzierte Thermogenese bei Übergewichtigen bis zu 50% geringer ist als bei Normalgewichtigen. Darüber hinaus reagiert der Übergewichtige auch auf einen Kältereiz wegen der besseren Isolierung mit einer 30% geringeren Thermogenese. Diese Stoffwechselbesonderheiten bedingen beim Adipösen einen geringeren Energieverbrauch und eine Deponierung der eingesparten Energie als Triglyceride.

Ursache der veränderten Thermoregulation ist bei adipösen Patienten die herabgesetzte periphere Umwandlung von T_4 zu T_3 und die folglich signifikant geringere T_3-Konzentration im Serum. Bei Adipösen sind auch häufig die subjektiven und objektiven Erscheinungen einer Thyreotoxikose nicht nachweisbar.

Nahrungsausnutzung im Magen-Darm-Kanal. Die energetische Ausnutzung einer gemischten Kost liegt über 90% (Proteine 85%, Fett 92%, Kohlenhydrate 95%). Eine darüber hinaus verbesserte Nahrungsausnutzung hat sich bei Fettleibigen in kontrollierten Studien nicht nachweisen lassen.

Fettsucht als Risikofaktor. Eine Adipositas begünstigt die Entstehung zahlreicher Erkrankungen. Diabetes mellitus (Typ IIb, S. 156), Hyperurikämie (S. 41) und Arteriosklerose treten bei stark übergewichtigen Patienten überproportional häufig auf.

Therapeutische Aspekte. Die Kenntnis der primären Unterschiede in der metabolischen Ökonomie zwischen Normalgewichtigen und Übergewichtigen bedeutet, daß eine Gewichtsreduzierung nur durch eine unterkalorische Diät (s. Fasten, S. 50) bis zum Erreichen des Normalgewichts als konsequente therapeutische Maßnahme angesehen wird.

Hormonelle Regulation des Fettstoffwechsels. Ablagerung und Mobilisierung von Triglyceriden im Fettgewebe unterliegen einer lokalen Kontrolle durch Hormone und Wirkstoffe (Abb.), die jedoch keinen direkten Einfluß auf die Entstehung einer Fettsucht haben.

Eine hormonelle Fehlsteuerung des Lipidstoffwechsels kann Ursache für eine vermehrte Freisetzung von freien Fettsäuren aus dem Fettgewebe und Anstieg ihrer Konzentration im Blut – **Hyperlipidacidämie** – sein. Sie wird bei Insulinmangel (Mobilisation der Depotlipide infolge Wegfalls der Insulinhemmung auf die Zyklo-AMP-Synthese), bei Hyperthyreose (erhöhte Empfindlichkeit gegenüber Katecholaminen) und bei Phäochromozytom (vermehrte Produktion und Ausschüttung von Noradrenalin bzw. Adrenalin) beobachtet.

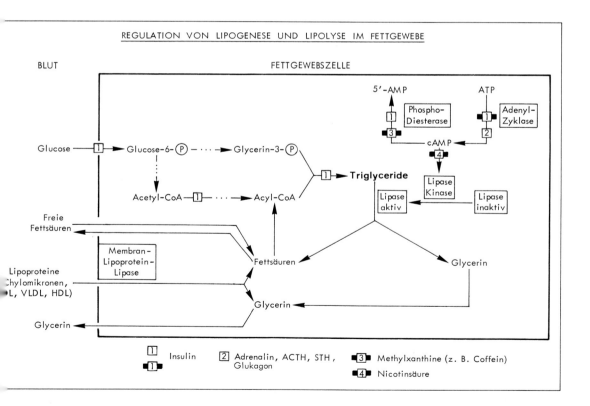

VI. Wasser- und Elektrolythaushalt

1. Physiologische Chemie

Wasser- und Elektrolythaushalt bilden eine funktionelle Einheit, da das Körperwasser eine Lösung mit konstantem Elektrolytgehalt darstellt, und Konzentrationsänderungen der Elektrolyte stets zu Veränderungen des Wassergehalts führen und umgekehrt. Bei Störungen des Wasser- und Elektrolythaushalts ist diese enge funktionelle Verknüpfung stets zu berücksichtigen.

Für die Physiologie und Pathophysiologie des Wasser- und Elektrolythaushalts des Menschen ist vor allen Dingen die Tatsache von Bedeutung, daß sich das Körperwasser auf drei verschiedene, aber funktionell in enger Beziehung stehende Kompartimente verteilt:

- Vasaler Raum,
- interstitieller (extrazellulärer) und
- zellulärer Raum.

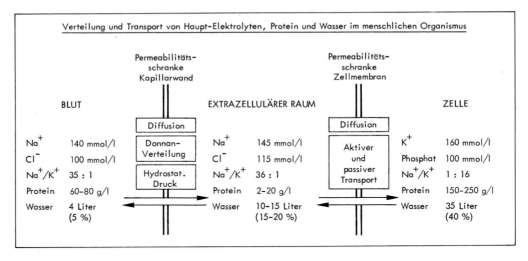

Der zelluläre Raum weicht bezüglich seines Elektrolytgehalts von den übrigen Flüssigkeitsräumen (vasaler Raum, interstitieller Raum) im Organismus entscheidend ab. Dies gilt besonders für die Na^+/K^+-Relation und für die Anionen, die im Plasma und interstitiellen Raum vorwiegend durch Cl^-, in der Zelle dagegen zu mehr als 80% durch Proteinatanionen und Phosphat gestellt werden. Auch für Calcium (extrazellulär), Magnesium (intrazellulär) besteht ein charakteristischer Verteilungskoeffizient. Trotz der Unterschiede im Elektrolytverteilungsmuster zwischen Zelle, extrazellulärem Raum und Plasma ist die Summe der Kationen und Anionen und die sich daraus ergebende Osmolarität in allen drei Kompartimenten etwa gleich.

Zwischen vasalem und interstitiellem Raum einerseits und interstitiellem und zellulärem Raum andererseits findet ein ständiger Wasser- und Elektrolytaustausch statt. Trotzdem werden Wasser- und Elektrolytgehalt in jedem dieser Räume in engen Grenzen konstant gehalten. Die bewegenden Kräfte des Wassertransports sind:

- der osmotische Druck,
- der kolloidosmotische Druck und
- der hydrostatische Druck.

Die Ursachen der ungleichen Elektrolytverteilung in Zellen und im extrazellulären Raum sind

- der hohe Proteingehalt der Zellen und der dadurch auftretende Gibbs-Donnan-Effekt,
- die Zellmembran als biologische Schranke, die der lebenden Zelle die Fähigkeit verleiht, Elektrolyte durch passiven oder aktiven Transport in die Zelle aufzunehmen, aus der Zelle auszuschleusen oder von der Passage durch die Zellmembran auszuschließen.

2. Regulation

Das zentrale Organ bei der Regulation des Wasser- und Elektrolythaushalts ist die Niere, die für die Konstanz des Wasser- und Elektrolytbestands im Organismus sorgt, und in ihrer Tätigkeit einer Kontrolle durch den hydrostatischen und osmotischen Druck des Blutplasmas sowie durch Volumenänderung des Blutes unterliegt. Änderungen werden durch Osmorezeptoren der Carotis interna bzw. der Leber und durch Volumenrezeptoren des linken Vorhofs, der Lungenvenen, der großen Venen bzw. der Niere registriert. Die Rezeptoren lösen wiederum endokrine Regulationsmechanismen aus:

Die **Mineralocorticoide** regulieren die Verteilung von Natrium und Kalium im zellulären und extrazellulären Raum und zwar begünstigen sie den Austritt von K^+ aus der Zelle und den Eintritt von Na^+ in die Zelle. Sie wirken also der Natriumpumpe entgegen. In der Niere liegt der Angriffspunkt der Mineralocorticoide am proximalen und distalen Tubulus (Kap. Niere, S. 301, Kap. Innere Sekretion, S. 172).

Der Wasserbestand des Organismus wird über eine fakultative Rückresorption des Wassers im distalen Tubulus der Niere und in den Sammelröhrchen reguliert und dort durch das **Adiuretin** kontrolliert (Kap. Niere, S. 190, Kap. Innere Sekretion, S. 301).

3. Wasser- und Natriumhaushalt

Die meisten Störungen des Wasser-, Säure-Basen- oder Elektrolythaushalts sind multipel und stehen in Beziehung zueinander. Störungen des Elektrolytspiegels gehen meist mit einem Wechsel im Hydrationszustand einher.

Störungen des Wasserhaushalts können sich in einem Wassermangel (Dehydration, Dehydratation, Dehydrierung) oder in einem Wasserüberschuß (Hydration, Hyperhydration, Überhydrierung) äußern und können mit oder ohne Änderungen der extrazellulären Elektrolytkonzentration einhergehen (isoton, hyperton, hypoton). Da der osmotische Druck des Serums bzw. des Extrazellulärraums in der Hauptsache durch die Konzentration an Na^+ und Cl^- sowie Blutplasmaproteine, Glucose und Harnstoff bestimmt wird, sind die hyper- bzw. hypotonen Dehydrations- bzw. Hyperhydrationszustände meist von charakteristischen Änderungen der Serumnatriumkonzentration begleitet (Tabelle der Normalwerte und S. 113).

STÖRUNGEN DES WASSER- UND NATRIUMHAUSHALTES

DEHYDRATION		Serum		Blut		Erythrozyten	
		Protein	Na^+	Hb-Gehalt	Hämatokrit	Hb-Gehalt	Volumen
isoton	Flüssigkeitsmangel	↑	N	↑	↑	N	N
isoton	Blutmangel	↑	N	N (↓)	N (↓)	N	N
isoton	Plasmamangel	N	N	↑	↑	N	N
hyperton	Wassermangel	↑	(↑)	↑	(↑)	↑	↓
hypoton	Na^+-Mangel	↓	↓	↑	↑↑	↓	↑

HYPERHYDRATION							
isoton	Flüssigkeitsüberschuss	↓	N	↓	↓	N	N
hyperton	Na^+-Überschuss	↓	↑	↓	↓↓	↑	↓
hypoton	Wasserüberschuss	↓	(↓)	↓	(↓)	↓	↑

Zur Diagnostik von Störungen des Wasser- und Natriumhaushalts können neben klinischen Symptomen der Natrium- und Proteingehalt im Plasma, sowie Erythrozytenzahl und Hämoglobingehalt herangezogen werden. Sie ergeben für die Natriumkonzentration bei allen **nicht**isotonen Hyperhydrations- bzw. Dehydrationszuständen entsprechende Abweichungen. Bei Abnahme des intrazellulären bzw. intravasalen Volumens kommt es zu einem Anstieg, bei Zunahme dagegen zu einem Abfall von Proteingehalt, Erythrozytenzahl und Hämoglobingehalt. Diese Parameter sind Kriterien für Veränderungen im Volumen des Extrazellulärraums.

Aufschluß über Veränderungen des zellulären Volumens kann die Bestimmung des mittleren Erythrozytenvolumens und der mittleren Hämoglobinkonzentration des Erythrozyten geben, wobei Abnahme der extrazellulären Osmolarität (hypotone Dehydration und Hydration) von einer Zunahme der intrazellulären Flüssigkeit und des mittleren Erythrozytenvolumens, ein Anstieg der extrazellulären Osmolarität (hypertone Dehydration und Hyperhydration) dagegen von einer Abnahme der intrazellulären Flüssigkeit und des mittleren Erythrozytenvolumens begleitet ist. Die mittlere Hämoglobinkonzentration zeigt folglich ein gegensinniges Verhalten (Schema).

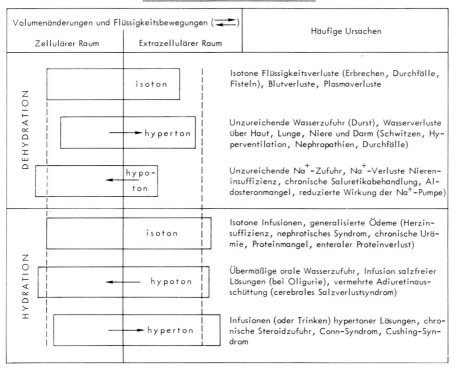

Dehydration.

- *Isotone Dehydration.* Ein ausgewogener Verlust an Körperwasser und Natrium mit der Folge einer Abnahme des extrazellulären Volumens bezeichnet man als isotone Dehydration. Bei Verlust an Verdauungssäften kommt es – wegen der vom Serum abweichenden Elektrolytzusammensetzung (Tabelle S. 276) – häufig gleichzeitig zu Störungen des Elektrolyt-Säure-Basen-Haushalts (metabolische Alkalose und Hypokaliämie bei Verlust an saurem Magensaft, metabolische Acidose bei Verlust bicarbonatreicher Darmsekrete). Große Blut- und Plasmaverluste führen zu Blutdruckabfall und Tachykardie bis zum hypovolämischen Schock.

- *Hypertone Dehydration* (Hypernatriämie). Ein Anstieg der Na^+- Konzentration im Serum über den Normbereich wird als Hypernatriämie bezeichnet. Eine Hypernatriämie zeigt immer einen Mangel an Körperwasser im Verhältnis zum Natrium an und kann durch ein Absinken des Wassergehalts **(hypertone Dehydration)** oder durch eine relative Erhöhung der Na^+-Konzentration **(hypertone Hyperhydration)** bedingt sein.

- *Hypotone Dehydration* (Hyponatriämie). Ein Absinken der Serumnatriumkonzentration unter den Normbereich wird als Hyponatriämie bezeichnet und ist ein Zeichen für die Verdünnung der Körperflüssigkeit infolge eines relativen Wasserüberschusses im Vergleich zu den gelösten Stoffen (Na^+). Ist dabei gleichzeitig der Na^+-Bestand vermindert, liegt eine **hypotone Dehydration** vor (Verdünnungs-Hyponatriämie), während bei der **hypotonen Hyperhydration** der Na^+-Bestand des Körpers innerhalb des Normbereichs bleibt.
Das klinische Bild der Hyponatriämie wird durch die Symptome des extrazellulären Volumenmangels bestimmt. Bei ödematösen Zuständen (dekompensierte Herzinsuffizienz, Zirrhose, nephrotisches Syndrom) geht die Hyponatriämie in gewissem Umfang mit dem Schweregrad der Ödeme parallel.

Hyperhydration. Ursachen der verschiedenen Hyperhydrationszustände und die damit einhergehenden Veränderungen der diagnostisch wichtigen Parameter sind in der Tabelle (S. 110) und Abb. (S. 111) dargestellt.

- Eine isotone Hyperhydration tritt ein, wenn Wasser und Elektrolyte, insbesondere Na^+ retiniert werden und dabei das intrazelluläre Wasservolumen nicht verändert wird.

- Eine *hypotone* bzw. *hypertone Hyperhydration* sind Folge einer gestörten Bilanz zwischen der Zufuhr hypotoner bzw. hypertoner Lösungen und der renalen Ausscheidung von Elektrolyten bzw. Wasser

4. Natrium- und Chloridhaushalt

Hypernatriämie und Hyponatriämie. Im Serum und interzellulären (extrazellulären) Raum ist Na$^+$ das vorherrschende Kation und bestimmend für den osmotischen Druck. Na$^+$ kann in seiner osmotischen Aufgabe nicht durch andere Kationen (K$^+$, Mg^{2+}, Ca^{2+}) ersetzt werden, da diese in höheren Konzentrationen zu lebensbedrohlichen Störungen der Zellfunktion führen. Konzentrationsverschiebungen des Na$^+$ haben immer korrespondierende Wasserbewegungen im Sinne einer Hyperhydration oder Dehydration zur Folge. Die schematische Darstellung zeigt, daß eine Hypernatriämie stets von hypertonen, eine Hyponatriämie von hypotonen Störungen des Wasserhaushalts begleitet ist (s. o.).

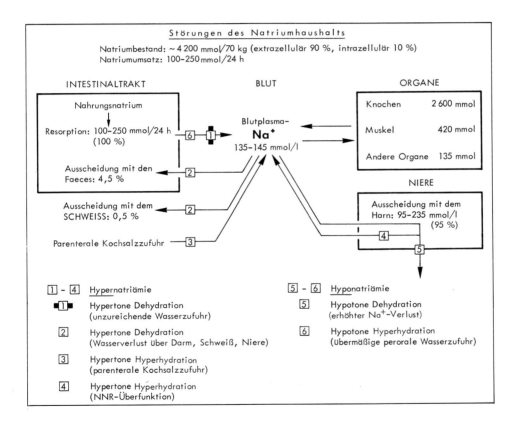

Chloridhaushalt. Die hauptsächliche Bedeutung des Cl$^-$ liegt in seiner Funktion als Gegenion des Na$^+$ zur Aufrechterhaltung der Isotonie des Plasmas und der extrazellulären Flüssigkeit. Dies kommt auch darin zum Ausdruck, daß die Cl$^-$-Konzentration im Serum passiven Veränderungen der Na$^+$-Konzentration folgt und somit indirekt auch einer Regulation durch das Aldosteron unterliegt. Zustände von Hyper- und Hyponatriämie gehen meist auch mit einer Hyper- bzw. Hypochlorämie einher. Cl⁻ kann ohne wesentliche Störung der Zellfunktion durch andere Anionen ersetzt werden: Bikarbonat, Phosphat, organische Säuren.

Da sich im Blut die Anionen Cl⁻ und HCO_3^- gegensinnig verändern, um die Elektroneutralität zwischen Anionen und Kationen aufrechtzuerhalten, hat ein selektiver Verlust von Cl⁻ (z. B. Verlust von Magensaft durch Absaugen oder exzessives Erbrechen) eine hypochlorämische Alkalose zur Folge („Magentetanie") und umgekehrt eine Abnahme der HCO_3^--Konzentration des Blutes einen Anstieg der Cl⁻-Konzentration (hyperchlorämische Acidose, Lightwood-Albright-Syndrom) zur Folge.

5. Kaliumhaushalt

Die Kaliumaufnahme schwankt normalerweise zwischen 40 und 150 mmol/24 h (1−4 g) und hängt weitgehend vom Gehalt der Nahrung an Fleisch und Vegetabilien ab. Bei normaler Ernährung werden praktisch immer mehr als 40 mmol/24 h aufgenommen. Die K^+-Ausscheidung mit dem Stuhl schwankt zwischen 5 und 20 mmol/24 h, der K^+-Gehalt des Urins wird weitgehend durch die K^+-Aufnahme bestimmt. 98% des K^+ befinden sich intrazellulär, ein extrazellulärer K^+-Mangel ist meist die Begleiterscheinung eines intrazellulären K^+-Defizits (ausgenommen bei Alkalose). Wegen seiner hohen spezifischen Wirkung auf die Zellfunktion wird die K^+-Konzentration unter physiologischen Bedingungen in engen Grenzen gehalten (Schema).

Hyperkaliämie. Eine Hyperkaliämie (Kaliumüberschuß) liegt vor, wenn der K^+-Gehalt des Plasmas > 5,5 mmol/l beträgt, jedoch besteht keine strenge Korrelation zwischen Serumkaliumkonzentration und klinischer Symptomatologie, die sich in einer Lähmung der Skelettmuskulatur und einer Wirkung auf das Herz äußert (Veränderungen im EKG: hohe, spitze, schmalbasige T-Zacken, Verbreiterung des QRS-Komplexes, Rhythmusstörungen, Extrasystolie). Durch verminderte Reizbildung im Vorhof und verzögerte Reizausbreitung in den Kammern kann es zum plötzlichen Herztod (Kammerflimmern oder Kammerstillstand) kommen.

Als Ursache einer Hyperkaliämie kommen in Betracht:

- Intravenöse (therapeutische) Zufuhr (z. B. bei Transfusion von Blutkonserven, da die Erythrozyten bei Lagerung zelluläres K^+ freisetzen, oder bei Infusion von Penicillin-Kalium),
- renale Ausscheidungsstörungen (bei akuter Niereninsuffizienz mit Oligurie oder Anurie oder bei chronischem Nierenversagen in der terminalen Krankheitsphase),

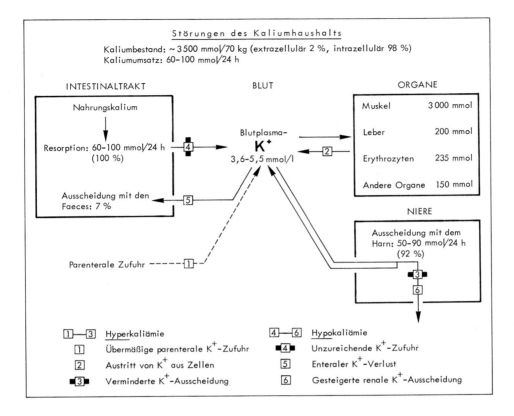

- tubulärer Defekt mit verminderter K^+-Exkretion (Arnold-Heley-Syndrom),
- Morbus Addison, Hypoaldosteronismus, bei Verabreichung von Spironolactonen (S. 172, 301) oder anderen kaliumsparenden Diuretika,
- Nekrose größerer Zellverbände, Hämolyse (Crash-Syndrom), Leberdystrophie, akute Pankreatitis.

Hypokaliämie. Kaliummangelsymptome treten bei Absinken des Serum-K^+-Spiegels unter 3,5 mmol/l ein. Bei der Hypokaliämie besteht die Tendenz zur Vorhofstachykardie und Extrasystolie, im EKG ST-Senkung und T-Abflachung.

Lähmungen der peripheren Muskulatur sind sowohl bei Hyper- als auch bei Hypokaliämie möglich. Da durch die Zellmembran K^+ gegen H^+ ausgetauscht wird, besteht bei jeder Acidose die Tendenz zu einer Hyperkaliämie mit gesteigerter Kaliumdiurese. Umgekehrt kann sich aus jeder Alkalose eine Hypokaliämie entwickeln.

Ein Kaliummangelsyndrom kann zustande kommen:
- durch unzureichende Zufuhr (einseitige Kost, Anorexia mentalis),
- mangelnde Resorption (Erkrankungen des oberen Gastrointestinaltrakts),

- gesteigerte Ausscheidung über die Nieren (Kaliumverlust bei chronischer Pyelonephritis, chronischer Glomerulonephritis, Tubulopathie),
- vermehrte Ausscheidung über den Magen-Darmkanal (enterale Kaliumverluste durch Erbrechen und/oder Diarrhoe infolge Pylorusstenose, Gastroenteritis, Colitis ulcerosa, Abführmittelabusus, Dünndarm-, Gallen-, Pankreas-, Dickdarmfisteln). Die Verluste entstehen dadurch, daß die K^+-Konzentration der Sekrete des Magen- und Darmtrakts z. T. beträchtlich über derjenigen des Blutplasmas liegt (Tab. S. 276),
- Verteilungshypokaliämie (hypokaliämische periodische oder familiäre paroxysmale Lähmung durch Verschiebung der K^+-Ionen aus dem extra- in den intrazellulären Raum, ferner bei metabolischer Alkalose und bei der Insulinbehandlung des Coma diabeticum).

Hyper- und Hypokaliämie haben unmittelbare Folgen für den Wasserhaushalt und damit indirekt für das Herz-Kreislaufsystem. Salzverlust führt zu einer Abnahme des Plasmavolumens, des Herzzeitvolumens sowie der Nierendurchblutung mit den möglichen Folgen einer akuten Niereninsuffizienz (Anstieg des Serumharnstoffs, metabolische Acidose).

6. Magnesiumhaushalt

Der Gesamtbestand des menschlichen Körpers an Magnesium beträgt 30 g, der Tagesbedarf liegt zwischen 0,2 und 0,3 g. 50–70% des Gesamtmagnesiums sind in den Mineralien des Knochens festgelegt, doch enthalten alle Organe Mg^{2+} in einer Konzentration von etwa 15 mmol/kg Gewebe bei vorwiegend intrazellulärer Lokalisation. Die Mg^{2+}-Konzentration des Blutes beträgt 0,6–1,0 mmol/l Serum bzw. 2,5-2,7 mmol/l Erythrozyten.

Die Funktion des Mg^{2+} als Enzymaktivator läßt sich durch zahlreiche Beispiele belegen. Sie hängt mit der Neigung des Mg^{2+} zur Komplexbildung mit Polyphosphaten zusammen und drückt sich auch in einer Beteiligung des Mg^{2+} an allen ATP-abhängigen Reaktionen und der Pyrophosphatasereaktion aus. Eine Übersicht über die Störungen des Mg^{2+}-Stoffwechsel gibt das Schema.

Hypermagnesiämie. Eine symptomatische Hypermagnesiämie kann auf der Applikation magnesiumhaltiger Medikamente, Niereninsuffizienz oder übermäßiger parenteraler Zufuhr beruhen. Sie ist gekennzeichnet durch Hypotonie, Stupor, Areflexie, bis zur Narkose gehende Lähmungen, Störungen der Atmung und Reizleitungsstörung des Herzens.

Eine exzessive Magnesiumzufuhr (magnesiumhaltige Infusionslösungen, Verabreichung magnesiumhaltiger Antacida, Magnesiumsulfat zur Abtreibung eines Bandwurms) kann zur Hypermagnesiämie bzw. Magnesiumintoxikation führen.

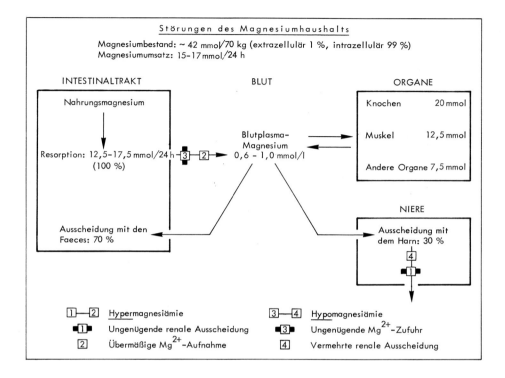

Eine renal bedingte Hypermagnesiämie als Folge einer Ausscheidungsstörung kann sich im Stadium der terminalen Niereninsuffizienz (oligurisch-anurische Phase) einstellen.

In hohen Dosen hat Magnesium curareähnliche Wirkung (Erbrechen, Lethargie, Muskelschwäche, Atemlähmung, diastolischer Herzstillstand), Zustände von Hypermagnesiämie gehen häufig mit Hyperkaliämie einher.

Hypomagnesiämie. Eine Hypomagnesiämie beruht auf unzureichender Zufuhr, verminderter Resorption oder verringerter renaler Rückresorption von Magnesium. Eine gastrointestinale Hypomagnesiämie tritt bei langfristigem Erbrechen, Resorptionsstörung (Malabsorption, Alkoholismus), chronischer Durchfallerkrankung und bei akuter Pankreatitis auf, bei der es zur Bildung unlöslicher und schlecht resorbierbarer Magnesium-Fettsäuresalze kommt.

Eine renal bedingte Hypomagnesiämie läßt sich bei chronischen Nierenerkrankungen in der polyurischen Phase, ferner bei Steigerung der renalen Magnesiumexkretion unter dem Einfluß von Schilddrüsenhormon, Parathormon und Aldosteron beobachten. Der Hypomagnesiämie bei chronischem Alkoholabusus liegt neben einer verminderten enteralen Resorption auch eine Hemmung der tubulären Rückresorption von Magnesium zugrunde.

Die Symptome der Hypomagnesiämie bestehen in Verwirrtheit, Delirium, choreiformen und athetotischen Bewegungen, Krämpfen, erhöhter muskulärer Reizbarkeit und Tetanie. Doch kann eine Hypomagnesiämie auch asymptomatisch verlaufen. Diese Diskrepanz zeigt an, daß die Plasma-Mg^{2+}-Konzentration kein zuverlässiger Parameter für ein Magnesiumdefizit des Körpers zu sein braucht.

7. Säure-Basen-Haushalt

Im biologischen Milieu wird die Wasserstoffionenkonzentration durch die Menge und das Verhältnis der vorhandenen Säureanionen und Basenkationen bestimmt. Infolge der ausgeglichenen Anionen/Kationen-Bilanz wird die Wasserstoffionenkonzentration im Serum, inter(extra)zellulären Raum und in den Zellen durch die Dissoziation des Wassers bestimmt.

Puffersysteme. Der Normbereich des pH-Wertes für Blutplasma und Extrazellulärflüssigkeit beträgt 7,4. Die pH-Konstanz ist ein wichtiges Kennzeichen biologischer Systeme, ist Voraussetzung für ihre Funktion und wird trotz Entstehung saurer und basischer Valenzen im Stoffwechsel aufrechterhalten. Die Mechanismen zur Regelung der Wasserstoffionenkonzentration beruhen auf der Wirkung von Puffersystemen, die in Plasma, extrazellulärer Flüssigkeit und Zellen wirksam werden.

Als Puffersysteme in Plasma und extrazellulärer Flüssigkeit sind vor allem das Hydrogencarbonat, das Proteinat und Phosphat, in den Zellen des Blutes dagegen vorwiegend das Hämoglobin wirksam. Ihren quantitativen Anteil an der Gesamtpufferwirkung des Blutes zeigt die nachstehende Tabelle.

PUFFERSYSTEME DES BLUTES

Pufferbasen	Puffersystem	mmol/l	proz. Anteil
Hydrogencarbonat	$[HCO_3^\ominus]/[H_2CO_3]$	25	52*
Hämoglobin	$[Hb]/[HbO_2]$	15	31
Proteinat	$[Proteinat^\ominus]/[Proteinat]$	7	15
Phosphat	$[HPO_4^{2-}]/[H_2PO_4^\ominus]$	1	2
	Summe	48	100

*wegen der raschen Regenerierbarkeit des Hydrogencarbonatsystems beträgt der effektive Anteil ca. 65 %

Charakteristisch für alle Puffersysteme ist, daß eine schwache Säure und ihre konjugierte Base nebeneinander in Lösung vorliegen. Puffer sind also Lösungen aus einer schwachen (wenig dissoziierten) Säure und ihren (vollständig dissoziierten) Salzen. Die Summe der Basen mit Pufferwirkung bezeichnet man als Pufferbasen. Ihr Wert im Vollblut beträgt 48 mmol/l.

Parameter zur Beurteilung des Säure-Basen-Haushalts. Bei Störungen des Säure-Basen-Gleichgewichts ändert sich das Konzentrationsverhältnis der schwachen Säuren und ihrer Salze in den Puffersystemen des Blutes. Für die Beurteilung des Vorliegens und des Ausmaßes einer Störung im Säure-Basen-Haushalt spielt jedoch lediglich die Bestimmung des Hydrogencarbonat/Kohlensäure-Systems eine Rolle, da dieses Puffersystem

- als einziges eine flüchtige Komponente (CO_2) enthält, die durch die Lungen ausgeatmet werden kann und sich
- die Störung des Säure-Basen-Haushalts durch eine meßtechnisch gut zu erfassende Verschiebung im Konzentrationsverhältnis Hydrogencarbonat/Kohlensäure (HCO_3^-/CO_2) zu erkennen gibt, während für die übrigen Puffersysteme das Verhältnis schwache Säure/konjugierte Base praktisch nicht zu bestimmen ist.

Direkte Aussagen über die Lage des Säure-Basen-Haushalts ergeben sich somit eindeutig durch Bestimmung bzw. Berechnung folgender 4 Größen:

- pH-Wert des Blutes (normal 7,36–7,44),
- Kohlensäurepartialdruck (pCO_2) des Blutes (normal 4,66–5,98 kPa, 35–45 mm Hg).
- HCO_3^--Konzentration des Blutes (normal 22–26 mmol/l),
- Basenabweichung (Basenexzeß) (normal -2 bis $+2$ mmol/l).

Für die quantitative Bestimmung werden der aktuelle pH-Wert des Blutes und der Kohlensäurepartialdruck (pCO_2) gemessen. Nach Eintragung dieser Meßwerte in ein Nomogramm (z. B. nach Siggaard-Andersen) können als empirisch ermittelte Werte die Konzentration des HCO_3^- und die Basenabweichung erhalten werden. Die Basenabweichung (Basenexzeß) bezeichnet die Menge an Säure oder Basen in mmol/l, die dem Blut zugesetzt werden muß, damit die Abweichung korrigiert wird.

Acidose und Alkalose. Einen Abfall des Blut-pH-Wertes unter den Normbereich bezeichnet man als **Acidose**, einen Anstieg über den Normbereich als Alkalose. Infolge der Flüchtigkeit des HCO_3^-/CO_2-Puffersystems sind Acidose bzw. Alkalose durch ein Defizit bzw. einen Überschuß an HCO_3^- im Blut gekennzeichnet.

Acidose und Alkalose können als Folge einseitiger Zufuhr bzw. Bildung oder einseitigen Verlustes von Säure- oder Basenäquivalenz auftreten. Die bei Störung des CO_2-Austausches (CO_2-Verlust bzw. CO_2-Retention) auftretenden Abweichungen werden als respiratorische Alkalose bzw. Acidose bezeichnet. Die vermehrte Bildung oder die Zufuhr nicht flüchtiger Säuren im Stoffwechsel und ihre verminderte Ausscheidung führen zu metabolischer Acidose, übermäßige Verluste an Säuren oder Zufuhr von Alkalien dagegen zu metabolischer Alkalose. Ein Überblick über die klinisch-chemischen Befunde und häufigen Ursachen bei Acidose und Alkalose gibt die Tabelle.

Metabolische und respiratorische **Acidosen** führen zum Austritt von K^+ aus den Zellen im Austausch gegen H^+-Ionen. Diese Ionenbewegung dient der Normalisierung des pH-Wertes im Extrazellulärraum. Umgekehrt kommt es bei **Alkalosen** initial zu renalen Kaliumverlusten, die vor allem bei der metabolischen Form zu einer klinischen Kaliummangelsymptomatik Anlaß geben. Das ionisierte Ca^{2+} des Serums nimmt bei Acidosen zu, geht dagegen bei pH-Anstieg zurück, so daß ein tetanisches Syndrom eintreten kann.

Metabolische Acidose (Primäres Absinken der HCO_3^--Konzentration). Der pH-Wert ist erniedrigt, der pCO_2 zunächst normal bis erhöht, später absinkend. Eine Acidose kann asymptomatisch bleiben oder uncharakteristische Zeichen (Schwäche, Kopfschmerzen, Bauchschmerzen, Übelkeit, Erbrechen) aufweisen. Bei schwerer Acidose mit einem pH des Plasmas unter 7,2 besteht häufig eine Hyperventilation (Kompensation durch vermehrte CO_2-Elimination). Bei schweren Formen der Acidose kann ein Kreislaufschock vorliegen, der bis zum Coma fortschreiten kann.

Als Ausdruck einer renalen Regulation wird der Urin stark sauer (pH 4,6–5,2), sofern nicht eine Nierenfunktionsstörung Ursache der Acidose ist. Bei Acidose mit Ketonämie läßt sich eine Ketonurie (Acetonurie) nachweisen. Das gleichzeitige Auftreten von Glucose im Harn sichert den diabetischen Ursprung der Acidose.

Eine schwere Acidose behandelt man am besten mit einer 50–150 mmol/l enthaltenden Natriumhydrogencarbonat-Lösung i.v. (in 5% wäßriger Glucoselösung).

Respiratorische Acidose (Primärer Anstieg des CO_2). Der pH-Wert fällt ab, der pCO_2 ist erhöht. Typisches Zeichen einer CO_2-Retention ist Benommenheit, die in Stupor und Coma mündet. Die Therapie richtet sich nach der Grundkrankheit (Beseitigung von Obstruktion im Respirationstrakt, Tracheotomie, Bronchodilatantien, Expectorantien, antiinfektiöse Mittel).

Metabolische Alkalose (Primärer Anstieg des HCO_3^-). Das pH und HCO_3^- sind erhöht. Bei der metabolischen Alkalose gibt es keine spezifischen Symptome. Sie manifestiert sich häufig in Reizbarkeit, neuromuskulärer Übererregung und in schweren Fällen in normocalcämischer Tetanie. Eine Therapie, die auf das begleitende Defizit an Na^+, K^+, Cl^- und Wasser ausgerichtet ist, wird mit Hilfe oraler

Charakteristische Befunde und mögliche Ursachen bei Störungen des Säure-Basenhaushalts

Zustand	Charakteristische Befunde				Mögliche Ursachen von Störungen
	pH	pCO$_2$	[HCO$_3^-$]	Basenabweichung	
Normbereich	7,40	40	24,0	± 0	
Metabolische Acidose nicht kompensiert teilweise kompensiert vollständig kompensiert	7,28 7,32 7,36	38 33 28	17,7 17,7 17,7	− 8 − 8 − 8	a) Vermehrte Produktion oder vermehrte Zufuhr von (organischen) Säuren (z. B. β-Hydroxybuttersäure, Acetessigsäure, Milchsäure), b) Verminderte renale Wasserstoffionenexkretion (chronische Niereninsuffizienz), c) Verlust bicarbonatreicher Sekrete des Gastrointestinaltraktes (rezidivierende Diarrhoe, Laxantienabusus)
Metabolische Alkalose nicht kompensiert teilweise kompensiert vollständig kompensiert	7,56 7,49 7,42	38 48 58	33,8 33,8 33,8	+10 +10 +10	a) Wasserstoffionenverlust (Erbrechen von saurem Magensaft), Kaliumverlust (Saluretika, Conn-Syndrom) mit kompensatorischem Einstrom von Wasserstoffionen in die kaliumverarmten Zellen, b) Übermäßige (therapeutische!) Bicarbonatzufuhr bei metabolischer Acidose
Respiratorische Acidose nicht kompensiert teilweise kompensiert vollständig kompensiert	7,28 7,34 7,40	65 65 65	24,4 28,7 33,8	± 0 + 5 +10	a) Alveoläre Hypoventilation (Somnolenz, Koma, Kreislaufschock), b) Chronische Form der Ateminsuffizienz (z. B. chronische Bronchitis, Lungenemphysem, Asthma bronchiale), neuromuskuläre Erkrankungen, c) Dämpfung des Atemzentrums durch Medikamente (Morphin, Barbiturate, Phenothiazine)
Respiratorische Alkalose nicht kompensiert teilweise kompensiert vollständig kompensiert	7,58 7,49 7,40	20 20 20	24,4 20,3 16,7	± 0 − 5 −10	a) Alveoläre Hyperventilation (gesteigerte Kohlendioxidabgabe), Fieber, Thyreotoxikose, b) Linksinsuffizienz, dekompensierte Leberzirrhose, nephrotisches Syndrom, Salicylatintoxikation, c) Verdickung der Lungenkapillaren mit Herabsetzung der Sauerstoffdiffusion

oder intravenös gegebener NaCl- und KCl-Lösung durchgeführt. Extreme Alkalose erfordert Ammoniumchloridgaben (bis zu dreimal 1−3 g Ammoniumchlorid/ 24 h oral).

Respiratorische Alkalose (Primäres Absinken des pCO_2). Der pH-Wert im Blut ist erhöht, der pCO_2 erniedrigt. Charakteristisches Symptom ist die Hyperventilation, in deren Folge eine Tetanie auftreten kann.

8. Eisen

Eisenbestand. Das Neugeborene enthält 200−300 mg Gesamtkörpereisen. Unter allmählicher Zunahme während des Wachstums erreicht der Eisenbestand beim Erwachsenen einen Wert von 3−5 g. Einen Überblick über Verteilung und Umsatz des Funktions- und Speichereisens gibt die Tabelle (1 mg Eisen = 17,9 μmol).

Verteilung und Umsatz des Eisens
(Durchschnittswerte)

	Gesamtmenge (mg)	Gesamtmenge (%)	Umsatz (mg/24 h)
Hämoglobin	3000	65	25
Transferrin	3	0,06	35
Knochenmark	125	2,7	35
Ferritin und Hämosiderin in Leber und Milz	800	17,2	1
Myoglobin	400	8,6	3
Organe (Cytochrome, Enzyme, nicht identifiziert)	300	6,4	
Intestinaltrakt	2	0,04	1
Total	4630	100	

Eisenresorption. Die pro Tag aufgenommene Eisenmenge von 1 mg stellt etwa 10% des in der Nahrung enthaltenen Eisens dar. Zweiwertiges Eisen wird besser resorbiert als dreiwertiges Eisen. Für die Resorption, die vorwiegend im Duodenum und oberen Jejunum über ein aktives Transportsystem erfolgt, muß Fe^{3+} zu Fe^{2+} reduziert werden. Reduktion und Resorption werden begünstigt durch thiolhaltige Verbindungen (Cystein, cysteinhaltige Proteine) und Ascorbat, während unlösliche Eisensalze bildende Anionen (Phytat, Phosphat) die Aufnahme verhindern. Das Mucosatransportsystem zeigt hohe, jedoch keine absolute Spezifität für Eisen. Mangan, Cobalt, Nickel, Chrom und Zink können über das gleiche Transportsystem aufgenommen werden und die Eisenresorption kompetitiv hemmen. Die Funktionsfähigkeit des intestinalen Eisentransports ist von einem intakten Stoffwechsel der Mucosazelle abhängig. Inhibitoren der Proteinbiosynthese (Zykloheximid, Aktinomycin D) unterbinden die Eisenresorption, Syntheseinduktoren wie z. B. Phenobarbital, aber auch endogene Faktoren wie Anämie, Hypoxie und Gravidität vermögen sie zu steigern.

Nach der Aufnahme in die Mucosazelle kann das zweiwertige Eisen durch energieabhängigen Transport direkt an das Blut abgegeben werden. Nach Oxidation durch die im Serum vorhandene Ferroxidase I, die mit dem Caeruloplasmin identisch ist, wird das Fe^{3+} von dem eisenbindenden Trägerprotein des Blutplasmas, dem **Transferrin**, übernommen.

Eisen, das nicht unmittelbar ins Plasma übertritt, wird in der Zelle an **Apoferritin** gebunden, das bis zu 25% seines Gewichts an Eisen aufnehmen kann. Mit Eisen beladenes Apoferritin wird als **Ferritin** bezeichnet. Im Ferritin liegt dreiwertiges Eisen als Einschlußverbindung z.T. als Phosphat bzw. Hydroxyl, z.T. an Sulfhydrylgruppen des Apoferritins gebunden vor.

Eisentransport im Blutserum. Die Transferrinkonzentration beim Erwachsenen beträgt 2,4–2,8 g/l (0,24–0,28 g/100 ml) Plasma. Die Gesamtmenge von 7–15 g Transferrin ist beim Menschen zu etwa gleichen Teilen auf Plasma und Extrazellulärraum verteilt.

Ein Transferrinmolekül (Mol.-Gew. $8,3-9 \times 10^4$) besitzt zwei Bindungsstellen für Eisen, die mit A und B bezeichnet werden. Das an A gebundene Eisen wird vorwiegend an die Retikulozyten bzw. an Hämoglobin synthetisierende Erythrozytenvorstufen abgegeben, die Bindungsstelle B überträgt ihr Transporteisen hauptsächlich an Speicherzellen des retikuloendothelialen Systems. Der Eisentransferrinkomplex besitzt eine rosarote Farbe.

Die Eisenkonzentration im Plasma bzw. Serum beträgt bei Männern 8,95–32,2 µmol/l (50–180 µg), bei Frauen 12,5–26,9 µmol/l (70–150 µg/100 ml). Das gesamte zirkulierende Eisen ist an Transferrin gebunden, doch wird hierfür etwa nur $1/3$ des Plasmatransferrins benötigt, $2/3$ stehen als Transportreserve zur Verfügung und werden als **latente Eisenbindungskapazität** bezeichnet. Die Summe von Plasmaeisen und nichteisengesättigtem Transferrin wird als **totale Eisenbindungskapazität** bezeichnet (normal 50,1–71,6 µmol/l, 280–400 µg Fe/100 ml Plasma).

Ferritin im Blutserum. Ferritin kommt als Speicherform für Eisen in höherer Konzentration in Hepatozyten, Milz, Knochenmark (40–600 µg/g Gewebe) vor, ist aber auch im Plasma in einer Konzentration von 50–250 µg/l nachweisbar.

Da das Serumferritin sich als zuverlässiger Parameter für den Sättigungsgrad der Eisenspeicher des Organismus erwiesen hat, ist der Ferritingehalt im Plasma ein Maßstab für die verfügbaren Eisendepots des Körpers und unabhängig vom Gehalt des Transferrin-gebundenen Plasma-Eisens.

Die Bestimmung des Ferritins erlaubt eine Differenzierung von Anämien unterschiedlicher Genese (S. 224, 229). Bei absolutem Eisenmangel ist die Ferritinkonzentration im Plasma immer herabgesetzt. Bei den sogenannten Sekundäranämien

(Infektanämie, Tumoranämie) ist die Ferritinkonzentration oft erhöht und Ausdruck einer herabgesetzten Hämoglobinsynthese, weil die Mobilisierung der Eisendepots blockiert ist. Bei toxischen oder entzündlichen Lebererkrankungen, ferner bei myeloischen Leukämien, ist der Ferritingehalt des Serums oft drastisch erhöht.

Bei der Transfusionshämosiderose ist die steigende Ferritinkonzentration des Serums ein Maß für die fortschreitende Eisenablagerung in Organen und Geweben.

Die Pathobiochemie des Eisenstoffwechsels faßt das nachfolgende Schema zusammen.

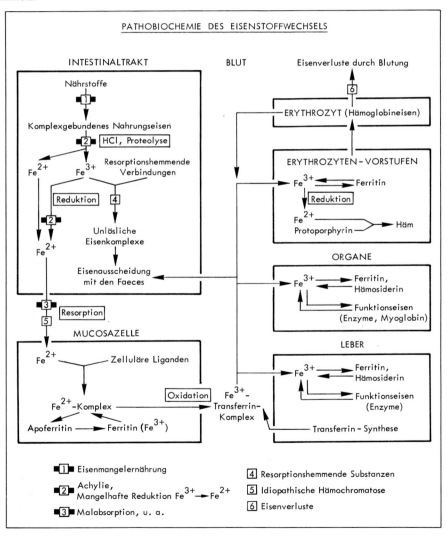

Eisenmangel. Eisenresorption und Eisenausscheidung bilden eine ausgeglichene Bilanz (0,5-1 mg Eisen/24 h). Die Eisenausscheidung erfolgt durch den Darm (500 µg/24 h), mit dem Urin (100 µg/24 h) und mit dem Schweiß (100 µg/24 h). Da der Eisenstoffwechsel durch hohe Ökonomie gekennzeichnet ist — von dem beim Abbau freiwerdenden Hämoglobineisen werden 95% (24 mg/24 h) erneut für einen eisenabhängigen Syntheseprozeß verwendet — tritt Eisenmangel nur sehr langsam ein. Bei negativer Eisenbilanz greift der Organismus zunächst auf seine Ferritin- und Hämosiderindepots (s. u.) zurück, wobei ein Abbau der Eisenspeicher die Eisenresorption aus dem Darm stimuliert. Bei anhaltend negativer Eisenbilanz tritt ein Eisenmangel ein (Kap. Blut, S. 223), der folgende Ursachen haben kann:

- Zu geringes Eisenangebot mit der Nahrung wird bei Vegetariern, bei extremen Kaffee- und Teetrinkern (eisenbindende Gerbsäure) beobachtet.
- Mangelhafte Resorption (Malabsorptions-Syndrom, Sprue, blinde Schlinge, Anacidität).
- Blutverluste. Vor allem chronische Blutverluste (peptische Ulcera, Varizen, Colitis ulcerosa, Hypermenorrhoe, Morbus Osler-Weber-Rendu) begünstigen einen Eisenmangel (1 ml Blut enthält 0,5 mg Eisen).
- Erhöhter Bedarf liegt während der Gravidität vor, bei der eine tägliche Eisenzufuhr von 0,8−1,0 g empfohlen wird.
- Bakterielle Infektionen beantwortet der Organismus mit einer Reduktion der Abgabe von Eisen aus den Speicherzellen in das Serum. Die resultierende infektionsbedingte **Hypoferrämie** (Hyposiderinämie) bewirkt einen Rückgang der Hämsynthese und limitiert damit die Erythrozytenbildung, die Ursache der **Anämie bei chronischen Infektionen** ist (sog. Sekundäranämie). Die infektionsbedingte Hypoferrämie bedarf keiner Eisensubstitution. Sie bliebe sogar effektlos, da in diesen Fällen Eisen in ausreichender Menge in den Speichern vorhanden ist, jedoch nicht mobilisiert wird. Vielmehr wird die infektionsbedingte Hypoferrämie als Abwehrreaktion angesehen. Dies steht in Übereinstimmung mit der Beobachtung, daß ein Serum um so stärker bakteriostatisch wirkt, je geringer das darin enthaltene Transferrin mit Eisen gesättigt ist.

Hämosiderose und Hämochromatose. Das nicht unmittelbar als Funktionseisen benötigte Eisen wird als **Ferritin** bzw. **Hämosiderin** abgelagert. Diese Speicherform des Organeisens findet man vorwiegend im Leberparenchym und im retikuloendothelialen System. Von dem Gesamtspeichereisen (etwa 0,7 g) enthält die Leber 0,2−0,5 g. Im Gegensatz zum Ferritin ist das Hämosiderin eine unlösliche, noch nicht näher untersuchte Eisenproteinverbindung, deren Eisengehalt etwa 35% beträgt.

Ein Eisenüberangebot mit der Nahrung bzw. mit Getränken oder durch Transfusionen bzw. eine vermehrte Eisenresorption führen zu Eisenspeicherung. Liegt lediglich eine vermehrte Eisenspeicherung ohne funktionelle Störung vor, so bezeichnet man diesen Zustand als **Hämosiderose.** Eine massive zelluläre Einlagerung von Eisen, vor allem in Leber, Pankreas, Herz und endokrinen Organen, verbunden mit einem Anstieg des Gesamteisenbestands und Funktionseinbuße der betroffenen Organe, kennzeichnet das Symptomenbild der **Hämochromatose,** bei der pathogenetisch zwei verschiedene Formen unterschieden werden:

- Bei der **primären idiopathischen Hämochromatose** führt eine ständig erhöhte Resorption (bis zu 2–4 mg/24 h) zu einer allmählichen zellulären Akkumulation von Eisen, so daß der Gesamteisenbestand schließlich 75 g, d. h. das etwa 15fache der Norm betragen kann. Die primäre Störung kann in einem Defekt des Resorptionsvorgangs oder in erhöhter Eisenaffinität der Organe mit sekundär erhöhter intestinaler Resorption liegen. Das Eisen wird als Hämosiderin abgelagert. Als Folge der pathologischen Speicherung treten Gewebsschäden auf, die vor allem die Leber (Zirrhose), das Pankreas (70% der Patienten weisen einen Diabetes mellitus auf), weitere endokrine Organe und Herzmuskel (Herzinsuffizienz, Arrhythmien bei 57% der Patienten) betreffen. In der Haut bildet sich eine charakteristische Bronzepigmentierung aus, die nicht nur durch eingelagertes Eisen, sondern auch durch übermäßige Melaninsynthese (Melanodermie) bedingt ist. Neben der Leberbiopsie geben diagnostische Hinweise das erhöhte Serumeisen (> 200 µg/dl) und Serumferritin und die gleichzeitig verminderte oder völlig fehlende latente Eisenbindungskapazität.

Die primäre idiopathische Hämochromatose ist ein erbliches Leiden, das überwiegend Männer zwischen dem 40. und 60. Lebensjahr befällt. Die Langzeitbehandlung (Monate bis Jahre) erfordert wöchentliche Aderlässe von etwa 500 ml, bei denen je 250 mg Fe entfernt werden. Die damit erreichbare Entleerung der Eisendepots läßt sich durch die Abnahme des Serumferritins kontrollieren und erhöht die Lebenserwartung.

Neben der primären idiopathischen wurde eine **idiopathische perinatale Form** beschrieben, die einen absoluten Letalfaktor darstellt.

- Die **sekundäre Hämochromatose** entsteht durch ein permanent erhöhtes Eisenangebot mit Nahrungsmitteln, die in Eisengefäßen zubereitet werden, ferner durch eisenhaltiges Trinkwasser oder alkoholische Getränke (insbesondere Wein, der bis zu 50 mg Eisen/l enthalten kann), die auch eine Leberzirrhose begünstigen. Auch gehäufte Bluttransfusionen können Ursache einer Eisenüberladung („iatrogene Hämochromatose") sein.

Atransferrinämie. Vom Transferrin (Siderophilin) sind zahlreiche Plasmaproteinvarianten bekannt (S. 47). Bei der Hypotransferrinämie bzw. Atransferrinämie wird das resorbierte Eisen unspezifisch an Plasmaproteine gebunden und wandert in das Gewebe ab. Folgen sind Hämosiderineinlagerungen, die der Hämochromatose entsprechen, sowie eine eisenrefraktäre sideropenische Anämie, da das Plasmaeisen nicht in ausreichender Menge an die hämatopoetischen Erfolgsorgane gelangt.

9. Kupfer

Der Gesamtbestand des Kupfers beim Menschen beträgt 0,1–0,15 g, der tägliche Bedarf 1–2 mg Kupfer, die im oberen Dünndarm resorbiert werden. Die Serumkupferkonzentration beträgt 12,0–20,4 µmol/l (80–130 µg/100 ml). Hiervon sind 96% an das mit der α_2-Globulinfraktion des Serums wandernde Caeruloplasmin festgebunden, während 4% locker an das Serumalbumin assoziiert sind. Das Caeruloplasmin ist ein Protein mit einem Mol.-Gew. von 151 000 und bindet 8 Cu^{2+}/mol (entsprechend einem Kupfergehalt von 0,34%). Das Kupfercaeruloplasmin hat eine blaue Farbe, es besitzt die enzymatische Aktivität einer Phenoloxidase (Ferroxidase I, S. 123), die zu seiner quantitativen Bestimmung ausgenutzt wird.

Kupfer ist Bestandteil zahlreicher Enzyme (Cytochrom a, Tyrosinase, Ascorbinsäureoxidase, Uricase, Lysyloxidase, S. 346) und der Superoxid-Dismutase der Erythrozyten, die das bei der Oxidation des Hämoglobins zu Methämoglobin entstehende Superoxidradikal zu $O_2 + H_2O_2$ umsetzt (S. 227).

Wilsonsche Erkrankung (Hepatocerebrale Degeneration, Hepatolentikuläre Degeneration). Der Morbus Wilson ist durch exzessive Kupferspeicherung in der Leber gekennzeichnet, die später nach Überschreitung des Speichermaximums zu einer Beteiligung anderer Organsysteme führt. Die Stoffwechselerkrankung wird autosomal-rezessiv vererbt und kommt ausschließlich bei homozygoten Krankheitsträgern vor. Die Frequenz beträgt $1-2 \cdot 10^5$. Der Defekt bei M. Wilson besteht in dem fehlenden oder verminderten Einbau des Kupfers in das Caeruloplasmin, dessen Synthese in der Leber vermindert und dessen Kupferbindungsfähigkeit herabgesetzt ist. Als Folge ist der Kupferserumspiegel erniedrigt, der nicht an das Caeruloplasmin gebundene Anteil des Kupfers im Serum und die Kupferausscheidung sind dagegen vermehrt (> 157 µmol/l und > 1000 µg/24 h).

Die bei der Wilsonschen Erkrankung positive Kupferbilanz führt zur Akkumulation des Kupfers in der Leber, in deren Folge sich eine Zirrhose entwickelt. Charakteristisch sind weiter Kupferablagerungen in der Descemetschen Membran am Cornealrand (Kayser-Fleischersche Ring), eine Kupferablagerung im Zentralnervensystem (Corpus striatum, Putamen, Globus pallidus, Cerebellum) sowie in Nieren und (in geringem Maße) im Myocard. Die Kupfereinlagerung in den Basalganglien ist mit degenerativen Veränderungen und entsprechender extrapyramidaler Symptomatologie verbunden.

Eine Synopsis biochemischer Befunde beim M. Wilson ist der Tabelle zu entnehmen (1 mg Kupfer = 15,7 µmol).

Biochemie des Kupferstoffwechsels und Störungen bei Morbus Wilson

	Normal		M. Wilson
Intestinale Cu^{2+}-Resorption (µg/24 h)	300–600	N	(300– 600)
Plasmakupfer (µg/dl)	70–150	↓	(10– 110)
Caeruloplasmin im Serum (mg/dl)	20– 45	↓	(< 20)
Kupfergehalt der Leber (µg/g T. G.)	< 50	↑	(250–2000)
Kupferausscheidung mit Urin (µg/24 h)	< 50	↑	(100–4000)
Kupferausscheidung mit Faeces über Galle (µg/24 h)	285–550	↓	

Eine **Therapie** mit Caeruloplasmin bessert das Leiden nicht. Durch die Gabe von D-Penicillamin (1–2 g/24 h) kann ein Teil des Organkupfers wieder über die Nieren zur Ausscheidung gebracht werden. Das D-Penicillamin hat nicht nur die Fähigkeit, mit Schwermetallen lösliche Chelate zu bilden, sondern wirkt auch der Kollagensynthese durch Hemmung der Vernetzungsreaktion (S. 349) und damit der Zirrhosetendenz der Leber entgegen, entfaltet jedoch Nebenwirkungen (gastrointestinale Unverträglichkeit, Thrombopenie, Leukopenie und Hautsymptome), die seine Anwendung einschränken.

Caeruloplasmin im Serum. Östrogenzufuhr (Kontrazeptiva) und Gravidität führen zu einer Steigerung des Caeruloplasmingehalts im Serum bis auf das doppelte oder dreifache der Norm, während Androgene keine sicheren Veränderungen bewirken. Stark erhöhte Werte werden ferner bei Infektionen, gesteigerter Myelopoese (myeloische Leukämie, Mononucleose), bei Lymphogranulomatose und bei Abflußbehinderung in den Gallengängen gefunden.

Mencke-Syndrom (S. 348)

10. Zink

Der Normbereich des Zinks im Blutplasma beträgt 11–17 µmol/l (70–110 µg/dl) bei normalem Albuminspiegel. Ungefähr 10 µmol repräsentieren eine Transportfraktion, die relativ locker an Albumin gebunden ist, während etwa 5 µmol fest an α_2-Makroglobulin (durchschnittlich 2 Zinkatome pro α_2-Makroglobulin Molekül) gebunden werden.

Die bei experimentellem Zinkmangel an Versuchstieren gewonnenen Symptome ließen sich beim Menschen nicht nachweisen. Obwohl ein günstiger Einfluß von Zink auf die Wundheilung als gesichert gilt, gibt es keine Hinweise für einen Zinkmangel bei verzögerter Wundheilung.

Bei der **Akrodermatitis enterohepatica** ist die intestinale Zinkresorption verringert, die Ausscheidung dagegen normal, so daß die Plasma-Zink-Konzentration erniedrigt ist. Die Krankheit läßt sich durch Zufuhr von Zinkpräparaten behandeln.

11. Blei

Blei wird im Organismus vor allem durch den Verdauungskanal aufgenommen. Auch eine Aufnahme mit der Atemluft (Abgase von Verbrennungsmotoren) ist möglich. Die tägliche Aufnahme von Blei mit der Nahrung beträgt < 400 µg, wovon etwa 5–10% resorbiert und hauptsächlich im Skelettsystem deponiert werden. Bis zum 50. Lebensjahr erfolgt eine langsame Bleiakkumulation, die Elimination erfolgt mit dem Urin und mit den Faeces, das im Skelettsystem abgelagerte Blei ist jedoch nur langsam mobilisierbar.

Der Gehalt an Blei im Vollblut gibt eine zuverlässige Information über den Grad einer Bleiexposition während der vorausgegangenen Wochen. Alle Werte < 2 µmol/l (40 ng/ml) gelten als Normwerte bei normaler Exposition. Bei Werten zwischen 3 und 4 µmol/l (60–80 ng/ml) können klinische Symptome auftreten.

Dem Blei wird keine Funktion im normalen Stoffwechselumsatz zugeschrieben, aufgrund seiner Fähigkeit zur Komplexbildung mit SH-Gruppen spielt es jedoch als Enzyminhibitor eine Rolle. Betroffen sind vor allem die Porphyrinbiosynthese (S. 235), die Funktion der Erythrozyten und das Nierentubulussystem, da das mit dem Urin ausgeschiedene und im Tubulussystem zurückresorbierte Blei die Tubuluszellfunktion schädigt. Damit wird das Symptom einer allgemeinen Aminoacidurie erklärt. Die Hemmung der Aktivität der distalen Tubuluszellen läßt weiterhin die Blutharnsäure ansteigen („Bleigicht"), da die normale tubuläre Sekretion von Urat abnimmt. Weitere Symptome einer Bleiintoxikation, die das gastrointestinale System und zentrale Nervensystem betreffen, erhält man nur bei hochgradigen Intoxikationen.

Als Suchtest für eine Bleivergiftung wird die Konzentration der mit der Urin ausgeschiedenen δ-Aminolävulinsäure eingesetzt. Sind deren Werte normal 1–2 mg/24 h), kann eine Bleieinwirkung mit großer Wahrscheinlichkeit ausgeschlossen werden.

Eine Belastung mit 1 g Calcium-EDTA intravenös zusammen mit einer Analyse des Bleis im 24 h-Urin kann eine abnorme Bleieinlagerung im Skelett aufdecken. Die Normalausscheidung ist < 80 µg Blei/l Harn.

B. Stoffwechselregulation

I. Hormone

II. Vitamine und Coenzyme

I. Hormone

1. Mechanismus der Hormonwirkung

Hormone sind Regulationsstoffe (Wirkstoffe), die vom Organismus selbst – oft in anatomisch abgegrenzten, sogenannten endokrinen Organen – produziert werden, auf dem Blutwege ein oder mehrere Erfolgsorgane erreichen und deren Stoffwechsel in charakteristischer Weise beeinflussen. Für die Wirkung eines Hormons sind nur sehr geringe Konzentrationen (meist weniger als 10^{-8} M) notwendig, die je nach Molekulargewicht < 1 µg bis einige mg betragen.

Klassifizierung. Die nachfolgende Zusammenstellung gibt eine Einteilung der Hormone nach ihrem Bildungsort. Für die Darstellung ihrer Wirkung ist von Bedeutung, daß die Releasinghormone (Hypothalamus), die glandotropen (Hypo-

Klassifizierung von Hormonen

1. **Neurosekretorische Hormone des Hypothalamus (Releasing Hormone, Liberine) und der Neurohypophyse**
   Produktion im Hypothalamus bzw. in Neurohypophyse
   Bildungsort und Wirkungsort voneinander entfernt
   Wirkung auf Hypophysenvorderlappen (Liberine) bzw. Organe (Neurohypophyse)

2. **Glandotrope (adenotrope) Hormone**
   Produktion im Hypophysenvorderlappen bzw. Plazenta
   Bildungsort und Wirkungsort voneinander entfernt
   Wirkung auf endokrine Organe
   Beispiele: ACTH, STH, TSH, FSH, LH, ICSH, CG

3. **Glanduläre Hormone**
   Produktion in endokrinen Organen (Hypophysenvorderlappen, Nebenniere, Schilddrüse, Nebenschilddrüse, Pankreas, Testes, Ovar, Plazenta, Zirbeldrüse, Thymus)
   Bildungsort und Wirkungsort voneinander entfernt
   Wirkung auf Erfolgsorgane

4. **Gewebshormone**
   Produktion vorwiegend im Intestinaltrakt (Magen, Dünndarm)
   Bildungsort und Wirkungsort in der Nähe oder entfernt
   Beispiele: Gastrin, Pankreozymin, Sekretin, GIP, VIP

5. **Mediatorstoffe**
   Produktion in Organen oder im Blutplasma
   Bildungsort und Wirkungsort in der Nähe oder entfernt
   Beispiele: Angiotensinogen, Angiotensin, Kinine, Histamin, Serotonin, Prostaglandine, Leukotriene, Neurotransmitter

physenvorderlappen) und glandulären Hormone (endokrine Organe) in zahlreichen Fällen eine Funktionseinheit bilden und ihre Wirkung über Regelkreise gesteuert wird.

Eine Klassifizierung der Hormone nach ihrer chemischen Struktur würde zu einer Unterteilung in

- Steroidhormone (Glucocorticoide, Mineralocorticoide, Androgene, Gestagene, Östrogene)
- von Aminosäuren abgeleitete Hormone (Katecholamine, Schilddrüsenhormone, Serotonin, Histamin, γ-Aminobuttersäure, Melatonin)
- von Fettsäuren abgeleitete Hormone (Prostaglandine, Leukotriene) und
- Peptid- oder Proteohormone (alle übrigen Hormone)

führen. Beziehungen zwischen chemischer Struktur und Stoffwechselwirkung lassen sich durch diese Einteilung jedoch nicht herstellen.

Wirkungsweise. Der eigentliche Wirkungsort eines Hormons ist die Zelle des Erfolgsorgans, dessen Stoffwechsel durch das Hormon in charakteristischer Weise beeinflußt wird. Nach ihrem Wirkungsmechanismus und den zeitlichen Unterschieden ihres Wirkungseintritts lassen sich zwei Mechanismen der Hormonwirkung unterscheiden (Schema).

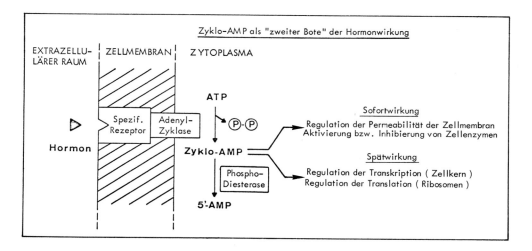

1. *Aktivierung oder Hemmung von Enzymen durch Zyklo-AMP.* Zahlreiche Hormone wirken fast augenblicklich (innerhalb 30–60 sec), indem sie mit einem an den Membranen der Zellen des Erfolgsorgans lokalisierten spezifischen Rezeptor reagieren und dadurch eine Aktivierung der ebenfalls membrangebundenen Adenyl-Zyklase auslösen. Unter der Wirkung der Adenyl-Zyklase kommt es zu einem Anstieg der intrazellulären Konzentration von Zyklo-AMP (3′, 5′-AMP),

das als allosterischer Aktivator auf Enzyme wirkt, die wiederum nachgeordnete Enzyme durch (ATP-abhängige) Phosphorylierung in ihrer Aktivität steigern oder hemmen (Kinasen). Über einen noch nicht geklärten Mechanismus vermag Zyklo-AMP weiterhin zu einer unmittelbaren Steigerung der Zellpermeabilität zu führen.

Eine ähnliche Wirkung wie das Zyklo-AMP besitzt das **Zyklo-GMP,** das in der Guanyl-Zyklase-Reaktion unter Einwirkung von Hormonen aus GTP entsteht und durch Aktivierung von Protein-Kinasen ebenfalls an Regulationen im Zellstoffwechsel beteiligt ist.

Die Organspezifität der über Zyklo-AMP bzw. Zyklo-GMP wirksamen Hormone kommt dadurch zustande, daß lediglich das Erfolgsorgan den hormonspezifischen Rezeptor besitzt. Da die Hormonspezifität bei diesem Mechanismus am Zellrezeptor endet, und die dadurch ausgelösten Sekundärreaktionen für alle Hormone nach dem Prinzip der Zyklo-AMP-Wirkung ablaufen, hat man das Zyklo-AMP auch als „Zweiten Boten der Hormonwirkung" (second messenger) bezeichnet. Der Abbau des Zyklo-AMP zu 5'-AMP erfolgt durch eine Phosphodiesterase. Die intrazelluläre Zyklo-AMP-Konzentration ist die Resultante der durch die Adenylzyklase katalysierten Biosynthese des Zyklo-AMP und dessen Abbau durch die Phosphodiesterase. Das Verhältnis der Aktivität dieser beiden Enzyme, das wiederum einer hormonellen Regulation unterliegt, entscheidet über Wirkungsintensität und Wirkungsdauer des Zyklo-AMP (Tabelle).

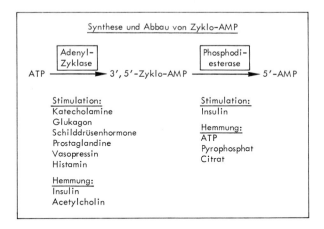

Mit der Aktivierung der Adenyl-Zyklase, die durch Bindung eines Hormons an einen zellspezifischen Rezeptor erfolgt, kann eine erhöhte Aufnahme von Calcium in die Zelle verbunden sein. Innerhalb der Zelle liegt Calcium z.T. in komplexer Bindung an **Calmodulin** vor. Der Calcium-Calmodulin-Komplex ist an der Regulation der Aktivität zahlreicher Enzyme (u.a. Adenylzyklase, Phosphodiesterase, Proteinkinasen) beteiligt.

2. *Induktion oder Repression von Enzymen.* Unter der Wirkung vieler Hormone läßt sich auch eine Steigerung oder Hemmung der Protein-(Enzym-)Synthese nachweisen. Dieses Regelprinzip kann sekundär als Folge einer erhöhten intrazellulären Zyklo-AMP-Konzentration eintreten (a), aber auch − über einen ganz anderen Wirkungsmechanismus − durch Steroidhormone ausgelöst werden (b).

a) Die Synthese hormonspezifischer Proteine kann dadurch eingeleitet werden, daß Zyklo-AMP eine Histon-Kinase aktiviert, die ihrerseits ein DNA-gebundenes (lysinreiches) Histon phosphoryliert. Dabei wird ein Phosphorsäurerest innerhalb des Histonmoleküls esterartig an einen Serinrest gebunden. Durch die Phosphorylierung wird die Wechselwirkung zwischen DNA und Histon so verändert, daß der entsprechende DNA-Abschnitt für eine Transkription des Codes freigegeben (dereprimiert) und eine RNA- und Proteinbiosynthese ausgelöst wird. Zyklo-AMP kann jedoch auch eine Protein-Kinase aktivieren, die ein ribosomales Protein phosphoryliert, und somit die Proteinbiosynthese in der Phase der Translation beeinflussen. Das synthetisierte Protein (z. B. Enzymprotein) ist die zellspezifische Antwort auf die Wirkung des Hormons.

b) Wirkungsweise der Steroidhormone. Steroidhormone erreichen ihre Erfolgsorgane auf dem Blutweg und werden dabei durch ein spezifisches steroidbindendes Protein der Bluteiweißkörper transportiert. Am Erfolgsorgan wird das Steroidhormon von einem **zytoplasmatischen Rezeptorprotein** übernommen, das mit dem Steroidhormon unter Konformationsänderung reagiert. Der „aktivierte" Steroidhormonrezeptor-Komplex gelangt durch das Zytoplasma in den Zellkern, wo er sich an ein Chromatinprotein mit spezifischen Akzeptoreigenschaften anlagert, das dabei von der DNA abgelöst wird. Die Ablösung des Chromatinproteins kann als Genaktivierung (mit der Folge einer RNA- und Proteinbiosynthese) interpretiert werden. Der aus Steroidhormonen, zytoplasmatischem Rezeptor und Chromatinprotein bestehende Dreierkomplex gelangt anschließend ins Zytoplasma, das Hormon verläßt − vermutlich nach chemischer Veränderung − die Zelle, der zytoplasmatische Rezeptor steht zur Wiederverwendung zur Verfügung.

Zytoplasmatische Rezeptoren für verschiedene Steroidhormone können in den Erfolgsorganen nebeneinander − möglicherweise sogar in derselben Zelle − vorkommen. Dies erklärt die Organspezifität, aber auch die antagonistische und synergistische Wirkung von Steroidhormonen.

Die z.T. bessere Wirksamkeit synthetischer Steroidhormone beruht auf einer erfolgreichen Konkurrenz der synthetischen Steroide um die Bindung an den zytoplasmatischen Rezeptor.

Regulation der Hormonwirkung. Im Interesse einer Konstanz des Stoffwechsels ist die Wirkung der Hormone bezüglich Intensität und Dauer einer präzisen Kontrolle unterworfen. Eine solche Kontrolle wird erreicht durch Regulation der Bildung, Ausschüttung und des Abbaus der Hormone.

Für einige Hormone übernimmt das Nervensystem durch noch unbekannte Mechanismen die Kontrolle ihrer Bildung und Ausschüttung. Für andere Hormone und die sie produzierenden endokrinen Organe existieren übergeordnete Hormone. Abhängige und übergeordnete Hormone bilden Regelkreise, mit deren Hilfe ihre Bildung und Ausschüttung gesteuert werden. Auch Stoffwechselprodukte, die unter dem Einfluß der Hormone entstehen, können rückwirkend die Aktivität der Hormondrüse beeinflussen (Schema).

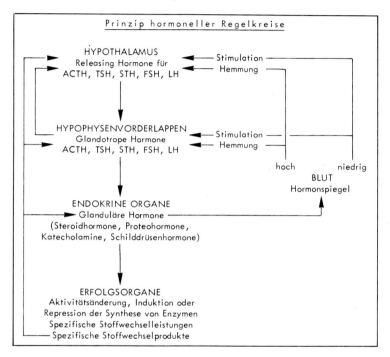

2. Klinisch-chemische Diagnostik in der Endokrinologie

Als Regulatoren des Intermediärstoffwechsels, des Wasser- oder Elektrolythaushalts, des Wachstums, der sexuellen Entwicklung und der Sexualfunktion sind die Hormone lebenswichtige endogene Wirkstoffe, deren völliges Fehlen in vielen Fällen zum Tode führt. Ebenso verursacht die Überproduktion an Hormonen krankhafte Erscheinungen.

Für die Diagnose einer Unterfunktion oder Überfunktion von Hormondrüsen stehen verschiedene Methoden zur Verfügung:

- Die direkte quantitative Bestimmung des Hormons im Blutplasma mit Hilfe des Radioimmunassay oder Enzymimmunassay bzw. der kompetitiven Proteinbindungsanalyse (s. u.).

- Die Bestimmung anorganischer oder organischer Inhaltsbestandteile des Blutplasmas, deren Konzentration sich infolge einer gestörten Hormonproduktion ändert (z. B. Na^+, K^+, Cl^-, Ca^{2+}, Phosphat, Glucose).
- Nachweis und Bestimmung eines charakteristischen Hormonabbau- bzw. -ausscheidungsprodukts (z. B. 17-Hydroxycorticosteroide, 17-Ketosteroide (S. 179), Vanillinmandelsäure (S. 149), 5-Hydroxyindolessigsäure (S. 193)).

Radioimmunassay. Der Radioimmunassay gehört zu den empfindlichsten, spezifischsten und genauesten Analyseverfahren, die in der klinischen Chemie verfügbar sind. Die Spezifität des Radioimmunassay ist durch die dieser Bestimmungsmethode zugrundeliegenden Antigen-Antikörper-Reaktion gegeben, die Empfindlichkeit drückt sich darin aus, daß Antigenmengen in einer Größenordnung von 10^{-12} bis 10^{-15} g noch nachweisbar sind, die Präzision ergibt sich aus der Genauigkeit der Messung von Radioaktivitäten.

Der Radioimmunassay basiert auf dem Phänomen, daß radioaktiv markiertes und nicht markiertes Antigen, die sich immunologisch nicht voneinander unterscheiden, um die Bindung an den für sie spezifischen Antikörper konkurrieren. Da die Reaktion reversibel ist und dem Massenwirkungsgesetz gehorcht, stellt sich in Lösung ein für die Reaktionspartner charakteristisches Gleichgewicht zwischen freiem (markiertem bzw. nicht markiertem) Antigen und freiem Antikörper einerseits, sowie dem Antigen-Antikörper-Komplex andererseits ein. Da beim Radioimmunassay immer mit einer limitierten Menge von Antikörpern gearbeitet wird, liegt neben dem Antigen-Antikörper-Komplex stets noch freies (radioaktiv markiertes bzw. nicht markiertes) Antigen vor, das von dem Antigen-Antikörper-Komplex abgetrennt wird, und dessen Radioaktivität ein Maß für die Konzentration des gesuchten, nicht markierten Antigens darstellt. Durch Eichkurven läßt sich für jedes Testsystem die Menge des in einer Probe enthaltenen Antigens ermitteln.

Neben der endokrinologischen Diagnostik gibt es zahlreiche Anwendungsgebiete des Radioimmunassay. Er läßt sich nicht nur auf klassische Antigene (Proteine, Peptide), sondern auch auf andere Stoffgruppen (Steroide, Arzneimittel u. a.) anwenden. Eine Übersicht ergibt die Tabelle.

Enzymimmunassay. Kap. Enzyme (S. 19).

Kompetitive Proteinbindungsanalyse. Eine Reihe von Hormonen ist im Plasma an spezifische Proteine gebunden. Die Bindungskapazität liegt meist in der Größenordnung der physiologischen Hormonkonzentration im Blut. Beispiele sind das Thyroxin-bindende Globulin (TBG, S. 146), das Cortisol- und Progesteron-bindende Globulin (Transcortin, S. 167) und das Testosteron- und Östradiol-bindende Globulin (Sexualhormon-bindendes Globulin, S. 182). Die spezifische Affinität der Proteine läßt sich für eine quantitative Bestimmung des betreffenden Hormons im Serum ausnutzen. Hierzu setzt man das zu bestimmende Hormon, das physiolo-

**Anwendungsmöglichkeiten des Radioimmunassay
zur quantitativen Bestimmung von Antigenen (Haptenen)**

1. **Proteine, Peptide**

   Hormone: LH, FSH, TSH, TRH, Prolactin, STH, ACTH, Vasopressin, Ocytocin, MSH, Parathormon, Calcitonin, Insulin, Glukagon, Enteroglukagon, Gastrin, Sekretin, HCG, Erythropoetin, Angiotensin I u. II, Renin, Bradykinin

   Plasmaproteine: Albumin, IgG, IgA, IgM, IgE, Lipoproteine, Thyroxin-bindendes Globulin, Retinol-bindendes Protein, Transferrin u. a.

   Enzyme: Trypsin, α-Chymotrypsin, Pepsinogen, Fructose-1,6-Diphosphatase u. a.

   Mikrobiologische und Tumor-Antigene: α-Fetoprotein, Carcinoembryonales Antigen, Australiaantigen, onkogenes RNA-Virusprotein, Schistosoma-Mansoni-Antigen

2. **Haptene**

   Steroide: Östrogene, Gestagene, Testosteron, Glucocorticoide, Aldosteron u. a.

   Schilddrüsenhormone: T_3, T_4

   Verschiedene: Digoxin, Morphin, Folsäure, Zyklo-AMP, Zyklo-GMP

gischerweise im Blutplasma zu 95% in proteingebundener Form vorliegt, durch Alkoholfällung aus seiner Proteinbindung frei. Das freigesetzte Hormon inkubiert man mit einer (im Handel befindlichen) Lösung, die das radioaktiv markierte Hormon an das spezifische Transportprotein gebunden enthält. Dabei wird ein Teil des radioaktiv markierten Hormons durch das nichtmarkierte freie Hormon aus der Proteinbindung verdrängt. Man bestimmt das Verteilungsgleichgewicht von freiem und gebundenem Hormon, indem man das proteingebundene Hormon entfernt. Die Menge des durch Radioaktivitätsmessung ermittelten freien Hormons ist um so größer, je mehr (nichtmarkiertes) Hormon das zu prüfende Serum ursprünglich enthielt. Einer unter gleichen Bedingungen aufgestellten Eichkurve wird die gesuchte Serumkonzentration des Hormons entnommen.

3. Schilddrüsenhormone und übergeordnete Hormone

Die in der Schilddrüse gebildeten jodhaltigen Hormone Tetrajodthyronin (Thyroxin, T_4) und Trijodthyronin (T_3) sind für regelrechtes Körperwachstum und normalen Stoffumsatz erforderlich. Die Produktion der Schilddrüsenhormone unterliegt einer Kontrolle durch das im Hypophysenvorderlappen gebildete **Thyreoidea-stimulierende Hormon** (TSH, Thyreotropin). Bildung und Ausschüttung des TSH werden durch das im Hypothalamus synthetisierte Thyreotropin-Releasing Hormon (TRH) – ein Tripeptid der Struktur Pyroglutamylhistidylprolinamid – stimuliert bzw. durch das Thyreotropin-Release-Inhibiting-Hormon, das mit Somatostatin (S. 187) identisch ist, gehemmt. Hypothalamus, Hypophysenvorderlappen und Schilddrüse sind über einen Regelkreis miteinander verbunden, der für eine Homöostase des Bluthormonspiegels sorgt (siehe nachfolgende Abbildung).

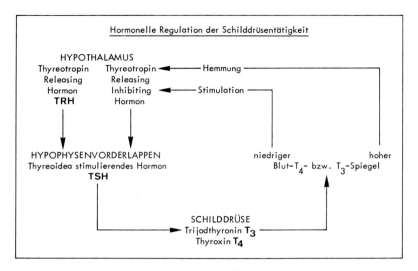

Biosynthese der Schilddrüsenhormone. Bei der Biosynthese der Schilddrüsenhormone wird von der Schilddrüsenzelle Jodid aus dem Blut aufgenommen. Das von der Schilddrüsenzelle angereicherte Jodid wird nach Oxidation zu J_2 zur Biosynthese des Thyreoglobulins verwendet, aus dem die Schilddrüsenhormone T_3 und T_4 durch Proteolyse freigesetzt werden (Biosyntheseschema).

Die Fähigkeit, Jodid auf ein mehrfaches der Serumkonzentration zu akkumulieren, besitzen neben der Schilddrüse auch andere Organe (z.B. Speicheldrüse, Plazenta, Mamma, Magenschleimhaut).

Transport der Schilddrüsenhormone im peripheren Blut. T_4 und T_3 haben nur eine geringe Wasserlöslichkeit. Ihr Transport im Serum erfolgt durch reversible Bindung an Proteine (Tabelle). Funktionell besonders wichtig ist das Thyroxin-bindende Globulin (TBG), das eine weitaus höhere Affinität zu den Schilddrüsen-

Unterschiede in den Eigenschaften der Schilddrüsenhormone

	Thyroxin (T_4)	Trijodthyronin (T_3)
Transport im Plasma	70% Bindung an Thyroxin-bindendes α-Globulin 20% Bindung an Präalbumin 10% lockere Bindung an Albumin	Lockere Bindung an Thyroxin-bindendes α-Globulin
Extrathyreoidaler Pool Relative Wirkung Halbwertszeit (Wirkungsdauer) Umsatz/24 Stdn. Eindringen in Zellen	500 μg 100 7–10 Tage 80 μg langsam, schwer	100 μg 500–1000 2,4 Tage 50 μg rasch, leicht

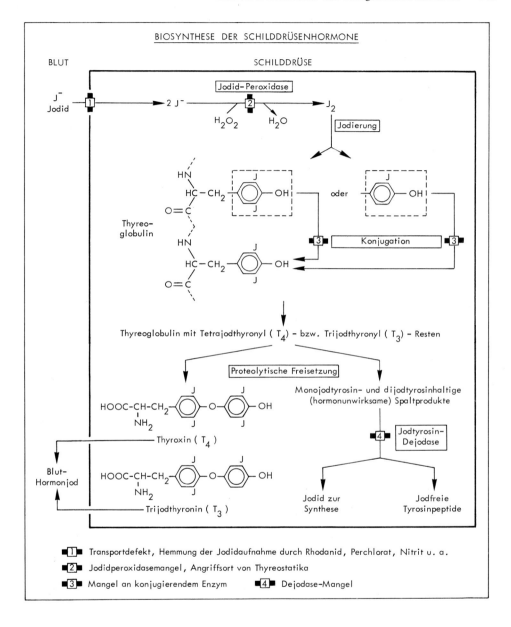

hormonen besitzt als Albumin und Präalbumin, die einen kleinen Teil des Thyroxins binden. Das Verhältnis von freiem zu Protein-gebundenem T_4 folgt dem Massenwirkungsgesetz und beträgt im Serum $< 1:1000$. Biologisch wirksam ist ausschließlich das freie Thyroxin, das allein in der Lage ist, die Zellmembran der Erfolgsorgane zu durchdringen. Da sich bei Thyroxinverbrauch das Gleichgewicht zwischen freiem und Thyroxin-gebundenem Protein im Serum sofort neu einstellt, ist die Menge des Protein-gebundenen Thyroxins ein Maß für die extrathyreoidale Schilddrüsenhormonreserve (s. Schilddrüsenfunktionsdiagnostik).

Stoffwechselwirkungen. Die Stoffwechselwirkungen von T_4 und T_3 sind im Prinzip gleich. Sie unterscheiden sich jedoch bezüglich Transport im Serum, Wirkungsintensität, Wirkungseintritt und Wirkungsdauer. An den Erfolgsorganen kann T_4 durch spezifische Dejodasen in T_3 umgewandelt werden.

T_3 und T_4 beeinflussen Wachstum und Teilung von Zellen und Geweben. Ihr Fehlen führt zu Wachstumsstillstand und Nichtauftreten der epiphysären Ossifikationszentren. Beim erwachsenen Menschen wird der Grundumsatz durch Thyroxin erhöht (bei Thyroxinmangel entsprechend herabgesetzt).

Auf Protein-, Kohlenhydrat- und Lipidstoffwechsel wirken Schilddrüsenhormone dosisabhängig. Während physiologische Dosen zu einer anabolen Stoffwechsellage mit positiver Stickstoffbilanz führen, schlägt dieser Effekt bei hohen Dosen in eine katabole Wirkung mit negativer Stickstoffbilanz und erhöhter Kreatininausscheidung um. Die wachstumsfördernde Wirkung der Schilddrüsenhormone (Pubertätsstruma) bzw. ein Wachstumsstillstand (nach Thyreoektomie) werden dadurch verständlich. Hohe Dosen an Schilddrüsenhormonen haben eine herabgesetzte Glucosetoleranz zur Folge, deren Ursache in einer vermehrten Resorption, einem rascheren Glykogenabbau, Zunahme der Glucose-6-Phosphataseaktivität und erhöhter Adrenalinempfindlichkeit liegen. Unter einem Überangebot von Schilddrüsenhormonen wird ferner eine Einschmelzung der Lipiddepots beobachtet. Da jedoch gleichzeitig ein rascherer Abbau der freigesetzten Fettsäuren sowie eine vermehrte Umwandlung von Cholesterin in Gallensäuren eintritt, sind Blutlipid- und Blutcholesterinspiegel trotzdem erniedrigt. Dieser Effekt (nicht jedoch die übrigen Hormonwirkungen) kommt auch dem stereoisomeren **D-Thyroxin** zu.

TSH wird in den basophilen Zellen des Hypophysenvorderlappens gebildet. Es ist ein Glykoprotein mit einem Mol.-Gew. von 30 000 und einem Kohlenhydratanteil von 8%. Die menschliche Hypophyse enthält etwa 25 mg TSH, eine Einheit sind 13,5 mg. Unter der Wirkung von TSH kommt es zu einer Stimulierung der Schilddrüsentätigkeit, die an einer Gewichtserhöhung der Schilddrüse (Hyperplasie) bzw. an einer histologischen Zunahme der Zellhöhe des Follikelepithels erkennbar ist. Gleichzeitig sind Jodaufnahme, Thyreoglobulinsynthese, Bildung der Schilddrüsenhormone, ihre enzymatische Freisetzung (Aktivierung von Proteasen) und ihre Ausschüttung ins Blut beschleunigt.

Euthyreote Struma. Eine Volumenvermehrung der Schilddrüse bei normaler Synthese von Schilddrüsenhormonen wird als euthyreote Struma (Kropf) bezeichnet. Die Volumenvermehrung ist das Ergebnis einer vermehrten TSH-Sekretion und tritt als Kompensationsmechanismus bei folgenden exogenen bzw. vererbbaren endogenen Störungen ein:

- Ein durch verminderte Jodzufuhr mit der Nahrung bedingter Jodmangel wird durch eine Volumenzunahme der Schilddrüse ausgeglichen, die insgesamt zwar gleich viel Jod enthalten kann wie eine normale Schilddrüse, jedoch eine geringere Jod-Konzentration aufweist.
- Fehlende oder herabgesetzte Fähigkeit zur Akkumulation von Jodid aus dem Blut.
- Fehlende oder herabgesetzte Aktivität der Jodid-Peroxidase mit Ausbleiben der Jodierung von Tyrosinresten.
- Defekt der Konjugase, die Monojod- bzw. Dijodtyrosinreste in einer enzymatischen Reaktion in Trijod- bzw. Tetrajodthyroninreste überführt.
- Zu geringe Aktivität oder fehlende Aktivität der Dejodasen.

Bei der Hormonsynthese entstehen hormonwirksame Verbindungen (3′,5′,3-Trijodthyronin und 3′,3-Dijodthyronin) sowie jodierte Tyrosinreste, deren Jod durch spezifische Dejodasen enzymatisch aus der organischen Bindung freigesetzt und von der Schilddrüse für erneute Synthese nutzbar gemacht wird. Bei einem Mangel an Dejodasen gelangen die hormonunwirksamen jodhaltigen Syntheseprodukte ins Blut. Sie werden ausgeschieden und können schließlich zu einem sekundären Jodmangel führen.

Bei allen diesen Störungen kann durch vermehrte TSH-Sekretion des Hypophysenvorderlappens eine ausreichende Hormonproduktion der Schilddrüse und eine euthyreote Stoffwechsellage aufrechterhalten werden.

Hypothyreose. Bei ungenügender T_4- und T_3-Synthese entwickeln sich Symptome einer Schilddrüsenunterfunktion, die bei Jugendlichen zu Wachstumsstörungen (Zwergwuchs), verzögerter oder ausbleibender geistiger Entwicklung (Schwachsinn) sowie zu Grundumsatzerniedrigung, erniedrigter Körpertemperatur und Kropfbildung führt. Es sind Symptome eines verminderten Katabolismus. Sie äußern sich beim Erwachsenen in einer Verdickung und Schwellung der Haut (Myxödem), Brüchigkeit der Nägel, verminderter Leistungs- und Konzentrationsfähigkeit, gesteigertem Schlafbedürfnis und sekundärer Hyperlipoproteinämie (verminderte Utilisation von Lipoproteinen). Die Schwellung der Haut ist durch eine Vermehrung des Hyaluronatgehalts im subcutanen Bindegewebe bedingt, die durch verlangsamten Abbau zustande kommt. Gleichzeitig ist die Synthese von Dermatansulfat gebremst. Die Ursachen einer Hypothyreose können sein:

- zu geringes Volumen der Schilddrüse (Atrophie) unbekannter Ursache bzw. nach Strumektomie oder Zerstörung des Schilddrüsengewebes (chronische Strumitis),
- fehlende TSH-Stimulation der Schilddrüse infolge von Hypophysentumoren (sekundäre hypophysäre Hypothyreose),
- Synthesestörungen infolge angeborener enzymatischer Defekte,

- schwerer Jodmangel oder
- verminderte periphere Konversion von T_4 nach T_3 bei schweren konsumierenden Allgemeinerkrankungen oder durch Medikamenteneinwirkung (Dexametason, Propylthiouracil). Die Störung gibt sich durch einen erniedrigten T_3-Spiegel im Serum zu erkennen.

Auch nach Hypophysektomie kommt es zur Involution der Schilddrüse, verminderten Jodaufnahme und Hormonsynthese sowie zur Hemmung der Hormonfreisetzung und Abnahme des Hormonjods im Blut.

Hyperthyreose. Die Hyperthyreose ist durch eine Überproduktin von T_3 und T_4 gekennzeichnet. Die klinischen Symptome der Schilddrüsenüberfunktion sind gesteigerter Grundumsatz, Tachycardie, Tremor, Schlaflosigkeit, Nervosität, gegebenenfalls auch Vergrößerung der Schilddrüse und Exophthalmus (einseitiges oder beidseitiges Hervortreten des Augenbulbus aus der Orbita, das in schwerer Form zum Doppelsehen sowie unvollständigem Lidschluß führen kann). Der stetige Gewichtsverlust (Abmagerung) ist eine Folge der Erhöhung des Grundumsatzes. Die häufig beobachteten subfebrilen Temperaturen bzw. die der Wärmeableitung dienende Schweißsekretion haben ihre Ursache darin, daß infolge Entkoppelung der Atmungskette der ATP-Gewinn gering, die Wärmeentwicklung dagegen größer ist.

Pathogenetisch können der Hyperthyreose verschiedene Mechanismen zugrunde liegen:

1. Bei **Morbus Basedow** wird die Schilddrüse ständig durch eine als „Long Acting Thyreoid Stimulator" (LATS) bezeichnete Substanz stimuliert, welche die gleiche Wirkung auf das Wachstum des Schilddrüsengewebes ausübt wie das TSH. LATS ist ein Antikörper vom Typ IgG, der gegen Zellinhaltsbestandteile des Schilddrüsengewebes gerichtet ist. Unter der Stimulation von LATS kann daher exogenes TSH die Jodaufnahme der Schilddrüse und die Hormonsynthese nicht weiter erhöhen.

Durch den Nachweis von Antikörpern, die gegen Zellen, Kernmembranen, Mikrosomen, Kernchromatin und Thyreoglobulin gerichtet sind, hat der Morbus Basedow den Charakter einer Autoimmunkrankheit erhalten. Die Reaktion der Zellbestandteile mit den (komplementfixierenden) Antikörpern führt zu einer lymphozytären Infiltration (Strumitis lymphomatosa Hashimoto) oder bindegewebiger Umwandlung (Strumitis fibrosa Riedel). Das IgG verdrängt TSH vom Rezeptor an den Thyreozyten und hält die Rezeptoren permanent besetzt. Dies führt zur Dauerstimulation der Schilddrüse, durch die den Körperzellen ständig eine erhöhte Menge an Schilddrüsenhormon angeboten wird. Im Verlauf der Krankheit kommt es jedoch zu zunehmender Zerstörung des Schilddrüsengewebes und Ersatz durch Bindegewebe, so daß die anfänglich erhöhte Jodaufnahme später erniedrigt ist.

2. Umschriebene Bezirke des Schilddrüsengewebes können (mit oder ohne gleichzeitige Vergrößerung der Schilddrüse) sich der Regulation durch TRH und TSH entziehen und als autonomes Gewebe zu einer Überproduktion von T_3 und T_4 führen. Dieses autonome hormonproduzierende Drüsengewebe findet sich zum Teil in solitären oder multiplen Adenomen („heiße Knoten", „toxische Knoten"), kann aber auch disseminiert, d.h. diffus über das Schilddrüsengewebe verteilt, auftreten. Jedes Jodangebot an das autonome Schilddrüsengewebe löst eine vermehrte Hormonproduktion aus und führt zu einer Überschwemmung des Organismus mit T_3 und T_4. Die TRH- und TSH-Sekretion wird dabei durch den hohen Blut-Hormonspiegel unterdrückt.

Die Knoten lassen sich, da die Jodspeicherung fast ausschließlich auf das toxische Adenom beschränkt ist, und der Rest des Schilddrüsengewebes wegen der fehlenden Stimulation durch TSH keine bzw. verminderte Jodaufnahme zeigt, durch hohe therapeutische Dosen von ^{131}J behandeln.

Adenome können jedoch auch funktionsloses Schilddrüsengewebe enthalten, das nicht zur T_3- und T_4-Produktion beiträgt („Kalter Knoten").

Schilddrüsenfunktionsdiagnostik. Die klinische Diagnose von Schilddrüsenerkrankungen kann durch radiologische, radioimmunologische und klinisch-chemische Untersuchungsverfahren gesichert werden.

Bei der in vivo Lokalisationsdiagnostik wird die Jodidaufnahme durch die Schilddrüse gemessen. Die Messung erfolgt mit Hilfe der

- **Radiojodszintigraphie,** bei der nach einer i.v. Testdosis von ^{131}Jodid bzw. ^{132}Jodid die Radioaktivität über der Schilddrüse szintigraphisch bestimmt wird. Die Szintigraphie dient der Klärung der Frage, ob funktionell aktives Schilddrüsengewebe vorliegt, welche Größe es besitzt und ob einzelne Bezirke (Adenome) eine höhere oder geringere Aktivität als das umgebende Schilddrüsengewebe aufweisen („heiße" bzw. „kalte" Knoten).

  Die Schilddrüsenszintigraphie kann auch mit radioaktivem Technetium (^{99m}Tc) vorgenommen werden, das ebenso wie Jodid von der Schilddrüse angereichert wird. Technetium hat den Vorteil einer kurzen effektiven Halbwertszeit (6 Stunden) und einer relativ streuarmen γ-Strahlung, die scharfe Bilder liefert. Allerdings gestattet die Technetium-Szintigraphie keine quantitative Aussage über den Jodstoffwechsel.

Für die in vitro Diagnostik stehen folgende Methoden zur Verfügung:

- Bestimmung des L-Thyroxins (Normbereich 8,0–12,0 µg/dl) und Trijodthyronin (Normbereich 0,15–0,30 µg/dl) durch Radioimmunassay (S. 138) oder Enzymimmunassay (S. 19). Ergänzende Informationen liefert die Bestimmung des freien Thyroxins (fT_4), das im Serum in einem Normbereich von

2,0–5,0 ng/dl – d.h. in ≈ 1000 mal geringerer Konzentration als das Gesamtthyroxin – vorhanden ist.

- Die Bestimmung des Thyroxin-bindenden Globulins (TBG) im Serum (Normbereich 10–40 mg/l Serum) gibt Auskunft über die T_4-Transportkapazität bzw. in Verbindung mit der Bestimmung des T_4 Auskunft über die extrathyreoidale T_4-Reserve.

- Die radioimmunologische Bestimmung von **TSH** bzw. **TRH** und der TRH-Stimulationstest, bei dem 4 Stunden nach i.v. Injektion von 0,2 oder 0,4 µg TRH der TSH-Spiegel im Blut signifikant ansteigt, dienen der Prüfung des Regelkreises Hypothalamus-Hypophyse-Schilddrüse.

- T_3-Test. Beim T_3-Test wird dem Blut $[^{131}J]T_3$ zugefügt, von dem ein Teil das noch freie thyroxinbindende α-Globulin besetzt. Der nach Erschöpfung der Bindungskapazität verbleibende Überschuß an nichtproteingebundenem $[^{131}J]T_3$ wird nach Abtrennung bestimmt. Die Methode gibt Auskunft über die relative Verteilung von freiem und gebundenem Schilddrüsenhormon.

Exophthalmus. Der bei Hyperthyreose beobachtete Exophthalmus ist durch lymphozytäre Infiltration und Vermehrung des retrobulbären Bindegewebes und Zunahme seines Wassergehaltes bedingt und führt zu dem charakteristischen Austreten der Augäpfel aus der Augenhöhle. Dieser Effekt wird ebenfalls durch eine Autoimmunreaktion ausgelöst, da die T-Lymphozyten nicht nur ein streng an die Schilddrüsenzelle lokalisiertes Antigen attackieren, sondern auch mit anderen Gewebsantigenen reagieren können. Bei einer Hyperthyreose, die durch hormonbildende Adenome induziert ist (heiße Knoten) und ihre Ursache nicht in Autoimmunprozessen hat, kommt es auch nicht zu einem Exophthalmus.

4. Hormonelle Regulation des Calcium-Phosphat-Stoffwechsels

Die in der Nebenschilddrüse (und in den C-Zellen der Schilddrüse und im Thymus) gebildeten Hormone **Parathormon** (Polypeptid aus 84 Aminosäuren) und **Calcitonin** (Polypeptid aus 32 Aminosäuren) sowie die durch Biosynthese in der Leber und Niere aus Calciferol entstehende Wirkform des Vitamin D – das **1,25-Dihydroxycalciferol** („D-Hormon") – sind an der Regulation des Calcium- und Phosphatstoffwechsels beteiligt und für die Homöostase des Serum-Calcium- und -Phosphatspiegels veranwortlich. Ihre physiologischen und pathologischen Wirkungen sind im Kap. Skelettsystem (S. 320) beschrieben.

5. Katecholamine

Die Katecholamine sind Syntheseprodukte des Nebennierenmarks und des Nervensystems (Ganglienzellen des sympathischen Nervensystems und des Hirnstammgebietes), ihre Synthesevorstufen werden jedoch auch in nichthormonbildenden Organen gefunden.

Stoffwechsel. Katecholamine leiten sich biogenetisch vom Tyrosin ab, das nach Hydroxylierung zum 3,4-Dihydroxyphenylalanin (DOPA) und Decarboxylierung in das biogene Amin 3,4-Dihydroxyphenyläthylamin (Hydroxytyramin, DOP-Amin) umgewandelt wird. Durch spezifische β-Hydroxylierung erfolgt die Bildung von **Noradrenalin,** das durch Methylierung der primären Aminogruppe weiter in **Adrenalin** (engl. Epinephrin) überführt wird. Das Nebennierenmark des Menschen enthält etwa 0,59 µmol (0,1 mg) Noradrenalin und 2,18–2,73 µmol (0,4–0,5 mg) Adrenalin.

Der Hauptabbauweg des Adrenalins und Noradrenalins führt über die O-Methylderivate (Katechin-O-methyl-Transferase) und anschließende oxidative Desaminierung durch eine Monaminoxidase zur 3-Methoxy-4-hydroxymandelsäure (Vanillinmandelsäure). Der Abbau ist jedoch nicht quantitativ. Auch Adrenalin und Noradrenalin selbst sowie die Zwischenprodukte der Vanillinmandelsäuresynthese werden mit dem Harn ausgeschieden (Reaktionsschema).

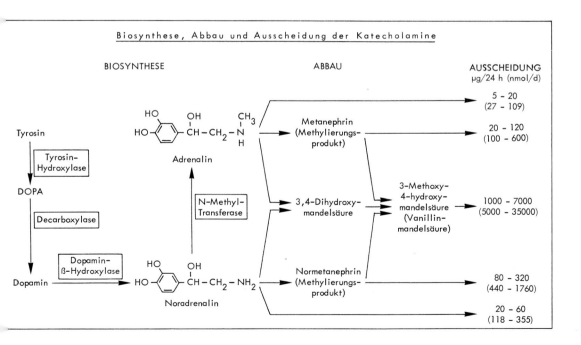

Katecholaminwirkungen:
- Als *Neurohormon* ist Noradrenalin Überträgersubstanz des adrenergischen Nervensystems, wird dort in einer biologisch unwirksamen Depotform gespeichert und bei Erregung freigesetzt. Es vermittelt die chemische Erregungsübertragung auf das nächste Neuron bzw. das Erfolgsorgan (z. B. glatte Muskulatur).
- An der *vegetativen Regulation* sind Adrenalin und Noradrenalin durch Beeinflussung der Herztätigkeit (Frequenz und Schlagvolumen), des Kreislaufs (Vasokonstriktion bzw. Vasodilatation), der glatten Muskulatur der Bronchien und des Intestinaltrakts beteiligt.
- Die *Stoffwechselwirkungen* des Adrenalins sind durch Aktivierung von Phosphorylase in Leber und Muskulatur und Aktivierung der Fettgewebslipase im Fettgewebe gekennzeichnet. Die aktivierte Phosphorylase verstärkt die Glykogenolyse sowie die Glykolyse und fördert somit die Abgabe von freier Glucose (Leber) bzw. Lactat (Muskulatur) an das Blut. Unter der Wirkung von Adrenalin, nicht jedoch von Noradrenalin, werden aus dem Fettgewebe freie Fettsäuren und Glycerin an das Blut abgegeben. Gleichzeitig werden Glucose und Fettsäuren vorzugsweise von der Leber in verstärktem Ausmaß zu CO_2 und H_2O oxidiert, wodurch sich der erhöhte Sauerstoffverbrauch unter Adrenalin erklärt. Erfolgt die Freisetzung von Fettsäuren mit höherer Geschwin-

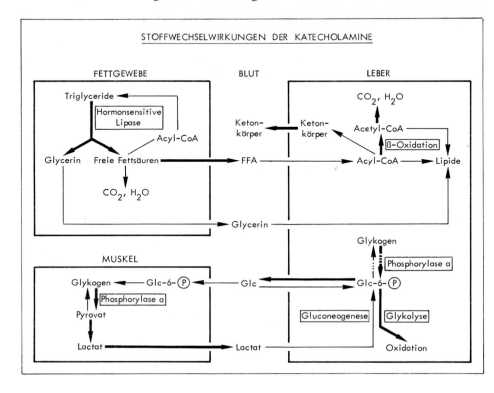

digkeit als deren Oxidation bzw. Resynthese zu Lipiden, kann es zur Bildung von Ketonkörpern im Blut und zur metabolischen Acidose kommen (Abb.).

Katecholaminüberproduktion. Bei hormonell aktiven Tumoren des chromaffinen Gewebes der Nebennieren oder des sympathischen Nervensystems, die wegen ihrer grauen Farbe als **Phäochromozytome** bezeichnet werden, aber auch in Verbindung mit anderen Krankheiten (Neurofibromatose, medulläre Schilddrüsencarcinome, von Hippel-Lindausche Angiomatose) kann die Produktion und Ausschüttung von Katecholaminen erhöht sein. Sie führt zu Stoffwechselentgleisungen und schweren Störungen der Herztätigkeit und der Kreislauffunktion. Infolge der Erhöhung der Phosphorylaseaktivität der Leber kann es zur Erhöhung des Blutzuckers und Glucosurie (diabetische Stoffwechsellage) kommen. Anstieg der Konzentration der freien Fettsäuren (Aktivierung der Fettgewebs-Lipase) und des Lactats (Aktivierung der Muskel-Phosphorylase) sind weitere Symptome. Die Überschüttung des Organismus mit Katecholaminen äußert sich vor allem in einem intermittierenden (50%) oder permanenten (50%) Hochdruck, der später durch Coronarinsuffizienz und Lungenödem kompliziert wird.

Die Diagnose eines Phäochromozytoms wird u. a. durch Nachweis der vermehrten Ausscheidung von 3-Methoxy-4-hydroxymandelsäure (Vanillinmandelsäure) im Urin gestellt. Die Normalausscheidung (1–7 mg/24 h) ist meistens auf Werte über 100 μmol/d (20 mg/24 h) erhöht. Neben dem Endprodukt des Katecholaminabbaus werden auch Adrenalin und Noradrenalin selbst sowie Metanephrin (3-Methyladrenalin) und Normetanephrin (3-Methylnoradrenalin) in erhöhter Menge mit dem Urin ausgeschieden. Ein Überwiegen der Adrenalinausscheidung weist auf eine Lokalisation des Tumors im Nebennierenmark, Überwiegen der Noradrenalinausscheidung auf extraadrenale Tumorlokalisation hin.

Katecholaminmangelzustände. Fehlen des Nebennierenmarkgewebes oder dessen experimentelle Entfernung beim Versuchstier bleiben ohne nachweisbare Folgen, da das sympathische Nervensystem das Nebennierenmark bezüglich der Synthese von Katecholaminen zu ersetzen vermag.

Zu einem Katecholaminmangel kann es jedoch bei schwerem und protrahiert verlaufendem Schock, bei Säuglingen postpartal (und in Begleitung einer Hypoglykämie), ferner bei angeborener Entwicklungsstörung des vegetativen Nervensystems (familiäre Dysautonomie) kommen. Die Ausscheidung von Vanillinmandelsäure im Urin ist auch bei der Phenylketonurie (Synthesestörung des Tyrosins) und beim Melanom (Verbrauch des Tyrosins durch Pigmentbildung) vermindert.

Bei Ratten führt eine auf umschriebene Hypothalamusbezirke begrenzte Synthesestörung von Noradrenalin, deren Ursache ein genetischer Defekt der DOP-Amin-β-Hydroxylase ist, zu einem Hypertonus. Diese Beobachtung gibt einen Hinweis auf die mögliche Existenz von „Hypertoniekernen" im Hypothalamus und deren pathogenetische Bedeutung für die essentielle Hypertonie des Menschen.

6. Insulin

Die Inselzellen des Pankreas enthalten verschiedene Zelltypen, von denen die α-Zellen das Glukagon (S. 166), die β-Zellen das Insulin und die nur in geringer Menge vorkommenden δ-Zellen das Somatostatin (S. 187) produzieren.

Insulinbiosynthese, Insulinsekretion und Insulinwirkung. Menschliches Insulin besteht aus zwei Peptidketten (A-Kette = 21 Aminosäuren, B-Kette = 30 Aminosäuren), die durch zwei Disulfidbrücken miteinander verknüpft sind. Die A-Kette enthält außerdem eine Disulfidbrücke zwischen zwei Cysteinresten in Position 6 und 11.

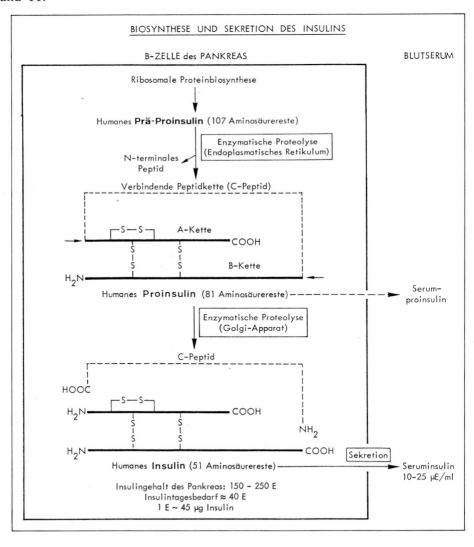

Bei der Biosynthese wird das Insulinmolekül (beim Menschen) zunächst in Form einer einzigen 107 Aminosäurereste enthaltenden unverzweigten Polypeptidkette hergestellt **(Prä-Proinsulin),** das als primäres Translationsprodukt der ribosomalen Biosynthese in den Raum des endoplasmatischen Retikulums sezerniert wird. Dabei wird ein terminales, 26 vorwiegend hydrophobe Aminosäuren enthaltendes Peptid proteolytisch abgespalten, wodurch das **Proinsulin** entsteht. Die Primärstruktur des Proinsulins begünstigt die spontane Ausbildung der Disulfidbrücken. Anschließend wird das nicht benötigte Mittelstück (C-Peptid) enzymatisch entfernt, so daß im fertigen Insulinmolekül zwei Peptidketten vorliegen (Abb.). Dieser Prozeß findet im Golgi-Apparat statt. Das Insulin wird in Sekretionsvesikeln gespeichert, die nach Fusion mit der Zellmembran ihren Inhalt an den perikapillären Raum abgeben. Die Freisetzung von Insulin aus den β-Zellen ist an die Gegenwart von Ca^{2+} gebunden.

Biosynthese und Sekretion von Insulin sind zwei getrennt regulierte Vorgänge, die durch Nahrungsstoffe, Hormone und Pharmaka gesteuert werden. Glucose stellt den physiologischen Stimulus der β-Zelle für die Synthese und Ausschüttung von Insulin dar. Der Mechanismus der Glucosewirkung erfolgt möglicherweise über einen zellmembrangebundenen „Glucoserezeptor". Die Abspaltung des C-Peptids aus dem Proinsulin wird durch Glucose jedoch nicht beeinflußt. Eine fördernde Wirkung auf die Insulinsynthese üben Glukagon (bzw. Zyklo-AMP) und Wachstumshormon aus.

Die Abgabe von Insulin aus den Speichern der β-Zellen (nicht jedoch die Synthese!) kann neben Glucose und anderen Zuckern (z.B. Mannose, Ribose und Xylit) auch durch Aminosäuren und Fettsäuren sowie therapeutisch durch die oral wirksamen Sulfonylharnstoffe (s.u.) angeregt werden. Die Wirkung des Glucosesignals auf die Insulinsekretion wird weiterhin durch Glukagon, Sekretin und GIP (S. 282) verstärkt. Umgekehrt üben die Katecholamine und das Insulin selbst eine Hemmwirkung auf die Sekretion aus.

REGULATION DER INSULINSEKRETION UND INSULINWIRKUNG

	Stimulierung der Insulinsekretion	Hemmung der Insulinsekretion	Kontrainsuläre Wirkstoffe
Hormone	Enteroglukagon Sekretin GIP	Adrenalin Noradrenalin Somatostatin	Glukagon, STH STH-Releasing-Hormon Glucocorticoide
Physiologische Wirkstoffe	Glucose Aminosäuren (Leu, Arg) Xylit, Mannose, Ribose		Freie Fettsäuren Insulinbindende Blutplasmaproteine Insulin-Antikörper
Pharmaka	Sulfanylharnstoffe α-Rezeptorenblocker Theophyllin	β-Rezeptorenblocker Heptulosen, Diazoxid 2-Desoxyglucose	

Wirkungsmechanismus. In den (insulinabhängigen) Erfolgsorganen (z. B. Muskel, Leber, Fettgewebe) reagiert Insulin mit einem spezifischen Rezeptor der Zellmembran. Diese Reaktion löst eine Reihe intrazellulärer Stoffwechselumschaltungen aus. Sie sind zunächst dadurch charakterisiert, daß sich die Permeabilität der Membran zahlreicher insulinabhängiger Organe (nicht jedoch z. B. der Leber) erhöht und damit der Stofftransport vom Extrazellulärraum in die Zelle begünstigt wird. Dieser Effekt tritt innerhalb weniger Minuten – vermutlich über eine Veränderung des intrazellulären Zyklo-AMP/Zyklo-GMP-Quotienten – ein. Unabhängig davon lassen sich (später einsetzende) Wirkungen des Insulins auf Enzyme des Kohlenhydrat-, Fett- und Proteinstoffwechsels nachweisen:

- Wirkung des Insulins auf den **Kohlenhydratstoffwechsel.** Unter der Wirkung des Insulins kommt es zu einer Induktion von Schlüsselenzymen der Glykolyse und der Glykogensynthese. Das Ergebnis ist ein verstärkter Abbau von Glucose-6-phosphat über Glykolyse, Pentose-Phosphatzyklus und Tricarbonsäurezyklus sowie ein Anstieg des Glykogengehalts in Leber und Muskulatur.
- Wirkung des Insulins auf den **Lipidstoffwechsel.** Unter der Wirkung des Insulins kommt es zu einer vermehrten Bildung von Fettsäuren bzw. Lipiden. Dieser Effekt kommt dadurch zustande, daß einmal durch den Pentosephosphatzyklus vermehrt $NADPH_2$ bereitgestellt wird, und zum anderen verschiedene Enzyme der Lipidbiosynthese (Acetyl-CoA-Carboxylase, Acyl-CoA übertragendes Enzym) in ihrer Aktivität erhöht werden. Die Förderung der Fettsäuresynthese aus Glucose bzw. Pyruvat wird durch die gleichzeitige Aktivitätssteigerung der Pyruvatdehydrogenase begünstigt. Die lipidanabole Wirkung des Insulins wird weiterhin durch eine unspezifisch erhöhte Aufnahme freier Fettsäuren aus dem Blut in die Gewebe sowie durch eine Hemmung der Fettgewebslipase verstärkt.
- Wirkung des Insulins auf den **Proteinstoffwechsel.** Neben einer vermehrten Aufnahme von Aminosäuren in die Zelle läßt sich unter Wirkung des Insulins eine direkte Wirkung auf die Proteinbiosynthese nachweisen. Sie zeigt sich in einer vermehrten RNA-Synthese und nach einem erhöhten Einbau von Aminosäuren in Zellproteine.

7. Diabetes mellitus

Der Diabetes mellitus (Zuckerkrankheit) ist eine chronische Stoffwechselerkrankung, die auf einem relativen oder absoluten Mangel an Insulin beruht. Die bei einem vollständigen Fehlen von Insulin eintretenden akuten Stoffwechselstörungen sind lebensbedrohlich. Die Prognose wird durch Spätsyndrome und Komplikationen bestimmt. Der Diabetes mellitus erfordert eine diätetische (kohlenhydratarme Nahrung) und gegebenenfalls medikamentöse (Insulin, orale Antidiabetika) Behandlung.

Epidemiologie. Die Anlage für einen Diabetes mellitus ist erblich, es liegt jedoch kein einfach rezessiver Erbgang, sondern ein von zahlreichen Manifestationsfaktoren abhängiger, unregelmäßig dominanter Erbgang vor. Die Morbiditätsziffer des (nicht meldepflichtigen) manifesten Diabetes mellitus liegt für die zivilisierten Länder bei etwa 3%, die Zahl der Anlageträger wird auf 10−25% geschätzt. Es ist jedoch nicht möglich, Träger einer Erbanlage festzustellen.

Stoffwechselstörungen bei Diabetes mellitus. Die Symptome des Diabetes mellitus sind durch einen unvollständigen oder fehlenden Ablauf aller jener Stoffwechselprozesse gekennzeichnet, die physiologischerweise durch Insulin unterhalten oder gefördert werden. Das nachfolgende Schema gibt eine Übersicht.

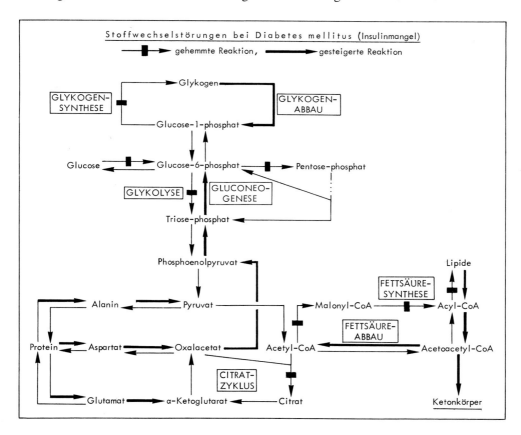

Hyperglykämie, Glucosurie und begleitende **Hyperosmolarität** des Blutes sind Folgen einer Unfähigkeit der Zellen zur Aufnahme von Glucose, einer verminderten Glucoseverwertung und gesteigerten Glucoseneubildung (Gluconeogenese). Für die Gluconeogenese wird vermehrt Oxalacetat benötigt, das folglich nicht für den Citratzyklus zur Verfügung steht.

Die Hemmung der insulinabhängigen Enzyme der Fettsäuresynthese und verminderte Bereitstellung von $NADPH_2$ im Pentosephosphatzyklus aufgrund eines verminderten Glucosedurchsatzes führen zu einer Drosselung der Fettsäuresynthese. Da jedoch die Lipolyse im Fettgewebe wegen des Insulinmangels verstärkt ist, und gleichzeitig der Fettsäureabbau in unverändertem oder verstärktem Maße weiterläuft, dabei das gebildete Acetyl-CoA wegen des Oxalacetatmangels jedoch nicht im Citratzyklus in ausreichendem Maße verwertet werden kann, kommt es zu einem Rückstau der Zwischenprodukte des Fettsäureabbaus und zu einem Ausweichen auf die Bildung von β-Hydroxybuttersäure und Acetessigsäure, aus der durch Decarboxylierung Aceton entsteht. Diese als **Ketonkörper** bezeichneten Stoffwechselprodukte werden an das Blut abgegeben und mit dem Urin ausgeschieden. Als organische Säuren beanspruchen sie die Alkalireserve und können zur metabolischen Acidose und zum diabetischen Coma führen.

Die Wirkung eines Insulinmangels auf den Eiweißstoffwechsel ist durch einen gesteigerten Proteinabbau (Proteinumsatz) gekennzeichnet, dessen Ursache eine verstärkte Gluconeogenese in der Leber ist, mit deren Hilfe die Zelle das für die Aufrechterhaltung des Stoffwechsels benötigte Glucose-6-phosphat bereitstellt. Bei ausreichender Insulinversorgung sind die Enzyme der Gluconeogenese reprimiert.

Die bei Diabetes mellitus gesteigerte Lipolyse und die meist vermehrte Aufnahme von Lipiden mit der Nahrung führen zu einer gesteigerten Triglyceridsynthese in der Leber mit **sekundärer Hyperlipoproteinämie** (Kap. Lipide, S. 96) mit Vermehrung der VLDL (Typ IV oder V) und zu einem Anstieg der freien Fettsäuren im Blut.

Coma diabeticum. Die durch einen schweren (absoluten oder relativen) Insulinmangel ausgelöste komplexe Regulationsstörung des Kohlenhydrat- und Lipidstoffwechsels führt unbehandelt zum Coma diabeticum. Es lassen sich verschiedene Formen unterscheiden:

- **Ketoacidotisches Coma.** Die durch Ketonkörpersynthese bedingte Ketonämie hat eine metabolische Acidose (Ketoacidose) zur Folge, da pro Mol Acetessigsäure bzw. β-Hydroxybuttersäure ein Mol H^+ im Blut freigesetzt wird und ein korrespondierender Verlust von Kationen (Na^+, K^+) im Urin eintritt, der die durch die Hyperglykämie ingang gesetzte osmotische Diurese (Polyurie!) verstärkt und eine Dehydration begünstigt. Der Wasserverlust kann im Zustand einer schweren Exsikkose schließlich 10% des Körpergewichts (etwa 6 l) betragen und zur Anurie führen. Die Therapie besteht daher – neben der erforderlichen Insulinzufuhr (0,1 E/kg) – in einem Ausgleich des Flüssigkeits- und Elektrolytdefizits durch intravenöse Zufuhr hypotoner Kochsalzlösung, in Kaliumsubstitution (wegen des bestehenden Phosphatverlusts als gepufferte Phosphatlösung) und Korrektur des Blut-pH-Wertes (z.B. 88 mmol Natriumbicarbonat in 0,45 proz. Kochsalzlösung bei einem Blut-pH-Wert von 7,2).

- Eine Sonderform des diabetischen Comas ist das **hyperosmolare-hyperglykämische,** nicht mit einer Ketose einhergehende **Coma,** das durch Hyperosmolarität (> 350 mmol osmotisch wirksame Teilchen/kg Wasser, normal 290−310) bei normalen Blutketonkörperwerten, Hyperglykämie von mindestens 33,3 mmol/l (600 mg/100 ml) und Bewußtseinstrübung oder Bewußtlosigkeit charakterisiert ist. Bei dieser Comaform beträgt das Flüssigkeitsdefizit 15−20% des Körpergewichts und ist durch rasche Infusion hypotoner (0,45 proz.) NaCl-Lösung auszugleichen. Pathogenetisch kann diese Comaform durch eine in manchen Fällen offenbar vorhandene unterschiedliche Insulinempfindlichkeit des Kohlenhydrat- und Lipidstoffwechsels erklärt werden.

- Das **lactacidotische Coma** ist eine sekundäre Stoffwechselstörung, die sich auf dem Boden diabetischer Spätsymptome entwickelt. Hauptursachen sind Hypoxie des Herzmuskels (Atheromatose der Coronarien) und Leberschädigung, in deren Folge das vorwiegend bei Muskelarbeit anfallende Lactat nicht utilisiert wird. Auch Biguanidbehandlung (S. 165) kann Ursache einer Lactatacidose sein, die an einem Anstieg der Lactatkonzentration von > 7 mmol/l und einem Lactat/Pyruvat-Quotienten von > 10:1 erkannt wird. Der Blutglucosespiegel kann dabei erniedrigt, normal oder erhöht sein.

Formen des Diabetes mellitus. Die Weltgesundheitsorganisation (WHO) hat 1980 Empfehlungen zur Klassifizierung und Nomenklatur des Diabetes mellitus ausgesprochen. Die Unterscheidung verschiedener Diabetes mellitus-Typen (Abb.) ist nicht nur wegen ihrer unterschiedlichen Pathogenese, sondern auch wegen der daraus folgenden therapeutischen Konsequenz von Bedeutung.

- **Diabetes mellitus-Typ I**
  Eine Ausschaltung oder Störung der β-Zellen (Pankreatektomie, chronische Pankreatitis, β-zytotrope Viren, Autoimmunprozesse) hat einen totalen Insulinmangel zur Folge. Dieser Zustand ist für den **juvenilen** (absoluten) **Insulinmangel-Diabetes** charakteristisch. Auch bei bestehender Restproduktion an endogenem Insulin besteht immer ein Insulindefizit, das nur durch Zufuhr (Injektion) von Fremdinsulin gedeckt werden kann. Der juvenile insulinbedürftige Diabetes mellitus ist durch instabile Stoffwechsellage und stark schwankende Blutglucosewerte gekennzeichnet.

- **Diabetes mellitus-Typ IIa**
  Bei dieser Form des Diabetes mellitus, die für den **normalgewichtigen Altersdiabetes** charakteristisch ist, führt der nach Glucosebelastung oder kohlenhydratreicher Nahrung erhöhte Blutzucker zu einer verspäteten und verzögerten Sekretion von Insulin, die für eine regelrechte Senkung des Blutzuckers zu spät kommt. Die defekte Kopplung zwischen Glucosestimulation der β-Zelle und zeitgerechter Insulinsekretion bei an sich ausreichender Insulinproduktion wird als „Sekretionsstarre" bezeichnet. Diese Funktionsstörung der β-

156 Hormone

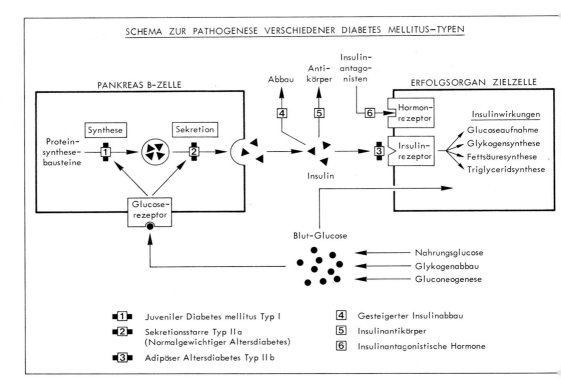

Zelle ist durch Sulfonylharnstoffpräparate günstig zu beeinflussen. Der Diabetes-Typ II a weist eine relativ stabile Stoffwechsellage und mäßige Schwankungen des Blutzuckers auf.

- **Diabetes mellitus Typ II b**
  Eine Verminderung der Zahl der Insulinrezeptoren an den Erfolgsorganen, eine Maskierung der Insulinrezeptoren oder Insulinrezeptordefekte treten beim **übergewichtigen** (adipösen) Patienten mit **Altersdiabetes** auf. Auf den erhöhten Blutzucker reagiert die Inselzelle prompt mit einer überschießenden Insulinsekretion, die jedoch nicht wirksam wird, da dem Erfolgsorgan der Rezeptor bzw. die notwendige Affinität des Rezeptors zum Insulinmolekül fehlt. Der Diabetes Typ II b kann durch Gewichtsreduktion gemildert oder zum Verschwinden gebracht werden. Diese Diabetesform ist durch stabile Stoffwechsellage und relativ konstante Blutglucosewerte gekennzeichnet.

- **Weitere Diabetes-Typen**
  Neben den häufigen Diabetes mellitus-Typen I, II a, II b können auch eine hormonelle Fehlregulation mit Überproduktion von Insulinantagonisten (STH, Glucocorticoide, Glukagon), ferner das Auftreten von Insulinantikörpern, ein beschleunigter Insulinabbau oder die Synthese eines Insulins mit

abweichender Primärstruktur zum Diabetes mellitus führen. Diese Diabetes-Typen wurden früher als „sekundärer Diabetes mellitus" bezeichnet.

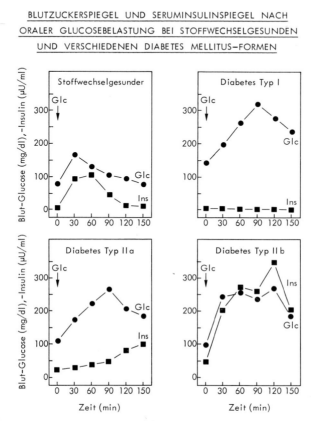

STH setzt die Wirksamkeit des Insulins an der Zelle des Erfolgsorgans herab (S. 188). Dies erklärt die häufige Manifestation eines jugendlichen Diabetes mellitus während der Pubertät und die höhere Diabetesfrequenz bei Patienten mit Akromegalie (Hypophysenvorderlappenadenom, S. 189). Die Sekretion des STH ist bei relativem Insulinmangel-Diabetes erhöht (**„hypophysärer Diabetes"**).

Die Insulin/STH-Relation wird durch das Somatostatin (STH-Release Inhibiting Hormon) verändert. Da Somatostatin nicht nur die STH-Ausschüttung hemmt, sondern auch einen direkt inhibierenden Einfluß auf die Sekretion des Insulinantagonisten (und diabetogen wirkenden) Glukagons ausübt, vermag Somatostatin die Insulineffizienz zu verbessern. Allerdings wird unter Somatostatin auch die Insulinsekretion gedrosselt.

Die durch Somatostatin bewirkte Senkung des erhöhten Blutglucosespiegels kommt nicht ausschließlich über eine Hemmung der Glukagonsekretion, sondern auch über eine verzögerte Kohlenhydratresorption aus dem Intestinaltrakt zustande, die auf eine Somatostatin-bedingte Reduktion der Splanchnicusdurchblutung zurückgeht.

Bei Überfunktion der Nebennierenrinde mit vermehrter Produktion von Glucocorticoiden oder langdauernder Glucocorticoidtherapie treten Störungen des Kohlenhydratstoffwechsels auf, die u. a. durch Erhöhung des Blutzuckers gekennzeichnet sind (**„Steroid-Diabetes"**). Die Erhöhung des Blutzuckerspiegels ist z. T. Folge einer peripheren Utilisationsstörung der Glucose, z. T. Ausdruck einer gesteigerten Gluconeogenese, die durch Enzyminduktion (erhöhte Aktivität der Pyruvat-Carboxylase, der Phosphoenolpyruvat-Carboxykinase, der Fructose-1,6-bisphosphat-Phosphatase) ausgelöst wird, und damit im Ergebnis dem Fortfall der Repressorwirkung des Insulins auf die Enzyme der Gluconeogenese vergleichbar ist. Auch die Bildung von Ketonkörpern wird durch die Glucocorticoide infolge gesteigerter Lipolyse gefördert. An der Glucosurie ist ferner eine herabgesetzte Nierenschwelle für Glucose beteiligt.

Diabetes-Stadien. Unabhängig vom Diabetes-Typ werden die Diabetes-Stadien auf Vorschlag der WHO nach dem Ergebnis des oralen Glucosetoleranztests (S. 164) unterteilt, wobei

- Normale Glucosetoleranz
- Gestörte Glucosetoleranz
- Diabetes mellitus

unterschieden werden (Tab.).

Die Bezeichnungen asymptomatischer, latenter und subklinischer Diabetes mellitus wurden fallen gelassen.

Bewertung des oralen Glucosetoleranztests

Nach 10 Std. Nahrungskarenz orale Zufuhr von 100 g Glucose (oder äquivalentes Oligosaccharidgemisch) in 400 ml Wasser oder Tee. Bestimmung der Glucosekonzentration im Blut nach 30, 60, 90, 120 und 180 min.

		Normal	Grenzbereich	Pathologisch
Maximalwert	mg/dl	< 160	161–280	> 280
	mmol/l	< 8,8	8,9–9,9	> 9,9
2-h-Wert	mg/dl	< 120	121–140	> 140
	mmol/l	< 6,6	6,7–7,7	> 7,7

Ein erhöhtes statistisches Risiko an Diabetes mellitus zu erkranken, haben Individuen mit

- vorangegangener abnormer Glucosetoleranz, die z.B. im Rahmen eines Infektes vorgelegen hat, zum Zeitpunkt der Diagnose aber nicht mehr nachweisbar ist und mit
- potentieller abnormer Glucosetoleranz, wobei eine gestörte oder pathologische Glucosetoleranz bisher noch nicht vorgelegen hat, die Probanden aufgrund von genetischen Faktoren jedoch ein höheres Risiko haben, an Diabetes zu erkranken (z.B. Geschwister von Diabetikern).

8. Diabetische Spätkomplikationen

Weniger als 1% der an Diabetes mellitus Erkrankten stirbt an der primären Stoffwechselstörung (Insulinmangel) und den dadurch bedingten Folgesymptomen. Bestimmend für den Krankheitsverlauf sind die vaskulären Komplikationen. Sie werden unterteilt in die diabetische **Makroangiopathie** und **Mikroangiopathie**. Weitere für den Diabetes mellitus charakteristische Zweiterkrankungen sind die **diabetische Katarakt** und die diabetische **Neuropathie**.

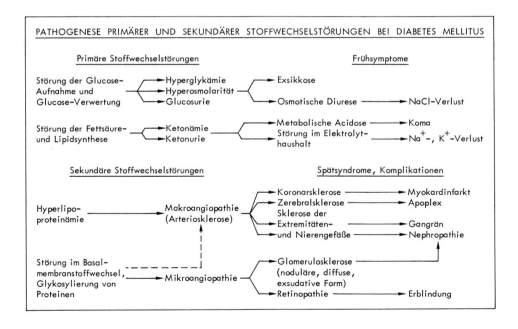

Makroangiopathie. Die Makroangiopathie entspricht dem morphologischen und klinischen Krankheitsbild der Arteriosklerose (Atherosklerose, S. 363), die im manifesten Stadium durch eine Akkumulatin von Lipiden in der Gefäßwand gekennzeichnet ist und die durch die beim Diabetes mellitus bestehende sekundäre

Hyperlipoproteinämie begünstigt wird. Es ist noch nicht geklärt, ob durch Insulinmangel bedingte Veränderungen im Stoffwechsel der Arterienwand die Makroangiopathie mitverursachen.

Die bei unbehandeltem Diabetes mellitus auftretende **sekundäre Hyperlipoproteinämie** ist durch zwei Faktoren bedingt: Einerseits ist die Aktivität der Fettgewebs-Lipoproteinlipase, die hauptsächlich an der Elimination der Plasmalipoproteine beteiligt ist, sowohl im Nüchternzustand als auch nach Nahrungsaufnahme bei Patienten mit Diabetes mellitus im Vergleich zu Stoffwechselgesunden erniedrigt. Diese Abnormalität beruht vermutlich auf einem Insulinmangel, da es zu einer Normalisierung der Aktivität und zur Normalisierung des Lipoproteinspiegels bei Behandlung mit Insulin oder Sulfonylharnstoff kommt. Andererseits besteht beim Diabetes mellitus als Folge des Energiemangels eine exzessive Fettsäuremobilisation, so daß die Leber ständig unter einem erhöhten Fettsäureangebot steht, das die Triglyceridsynthese und Abgabe von VLDL-Partikeln an das Blut begünstigt.

Mikroangiopathie. Die diabetische Mikroangiopathie ist durch diabetesspezifische Veränderungen an der Basalmembran der Kapillaren gekennzeichnet und läßt sich praktisch an allen Gefäßprovinzen nachweisen. Sie führt zu typischen Krankheitsbildern (Retinopathie, Nephropathie, Glomerulosklerose, diabetische Gangrän und wahrscheinlich auch Neuropathie). Die Mikroangiopathie ist streng mit der Diabetesdauer korreliert. Die Störungen des Basalmembranstoffwechsels stehen vermutlich mit der Bildung glykolysierter Hämoglobine und Basalmembranproteine (s.u.) in Zusammenhang.

Diabetische Katarakt (Cataracta diabetica) **und diabetische Neuropathie.** Eine chronische Erhöhung der Glucosekonzentration im Blut und Gewebe hat schädliche Konsequenzen für Augenlinse und periphere Nerven. Die Gründe hierfür liegen in der Tatsache, daß diese Gewebe

- für Glucose frei permeabel sind und
- Glucose über den Sorbitstoffwechselweg zu Sorbit und Fructose umsetzen. Sorbit und Fructose können jedoch weder rasch abgebaut werden noch in den Extrazellulärraum oder die Zirkulation zurückdiffundieren.

Bei der Entwicklung einer **diabetischen Katarakt** häufen sich in den Epithelzellen der Augenlinse aufgrund des erhöhten extrazellulären Glucoseangebots Sorbit und Fructose als Produkte des Sorbitstoffwechselweges an. Der damit verbundene Anstieg des osmotischen Drucks führt zunächst zu vermehrtem Einstrom von Wasser und bewirkt eine hydropische Schwellung der Zellen. Dieser Prozeß ist begleitet von Elektrolytverschiebungen, die durch erhöhten Einstrom von Na^+ und vermehrten Ausstrom von K^+ charakterisiert sind. Dies führt sekundär zum Ausfall aktiver Transportprozesse, so daß u.a. Aminosäuren nicht mehr in die

Zelle aufgenommen werden können bzw. aus der Zelle in den Extrazellulärraum abdiffundieren. Beim Fortschreiten der Störung kommt es zum Verlust an Aminosäuren und anderen Zellinhaltsstoffen (z. B. Glutathion), zu Energiemangel (Absinken der stationären ATP-Konzentration) und schließlich unter völligem Zusammenbruch der Osmoregulation zur Quellung und Trübung der Linsenfasern (Abb.).

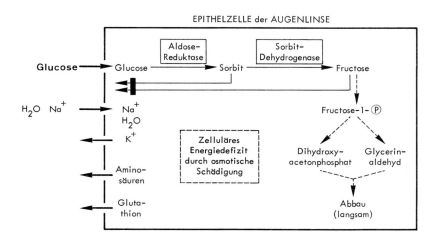

Für die Pathogenese der **diabetischen Neuropathie** ist die Feststellung von Bedeutung, daß die Aldose-Reduktase in den peripheren Nerven vorwiegend in den Schwann'schen Zellen, die Sorbit-Dehydrogenase hauptsächlich in den Achsenzylindern lokalisiert ist, in denen sich demzufolge Sorbit und Fructose um ein Vielfaches gegenüber der Norm anreichern und damit eine primäre osmotische Schädigung setzen, die für die morphologischen Läsionen und die experimentell nachgewiesene Herabsetzung der Nervenleitungsgeschwindigkeit verantwortlich ist.

Therapeutische Aspekte bietet die (tierexperimentell erprobte) Anwendung von Aldose-Reduktase-Inhibitoren (z. B. 3,3-Tetramethylenglutarsäure oder 1,3-Dioxo-1H-benz(DE)-isochinolin-2(3H)-essigsäure.

Glykosylierte Hämoglobine und Diabetes-Kontrolle. Die Proteinkomponente des Hämoglobinmoleküls besteht beim erwachsenen Stoffwechselgesunden zu 97% aus 2α- und 2β-Ketten (Hb A_1), zu 2,5% aus 2α- und 1δ-Ketten (Hb A_2) und zu 0,5% aus 2α- und 2γ-Ketten (Hb F).

In den Erythrozyten lagert das Hämoglobin Hb A_1 in Abhängigkeit von der Blutzuckerkonzentration in einer langsamen, nichtenzymatischen Reaktion Glucose (und Glucosederivate) an. Dabei verbindet sich die halbacetalische C_1-Hydroxylgruppe der Glucose (bzw. des Glucose-6-phosphats) mit der N-terminalen

Aminogruppe des Valins der β-Kette, wobei **glykosylierte Hämoglobinfraktionen***
entstehen, die als

$$Hb\ A_{Ia},\ Hb\ A_{Ib}\ und\ Hb\ A_{Ic}$$

bezeichnet werden (Abb.). Der Gesamtanteil an glykosyliertem Hämoglobin (Hb A_{Ia-c}) beträgt beim Stoffwechselgesunden 6,0–6,5% des Gesamthämoglobins. Beim Diabetiker steigt dieser Anteil je nach Höhe des Blutzuckerspiegels während der vorausgegangenen Wochen bis auf 20% an. Die Vermehrung betrifft besonders das Hb A_{Ic}. Glykosyliertes Hämoglobin ist stabil und bleibt daher auch bei wiedererreichter Normoglykämie während der gesamten Lebenszeit des Erythrozyten (bis 120 Tage) nachweisbar. Die Bestimmung der Hb A_{Ic}-Konzentration ermöglicht somit − als integraler Langzeitparameter der Blutzuckermittellage − die Verlaufskontrolle der Diabetes-Einstellung in 4-6-wöchigen Abständen, ohne vom aktuellen Blutzucker relevant beeinflußt zu werden.

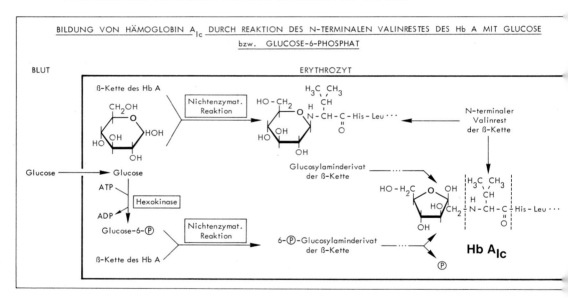

Da die glykosylierten Hämoglobinfraktionen eine größere Affinität zum Sauerstoff besitzen, resultiert aus einer erhöhten Konzentration von Glykohämoglobin eine geringere Sauerstoffabgabe der Erythrozyten an die zu versorgenden Gewebe. Die erschwerte Sauerstoffabgabe des Hämoglobins an die Peripherie ist zum Teil auch durch eine verminderte Konzentration von 2,3-Bisphosphoglycerat in den Erythrozyten des Diabetikers bedingt.

Die Minderversorgung der Gewebe mit Sauerstoff kann anfänglich noch durch Dilatation der kleineren Gefäße kompensiert werden. Mit der Zeit führt der Sau-

---

* In der Literatur wird das physiologische Hämoglobin Hb A_1 zum Teil auch als Hb A oder Hb A_0, das glykosylierte Hämoglobin dagegen als Hb A_1 bezeichnet.

erstoffmangel zu hypoxämischen Zelläsionen an der Gefäßwand, die zusammen mit der kompensatorischen Dilatation der kleinen Gefäße einen Kausalfaktor bei der Entstehung der diabetischen Mikroangiopathie (S. 160) darstellen.

Glykosylierte Proteine. Die Glucose kann in nichtenzymatischer Reaktion nicht nur mit dem Hämoglobin, sondern auch mit anderen Proteinen reagieren, wobei analog der Reaktion mit dem Hämoglobin (s. o.) über kovalente Bindungen mit den freien Aminogruppen N-terminaler Aminosäuren von Proteinen stabile glykosylierte Proteine entstehen. Solche Reaktionen können mitverantwortlich sein an der Verdickung der Basalmembran der Niere und der universellen Mikroangiopathie, aber auch bei der Pathogenese der diabetischen Neuropathie eine Rolle spielen.

9. Diagnose des Diabetes mellitus

Eine eindeutige Diagnose diabetischer Vor- bzw. Frühstadien („Prädiabetes") ist problematisch, da die Übergänge von einer normalen Stoffwechsellage über einen latenten in einen manifesten Diabetes mellitus fließend sind.

Die Erkennung einer diabetischen Stoffwechsellage erfolgt durch

- die Bestimmung des Nüchternblutzuckers,
- den einzeitigen oralen Glucosetoleranztest (Glucosebelastungstest) und
- die Harnglucosebestimmung,
- den intravenösen Tolbutamidtest, der zur Bestimmung der endogenen Insulinsekretionsleistung herangezogen wird,
- die direkte quantitative Analyse des Seruminsulins (Normbereich 10—25 µE/ml) mit Hilfe des Radioimmunassays (Kap. Endokrinologie, S. 138).

Glucosetoleranztest. Der einzeitige orale Glucosetoleranztest ist das wichtigste Verfahren bei der Diagnose von Störungen des Kohlenhydratstoffwechsels. Die Bedeutung dieser Methode liegt darin, daß durch enterale Resorption von Glucose auf physiologischem Wege eine Störung der Blutzuckerhomöostase erzeugt wird, die es erlaubt, klinisch noch nicht in Erscheinung tretende Vorstadien des Diabetes mellitus frühzeitig zu erkennen. Die oral verabreichte Glucosedosis sollte 100 g betragen, da geringere Mengen keine sicheren Rückschlüsse auf das Vorliegen einer latent diabetischen Stoffwechselsituation gestatten (Abb.).

Die für den Nüchternblutzucker gemessenen Werte der „wahren Glucose" betragen im Normalbereich 2,78—5,55 mmol/l (50—100 mg/100 ml), im Grenzbereich 5,55—7,22 mmol/l (100—130 mg/100 ml) und im pathologischen Bereich mehr als 7,22 mmol/l (130 mg/100 ml). Die Glucosekonzentration im kapillaren Blut weist vor Glucosebelastung (0 Min.) bzw. 60 und 120 Min. nach oraler Glucosebelastung mit 100 g bei normaler und diabetischer Glucosetoleranz sowie im Grenzbereich die in Tab. (S. 158) aufgeführten Werte auf.

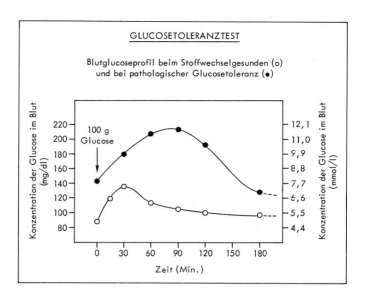

Verschiedene Medikamente verschlechtern die Glucosetoleranz und können einen Glucosebelastungstest im Sinne falsch positiver Ergebnisse beeinflussen. Dazu gehören u.a. Thiazide, Methyl-DOPA, Glucocorticoide, Kontrazeptiva, Barbiturate, Salizylate, Phenylbutazon, Tetrazyklin.

Tolbutamidtest. Eine weitere diagnostische Möglichkeit besteht in der Durchführung des intravenösen Tolbutamidtests, mit dessen Hilfe die Fähigkeit zur endogenen Insulinproduktion geprüft wird. Tolbutamid stimuliert die Insulinsekretion und führt bei Stoffwechselgesunden nach intravenöser Injektion von 1 g Tolbutamid zu einer signifikanten Blutzuckersenkung.

Glucose-Cortison-Toleranztest. Der Glucose-Cortison-Toleranztest basiert auf der Vorstellung, daß wegen der gluconeogenetischen (kontrainsulären) Wirkung eine Vorbehandlung des Probanden mit Glucocorticoiden (je 50 mg Cortisonacetat 8, 5 und 2 h vor dem Test) das Niveau der nachfolgend aufgenommenen Glucosebelastungskurve angehoben und eine Glucosetoleranzstörung besser erkennbar würde. Die bessere Aussagekraft dieses Tests hat sich bislang jedoch nicht bestätigt.

10. Therapeutische Aspekte oraler Antidiabetika

Die Notwendigkeit einer Behandlung des Diabetes durch ständige parenterale Injektion von Insulin hat zu einer intensiven Suche nach Medikamenten geführt, die auch bei oraler Gabe eine blutzuckersenkende Wirkung besitzen.

Die **Sulfonylharnstoffe** sind eine Verbindungsklasse, die antidiabetische Wirkung dadurch besitzt, daß sie die Bildung und Ausschüttung des Insulins aus den β-Zellen anregt und ein an Plasmaproteine gebundenes inaktives Insulin aus der Bindung freisetzt. Sie sind also nur dann wirksam, wenn endogenes Insulin gebildet wird (Diabetes Typ IIa). Diagnostische Bedeutung haben die Sulfonylharnstoffe durch den Tolbutamidtest (S. 164) erlangt.

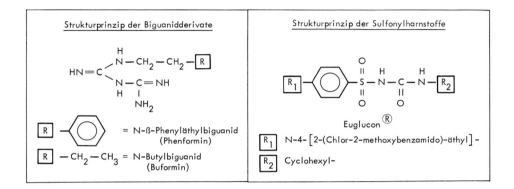

Die **Biguanide** entfalten ihre Wirkung auch im insulinfreien Organismus, indem sie die Glucoseaufnahme in die Zelle steigern und die Gluconeogenese hemmen.

Gleichzeitig vermindern sie aber auch die Sauerstoffaufnahme und führen so zu einer Steigerung der Glykolyse mit verstärkter Lactatbildung. Das Auftreten von Nebenwirkungen (Schwindel, Erbrechen, intestinale Störungen, Lactacidose) schränkt ihren Gebrauch ein. Auch eine cancerogene Wirkung der Biguanide kann nach tierexperimentellen Befunden nicht ausgeschlossen werden.

Zuckeraustauschstoffe. Da Sorbit über die Sorbit-Dehydrogenasereaktion in Fructose umgewandelt und Fructose in insulinunabhängiger Reaktion über die Fructokinase in die Glykolyse eingeschleust werden kann, eignen sich **Sorbit** und **Fructose** als Zuckeraustauschstoffe bei Diabetes mellitus. Ihre Verwertung wird jedoch durch die Kapazität der Sorbitdehydrogenase bzw. Fructokinase begrenzt. Ohne signifikante Steigerung des Blutzuckers oder der Ketonkörperbildung können 50–80 g Sorbit pro Tag verwertet werden. Überschüsse an Sorbit werden in der Leber über die Aldosereduktase in Glucose umgewandelt und müssen dann durch die insulinabhängige Glucokinase weiter zu Glucose-6-phosphat umgesetzt werden.

Glucosidasehemmer in der Therapie des Diabetes mellitus. Das aus Kulturen von Aktinomyzeten isolierte Oligosaccharid Acarbose (Formel) hemmt die enzymatische Aktivität der intestinalen Glykosidasen und verzögert den enzymatischen Aufschluß und die Resorption von Stärke und Saccharose. Wird Acarbose zusammen mit Kohlenhydraten peroral verabreicht, reduzieren sich der postprandiale Anstieg von Blutzucker und Seruminsulin, die Kohlenhydrat-induzierte Hypertriglyceridämie und die Glucoseausscheidung mit dem Urin.

Acarbose
(5,6-Didesoxy-5-hydroxymethyl-cyclohexitol-α(1-4)4,6-didesoxy-4-aminoglucosyl-α(1-4)Glc-α(1-4)Glc)

Die unter der Acarbosetherapie nicht resorbierten Kohlenhydrate werden im Dickdarm durch Mikroorganismen zu Kohlendioxid und gasförmigem Wasserstoff abgebaut, so daß Meteorismus, Flatulenz, Tenesmen und Diarrhoen auftreten können.

11. Glukagon

Das in den α-Zellen des Pankreas gebildete Glukagon (Polypeptid aus 29 Aminosäuren) weist keine direkte pathogenetische Beziehung zum Diabetes mellitus auf. Glukagon-produzierende Tumoren, die eine **Hyperglukagonämie** verursachen, wurden selten beschrieben; doch ist das Glukagon wegen seiner Glykogen-mobilisierenden, Gluconeogenese-fördernden und dadurch Blutzucker-erhöhenden Wirkung an der physiologischen Regulation des Blutzuckers beteiligt. Die Insulin-antagonistische Wirkung des Glukagons kommt ferner in der Aktivierung der Fettgewebslipase (Erhöhung der Konzentration der freien Fettsäuren im Blut) und seiner proteinkatabolen Wirkung (Zunahme der Ausscheidung von Kreatinin, Harnstoff und Harnsäure) im Blut zum Ausdruck. Erhöhte Blut-Glukagonspiegel werden gelegentlich auch beim Cushingsyndrom, bei der Akromegalie, beim Phäochromozytom und bei Leberzirrhose (eingeschränkter Glukagonabbau!) registriert.

Enteroglukagon. Im Duodenum ist ein Enteroglukagon (Darmwandglukagon) nachweisbar, das gleiche chemische, immunologische und biologische Eigenschaften wie das Pankreasglukagon besitzt. Bei enteraler Glucosezufuhr wird es freigesetzt und bewirkt in den Inselzellen des Pankreas eine Ausschüttung von Insulin.

12. Hypothalamus-Hypophysen-Nebennierenrinden-System

Die Nebennierenrinde ist ein lebenswichtiges Organ, dessen Entfernung immer den Tod des betreffenden Organismus zur Folge hat.

Biosynthese und Chemie. Die Nebennierenrinde bildet Hormone mit Wirkung auf den Kohlenhydrathaushalt (Glucocorticosteroide), auf den Kalium-Natrium-Haushalt (Mineralocorticosteroide) und Hormone mit androgener Wirkung. Sie sind ausnahmslos Steroidhormone und lassen sich biogenetisch alle vom Progesteron (Δ^4-Pregnen-3,20-dion) ableiten. Das Progesteron kann entweder aus Cholesterin oder durch Direktsynthese aus Acetyl-CoA entstehen.

Das Prinzip der Entstehung der Steroidhormone der Nebennierenrinde aus Progesteron besteht in einer spezifischen Hydroxylierung des Sterangerüstes des Progesterons an den Positionen 11, 17, 18 und 21 (Syntheseschema). Die beteiligten Steroidhydroxylasen weisen hohe Spezifität auf. Unter den Glucocorticoiden sind **Cortisol** und **Corticosteron**, unter den Mineralocorticoiden das **Aldosteron** die wichtigsten physiologischen Vertreter. Cortisol und Corticosteron sind im Blut zu 90–95% an ein spezifisches steroidbindendes α_2-Globulin (Transcortin) gebunden, Aldosteron wird dagegen frei bzw. locker an Serumalbumin gebunden transportiert. Tagesproduktion und Blutspiegel gibt die Tabelle wieder.

	Hormonproduktion mg/24 Stdn.	Blutplasmaspiegel µg/dl gesamt*	frei
Cortisol	10–20	5–25	1
Corticosteron	3,0	1,0	0,1
Aldosteron	0,3	0,003–0,005	0,003
Dehydroepiandrosteron	16–21	65	65

* Proteingebundenes **und** freies Steroidhormon

Auch Cortison und 11-Dehydrocorticosteron haben Glucocorticoidwirkung, während Desoxycorticosteron und Desoxycortisol den Mineralstoffwechsel beeinflussen. Bei allen Hormonen sind jedoch immer beide Wirkungen nebeneinander nachweisbar.

Regulation. Bildung und Ausschüttung der Glucocorticoide werden über einen Regelkreis kontrolliert, an dem der Blutglucocorticoidspiegel, das im Hypothalamus gebildete Corticotropin-Releasing-Hormon und das ACTH des Hypophysenvorderlappens beteiligt sind. Die Selbstregulation durch Rückkopplung arbeitet nach dem Prinzip, daß hohe Glucocorticoiddosen eine hemmende Wirkung auf

168 Hormone

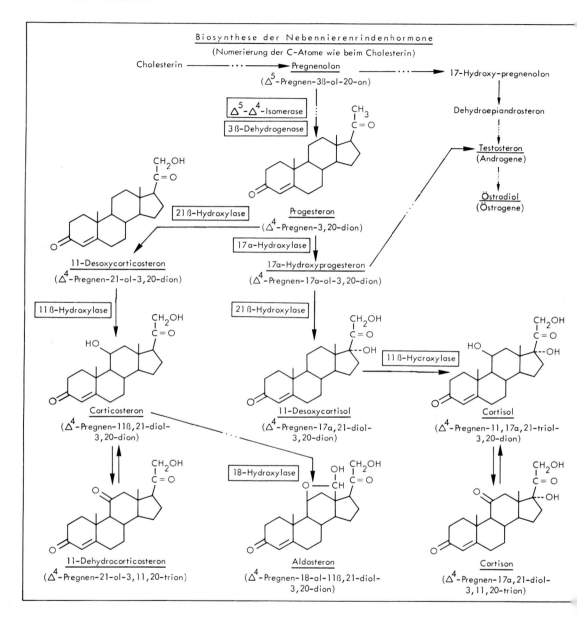

Zwischenhirn bzw. Hypophysenvorderlappen ausüben und umgekehrt. Kälte und Streß können durch direkte Wirkung auf Hypothalamus zusätzlich wirksam werden.

Aldosteronbildung und -ausschüttung werden durch das aldosteronstimulierende Hormon ASH überwacht. Das ASH ist identisch mit dem Angiotensin II, das eine direkte stimulierende Wirkung auf die aldosteronproduzierenden Zellen der Nebennierenrinde besitzt und selbst durch enzymatische Reaktion aus dem Angiotensin I entsteht, das wiederum unter der Wirkung des aus der Niere stammenden Renins aus einem α_2-Globulin (Angiotensinogen) freigesetzt wird.

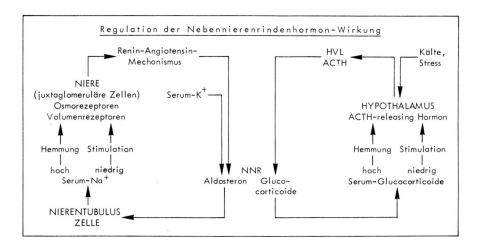

Glucocorticoide. Neben definierten Wirkungen der Glucocorticoide auf Kohlenhydrat- und Lipidstoffwechsel beeinflussen die Glucocorticoide in ihrem biochemischen Wirkungsmechanismus noch nicht erklärte Vorgänge und z. T. vitale Regulationsprozesse.

1. *Förderung der Gluconeogenese.* Unter dem Einfluß von Glucocorticoiden kommt es zur Neubildung von Kohlenhydraten aus Proteinen. Direkt meßbare Stoffwechselveränderungen sind die Erhöhung der Konzentration der Glucose, der Aminosäuren, der freien Fettsäuren und des Harnstoffs im Blut, eine erhöhte Stickstoffausscheidung und negative Stickstoffbilanz. Die Glucosetoleranz ist herabgesetzt, der Glykogengehalt der Leber steigt an.

Die Glucocorticoide entfalten eine unterschiedliche Wirkung auf die peripheren Organe und die Leber. In den peripheren Organen, insbesondere in der Muskulatur und im Knochengewebe hemmen sie die Biosynthese, fördern jedoch den Abbau der Proteine (antianaboler Effekt). Die Abnahme des Proteingehaltes kann sich im Knochen infolge des Verlustes an Kollagen in einer Entmineralisierung (Osteoporose) bemerkbar machen. In der Leber selbst kommt es durch Enzyminduktion (erkennbar an der Synthese von mRNA) zu vermehrter Synthese und Aktivitätserhöhung aminosäureabbauender Enzyme. Das Kohlenstoffskelett der Aminosäuren wird dann für die Gluconeogenese (Bildung von Glucose-6-phosphat) verwendet, der nicht benötigte α-Aminostickstoff wird zu Harnstoff und erklärt die erhöhte Harnstoffkonzentration im Blut und die negative Stickstoffbilanz. Das auf dem Wege der Gluconeogenese gebildete Glucose-6-phoshat wird z.T. zur Glykogensynthese verwendet, die durch eine Aktivitätserhöhung der Glykogensynthetase gefördert wird, z.T. aber auch infolge einer Erhöhung der Aktivität der Glucose-6-Phosphatase als freie Glucose ans Blut abgegeben.

Die Abgabe der Glucose ins Blut wird durch Hemmung der oxidativen Decarboxylierung des Pyruvats zu Acetyl-CoA und damit des oxidativen Endabbaus der Glucose begünstigt. Da gleichzeitig die Glucoseutilisation in den peripheren Organen gehemmt ist, kommt es zu einem Anstieg des Blutzuckerspiegels. Dieses Phänomen wird auch als „Steroiddiabetes" bezeichnet.

2. *Die Wirkung auf den Lipidstoffwechsel* äußert sich in einer Mobilisation der Lipiddepots mit einem Anstieg der freien Fettsäuren im Blut. Die unter der Glucocorticoidwirkung gehemmten Oxidationsvorgänge bringen die Gefahr einer Ketonkörperbildung und Erniedrigung der Alkalireserve (Acidose) mit sich.

3. *Weitere Stoffwechselwirkungen der Glucocorticoide.* Die Glucocorticoide – bzw. die bis zu hundertfach wirksameren synthetischen Derivate – bewirken in therapeutischen Dosen eine generelle Hemmung der Proteinbiosynthese. Da hierbei alle zellulären Abwehrreaktionen u. a. auch die Fibrinbildung und die Leukozyteneinwanderung in Entzündungsgebiete verlangsamt oder aufgehoben sind, besitzt das Cortison einen entzündungshemmenden Effekt, der bei überschießenden Abwehrreaktionen (allergische Reaktionen) und bei chronischen Entzündungsvorgängen (Rheuma, Arthritis, Kollagenkrankheiten) ausgenutzt werden kann. Eine besonders ausgeprägte Wirkung auf mesenchymale Organe unterstützt diesen Effekt.

Die Wirkung auf das hämopoetische System und auf das Lymphsystem sind durch starke Hemmung des lymphatischen Gewebes mit der Folge einer Lymphopenie im peripheren Blut, durch Unterdrückung der Bildung von basophilen und eosinophilen Granulozyten, jedoch eine Förderung der Entstehung von neutrophilen Granulozyten und Thrombozyten im Knochenmark gekennzeichnet.

Da auch Antikörper Produkte der Proteinbiosynthese sind, vermögen die Glucocorticoide die Antikörperbildung zu unterdrücken (immunsuppressive Wirkung). Unerwünschte Antigen-Antikörper-Reaktionen im Organismus können damit verhindert oder ihre Folgen (anaphylaktischer Schock) gemildert werden. Auch bei der Nachbehandlung nach Organtransplantation spielen die Glucocorticoide eine hervorragende Rolle, da sie die Bildung von Antikörpern gegen das transplantierte Organ im Empfängerorganismus teilweise supprimieren.

Weitere Wirkungen der Glucocorticoide bestehen in einer Abdichtung der Gefäße durch Vasokonstriktion. Im Magen fördern Glucocorticoide die Salzsäure- und Pepsinproduktion (Gefahr der Ulkusbildung bei langfristiger Glucocorticoidbehandlung).

Alle genannten Wirkungen tragen dazu bei, vitale Funktionen des Organismus zu garantieren und unter den verschiedensten Bedingungen aufrecht zu erhalten. Aus dem Wirkungsspektrum der Glucocorticoide ergeben sich die Indikationen für eine therapeutische Anwendung sowie die Symptomatik der Nebenwirkungen (Tabelle).

Physiologische Wirkung, Überfunktion und therapeutische Anwendung von Glucocorticoiden

Physiologische Wirkung	Überfunktion bzw. Nebenwirkung bei therapeutischer Anwendung	Therapeutische Indikationen (Beispiele)
Proteinstoffwechsel: Hemmung der Proteinbiosynthese, Stimulation des Abbaus, katabole Stoffwechsellage	Adynamie, Muskelschwund, Osteoporose	Unterdrückung von Immunreaktionen, Hemmung der Antikörpersynthese, akut-allergische Reaktionen
Kohlenhydratstoffwechsel: Gluconeogenese, Neubildung von Glucose aus Aminosäuren	Hyperglykämie („Steroid-Diabetes"), herabgesetzte Glucosetoleranz, Ketacidose	
Lipidstoffwechsel: Mobilisierung von Lipiddepots, Redeposition mit atypischer Lokalisation	Lipidverteilungsstörungen (Vollmondgesicht, Büffelnacken, Stammfettsucht), Hyperlipoproteinämie	
Hämopoetisches System: Regulative Funktionen	Polyglobulie, Leukozytose, Thrombozytose, Lymphopenie	Neoplasien des lymphoretikulären Systems
Mesenchymale Gewebe: Stoffwechselregulation	Hemmung des Synthesestoffwechsels von Mesenchymzellen (Chondroblasten, Fibroblasten), verzögerte Wundheilung, Atrophie der Haut, Kapillarfragilität	Antiphlogistische Wirkung, rheumatische Erkrankungen, Kollagenkrankheiten, Leberzirrhose, Keloide, Hautkrankheiten
Anpassung vitaler Regulationsmechanismen an Streßsituationen:		Akute lebensbedrohliche Zustände (Trauma, Schock, Herzkreislaufversagen, Status asthmaticus u. a.)

Mineralocorticoide. Das Fehlen der 11-Hydroxylgruppe im Steroidmolekül verstärkt dessen Wirkung auf den Mineralstoffwechsel. Die Synthesezwischenprodukte 11-Desoxycorticosteron und 11-Desoxycortisol zeigen Mineralocorticoidwirkung. Das wirksamste Mineralocorticoid, das Aldosteron, besitzt zwar eine 11-Hydroxylgruppe, sie ist jedoch durch Halbacetalbildung mit der benachbarten Aldehydgruppe am C-Atom 18 maskiert (Formel S. 168). Aldosteron ist im Mineralstoffwechsel 1000mal wirksamer als Cortisol.

Die Mineralocorticoide regulieren die Verteilung von Na^+ und K^+ im zellulären und extrazellulären Raum, und zwar begünstigen sie den Austritt von Kalium aus der Zelle und den Eintritt von Natrium in die Zelle. Sie wirken also der Natriumpumpe entgegen.

Der Einfluß der Mineralocorticoide auf den Elektrolythaushalt zeigt sich besonders deutlich in der Niere. Ihr Angriffspunkt ist der proximale und distale Nierentubulus. Ihre Wirkung besteht in einer verstärkten Rückresorption von Natriumionen und einer Sekretion von Kaliumionen (bzw. H^+ oder NH_4^+). Da die Elektrolytverschiebung entsprechende Wasserbewegungen zur Folge hat, kann sich das Flüssigkeitsvolumen der Körperkompartimente unter der Mineralocorticoidwirkung erheblich verändern. Die Natriumchloridretention kann zur Bildung eines **„Kochsalzödems"** führen, eine verminderte Natriumchloridausscheidung läßt sich im Schweiß, Speichel und in den Intestinalflüssigkeiten nachweisen. Infolge der vermehrten Ausscheidung von Kalium ist der Blutkaliumspiegel herabgesetzt (Hypokaliämie).

Auf einer Natriumchloridretention beruhende Ödeme lassen sich durch natürlicherweise nicht vorkommende **synthetische Aldosteronantagonisten** behandeln.

Sie verdrängen aufgrund ihrer analogen chemischen Struktur das Aldosteron von seinem Wirkungsort am Nierentubulus und verhindern damit eine übermäßige Rückresorption von Natriumchlorid, das vermehrt ausgeschieden wird (Kap. Niere, S. 301).

Überproduktion von Nebennierenrindenhormonen. Gutartige oder bösartige Tumoren der Nebennierenrinde, aber auch eine übermäßige Produktion des der Nebennierenrinde übergeordneten adrenocorticotropen Hormons (ACTH) oder fehlerhafte Regulationshemmer rufen charakteristische Symptome hervor. Die Überproduktion kann die Glucocorticoide, die Mineralocorticoide oder die Androgene betreffen (Schema).

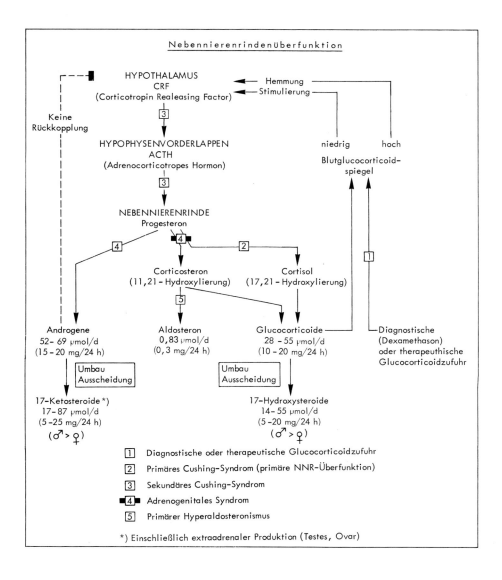

1. Primäres Cushingsyndrom. Beim primären (adrenalen) Cushing-Syndrom sind (meist einseitige) gutartige hormonbildende Adenome oder bösartige Tumoren der Nebennierenrinde die Ursache. Die vermehrte Produktion der Glucocorticoide durch das Adenom- oder Tumorgewebe unterliegt **nicht** mehr der Kontrolle durch ACTH und zeigt keinen circadianen Rhythmus (Tagesprofil).

Dem proteinkatabolen Effekt der vermehrt gebildeten Glucocorticoide entsprechen Muskelschwund, Osteoporose, atrophische Haut und schlechte Wundheilung. Die überstürzte Gluconeogenese führt zu einer (schlecht auf Insulin ansprechenden) Hyperglykämie („Steroiddiabetes"). Auch die arterielle Hypertonie ist ein häufiges Symptom. Die Wirkung auf den Lipidstoffwechsel äußert sich in einer Mobilisation von physiologischen Lipiddepots und Redeposition an atypischer Lokalisation (Vollmondgesicht, Büffelnacken, Stammfettsucht). Die Veränderungen am hämopoetischen System zeigen sich u. a. in Leukozytose und Lymphopenie (Tab. S. 171).

Durch die hohe Blutglucocorticoidkonzentration (Hypercortisolismus) ist die ACTH-Produktion bei primärem Cushing-Syndrom maximal gebremst. Dies führt – mit Ausnahme des ACTH-unabhängigen Nebennierenadenomgewebes – zu Atrophie des gesamten restlichen Nebennierenrindengewebes. Der ACTH-Spiegel des Blutplasmas (normal ≈ 11 pmol/l, 50 pg/ml) ist beim primären Cushing-Syndrom auf weniger als 1,1 pmol/l (5 pg/ml) erniedrigt.

2. Sekundäres Cushing-Syndrom. Ursachen sind ACTH-produzierende Adenome oder Tumoren der Hypophyse. Überfunktionszustände des hypothalamischen und hypophysären Systems (mit Erhöhung des Corticotropin-Releasing-Hormons und des ACTH im Serum) sowie schließlich auch ACTH-bildende ektopische Tumoren (z. B. Bronchus-, Thymus-, Pankreas-, Prostata-, Mamma-, Schilddrüsen-, Nieren-Carcinome) führen alle zu einer ACTH-induzierten bilateralen Nebennierenrindenhyperplasie mit vermehrter Produktion von Glucocorticoiden, Aldosteron und Androgenen.

Da die anabole Wirkung der vermehrt produzierten Androgene die katabole Wirkung der Glucocorticoide teilweise abschwächt, sind Muskelschwund, Osteoporose, aber auch Steroiddiabetes und Stammfettsucht weniger ausgeprägt. Dafür können die Symptome einer verstärkten Androgenwirkung (Virilismus, Hirsutismus, Menstruationsstörungen, Polyzythämie) im Vordergrund stehen. Im Gegensatz zum primären Cushing-Syndrom ist der ACTH-Spiegel des Blutplasmas erhöht (> 11 pmol/l, 50 pg/ml) und wird auch durch Dexamethason nicht beeinflußt.

Wegen der vielfachen Indikation für den Einsatz von Glucocorticoiden als Pharmaka ist auch das exogen (iatrogen) ausgelöste sekundäre Cushing-Syndrom häufig. Es unterscheidet sich in der klinischen Symptomatik jedoch nicht vom endogenen Cushing-Syndrom.

3. Adrenogenitales Syndrom. Bei einer über das physiologische Maß hinausgehenden Mehrproduktion von Androgenen in der Nebennierenrinde entsteht das Bild des adrenogenitalen Syndroms. Es ist durch erhöhte Serumkonzentration von Androgenen (Androstendion, Testosteron, Normbereich s. S. 184), vermehrte Ausscheidung von 17-Ketosteroiden im Urin und Virilisierung des Genitales und des Gesamtkörperbaus gekennzeichnet. Man unterscheidet angeborene und erworbene Formen.

Dem **angeborenen adrenogenitalen Syndrom** liegt ein Enzymdefekt zugrunde, der häufig die an der Synthese der Glucocorticoide beteiligten Enzyme 3β-Dehydrogenase, 21β-Hydroxylase bzw. 11β-Hydroxylase betrifft (Schema). Als Folge

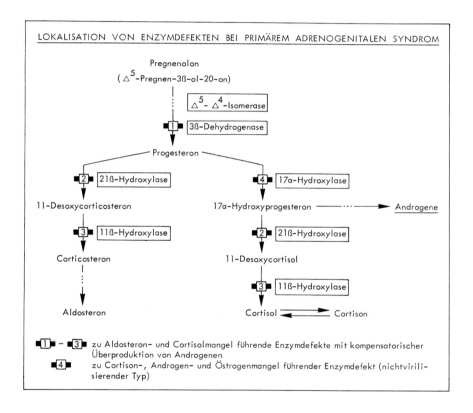

kommt es nicht nur stets zu einer verminderten Produktion von Cortisol und Aldosteron, sondern auch — begünstigt durch die Akkumulation von nichtumgesetzten Synthesezwischenprodukten — zu einem Ausweichen auf eine vermehrte Synthese von Androgenen. Reicht bei einem 21-Hydroxylasemangel, der mehr als 90% aller Fälle von adrenogenitalem Syndrom betrifft, die Restaktivität des defekten Enzyms zur Kompensation aus, liegen Aldosteron- und Cortisonspiegel des Blutplasmas im unteren Normbereich („nichtsalzverlierender Typ"). Bei den schweren Formen bestehen die Symptome eines Aldosteron- und Cortisonmangels („salzverlierender Typ").

Bei Knaben kommt es zu vorzeitiger Ausbildung der sekundären Geschlechtsmerkmale, als Folge der erhöhten Androgenproduktion aber auch zu Wachstumsstillstand und — wegen der starken Rückkopplungshemmung auf das Hypothalamus-Hypophysen-System — zu gehemmter Gonadotropinbildung mit sekundärem Hypogonadismus, der Azoospermie und Sterilität (S. 186) bedingt. Wegen des Kontrastes zur Entwicklung der sekundären Geschlechtsmerkmale wird diese Erscheinungsform als „dissoziierter Virilismus" bezeichnet.

Beim Mädchen führt der Hypogonadismus zu primärer Amenorrhoe und fehlender Brustentwicklung, der erhöhte Androgenspiegel jedoch zur Vermännlichung des äußeren Genitales (Pseudohermaphroditismus), zu Stimmbruch und starker Muskelentwicklung. Die Symptome des adrenogenitalen Syndroms können schon in den ersten Lebensjahren auftreten (Pseudopubertas praecox).

Das **erworbene adrenogenitale Syndrom** ist meist Folge eines androgenbildenden Nebennierenrindencarcinoms. Ein Defekt in der Produktion der Glucocorticoide und des Aldosterons liegt dabei nicht vor.

Ein **Defekt der 17α-Hydroxylase** führt zu einem vollständigen Block der Cortisolsekretion bei erhaltener Desoxycorticosteron- und Corticosteronproduktion, die zu einem Hochdruck führt. Gleichzeitig bleibt jedoch auch die Bildung von Androgenen und Östrogenen aus, da die 17α-Hydroxylierung beim Menschen eine der essentiellen Voraussetzungen für die Bildung der C19-Steroide (Androgene) und C18-Steroide (Östrogene) darstellt. Bei diesem (seltenen) Krankheitsbild handelt es sich um eine **nichtvirilisierende kongenitale adrenale Hyperplasie.**

4. Hyperaldosteronismus. Eine erhöhte Produktion und Ausschüttung von Aldosteron kann ihre Ursache in der Nebenniere selbst (primärer Aldosteronismus) haben oder durch extrarenale Ursachen bedingt sein (sekundärer Hyperaldosteronismus).

Beim **primären Hyperaldosteronismus** (Conn-Syndrom) liegt ein Tumor oder eine Hyperplasie der Nebennierenrinde mit vermehrter Bildung und Sekretion von Aldosteron vor. Dies hat zur Folge: 1. eine Kaliumverarmung durch erhöhte K^+-Ausscheidung (Hypokaliämie), welche die Muskelschwäche und EKG-Veränderungen erklärt, 2. eine Hypernatriämie, die als Ursache der Begleithypertonie angesehen wird und 3. eine Alkalose wegen der vermehrten Ausscheidung von Protonen.

Wegen einer sich sekundär meist entwickelnden Nierenschädigung (Albuminurie, mangelnde Harnkonzentrierung) bleibt eine Ödembildung durch Kochsalzretention paradoxerweise aus. Ist sie dennoch vorhanden, wird meist eine benigne

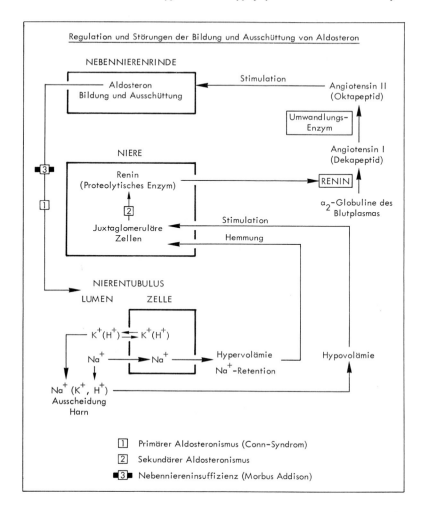

Hypertonie beobachtet. Bei primärem Hyperaldosteronismus findet man eine erhöhte Ausscheidung von Aldosteron im Urin > 83 μmol/d (30 mg/24 h), Normbereich: 30 ± 14 μmol/d (11 ± 5 mg/24 h), die sich weder durch 40 mg Lasix® stimulieren noch durch Natriumchloridbelastung (> 200 mmol/d über eine Woche) supprimieren läßt.

Sekundärer Hyperaldosteronismus. Dem sekundären Hyperaldosteronismus können alle Krankheitsbilder mit Ödembildung, Leberzirrhose, Nephrose, Herzinsuffizienz, ferner Hypertonieformen oder eine vermehrte Reninbildung in der Niere (Tumor, Bartter-Syndrom) zugrunde liegen. Im Gegensatz zum primären Hyperaldosteronismus, bei dem das Plasma-Renin stark erniedrigt ist, ist die Plasma-Renin-Aktivität beim sekundären Hyperaldosteronismus erhöht.

Nebennierenrindeninsuffizienz (Addison-Syndrom). Bei Ausfall von etwa 90% der Nebennierenrinde kommt es zu Mangelerscheinungen im Sinne einer Nebenniereninsuffizienz. Sie ist vorwiegend durch den Mangel an Mineralocorticoiden (Aldosteron) und weniger durch das Defizit an Glucocorticoiden charakterisiert. Als Ursache für die primäre Nebennierenrindeninsuffizienz kommen ein tuberkulöser Befall der Nebennieren (Verkalkungen auf der Röntgenübersichtsaufnahme des Abdomens), häufiger jedoch eine autoimmunologisch bedingte Zerstörung der Nebennierenrinde („primäre idiopathische Nebennierenrindenatrophie") in Frage.

Die Nebennierenrindeninsuffizienz ist durch Natriumverlust, Kaliumretention (herabgesetzter Na^+-, erhöhter K^+-Blutspiegel), Exsikkose, Muskelschwäche, Kachexie, niedrigen Blutdruck, Absinken der Körpertemperatur und des Blutzuckerspiegels sowie eine charakteristische Braunpigmentierung der Haut (besonders an den dem Licht ausgesetzten Teilen) und der Schleimhaut gekennzeichnet. Die meisten Symptome lassen sich durch Fehlen des Aldosterons erklären. So ist die Exsikkose und Bluteindickung eine Folge der erhöhten Kochsalzausscheidung, während die pathologische Kaliumanreicherung in der Muskulatur direkte Ursache der Adynamie und der EKG-Veränderungen ist. Der fehlende Austausch von H^+ gegen Na^+ im Nierentubulus bedingt eine Abnahme des $NaHCO_3$ im Plasma und metabolische Acidose.

Neben der primären Nebennierenrindeninsuffizienz kann es auch zu einer isolierten Unterproduktion von Glucocorticoiden kommen, die ihre Ursache jedoch fast immer in einem Ausfall der ACTH-Produktion in der Hypophyse hat. Die Aldosteron-Produktion der Nebennierenrinde ist nicht betroffen.

Nebennierenrindenfunktionsdiagnostik. Die quantitative Bestimmung der Nebennierenrindenhormone und der korrespondierenden glandotropen Hormone im Blutplasma sowie deren Konzentrationsveränderungen nach Anwendung von Stimulations- oder Funktionstesten erlauben einen Einblick in die Steroidproduktion der Nebennierenrinde und ihre Regulation. Zur Erfassung der Steroidhormonproduktion und ihrer Regulation werden folgende Verfahren angewandt:

1. *Quantitative Bestimmung des Plasmacortisols* (Radioimmunassay). Zu beachten ist dabei der Tagesrhythmus der Cortisolkonzentration im Blutplasma, der um 06.00 h ein Maximum erreicht und bis etwa 24.00 h abfällt (circadiane Rhythmik).

2. *Dexamethasontest.* Dexamethason ist ein synthetisches Glucocorticoid (100mal wirksamer als Cortison), das die hypophysäre ACTH-Ausschüttung und damit die Nebennierenrindenfunktion stark einschränkt. Beim Cushing-Syndrom jeder Genese ist der 08.00 h gemessene Cortisol-Basalwert (normal: $0,27 \pm 0,11$ µmol/l, 10 ± 4 µg/100 ml Blut) erhöht ($0,41-2,7$ µmol/l, $15-100$ µg/100 ml) und bleibt auch nach Gabe von 3 mg Dexamethason unverändert hoch, während beim Stoffwechselgesunden eine deutliche Suppression eintritt (Schema).

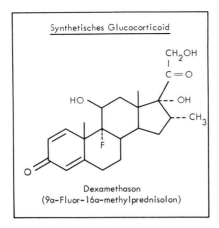

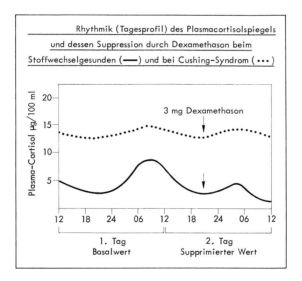

3. *Die Bestimmung der ACTH-Konzentration* im Plasma (normal: 11,0 pmol/l, 50 pg/ml) gestattet eine Differenzierung von primärem Cushing-Syndrom mit stark erniedrigten ACTH-Werten (< 1,1 pmol/l, < 5 pg/ml) und dem sekundären Cushing-Syndrom (> 11,0 pmol/l, >50 pg/ml).

4. *Die quantitative Bestimmung der 17-Hydroxycorticosteroide im Harn* ist eine weniger aufwendige, aber auch weniger aussagekräftige Methode zur Ermittlung des Nebennierenrindenfunktionszustandes und als Suchtest geeignet. Die normale Ausscheidung an 17α-Hydroxycorticosteroiden (vorwiegend Cortisolausscheidungsprodukte) beträgt beim Mann 27,6 ± 11 µmol/d (10 ± 4 mg/24 h), bei der Frau 19,3 ± 8,2 µmol/d (7 ± 3 mg/24 h).

5. *Metopirontest.* Zur Prüfung der hypophysären ACTH-Reserve dient der Metopirontest. Metopiron ist ein Pharmakon, das die 11β-Hydroxylase der Nebennierenrinde und damit vorzugsweise die Cortisolbiosynthese hemmt. Durch das Absinken des Cortisolplasmaspiegels nach Metopirongabe (70 mg/kg Körpergewicht in 6 Portionen über 24 h) wird über einen Rückkopplungseffekt auf Hypothalamus und Hypophyse die ACTH-Sekretion stimuliert. Die Folge ist eine Mehrproduktion der 11-Desoxycorticosteroide und ein 2- bis 4facher Anstieg ihrer Ausscheidung im 24 h Urin über den Ausgangswert. Bleibt dieser Anstieg aus, war die ACTH-Sekretion der Hypophyse unzureichend (oder es liegt eine Nebennierenrindeninsuffizienz vor).

6. Der *ACTH-Stimulationstest* dient der Erfassung einer primären oder sekundären Nebennierenrindeninsuffizienz. Ist der Basalwert des Plasmacortisols auf weniger als 0,052 μmol/l (2 μg/100 ml) Blut herabgesetzt, liegt eine Nebennierenrindeninsuffizienz vor, die sich dadurch bestätigen läßt, daß auch nach Injektion von 20 E. ACTH (= 13 μg) der Plasmacortisolspiegel nicht ansteigt und auch die herabgesetzte Ausscheidung von 17-α-Hydroxycorticosteroiden (bei Nebennierenrindeninsuffizienz weniger als 8,2 μmol/d, 3 mg/24 h) nicht gesteigert wird. Bei normaler Nebennierenrindenfunktion müßten sich der Plasmacortisolspiegel 60 Min. nach der ACTH-Applikation auf 0,75 ± 0,14 μmol/l (27 ± 5 μg/100 ml) Blut und die Ausscheidung von 17-Hydroxycorticosteroiden auf 82,4 μmol/d (30 mg/24 h) erhöhen.

7. Die *klinisch-chemische Diagnostik von Störungen der Mineralocorticosteroidproduktion* erfolgt (neben der Bestimmung der Elektrolyte) mit Hilfe der Aldosteron- und Reninbestimmung im Plasma. Die Aldosteronkonzentration des Plasmas beträgt (morgens nach 03.00 h im Liegen) 140–280 pmol/l (50–100 pg/ml), steigt jedoch nach 2–3 h Umhergehen um das 2- bis 6fache an. Bei diesem Stimulationstest erfährt auch die Plasmareninaktivität (gemessen als Angiotensin I, normal: 0,2–2,0 ng Angiotensin I/ml/h) einen entsprechenden Anstieg. Beim primären Aldosteronismus ist schon der Basalwert des Aldosterons erhöht (> 280 pmol/l, 100 pg/ml). Bei Stimulation steigen jedoch weder das Aldosteron noch die (primär stark erniedrigte) Reninaktivität im Plasma an.

Beim sekundären Aldosteronismus liegt dagegen eine gesteigerte Renin-Angiotensin-Produktion vor, die das differentialdiagnostische Kriterium gegenüber dem primären Aldosteronismus liefert. Die Überproduktion von Aldosteron bei primärem und sekundärem Aldosteronismus geht auch mit einer gesteigerten Ausscheidung von Aldosteron (> 83 nmol/d, 30 μg/24 h) mit dem Urin einher (Normbereich 30 ± 14 nmol/d, 11 ± 5 μg/24 h).

8. *17-Ketosteroide.* Die von der Nebennierenrinde gebildeten Androgene werden im Harn zum großen Teil als **17-Ketosteroide** ausgeschieden. Als 17-Ketosteroide faßt man alle jene Hormone und ihre Abbauprodukte zusammen, die am C-Atom 17 eine Ketogruppe tragen. Da dies praktisch nur für Androsteron, Ätio-

cholanon, Androstendion, Dehydroepiandrosteron und deren 11-Hydroxy- bzw. 11-Ketoderivate zutrifft, ist die Bestimmung der 17-Ketosteroidausscheidung ein Maß für die Bildung von Androgenen. Ihre Bildung erfolgt beim Mann nicht nur in den Nebennierenrinden (60%), sondern auch in den Testes (Leydigsche Zwischenzellen, 40%). Infolgedessen ist die Ausscheidung von 17-Ketosteroiden bei der Frau mit 17–52 µmol/d (5–15 mg/24 h) niedriger als beim Mann (35–69 µmol/d, 10–20 mg/24 h). Beim adrenogenitalen Syndrom und bei Tumoren der *Leydigschen* Zellen (S. 186) ist die 17-Ketosteroidausscheidung erhöht (> 104 µmol/d, 30 mg/24 h).

13. Hypothalamus-Hypophysen-Testosteron-System

Ausbildung und Funktion der Fortpflanzungsorgane und die Entwicklung der sekundären Geschlechtsmerkmale stehen beim Menschen unter Kontrolle der Sexualhormone. Neben ihrer geschlechtsspezifischen Wirkung lassen die Sexualhormone auch Wirkung auf den Allgemeinstoffwechsel und auf das psychische Verhalten erkennen.

Die männlichen Sexualhormone werden in den Gonaden (Testes) und in der Nebennierenrinde (bei der Frau im Ovar und in der Nebennierenrinde und während der Gravidität auch in der Plazenta) gebildet. Ihre Synthese ist jedoch abhängig von der stimulierenden Wirkung der nicht geschlechtsspezifischen gonadotropen Hormone des Hypophysenvorderlappens FSH (Mol.-Gew. 41×10^3) und LH (ICSH, Mol.-Gew. 26×10^3). Bildung und Ausschüttung der gonadotropen Hormone des HVL stehen wiederum unter der Kontrolle der hypothalamischen Hormone (FSH-Releasing-Hormon und LH-Releasing-Hormon), die beide Decapeptide bekannter Aminosäuresequenz sind (Schema).

Die Androgene entfalten einerseits geschlechtsspezifische (genitale und extragenitale) Wirkungen, andererseits beeinflussen sie rückwirkend die Sekretion der hypothalamischen bzw. hypophysären Hormone, sind also Glieder eines Regelkreises, der über einen Rückkopplungsmechanismus die Androgenproduktion reguliert.

Biosynthese der Androgene. Die enge biogenetische Beziehung zwischen männlichen und weiblichen Sexualhormonen, die z.T. über gemeinsame Reaktionswege gebildet werden, erklärt, warum in den Testes sowohl männliche wie weibliche Keimdrüsenhormone gebildet werden können (Reaktionsschema). Die Östrogenproduktion beim Mann erfolgt zum Teil direkt in den Testes, zum Teil durch Umwandlung von Testosteron in Östrogene in den peripheren Organen. Unter den männlichen Keimdrüsenhormonen besitzt das Testosteron die stärkste androgene Wirkung.

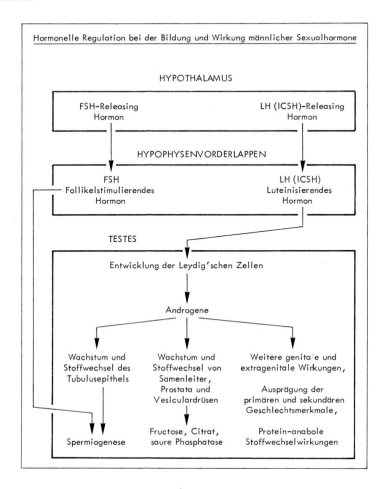

Testosteron wird beim Mann in einer Menge von 14−31 μmol/d (4−9 mg/24 h) gebildet, die Plasmakonzentration beträgt 21 nmol/l (6 μg/l), davon sind $2/3$ an ein sexualhormonbindendes Globulin (SHBG) gebunden. Das sexualhormonbindende Globulin ist ein Syntheseprodukt der Leber und bindet Dihydrotestosteron (DHT) > Testosteron > Östradiol mit abnehmender Affinität. Die bei Leberzirrhose beobachtete Feminisierung (Gynäkomastie) erklärt sich z.T. durch die ausbleibende Umwandlung der Östrogene in die unwirksamen Konjugationsprodukte, z.T. durch die stimulierende Wirkung der Östrogene auf die Synthese des sexualhormonbindenden Globulins, das relativ mehr Testosteron als Östrogen bindet.

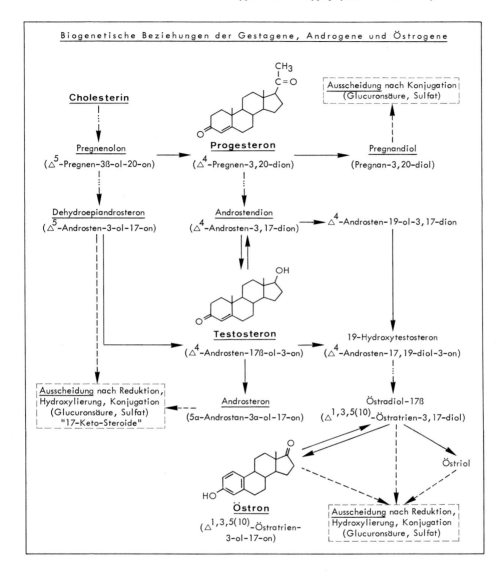

Die mit dem Alter abnehmende Androgenwirkung kommt nicht nur durch nachlassende Testosteronproduktion, sondern durch Verschiebung der Relation von freiem zu gebundenem Testosteron zugunsten des gebundenen Testosterons zustande.

Blutspiegel der Sexualhormone beim erwachsenen Mann

Hormon	nmol (ng)/l Blutplasma
Testosteron*	21,0 (6000)
5α-Dihydrotestosteron	1,9 (550)
Östradiol	0,11 (30)
Östron	0,21 (60)
Androstendion	3,1 (900)
Androstendiol	5,5 (1600)
17α-Hydroxyprogesteron	2,85 (950)

* Urinausscheidung 87–312 nmol/d (25–90 µg/24 h)

Die zelluläre Wirkform des Testosterons ist das Dihydrotestosteron (DHT). Es entsteht in der Zelle des Erfolgsorgans (z. B. Prostata) nach Aufnahme des freien Testosterons in die Zelle unter der Wirkung der 5α-Testosteron-Reduktase, wobei NADH$_2$ als Wasserstoffdonator fungiert. Das entstehende 5α-Dihydrotestosteron verbindet sich mit einem spezifischen Rezeptor zu einem Steroid-Rezeptor-Komplex, der seine Wirkung im Zellkern durch Bindung an ein Chromatinprotein mit spezifischen Akzeptoreigenschaften entfaltet. Nach Ablösung des Chromatinproteins von der DNA kommt es zur Genaktivierung mit der Folge einer Synthese von RNA und (Enzym-)Protein. Darüberhinaus spielt der Rezeptormechanismus wahrscheinlich auch eine Rolle für die Wirkung der Androgene auf das Zwischenhirn (Ausprägung des männlichen Sexualverhaltens).

Antiandrogene Substanzen. Cyproteron und 17-Methyl-B-nor-Testosteron verhindern durch kompetitive Hemmung die Komplexbildung zwischen Dihydrotestosteron und dem spezifischen zellulären Rezeptor (Schema). Sie werden therapeutisch beim Prostatacarcinom, ferner zur Triebdämpfung und in Verbindung mit Östrogenen auch zur Behandlung der Akne vulgaris eingesetzt.

Androgenwirkungen. Die genitalen Wirkungen der Androgene sind durch Anregung des Wachstums der männlichen Fortpflanzungsorgane (Samenleiter, Prostata, Vesiculardrüsen und Penis) gekennzeichnet. Wachstum und Entwicklung der Testes und die Spermiogenese sind jedoch noch von der Mitwirkung des FSH abhängig. Ein Maß für die Produktion von Androgenen nach abgeschlossener Entwicklung sind die der Samenflüssigkeit beigemengten, nur unter der Wirkung von Androgenen nachweisbaren Syntheseprodukte von Prostata (Citronensäure ≈ 20,8 mmol/l, 400 mg/100 ml) und Samenblasen (Fructose ≈ 11,2 mmol/l, 200 mg/100 ml, saure Phosphatase 900–7000 mU/ml).

Auch die Ausbildung der sekundären Geschlechtsmerkmale (Bartwuchs, Entwicklung der typischen virilen Behaarung, Wachstums des Kehlkopfes) ist andro-

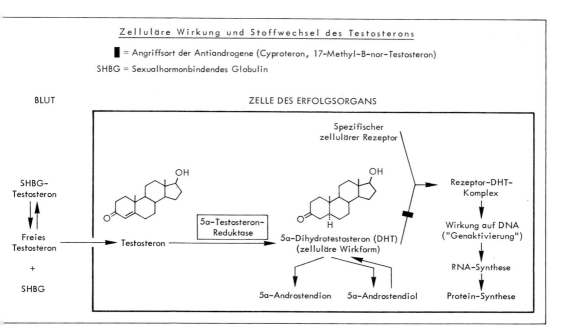

genabhängig. Die extragenitalen Wirkungen der Androgene führen zu einer anabolen Stoffwechsellage des Organismus vorzugsweise im Bereich des Proteinstoffwechsels. Die proteinanabole Wirkung läßt sich durch eine Stickstoffretention nachweisen, die speziell zu einer Zunahme der Muskelmasse bei gleichzeitiger Abnahme des Lipid- und Wassergehaltes führt.

Durch chemische Synthese lassen sich Präparate sowohl mit prolongierten Androgeneffekten (Depotwirkung) als auch mit vorzugsweise anaboler Wirkung („Anabolika") gewinnen.

Die Wirkung der Androgene auf das Knochengewebe ist dosisabhängig. Kleine Androgendosen, die bis zur Pubertät gebildet werden, bewirken Proliferation des Epiphysensäulenknorpels mit Zunahme der Proteoglykane und der Kollagenbiosynthese (präpubertärer Wachstumsschub). Höhere Konzentrationen fördern die Calciumaufnahme und Mineralisation, führen jedoch auch zu einem Schluß der Epiphysenfugen. Bei Ausbleiben der Androgenproduktion durch die Testes (Hypogonadismus, s. u.) führen die von der Nebennierenrinde gebildeten kleinen Androgendosen zu **eunuchoidem Hochwuchs.**

Primärer Hypogonadismus. Bei primärer (erworbener oder angeborener) Schädigung der Leydigschen Zellen bleibt eine Testosteronproduktion in den Testes aus.

Da die Androgenproduktion der Nebennierenrinde jedoch nicht betroffen ist, resultiert insgesamt lediglich eine Reduktion der Testosteronsynthese auf 30−60% des Normbereiches des erwachsenen Mannes. In der Samenflüssigkeit fehlen Spermien, Fructose und Citrat. Fructosewerte unter 6,72 mmol/l (120 mg/ 100 ml) lassen auf eine verminderte Funktion der Leydigschen Zellen schließen. Die Ausscheidung an 17-Ketosteroiden ist entsprechend herabgesetzt. Für den primären Hypogonadismus ist charakteristisch, daß sich die Testosteronausscheidung im Urin nicht durch LH bzw. durch das wirkungsanaloge HCG stimulieren läßt, während beim normalen erwachsenen Mann eine Stimulation der Testosteronausscheidung um 60−400% eintritt. Infolge fehlender Testosteronbildung bleibt auch die Rückkopplungshemmung auf Hypothalamus und Hypophyse aus, so daß es zu Stimulierung und adaptiver Erhöhung der hypophysären LH- und FSH-Produktion kommt.

Ursachen des primären Hypogonadismus sind:

- angeborene Dysfunktion der Leydigschen Zellen, doppelter Kryptorchismus,
- erworbene Schädigung durch Trauma (Hodentorsion), Orchitis oder Hydrocele und
- Kastration.

Beim **Klinefelter-Syndrom** (2% der männlichen Bevölkerung), das durch Chromosomenaberration mit Existenz eines überzähligen X-Chromosoms (XXY) und Hodenatrophie gekennzeichnet ist, ist die Testosteronproduktion − vermutlich durch einen Enzymdefekt − zwar herabgesetzt, jedoch noch innerhalb des Normbereichs. Die Tubuli sind sklerotisch bzw. atrophisch, es besteht Aspermie.

Sekundärer Hypogonadismus. Beim sekundären Hypogonadismus liegt eine Funktionsbeeinträchtigung des Hypothalamus oder der Hypophyse vor, deren Ursachen unbekannt (idiopathischer Eunuchoidismus) oder das Funktionsgewebe verdrängende Tumoren (Hypothalamustumor, eosinophiles Adenom des Hypophysenvorderlappens) sind. Wegen der ausbleibenden Stimulierung der Gonaden und der daher fehlenden oder herabgesetzten Testosteronsynthese stellt sich eine sekundäre Hodenatrophie ein, so daß sowohl FSH- und LH-Spiegel als auch die Testosteronkonzentration im Plasma herabgesetzt sind. Eine Stimulation der Androgenproduktion durch LH bzw. HCG ist jedoch möglich.

Inkretorische Überfunktion. Autonome hormonbildende Tumoren des Hodens, bei denen es sich in 98% der Fälle um germinative Tumoren (Seminome, Teratome, Chorionepitheliome) handelt, führen zu einer quantitativ und qualitativ veränderten Hormonsynthese. Sie zeigt sich in einer Steigerung der Aktivität der 17-Hydroxyprogesteron-Desmolase, vermehrter Synthese von Dihydroandrosteron und relativer Verminderung der Reaktion Androstendion → Testosteron mit entsprechender Erhöhung der Androstendionkonzentration im Plasma. Gleichzeitig kann die Biosynthese der Östrogene gesteigert oder normal sein.

Hodentumoren führen meist zur Virilisierung, jedoch sind auch feminisierende Hodentumoren beschrieben. Die hormonbildenden Chorionepitheliome produzieren exzessive Mengen HCG (Human-Chorion-Gonadotropin).

14. Hypothalamus-STH-Somatomedin-System

Das in den eosinophilen Zellen des Hypophysenvorderlappens gebildete Wachstumshormon (STH, Somatotropes Hormon) des Menschen ist ein artspezifisches Proteohormon. Heterologe STH-Präparate (z.B. vom Rind oder Schwein) sind beim Menschen unwirksam. Das menschliche Wachstumshormon (Polypeptidkette mit 188 Aminosäuren) ist dagegen nicht nur am Menschen selbst, sondern auch an allen anderen bisher geprüften Species wirksam.

Eine Besonderheit des Wachstumshormons liegt darin, daß seine Wachstumswirkung und ein Teil seiner Stoffwechselwirkungen nicht durch das STH selbst, sondern über das **Somatomedin** erfolgen. Somatomedine sind Polypeptide (Mol.-Gew. etwa 4000), die unter der spezifischen Wirkung des Wachstumshormons in Leber und Niere gebildet werden und von dort die Erfolgsorgane erreichen.

STH-Releasing-Hormon und Somatostatin. Bildung und Ausschüttung des STH werden durch 2 vom Hypothalamus gebildete Wirkstoffe kontrolliert. Das STH-Releasing-Hormon (Growth-Hormon-Releasing-Faktor, GRF) stimuliert die Synthese und die Abgabe des STH im Hypophysenvorderlappen, während ein die Freisetzung von STH hemmendes Hormon – ein Tetradecapeptid bekannter Struktur – einen gegenteiligen Effekt ausübt und deshalb als **Somatostatin** bezeichnet wird. Neben seiner hemmenden Wirkung auf die Ausschüttung des Wachstumshormons hat Somatostatin auch einen direkten inhibierenden Einfluß auf die Sekretion von Glukagon und Insulin (S. 79) sowie auf die Freisetzung von TSH (S. 140) und Prolactin. Ferner vermag Somatostatin die Produktion und Abgabe von Glykoproteinen aus den schleimproduzierenden Zellen des Magens (S. 277) zu steigern. Dies hat zum therapeutischen Einsatz des Somatostatins bei schweren akuten gastro-duodenalen Ulkusblutungen geführt.

Bei der Kontrolle des Blutzuckers bilden STH-Releasing-Hormon, Somatostatin, STH, Glukagon und Insulin die Glieder eines Regelkreises, in dem der Blutzuckerspiegel eine Rückkopplungskontrolle auf die Ausschüttung des STH-Releasing Hormons bzw. Somatostatins ausübt (Schema).

STH-Wirkung. STH hat proteinanabole Wirkung, die sich durch beschleunigte Aminosäureinkorporation in die Zelle und direkte Wirkung auf die **Proteinsyntheserate,** erhöhte Retention von Stickstoff und positive Stickstoffbilanz zu erkennen gibt.

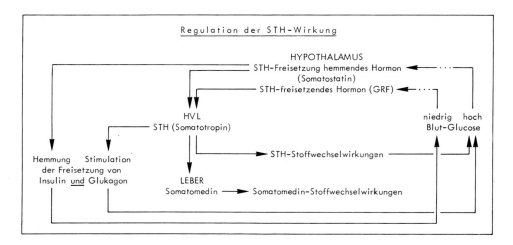

Im **Fettstoffwechsel** entfaltet STH eine Hemmung der Lipidsynthese über eine herabgesetzte Synthese der Fettsäuren und eine Hemmung des Einbaus von Fettsäuren in Lipide. Unterstützt wird dieser Effekt durch eine lipolytische Wirkung des STH (Abbau der Lipiddepots), so daß es zum Anstieg der freien Fettsäuren im Blut kommt, bei deren Oxidation Energie für die Proteinbiosynthese geliefert wird.

Auf den **Kohlenhydratstoffwechsel** wirkt STH Insulin-antagonistisch. Durch Hemmung der Glucoseutilisation (vorzugsweise durch Hemmung der Glucoseaufnahme in die Zellen) wird der Wirkungsgrad des Insulins verschlechtert, so daß unter STH der Blutzuckerspiegel ansteigt und mehr Insulin benötigt wird, um Glucose in die verbrauchenden Zellen der peripheren Organe einzuschleusen.

Dieser Effekt wird unterstützt durch eine fördernde Wirkung des STH auf die Ausschüttung von Glukagon. In Perioden hoher STH-Produktion (Pubertät) kann es durch ständige Anregung und schließlich Erschöpfung der Inselzellen zum Diabetes mellitus kommen (Manifestation eines jugendlichen Diabetes mellitus vom Typ I, S. 155).

Der unter STH erhöhte Wassergehalt der Gewebe (Turgor der Haut) geht z.T. auf eine Zunahme der Retention von K^+, Na^+ und Chlorid (renotroper Effekt), z.T. auf eine stimulierte Synthese wasserbindender Proteoglykane der Haut zurück. Auch die Erythropoese (Erhöhung der Zahl der Retikulozyten im strömenden Blut) und die Lactopoese (Stimulierung der Milchproduktion) werden durch STH positiv beeinflußt.

Somatomedinwirkungen. Die eigentlichen Wachstumsimpulse des STH gehen vom Somatomedin — einer Familie von Polypeptiden — aus, das durch Stimulierung der DNA-Synthese (Zellteilung!) das Längenwachstum (Skelettsystem), aber auch das Wachstum der inneren Organe (Leber, Niere u.a.) und der Haut anregt.

Im Skelettsystem wird unter Somatomedin in der Epiphysenfuge die Bildung des Säulenknorpels und die Aufnahme von Sulfat (Biosynthese sulfatierter Proteoglykane) und Calcium gefördert. In der Leber stimuliert Somatomedin die Gluconeogenese, die den Anstieg des Glykogengehalts erklärt.

Pathobiochemie. *Akromegalie* und *hypophysärer Riesenwuchs.* Eine unphysiologisch hohe Bildung und Ausschüttung von Wachstumshormonen, wie sie bei Hyperplasie der eosinophilen Zellen des Hypophysenvorderlappens oder Hypophysenadenomen beobachtet wird, führt im jugendlichen Alter zu (hypophysärem) proportioniertem Riesenwuchs. Nach Abschluß des Wachstums beschränkt sich die Wirkung des STH bzw. Somatomedins auf die Akren, d.h. auf Hände, Füße, Unterkiefer sowie die Weichteile des Gesichts (Vergröberung der Gesichtszüge), ein Symptomenbild, das als **Akromegalie** bezeichnet wird. Neben dem exzessiven Wachstum des Skeletts, das durch enchondrales (Rippenwachstum, Bandscheibenverkalkung) und periostales appositionelles Knochenwachstum (Hyperostosen, S. 330) gekennzeichnet ist, besteht gleichzeitig eine Tendenz zu gesteigertem Knochenumbau bzw. negativer Calciumbilanz, die bei Hyperphosphatämie, Phosphaturie zur Osteoporose führt. Die Wachstumswirkung auf die inneren Organe (Visceromegalie) äußert sich in einer Zunahme des Herzgewichts (in ausgeprägten Fällen > 1000 g), des Leber- und Nierengewichts und Zunahme der Hautdicke.

Die vermehrte STH-Produktion und Ausschüttung bewirkt eine Störung des Kohlenhydratstoffwechsels mit herabgesetzter Glucosetoleranz oder instabilem Diabetes mellitus. Die Diagnose der Akromegalie wird durch Nachweis eines erhöhten STH-Blutspiegels gesichert, der durch orale Glucosebelastungen nicht supprimiert werden kann.

Hypophysärer Minderwuchs (Zwergwuchs, Nanosomie). Mangel an Wachstumshormonen führt zu proportioniertem Zwergwuchs, der als Folge eines isolierten STH-Mangels oder im Rahmen einer Hypophysenvorderlappeninsuffizienz auftreten kann. Eine Behandlung der hypophysären Zwerge ist nur mit artgleichem Hormon sinnvoll und hat nur Aussicht auf Erfolg, so lange die Epiphysenfugen noch nicht verknöchert sind.

Die Diagnose des hypophysären Minderwuchses wird durch STH-Plasmaspiegel-Bestimmungen und das Ausbleiben eines STH-Anstiegs im Serum beim Insulintoleranztest oder Arginin-Provokationstest gestellt.

Ein Zwergwuchs kann jedoch auch dadurch bedingt sein, daß ein biologisch inaktives STH (Proteinmutante, Proteinvariante) produziert wird, welches die peripheren STH-Rezeptoren blockiert, so daß auch exogenes STH zu keinem Anstieg des Somatomedinspiegels führt (Laron-Zwerge). Beim Kleinwuchs der Pygmäen handelt es sich dagegen um einen Rezeptormangel bzw. um eine Unfähigkeit der Rezeptoren der Erfolgsorgane zur Bindung des STH, so daß sowohl das in normaler Menge produzierte endogene STH als auch exogenes Wachstumshormon unwirksam bleiben.

15. Hormone des Hypophysenhinterlappens (HHL)

Aus dem Hypophysenhinterlappen von Säugetieren lassen sich zwei Wirkstoffe – das **Antidiuretische Hormon** (ADH, Adiuretin) und das **Ocytocin** – isolieren. Sie entfalten Wirkungen auf Blutdruck, Diurese und die glatte Muskulatur des Uterus. Die eigentliche Bildungsstätte dieser Hormone sind jedoch nicht die Zellen des Hypophysenhinterlappens, sondern neurosekretorische Neurone des **Nucleus supraopticus** und **paraventricularis** im Hypothalamus. Die Wirkstoffe werden nach ihrer Bildung durch den Tractus supraopticus hypophyseus in den Hypophysenhinterlappen geleitet, der als Speicherorgan dient.

Chemie. ADH (Mol.-Gew. 1084) und Ocytocin (Mol.-Gew. 1007) sind Nonapeptide, die durch die Existenz einer Disulfidbrücke zwischen den Cysteinresten in Position 1 und 6 den Charakter zyklischer Peptide erhalten. Beide Wirkstoffe unterscheiden sich lediglich durch die Aminosäuren in Position 3 (Phe bzw Ile) und 8 (Arg bzw. Leu).

Während klinische Manifestationen einer Ocytocinmehrsekretion oder eines Ocytocinmangels nicht bekannt sind, ruft ein ADH-Mangel ein schweres und typisches Krankheitsbild – den Diabetes insipidus (s. u.) – hervor.

Biologische Wirkungen des ADH. Neben cardiovaskulären Wirkungen hat das ADH entscheidenden Einfluß auf die Rückresorption des Wassers in den Nierenkanälchen, und zwar werden unter dem Einfluß des Adiuretin die nach isoosmotischer Rückresorption verbleibenden 20 l Primärharn im distalen Tubulusabschnitt und den Sammelröhrchen bis auf ein Volumen von 1,5–2 l rückresorbiert. Angaben über den Wirkungsmechanismus finden sich im Kap. Niere (S. 301). ADH hat noch in einer Dosis von 0,1 µg eine deutlich antidiuretische Wirkung.

Regulation der ADH-Wirkung. Bildung und Ausschüttung des ADH werden durch das Volumen des Blutplasmas und dessen osmotischen Druck reguliert. Anstieg des osmotischen Drucks und Erniedrigung des Blutvolumens bewirken eine Stimulierung des Hypothalamus und vermehrte Hormonausschüttung, worauf das Erfolgsorgan mit verminderter Diurese reagiert. Absinken des osmotischen Drucks und erhöhtes Blutvolumen lösen einen gegensätzlichen Effekt aus.

Pathobiochemie. Ein absoluter oder relativer ADH-Mangel führt zum Krankheitsbild des **Diabetes insipidus,** dessen Ursachen in

- ungenügender ADH-Bildung in den Hypothalamuszentren (z. B. nach Trauma, neurochirurgischen Eingriffen oder bei Tumoren) liegen und der als **zentraler** bzw. **hypophysärer Diabetes insipidus** bezeichnet wird.
- Ein tubulärer Defekt in den Nieren selbst, z. B. bei interstitieller Nephritis oder vererbbarem – (X-chromosomal-rezessiven) – Rezeptormangel im Erfolgsorgan führt zum **renalen Diabetes insipidus.**

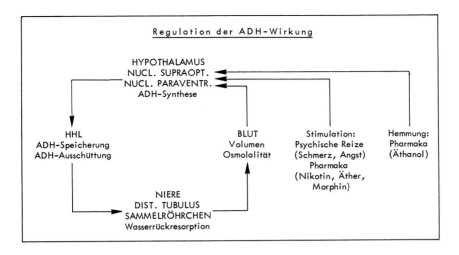

Typische Symptome des Diabetes insipidus sind die Ausscheidung großer Mengen eines hypotonen Harns (bis 20 l/Tag) mit geringem spezifischem Gewicht (Polyurie) und ein infolge des großen Flüssigkeitsverlustes andauernder Durst (Polydipsie).

Für die Behandlung des Diabetes insipidus ist von Bedeutung, daß einige Medikamente (Chlorpropamid, Clofibrate) die ADH-Wirkung potenzieren oder aber die noch verbliebene ADH-Sekretion stimulieren können (Carbamazepin).

16. Gewebshormone und biogene Amine

Kininsystem. Die Kinine sind niedermolekulare, pharmakologisch hochaktive Oligopeptide mit Wirkung auf die glatte Muskulatur der Gefäße des Intestinaltraktes, der Bronchien und des Uterus.

Chemie und Stoffwechsel. Die Kinine werden aus der α-Globulinfraktion des Blutplasmas (Kininogen) durch Einwirkung des Enzyms Kallikrein freigesetzt. Kallikrein ist im Pankreas, in den Speicheldrüsen, in der Darmwand, Niere und anderen Organen, aber auch im Blutplasma selbst in einer inaktiven Vorstufe (Präkallikrein, Kallikreinogen) vorhanden und wird in Gegenwart des Blutgerinnungsfaktors XII (Hagemann-Faktor) in seine aktive Form umgewandelt. Außer Kallikrein selbst können auch Trypsin, Plasmin, Pepsin, Schlangengifte und bakterielle Enzyme Kinine freisetzen.

Die in ihrer Struktur aufgeklärten Kinine besitzen ein Nonapeptid als gemeinsame Grundstruktur (Bradykinin), von dem sich Kallidin und Methylkallidin durch Substitution eines Lysyl- bzw. Methyllysylrestes am N-terminalen Ende ableiten.

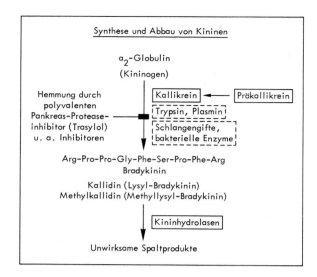

Biologische Wirkungen. Plasmakinine besitzen eine kontrahierende Wirkung auf Uterus-, Darm- und Bronchialmuskulatur, eine dilatierende Wirkung dagegen auf die arteriellen Widerstandsgefäße, so daß es zur Blutdrucksenkung kommt. Außerdem erhöhen sie die Gefäßwandpermeabilität und fördern die Leukozytenimmigration (Wundheilung, S. 412).

Neben der proteolytischen bzw. esterolytischen Aktivität des Kallikreins, die zu einer Freisetzung der vasodilatatorisch wirksamen und permeabilitätsfördernden Kinine führt, besitzt Kallikrein eine **Zellproliferations-steigernde Wirkung.** Sie ist an den einzelnen Geweben und Organen unterschiedlich und betrifft vorwiegend proliferationsbereite Zellen, ist also in erster Linie an Geweben mit einem hohen Zellumsatz nachweisbar. So wird z.B. der physiologische Zellersatz des Dünndarmepithels, dessen Lebensdauer etwa 2 Tage beträgt, vom Kallikrein kontrolliert. Ebenso ist das Eingreifen des Kallikreins bei Wundheilungs- und Regenerationsprozessen, die mit einer hohen Zellteilungsrate einhergehen, wahrscheinlich. Therapeutisch wurde das Kallikrein in der Andrologie mit Erfolg bei der Behandlung der Oligozoospermie und Asthenozoospermie eingesetzt.

Abbau. Im Blut wird Kallidin (Normalwert 2 µg/ml) durch eine Aminopeptidase rasch zu Bradykinin und dieses durch Kininhydrolasen weiter zu inaktiven Bruchstücken abgebaut. Die Halbwertszeit des Bradykinins im Blutplasma beträgt nur 30 sec.

Pathobiochemie. Das **hereditäre angioneurotische Ödem,** bei dem die Kininkonzentration im Blutplasma stark erhöht ist, beruht auf einem Mangel an dem C 1-Inaktivator, einem Plasmaprotein aus der Klasse der α_2-Globuline (s. Kap. Plasmaproteine, S. 435), das die C 1-Komponente des Komplementsystems (S. 435) inaktiviert.

Die bei der **akuten Pankreatitis** beobachteten Gefäßveränderungen (s. Kap. Magen und Darm S. 293) wie Vasodilatation und Hämorrhagien lassen sich teilweise auf die Wirkung der Kinine zurückführen, die bei der Autodigestion des Pankreas durch aktiviertes Kallikreinogen bzw. Trypsin massiv freigesetzt werden und die Schmerz- und Schocksymptomatik erklären.

Auch bei (bakteriellen und abakteriellen) **Entzündungen** (S. 405) sind die Kinine für erhöhte Gefäßpermeabilität, Hämorrhagien, Ödeme und Leukozytenimmigration mitverantwortlich.

Serotonin. Das Serotonin (5-Hydroxytryptamin) – das biogene Amin des 5-Hydroxytryptophans – wird in relativ hoher Konzentration im Zentralnervensystem (Hypothalamus), in der Milz, Lunge und in den argentaffinen („hellen") Zellen des Darmtraktes gefunden. Im Blut (Normalwert 0,28–1,70 µmol/l, 0,05–0,3 µg/ml) ist Serotonin nur in Thrombozyten und Mastzellen vorhanden, wird hier jedoch nicht gebildet, sondern nur in einer inaktiven (gebundenen) Form vorwiegend in den Mitochondrien gespeichert.

Biosynthese. Serotonin ist ein Derivat des Tryptophans, das durch eine Hydroxylase zunächst in 5-Hydroxytryptophan und dann durch eine Pyridoxalphosphatabhängige Decarboxylase in das biogene Amin umgewandelt wird.

Der Abbau von Serotonin erfolgt durch eine Monoaminoxidase und Aldehydoxidase, unter deren Wirkung das hauptsächliche Endprodukt des Serotoninstoffwechsels, die 5-Hydroxyindolessigsäure, entsteht, die physiologischerweise mit dem Urin ausgeschieden wird (10–52 µmol/d, 2–10 mg/24 h).

Biologische Wirkungen. Serotonin vermag dosisabhängig vasokonstriktorisch oder dilatatorisch auf die glatte Muskulatur der Gefäße zu wirken und regulierend in den Tonus der Bronchialmuskulatur und die Peristaltik des Darmes einzugreifen. Im Zentralnervensystem übt Serotonin eine Transmitterfunktion aus und scheint einerseits eine psychisch stimulierende Wirkung bei Erhöhung der Konzentration, andererseits auch eine sedierende Wirkung zu besitzen.

Pathobiochemie. Beim **malignen Carcinoid** (Tumor der hellen Zellen des Darmtraktes) ist die Serotoninsynthese aufgrund einer erhöhten Decarboxylase- und erniedrigten Monoaminoxidaseaktivität stark erhöht, so daß der Serotoninpool bei Patienten mit malignem Carcinoid mehrere Gramm beträgt und die Ausscheidung der 5-Hydroxyindolessigsäure mit dem Urin bis auf 2,84 mmol/d (0,5 g/24 h) ansteigt. Lebermetastasen des Carcinoids enthalten im Gegensatz zu normalem Lebergewebe hohe Aktivitäten an Kallikrein, so daß neben dem erhöhten Blutserotoninspiegel auch erhöhte Kininkonzentrationen im Blut nachweisbar sind. Die Patienten leiden unter passageren Blutdruckkrisen mit Blutandrang zum Kopf (flushing), chronischer Diarrhoe und z.T. auch an Bronchospasmen.

Biosynthese und Abbau des Serotonins

Tryptophan
→ (NADPH$_2$, O$_2$ / Hydroxylase / NADP, H$_2$O)
5-Hydroxytryptophan
→ (CO$_2$ / Decarboxylase)
Serotonin (5-Hydroxytryptamin)
→ ([NH$_3$] / Monoaminoxydase / Aldehydoxydase)
5-Hydroxyindolessigsäure

Beim Carcinoid liegt nicht nur eine absolut vermehrte Produktion von Serotonin, sondern auch eine Verschiebung in der Relation der Abbauwege vor. Während normalerweise 1% des Tryptophans zu Serotonin umgewandelt wird, beträgt der Anteil beim Carcinoid 60% mit der Folge, daß die Nikotinsäurebildung stark reduziert ist und Pellagra-ähnliche Symptome auftreten können. Da Tryptophan damit nicht in ausreichender Menge für die Proteinbiosynthese zur Verfügung steht, ist eine Hypoproteinämie die Folge.

Histamin. Histamin ist in allen menschlichen Organen in einer Konzentration von etwa 0,09 µmol/g (0,01 mg/g) Frischgewebe enthalten. Die höchste Konzentration findet man in Lunge, Haut und Gastrointestinaltrakt. Histamin wird in den Mastzellen, an Heparin gebunden, gespeichert.

Chemie und Stoffwechsel. Histamin ist das biogene Amin des L-Histidins, aus dem es unter Wirkung einer unspezifischen L-Aminosäure-Decarboxylase bzw. einer in den meisten Geweben vorhandenen spezifischen Histidin-Decarboxylase gebildet wird. Der Abbau des Histidins erfolgt durch eine Diaminoxidase und Aldehydoxidase und führt zur inaktiven Imidazolylessigsäure.

Biologische Wirkungen. Histamin bewirkt eine Kontraktion der glatten Muskulatur des Respirations-, Intestinaltraktes und des Uterus. Auf die glatte Muskulatur der Gefäße hat Histamin dagegen eine relaxierende Wirkung, so daß es zur Blutdrucksenkung kommt. Außerdem wird die Permeabilität der Gefäße im Kapillargebiet gesteigert, wodurch sich Rötung und Quaddelbildung (Ödem) nach lokaler Histaminapplikation erklären. Histamin führt zu starker Sekretionssteigerung von Salzsäure durch die Magenschleimhaut.

Pathobiochemie. Das in den Zellen in biologisch inaktiver Speicherform vorliegende Histamin kann durch verschiedene Mechanismen freigesetzt werden. Dies tritt z.B. bei Verletzung des Gewebes ein. Auch als Folge einer allergischen Antigen-Antikörperreaktion vom Soforttyp (S. 433) kommt es zu einer raschen Entleerung der Histamindepots. Dabei werden die Gewebsmastzellen degranuliert bzw. zytolysiert. Pro Mastzelle werden $\approx$ 0,09 pmol (10^{-5} µg) Histamin freigesetzt. Das durch allergische Reaktionen bedingte Asthma (Kontraktion der Bronchialmuskulatur), der Heuschnupfen (Permeabilitätserhöhung der Gefäße der Nasenschleimhaut) und der allergische Schock sind typische Symptome einer lokalen bzw. generalisierten Entleerung von Histamindepots.

Die zur Behandlung allergischer Erscheinungen (Heuschnupfen, Heuasthma) eingesetzten Antihistaminika verdrängen das Histamin von seinen Gewebsrezeptoren.

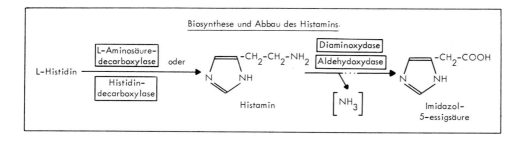

Prostaglandine. Prostaglandine sind Gewebshormone, die in allen Organen und Geweben des menschlichen Körpers nachweisbar sind und dort auch synthetisiert werden. Vorstufen der Synthese sind langkettige ungesättigte Fettsäuren (z.B. Arachidonsäure und Bishomo-γ-Linolensäure), aus denen sich mehr als 10 in ihrer Struktur geringfügig variierende Prostaglandintypen ableiten (Syntheseschema).

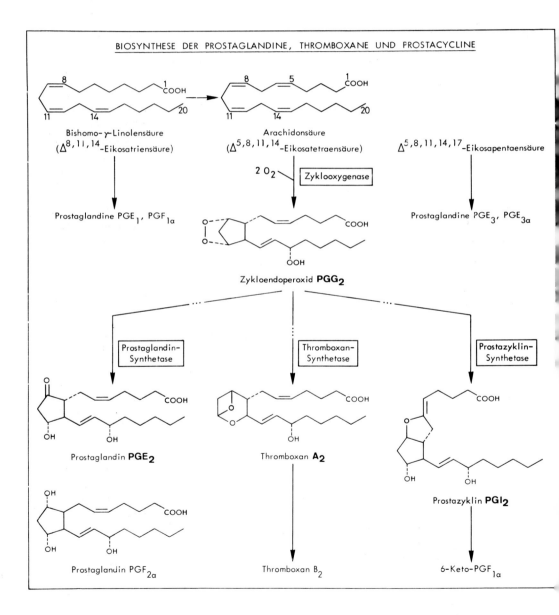

Biologische Wirkungen. Die biologische Wirkung der Prostaglandine liegt in ihrer weiten Verbreitung, ihrer hohen Wirksamkeit und der auffälligen Breite und Verschiedenheit ihrer Stoffwechselwirkungen. Sie sind dadurch charakterisiert, daß

- die intrazelluläre Prostaglandinsynthese durch eine Reizung oder Schädigung der Zellmembran ausgelöst werden kann, wobei in der ersten Phase Phospholipasen aus Membranlipiden Prostaglandin-Synthesevorstufen (mehrfach ungesättigte Fettsäuren) freisetzen,
- verschiedene Hormone wie z.B. Bradykinin, Acetylcholin und Histamin die Synthese und Freisetzung von Prostaglandinen steigern,
- Prostaglandine sowohl das Adenylzyklasesystem als auch das Guanylzyklasesystem beeinflussen, so daß eine Steigerung, gegebenenfalls aber auch eine Reduktion, der intrazellulären Zyklo-AMP- und Zyklo-GMP-Konzentration resultiert.
- Prostaglandine auch auf endokrine Organe einwirken und zur Wirkungsintensivierung bzw. gesteigerten Ausschüttung von glandulären Hormonen führen können. So verursachen Prostaglandine z.B. eine gesteigerte Ausschüttung von Katecholaminen.
- Prostaglandine nicht gespeichert werden können. Nach ihrer Synthese und Freisetzung können sie durch Diffusionen Nachbarzellen erreichen oder in das Blut abgegeben werden. Ihre Halbwertszeit im Blut beträgt weniger als 1 Minute.

Da Prostaglandine in allen Organen gebildet werden, läßt sich ein stoffwechselregulierender Einfluß der Prostaglandine für fast alle Organe beschreiben. Beispiele sind:

- Kontraktion (PGF_2) oder Relaxation (PGE) der gastrointestinalen Muskulatur.
- Antagonistische Wirkung von Thromboxan und Prostazyklin auf die Adhaesion und Aggregation von Thrombozyten (Abb.). Die Bildung primärer Thrombozytenaggregate an der Gefäßwand und die Entwicklung primärer arteriosklerotischer Läsionen kann so gefördert oder verhindert werden (Abb.).
- Am Nierentubulus haben Prostaglandine eine ADH-antagonistische Wirkung und sind an der Reninfreisetzung beteiligt.
- Am Skelettsystem bewirken die Prostanglandine E_1 und E_2 über eine Stimulation der Osteoklasten eine Mobilisierung von Calcium. Die Hypercalcämie und Osteolyse bei manchen malignen Tumorformen läßt sich damit erklären.
- Die Sekretion des Magensaftes wird durch Prostaglandine gedrosselt. Dadurch entfalten sie einen zytoprotektiven Effekt, in dem sie gastrointestinale Schleimhaut vor Ulzerationen schützen.

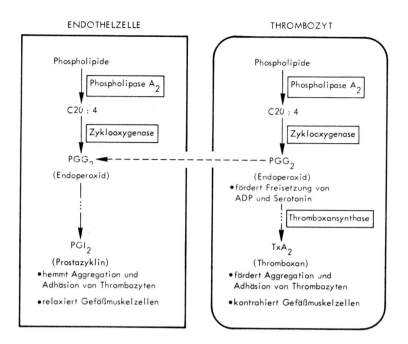

Die vielfältigen Stoffwechseleffekte der Prostaglandine eröffnen zahlreiche therapeutische Anwendungsmöglichkeiten. Sie liegen u. a. in der Behandlung von Asthma (krampflösende Wirkung von Prostaglandin E_1 auf die Bronchialmuskulatur), von Magengeschwüren (Zurückdrängung der Magensekretion) und von Kreislauferkrankungen (blutdrucksenkende Wirkungen der Prostaglandine vom E-Typ). Da Prostaglandine Wehen auslösen und die Geburt einleiten können, sind sie (bei direkter Einbringung in das Cavum uteri) auch wirksame Abortiva. Prostaglandine (PGE_1) sind fieber- und schmerzerzeugende Substanzen, Thromboxan und Prostazyklin sind an Entzündungsprozessen beteiligt.

Auch ein Teil bekannter Medikamente scheint seine Wirkung über eine Beeinflussung des Prostaglandin-Stoffwechsels auszuüben. So beruht z. B. die analgetische und die antipyretische Wirkung der Acetylsalicylsäure (Aspirin®) auf einer Hemmung der Cyclooxygenase, die durch Acetylierung irreversibel verändert wird.

Der Abbau der Prostaglandine erfolgt rasch durch Oxidation am C-Atom 15 und für die durch Fettsäuren typische β-Oxidation vom Carboxylende her. Die Abbauprodukte der Thrombozyten-Prostaglandine (Thromboxan) erscheinen im Serum zum Teil als Malondialdehyd.

Leukotriene. Chemisch mit den Prostaglandinen und Thromboxanen verwandt sind die Leukotriene. Sie bilden eine Klasse von Wirkstoffen, die ebenso wie die Prostaglandine aus Arachidonsäure synthetisiert werden (Abb.) und als Mediatoren allergischer und entzündlicher Reaktionen wirksam werden. Der Name dieser Substanzklasse wurde gewählt, weil sie in Leukozyten entstehen und 3 konjugierte Doppelbindungen besitzen.

Die Synthese der Leukotriene geht von der Arachidonsäure aus, die ihrerseits wiederum aus Phospolipiden der (geschädigten) Leukozytenmembran freigesetzt werden kann. Unter der Wirkung der 5-Lipoxygenase entsteht die 5-Hydroxyperoxi-8,11,14-eikosatetraen-säure (5-HPETE), die zum Leukotrien A_4 (LTA_4) — einer Epoxisäure — reagiert. Durch Weiterreaktion des LTA_4 mit Glutathion entsteht ein Konjugationsprodukt, von dem schrittweise der Glutaminsäure- und Glycinrest des Glutathions abgespalten werden, wobei die Leukotriene LTD_4 und LTE_4 entstehen. Aus LTA_4 kann alternativ durch hydrolytische Umsetzung LTB_4 entstehen.

Die Leukotriene haben Histamin-ähnliche Wirkungen. Auf molare Basis bezogen sind sie jedoch 100—1000mal wirksamer als Histamin. Ihr Hauptangriffsort sind die glatte Muskulatur der peripheren Verzweigungen der Bronchien (Bronchioli), die sie zu langsamen Kontraktionen anregen. Die Freisetzung der Leukotriene erfolgt im Rahmen allergischer Reaktionen. Der Leukotrieneneffekt nach Antigenreiz ist charakterisiert durch relativ langsamen Wirkungseintritt und verlängerte Dauer. Durch diese Eigenschaft erhalten die Leukotriene eine enge Beziehung zur Pathogenese des Bronchialasthmas.

Leukotriene besitzen auch vasokonstriktorische Wirkung und vermögen u.a. Koronarspasmen auszulösen. Gleichzeitig steigern sie die Permeabilität der Kapillaren.

Vor ihrer chemischen Charakterisierung wurden die Leukotriene wegen ihres langsamen Wirkungseintritts als „Slow Reacting Substances" bezeichnet.

Pathobiochemie der ZNS-Neurotransmitter. Das ZNS besteht aus einer heterogenen Population von Zellen, die der Signalaufnahme, Signalabgabe und Signalspeicherung dienen und biochemisch durch zellspezifische Neurotransmitter charakterisiert sind. Störungen der Synthese, Freisetzung, Rezeptorbindung und Wiederaufnahme von Transmittern durch die Nervenzellen können zu Erkrankungen führen (Tab.). Als wichtiges Hilfsmittel bei der Auffindung der Funktion von Neurotransmittern hat sich die Wirkung ZNS-aktiver Arzneimittel erwiesen.

ZNS-Neurotransmitter	Mögliche Folgen eines gestörten Transmitterstoffwechsels
Noradrenalin	Depressionen, Hypertonus (Zentraler Bluthochdruck)
Dopamin	Schizophrenie, Parkinson-Syndrom (Paralysis agitans)
Serotonin	Depressionen, gestörter Schlaf-Wach-Rhythmus
γ-Aminobuttersäure	Störungen der Muskel-Motorik und Rigidität, Chorea Huntington
ß-Endorphine, Enkephaline	Schmerzempfindungen, Schmerzleitung, Kontrolle der Nahrungsaufnahme
Cholezystokinin	Kontrolle der Nahrungsaufnahme

II. Vitamine und Coenzyme

1. Definition und Klassifizierung

Definition. Vitamine sind Wirkstoffe, die für Wachstum, Erhaltung und Fortpflanzung der Menschen und der höheren Tiere unentbehrlich sind, jedoch im Organismus nicht selbst synthetisiert werden können, sondern mit der Nahrung zugeführt werden müssen. Sie werden vom Organismus für die Synthese von Coenzymen benötigt oder sind als solche für den geordneten Ablauf von Stoffwechselvorgängen unentbehrlich. Der Tagesbedarf an einzelnen Vitaminen liegt beim Menschen im Bereich von 0,001–50 mg. Schlechtere Ausnutzung (Resorptiontöungen) oder gesteigerter Verbrauch (Wachstum, Gravidität) können den Bedarf erhöhen. Eigensynthese durch Darmbakterien oder Speicherung (vorwiegend bei fettlöslichen Vitaminen) können den Bedarf ständig oder zeitweise herabsetzen.

Ein Fehlen der Vitamine in der Nahrung oder eine längere Unterschreitung des Tagesbedarfs führt über einen latenten Mangel, der sich lediglich durch unspezifische Symptome zu erkennen gibt **(Hypovitaminose)**, schließlich zu charakteristischen Mangelerscheinungen, die in schweren Formen **(Avitaminose)** zum Tod des Organismus führen. Mit der Nahrung zugeführte Vitaminüberschüsse werden ausgeschieden, können jedoch (selten) auch schädliche Auswirkungen **(Hypervitaminose)** haben.

Für Medizin und Ernährungsphysiologie sind Fragen der Erkennung und Behandlung von Vitaminmangelerscheinungen, des Nachweises von latenten Vitaminmangelzuständenm und des Vorkommens der Vitamine in Nahrungsmitteln von praktischer Bedeutung.

Klassifizierung. Unter den Vitaminen werden im allgemeinen die Gruppen der **fettlöslichen** und **wasserlöslichen Vitamine** unterschieden. Vorkommen, Verteilung und das Speichervermögen dieser beiden Hauptklassen im tierischen Organismus sind zwar verschieden, doch hat diese Einteilung keine Beziehung zu ihrer physiologischen Funktion.

Die Bedeutung der **Vitamine** für den Intermediärstoffwechsel liegt darin, daß sie als **Coenzyme** oder als **prosthetische Gruppen** von Enzymen an Wasserstoff- bzw. Gruppenübertragungsreaktionen beteiligt sind. Die Beziehungen der Vitamine zu ihrer Coenzymfunktion sind in der Tabelle zusammengestellt. Einige Vitamine sind zwar essentielle Cofaktoren des Stoffwechsels, doch ist der Mechanismus ihrer Beteiligung an enzymatischen Reaktionen noch unbekannt.

Die ubiquitäre Beteiligung und synergistische Wirkung zahlreicher Vitamine als Coenzyme der Hauptketten des Intermediärstoffwechsels macht es verständlich, warum beim selektiven Mangel eines einzelnen Vitamins mehrere Stoffwechselwe-

Coenzymfunktion von Vitaminen und Vitaminmangelerscheinungen

Vitamin	Coenzymform	Funktion	Mangelerscheinungen beim Menschen
Thiamin (B_1)	Thiaminpyrophosphat	Oxidative Decarboxylierung, Aldehydtransfer	Beri-Beri
Riboflavin (B_2)	FAD, FMN	Wasserstofftransfer	Haut-, Schleimhaut- und Gewebsschäden
Nicotinamid	NAD, NADP	Wasserstofftransfer	Pellagra
Biotin	Biotinylprotein	CO_2-Transfer	Haut-, Schleimhaut- und Gewebsschäden
Pantothensäure	Coenzym A	Acyl-, Acetyltransfer Synthese und Oxidation von Fettsäuren	nicht bekannt
Folsäure	Tetrahydrofolsäure	Ein-Kohlenstofftransfer	Megaloblastenanämie
Cobalamin (B_{12})	Desoxyadenosyl- bzw. Methylcobalamin	Gruppentransfer, Isomerisierung	Perniziöse Anämie
Pyridoxin (B_6)	Pyridoxalphosphat	Transaminierung, Decarboxylierung, Gruppentransfer	Schäden des Nervensystems, Anämie
Retinol (A)	Retinylphosphat	Monosaccharidtransfer	Nachtblindheit, Cornea- und Epithelschäden
Calciferol	1,25-Dihydroxycalciferol*	Induktion (Proteinbiosynthese)	Rachitis
Phyllochinon (K)	Reduziertes Phyllochinon	Spezifischer Carboxyltransfer	Hämorrhagien

* Steroidhormonähnliche Wirkung

ge betroffen sein können und bei Mangelzuständen verschiedener Vitamine häufig die gleichen, wenig charakteristischen Allgemeinsymptome wie Wachstumsstillstand, Gewichtsverlust und Störung in der Trophik von Geweben mit raschem Umsatz (Haut, Schleimhäute, Myocard, Leber, Nervengewebe) beobachtet werden.

2. Thiamin

Synonyma: **Vitamin B_1,** Aneurin, Beri-Beri-Schutzstoff.

Mangelerscheinungen: Beri-Beri (neurologische Störungen mit Neuritis, Areflexie und Paresen, Störungen der Herzmuskeltätigkeit, ggf. Ödeme an Rumpf und unteren Extremitäten und Ergüsse in seröse Höhlen).

Nachweis eines Thiaminmangels: Verminderte Thiaminausscheidung im Urin (normal 150 nmol/24 h, 50 µg/24 h).

Therapie: Bei Erkrankungen des Nervensystems, chronischem Alkoholismus (20–30 mg/Tag).

3. Riboflavin

Synonyma: **Vitamin B$_2$,** Lactoflavin.

Mangelerscheinungen: Wenig charakteristisch.

Nachweis eines Riboflavinmangels: Riboflavinausscheidung nach einer Testdosis von 3 mg Riboflavin (normal mindestens 20% innerhalb 24 h).

4. Nicotinamid

Synonyma: **Niacinamid,** Pellagraschutzfaktor, Vitamin PP.

Mangelerscheinungen: Pellagra (symmetrische erythematöse Veränderungen der Haut, insbesondere nach intensiver Sonnenbestrahlung, chronische Entzündungen der Schleimhäute des Verdauungstraktes, Störungen des Zentralnervensystems, Wachstumsstillstand bei Jugendlichen, Gewichtsverlust, Anämien, Exsikkose).

Nachweis eines Nicotinamidmangels: Ausscheidung von N^1-Methylnicotinamid nach Verabfolgung einer Testdosis (normal 3–30 mg/24 h).

Therapie: Bei Pellagra, nach Röntgenbestrahlung, bei Dermatosen (50–100 mg/Tag). „Pharmakologische Dosen" (0,5–1 g) werden bei Durchblutungsstörungen der Extremitäten und Herzkranzarterien sowie bei Hyperlipoproteinämien (S. 93) verwendet.

5. Pantothensäure

Synonyma: Antigrauehaarefaktor der Ratte, Kükenantidermatitisfaktor.

Mangelerscheinungen: Beim Menschen noch nicht beobachtet.

6. Biotin

Synoyma: Vitamin H.

Mangelerscheinungen: Keine praktische Bedeutung. Das im rohen Hühnereiweiß enthaltene Avidin (basisches Glykoprotein) bildet stöchiometrische Komplexe mit Biotin und verhindert dadurch dessen Resorption. Bei extremer Diät, die zu 30% aus rohem Hühnereiweiß besteht, können Biotinmangelsymptome (Dermatitis, Schleimhautentzündungen) beobachtet werden.

Therapie: Versuch bei Erythrodermia desquamativa (Leinersche Erkrankung) und erythematösen Veränderungen der Haut.

7. Folsäure

Synonyma: **Pteroylglutaminsäure.**

Mangelerscheinungen: Megaloblastenanämie (S. 216), Leukopenie, Thrombopenie. Tetrafolsäure-abhängige Enzyme spielen bei der Synthese von Purinkörpern und Thymin eine fundamentale Rolle und erklären damit die Bedeutung der Tetrahydrofolsäure für Wachstum und Teilung von Zellen.

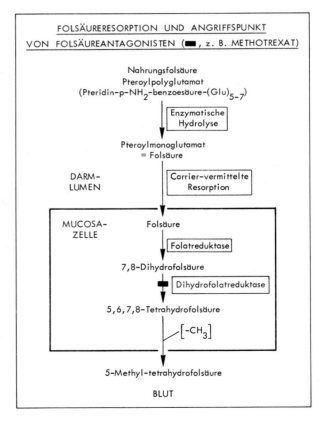

Da die Aufnahme der Folsäurevorstufen aus dem Jejunum und ihre Umwandlung in Tetrahydrofolsäure in der Mucosazelle ein komplexer Prozeß von enzymatischen Reaktionen und Transportvorgängen ist (Abb.), tritt eine Folsäuremalabsorption häufig bei Erkrankungen des Jejunums (z. B. Zöliakie) auf. Eine verminderte Aufnahme, auch bei entzündlichen Dickdarmerkrankungen, ist ein Hinweis auf funktionelle Beziehungen zwischen Dickdarm und Jejunum.

Nachweis eines Folsäuremangels: Vermehrte Ausscheidung von Formiminoglutaminsäure, einem Zwischenprodukt des Histidinabbaus, dessen weiterer Abbau zu Glutaminsäure in einer Fol-H_4-abhängigen Reaktion gestört ist.

Therapie: Bei Megaloblastenanämien (S. 216), bei denen der Folsäurespiegel im Serum gering (< 5 µg/l), der Cobalaminspiegel dagegen normal ist (20 mg/Tag).

Folsäureantagonisten, z. B. Methotrexat (4-Amino-10-methylfolsäure) hemmen die Dehydrofolsäurereduktase, also die Bildung der coenzymaktiven Form der Folsäure. Folsäureantagonisten werden bei der Behandlung der Leukämie eingesetzt. Da sie die Bildung von Dihydrofolsäurereduktase zu induzieren scheint, entwickeln die Leukämiezellen nach einiger Zeit Resistenz, so daß steigende therapeutische Dosen des Folsäureantagonisten notwendig sind (hochdosierte Stoßtherapie mit nachfolgender Gabe von Leucoverin = Calciumsalz der Folsäure).

8. Cobalamin

Synonyma: **Vitamin B_{12},** Antiperniziosafaktor, Extrinsicfaktor.

Mangelerscheinungen: Bei Vitamin B_{12}-Mangel (nach teilweiser oder vollständiger operativer Entfernung des Magens, bei intestinalen Resorptionsstörungen, z. B. Malabsorption, Maldigestion, Besiedlung des Intestinaltraktes mit Fischbandwurm) entwickelt sich eine Megaloblastenanämie (perniziöse Anämie, Kap. Erythrozyten, S. 217).

Nachweis eines Cobalaminmangels: Cobalamin (Vitamin B_{12})-Resorptionstest (Kap. Gastrointestinaltrakt, S. 289). Weitere diagnostische Hinweise: Ausscheidung von Methylmalonat im Urin (als Folge des unvollständigen Propionsäureabbaus) und die um das 10–100fache erhöhte Aktivität der Serum-Lactatdehydrogenase, die aus den Megaloblasten stammt.

Therapie: Da ein Cobalaminmangel immer auf unzureichender Resorption, d. h. auf Fehlen des **Intrinsicfaktors** (Glykoprotein des Magensaftes) beruht, muß Vitamin B_{12} therapeutisch parenteral verabfolgt werden. Bei einem täglichen Verbrauch von 2,5 µg kann eine Injektion von 1 mg Aquocobalamin den Bedarf über 100 Tage decken.

9. Pyridoxin

Synonyma: **Vitamin B₆,** Adermin, Rattenpellagraschutzstoff.

Mangelerscheinungen: Neurologische Störungen (bei Kindern epileptiforme Krämpfe und Übererregbarkeit) vermutlich wegen der herabgesetzten Konzentration der γ-Aminobuttersäure im ZNS, sideroachrestische Anämie (Kap. Erythrozyten, S. 224).

Nachweis eines Pyridoxinmangels: Nach oraler Belastung mit 10 g D,L-Tryptophan Erhöhung der Xanthurensäureausscheidung.

Therapie: Bei pyridoxinabhängiger Anämie, Reisekrankheiten, Schwangerschaftserbrechen, Strahlenschäden und Nebenwirkungen nach Isonicotinsäurehydrazid- bzw. D-Penicillamin-Therapie 80–100 mg/Tag.

10. α-Liponsäure

Synonyma: Thioctsäure.

Mangelerscheinungen: Beim Menschen nicht bekannt.

Therapie: Bei Leberschäden.

11. Phyllochinon

Synonyma: **Vitamin K,** Antihämorrhagisches Vitamin.

Mangelerscheinungen: Hämorrhagien bei Prothrombinmangel bzw. Mangel an Gerinnungsfaktoren VII, IX, X, u. a. nach oraler Antibiotikabehandlung (Hemmung des Wachstums der Darmbakterien als Vitamin K-Lieferanten) und bei Resorptionsstörung des Vitamin K (z. B. Gallengangsverschluß).

Therapie: Blutungen oder Blutungsneigung bei schwerer Hypoprothrombinämie (z. B. nach Überdosierung von Vitamin K-Antagonisten oder beim Neugeborenen).

Vitamin K-Antagonisten (z. B. Dicumarol) können therapeutisch zur Herabsetzung der Gerinnungsfähigkeit des Blutes (z. B. bei Gefahr einer Coronarthrombose) eingesetzt werden.

Toxizität: Hohe Dosen können bei Neugeborenen zu tödlich verlaufendem massiven Zerfall von Erythrozyten (hämolytische Anämie, Kernikterus) führen, bei Erwachsenen sind schockartige Zwischenfälle nach i. v. Injektion möglich.

12. Retinol

Synonyma: **Vitamin A,** Axerophthol.

Mangelerscheinungen: Störung des Nacht- und Dämmerungssehens (Nachtblindheit). Xerosis und Keratinisierung der Cornea des Auges (Xerophthalmie) sowie der Haut und Schleimhaut (Hyperkeratosis).

Therapie: Bei Vitamin A-Mangel-Erscheinungen (5000 I.E./kg Körpergewicht). Vitamin A-Säure (Retinsäure) wird wegen seiner keratolytischen Wirkung äußerlich als Schälmittel bei Akne vulgaris verwandt.

Toxizität: Akute Intoxikationserscheinungen bei Vitamin A-Überdosierung (schwere Kopfschmerzen, Erbrechen, Benommenheit). Chronische Überdosierung führt bei Kindern und Jugendlichen zu Haut- und Schleimhautaffektionen, Haarausfall, Gelenkschmerzen, Periostverdickung der Extremitäten-Knochen, gelegentlich zur Hemmung des Knochenwachstums und zu frühzeitigem Epiphysenverschluß.

13. Calciferol

Synonyma: **D-Hormon, Vitamin D,** Antirachitisches Vitamin.

Mangelerscheinungen: s. Skelettsystem (S. 327).

Da das D-Hormon – die Wirkform des Calciferols – im menschlichen Organismus aus Cholesterin gebildet wird und Cholesterin durch Totalsynthese aus Acetyl-CoA entstehen kann, liegt einem Vitamin D-Mangel niemals eine unzureichende Versorgung mit dem Provitamin, sondern immer eine Störung der Umwandlung von Cholesterin in das D-Hormon (1,25-Dihydroxycholecalciferol) zugrunde. Eine Störung der Reaktion Cholesterin → 1,25-Dihydroxycholecalciferol kann ihre Ursache in einer mangelnden Ultraviolettbestrahlung der Haut, aber auch in einer fehlenden Hydroxylierung des Cholecalciferols zum 25-Hydroxycholecalciferol in der Leber haben. Anstelle des physiologischerweise gebildeten 25-Hydroxycholecalciferols entstehen in der Leber dann atypische Cholecalciferolmetaboliten, die u.a. eine Phosphatrückresorption in den Nierentubuli blockieren können. Das resultierende Krankheitsbild ist durch Hyperphosphaturie und Hypophosphatämie gekennzeichnet und wird auch als **Phosphatdiabetes** (S. 327) bzw. **Vitamin D-resistente Rachitis** bezeichnet.

Therapie: Bei Rachitis und Osteomalazie (S. 326).

Toxizität: Überdosierung (mehr als 3000 I.E./Tag) über mehrere Monate führt zu Mobilisierung des Skelettcalciums, Erhöhung des Calciumphosphatspiegels im Serum und pathologischen Calcifizierungsprozessen (Mineralablagerung) in Niere und Blutgefäßen.

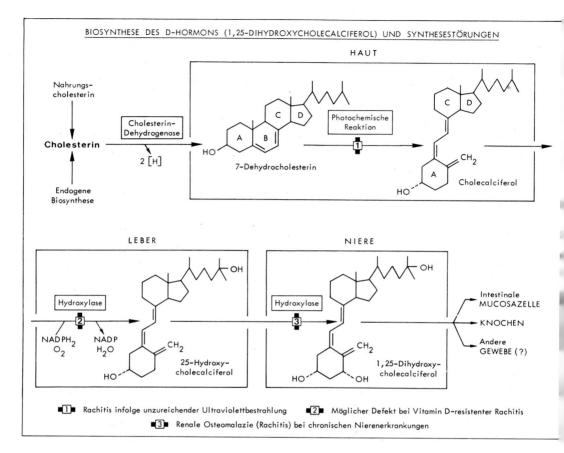

14. Tocopherol

Synonyma: **Vitamin E,** Antisterilitätsvitamin der Ratte.

Mangelerscheinungen: Beim Menschen nicht sicher nachgewiesen bzw. wenig ausgeprägt.

Therapie: Versuch bei Muskel- und Bindegewebserkrankungen (100–500 mg/Tag).

15. Ascorbinsäure

Synonyma: **Vitamin C,** antiskorbutisches Vitamin.

Mangelerscheinungen: Skorbut bzw. Möller-Barlowsche Erkrankung der Kinder (Kap. Bindegewebe, S. 345 und Kap. Hämostase, S. 403). Nachweis eines Ascorbinsäuremangels: Erniedrigung des Plasmaascorbinsäure-Spiegels (< 0,3 mg/100 ml) oder Bestimmung der Ascorbinsäureausscheidung im Urin nach einer Testdosis.

Therapie: Wegen des erhöhten Bedarfs bei Infektionen und nach chirurgischen Eingriffen (500–10 000 mg/Tag), zur Behandlung der Methämoglobinämie (Kap. Erythrozyten, S. 227).

Toxizität: Bei langfristiger Therapie mit hohen Ascorbinsäuredosen kann als Abbauprodukt Oxalsäure entstehen und zur Konkrementbildung (Oxalatsteine) in den ableitenden Harnwegen führen. Bei einer täglichen oralen Gabe von 6 g Ascorbinsäure über 7 Tage ließ sich eine 10fache Steigerung der Oxalatausscheidung im Urin nachweisen.

C. Zellen, Gewebe und Organe

I. Erythrozyten

II. Granulozyten und Monozyten

III. Leber

IV. Gastrointestinaltrakt

V. Niere und Urin

VI. Sklettsystem

VII. Herz- und Skelettmuskel

VIII. Bindegewebe

IX. Malignes Wachstum

I. Erythrozyten

1. Basisdaten des Erythrozytenstoffwechsels

Die Gesamtzahl der Erythrozyten beträgt beim Erwachsenen, bei einer durchschnittlichen Blutmenge von 5 Liter und einer Erythrozytenzahl von $5 \cdot 10^6/mm^3$, $2,5 \cdot 10^{13}$, die Rate der täglichen Neubildung durch Erythropoese bzw. die Rate des täglichen Abbaus $2-3 \cdot 10^{11}$ Erythrozyten. Die für eine Differentialdiagnose der Anämien (s. u.) wichtigen Daten zeigt die Tabelle:

Basisdaten des Erythrozytenstoffwechsels

	Parameter	Dimension	Normbereich ♂	Normbereich ♀
Ery	Zahl der Erythrozyten	$10^6/\mu l$	4,6–6,2	4,2–5,4
Ret	Zahl der Retikulozyten	$^0/_{00}$	8–10	8–10
Hb	Hämoglobingehalt	g/dl	14–18	12–16
HK	Hämatokrit	Vol. %	42–52	37–47
MCV	Mittleres korpuskuläres Volumen	$10^{-9}\,\mu l$ (fl)	80–94	80–98
Hb_E (MCH)	Mittlerer Hb-Gehalt der Einzelerythrozyten	pg (10^{-12} g) fmol (Hb/4)	27–31 1,68–1,92	27–31 1,68–1,92
MCHC	Mittlere korpuskuläre Hb-Konzentration	g/dl Ery mmol/l (Hb/4)	32–36 19,24–22,34	

Die Erythrozyten entstammen einem teilungs- und reifungsfähigen Speicher des Knochenmarks (beim Embryo bis zum 5. Monat auch der Milz und der Leber), der alle kernhaltigen Vorstufen der Erythrozyten (Proerythroblasten, Makroblasten, polychromatische und oxyphile Normoblasten) enthält. Bei der Erythropoese durchlaufen die Erythrozytenvorstufen nach ihrer Bildung durch Mitose aus den Stammzellen verschiedene Reifungsstadien, wobei die Mitose durch DNA-, RNA- und Proteinbiosynthese, die Reifung durch Synthese des Hämoglobins und der für die Aufrechterhaltung des Erythrozytenstoffwechsels notwendigen Enzyme gekennzeichnet ist.

Entsprechend den Stoffwechselanforderungen enthalten die Erythrozytenvorstufen in den frühen Stadien der Reifung Kerne, Ribosomen (DNA-, RNA-, Proteinbiosynthese) und Mitochondrien (Energiestoffwechsel), während mit zunehmender Reifung nach aktiver Ausstoßung des Kerns die subzellulären Elemente und damit auch die Fähigkeit zur Proteinbiosynthese und zum Oxidationsstoff-

214   Erythrozyten

wechsel verlorengehen. Es wird jedoch ein Reststoffwechsel (Glykolyse, Pentosephosphatzyklus, Peptidsynthese) aufrechterhalten, der der Erhaltung der Struktur und Funktion des Erythrozyten dient.

Die nachfolgende Tabelle zeigt die Stoffwechselleistungen des Erythrozyten in den verschiedenen Reifungsstadien:

Stoffwechselwege des Erythrozyten (Normozyten) und seiner Vorstufen

	Erythroblast	Retikulozyt	Normozyt
1. Synthese von			
DNA	+	0	0
RNA	+	+	0
Nucleotiden	+	+	+
2. Synthese von			
Proteinen	+	+	0
Peptiden (z. B. Glutathion)	+	+	+
Häm	+	+	0
Lipiden	+	+	0
3. Glykolyse und Redoxprozesse			
Glykolyse	+	+	+
Pentosephosphatzyklus	+	+	+
Tricarbonsäurezyklus	+	+	0
Cytochrome (Atmungskette)	+	+	0
4. Spezifischer Stoffwechsel			
Phosphoglyceratzyklus	+	+	+

2. Störungen des Erythrozytenumsatzes

Zahlreiche angeborene oder erworbene Stoffwechseldefekte können Bildung und Lebensdauer der Erythrozyten beeinträchtigen. Die nachfolgende Abbildung gibt eine schematische Übersicht über die pathogenetischen Möglichkeiten.

- Störungen der Stammzellproliferation bzw. DNA-Synthese führen zu aplastischer bzw. megalozytärer (megaloblastärer) Anämie.
- Bei einer Störung der Synthese des Hämoglobins können entweder die Bildung der Globinketten (α-, β-Ketten) (Hämoglobinopathien) oder die Hämkomponente (Porphyrie) oder die Bereitstellung des für die Hämoglobinsynthese notwendigen Eisens (Eisenmangelanämie) betroffen sein.
- Auch die mangelhafte Synthese von Erythrozytenenzymen (Enzymopathien) oder noch nicht näher charakterisierte Strukturdefekte (Sphärozytose, Elliptozytose) bedingen eine Störung des Erythrozytenumsatzes.

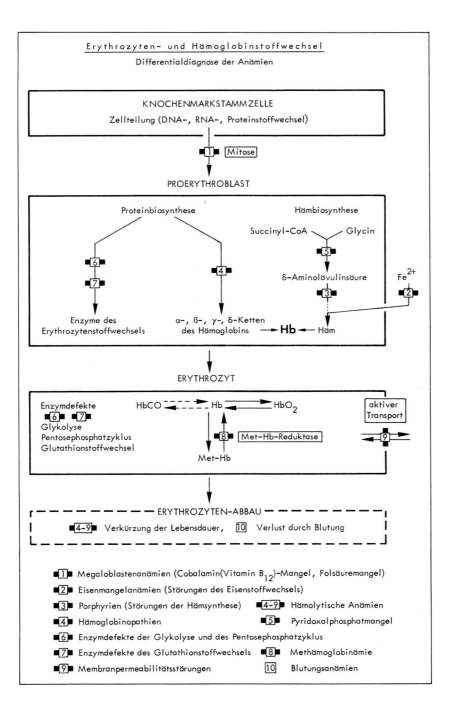

Allen Störungen gemeinsam ist die Herabsetzung der Lebensdauer der Erythrozyten, die zur **Anämie** (Blutarmut) führt, wenn nicht der durch Verkürzung der Lebensdauer bedingte vermehrte Abbau von Erythrozyten durch entsprechende Steigerung der Neubildung kompensiert wird.

3. Störungen der Stammzellproliferation und der DNA-Synthese

Die Bildung der Erythrozytenvorstufen setzt eine Zellteilung, d. h. die Synthese von DNA, RNA, Protein und die Bereitstellung der dafür notwendigen Regulationsstoffe (Hormone, Vitamine) voraus.

Aplastische Anämie. Ein Defekt der Stammzellproliferation wird als aplastische Anämie bezeichnet. Sie kann angeboren sein oder ihre Ursache in exogenen Faktoren (Behandlung mit ionisierenden Strahlen, Zytostatika, Benzolvergiftung) haben.

Cobalamin- und Folsäuremangel (Megaloblastenanämie). Hochgradiger Mangel an Cobalamin (Vitamin B_{12}) und Folsäure führt zu herabgesetzter DNA-Synthese, da die Coenzymform der Vitamine Cobalamin (B_{12}) und der Folsäure (Tetrahydrofolsäure) an der Purin- und Pyrimidinsynthese beteiligt ist. Sie manifestiert sich in verzögerter Teilung und Ausreifung der Zellen des Knochenmarks und Bildung von Megaloblasten. Ursache der **Megaloblastenanämien,** bei denen die Zahl der Normozyten gegenüber der Zahl der Megaloblasten stark herabgesetzt ist, der einzelne Megaloblast jedoch eine größere Hämoglobinmenge enthält, können Störung der Vitaminresorption (Erkrankungen des Magen-Darm-Kanals), der Utilisation (Parasiten, Störung der Mikroflora) oder vermehrter Verbrauch (z. B. Gravidität oder hämolytische Anämie) sein (Tabelle).

Häufige Ursachen megaloblastärer Anämien

Folsäuremangel	Cobalamin-(Vit. B_{12}-)Mangel
1. Resorptionsstörung infolge pathologisch veränderter Darmschleimhaut	1. Intrinsic-Faktor-Mangel (Achlorhydrie, Magenresektion)
2. Gesteigerter Verbrauch (Gravidität, Hämoblastosen)	2. Resorptionsstörungen infolge Erkrankung der Magen- und Darmschleimhaut (Tumoren, Entzündungen u. a.)
3. Medikamente (Folsäureantagonisten, Phenylbutazon u. a.)	3. Gestörte Utilisation (z. B. Darmparasiten, pathologische Darmflora)
4. Vermehrte Ausscheidung (Urämie, Langzeithämodialyse)	4. Vermehrter Bedarf (Gravidität)

Die Beteiligung der Folsäure (Tetrahydrofolsäure) am Purin- und Pyrimidinstoffwechsel ist auf S. 31, die des Cobalamins auf S. 65 dargestellt. Ein isolierter Vitamin B_{12}-Mangel führt zu einer Unterform der Megaloblastenanämie, mit neurologischen Ausfallserscheinungen, der **perniziösen Anämie** (Kap. Vitamine, S. 205).

Zur Klärung der Ursachen eines Vitamin B_{12}-Mangels dient der Schillingtest (Kap. Gastrointestinaltrakt, S. 289). Man sättigt den Organismus zunächst durch parenterale Injektion von 100 µg (740 nmol) Vitamin B_{12} und gibt anschließend eine orale Testdosis von 0,1 mCi ^{57}Cobalt-Vitamin B_{12}. Bei normalen Resorptionsverhältnissen werden im Urin innerhalb 24 h 5–35% der Radioaktivität wieder ausgeschieden. Bei verminderter Ausscheidung liegt eine Resorptionsstörung vor, die sich bei Intrinsicfaktormangel durch Intrinsicfaktorzugabe, nicht dagegen bei anderen Ursachen (erhöhter Verbrauch, pathologische Schleimhautveränderungen) normalisiert.

4. Hämolyse, Hyperhämolyse und hämolytische Anämien

Bei einer mittleren Lebensdauer der Erythrozyten von 120 Tagen wird täglich $1/120$ der gesamten Erythrozytenmenge abgebaut. Das Signal für den Abbau geht von Veränderungen der Erythrozytenoberfläche aus, die im Laufe ihres Lebens einen Teil der Sialinsäure verliert. Diese Veränderung der Oligosaccharidstruktur von Zellmembranglykoproteinen bzw. -gangliosiden wird von der Milz bzw. von den anderen erythrozytenabbauenden Organen erkannt und der Erythrozyt nach Aufnahme durch Makrophagen abgebaut (Schema). Eine gleiche Menge an Erythrozyten wird durch tägliche Neusynthese gebildet, was einer Leistung des Knochenmarks von $2,5 \cdot 10^6$ Erythrozyten/sec entspricht.

Besteht ein krankhaft beschleunigter Abbau von Erythrozyten, so liegt eine **hämolytische Erkrankung** vor. Da das Knochenmark in der Lage ist, seine Leistung maximal bis auf das Zehnfache zu erhöhen, können bis zu $25 \cdot 10^6$ Erythrozyten/sec neu gebildet werden. Folglich kann auch ein bis zum Zehnfachen der Norm gesteigerter Abbau von Erythrozyten noch vom Knochenmark kompensiert werden. Man wird daher selbst bei mehrfacher Steigerung des Erythrozytenabbaus gegenüber der Norm häufig noch keine Anämie feststellen können. Trotzdem handelt es sich um einen krankhaften Zustand, der als **Hyperhämolyse** bezeichnet wird.

Wird durch gesteigerte Leistung des Knochenmarks der Bedarf an Erythrozyten nicht mehr gedeckt, entwickelt sich eine **hämolytische Anämie** (hämolytische Erkrankung). Für hämolytische Erkrankungen gibt es zwei Ursachen:

1. Bei den **korpuskulären hämolytischen Erkrankungen** (korpuskuläre Anämie) liegt die Ursache im Erythrozyten selbst und ergibt sich aus einer patholo-

gisch veränderten Struktur der Erythrozytenmembran oder seiner Inhaltsbestandteile (z. B. des Hämoglobins, eines Enzyms oder eines anderen Strukturbestandteils).

2. Die **extrakorpuskulären hämolytischen Erkrankungen** entstehen durch von außen her schädigende Einflüsse (z. B. Antikörper, physikalische Noxen, chemische Noxen, Schlangengift u. a. Faktoren).

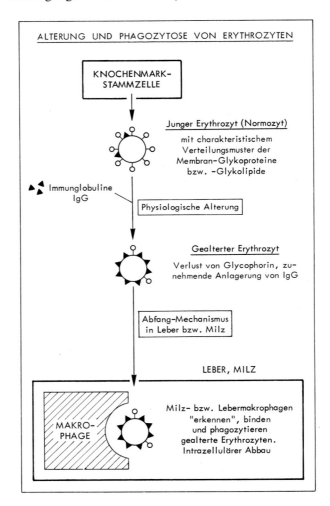

5. Korpuskuläre Anämien

Genetisch determinierte Veränderungen der Struktur des Hämoglobins (Hämoglobinopathien) oder der Erythrozytenmembran, Störung der Hb-Synthese (z. B.

Eisen- oder Vitaminmangel) sowie Defekte von Enzymen des Erythrozytenstoffwechsels (Enzymopathien) sind mögliche Ursachen einer korpuskulären Anämie.

Hämoglobinopathien. Hämoglobin ist ein aus einem Protein-(Globin-) und einem Porphyrinanteil zusammengesetztes Chromoprotein. Die Synthese des Proteinanteils wird beim Menschen durch fünf verschiedene Genpaare kontrolliert, die wiederum für die Bildung von fünf verschiedenen Polypeptidketten vom Typ α, β, γ, δ und ε verantwortlich sind. Die α-Kette besteht aus 141, die β-, γ- und δ-Kette aus je 146 Aminosäuren. Die ε-Kette ist nur während des Embryonallebens nachweisbar. Das Hämoglobinmolekül besteht aus zwei Polypeptidkettenpaaren, an denen der α-Typ immer beteiligt ist. Jede Polypeptidkette besitzt als prosthetische Gruppe ein Hämmolekül.

Die Bildung der einzelnen Kettentypen ist in ihrer relativen Menge und zeitlichen Reihenfolge vom Alter des Embryos bzw. Neugeborenen abhängig (Abb.).

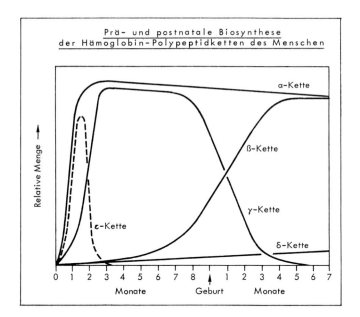

Die Proteinkomponente eines Hämoglobinmoleküls ist beim erwachsenen Menschen zu etwa 98% aus zwei α- und zwei β-Ketten (HbA$_1$) und zum geringen Teil aus zwei α- und zwei δ-Ketten (HbA$_2$) aufgebaut. Beim Foetus im 3. Monat besteht das Hämoglobin vorzugsweise aus zwei α- und zwei γ-Ketten (HbF).

Hämoglobinopathien sind Störungen der Synthese der Proteinkomponente des Hämoglobins (α-, β-, γ- und δ-Ketten). Es werden zwei Gruppen von Hämoglobinopathien unterschieden:

Thalassämien. Bei den Thalassämien (benannt nach ihrer Verbreitung im Mittelmeerraum) ist die Synthese eines Kettentyps vermindert (heterozygote Form) oder aufgehoben (homozygote Form), wobei die α- β- oder (selten) die δ-Kette betroffen sein kann. Die homozygote Form ist letal.

Bei der α-Ketten-Thalassämie ist die Synthese der α-Ketten und folglich die Bildung des HbA_1, HbA_2 und HbF eingeschränkt. Beim Embryo treten daher die γ-Ketten zu Tetrameren ($Hb\gamma_4$ = HbBarts), nach der Geburt vorzugweise β-Ketten zu entsprechenden Tetrameren ($Hb\beta_4$ = HbH) zusammen. $Hb\gamma_4$ und $Hb\beta_4$ zeigen keinen Bohreffekt. Die pathologische Hämoglobine enthaltenden Erythrozyten neigen zu Aggregation, weisen verkürzte Lebendauer auf und führen zu hämolytischen Anämien.

Die **β-Ketten-Thalassämie** manifestiert sich nach der Geburt, wenn die γ-Ketten in zunehmendem Maße durch β-Ketten ersetzt werden, und ist − da auch der Erwachsene noch γ- und δ-Ketten synthetisiert − durch die kompensatorische Bildung von HbF (α_2, γ_2 85−95%) und HbA_2 (α_2, δ_2 5−15%) gekennzeichnet. Die homozygote Form **(Thalassämia major)** führt bei Verkürzung der Erythrozytenlebensdauer, indirekter Bilirubinämie, erhöhtem Serumeisen, partieller Blokkierung der Hämsynthese mit Knochenmarkshyperplasie und ausgeprägter Hämolyse zum Tod innerhalb des ersten Lebensjahrzehnts, während die **Thalassämia minor** (heterozygote Form) weniger ausgeprägte Symptome und oft keine klinischen Erscheinungen aufweist.

Der einer Thalassämie zugrunde liegende molekulare Defekt ist heterogen. Es sind Fälle bekannt, in denen die für die β-Kette des Hämoglobins notwendige mRNA vollständig fehlt. Dabei kann der Defekt entweder auf einer Störung der Transkription oder auf einer gestörten Modifikation der hnRNA in die mRNA beruhen. In anderen Fällen wurde zwar die für die Synthese der β-Globulinkette notwendige mRNA nachgewiesen, doch konnte diese mRNA nicht für eine Translation in die β-Ketten benutzt werden.

Hb-Lepore. In die Thalassämiegruppe gehört auch das strukturell abnorme **Hb-Lepore,** das durch Genfusion der Loci für γ- und δ-Ketten (ungleiches crossing over der benachbarten β- und γ-Gene) entstanden ist. Die für Hämoglobin *Lepore* typischen Globinketten sind länger als die normalen β- bzw. δ-Ketten und entsprechen in ihrer Aminosäuresequenz einer Fusion der β- und δ-Kette.

Hämoglobinvarianten. Die **Hämoglobinopathien** im engeren Sinne entstehen durch Austausch einer (oder mehrerer) Aminosäure(n) der α- bzw. β-Ketten infolge Punktmutation. Bisher sind etwa 150 solcher **Hämoglobinvarianten** bekannt. Sie werden mit lateinischen Großbuchstaben bzw. nach dem Orts- oder Patientennamen der Erstbeschreibung bezeichnet. Die Tabelle gibt Beispiele:

Beispiele für die Folgen einer veränderten Primärstruktur der α- bzw. β-Kette bei Hämoglobinopathien

Bezeichnung	Veränderte Globinkette	Ausgetauschte Aminosäure	O_2-Affinität	Hämolyse	MetHb-bildung
Hb I	α^{16}	Lys → Glu	−	−	−
Hb M Boston	α^{58}	His → Tyr	↓	−	+
Hb M Memphis	α^{23}	Glu → Gln			+
Hb M Iwate	α^{87}	His → Tyr	↓	+	+
Hb Torino	α^{42}	Phe → Val	↓	+	−
Hb C	β^{6}	Glu → Lys	−	−	−
Hb Genova	β^{28}	Leu → Pro	↑	+	
Hb H Hammersmith	β^{42}	Phe → Ser	↓	+	−
Hb Köln	β^{98}	Val → Met	↑	++	−
Hb M Saskatoon	β^{63}	His → Tyr	↑		+
Hb S	β^{6}	Glu → Val	↓	+	−
Hb Zürich	β^{63}	His → Arg	↑	(+)	−

Die Folgen des Aminosäureaustausches innerhalb der Globinkette hängen von der Position der ausgetauschten Aminosäure ab. Eine Substitution an der Moleküloberfläche hat meist keine, Substitution in der Nähe des Häms meist erhebliche Konsequenzen für die Struktur und die Funktion des Hämoglobins sowie für die Stabilität und O_2-Affinität der Erythrozyten (Schema, Tabelle). Die Lebensdauer der Erythrozyten ist häufig verkürzt. Bei den schweren hämolytischen Formen besteht außerdem meist eine Splenomegalie.

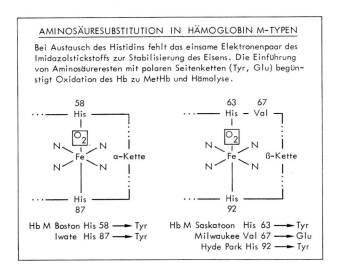

Bei der *Sichelzellanämie,* die wegen ihrer weiten Verbreitung bei der Bevölkerung in Afrika (z. B. Ghana), Mittel- und Südamerika und wegen der Schwere der Symptome große praktische Bedeutung besitzt, liegt ein Austausch der 6. Aminosäure der β-Kette (normalerweise Glutaminsäure) gegen ein Valin vor.

Sichelzell-Hämoglobin

$HbS = \alpha_2\beta_26$ Val (77,5−87,5%)
$HbA_2 = \alpha_2\delta_2$ (2,5%)
$HbF = \alpha_2\gamma_2$ (10,0−20,0%).

Bei der Sichelzellanämie ist die O_2-Bindungsfähigkeit reduziert und auch die Löslichkeit des sauerstoff-freien HbS auf $1/_{50}$ der Löslichkeit des $HbSO_2$ herabgesetzt. Die Erythrozyten zeigen daher nur nach Abgabe ihres Sauerstoffs infolge der intrazellulären Ausfällung des HbS eine typische sichelförmige Struktur. Dies hängt mit der bei O_2-Abgabe erfolgenden Konformationsänderung des Hämoglobins zusammen, bei der zwei hydrophobe Bezirke an die Moleküloberfläche treten und − im Falle des HbS − mit dem hydrophoben Valinrest der HbS-β-Kette reagieren können. Das HbS gewinnt auf diese Weise die Fähigkeit, mit weiteren HbS-Molekülen zu reagieren und zu aggregieren. Die HbS-Aggregation führt zur Schrumpfung und typischen Sichelung der Erythrozyten.

Die Sichelzellanämie führt bei heterozygoten Merkmalträgern zur Bildung von 20−40% HbS, bei Homozygoten beträgt die HbS-Konzentration dagegen 80−100%. Hierdurch kommt es in den Kapillaren durch lokale Stase, Acidose und O_2-Mangel unter intravasaler Sichelung und Aggregation der Erythrozyten zu Organinfarkten, die je nach Lokalisation tödlich verlaufen. Die Erythrozyten werden in der Milz beschleunigt abgebaut, so daß − bei ungenügender Kompensation des Knochenmarks − eine hämolytische Anämie resultiert. Die homozygoten Merkmalträger erreichen selten das fortpflanzungsfähige Lebensalter.

Das Sichelzell-Hämoglobinmolekül läßt sich chemisch so verändern, daß die hydrophoben Wechselwirkungen zwischen den einzelnen Molekülen aufgehoben werden. Dies ist nach Reaktion des HbS mit Cyanat möglich (Abb.). Die Reaktion entspricht der physiologischen Anlagerung von CO_2 an die terminale Aminogruppe der β-Kette des Hämoglobins und der Bildung einer Carbaminogruppe (physiologischer Puffereffekt). Das Cyanatanion reagiert mit HbS analog unter Bildung eines Carbaminsäurederivats. Die Reaktion ist jedoch − im Gegensatz zur Kohlensäurebindung − irreversibel. Das Cyanat bleibt bis zum Lebensende des Erythrozyten an das Hämoglobin gebunden und entfaltet einen normalisierenden Effekt durch Erhöhung der Löslichkeit des O_2-freien HbS, Anstieg des Bluthämoglobins auf normale Werte innerhalb von 6 Wochen unter Verlängerung der Lebenszeit der Erythrozyten auf Normalwerte bei gleichzeitiger Reduktion der Retikulozyten und des (bei Sichelzellanämie erhöhten) Bilirubins im Serum. Das Cyanat ist auch bei oraler Applikation (10−25 mg/kg Körpergewicht) wirksam, die erforderliche Langzeittherapie ist jedoch wegen der toxischen Nebenwirkungen des Cyanats auf das Zentralnervensystem stark eingeschränkt.

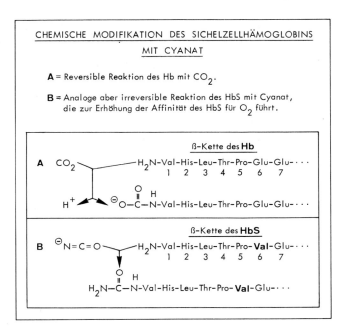

Eisenmangel. Zu niedriges Eisenangebot mit der Nahrung, Eisenresorptionsstörungen, Eisenverluste durch akute oder chronische Blutungen und erhöhter Eisenbedarf (Wachstum, Tumoren, Infekte, Schwangerschaft) sind häufig Ursachen einer Eisenmangelanämie (hypochrome Anämie). Der Eisenstoffwechsel und seine Störungen sind im Kap. Mineralstoffwechsel (S. 122) beschrieben. Häufige Ursachen eines Eisenmangels sind:

1. Eisenarme Nahrung,
2. gestörte Eisenresorption
   - mangelhafte Reduktion $Fe^{3+} \rightarrow Fe^{2+}$ bei unzureichender Versorgung mit reduzierenden und resorptionsfördernden Substanzen wie z. B. Cystein, Ascorbinsäure, Glutathion,
   - resorptionshemmende Substanzen wie Phytat (in Getreide und Getreideprodukten), Phosphat, Alginat (in Puddingpulver, Speiseeis, Instantsuppen) ferner Medikamente z. B. Tetrazyklin oder Antacida (Al-Hydroxid, Magnesia usta),
   - Schleimhautveränderungen (Malabsorption, Diarrhoe)
3. Eisenverluste
   - physiologische Verluste durch Menstruation, Lactation und Geburt,
   - pathologische Eisenverluste durch akute oder chronische Blutungen
4. Erhöhter Bedarf (Wachstum, Schwangerschaft)

5. Pathologische Eisenspeicherung (Hämosiderose, Atransferrinämie, S. 125)
6. Blockierte Eisenmobilisation (Infekte, Tumoren, S. 125).

Die Diagnose eines Eisenmangels wird durch Bestimmung des Serumeisens (erniedrigt), der Eisenbindungskapazität des Serums (erhöht) und des Serumferritins (erniedrigt) gesichert (Tab.). Im peripheren Blut treten Anulozyten auf.

Differentialdiagnose hypochromer Anämien
↑ = erhöht, ↓ = erniedrigt, N = normal, TEBK = Totale Eisenbindungskapazität

Diagnostischer Parameter	Eisenmangel-Anämie	Tumor- und Infekt-Anämie	Sideroachrestische Anämie	Thalassämia minor
Hb	↓	↓	↓	↓
MCH	N–↓	N–↓	↓	↓
Serumeisen	↓	↓	↓	N–↑
TEBK	↑	N–↓	N–↓	N–↓
Serumferritin	↓	N–↑	↑	↑

Sideroachrestische Anämien. Eine Störung der Eisenverwertung durch die hämoglobinsynthetisierenden Erythrozytenvorstufen wird als sideroachrestische Anämie bezeichnet. Sie tritt auf, wenn infolge eines Defekts der Hämsynthese der Einbau von Eisen in das Protoporphyrin 9 vermindert ist. Da in diesem Fall nur die Hämsynthese, nicht jedoch der Eisenstoffwechsel betroffen ist, findet man im hyperplastischen Knochenmark Erythroblasten, in denen sich das für die Hämsynthese bereitgestellte, aber nicht verwertbare Eisen ablagert (sog. Sideroblasten bzw. Siderozyten). Da diese Form der Eisendeposition nutzlos ist, bezeichnet man dieses Krankheitsbild als sideroachrestische Anämie (griechisch: ἄχρηστος = unbrauchbar).

Bei der **hereditären sideroachrestischen Anämie** ist der Gehalt an Uro- und Koproporphyrinogen III erhöht, an Protoporphyrin dagegen vermindert, wahrscheinlich als Folge eines Defekts der Uroporphyrinogen-Decarboxylase (und der Koproporphyrinogen-Oxidase?).

Da die Synthese von δ-Aminolävulinsäure pyridoxalphosphatabhängig verläuft, ist die Hämsynthese auch bei **Pyridoxalphosphat-**(Vitamin B_6-) **mangel** vermindert (mikrozytäre hypochrome Anämie). Die Folge ist eine Eisenverwertungsstörung und das Auftreten von Sideroblasten bzw. Siderozyten im Knochenmark.

Enzymopathien. Die im Erythrozyten (Normozyten) verlaufenden Stoffwechselprozesse und die dabei beteiligten Enzyme dienen der Bereitstellung von Energie (ATP-Bildung durch Glykolyse) oder Reduktionsäquivalenten ($NADPH_2$-Bildung im Pentosephosphatzyklus) bzw. der Synthese des für den Erythrozyten lebenswichtigen Glutathions (Tabelle, S. 214).

Die Glutathionkonzentation des Erythrozyten beträgt 2 mmol/l. In der reduzierten SH-Form dient das Glutathion der Stabilisierung SH-Gruppen-haltiger Enzyme und funktionell wichtiger Membranproteine und bewirkt damit die notwendige Verlängerung der biologischen Halbwertszeit der Enzym- bzw. Membranproteine, die wegen der Unfähigkeit der Erythrozyten zur Proteinbiosynthese der Lebensdauer des Erythrozyten angepaßt werden muß. Glutathion wird durch eine Glutathion-Reduktase der Erythrozyten aus der oxidierten Form ständig in die reduzierte Form rückverwandelt.

Enzymdefekte sind für zahlreiche Glykolyseenzyme, Enzyme des Pentosephosphatzyklus und den Glutathionstoffwechsel bekannt (Abb.).

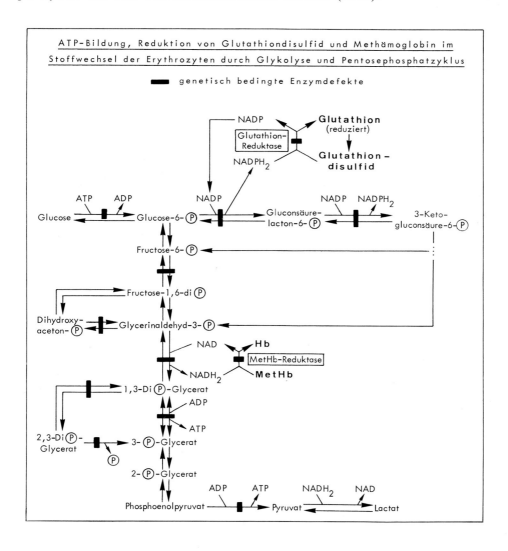

Unter den Enzymopathien ist der Glucose-6-phosphat-Dehydrogenasemangel besonders häufig (> 10^8 Genträger). Von den beiden durch elektrophoretische Wanderungsgeschwindigkeiten unterscheidbaren Hauptformen A und B sind mehr als 100 Enzymvarianten (Isoenzyme, S. 12) bekannt, die sich durch ihre Enzymaktivität unterscheiden. Korrespondierende Abweichungen finden sich in ihrer Michaelis-Konstanten (für Glucose-6-phosphat und NADP), im pH-Optimum und in der Temperaturstabilität.

Eine durch eine Enzymopathie bedingte Hämolyse, die allerdings oft erst nach zusätzlicher exogener Stoffwechselbelastung des Erythrozyten wie z. B. nach Einwirkung von Medikamenten und bestimmten Leguminosearten (z. B. Saubohnen = *vicia fava*) eintritt, ist immer durch einen Mangel an reduziertem Glutathion und Nucleotiden (ATP, ADP, AMP) gekennzeichnet. Die enge Koppelung zwischen Glykolyse, Pentosephosphatzyklus und Glutathionstoffwechsel macht die gemeinsame Symptomatik verständlich.

Ein Mangel an reduziertem Glutathion kann auch durch eine Störung der Glutathionsynthese bedingt sein, die der Erythrozyt selbst durchführt (Abb.).

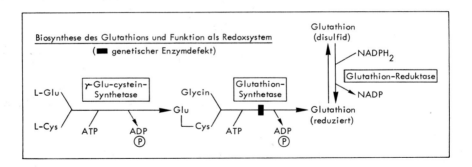

Eine Hämolyse, der stets eine vermehrte MetHb-Bildung vorausgeht, tritt in den Erythrozyten morphologisch als **Innenkörperbildung** (denaturiertes MetHb) in Erscheinung. Sie kann als akutes Ereignis zu Hämoglobinurie, vermehrter Gallenfarbstoffbildung und Ausscheidung (Stuhl, Urin), Hyperkaliämie, Leber- und Milzvergrößerung und Haptoglobinverbrauch und zu kompensatorisch gesteigerter Erythropoese im Knochenmark (Anstieg der Retikulozyten) führen.

Membrandefekte. Störungen im Stoffwechsel der Erythrozytenmembran liegen bei der Sphärozytose, hereditären Elliptozytose und der paroxysmalen nächtlichen Hämoglobinurie vor.

Die bei der **Sphärozytose** (familiärer hämolytischer Ikterus) — als Folge eines Verlustes oder Defekts an Membranlipiden — verstärkte Permeabilität des Sphärozyten für Natrium und Kalium führt zu einem erhöhten Wasser- und Natriumgehalt, so daß der osmotische Druck der Blutzellen sich erhöht (Kugelzellbildung) und die osmotische Resistenz reduziert ist. Die Lebensdauer der Erythrozyten kann bis auf 10 Tage herabgesetzt sein.

Die Formänderung der Erythrozyten bei **Elliptozytose** ist von einem herabgesetzten ATP- und 2,3-Bisphosphoglyceratgehalt begleitet.

Bei der **nächtlichen Hämoglobinurie** werden herabgesetzte Acetylcholinesteraseaktivität der Erythrozyten und elektronenoptisch nachweisbare „Löcher" in der Zellmembran beobachtet.

Methämoglobinämie. Hämoglobin unterliegt im Erythrozyten in Gegenwart von Sauerstoff einer ständigen Spontanoxidation zum Methämoglobin. Dabei geht das Hämoglobineisen von der 2-wertigen in die 3-wertige Oxidationsstufe über und verliert seine Fähigkeit zur reversiblen O_2-Bindung. Da diese Reaktion auch in vivo abläuft, findet man im Blut einen ständigen Anteil von 0,5–2,0% Methämoglobin (am Gesamthämoglobin). Eine $NADH_2$-abhängige Hämoglobin-Reduktase sorgt jedoch für eine Rückverwandlung in das Hämoglobin.

Bei der Autoxidation des Hämoglobins zum Methämoglobin entsteht ferner ein Superoxidradikal, das durch die Superoxid-Dismutase der Erythrozyten umgesetzt wird.

Eine angeborene erhöhte Methämoglobinkonzentration ist kennzeichnend für die **familiäre Methämoglobinämie.** Der molekularbiologische Defekt dieser Erkrankung kann in einem Aminosäureaustausch der β-Ketten des Hämoglobin A liegen (Hämoglobinopathie), der verschiedene in der Nähe des Häms gelegene Aminosäurereste (β 63, 67 oder 76) der Polypeptidkette betreffen kann und daher

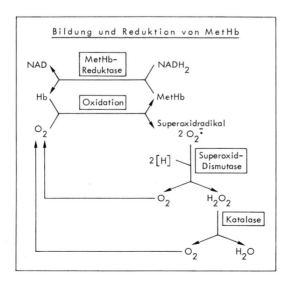

die Autoxidation des Hämoglobins zu Methämoglobin in Gegenwart von Sauerstoff begünstigt (s. Abb. S. 221). Eine andere mögliche Ursache ist ein genetisch bedingtes Fehlen oder eine zu **geringe Aktivität** der **Methämoglobin-Reduktase.**

Auch bei Vergiftungen mit Oxidationsmitteln (nitrithaltiges Pökelsalz, das in Arzneimitteln enthaltene Phenacetin, Nitrobenzol, Chlorate u. a.) werden hohe Methämoglobinkonzentrationen im Blut gefunden. Die Therapie akuter Methämoglobinvergiftungen besteht in der intravenösen Injektion hoher Dosen von Reduktionsmitteln (Ascorbinsäure, Methylenblau, Natriumthiosulfat u. a.). Methämoglobin hat in saurer Lösung eine typische Absorptionsbande bei 637 nm.

6. Blutungsanämien und extrakorpuskuläre Anämien

Anämien durch **Blutverluste** können akut und chronisch auftreten. Nach einer akuten Blutung tritt eine kompensatorische Reduktion des Blutvolumens, jedoch keine Änderung der Hämoglobin- bzw. Hämatokritwerte ein. Chronische Blutungen können zu Eisenmangel führen.

Extrakorpuskuläre Anämien sind **autoimmunhämolytische Anämien.** Sie werden durch Autoantikörper (Kap. Immunchemie, S. 423) ausgelöst, die sich gegen antigene Strukturen der Erythrozytenoberfläche richten. Sie können **symptomatisch,** meist im Verlauf einer lymphatischen Systemerkrankung, akut passager (z. B. bei Virusinfektionen) und als **idiopathisch-chronische Form** auftreten. Je nach Art der zugrundeliegenden Autoantikörper unterscheidet man durch Wärmeautoantikörper bedingte (etwa 70%), durch Kälteagglutinine hervorgerufene (etwa 25%) und durch Donath-Landsteiner-Hämolysine verursachte (etwa 5%) Formen. Die Therapie der Wärmeautoantikörperanämien mit Glucocorticoiden, immunsuppressiv wirksamen Zytostatika und ggf. durch Splenektomie bringt in 75% der Fälle komplette oder teilweise Remissionen.

Eine differentialdiagnostische Aussage über die Form einer immunhämolytischen Anämie ist mit Hilfe des Coombstests möglich. Der Coombstest (Antiglobulintest) ist eine serologische Untersuchungsmethode mit deren Hilfe spezifische Antikörper durch Agglutination nachgewiesen werden. Auf der Oberfläche von Erythrozyten, die von Patienten mit immunhämolytischen Anämien stammen, sind in charakteristischer Weise Immunglobuline und/oder Komplementkomponenten vorhanden. Mit serologischen Methoden kann man die verschiedenen Formen der immunhämolytischen Anämien unterscheiden.

Erworbene extrakorpuskuläre Anämien. Exogene Hämolysegifte, die vorwiegend die Membran des Erythrozyten angreifen (z. B. Schlangengifte, die aktive Phospholipase A_1 bzw. A_2 enthalten, Detergentien) oder exogene Stoffwechselschäden des Erythrozyten (z. B. Malaria, Streptokokken- oder Staphylokokken-Infektionen) können eine toxische hämolytische Anämie verursachen.

Mechanische Hämolysen können nach Herzklappenersatz mit künstlichen Herzklappen oder nach besonders starker körperlicher Belastung durch Langläufe (Marschhämoglobinurie) auftreten.

7. Differentialdiagnose von Anämien

Die Klassifikation der Anämie wird häufig nach der Ätiologie der Erkrankung (z. B. Eisenmangel), nach der Morphologie der Erythrozyten (z. B. Megaloblasten, Sphärozyten) oder nach dem Hämoglobingehalt der Einzelerythrozyten Hb_E (normochrome, hyperchrome, hypochrome Anämien) vorgenommen. Die nachfolgende Tabelle (Abkürzungen s. S. 229) gibt Beispiele für Veränderungen hämatologischer Daten für die in den Abschnitten 4.–6. beschriebenen Anämieformen. Die Abweichungen vom Normbereich erlauben – in Verbindung mit weiteren klinisch-chemischen Untersuchungsergebnissen – häufig eine klare diagnostische Zuordnung zu einem bestimmten Anämietyp.

Veränderung hämatologischer Daten bei verschiedenen Anämieformen

Ursache der Anämie	Ery	Hb	Hb_E*	MCV	MCHC	Retik.	Morphologie
1. Bildungs- und Reifungsstörungen							
Aplastische Anämie	↓	↓	N	N	N	↓↓	Normozytär
Cobalamin- bzw. Folsäuremangel	↓↓	↓	↑	↑	N	↓	Makrozytär
2. Korpuskuläre Anämien							
Thalassämia minor	↓	↓	↓	↓	N	N–↑	Mikrozytär
Eisenmangel	↓	↓	↓↓	↓	(↓)	↓	Mikrozytär
Glucose-6-phosphat-DH-Mangel	↓	↓	N	N	N	↑	Normozytär
Sphärozytose	↓	↓	N	N	N	↑↑	Kugelzellen
3. Blutungsanämien							
Akut (ohne Plasmasubstitution)	N	N	N	N	N	N	Normozytär
Chronisch	↓	↓	↓↓	↓	(↓)	N–↓	Mikrozytär

* Hb_E: N = normochrom, ↑ = hyperchrom, ↓ = hypochrom

Haptoglobin und Hämopexin. Bei allen hämolytischen Anämien kann es zur intravasalen Auflösung der Erythrozyten und Freisetzung des Erythrozyteninhaltes mit Hämoglobinämie (bei schwerer akuter Hämolyse auch mit Hämoglobinurie) kommen.

Das bei intravasaler Hämolyse freiwerdende Hämoglobin wird an ein Serumprotein – das **Haptoglobin** – gebunden. Das Haptoglobin ist eine Komponente der α_2-Globuline des Serums (S. 57) und tritt in 3 genetisch determinierten Varianten (Hp_1-1, Hp_2-1 und Hp_2-2) auf, die unterschiedliche Molekulargewichte (85 000, 200 000, 400 000) aufweisen. Die Haptoglobine haben die Fähigkeit zur Bindung von Hämoglobin. Die Bildung eines Hämoglobin-Haptoglobin-Komplexes mit einem Molekulargewicht von über 150 000 verhindert bei Hämolyse eine Ausscheidung des Hämoglobins über die Niere und damit einen Eisenverlust.

Ein verminderter Haptoglobinspiegel tritt bei hämolytischer Anämie, perniziöser Anämie, bei hämolytischen Bluttransfusionsreaktionen und hepatozellulären Erkrankungen (verminderte Synthese) auf.

Die Halbwertszeit des Haptoglobins beträgt 2–4 Tage. Der Normbereich im Serum beträgt 100–300 mg/dl. Wenn der gesamte Haptoglobinvorrat verbraucht ist, dauert es 7–9 Tage, ehe der normale Serumspiegel wieder erreicht ist.

Das **Hämopexin** ist ein Serumprotein aus der Klasse der α_2-Globuline (S. 57). Die pathophysiologische Bedeutung des Hämopexins liegt in der Fähigkeit zur Bindung von freiem Häm, doch wird diese Funktion nur in Anspruch genommen, wenn im Rahmen einer massiven Hämolyse neben großen Hämoglobinmengen auch freies Häm an das Blutplasma abgegeben wird.

8. Polyzythämie

Eine absolute Vermehrung der zirkulierenden Erythrozyten wird als Polyzythämie bezeichnet. Sie tritt als selbständiges Krankheitsbild in Form der

- Polycythämia vera (Polycythämia rubra vera, Morbus Vaquez-Osler) oder als
- symptomatische Polyglobulie (Erythrozytose, sekundäre Polycythämia, Polycythämia secundaria)

auf.

Polycythämia vera. Aus unbekannter Ursache kommt es zur hochgradigen Vermehrung der Erythrozytenbildung mit Anstieg des Hämatokritwertes auf Werte von > 55%, meist auch zu vermehrter Bildung der Granulozyten und Thrombozyten unter gleichzeitiger Ausdehnung der zellulären Produktion auf das lipidhaltige Knochenmark, Leber und Milz (Hepato-Splenomegalie!).

Die gesteigerte Viskosität des Blutes und die Vermehrung der Thrombozyten begünstigen venöse und arterielle Thrombosen, die lebensbedrohende Komplikationen (Coronarthrombose, cerebrale Thrombose) darstellen.

Symptomatische Polyglobulie. Als Folge einer Grundkrankheit kann sich eine sekundäre Polyzythämie (symptomatische Polyzythämie) entwickeln. Dies trifft

z. B. auf Zustände bei arterieller Hypoxie zu, die bei Störungen des Herz-Kreislauf-Systems, bei chronischen obstruktiven Lungenleiden, bei Hämoglobinopathien (S. 220) oder Methämoglobinämien (S. 227) eintreten, gilt aber auch für eine Reihe anderer Krankheitsbilder, wie z. B. renale Tumoren (gesteigerte Erythropoetinbildung), Uterusmyome und Leberkarzinom. Dabei kommt es zum Gegensatz zur Polyzythämia vera meist nicht zur Leukozytose und Thrombozytose.

9. Porphyrien

Porphyrien sind Stoffwechselkrankheiten, denen eine Störung der Porphyrinogen- und Hämsynthese zugrunde liegt. Die Störungen werden nach dem Ort des Defekts als **erythropoetische** (Knochenmark) bzw. **hepatische** (Leber) **Porphyrien** klassifiziert. Der ursächliche enzymatische Defekt ist bei den erythropoetischen und akuten hepatischen Porphyrien angeboren, bei den chronischen hepatischen Porphyrien entweder angeboren oder toxisch erworben und bei Schwermetall- und Fremdchemikalienintoxikation ausschließlich erworben.

Die Porphyrien sind durch vermehrte Ausscheidung von atypischen Porphyrinen bzw. Synthesevorstufen des Häms im Urin und Stuhl charakterisiert. Die Tabelle gibt eine Übersicht. Die Veränderung der Aktivität der an der Porphyrinsynthese beteiligten Enzyme ist aus dem nachstehenden Schema ersichtlich.

Ausscheidung von Porphyrinen bzw. Synthesevorstufen bei verschiedenen Porphyrien

Porphyrie-Typ	Urin					Faeces		
	δ-NH$_2$-Lävulin-säure	Porpho-bilinogen	Uro-	Kopro-	Proto-porphyrine	Kopro-	Uro-	Proto-porphyrine
Erythropoetische Porphyrien								
Kongenitale erythr. Porphyrie	—	—	↑↑	↑		↑	↑	
Erythropoetische Protoporphyrie	—*	—*	—	↑	↑↑	↑↑	↑	↑↑
Hepatische Porphyrien								
Akut intermittierend	↑↑	↑↑	↑	↑		—	—	
Porphyria variegata	↑	↑	↑	↑		↑↑	↑↑	↑↑
Hereditäre Koproporphyrie	↑↑	↑	↑	↑↑		↑↑	↑	
Porphyria cutanea tarda	—	—	↑↑	↑		↑	—	

* im akuten Schub nachweisbar

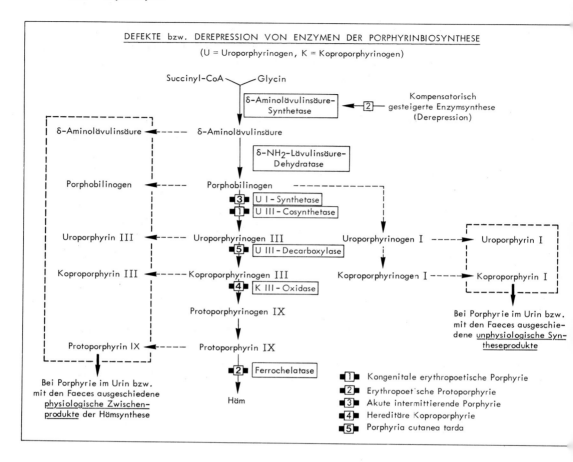

Erythropoetische Porphyrie. Bei der kongenitalen erythropoetischen Uroporphyrie fehlt die Uroporphyrinogen-Cosynthetase, und es wird anstelle des Uroporphyrinogen III das Uroporphyrinogen I gebildet, das für die Hämsynthese nicht verwertet werden kann. Das Uroporphyrinogen I unterscheidet sich vom Uroporphyrinogen III nur durch eine Vertauschung der Substituenten in Position 7 und 8 des Uroporphyrinogenringes. Uroporphyrinogen I ist ein 1,3,5,7−Tetraessigsäure−2,4,6,8−tetrapropionsäureporphyrinogen. Es wird selbst und nach Umwandlung zu Uroporphyrin I und Koproporphyrin I in großen Mengen (bis 720 μmol/d, 0,6 g/24 h) mit dem Harn ausgeschieden. Das Fehlen der Uroporphyrinogen-Cosynthetase vermag das Symptomenbild dieser Erkrankung allerdings nicht vollständig zu erklären, da die Patienten auch zu einer regelrechten Hämsynthese befähigt sind, die wegen der bestehenden Hämolyse oft sogar kompensatorisch gesteigert ist.

Uroporphyrin I und Koproporphyrin I werden in allen Organen und auch in der Haut abgelagert, wo sie aufgrund ihrer starken Absorption von Licht der Wellenlänge 405 und 2600 nm (Infrarot) „lichtsensibilisierend" wirken. Die betroffenen Gewebe werden überempfindlich gegen Belichtung jeder Art („Photodermatose"), es kommt zu schweren Nekrosen der Haut, des Ohr- und des Nasenknorpels.

Erythropoetische Protoporphyrie. Bei der erythropoetischen Protoporphyrie, die autosomal dominant vererbt wird, ist die Umwandlung des Protoporphyrins in Häm aufgrund eines Defektes der Ferrochelatase blockiert, so daß der Einbau des zweiwertigen Eisens in den Porphyrinring ausbleibt. Der Enzymdefekt ist nicht nur in den Erythrozytenvorstufen, sondern auch in der Leber nachweisbar (synonyme Bezeichnung: Erythrohepatische Protoporphyrie). Als Folge des Ferrochelatasedefekts reichert sich Protoporphyrin in Erythrozyten, Leber und Blutplasma an und wird in großen Mengen mit dem Stuhl (der bei Bestrahlung UV-Fluoreszenz zeigt) ausgeschieden. Ein Rückstau und eine Ausscheidung physiologischer Synthesevorstufen (δ-Aminolävulinsäure oder Porphobilinogen) findet nicht statt. Das kongenitale Leiden ist von einer leichten Photodermatose begleitet und führt häufig zu schweren progressiven Lebererkrankungen (Fibrose, Zirrhose).

Akute hepatische Porphyrien. In der Leber des erwachsenen Menschen findet eine Synthese von Eisenporphyrinenzymen statt, zu denen neben den Enzymen der Atmungskette (Cytochrome), Peroxidasen, Katalasen, Oxygenasen und Oxidasen gehören. Eine Bildung von Häm bleibt jedoch unter physiologischen Bedingungen aus. Die als akute hepatische Porphyrien bezeichneten Synthesestörungen lassen sich in die

- Akute intermittierende Porphyrie
- Porphyria variegata und
- hereditäre Koproporphyrie

subklassifizieren.

Bei der **akuten intermittierenden Porphyrie** liegt ein Defekt der Uroporphyrinogen I-Synthetase vor, der in der Leber zu einer kompensatorischen Derepression und Mehrsynthese der δ-Aminolävulinsäure-Synthetase führt, deren Aktivität in der Leber auf das zehnfache der Norm gesteigert und keiner allosterischen Regulation durch das Endprodukt (Häm) zugänglich ist. Die folglich in der Leber in großer Menge gebildete δ-Aminolävulinsäure wird zum Teil in γ-, δ-Dioxovaleriansäure und durch Decarboxylierung in Succinat umgewandelt. Ein großer Teil der vermehrt gebildeten δ-Aminolävulinsäure und des daraus entstehenden Porphobilinogen und Uroporphyrinogen III wird im Urin ausgeschieden, der beim Stehenlassen eine weinrote Farbe annimmt. Bei dieser Form der Porphyrie besteht jedoch keine Photosensibilität. Ein akuter Schub der Krankheit kann durch Medikamente, welche die Synthese mikrosomaler Hämproteine induzieren, ausgelöst werden. Dies trifft vor allem für Barbiturate, Sexualhormon-Derivate (Kontrazeptiva) und Derivate der α-substituierten Allylessigsäure zu. Frauen sind durch eine Schwangerschaft gefährdet.

Bei der vorzugsweise in der weißen Bevölkerung Südafrikas verbreiteten **Porphyria variegata** besteht aufgrund eines Defekts der Protoporphyrinogen-Oxidase oder der Ferrochelatase eine vermehrte Ausscheidung von Protoporphyrin und Koproporphyrin mit den Faeces und dem Urin. Im akuten Schub, der durch Medikamente oder übermäßigen Alkoholkonsum ausgelöst bzw. erschwert werden kann, werden auch δ-Aminolävulinsäure und Porphobilinogen vermehrt mit dem Urin ausgeschieden. Gleichzeitig besteht eine Photodermatose und gesteigerte Empfindlichkeit gegen mechanische Traumen.

Die **hereditäre Koproporphyrie** ähnelt der Porphyria variegata in Bezug auf die klinische Symptomatik. Der zugrunde liegende Defekt der Koproporphyrinogen-Oxidase äußert sich in einer vermehrten Ausscheidung von Koproporphyrin mit Urin und Stuhl.

Chronische hepatische Porphyrien. Die chronisch hepatischen Porphyrien sind immer mit einem chronischen Leberschaden assoziiert und existieren in klinisch latenten und manifesten Stadien, die an der charakteristischen Porphyrinausscheidung im Urin und der Porphyrinfluoreszenz des Leberbiopsiegewebes erkannt und differenziert werden können. Die klinisch-manifeste Form der chronischen hepatischen Porphyrien ist die **Porphyria cutanea tarda.** Auf der Basis einer dominant vererbten genetischen Praedisposition, welche die Uroporphyrinogen-Decarboxylase betrifft, wird das Leiden durch alkoholtoxischen Leberschaden, chronisch-aggressive Hepatitis oder Östrogene ausgelöst. Grundlegende Bedeutung für die Pathogenese der chronisch-hepatischen Porphyrie des Menschen haben ferner verschiedene Umweltschadstoffe, unter denen vor allem polychlorierte Biphenyle, Tetrachlordibenzo-p-dioxin und das Fungicid Hexachlorbenzol eine Rolle spielen. Im Tierexperiment läßt sich mit diesen Chemikalien eine Hemmung der Uroporphyrinogen-Decarboxylase der Leber und eine der Porphyria cutanea tarda entsprechende Porphyrinausscheidung imitieren.

Sekundäre (symptomatische) hepatische Porphyrien. Die sekundären mit Porphyrinausscheidung im Urin einhergehenden Porphyrien sind eine heterogene Gruppe von Störungen, hinter denen sich verschiedene pathogenetische Auslöser verbergen können. Beispiele sind Schwermetallintoxikationen (vor allem Blei, s. u.), Leberschäden durch Alkohol, Arzneimittel und Fremdchemikalien, Cholestasesyndrome, Pankreatitiden, Bilirubin- und Eisenstoffwechselstörungen und Medikamentennebenwirkungen.

Bei den genetisch determinierten hepatischen Porphyrien, die alle autosomal-dominanten Erbgang aufweisen, treten die Symptome in der Regel erst während der Pubertät auf, können aber auch während der gesamten Lebensdauer klinisch latent bleiben.

Bleivergiftung. Wegen der besonderen Empfindlichkeit der Enzyme der Porphyrinbiosynthese gegenüber Blei, treten Porphyriesymptome auch bei der Bleivergiftung (S. 129) auf. In Gegenwart von Blei sinkt die Aktivität der δ-Aminolävulinsäure-Dehydrogenase ab, mit der Folge einer Erhöhung der δ-Aminolävulinsäurekonzentration im Blut und Urin. Die Hemmung der Eisenchelatase (der letzte Schritt der Hämbiosynthese) führt ferner zu einer Akkumulation von Protoporphyrin in den Erythrozyten und zu Anhäufung von Koproporphyrinogen in Urin und Faeces. Da Eisen nicht normal für die Hämoglobinsynthese genutzt werden kann, steigt die Menge an Sideroblasten und Siderozyten im Knochenmark an. Trotz der Hemmung von Enzymen der Porphyrinsynthese ist die Anämie erst ein spätes Symptom der chronischen Bleivergiftung.

In den Erythrozyten wird Blei in einer nicht näher definierten Form wiedergefunden. Die Erythrozyten bekommen eine höhere osmotische und niedrigere mechanische Resistenz, die bei steigendem Bleigehalt die Lebensdauer der Erythrozyten verkürzt.

II. Granulozyten und Monozyten

1. Differenzierung und Bildung

Das rote Knochenmark enthält neben ruhenden Zellen einen Pool teilungsaktiver Stammzellen, die sich nach Einwirkung eines adäquaten Reizes in Richtung Erythropoese, Myelopoese und Thrombozytopoese differenzieren. Der Stammpool leitet sich wiederum aus den sog. „kleinen Knochenmarkslymphozyten" ab, eine Gruppe strahlensensibler und durch physiologische und unphysiologische Reize transformierbarer Zellen. Die Knochenmarkstammzelle unterliegt einem physiologischen Differenzierungs- und Reifungsprozeß, der aus dem nachfolgenden Schema ersichtlich ist. Wegen ihrer Herkunft aus gemeinsamen Vorstufen werden Thrombozyten, Erythrozyten und Granulozyten als myeloisches System und der Prozeß ihrer Bildung als Myelopoese bezeichnet.

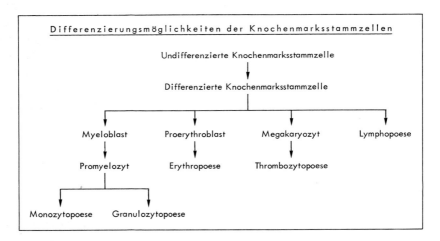

Die Lymphozyten, von denen ein Teil im Knochenmark gebildet wird, werden im Kap. Immunchemie (S. 423), die Thrombozyten im Kap. Hämostase (S. 400) abgehandelt.

2. Granulozyten

Die Zahl der weißen Blutzellen beträgt beim gesunden Menschen 6000–8000/µl (6–8 G/l) Blut, unter denen die Granulozyten beim Erwachsenen etwa 70% ausmachen. Die Granulopoese liefert beim erwachsenen Menschen $12,6 \cdot 10^{11}$ Zellen/24 h, ihre Halbwertzeit im Blut beträgt 6–7 h.

Die reifen polymorphkernigen Leukozyten (Granulozyten) sind stoffwechselaktive Zellen, die neben ihrem durch Glykolyse und Atmungskette gedeckten Energiestoffwechsel einen hohen Gehalt an Ascorbinsäure und Glutathion sowie eine hohe Aktivität hydrolytischer Enzyme aufweisen, die vermutlich mit ihrer Fähigkeit zur Phagozytose und zur Lysis von Bakterienzellmembranen im Zusammenhang steht.

Die Granulozyten sind glykogenreiche Zellen. Die zelluläre Glykogenkonzentration hängt von der Glucosezufuhr ab, begrenzendes Enzym der Glykogensynthese und Glykolyse ist wegen ihrer geringen Aktivität die Hexokinase. Bei phagozytotischer Aktivität werden Glykogenabbau, Steigerung der Atmung, vor allem jedoch der Glykolyserate auf das 3fache und des Substratdurchsatzes im Pentosephosphatzyklus auf das 5fache, beobachtet. Die Phagozytose ist jedoch nicht atmungsabhängig und kann auch unter anaeroben Bedingungen unter Energieversorgung durch die Glykolyse auftreten.

Die phagozytotischen Formen der Granulozyten enthalten eine hohe Aktivität lysosomengebundener hydrolytischer Enzyme mit einem pH-Optimum zwischen pH 4 und 5 (Nucleasen, Proteasen, Glykosidasen, Lipasen, Phosphatasen), jedoch auch im Neutralbereich wirksame Proteasen. Für die Lysis von Mikroorganismen benutzen die Granulozyten ferner das **Lysozym,** welches das Zellwandmurein gramnegativer bzw. grampositiver Bakterien als Substrat spaltet, ferner eine **Myeloperoxidase,** die von dem in den Granulozyten gebildeten H_2O_2 Wasserstoff auf geeignete Substrate überträgt, und das **Lactoferrin,** ein eisenbindendes Protein, das Bakterienwachstum verhindert.

3. Phagozytose

Eine auffallende Eigenschaft polymorphkerniger Granulozyten und Monozyten ist ihre Fähigkeit, nicht gelöste Partikel mit einem Durchmesser von > 10 nm durch Phagozytose aufzunehmen. Zwar sind auch die Wandzellen der Sinus in Lymphknoten, Milz und Leber Zellen mit hoher Phagozytoseaktivität, die amöboide Beweglichkeit, die den Granulozyten und Monozyten durch den Besitz zytoplasmatischer kontraktiler Proteine verliehen wird, gestattet ihnen jedoch, das Blutgefäßsystem zu verlassen und in das angrenzende Bindegewebe zu immigrieren. Wegen ihres Größenunterschiedes werden die Granulozyten als **Mikrophagen,** die Monozyten, die sich nicht nur aus Blutzellen, sondern auch aus Gewebshistiozyten differenzieren können, als **Makrophagen** bezeichnet.

Der Prozeß der Phagozytose, unter dem allgemein die Aufnahme von Mikroorganismen, abgestorbenen Zellen oder körperfremden Partikeln verstanden wird, gliedert sich in verschiedene Phasen:

Während der chemotaktischen **ersten Phase** führt der Phagozyt eine gerichtete Bewegung auf das zu phagozytierende Objekt (z. B. in einem Entzündungsherd befindliche Bakterien) aus. Hierfür ist die Mitwirkung humoraler Faktoren erforderlich. Dies können z. B. von den Bakterien freigesetzte Stoffwechselprodukte sein, die auf Phagozyten einen chemotaktischen Reiz ausüben. Der wichtigste Mechanismus läuft jedoch über die Aktivierung des Serumkomplementsystems ab (Kap. Immunchemie, S. 435). Die Aktivierung des Serumkomplements kann auf verschiedene Weise erfolgen. Sind Antikörper gegen Mikroorganismen vorhanden, und haben diese mit der Oberfläche eines Bakteriums reagiert, so aktivert der gebildete Antigen-Antikörper-Komplex das Komplementsystem. Fehlt ein spezifischer, gegen Bakterien gerichteter Antikörper, so kann das Komplementsystem Antikörper-unabhängig aktiviert werden (Kap. Immunchemie, S. 435).

In der **zweiten Phase** erfolgt die Erkennung des zu phagozytierenden Objekts, wobei der Phagozyt seine Fähigkeit zur spezifischen Unterscheidung von Oberflächen ausnutzt. Ist das Objekt (z. B. ein Bakterium) mit Antikörpern vom Typ IgG oder mit dem C3-Fragment des Komplementsystems besetzt, so wird die Phagozytose gefördert, da Makrophagenmembranen Rezeptoren für das Fc-Fragment von IgG und die C3-Komponente des Komplements besitzen. Das C3-Fragment muß jedoch fest (über hydrophobe Bindungen) mit dem zu phagozytierenden Objekt verbunden sein.

Die **dritte Phase** stellt die Ingestion (Inkorporation) des zunächst an die Zelloberfläche des Phagozyten gebundenen und dann von der Zellmembran eingehüllten Partikels (Phagosoms) in die Zelle dar und ist mit einer Steigerung der Glykolyse, des Glykogenabbaus, der oxidativen Prozesse und der Bildung und des Verbrauchs von ATP verbunden. Stoffwechselgifte (Colchicin, Cytochalasin B) können die Aufnahme verhindern. Die weiterhin von der Anwesenheit von Ca^{2+} und Mg^{2+} abhängige Phagozytose ist mit einem erhöhten Turnover der Phosphatidsäure und inosithaltiger Phospholipide verbunden. Die bei der Phagozytose gesteigerte Phosphatidsynthese hängt vermutlich mit der Notwendigkeit einer Neubildung der Zellmembran zusammen, die über den Prozeß der Phagozytose kontinuierlich „verbraucht" wird. In der Zelle verschmilzt das Phagosom mit Lysosomen, wobei Mikrofilamente und Mikrotubuli beteiligt sind, und unterliegt einem enzymatischen Abbau durch lysosomole Enzyme bzw. der chemischen Veränderung durch Peroxide, deren Produktion rasch nach der Phagozytose einsetzt.

Der Prozeß der Peroxidation phagozytierter Substrate wird eingeleitet durch die Bildung eines Superoxidanions (O_2^-), das unter Wirkung einer Oxidase aus Sauerstoff entsteht. Das Superoxidanion wird spontan oder enzymatisch zu H_2O_2 reduziert und kann mit einem zweiten H_2O_2-Molekül unter Bildung hochaktiver Hydroxylradikale (OH·) reagieren. Diese Sauerstoffverbindungen verursachen Radikalreaktionen, welche die Membranlipide von Bakterien angreifen und für den weiteren enzymatischen Abbau vorbereiten.

Das in dem sekundären Lysosom bzw. Phagosom entstehende H_2O_2 ist in der Lage, die Lysosomenmembran zu permeieren und in das Zytosol des Granulozyten zu gelangen. Der Granulozyt schützt sich gegen das H_2O_2 durch eine in den Peroxisomen lokalisierte Katalase und durch das Glutathion, das SH-haltige Granulozytenenzyme vor der Inaktivierung bewahrt. Das oxidierte Glutathion kann enzymatisch regeneriert werden (Glutathion-Reduktase).

Die Konzentration des entstehenden H_2O_2 liegt in einer Größenordnung, die bakterizide Wirkung erwarten läßt. Dies ist von Bedeutung bei der Phagozytose von Bakterien, die durch die lysosomalen Enzyme der Makrophagen bzw. Mikrophagen nicht angegriffen werden (z. B. Mykobakterien) und sich daher intrazellulär vermehren können.

4. Leukozytose

Eine Vermehrung der Zellen des leukopoetischen Systems auf Werte von mehr als 10000/µl(10 G/l) Blut wird als **Leukozytose** bezeichnet. Häufig liegt der Leukozytose eine reaktive Mehrsynthese des Knochenmarks als Folge bakterieller (allgemeiner oder lokaler) Infekte zugrunde, sie tritt auch bei Intoxikation, Urämie, Gichtanfall, unter Einwirkung von Chemikalien und Medikamenten, nach Blutverlust, bei rasch wachsenden Tumoren (Metastasenzerfall) und bei Überproduktion von Glucocorticoiden der Nebennierenrinde (Cushing-Syndrom) auf. Eine physiologische Leukozytose wird bei Neugeborenen und Gravidität beobachtet. Bei besonders starker Zellvermehrung erscheinen auch unreife, sonst nur im Knochenmark vorhandene Vorformen (Paraleukoblasten) in der Zirkulation: sog. „**Linksverschiebung**".

5. Akute und chronische Leukämie

Eine generalisierte neoplastische Erkrankung des blutbildenden Organs, die von einer extremen Vermehrung unreifer weißer Blutzellen begleitet ist, stellt die Leukämie dar. Eine Leukämie kann das myeloische oder lymphatische System betreffen und akut oder chronisch auftreten. Die unreifen Zellen zeigen autonomes Wachstum und verdrängen das normale Knochenmark.

Akute myeloische Leukämie. Bezüglich Enzymausstattung und Stoffwechsel bestehen zwischen normalen myeloischen und leukämischen Zellen nur quantitative Unterschiede. So ist bei der akuten, nicht jedoch bei der chronischen Form der myeloischen Leukämie z. B. die Aktivität der Hexokinase und der Glycerinaldehyd-3-phosphat-Dehydrogenase stark erniedrigt. Die bei der akuten unreifzelligen myeloischen Leukämie im peripheren Blut vermehrten undifferenzierten „Blasten" sind nicht teilungsfähig und weisen demzufolge eine nur geringe Aktivität ihrer Thymidinkinase und Thymidineinbaurate auf. Die dadurch verlangsamte DNA-, RNA- und Proteinbiosynthese zeigt sich auch in einem verlängerten Zellzyklus (50–60 Stunden), der bei normalen myeloischen Zellen etwa 24 Stunden beträgt. Die Vermehrung der leukämischen Zellen beruht also nur zu einem kleinen Teil auf einer beschleunigten Zellproliferation, sondern kommt durch die verlängerte Halblebenszeit zustande. Die Leukämiezellen haben nicht nur ihre Teilungsfähigkeit, sondern auch weitere charakteristische Funktionen (z. B. Fähigkeit zur Phagozytose) verloren.

Im Knochenmark befindet sich bei der akuten myeloischen Leukämie allerdings eine morphologisch ähnliche Blastenpopulation, die bei hoher DNA-Syntheserate und hoher Aktivität der Thymidinkinase und der Enzyme des Folsäurestoffwechsels eine starke Proliferationstendenz aufweist.

Chronische myeloische Leukämie. Bei der chronischen myeloischen Leukämie besteht eine typische Chromosomenanomalie: Das sog. Philadelphiachromosom. Der lange Arm des Chromosoms 22 ist verkürzt, das fehlende Stück findet man in der Regel auf Chromosom 9, seltener auf 2 oder anderen Chromosomen. Die Anomalie läßt sich in Erythroblasten und Megakaryoblasten, hingegen nicht in Zellen der lymphatischen Reihe und anderen Körperzellen nachweisen.

Bei der chronischen myeloischen Leukämie ist das Knochenmark sehr zellreich, wobei Vorstufen der Granulozyten, der Erythrozyten und der Thrombozyten im Vordergrund stehen. Die Zellreihen reifen zu normal funktionierenden Zellen aus, doch kommt es durchschnittlich nach 3 Jahren zu einem sog. Blastenschub. Die Blasten reifen immer seltener zu Myelozyten und funktionsfähigen Granulozyten aus. Gleichzeitig machen sich Anämie und Thrombozytopenie bemerkbar.

Entscheidend für die Diagnose sind der Nachweis des Philadelphiachromosoms und die zu niedrigen Werte der alkalischen Phosphatase oder ihr gänzliches Fehlen in den reifen Granulozyten.

Chronische lymphatische Leukämie. Bei der chronischen lymphatischen Leukämie sind folgende Parameter des Lymphozytenstoffwechsel verändert:

- Infolge einer verlängerten Halblebenszeit (Umsatzzeit) ist die Zahl der reifen Lymphozyten (Menge des lymphatischen Gewebes) vermehrt.
- Der Pool proliferierender Lymphoblasten in Lymphgewebe, Knochenmark und Milz ist vergrößert, aber auch die Absolutmenge der reifen Lymphozyten des zirkulierenden Blutes.
- Die Lymphozyten weisen einen Immundefekt auf.
- Es liegt eine Rezirkulationsstörung vor (gestörter Austausch Lymphgewebe – zirkulierendes Blut).

Zur Abgrenzung der verschiedenen Leukämieformen und des Reifungsgrades der dabei auftretenden Zellen dient der histochemische Nachweis des Glykogens (PAS-Färbung) und der Peroxidase- bzw. Esteraseaktivitäten. Als Substrate der Esterase werden α-Naphthylacetat und Naphthol-AS-D-Chloracetat eingesetzt. Die Zellen der myeloischen Reihe weisen z. B. eine deutliche Naphthol-AS-D-Chloracetat-Esteraseaktivität auf, die den Zellen der lymphatischen Reihe fehlt. Ein geeigneter Parameter für Prognose, Verlaufs- und Therapiekontrolle bei chronisch-lymphatischer Leukämie ist die Konzentration des $β_2$-**Mikroglobulins** im Serum.

6. Granulozytopenie und Agranulozytose

Eine zahlenmäßige Verminderung der Granulozyten im Blut (Granulozytopenie) oder ihr völliges Verschwinden (Agranulozytose) kann durch

- vermehrte Zerstörung oder aber
- verminderte Bildung

bedingt sein.

Eine massive **Zerstörung** von Granulozyten kann sich auf dem Boden einer Allergie (S. 433) oder von Autoimmunvorgängen entwickeln. Besteht eine Überempfindlichkeit gegenüber einem Medikament (z. B. Phenothiazine, Tuberkulostatika, Chloramphenicol), so haben diese die Funktion eines Haptens, das sich an Membranproteine der Granulozyten binden kann. Die gegen das Hapten gerichteten Antikörper schädigen bei Reaktion mit dem membrangebundenen Hapten auch den Granulozyten und können Zytolyse auslösen (sog. Haptenisierung, S. 422).

Homologe gegen Granulozyten gerichtete Autoantikörper können sich im Laufe einer Kollagenose (S. 423) bilden.

Eine **verminderte Bildung** von Granulozyten tritt bei direkter Schädigung des Knochenmarks durch Zytostatika (S. 386), Antibiotika (Sulfonamide) oder energiereiche Strahlung, aber auch bei Verdrängung des granulopoetischen Knochenmarks durch Hämoblastosen oder Metastasen maligner Neoplasien ein.

Die **Panmyelopathie** (Panzytopenie) ist Folge einer multifaktoriellen Störung der gesamten hämopoetischen Zellteilungs- und Syntheseprozesse im Knochenmark, die nicht nur die Granulozyten, sondern auch Thrombozyten und Erythrozyten betrifft. Die verursachenden Faktoren entsprechen denen der Agranulozytose.

III. Leber

1. Die Leber im Intermediärstoffwechsel

Die Leber ist das zentrale Kontrollorgan des Intermediärstoffwechsels. Über den Pfortaderkreislauf (V. portae) nimmt die Leber den überwiegenden Teil der aus dem Verdauungstrakt resorbierten Stoffe auf, gibt sie – sofern nicht ein vollständiger Abbau erfolgt – nach Speicherung bzw. Umbau wieder an den Kreislauf ab und verwandelt dadurch die diskontinuierliche Resorption der Nährstoffe in eine kontinuierliche Versorgung des Gesamtorganismus mit Syntheseprodukten (Aminosäuren, Proteine, Kohlenhydrate, Lipide).

Die Leistungen der Leber im Stoffwechsel lassen sich wie folgt zusammenfassen:

- **Aminosäure-, Stickstoff- und Proteinstoffwechsel.** Synthese, Umbau und Abbau von Aminosäuren, Synthese von Harnstoff, Harnsäure, Kreatin, teilweise Synthese der Blutplasmaproteine und der Gerinnungsfaktoren.
  Spezifische, die Proteinbiosynthese und den Abbau von Aminosäuren betreffende Störungen sowie Enzymdefekte des Harnstoffzyklus sind in dem Kapitel Proteine und Aminosäuren (S. 67) beschrieben. Die Veränderungen im Serumproteinverteilungsmuster, die bei akutem oder chronischem Schädigungsstoffwechsel der Leber entstehen, sind nachfolgend abgehandelt.

- **Lipidstoffwechsel.** Synthese und Abbau von Fettsäuren, Synthese von Triglyceriden, Phospholipiden, Cholesterin und Lipoproteinen, Ketonkörperbildung. Die Beteiligung der Leber an der Pathogenese der Hyperlipoproteinämien ist im Kapitel Lipide (S. 93) beschrieben. Bei Gallengangsverschluß kommt es zur Synthese eines atypischen Lipoproteins (S. 97). Fettleber (S. 266).

- **Kohlenhydratstoffwechsel.** Speicherung und Mobilisierung von Glykogen, Neubildung, Umbau und Metabolisierung von Glucose, Galaktose, Fructose, Glucuronsäure und anderen Monosacchariden.
  Störungen im Stoffwechsel der Galaktose (Galaktosämie), Glykogenosen und die Fructoseintoleranz sind im Kapitel Kohlenhydrate (S. 70) aufgeführt.

- Zu den spezifischen Stoffwechselleistungen der Leber gehört die **Bildung der Gallenflüssigkeit.** Bildung und Ausscheidung von Gallensäuren und Gallenfarbstoffen s. u.

- **Biotransformation (Konjugations- und Detoxikationsreaktionen).** Für den Gesamtorganismus schädliche oder nicht mehr verwertbare Substanzen bzw. Fremdstoffe werden von der Leber chemisch verändert, entgiftet und dabei gegebenenfalls in wasserlösliche Form überführt und so für die Ausscheidung über die Nieren bzw. Gallenflüssigkeit vorbereitet.

2. Leberfunktionsdiagnostik

Eine Schädigung der Leber durch Infektionen, durch Fremdstoffe, Gifte bzw. Behinderung der Ausscheidung der Gallenflüssigkeit führt zur Reduktion oder zum Ausfall leberspezifischer Stoffwechselleistungen. Die Leberfunktionsdiagnostik dient

- der Beurteilung des Schweregrades und der Aktivität einer Erkrankung oder Schädigung der Leber sowie
- der Differentialdiagnose akuter und chronischer Lebererkrankungen.

Zur Erfassung der Leberfunktionen werden verschiedene Parameter herangezogen, die Aussagen über Teilfunktionen gestatten und deren Ausfall für bestimmte Krankheitsbilder charakteristisch ist. Folgende Störungen werden bei der Leberfunktionsdiagnostik erfaßt:

Permeabilitätsstörungen. Bei Membranschädigung der Leberzellen treten zytoplasmatische Enzyme (GOT, GPT, LDH-Isoenzym 5, Sorbit-Dehydrogenase, Phosphofructaldolase), bei Leberzellnekrose darüberhinaus auch strukturgebundene Enzyme, z. B. mitochondriale Enzyme (GLDH, GPT, Ornithincarbamyl-Transferase) in das Blutplasma über. Auch lysosomale Enzyme (z. B. β-N-Acetylhexosaminidase) sind bei schwerer Leberschädigung in erhöhter Aktivität im Blutplasma nachweisbar.

Im Abschnitt „Akuter und chronischer Schädigungsstoffwechsel der Leber" (S. 258) werden Beispiele für Veränderungen der Aktivität von Leberenzymen gegeben.

Synthesestörungen. Als Parameter für Syntheseleistungen dienen die von der Leber synthetisierten und an die Zirkulation abgegebenen Blutplasmaproteine, Gerinnungsfaktoren und die Sekretionsenzyme.

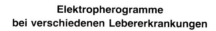

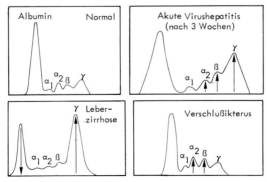

Die Untersuchung der Proteine des Blutserums erfaßt die durch Elektrophorese trennbaren und quantifizierbaren Serumproteingruppen Albumin, α_1-, α_2-, β- und γ-Globuline (Kap. Proteine u. Aminosäuren, S. 58), ferner die Gerinnungsfaktoren und Lipoproteine sowie weitere leberspezifische Proteine. Die Plasmakonzentration des Albumins und der Gerinnungsfaktoren II, V, VII und X steht in direkter Beziehung zur Schwere einer Leberschädigung. Für eine akut auftretende Leberzellinsuffizienz haben die Gerinnungsfaktoren den größten prognostischen Aussagewert, da ihre Halbwertszeit 5–80 h beträgt. Sinkt die Konzentration der Gerinnungsfaktoren II, V und VII unter 30% der Norm, ist mit letalem Ausgang zu rechnen. Auch die Syntheserate anderer spezifischer Proteine (Haptoglobin, Transferrin, Hämopexin und Caeruloplasmin) sinkt bei schwerer Leberschädigung ab, doch besitzen Veränderungen dieser Proteine für die Leberdiagnostik nur begrenzten Wert, da ihre Plasmakonzentration auch von anderen Faktoren beeinflußt wird.

Da eine hämorrhagische Diathese bei Leberschäden jedoch nicht nur auf einen Mangel an Gerinnungsfaktoren, sondern auch auf einer unzureichenden Versorgung mit Phyllochinon (Vitamin K) beruhen kann, ist eine Resorptionsstörung des Vitamin K (fehlende Lipidresorption bei Gallengangsverschluß) auszuschließen und eine Normalisierung des Gerinnungsstatus u. U. durch parenterale Vitamin K-Gabe zu erreichen.

Eine verminderte Synthese des Albumins ist wegen seiner Halbwertszeit von etwa 14 Tagen (Syntheserate 30–45 µmol/d, 2–3 g/24 h) erst spät nachweisbar. Zudem ist eine Abnahme des Albumins nicht beweisend für eine Synthesestörung oder eingeschränkte Leberfunktion, da eine Verminderung auch durch erhöhtes Plasmavolumen bedingt sein oder durch extravaskulären Albuminverlust (Ascites bei Zirrhose) eintreten kann.

Sekretionsenzyme werden von der Leberzelle synthetisiert und ins Plasma abgegeben. Ihre Aktivität ist im Plasma höher als im Lebergewebe. Beispiele sind die enzymatisch aktiven Gerinnungsfaktoren, die Pseudocholinesterase und das Caeruloplasmin (Phenoloxidase). Das Absinken ihrer Aktivität im Plasma läßt auf einen schweren Leberzellschaden schließen.

Konjugations- und Ausscheidungsstörungen. Indikatoren für Konjugations- und Exkretionsleistungen sind der **Bilirubinstoffwechsel** (s. u.), die Ausscheidung von **Prüfstoffen** und das Verhalten der Enzyme der Gallenflüssigkeit.

Die Ausscheidungsfähigkeit der Leber für Farbstoffe (Sulfobromophthalein, Indocyaningrün, Bengalrosa) wird im Ausscheidungstest geprüft. Beim Bromsulfaleintest werden 5 mg (6 µmol) des Farbstoffs Bromsulfalein/kg Körpergewicht intravenös injiziert. Der Farbstoff wird von der Leber nach Konjugation an Glutathion (S. 257) rasch aus dem Plasma entfernt und über die Galle ausgeschieden.

Bei intakter Leberfunktion dürfen nach 45 Min. nicht mehr als 5% des Bromsulfaleins im Serum vorhanden sein.

Analoge Ausscheidungstests werden mit Indocyaningrün und ^{125}J-Bengalrosa, die von der Leber ohne Konjugation eliminiert werden, durchgeführt (Abbildung).

Prüfstoffe der Leberfunktion

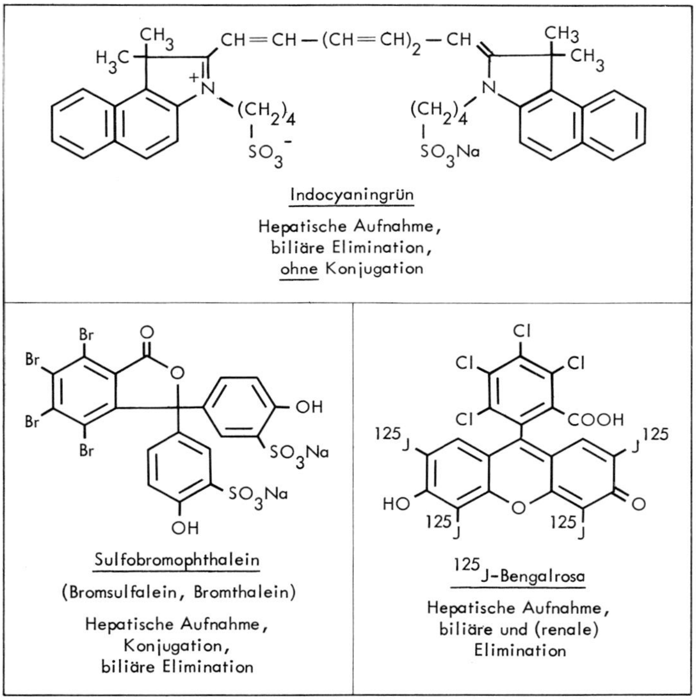

Indocyaningrün
Hepatische Aufnahme,
biliäre Elimination,
ohne Konjugation

Sulfobromophthalein
(Bromsulfalein, Bromthalein)
Hepatische Aufnahme,
Konjugation,
biliäre Elimination

^{125}J-Bengalrosa
Hepatische Aufnahme,
biliäre und (renale)
Elimination

Einige Enzyme werden in den Gallengangsepithelien gebildet (Leucinamino-Peptidase, Leberisoenzym der alkalischen Phosphatase, 5'-Nucleotidase, γ-Glutamyltranspeptidase) und über die Galle ausgeschieden (sog. Exkretionsenzyme). Der Anstieg ihrer Aktivität im Serum deutet auf Gallengangsverschluß hin.

Speicherfunktions- und Verwertungsstörungen. Die Fähigkeit der Leber zur Umwandlung von Galaktose in UDP-Glucose nutzt der **Galaktosetoleranztest** aus. Bei oraler Belastung mit 0,22 mol (40 g) Galaktose steigt bei intakter Leberfunktion der Blutgalaktosespiegel nicht über 1,37 mmol/l (25 mg/100 ml) an.

Das Nahrungscholesterin wird von der Leber mit Fettsäuren verestert. Die Reaktion wird durch die Acyl-CoA-Cholesterin-Acyltransferase katalysiert, bei der freies Cholesterin mit Acyl-CoA zu CoA und Cholesterinester reagieren (Kap. Lipide S. 92). Das Ausbleiben dieser Veresterung und ein Absinken der Cholesterinesterkonzentration in den Serumlipoproteinen („Estersturz") ist typisch für einen akuten Leberschaden.

Die Leber enthält die Hauptmenge des **Speicher-(Reserve-)Eisens** als Ferritin bzw. Hämosiderin (S. 125). Die herabgesetzte Speicherfähigkeit und eine korrespondierende Erhöhung der Serumeisenkonzentration ist daher für fast alle hepatozellulären Erkrankungen charakteristisch.

Immunmechanismen. Bei verschiedenen Formen und in verschiedenen Stadien von Lebererkrankungen treten gegen Kerne, Mitochondrien, Mikrosomen und andere zelluläre oder extrazelluläre Strukturen der Leber gerichtete spezifische Antikörper auf, deren pathogenetische Bedeutung noch unklar, deren differentialdiagnostischer Wert jedoch anerkannt ist (s. u., Kap. Immunchemie, S. 429).

3. Bilirubinstoffwechsel

Die diagnostische Bedeutung der Gallenfarbstoffe (Bilirubin) beruht darauf, daß sie nach ihrer Bildung (Abbau von Häm bzw. Porphyrinen im retikuloendothelialen System (RES) in den Kreislauf gelangen, von der Leber aufgenommen und dort mit Glucuronsäure konjugiert werden. Nach Ausscheidung mit der Galle werden sie aus dem Intestinaltrakt rückresorbiert und nach Transport über den Kreislauf erneut über die Leber ausgeschieden (enterohepatischer Kreislauf). Jeder dieser Prozesse kann spezifisch gestört oder blockiert sein (s. Schema, S. 248).

Im Rahmen des Umsatzes von Hämoglobin und anderen Porphyrinproteinen (Cytochrome, Katalasen, Peroxidasen) wird die Häm- bzw.- Porphyrinkomponente in Leber, Knochenmark, Milz oder anderen Organen (RES) nach oxidativer Ringöffnung und anschließender Entfernung des zentralen Eisens und der Proteinkomponente in Bilirubin umgewandelt. Von der täglich gebildeten Bilirubinmenge (≈ 510 µmol, 300 mg) stammen 80–90% aus dem Hämoglobin. Extrahepatisch gebildetes Bilirubin gelangt in den Blutkreislauf, wird dort wegen seiner Wasserunlöslichkeit an Serumalbumin gebunden und von der Leber aufgenommen.

Für die Aufnahme von Bilirubin, Bilirubinglucuronid, Arzneimitteln, Bromsulfalein u. a. Farbstoffen in die Leberzelle ist das **Ligandin*** — ein basisches lösliches Protein — verantwortlich, das in der Leber, aber auch im proximalen Tubulus der Niere, in der Dickdarmmucosa und in den Zellen des Plexus chorioideus vorkommt. Es erfüllt Transportfunktionen in der Leber und anderen Organen.

Innerhalb der Leberzelle wird das Bilirubin durch eine mikrosomale **UDP-Glucuronyl-Transferase** in das Bilirubindiglucuronid überführt (ein geringer Anteil wird an Sulfat bzw. Glycin gebunden). Die Ausscheidung des Bilirubindiglucuro-

---

* Ligandin hat die enzymatische Aktivität einer Glutathion-Peroxidase, die Peroxide, nicht jedoch H_2O_2 als Substrate umsetzt.

nids in die Gallenkanälchen erfolgt ebenfalls durch aktiven Transport. Nach Ausscheidung mit der Galle vollziehen sich am Bilirubin im Darm unter Einwirkung der reduzierenden Bakterienflora weitere Umwandlungsreaktionen. Unter den Bilirubinhydrierungsprodukten ist das Urobilinogen wegen seiner Wasserlöslichkeit und Nierengängigkeit (Ausscheidung mit dem Harn) von diagnostischem Interesse. Durch die im Intestinaltrakt vorhandene β-Glucuronidase kann die Glucuronsäure aus dem Bilirubindiglucuronid wieder hydrolytisch entfernt werden.

Differentialdiagnose der Ikterusformen. Eine Erhöhung des Serumbilirubinspiegels führt, wenn sie mehr als 34,1 µmol/l (2 mg/100 ml) beträgt, zu einer Gelbfärbung der Konjunktiven bzw. bei stärkerer Erhöhung auch zur Gelbfärbung der Haut, die als **Ikterus** (Gelbsucht) bezeichnet wird. Grundlage einer Differentialdiagnose der verschiedenen Ikterusformen sind die Bestimmung des albumingebundenen nicht konjugierten Bilirubins (**indirektes Bilirubin**) und des Bilirubindiglucuronids (**direktes Bilirubin**) im Serum sowie der Nachweis einer vermehrten Ausscheidung von Bilirubindiglucuronid und Urobilinogen mit dem Harn. Alle Gelbsuchtformen, die mit ausschließlicher Vermehrung des indirekten (nicht nierengängigen!) Bilirubins einhergehen, weisen kein Bilirubin im Harn auf.

Eine Erhöhung des Bilirubinspiegels im Blut kann verschiedene Ursachen haben, die das Schema zusammenfaßt:

- **Produktionsikterus.** Ein vermehrtes Bilirubinangebot liegt bei allen Formen der **Hämolyse** und der sog. **Shuntbilirubinämie** vor. Der Produktionsikterus ist gekennzeichnet durch eine Vermehrung des indirekten Serumbilirubins bei in der Regel nicht vermehrtem Bilirubindiglucuronid – jedoch vermehrter Urobilinogenausscheidung mit dem Harn – und vermehrter Sterkobilinogenausscheidung im Stuhl.

Bei der **Shuntbilirubinämie** besteht eine vermehrte Synthese von Häm bzw. Porphyrin im Knochenmark, das nicht für die Hämoglobinsynthese verwertet wird und einem direkten Abbau unterliegt. Das auf diese Weise entstehende sog. „frühmarkierte" Bilirubin hat eine wesentlich kürzere Halbwertszeit (10 Tage) als das aus dem Abbau von Erythrozyten (120 Tage) stammende Bilirubin. Bei Krankheiten mit erheblich stimulierter ineffektiver Erythropoese (Thalassämie, perniziöse Anämie, erythropoetische Porphyrie) kann der Anteil dieses frühmarkierten Bilirubins 30–80% des täglich gebildeten Bilirubins ausmachen, das bis auf 2,6 mmol (1,5 g) ansteigt.

Hämolytische Ikterusformen können hereditär, erworben oder toxisch sein (s. Kap. Erythrozyten, S. 217).

- **Transportikterus.** Die Aufnahme des albumingebundenen Bilirubins aus dem Blutplasma in die Leberzelle vollzieht sich nach einem Absorptionsgleichgewicht zwischen dem spezifischen bilirubinbindenden Serumalbumin und dem

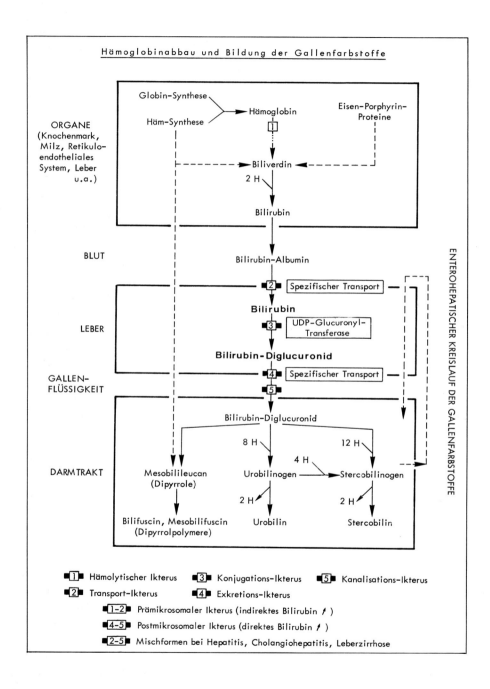

spezifischen bilirubinbindenden Ligandin der Leberzelle. Störungen dieses Transportprozesses treten bei manchen Virushepatitiden, bei ikterischen Leberzirrhosen, aber auch nach Anstrengung, Unterkühlung oder Alkoholexzessen auf. Ein angeborenes Fehlen des spezifischen Transportproteins liegt beim Gilbert-Meulengracht-Syndrom vor.

- **Konjugationsikterus.** Der physiologische Neugeborenenikterus ist Folge einer erniedrigten Aktivität der UDP-Glucuronyl-Transferase oder einer Hemmung dieses Enzyms durch Pregnandiolderivate der Muttermilch oder Medikamente (z. B. Novobiocin).

    Das Crigler-Najjar- bzw. Arias-Syndrom ist durch einen autosomal rezessiv vererbbaren totalen oder partiellen Mangel an UDP-Glucuronyl-Transferase gekennzeichnet. Da in der Leber mehrere UDP-Glucuronyl-Transferasen mit unterschiedlicher Substratspezifität, Geschlechts- und Altersabhängigkeit vorliegen, die durch Phenobarbital und andere Medikamente induziert werden können, läßt sich durch eine Phenobarbitalbehandlung das Auftreten eines Neugeborenenikterus bzw. eines erblich bedingten Konjugationsikterus oft weitgehend verhindern.

- **Exkretionsikterus.** Die Ausscheidung des konjugierten Bilirubins erfolgt durch einen aktiven Transportmechanismus, der bei Hepatitis, Leberzirrhose sowie intra- oder extrahepatischer Cholestase gestört sein kann, aber auch als rezidivierender Schwangerschaftsikterus oder nach Gabe verschiedener Arzneimittel (Bromikterus) auftritt. Die seltenen genetischen Formen sind das Dubin-Johnson- und Rotor-Syndrom.

    Die Exkretionsikterusformen sind durch Anstieg des Bilirubindiglucuronids im Serum, das 80% des Gesamtbilirubins ausmacht, sowie durch vermehrte Ausscheidung von Bilirubindiglucuronid im Harn gekennzeichnet. Eine Störung der Bilirubinausscheidung wird auch unter Behandlung mit synthetischen Östrogenen, Kontrazeptiva, anabolen Steroiden und anderen Medikamenten beobachtet.

- **Kanalisationsikterus.** Bei Verschluß des Gallengangssystems kommt es zu einer gestörten Ableitung des Bilirubindiglucuronids in den Dünndarm. Ursache sind Atresie, Cholangitis, mechanischer Verschluß durch Konkremente oder Tumoren.

Da nur nichtkonjugiertes Bilirubin aus dem Intestinaltrakt rücksorbiert wird, gelangt physiologischerweise kein Bilirubindiglucuronid in den enterohepatischen Kreislauf. Urobilinogen wird allerdings rasch resorbiert und nach Aufnahme in die Leber erneut über die Galle ausgeschieden. Der enterohepatische Kreislauf des Urobilinogens (Ausscheidung mit dem Harn $0-6,8$ µmol/d, $0-4$ mg/24 h) ist allerdings nur unter pathologischen Bedingungen erheblich. Die Ausscheidung erfolgt durch glomeruläre Filtration und proximale tubuläre Sekretion (bis 51 µmol/d, 30mg/Tag bei hämolytischem Ikterus).

Wegen ihrer charakteristischen Unterschiede im Anstieg des freien bzw. konjugierten Bilirubins im Blut werden hämolytischer und Transportikterus auch als **Prämikrosomaler Ikterus,** Konjugations-, Exkretions- und Kanalisationsikterus dagegen als **Postmikrosomaler Ikterus** bezeichnet. Mischformen kommen bei Hepatitis, Cholangiohepatitis und Leberzirrhose vor. Eine Ausscheidung von Bilirubin mit dem Harn tritt ausschließlich bei Erhöhung der Konzentration des nierengängigen Bilirubindiglucuronids (postmikrosomaler Ikterus) auf.

4. Biotransformation

Für den Gesamtorganismus schädliche oder nicht mehr verwertbare biogene oder exogene Stoffe werden von der Leber entgiftet oder inaktiviert und für die Ausscheidung vorbereitet. Dieser Vorgang wird als Biotransformation bezeichnet.

Einer Biotransformation unterliegen

- Fremdstoffe, die aufgrund ihrer Lipidlöslichkeit leicht vom Organismus aufgenommen, aber kaum über die Niere ausgeschieden werden, weil sie nach glomerulärer Filtration fast vollständig rücksorbiert werden,
- die bei unvollständiger Verdauung gebildeten Fäulnisprodukte,
- Verbindungen, für die es im Intermediärstoffwechsel keine Abbaumöglichkeit gibt (z. B. Bilirubin),
- Arzneimittel und andere nicht metabolisierbare oder giftige Produkte der technischen Umwelt und
- Hormone, deren Wirkungsbeendigung durch eine Biotransformationsreaktion eingeleitet wird (z. B. Steroidhormone).

Das Prinzip einer Biotransformation besteht darin, daß solche Stoffe in einer ersten Phase zunächst einer **chemischen Veränderung,** z. B. durch Hydroxylierung, Oxidation oder Reduktion unterliegen. In einer zweiten Phase schließt sich die **Konjugation** mit einem physiologischen Stoffwechselprodukt (Kopplung an Glucuronsäure, Sulfat, Glycin, u. a.) an. Toxizität, Bindungsfähigkeit an Proteine bzw. Lipide und Löslichkeit der Fremd- bzw. Schadstoffe werden in der Regel dadurch so verändert, daß sie stoffwechselindifferente Ausscheidungsprodukte werden. Chemische Veränderung und Konjugation können jedoch auch selektiv und unabhängig voneinander ablaufen.

Biotransformation durch chemische Veränderung. Bei der Entgiftung körperfremder Stoffe durch chemische Veränderung sind Oxidation, Reduktion und hydrolytische Vorgänge häufig.

OXIDATION

Pentobarbital → Seitenkettenhydroxylierung

Phenobarbital → Aromatische Hydroxylierung

Methadon → Oxidative N-Desalkylierung → ... + HCHO

Amphetamin → Oxidative Desaminierung → ...–CH_2–CH=O + NH_3

Chlorpromazin → Sulfoxidbildung

Unter den oxidativen Umwandlungen spielt das mikrosomale, **Cytochrom P-450-abhängige Monooxygenasesystem** eine wichtige Rolle. Die durch dieses Enzym katalysierte Hydroxylierung betrifft vor allem Arzneimittel und Gifte und verläuft nach der allgemeinen Gleichung

$\boxed{R}$ (z. B. Arylverbindung) + O_2 + $NADH_2$ → $\boxed{R}$–OH + H_2O + NAD

Die für die Reaktion notwendigen Elektronen (die das dreiwertige Eisen des Cytochrom P-450 zum zweiwertigen Eisen reduzieren) werden primär von einem Flavoprotein geliefert, das durch NADPH$_2$ wieder reduziert wird. Die Cytochrom P-450-abhängige Hydroxylierungsreaktion ist deshalb von besonderer Bedeutung, weil zahlreiche Arzneimittel (z. B. Barbiturate, Phenylbutazon), einige Hormone (z. B. Sexualhormone) oder chemische Agentien (z. B. DDT, polychlorierte Biphenole) die Aktivität der Cytochrom P-450-abhängigen Oxidase über eine Enzyminduktion zu steigern vermögen.

Verschiedene Typen solcher hydroxylierender bzw. oxidativer Reaktionen sind am Beispiel einiger Pharmaka dargestellt (s. Reaktionsschemata).

Beispiele für weitere reduktive und hydrolytische Umwandlungen sind nachfolgend wiedergegeben.

Die hepatische Biotransformation von Pharmaka oder Wirkstoffen führt nicht immer zur Wirkungsbeendigung oder „Entgiftung", sondern kann der Substanz auch neue Wirkungsqualitäten — u. U. sogar höhere Toxizität — verleihen. Dies ist z. B. bei der Metabolisierung von E 605 der Fall, das durch oxidative Veränderung in ein wesentlich giftigeres Agens umgewandelt wird.

Biotransformation von E 605 zum Cholinesteraseinhibitor

H_3C-CH_2-O, H_3C-CH_2-O P $\overset{S}{\underset{O}{\diagdown}}$ $-\bigcirc-NO_2$ $\xrightarrow{\text{Oxidation}}$ H_3C-CH_2-O, H_3C-CH_2-O P $\overset{O}{\underset{O}{\diagdown}}$ $-\bigcirc-NO_2$

Diäthyl-p-nitrophenyl-thiophosphat (Parathion, E 605) <u>Ungiftige Vorstufe</u>

Diäthyl-p-nitrophenyl-phosphat (Paraoxon, E 600) Cholinesterasehemmstoff (Insektizid)

Ein anderes Beispiel ist die lebertoxische Wirkung des Tetrachlorkohlenstoffes, der unter Einwirkung des Monooxygenasesystems in das freie Radikal · CCl_3 übergeht. Das Tetrachlorkohlenstoffradikal führt aufgrund seiner großen Reaktionsfähigkeit zur Bildung von Peroxidderivaten ungesättigter Fettsäuren und greift dadurch die Leberzellmembran an.

Auch krebserzeugende Stoffe können durch Biotransformationsreaktionen der Leber entstehen. So wird z. B. das Aflatoxin (S. 377) erst nach Überführung in das Epoxidderivat cancerogen, und auch das β-Naphthylamin wird erst durch enzymatische Hydroxylierung in das cancerogene Aminonaphthol umgewandelt. Das Hydroxylierungsprodukt wird zwar durch Konjugation mit Glucuronsäure rasch in das nichtcancerogene Konjugationsprodukt überführt und ausgeschieden, kann jedoch in der Harnblase unter der Wirkung der β-Glucuronidase zum Aminonaphthol zuückverwandelt werden und dann Blasenkrebs verursachen.

Ethanol- und Methanol-Stoffwechsel. Der als Genußmittel zugeführte Ethylalkohol unterliegt einem oxidativen Abbau. Im ersten Reaktionsschritt wird Äthylalkohol zunächst zum Acetaldehyd oxidiert. An dieser Reaktion können entweder die Alkohol-Dehydrogenase (ADH) der Leber (reversible Reaktion) oder das mikrosomale alkoholoxidierende System (**MAOS**, irreversible Reaktion) beteiligt sein. Bei niedrigem Alkoholangebot erfolgt der Abbau vorzugsweise durch die Alkohol-Dehydrogenase, bei hohem Angebot durch das MAOS. Die weitere Oxidation des entstehenden Acetaldehyds zum Acetat kann entweder unter Mitwirkung einer Aldehyd-Dehydrogenase oder einer Aldehyd-Oxidase (Xanthin-Oxidase) erfolgen (Abb.) Der geschwindigkeitsbestimmende Schritt beim Abbau des Äthanols ist die Alkohol-Dehydrogenase bzw. das MAOS, so daß der Blutacetaldehydspiegel ständig sehr klein bleibt. Erst bei chronischem Alkoholkonsum kommt es zu einer adaptiven Aktivitätserhöhung des MAOS, so daß nunmehr auch hohe Acetaldehyd-Blutspiegel beobachtet werden. Die Äthanolabbaukapazität der Leber beträgt beim Menschen 100 mg/kg Körpergewicht/Stunde.

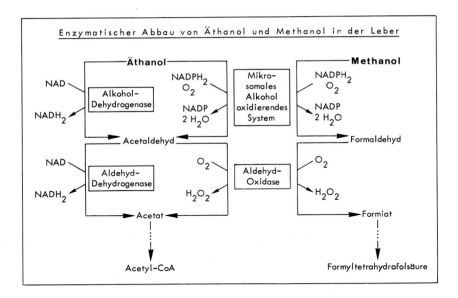

Auch bei alkoholfreier Nahrung ist immer ein geringer Blutalkoholspiegel (bis 1 µg/ml entsprechend 0,02 mmol/l bzw. 0,001°/₀₀) vorhanden, da auf einem Stoffwechselnebenweg in der Leber Pyruvat durch einfache Decarboxylierung in Acetaldehyd und durch die ADH in Äthanol überführt werden kann.

Die ständige Metabolisierung großer Äthanolmengen hat nachteilige Wirkungen auf den Stoffwechsel der Leber: Die exzessive Bildung der Äthanolabbauprodukte (Acetat, Acetyl-CoA und $NADH_2$) begünstigt über eine gesteigerte Triglyceridsynthese die Bildung einer Fettleber und die Entstehung einer Hyperlipoproteinämie (S. 93).

Der bei der Alkoholoxidation gebildete Überschuß an $NADH_2$ bzw. $NADPH_2$ bedingt ferner eine verstärkte reduktive Bildung von Lactat aus Pyruvat, das damit der Gluconeogenese entzogen wird. Da die Leber bei chronischem Alkoholkonsum kaum über Glykogenreserven verfügt, gehört die **Hypoglykämie** zu den bekannten Komplikationen der akuten Alkoholvergiftung.

Die exzessive Lactatbildung kann ferner zur **Lactatacidose** führen. Da Lactat außerdem mit der Harnsäure um die Ausscheidung im Nierentubulussystem konkurriert, ist der akute **Gichtanfall** nach Alkoholexzeß ein häufiges Ereignis.

Der aus Äthanol entstehende Acetaldehyd ist für den toxischen Effekt des Alkohols auf die Leber (z. B. für die Mitochondrienschädigung) und für die Entstehung einer **Leberzirrhose** (S. 268) mitverantwortlich. Als reaktive Verbindung bildet der Acetaldehyd ferner mit Aminen u. a. Isochinolinderivate, die ihrerseits psychoaktive Substanzen darstellen und bei der Entstehung der **Alkoholabhängigkeit** eine Rolle spielt.

Das mikrosomale alkoholoxidierende System hat nicht nur für den Äthanolabbau Bedeutung, sondern spielt auch bei der **Oxidation des Methanols** eine wichtige Rolle. Der Methanolstoffwechsel ist vor allen Dingen wegen der Möglichkeit einer Methanolvergiftung von Interesse, obwohl auch aus Nahrungsstoffen (z. B. aus Pektinen) Methanol gebildet werden kann.

Der beim Methanolabbau entstehende Formaldehyd kann weiter zu Formiat oxidiert werden und wird von der Tetrahydrofolsäure unter Bildung von Formyltetrahydrofolsäure übernommen. Die Giftwirkung des Methanols beruht auf dem intermediär entstehenden Formaldehyd (Abb.).

Die Bedeutung des MAOS beim Äthanolabbau bildet auch die Grundlage für eine Behandlung der **Methanolvergiftung:** Die kontinuierliche Aufrechterhaltung eines Blutäthanolspiegels von etwa $1^0/_{00}$ (21,7 mmol/l) beim methanolvergifteten Patienten führt zu einer so erheblichen Inanspruchnahme des MAOS für den Äthanolabbau, daß die Methanoloxidation nur sehr langsam und in einem Umfang erfolgt, daß der entstehende Formaldehyd nicht akkumuliert, sondern quantitativ in den Stoffwechsel der Einkohlenstoffeinheiten eingeschleust und von der Tetrahydrofolsäure aufgenommen wird.

Das gleiche Prinzip läßt sich erfolgreich bei der Behandlung der **Vergiftungen mit Ethylenglykol** anwenden, das eine zeitlang als Gefrierschutzmittel für Kühlerflüssigkeit verwendet wurde.

Konjugationsreaktionen. Beispiele geben die Reaktionsschemata (Abbildung).

Bildung von Glucuroniden. Phenole, Alkohole, aromatische und verzweigte aliphatische Säuren werden häufig als β-Glucuronide mit dem Harn ausgeschieden. Die Konjugation mit der Glucuronsäure erfolgt in der Leber nach der allgemeinen Gleichung

$$\text{UDP-Glucuronsäure} + \text{R—OH} \rightarrow \text{UDP} + \text{R—O—Glucuronid oder}$$

$$\text{UDP-Glucuronsäure} + \text{R'—COOH} \rightarrow \text{UDP} + \text{R'}\overset{O}{\overset{\|}{-C}}\text{—O—Glucuronid}$$

Die Übertragungsreaktion wird durch UDP-Glucuronyl-Transferase katalysiert. Glucuronide bilden z. B. Phenole, Menthol, Benzoesäure und Salizylsäure, aber auch Steroidhormone und das Bilirubin, das in der Leber durch eine spezifische UDP-Glucuronyl-Transferase in das Bilirubindiglucuronid (Reaktion mit den Propionsäureresten des Bilirubins) überführt wird (s. o.).

Da Steroidhormone in der Leber an Glucuronsäure (oder Sulfat) gekoppelt und auf diese Weise wasserlöslich und über die Niere ausgeschieden werden, führt eine Verzögerung der Konjugation aufgrund eines Leberschadens zur Wirkungsverlängerung der Hormone.

Bildung von Schwefelsäureestern. Anstelle einer Konjugation mit Glucuronsäure tritt häufig die Bindung an Schwefelsäure. Dies gilt für Phenole, Alkohole, Indoxyl und auch für Steroidhormone, die nach der allgemeinen Gleichung

„aktives Sulfat" (PAPS)$+$R$-$OH$\rightarrow$3'-Phosphoadenosin-5'-phosphat$+$R$-$O$-$SO$_3^\ominus$

unter Mitwirkung einer Sulfotransferase in die Sulfatester überführt werden. Bei der wahlweisen Konjugation mit Sulfat bzw. Glucuronsäure bestehen erhebliche Speciesunterschiede. Sie hängt auch von dem in der Leber verfügbaren Sulfat ab.

Glycinkonjugation. Aromatische Säuren (Benzoesäure, Zimtsäure und ähnliche Verbindungen) werden z. T. mit Glycin gepaart. Die Bildung des Glycinkonjugats der Benzoesäure verläuft zunächst analog der Fettsäureaktivierung (Reaktionsschema S. 256). Die Fähigkeit zur Glycinkonjugation erstreckt sich auch auf die Niere und andere Organe. Die Synthese des dafür notwendigen Glycins ist jedoch eine spezifische Leistung der Leber.

Acetylierungsreaktion. Aromatische und aliphatische Amine (z. B. p-Aminobenzoesäure, p-Nitranilin, Sulfonamide) werden acetyliert. Bei den Sulfonamiden wird in dieser Reaktion zwar die Toxizität, gleichzeitig aber auch die Löslichkeit herabgesetzt, so daß die Gefahr einer Auskristallisation der acetylierten Sulfonamidderivate in den ableitenden Harnwegen besteht.

Mercaptursäurebildung. Einige aromatische (z. B. Anthracen) und halogensubstituierte (z. B. Brombenzol) Verbindungen bilden unter Konjugation mit N-acetyliertem Cystein N-Acetyl-S-arylcysteine, die auch als **Mercaptursäuren** bezeichnet werden. Sie entstehen durch primäre Konjugation mit der freien SH-Gruppe des Tripeptids Glutathion. Danach werden Glutaminsäure- und Glycinrest des Glutathions entfernt, und die α-Aminogruppe des über eine Thioätherbrücke gebundenen Cysteins wird durch Acetyl-CoA acetyliert.

Auch das Bromsulfalein (Sulfobromophthalein) wird durch die Leberzelle an Glutathion gekoppelt und über die Galle ausgeschieden. Der Farbstoff findet für den Bromsulfaleintest zur Diagnose von anikterischen Leberzellschäden (s. o.) und zur Bestimmung der Leberdurchblutung Verwendung.

Weitere Konjugationsreaktionen. Nicotinamid wird nach Methylierung (wahrscheinlich unter Mitwirkung von S-Adenosylmethionin als Methylgruppendonator) als N-Methylnicotinamid, Phenylacetat nach Bindung an Glutamin ausgeschieden.

Das wegen seiner Reaktion mit dem Cytochrom a/a_3 äußerst giftige CN^--Ion entsteht im Intestinaltrakt aus manchen cyanhaltigen pflanzlichen Nahrungsmitteln (z. B. aus dem Amygdalin der bitteren Mandeln). Nach der Resorption wird das Cyanid jedoch in der Leber sofort in einer enzymatischen Reaktion durch die Rhodanid-Synthetase in das Thiocyanat (Rhodanid) überführt. Kleinere Dosen Cyanid müssen bei oraler Aufnahme nicht toxisch wirken. Die tödliche Dosis für den Menschen beträgt 3,8–7,6 mmol (0,1–0,2 g) CN^-.

$$CN^- + S_2O_3^{2-} \xrightarrow{\text{Rhodanid-Synthetase}} SCN^- + SO_3^{2-}$$

Das für die Entgiftungsreaktion notwendige Thiosulfat wird in der Leber gebildet. Die durch die Rhodanid-Synthetase katalysierte Reaktion ist nicht umkehrbar.

5. Leberzellinsuffizienz

Eine Leberzellinsuffizienz stellt ein Versagen der leberspezifischen Stoffwechselleistungen dar, die von einer geringgradigen Funktionsstörung der Leber bis zum Zusammenbruch aller Funktionen – Lebercoma, bzw. Coma hepaticum (S. 263) – reichen kann. Die Leberinsuffizienz, deren Ursache immer ein Leberzellschaden ist, ist durch einen Übergang des Funktionsstoffwechsels in einen Schädigungsstoffwechsel gekennzeichnet. Die Schädigung kann akut eintreten und vorzugsweise die Leberparenchymzellen, aber auch die ableitenden Gallenwege (Cholestase) betreffen.

Akuter und chronischer Schädigungsstoffwechsel. Typische Beispiele für einen akuten Leberzellschaden sind die Virushepatitis, die Knollenblätterpilzvergiftung oder die akute Alkoholintoxikation (s. u.). Ein Übergang in einen chronischen Schädigungsstoffwechsel ist bei Perpetuierung der schädigenden Noxe oder deren längerer Einwirkung in unterschwelliger Konzentration gegeben. Als Folgezustände werden Fettleber oder Leberzirrhose (s. u.) beobachtet. Sowohl bei akutem als auch chronischem Schädigungsstoffwechsel kann vollständige Regeneration erfolgen, doch ist auch ein akuter Zusammenbruch des Leberstoffwechsels (Coma hepaticum) möglich.

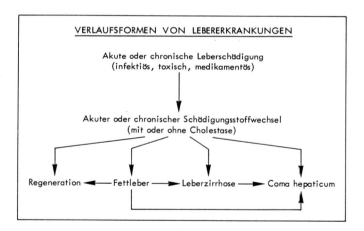

Der Schädigungsstoffwechsel äußert sich u. a. in folgenden Störungen:

- Zellmembranschädigung: Die besonders exponierte Leberzellmembran reagiert auf Schäden mit Verlust ihrer Fähigkeit zur selektiven Kontrolle der Permeabilitätsprozesse und erhöhter Durchlässigkeit. Es kommt zum Austritt zellulärer Enzyme durch die geschädigte Membran (S. 17). Ein Austritt mitochondrialer Enzyme zeigt irreversible Zellschädigung und Zelltod an.

- Energiestoffwechsel: Abnahme der ATP-Konzentration, Abfall des NAD/NADH$_2$-Quotienten.
- Kohlenhydratstoffwechsel: Abnahme des Glykogengehalts, Hyper- bzw. Hypoglykämien, Unfähigkeit zur Utilisation von Lactat. Da die Leber sowohl an der Glucoseassimilation (Glykogenspeicherung) als auch an der Glucoseabgabe beteiligt ist, kann sich ein Ausfall von aktivem Leberparenchym durch Leberschädigung unterschiedlicher Ätiologie und Pathogenese sowohl in einer gestörten Glucosetoleranz als auch in einer Hypoglykämie auswirken. Bei 25% aller Patienten mit Fettleber besteht eine gestörte Glucosetoleranz. Auch bei akuter Hepatitis findet man häufig einen pathologischen Glucosetoleranztest. Ebenso ist das Zusammentreffen von Leberzirrhose und Kohlenhydratstoffwechselstörungen bzw. Diabetes mellitus charakteristisch.
- Lipidstoffwechsel: Reduktion der Lipoproteinsynthese, Unfähigkeit zur Verwertung von Fettsäuren und deren Anstieg im Blut, Unfähigkeit zur Veresterung von Cholesterin.
- Proteinstoffwechsel: Abnahme der Synthese von Proteinen und Sekretionsenzymen (S. 17). Charakteristisch für eine Leberinsuffizienz ist die Abnahme der Konzentration der Gerinnungsfaktoren im Serum. Dabei kommt es zunächst zu einer Reduktion der Vitamin K-abhängigen Blutgerinnungsfaktoren (II, VII, IX und X), später auch zu einem Abfall von Fibrinogen und Faktor V.
- Bilirubinstoffwechsel (S. 246)
- Leberzellstruktur (Biopsie)

Für Differentialdiagnostik, Verlaufskontrolle, Therapieerfolg und das mögliche Auftreten von Komplikationen werden die im Abschnitt „Leberfunktionsdiagnostik" genannten Parameter verwendet.

6. Differentialdiagnose und Verlaufsformen von Lebererkrankungen

Hepatitis. Nach einer internationalen Übereinkunft (Acapulco 1974) werden folgende Formen der Leberentzündung unterschieden:

- Virushepatitis,
- Alkoholische Hepatitis,
- Drogeninduzierte Hepatitis und die
- Chemische Hepatitis (chlorierte Kohlenwasserstoffe z. B. Tetrachlorkohlenstoffe, Chloroform, Phosphor, toxische Peptide des Knollenblätterpilzes (Formel).

260 Leber

Toxische Peptide des Knollenblätterschwamms
(Amanita phalloides)

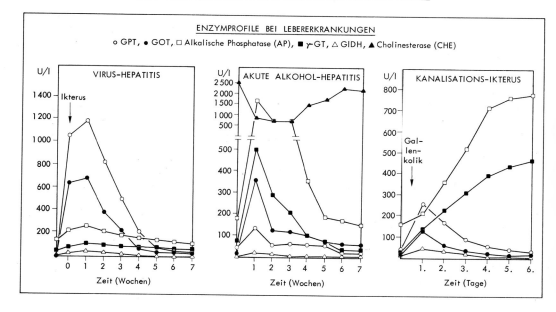

Phalloidin

α-Amanitin

ENZYMPROFILE BEI LEBERERKRANKUNGEN
○ GPT, ● GOT, □ Alkalische Phosphatase (AP), ■ γ-GT, △ GIDH, ▲ Cholinesterase (CHE)

VIRUS-HEPATITIS

AKUTE ALKOHOL-HEPATITIS

KANALISATIONS-IKTERUS

Der Verlauf der verschiedenen Hepatitisformen läßt sich u. a. anhand typischer Enzymprofile verfolgen (Abbildung) und gegenüber Hepatitisformen mit intrahepatischem Verschlußsyndrom (cholestatische Hepatitis, Verschlußikterus) bzw. gegenüber einer Leberzirrhose oder Metastasenleber abgrenzen (Tabelle).

Enzymologische Differentialdiagnose von Lebererkrankungen

	GOT/GPT	$\dfrac{\text{GOT} + \text{GPT}}{\text{GLDH}}$	γ-GT/GOT
Akute Virushepatitis	0,1–1,0	>50	< 2
Akut-toxische Alkohol-Hepatitis	0,9–4,0	>50	> 2
Chronische Hepatitis	~0,8	~30	~ 6
Verschlußikterus	0,2–2,0	<20	> 2
Leberzirrhose	~2,0	~40	~ 3
Metastasenleber	0,9–5,0	<15	>20

Die angegebenen Enzymrelationen sind weit gefaßt, um die Änderungen im Verlauf der Erkrankungen mit einzuschließen. Die angegebenen Bereiche sind für Standard- und optimierte Methoden zutreffend.

Chronisch-persistierende und chronisch-aggressive Hepatitis. Ursache eines chronischen Schädigungsstoffwechsels ist häufig eine vorangegangene nicht zur vollständigen Regeneration gelangte infektiöse Hepatitis, bei deren chronischen Formen man – vor allem aufgrund enzymologischer und immunologischer Parameter – zwischen chronisch-persistierender Hepatitis (mit meist guter Prognose) und chronisch aktiver (= chronisch-aggressiver) Hepatitis unterscheidet, aus der sich häufig eine Zirrhose entwickelt. Eine Übersicht über differentialdiagnostische Möglichkeiten gibt die Tabelle.

Drogeninduzierte Hepatitis. Unter der Einwirkung einer Reihe von Medikamenten kann es bei geringer Anzahl disponierter Personen nach variabler Latenzzeit zu funktionellen und morphologischen Veränderungen der Leber kommen, die mit oder ohne Gelbsucht auftreten und u. U. von einer intrahepatischen Cholestase begleitet sein können. Als Ursache einer solchen Arzneimittelschädigung, die für ein bestimmtes Arzneimittel charakteristisch ist, müssen individuelle Unterschiede in der Enzymausstattung der Leberzelle und ihrer Fähigkeit zur adäquaten Biotransformation angesehen werden. Medikamente, die solche Störungen der Leberfunktion auslösen können, sind z. B.

Phenothiazine (Chlorpromazin),
Steroide (Anabole Steroide, Ovulationshemmer),
Antikoagulantien (Dicumarol),
Antipyretika (Phenylbutazon)
Zytostatika (Folsäureantagonisten),

Antibiotika (Tetrazyklin, Chloramphenicol),
Tuberkulostatika (PAS, INH),
Sedativa (Barbiturate, Librium),
Oxyphenisatin,
α-Methyl-DOPA.

Differentialdiagnose chronisch-persistierender und chronisch-aggressiver Hepatitis

	Hepatitis	
	Chronisch-persistierend	Chronisch-aggressiv
Epidemiologie	Alle Altersklassen ♂ = ♀	Höheres Lebensalter ♀ > ♂
Klinische Chemie Bilirubin GOT, GPT GOT/GPT γ-GT γ-GT/GOT LAP	N ↑ unter 1 ↑ unter 1 N	N ↑↑ über 1 ↑↑ um 2 N
Immunologie γ-Globuline Immunglobuline	↑ IgM ↑	↑ IgM ↑, IgG ↑
Therapie	Normalkost bzw. Diät	Zusätzlich: Glucocorticoide Azathioprin D-Penicillamin

Galaktosaminhepatitis. Ein experimentelles Modell, das Einblicke in die Molekularpathologie der Leberzellschädigung gestattet, ist die Galaktosaminhepatitis. Bei Ratten kommt es nach intravenöser Injektion von 1,67−2,78 mmol (0,3−0,5 g) Galaktosamin/kg Körpergewicht zu morphologischen Veränderungen des Leberparenchyms, die für Leberzellentzündung (Hepatitis) charakteristisch sind. Bei der Metabolisierung des Galaktosamins entstehen als unphysiologische Zwischenprodukte u. a. Galaktosamin-1-phosphat, UDP-Galaktosamin und UDP-Glucosamin, die jedoch nicht mit hinreichender Geschwindigkeit weiter verstoffwechselt werden, so daß schließlich ein großer Teil der zellulären Uridinnucleotide durch Bindung an Galaktosamin bzw. Glucosamin blockiert ist. Ursache der schweren Leberzellschädigung ist die daraus resultierende drastische Senkung der zellulären UTP-, UDP- und UMP-Konzentration. Sie veranschaulicht die essentielle Funktion der Uridinnucleotide für den Leberstoffwechsel.

7. Lebercoma

Das Coma hepaticum ist eine Bewußtseinsstörung mit psychischen Veränderungen, motorischen Störungen und einem pathologischen Enzephalogramm. Es entsteht unter der Einwirkung neurotoxischer Metabolite, die im Intestinaltrakt durch mikrobiellen Abbau von Nahrungsproteinen gebildet werden und entweder unter Umgehung der Leber (exogenes Coma) oder nach unveränderter Passage der insuffizienten Leber (endogenes Coma) in den Kreislauf gelangen.

Endogenes Lebercoma (Leberzerfallscoma). Das primäre endogene Leberzerfallscoma hat seine Ursache in einer schweren Beeinträchtigung bzw. einem akuten Zusammenbruch der Leberfunktion (z. B. bei fulminanter Virushepatitis, Vergiftung mit Tetrachlorkohlenstoff oder Knollenblätterpilz), dessen unmittelbare Folge eine Störung des Stoffwechsels des Zentralnervensystems durch neurotoxische Substanzen ist. Die nicht utilisierten Nahrungsproteine unterliegen im Colon einem Abbau durch Bakterien, bei dem NH_3, Amine und Phenole entstehen, nach Resorption in der funktionsuntüchtigen Leber jedoch nicht mehr metabolisiert bzw. entgiftet werden und daher in pathologischer Konzentration im großen Kreislauf erscheinen (Schema).

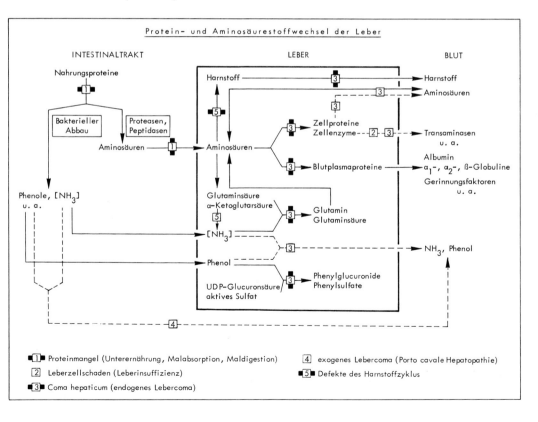

Der Zusammenbruch des Leberstoffwechsels beim endogenen Lebercoma läßt sich durch drastische Veränderungen zahlreicher Parameter belegen. Die Störungen im Energiehaushalt sind durch extremes Absinken des ATP-Spiegels und Abfall des $NAD/NADH_2$-Quotienten als Ausdruck eines gestörten Atmungsstoffwechsels gekennzeichnet. Die Ausfälle im Aminosäure- und Proteinstoffwechsel zeigen sich in einer Erhöhung der NH_3-, Aminosäure- und Phenolkonzentration sowie in einem Absinken des Harnstoffspiegels im Blut. Die Ammoniakakkumulation kommt in erster Linie durch eine Einschränkung der Harnstoffsynthese zustande, während die Glutaminbildung (Glutaminsäure + Ammoniak → Glutamin) zunächst nicht beeinträchtigt ist. Die toxische Wirkung des NH_3, das in der nichtionisierten Form Zellmembranen und auch die Blutliquorschranke über die freie Diffusion passieren kann, und der Phenole führen außerdem zur Reizung des Atemzentrums und zu einer respiratorischen Alkalose.

Die neurotoxische Wirkung des Ammoniaks beruht auf der Bildung von α-Ketoglutaramid und Glutamin, die nach der Reaktion

NH_3 + α-Ketoglutarat → α-Ketoglutaramid und
NH_3 + Glutaminsäure → Glutamin

entstehen. α-Ketoglutaramid ist für die bei hepatogener Enzephalopathie beobachteten EEG-Veränderungen verantwortlich. Glutamin wirkt in hoher Konzentration als Hemmstoff für die Abgabe von Neurotransmittern. Im Liquor cerebrospinalis findet man einen erhöhten Pyruvat- und Glutamingehalt. Ein Absinken des Blutzucker- und Cholesterinesterspiegels im Blut ist charakteristisch für die Einstellung der Syntheseleistungen der Leber.

Die Letalität des endogenen Leberzerfallscomas beträgt 90%. Der therapeutische Versuch einer Kreuzzirkulation des Blutes mit Primaten basiert auf der Erkenntnis des hohen Regenerationsvermögens der Leber und ihrer Fähigkeit, nach Zerstörung (oder teilweiser experimenteller Entfernung) des Lebergewebes mit einer rasch einsetzenden Steigerung der Mitoserate auf das 60–100fache und einer Zunahme der Aktivität der Enzyme des DNA-RNA-Proteinstoffwechsels auf das Mehrfache zu reagieren. Ob durch eine solche passagere Entlastung des Leberstoffwechsels von den Serviceleistungen für den Organismus die Prognose des endogenen Leberzerfallscomas verbessert werden kann, ist ungewiß.

Exogenes Lebercoma (Leberausfallscoma, porto-cavale Enzephalopathie). Bei Ausbildung eines ausgedehnten Kollateralkreislaufs zwischen V. portae und V. cava (Umgehungskreislauf), der für **Leberzirrhose** charakteristisch ist, gelangen die intestinalen neurotoxischen Proteinmetabolite unter Umgehung der Leber (portocavaler Shunt) über den großen Kreislauf ins Gehirn. Nach einer Blutung aus Ösophagusvarizen, die bei Leberzirrhose häufig ist, kann es im Colon zu vermehrter NH_3-Bildung aus dem bakteriell abgebauten Blut kommen (s. o.).

Bei exogenem Lebercoma infolge Leberzirrhose kommt es außerdem zum Anstieg von Tyrosin und Tryptophan im Serum, die vermehrt vom Zentralnervensystem aufgenommen werden. Dies hat zwei Konsequenzen. Erstens hat Phenylalanin in höherer Konzentration eine Hemmwirkung auf die Tyrosin-3-Monooxygenase, also dasjenige Enzym, das Tyrosin in Dopa umwandelt. Auf diese Weise hemmt Phenylalanin die Synthese des physiologischen Transmitters Dopamin. Zweitens wird Phenylalanin zu atypischen Phenylalaninderivaten, nämlich zu Octopamin und Phenylethanolamin abgebaut, die beide als „falsche Neurotransmitter" nur noch geringfügige sympathikomimetische Wirkung besitzen (Abb.).

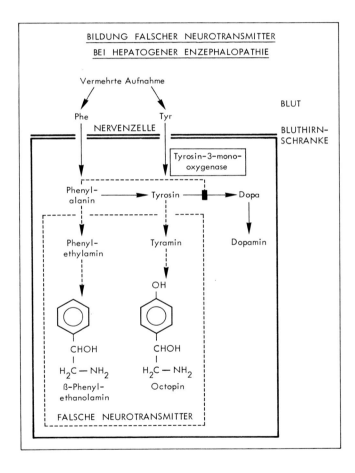

Die Behandlung des exogenen Lebercomas besteht konsequenterweise in einem Stopp der peroralen Eiweißzufuhr, Darmentleerung und Darmsterilisation durch Neomycin (4–8 g/24 h). Eine Verschiebung des pH-Wertes des Darminhalts nach der sauren Seite durch Gabe von Lactulose, die im Colon vergärt wird, verhindert die Entstehung von freiem NH_3, das nicht mehr das Colonepithel passiert, sondern als Ammoniumsalz der bei der Gärung entstehenden organischen Säuren ausgeschieden wird.

8. Fettleber

Die normale Leber besitzt einen Gehalt von 3—4% an Gesamtlipiden (bezogen auf das Frischgewicht). Eine Akkumulation von Lipiden (meist von Triglyceriden), die bis zu 20% des Frischgewichts betragen kann, wird als **Fettleber** bezeichnet. Die Ausbildung einer Fettleber kann verschiedene Ursachen haben (Abbildung), ist jedoch stets mit einer Störung der Lipoproteinsynthese in der Leber verbunden. Die Fähigkeit der Leber zur Lipoproteinsynthese (VLDL-Synthese s. Kap. Lipide, S. 88) ist von einer Bereitstellung aller am Aufbau der VLDL beteiligten Teilkomponenten (Apolipoproteine, Phospholipide, Cholesterin, Triglyceride) in einem adäquaten Mengenverhältnis abhängig. Partielle Synthesedefekte — wie z. B. ungenügende Synthese der Proteinkomponente oder Phospholipide — wirken sich limitierend auf den Gesamtprozeß aus und führen zur Anreicherung von Triglyceriden, wenn deren Synthese nicht behindert oder überproportional erhöht ist.

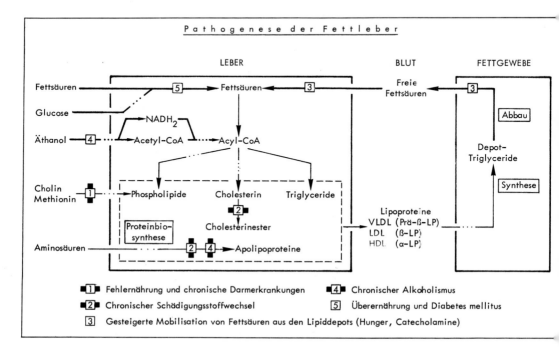

Die im Schema dargestellten Möglichkeiten der Entstehunng einer Fettleber lassen sich hieraus ableiten:

- **Fehlernährung oder chronische Darmatrophie** sind häufig mit Mangel an sog. „lipotropen Substanzen" vergesellschaftet. Unter diesem Begriff werden die Methylgruppendonatoren Methionin, Cholin und Betain wegen ihrer Schutz- und Heilwirkung gegenüber diesem Fettlebertyp zusammengefaßt. Sie werden für eine Bildung des Phospholipidanteils der Lipoproteine benötigt, die eine ausreichende Cholinbiosynthese und Bereitstellung labiler Methylgruppen in der Leber zur Voraussetzung hat.
- Bei chronischem Schädigungsstoffwechsel ist die Synthese der Proteinkomponente der Lipoproteine stärker betroffen (Reduktion der Apolipoproteine A bei gleichzeitig gesteigerter Konzentration der Apolipoproteine B und E) als die Bildung der Lipidanteile, die sich in der Leber anreichern. Auch eine (experimentell im Tierversuch durchgeführte) generelle Hemmung der Proteinbiosynthese der Leber (z. B. durch Puromycin) führt zu Fettleber. Ein im Verlauf der Leberschädigung entstehender O_2-Mangel hat eine vermehrte Synthese von Fettsäuren durch Kettenverlängerung zur Folge, da die Leber die nicht oxidierbaren Acetylgruppen und den Überschuß an Reduktionsäquivalenten ($NADH_2$!) durch verstärkte Fettsäuresynthese beseitigt, wobei der (Malonyl-CoA-unabhängige) ATP-sparende Mechanismus der Kettenverlängerung bevorzugt wird.
- **Alkoholfettleber.** Alkohol fördert die Synthese von Fettsäuren, da er sebst zu Acetyl-CoA abgebaut wird und pro Mol abgebautes Äthanol 2 $NADH_2$ entstehen, die ihrerseits wiederum die Fettsäuresynthese (durch Kettenverlängerung) begünstigen. Da bei der Alkohol-induzierten Fettsäuresynthese nicht im gleichen Maße die Phospholipide und – wegen der toxischen Wirkung des Acetaldehyds auf die Proteinbiosynthese – Apolipoproteine gebildet werden, kann die Leber die vermehrt entstehenden Triglyceride nur zum Teil als Lipoproteine an das Blutplasma abgeben. Es kommt zur intrazellulären Akkumulation von Triglyceriden und zur sekundären Hyperlipoproteinämie.
- Ein **Überangebot an gesättigten Fettsäuren** liegt häufig bei Diabetes mellitus und in der Regel bei kalorischer Überernährung vor. Der Mechanismus der Fettleberbildung entspricht dem bei gesteigerter Mobilisation von Lipiden aus den Depots.

Cholesterinester-Speicherkrankheit der Leber. Die Cholesterinester-Speicherkrankheit ist eine seltene Stoffwechselanomalie mit exzessiver Vermehrung von Cholesterinestern in der Leber. Pathophysiologisch liegt vermutlich ein lysosomaler Effekt der α-Naphthylacetatesterase zugrunde. Klinisches Leitsymptom ist meist eine ausgeprägte Hepatomegalie ohne wesentliche Krankheitserscheinungen im Frühstadium. Im weiteren Verlauf kann sich durch sekundär entzündliche fibrosierende Veränderungen des Leberparenchyms eine komplette Leberzirrhose entwickeln.

9. Leberfibrose und Leberzirrhose

Leberbindegewebe. Am Aufbau der Leber ist physiologischerweise Bindegewebe beteiligt, das in der Umgebung der Gefäße und Gallengänge, in den Sinusoiden (persinusoidalen Fibroblasten) und in der Leberkapsel lokalisiert ist. Es hat den Charakter eines kollagenen Bindegewebes, in dem − wie im Gefäßbindegewebe − die Kollagentypen I und III sowie Heparansulfat, Dermatansulfat und Chondroitinsulfat nachgewiesen wurden. Eine Vermehrung des Bindegewebes, die angeboren oder erworben sein kann, wird bei fehlender oder geringer Tendenz zum Fortschreiten als **Leberfibrose** bezeichnet.

Die **Zirrhose** ist dagegen eine fortschreitende Erkrankung der Leber, die nicht nur durch vorherrschende Bindegewebsvermehrung, sondern auch durch progredienten Untergang (Nekrose) von Leberzellen, Störungen des Läppchenaufbaus und Regeneratknoten gekennzeichnet ist. Bindegewebsvermehrung und Zellregeneratbildung führen zu einer veränderten Gefäßstruktur und Behinderung des normalen Leberdurchflusses, schließlich zur Erhöhung des Pfortaderdrucks und zur Ausbildung eines Kollateralkreislaufs (S. 264) mit der Gefahr eines exogenen Lebercomas.

Es ist eine nicht geklärte Frage, ob die Bindegewebswucherung durch ein autonomes Wachstum bedingt ist oder durch den Untergang von Leberzellgewebe ausgelöst wird. Bei der von den persinusoidalen Zellen ausgehenden de novo Synthese werden bei Leberzirrhose Kollagen vom Typ I und III (S. 344) und Proteoglykane gebildet, als deren Kohlenhydratkomponenten Heparansulfat, Dermatansulfat und Chondroitinsulfat identifiziert wurden.

Bei der Leberzirrhose (-fibrose) ist auch der Umsatz des kollagenen Bindegewebes erhöht. Biochemische Parameter einer vermehrten Synthese sind der gegenüber der nichtzirrhotischen Leber erhöhte Einbau von $[^{14}C]$Prolin in Kollagen, eine Aktivitätszunahme der Prolylhydroxylase und der erhöhte $[^{35}S]$Sulfateinbau in die sulfatierten Proteoglykane bzw. Glykosaminoglykane. Die pathologische Aktivierung des Bindegewebsstoffwechsels zeigt sich auch in einem Anstieg von Hydroxyprolin-Polypeptiden, freiem Hydroxyprolin und Kollagen-Disacchariden im Serum bzw. Urin.

Klassifikation. Die Klassifikation der Leberzirrhose erfolgt nach ätiologischen Faktoren:

- Durch chronische Einwirkung von Ethylalkohol bedingte Zirrhose (Alkoholzirrhose) 40–50%,
- posthepatitische Zirrhosen 20–35% und
- Zirrhosen unbekannter Ursachen (sog. kryptogenetische Zirrhosen) 25–30%, die bei Jugendlichen (aktive Zirrhose) und Frauen in der Menopause (idiopathische Zirrhose) beobachtet werden.

Weitere Formen der Leberzirrhose sind seltener und weisen häufig nur geringe Tendenz zum Fortschreiten auf. Sie werden daher auch als **Gewebsfibrose** oder **Praezirrhose** bezeichnet. Zu diesen Formen gehören: Zirrhose bei Hämochromatose (S. 126), bei Glykogenspeicherkrankheiten (S. 76), bei Wilsonscher Erkrankung (S. 127), bei Galaktosämie (S. 73), bei α_1-Antitrypsinmangel (S. 57) und die biliäre Zirrhose, die auf der Grundlage einer chronischen Cholangitis entstehen oder cardiovaskulär bedingt sein kann.

Funktion. Der Ausfall der Leberfunktion bei Leberzirrhose zeigt sich in verminderter Syntheseleistung. Beispiele sind: Die Abnahme der Cholesterinesteraseaktivität, des Serumalbumins, der Blutgerinnungsfaktoren und der Apolipoproteine A I- und II-Synthese, ferner verminderte Konjugations- bzw. Entgiftungsfunktionen (vermehrtes Bilirubin im Serum, vermehrtes Ammoniak im Serum (S. 263) und herabgesetzte biliäre Ausscheidungsleistungen, Anstieg der alkalischen Phosphatase im Serum, verminderte Ausscheidung von Bromsulfalein). Die Störung der Glucosehomöostase bei Leberzirrhose zeigt sich in einem pathologischen Glucosetoleranztest. Die resultierende Hyperglykämie wird als **hepatogener Diabetes** bezeichnet.

Diagnostik. Als diagnostische Parameter für eine Leberzirrhose werden herangezogen

- die Monoaminoxidase (MAO), die Beziehungen zu der an den Quervernetzungsreaktionen des Kollagens erforderlichen Lysyloxidase aufweist,
- die Kollagenpeptidase, deren Rolle im Kollagenstoffwechsel noch unklar ist und
- die β-N-Acetylhexosaminidase und ihre Isoenzyme, die am Abbau der Glykosaminoglykane beteiligt sind.

Die Spezifität der Enzymaktivitätsbestimmungen wird allerdings dadurch eingeschränkt, daß einerseits Aktivitätsanstiege auch bei anderen Lebererkrankungen, z. B. chronisch-aggressiver Hepatitis auftreten und andererseits die Entwicklung einer Zirrhose auch ohne Aktivitätserhöhung der Monoaminooxidase, Kollagenpeptidase und β-N-Acetylhexosaminidase einhergehen kann.

10. Galle

Lebergalle und Blasengalle. Die menschliche Leber sezerniert innerhalb 24 h 500–1000 ml Gallenflüssigkeit, die etwa 1–4% organische und anorganische Bestandteile in gelöster Form enthält. Die Gallenflüssigkeit entstammt z. T. der hepatozytären (Leberparenchymzelle), z. T. der ductulären (Gallengangsepithelien) Produktion. Sie wird in der Gallenblase gesammelt, wo ein Teil des Wassers und der anorganischen Substanzen rücksorbiert wird, so daß die Blasengalle eine höhere Konzentration, vor allem der organischen Substanzen, aufweist. Das Wandepithel der Gallenblase sezerniert außerdem Glykoproteine (sog. „Mucine").

Zusammensetzung der Leber- und Blasengalle

	% Lebergalle	% Blasengalle
Wasser	97	80–95
Gesamt-Lipide	0,6	
Lecithin	0,3	
Cholesterin	0,2	bis 5
Fettsäuren	0,1	
Gallensäuren (konjugiert)	1,0	bis 10
Bilirubin (als Diglucuronid)	0,1	bis 1,5
Proteine, Glykoproteine	0,2	bis 3,0
Anorganische Bestandteile (K^+, Na^+, Ca^{2+}, Mg^{2+} u. a.)	0,8	bis 1,0
pH-Wert	7,0–7,5	6,0–7,0

Hormonelle Regulation. Die Kontraktion der Gallenblase und die Erschlaffung des am Ende des Ductus choledochus befindlichen Sphincters unterliegen einer hormonellen Steuerung durch das Cholecystokinin (S. 284). Auch die Bildung und Sekretion der Gallenflüssigkeit wird durch endokrine Wirkstoffe kontrolliert: Ethinylöstradiol und Insulin erhöhen, Cortisol und Thyroxin reduzieren den Cholesteringehalt der Galle und damit deren Lithogenität (Bereitschaft, Gallensteine zu bilden).

Sekretin und Gastrin (S. 281) stimulieren vorwiegend die ductuläre Gallenproduktion und die Sekretion einer bicarbonathaltigen gallensäurefreien Lösung.

Intra- und extrahepatische Cholestase. Eine partielle oder komplette Abflußstörung der Gallenflüssigkeit zwischen Leberzelle und Duodenum wird als **Cholestase** bezeichnet. Bei einer Ausscheidungsstörung für Bilirubin von der Leberzelle in die Gallenkapillare liegt eine intrahepatische Cholestase (cholestatische Hepatose) vor. Sie kann u. a. im Rahmen einer akuten Hepatitis oder einer drogeninduzierten Hepatitis (s. o.) auftreten.

Ein extrahepatischer Gallengangsverschluß besteht dagegen bei Entleerungsstörungen der Gallenblase bzw. einer Störung des Bilirubintransports in die großen Gallengänge. Eine gestörte Entleerung der Gallenblase hat ihre häufigste Ursache in einer Obstruktion der ableitenden Gallenwege durch Gallensteine, die entweder in der Gallenblase selbst lokalisiert sind (Cholelithiasis) oder auch in den Ductus choledochus eintreten (Choledocholithiasis). Auch funktionelle Entleerungsstörungen der Gallenblase (Dyskinesien), Stieldrehung der Gallenblase (bei angeborenen Anomalien) oder Tumoren des Ductus choledochus, des Duodenums oder Pankreas können zu einer relativen oder totalen Stauung des Gallenflusses führen.

Die Gallensäuren der rückgestauten Gallenflüssigkeit wirken wandschädigend und können in Verbindung mit der Kompression der Blutgefäße (Versorgungsstörung des Gewebes) zu Zelluntergang (Nekrose, Gangrän), bei chronischer Einwirkung auch zu Zellproliferation (Gewebsneubildung) in Gallenblasenwand oder Ductus choledochus führen. Auf der geschädigten Schleimhaut können sich ferner Mikroorganismen (vor allem *E. coli*, Enterokokken und Salmonellen) ansiedeln und die Cholestase durch akute oder chronische Entzündung komplizieren (akute bzw. chronische Cholecystitis, Cholangitis).

Diagnostik. Da einige im Gallengangsepithel gebildete Enzyme mit der Gallenflüssigkeit ausgeschieden werden, zeigt sich eine akute intra- oder extrahepatische Cholestase nicht nur in einem Anstieg des konjugierten Bilirubins (Kanalisationsikterus S. 249) und der Gallensäuren (Pruritus) im Blut, sondern auch in einer Aktivitätserhöhung der Enzyme der Gallenflüssigkeit im Serum. Ihre Ursache ist jedoch nicht nur eine Abflußhemmung, sondern auch eine gesteigerte Synthese der Enzyme des Gallengangsepithels. Dies gilt für das Leberisoenzym der alkalischen Phosphatase, für die Leucinaminopeptidase, die γ-Glutamyltranspeptidase (γGT) und die 5'-Nucleotidase, die in der klinisch-chemischen Diagnostik als **„Cholestase-anzeigende Enzyme"** zusammengefaßt werden. Bei länger anhaltendem Verschluß kommt es als Folge der Leberzellschädigung zum Absinken der hepatischen Gerinnungsfaktoren, u. U. auch zum Auftreten des Lipoprotein X im Serum (S. 97) mit sekundärer Hyperlipoproteinämie und zur Entwicklung einer biliären Zirrhose (S. 269).

Dysfunktion bei Cholestase. Die funktionellen Folgen eines Abflußhindernisses der Gallenflüssigkeit lassen sich aus den speziellen Aufgaben der Gallensäuren ableiten:
- Da Gallensäuren physiologischerweise die Pankreaslipase und Cholesterinesterase besonders bei sauren pH-Werten aktivieren und damit den enzymatischen Aufschluß der Nahrungslipide fördern, kommt es beim Gallengangsver-

schluß zur Störung des Abbaus von Lipiden und deren Ausscheidung mit dem Stuhl (Steatorrhoe, S. 288).
- Gallensäuren bilden mit fettlöslichen Nahrungsbestandteilen (Fettsäuren, Steroide, Monoglyceride, Carotinoide, fettlösliche Vitamine) wasserlösliche resorbierbare **Choleinsäuren.** Bei Gallengangsverschluß treten Störungen der Resorption wegen der ausbleibenden Bildung wasserlöslicher Lipid-Gallensäuren-Komplexe auf (Malabsorption, S. 288).
- Gallensäuren üben eine physiologische Hemmung auf die intestinale Cholesterinsynthese aus. Bei Gallengangsverschluß steigt der Gallensäurespiegel im Blut an und führt damit zu einer Hemmung der Cholesterin- und damit auch der Gallensäuresynthese in der Leber. Da jedoch die feed-back-Hemmung der Cholesterinsynthese auf die Mucosazellen des Dünndarms entfällt, steigt die intestinale Cholesterinsynthese an, und es kommt zu einem **Anstieg** des Blutcholesterinspiegels.
- Weitere Störungen bei Gallengangsverschluß ergeben sich aus dem Ausbleiben der choleretischen Wirkung der Gallensäuren (Anregung der Gallensekretion ohne Veränderung der Konzentration der Inhaltsbestandteile der Galle), aus der physiologischen Hemmung der Magensekretion, des Appetits und der laxierenden Wirkung im Colon.
- Ist die enterale Resorption der Gallensäuren eingeschränkt (Unterbrechung des enterohepatischen Kreislaufs), wird der Resorptionsdefekt durch eine gesteigerte hepatische Gallensäuresynthese und Sekretion kompensiert. Die Zunahme der Gallensäure-Konzentration im Intestinaltrakt ist Ursache der chologenen Diarrhoe (S. 297). Bei vollständiger Ausschaltung des Ileums (operative Entfernung) sinkt die Gallensäurerückresorption auf sehr geringe Werte. Damit ist auch die Fettsäureresorption beeinträchtigt, und es kommt zur Steatorrhoe.

Von dem Gallensäurepool − etwa 4 g − gehen täglich $\approx 1-2$ mmol (0,4−0,8 g) durch die Faeces verloren und werden in der Leber durch Neusynthese ersetzt. 90% der Gallensäuren, deren Halbwertszeit 24−36 h beträgt, werden über den enterohepatischen Kreislauf 6−8mal/24 h umgesetzt. Die primär in der Leber synthetisierten, mit Glycin bzw. Taurin konjugierten Gallensäuren unterliegen vor ihrer Resorption im Intestinaltrakt (Colon) teilweise einer mikrobiellen Reduktion und Dekonjugation. Die Gallenflüssigkeit enthält daher nur 80% primärer Gallensäuren und $\approx 20\%$ Desoxycholsäure (sowie Spuren von Lithocholsäure) (Schema).

Gallensteine. Die Bildung von Gallensteinen ist ein häufiges − u. a. von rassischen Eigenheiten, Erbfaktoren, Lebensgewohnheiten, Geschlecht, Schwangerschaft und Alter abhängiges − Ereignis. Zwischen dem 6. und 7. Lebensdezennium werden bei etwa 30% aller Frauen und 10% aller Männer Konkremente in der Gallenblase gefunden.

Biosynthese und enterohepatischer Kreislauf der Gallensäuren

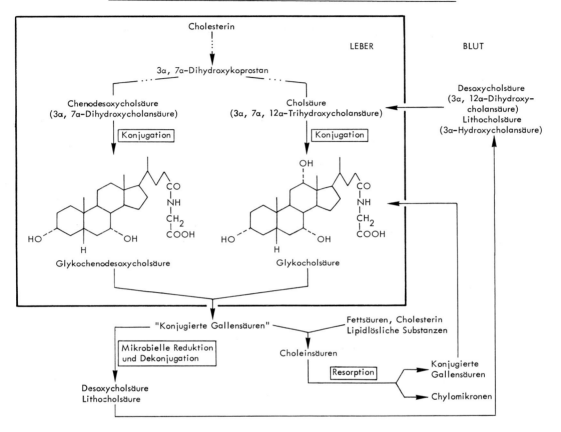

Ihrer chemischen Zusammmensetzung nach enthalten Gallensteine Cholesterin, Bilirubin und Calciumsalze (vorwiegend als Carbonat), wobei die einzelnen Komponenten in reiner Form oder kombiniert auftreten können. 92% aller Gallensteine sind Cholesterinsteine, 7% sind Bilirubinsteine (Gallenpigmentsteine), von denen 4,5% calciumarm und 2,5% calciumreich sind. Die Entstehung von Gallensteinen wird durch

- vermehrten Cholesteringehalt (Schwangerschaft, Hyperlipoproteinämie),
- gesteigerte Bilirubinbildung (z. B. bei Sichelzellanämie oder Thalassämie) und
- Verschiebung des pH-Wertes der Galle nach der sauren oder alkalischen Seite begünstigt.

Die besonders häufige Beteiligung von Cholesterin am Aufbau von Gallensteinen hat folgende Ursachen: Das wasserunlösliche Cholesterin wird in der Gallenflüssigkeit physiologischerweise durch Komplexbildung mit Gallensäuren und Phospholipiden (Lecithin) in Lösung gehalten, wobei ein Gewichtsverhältnis von Cholesterin:Lecithin:Gallensäuren von etwa 1:3:15−20 erforderlich ist. Bei Veränderung des Mischungsverhältnisses, das auch als **lithogener Index** bezeichnet wird, zugunsten eines Anstiegs des Cholesteringehaltes, fällt Cholesterin aus. Der relative Mangel an Gallensäuren zeigt sich auch daran, daß bei Vorliegen von Cholesterinsteinen die im enterohepatischen Kreislauf zirkulierende Menge an Gallensäuren häufig vermindert ist. Auch entzündliche Veränderungen der Gallenblase können die Bereitschaft zur Steinbildung steigern, wenn die Bakterienenzyme das Lecithin teilweise in Lysolecithin umwandeln. Lysolecithin kann sich nicht an der Komplexbildung von Cholesterin und Gallensäuren beteiligen. Bei Absinken des Cholesterin/Gallensäure-Quotienten, unter einen Wert von 1:13 fällt Cholesterin aus. Der lithogene Index der Gallenflüssigkeit wird mithin im wesentlichen durch das Verhältnis von Cholesterin:Gallensäuren in der Gallenflüssigkeit bestimmt. Er ermöglicht Aussagen über die Fähigkeit der Galle, Steine zu bilden oder aufzulösen.

Konservative Chemolitholyse. Da die Grundvoraussetzung für die Entstehung von Cholesterinsteinen, die mit 70% die häufigsten Gallenkonkremente darstellen, eine lithogene (d. h. mit Cholesterin übersättigte) Gallenflüssigkeit ist, läßt sich konsequenterweise durch medikamentöse Zufuhr von Gallensäuren nicht nur die Bildung von Cholesterinsteinen verhindern, sondern auch ihre Wiederauflösung erreichen. Eine solche konservative Chemolitholyse wird − falls eine operative Entfernung der Gallenblase nicht indiziert ist − mit **Chenodesoxycholsäure** oder **Ursodesoxycholsäure** durchgeführt, die über 1 bis 2 Jahre in einer Dosis von 1,8−2,5 mmol (0,7−1 g) täglich oral gegeben werden müssen. Es müssen dabei jedoch folgende Voraussetzungen erfüllt sein:

- Cholesterinstein(e) von nicht mehr als 2 cm Größe (röntgennegative, d. h. nicht schattengebende Steine),
- intakte Kontraktion der Gallenblase, keine Cholestase.

Durch die orale Applikation von Chenodesoxycholsäure oder Ursodesoxycholsäure ($3\alpha, 7\beta$ (!) -Dihydroxycholansäure) wird der Pool der über den enterohepatischen Kreislauf zirkulierenden Gallensäure vergrößert und dadurch der lithogene Index der Gallenflüssigkeit gesenkt. Die Galle ist mit Cholesterin untersättigt.

Darüber hinaus wirken Chenodesoxycholsäure und Ursodesoxycholsäure in der Leber als Enzyminhibitoren, da sie

- die β-Hydroxy-β-methylglutaryl-CoA-Reduktase hemmen und dadurch − die HMG-CoA-Reduktase ist Schrittmacherenzym der Cholesterinsynthese − die Cholesterinbiosynthese drosseln und

- die Aktivität der Cholesterin-7α-Hydroxylase herabsetzen. Die Cholesterin-7α-Hydroxylase reguliert die Synthese der Gallensäuren und ist häufig bei Gallensteinträgern in ihrer Aktivität vermindert. Die therapeutisch verabreichte Chenodesoxycholsäure reduziert zwar die Aktivität der Hydroxylase und damit auch die endogene Gallensäuresynthese, der Verlust an Gallensäuren wird aber durch die exogene Zufuhr von Chenodesoxycholsäure kompensiert.

Caliciumsalzhaltige Steine, Erkrankungen der Leber (Hepatitis, Fettleber, Zirrhose), des Magen- und Darmtrakts, Schwangerschaft oder Einschränkung der Nierenfunktion gelten als Kontraindikation einer Chenodesoxycholsäuretherapie. Nebenwirkungen der Chenodesoxycholsäurebehandlung sind Diarrhoen, u. U. zunehmende Häufigkeit von Gallenkoliken, Hautjucken (bedingt durch die Erhöhung des Blutgallensäurespiegels!) und erhöhte Transaminaseaktivitäten im Serum (wegen der toxischen Wirkung der Gallensäuren auf die Leber). Die Nebenwirkungen treten bei Ursodesoxycholsäure nicht oder nur in geringem Maße auf.

IV. Gastrointestinaltrakt

Als Verdauung wird ein im Verdauungstrakt ablaufender Prozeß bezeichnet, bei dem die in unlöslicher, nicht resorbierbarer und z. T. polymerer Form aufgenommenen Nahrungsstoffe enzymatisch aufgeschlossen und in lösliche, resorbierbare und niedermolekulare Substrate des Stoffwechsels überführt und anschließend resorbiert werden. Die Resorption der Nährstoffe erfolgt durch spezifische Transportprozesse. An der Verdauung sind Enzyme des Speichels, Magen-, Pankreas- und Duodenalsekrete sowie Inhaltsstoffe der Gallenflüssigkeit beteiligt, die über Sekretionsvorgänge in den Verdauungstrakt abgegeben werden und synergistische bzw. sukzessive Wirkungen entfalten. Bildung und Ausschüttung der Verdauungssekrete unterliegen psychischen, mechanischen, chemischen und endokrinen Einflüssen (Gastrointestinale Hormone, S. 281).

Der Verdauungsvorgang ist von erheblichen Wasser- und Elektrolytbewegungen begleitet. Innerhalb 24 h werden 6–9 l Verdauungssekrete, die eine charakteristische Elektrolytzusammensetzung aufweisen (Tabelle), in den Verdauungstrakt sezerniert, jedoch bis auf ein geringes Volumen zusammen mit den Nährstoffen durch Resorption wieder zurückgewonnen. Bei Störungen der Verdauungsprozesse können nicht nur Mangelerscheinungen infolge unzureichender Versorgung des Organismus mit Nährstoffen, Spurenstoffen und Vitaminen, sondern auch erhebliche Wasser- und Elektrolytverluste eintreten.

Menge und Elekrolytzusammensetzung von Sekreten des Verdauungstraktes (Durchschnittswerte) im Vergleich zum Blutplasma

Sekret	Menge l/24 h	pH-Wert	mmol/l			
			Na^+	K^+	Cl^+	HCO_3^-
Speichel	0,5–1,5	6,4–7,0	15	30	25	5
Magensaft	2–3	1–2	30	5	150	
Pankreassaft	0,3–1,5	7–8	140	8	80	80
Darmsekret (Ileum)	2–3	7,6–8,2	120	15	110	75
Faeces	0,1		30	100	15	
Blutplasma		7,4	145	5	105	25

1. Magensaftsekretion

Der Magensaft ist eine Mischung von Sekreten, die von den verschiedenen Typen der Magenschleimhautepithelzellen produziert werden:

- Die **Hauptzellen** produzieren das enzyminaktive Pepsinogen, das bei saurem pH im Magenlumen in das aktive Enzym – Pepsin – umgewandelt wird.
- Die **Beleg-** (oder **Parietal-**)**Zellen** sezernieren Protonen und (aus dem Blut stammende) Chloridionen durch aktiven Transport in das Magenlumen (HCl-Sekretion). Außerdem bilden sie den Intrinsicfaktor (S. 205).
- Die **Nebenzellen** sind schleimproduzierende Zellen mit großer Regenerationsfähigkeit (Deckung von Epitheldefekten). Das viskose und pepsinresistente Glykoproteine enthaltende Sekret schützt die Schleimhaut vor Selbstverdauung.
- Die **G-Zellen** (Antrumschleimhaut) bilden Gastrin (s. Tab. S. 281), das auf dem Blutwege die übrigen Epithelzellen erreicht und stimuliert.

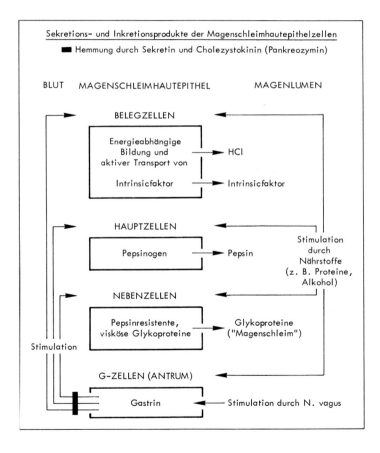

Regulation. Die Abgabe von Sekreten aus den Zellen der Magenschleimhaut unterliegt der Kontrolle durch nervale, endokrine und chemische Faktoren und erfolgt in verschiedenen Phasen:

- Die **Vagusphase** (kephale Phase) kann durch Sinnesreize (Geruch, Geschmack) ausgelöst werden und ist durch vermehrte HCl-Produktion und Stimulation der G-Zellen (Gastrinfreisetzung) gekennzeichnet.
- Die **gastrale Phase** wird ausgelöst durch Kontakt der Magenschleimhaut mit Nahrungsbestandteilen (bzw. deren Spaltprodukten), die alle Zellen stimulieren. Die Stimulation der gastrinbildenden Zellen wird jedoch gestoppt, wenn sie mit salzsaurem Magensaft Kontakt erhalten.
- In der **enteralen Phase** wird die Gastrinwirkung durch die Enterohormone Sekretin und Cholezystokinin unterdrückt, die im Duodenum unter dem Reiz des sauren Speisebreis freigesetzt werden und auf dem Blutwege die Zellen der Magenschleimhaut erreichen.

Magensäuresekretionsanalyse. Die Menge der sezernierten Magensäure hängt ab von der Zahl der Belegzellen, die in der Lage sind, eine 0,01–0,1 M HCl (0,01–0,1 mol HCl/l) zu bilden, sowie von der Intensität und der Dauer der Stimulation. Mit der Einführung des Pentagastrins, eines synthetischen Pentapeptides, das die physiologisch wirksame C-terminale Aminosäuresequenz des Gastrins enthält ($\boxed{R}$-Trp-Met-Asp-Phe-Amid*), steht ein physiologisches Stimulans der Magensekretion zur Verfügung, das zu kräftigem Anstieg des Magensaftvolumens und maximaler Säuresekretion führt. Ohne Sekretionsreiz (Nüchternzustand) produziert die Magenschleimhaut nur ein schwach-sauer reagierendes **Basalsekret**. Die unter maximaler Stimulation erzielte Magensäuresekretion ist direkt proportional zur Zahl der vorhandenen Parietalzellen (Belegzellen) und gibt Auskunft über die Größe der funktionstüchtigen Parietalzellmasse.

Bei der Analyse der Magensäuresekretion werden die diagnostisch wichtigen, in der Zeiteinheit sezernierten Säuremengen bestimmt (Schema).

- **Basalsekretion** (BAO, basal acid output) ist die spontane nicht stimulierte Sekretion (2 × 15 Min.), Normalsekretion 2–3 mmol/h (♂), 1–2 mmol/h (♀).
- **Maximal stimulierte Sekretion** (MAO, maximal acid output). Summe der Säurewerte der vier 15-Min.-Fraktionen nach Stimulation. Normbereich: 10–20 mmol/h (♂), bis 15 mmol/h (♀).
- **Gipfelsekretion.** Das während der maximal stimulierten Sekretion ermittelte Spitzenplateau wird als **Peak acid output** (PAO) bezeichnet. Rechnerisch ergibt es sich aus der Summe der beiden aufeinanderfolgenden 15-Min.-Fraktionen mit der größten Säuresekretion nach Stimulation.

$$* \boxed{R}- = H_3C-\underset{\underset{CH_3}{|}}{\overset{\overset{CH_3}{|}}{C}}-O-\overset{\overset{O}{\|}}{C}-NH-\overset{\overset{O}{\|}}{C}-$$

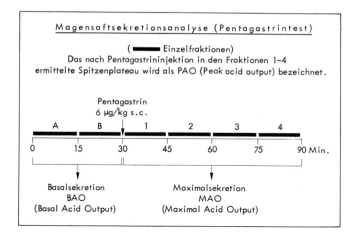

Die maximal stimulierte Sekretion kann eine Reihe diagnostischer Hinweise liefern, deren Aussagekraft jedoch wegen der großen Schwankungen der Normalwerte und der individuellen Variation der parietalen Zellmasse begrenzt ist. Die Tabelle gibt eine Übersicht. Die maximale Säuresekretion gibt nur bei gleichzeitiger quantitativer Aspiration eindeutige Daten über die produzierte Gesamtsäuremenge.

Die Magensaftsekretionsanalyse hat **keine** Bedeutung in der Diagnostik des peptischen Geschwürsleidens und in der Carcinomdiagnostik, wenn auch ein Magengeschwür bei Hypochlorhydrie suspekt auf Malignität ist.

Ulcus pepticum. Der auf adäquaten Reiz hin produzierte Magensaft muß einerseits zur Entfaltung seiner vollen proteolytischen Aktivität einen stark sauren pH-Wert und hohen Pepsingehalt aufweisen, besitzt aber andererseits aufgrund dieser Eigenschaften eine hohe potentielle Aggressivität gegenüber der Magenschleimhaut selbst, die durch Defensivmechanismen geschützt werden muß. Bei optimaler Funktion bilden defensive und aggressive Faktoren ein physiologisches Gleichgewicht. Eine Verschiebung dieses Gleichgewichts zugunsten der aggressiven Faktoren führt zum **Ulcus pepticum.**

- **Aggressive Faktoren:**
- Vermehrung der Belegzellmassen, erhöhte HCl-Sekretion mit vermehrter Pepsinogenaktivierung,
- Schleimhautschädigung durch Lysolecithin und Gallensäuren (Duodenalreflux) oder durch Medikamente (Salizylate, Phenylbutazon, Indometacin),
- Hemmung der Schleimhautepithelienregeneration und der Glykoproteinbiosynthese (z. B. Glucocorticoidbehandlung),
- gestörte Blutversorgung (Ischämie).

Diagnostische Bedeutung der Magensaftsekretionsanalyse nach maximal stimulierter Säuresekretion

Status	Säuresekretion mmol H$^+$/h	Diagnostische Hinweise
Normochlorhydrie	10–20	
Achlorhydrie	<0,25	Atrophie der Magenschleimhaut (z. B. perniziöse Anämie), bei nachgewiesenem Ulcus → Verdacht auf Carcinom
Hypochlorhydrie	0,25–10	Chronische Gastritis, häufig bei Ulcus ventriculi, Ulcus duodeni unwahrscheinlich
Hyperchlorhydrie	>30	Reizmagen mit gesteigerter Aktivität, atrophische Gastritis unwahrscheinlich
	>25	Nach Magenresektion, Ulcus jejuni pepticum wahrscheinlich, Verdacht auf Ulcus duodeni
	>40	Verdacht auf Ulcus duodeni
	>60	Verdacht auf Zollinger-Ellison-Syndrom

- **Defensive Faktoren:**
- Adäquate Glykoproteinsekretion („Schleimhautbarriere"),
- ungestörte Blutversorgung,
- koordinative Wirkung der Enterohormone.

Peptische Ulcera können im unteren Drittel des Ösophagus, im Magen (Ulcus ventriculi), im Bereich des Zwölffingerdarms (Ulcus duodeni) und u. U. auch im Anfangsteil des Jejunums lokalisiert sein. Im mittleren Lebensalter sind peptische Geschwüre bei Männern 3–4mal häufiger als bei Frauen.

Ein **Ulcus duodeni** kommt durch Übersäuerung des Bulbus duodeni zustande, die folgende Ursachen haben kann:

- Hypersekretion von Salzsäure,
- beschleunigte Entfernung des Nahrungspuffers oder
- gestörte Neutralisation der Säure im Duodenum.

Eine Hypersekretion von Salzsäure findet sich bei Hypergastrinämie (Zollinger-Ellison-Syndrom s. u.), Pylorusstenose, Hyperparathyreoidismus und Niereninsuffizienz, kann aber auch durch eine Vagotonie bedingt sein. Auch mangelhafte

Ausschüttung von Sekretin aus dem Duodenum kann zur Hypersekretion von Säure beitragen. Unter dieser Bedingung ist zudem die postprandiale Magenentleerung beschleunigt, was zur raschen Verarmung an Nahrungspuffer im Magen und Wiederabfall des pH im Bulbus duodeni führt. Ebenso ist die postprandiale Pankreassekretion vermindert, was wiederum die Übersäuerung des Bulbus duodeni fördert.

2. Pathobiochemie der Hormone des Gastrointestinaltrakts

Die Sekretion der für den regelrechten Ablauf des Verdauungsprozesses im Gastrointestinaltrakt notwendigen Enzyme wird z. T. durch die lokal stimulierende Wirkung der Nahrungsbestandteile selbst, z. T. durch das autonome Nervensystem des Intestinaltrakts, z. T. jedoch durch eine Reihe von Hormonen gesteuert, die im Intestinaltrakt gebildet werden. Ihre synergistische Wirkung ermöglicht die Koordination der motorischen und sekretorischen Vorgänge bei der Verdauung.

Bildungsort der gastrointestinalen Hormone sind Zellen neuroektodermalen Ursprungs, die im Laufe der Embryonalentwicklung in den Gastrointestinaltrakt und in das Pankreas eingewandert sind und nicht nur eine Reihe gemeinsamer histologischer und biochemischer Merkmale aufweisen, sondern auch vielfältige funktionelle Ähnlichkeiten besitzen. Bei allen Hormonen handelt es sich um **Polypeptide,** die Bildung und Abgabe der Sekrete von Magen, Pankreas, Galle und Darm und ihre Motilität regulieren. Bilden sich aus den hormonproduzierenden Zellen Tumoren, so haben sie immer endokrine Aktivität und eine Dysfunktion der Sekretion und Motilität im Bereich des Gastrointestinaltrakts zur Folge.

Die chemische Struktur, biologische Wirkung und Pathobiochemie der gastrointestinalen Hormone sind in nachfolgender Tabelle zusammengestellt. Durch die Möglichkeit einer radioimmunologischen Bestimmung der gastrointestinalen Hormone im Serum hat ihre Bedeutung für die Diagnostik und Therapie von Sekretions- und Motilitätsstörung zugenommen. Neben den in der Tabelle genannten Wirkungen können die gastrointestinalen Hormone z. T. als Neurotransmitter (S. 106, 200) fungieren.

Gastrin. Neben den durch ihre Aminosäuresequenz charakterisierten Gastrinen I und II (Tabelle) existieren beim Menschen weitere Zustandsformen des Gastrins mit höherem Molekulargewicht („Big-Gastrin"), bei denen es sich um **Aggregationsformen** von Gastrinvorstufen bzw. um Verbindungen mit hormoninaktiven Peptiden handelt. Auch Gastrine mit geringerem Molekulargewicht („Little-Gastrin", Minigastrine) wurden beschrieben. Die einzelnen Gastrintypen unterscheiden sich durch ihre unterschiedliche Wirkung auf die Säuresekretion und verschieden lange Halbwertszeiten.

Physiologie und Pathobiochemie gastrointestinaler Hormone

Name	Peptid-struktur*	Funktion	Pathobiochemie
Gastrin I Gastrin II	17 17**	Stimuliert HCl-Produktion und -Sekretion im Magenfundus, wirkt histaminähnlich	Zollinger-Ellison-Syndrom, perniziöse Anämie, atrophische Gastritis
Sekretin	27	Stimuliert Produktion und Abgabe von Pankreassekret und Galle, hemmt Gastrinproduktion	Zöliakie?, Ulcus duodeni bei Sekretinmangel
Vascular-Intestinal-Peptide (VIP)	28	Hemmt Magensaft- und HCl-Sekretion, relaxiert glatte Muskulatur von Magen und Dickdarm reguliert Durchblutung von Magen und Leber	Verner-Morrison-Syndrom (WDHA-Syndrom)
Enterogastron (Gastric Inhibitory Polypeptide, GIP)	43	Hemmt Magensaft und HCl-Sekretion, fördert Insulinfreisetzung (Inkretin-Funktion)	
Motilin	22	Stimuliert Pepsinsekretion, hemmt Magenentleerung, steigert Motilität des Dünndarms	
Cholezystokinin (Pankreozymin, CCK-PZ)	33	Stimuliert Enzymsekretion des Pankreas, erhöht Enzymgehalt des Pankreassekretes, regt Kontraktion der Gallenblase an	Pankreasinsuffizienz, chronische Pankreatitis, Postgastrektomiesyndrom, irritables Colon, Zöliakie
Pankreatisches Polypeptid	26	Hemmt Magen- und Pankreas-Sekretion, setzt Darmmotilität und Tonus der Gallenblase herab	

* Zahl der Aminosäuren
** Sulfatester

Die wichtigste Funktion der Gastrine besteht in der Stimulierung der Beleg- oder Parietalzellen der Magenschleimhaut, wobei über die Freisetzung von Histamin Salzsäure poduziert wird. Gastrinfreisetzung und HCl-Sekretion sind über einen Regelkreis miteinander verbunden: Salzsäuremangel führt zu erhöhter Gastrinfreisetzung, während Hyperacidität eine Hemmung der Gastrinsekretion verursacht. Eine Hemmung der Gastrinsekretion findet jedoch auch durch andere gastrointestinale Hormone (Cholezystokinin, Enterogastron) statt. Daneben fördert Gastrin die peristaltische Aktivität des Magens und erhöht die Durchblutung der Magen- und Duodenalmucosa sowie den Tonus und die Motilität des Colons.

Radioimmunologische Gastrinbestimmungen geben Einblick in das Sekretionsverhalten bei verschiedenen Krankheitszuständen. Der Normbereich des Gastrins im Serum liegt zwischen 80 und 120 ng/l.

Zollinger-Ellison-Syndrom. Extrem erhöhte Gastrinwerte (400—mehrere tausend ng/l Serum) werden beim Zollinger-Ellison-Syndrom gefunden. Es handelt sich um ein Krankheitsbild, das durch therapieresistente, häufig blutende Ulcera des Gastrointestinaltrakts, massive Hypersekretion von Magensaft und eine pathologisch vermehrte Gastrinsekretion gekennzeichnet ist (stark erhöhte Nüchternsekretion, die unter Stimulierung nur wenig ansteigt). Als Folge der extremen HCl-Produktion und des Säureeinstroms in den Dünndarm kommt es zu Diarrhoe und Hypokaliämie.

Perniziöse Anämie. Deutlich erhöhte Gastrinkonzentrationen (1000—10000 ng/l) werden auch bei perniziöser Anämie (Cobalaminmangel, S. 216), die mit einer atrophischen Gastritis und Achlorhydrie einhergeht, beobachtet. Die fehlende Salzsäuresekretion ist Ursache der maximalen Gastrinausschüttung (gestörte feedback-Hemmung). Der gleiche pathogenetische Mechanismus ist auch für den hohen Gastrinspiegel bei atrophischer Gastritis verantwortlich. Beim Magencarcinom sind die Gastrinwerte meistens leicht erhöht, jedoch abhängig von der Tumorlokalisation und Säureproduktion.

Excluded-Antrum-Syndrom. Gastrinerhöhungen können auch operativ nach Magenresektion auftreten, wenn ein Rest von Antrumschleimhaut an der zuführenden Schlinge belassen wurde. Da der saure, die Gastrinbildung supprimierende Magensaft diesen Antrumrest nicht erreicht, kommt es zu einer massiven HCl-Hypersekretion im Magenstumpf (sog. Excluded-Antrum-Syndrom) infolge Gastrin-Dauerstimulation der säurebildenden Zellen. Die Resektion des Antrumrestes bewirkt völlige Heilung.

Sekretin. Die Funktion des Sekretins besteht in einer Stimulierung des Pankreassekrets und seinem Transport ins Duodenum, außerdem bewirkt es vermehrte Cholerese und Bicarbonatproduktion. Die Neutralisation von saurem Chymus durch das HCO_3^- des Pankreassekrets und der Galle hemmt die weitere Sekretininkretion durch negative Rückkopplung, außerdem hemmt Sekretin die durch Gastrin stimulierte Magensaftsekretion, nicht jedoch die durch Histamin und Insulin induzierte*.

Wegen seiner säurehemmenden Wirkung und Erhöhung der Bicarbonatsekretion in das Duodenum wurden mit Sekretin therapeutische Versuche bei peptischen Ulcera unternommen. Die Notwendigkeit einer parenteralen Gabe und die begrenzte Wirkungsdauer (etwa 2h) limitieren seine allgemeine Anwendung. Auch die Zöliakie ist häufig von einem hohen Sekretinspiegel im Serum begleitet.

Enterogastron (Gastric Inhibitory Peptide (GIP) und Vascular Intestinal Peptide (VIP)). Enterogastron ist eine in der Darmschleimhaut gebildete Überträgersubstanz, die auf die Säuresekretion im Magen, das Pankreas und die Langerhansschen Zellen (Insulinfreisetzung!) einwirkt. Z. T. ähnliche Wirkungen entfaltet das VIP, das zur Relaxation der glatten Muskulatur in Magen und Dickdarm führt, gleichzeitig die Dünndarmmotilität stimuliert, und Säure- und Pepsinsekretion im Magen vermindert. Eine wichtige physiologische Bedeutung kommt dem VIP vermutlich als Regulator der Durchblutung von Leber und Magen zu.

Die Bedeutung von GIP und VIP liegt in ihrer pathophysiologischen Rolle beim Verner-Morrison-Syndrom (WDHA-Syndrom), das durch wäßrige Diarrhoe (WD), Hypokaliämie (H) und Achlorhydrie (A) gekennzeichnet ist. Die Durchfälle können bei dieser Erkrankung so schwer sein, daß sie als „Pankreascholera" bezeichnet wird. Ursachen sind Tumoren des Pankreas, die stark vermehrte Mengen von GIP oder VIP produzieren. Die bei diesem Syndrom auftretenden schweren Gefäß- und Muskelnekrosen sowie Kaliumverlust, Verschiebung im Säure-Basen- und Elektrolythaushalt sind lebensbedrohlich.

Cholezystokinin. Wegen seiner strukturellen Verwandschaft zum Gastrin konkurriert das Cholezystokinin mit dem Gastrin um die gleichen Rezeptoren, so daß es zu einer kompetitiven Hemmung der Gastrinwirkung und zu verminderter Säuresekretion im Magen kommt.

Seine Kontraktionswirkung auf die Gallenblase und auf die Produktion eines enzymreichen Sekrets aus dem Pankreas machen es für einen Einsatz in der Diagnostik der exokrinen Pankreasfunktion (S. 292) geeignet.

Bei chronischer Pankreatitis und Pankreasinsuffizienz ist der Serumcholezystokininspiegel erhöht. Eine pathogenetische Rolle des Cholezystokinins wird auch bei anderen gastrointestinalen Erkrankungen, z. B. beim Postgastrektomie-Syndrom und beim irritablen Colon und der Zöliakie vermutet. Therapeutisch wurde es ferner zur Bekämpfung des paralytischen Ileus eingesetzt und findet auch bei der Obstipationsbehandlung Verwendung.

---

* Die Insulin-induzierte Hypoglykämie bewirkt eine deutliche über eine Reizung des N. vagus vermittelte Freisetzung von Gastrin, das seinerseits Motilität bzw. Sekretionsleistung von Magen, Darm und Pankreas beeinflußt.

3. Dünndarmverdauung

Die Funktionen des Dünndarms umfassen

- Aufschluß bzw. Abbau der Nahrungsstoffe in wasserlösliche, niedermolekulare Spaltprodukte,
- Transport des Speisebreis und
- Resorption der gelösten monomeren Bestandteile und der Mineralien.

An der Verdauung ist eine große Anzahl verschiedener Enzyme beteiligt, die aufgrund ihrer Spezifität in sinnvoller Weise zusammenwirken. Die Sekrete des Magens, Pankreas und die Gallenflüssigkeit sorgen durch Einstellung des notwendigen pH-Wertes und durch Beimengung der Salze der Gallensäuren für optimale Voraussetzungen. Der größte Teil der aufgeschlossenen Nahrungsstoffe wird im Duodenum und Jejunum resorbiert. Durch die Ausbildung von Darmzotten und Mikrovilli der Mucosazellen entsteht eine Resorptionsfläche von etwa 200 m².

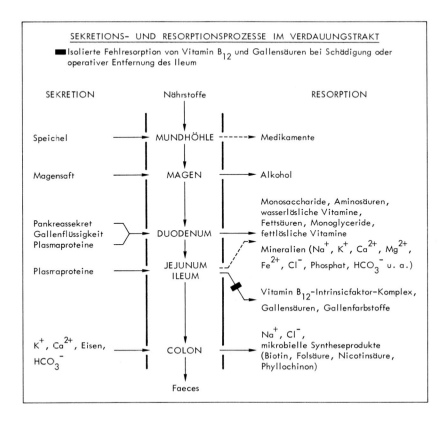

286 Gastrointestinaltrakt

Die Aufnahme der Substrate aus dem Darmlumen in die Mucosazellen erfolgt durch passive Diffusion (Wasser, kurzkettige Fettsäuren, Monoglyceride, Aminosäuren) oder durch aktiven Transport (Monosaccharide, L-Aminosäuren, Ca^{2+}, Na^+, K^+).

Störungen der intestinalen Verdauung können folgende Prozesse betreffen:
- Mangelhafter enzymatischer Aufschluß der Nahrungsbestandteile: **Maldigestion,**
- Intestinale Transportstörung mit der Folge unzureichender oder ausbleibender Resorption: **Malabsorption.**

Maldigestion und Malabsorption sind direkt miteinander verknüpft, da ungenügende Bereitstellung von resorptionsfähigen Abbauprodukten verminderte Resorption nach sich zieht. Die nicht abgebauten oder nicht resorbierbaren Nahrungsbestandteile können durch Mikroorganismen zu toxischen Substanzen umgesetzt werden.

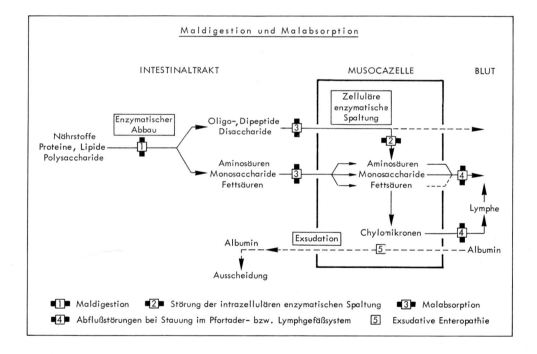

Maldigestion. Ein Ausfall der Enzymbildung und -ausstattung in Magen, Pankreas oder in der Dünndarmschleimhaut hat gastrogene, pankreatogene oder intestinale Maldigestion zur Folge. Eine hepatogene Maldigestion liegt dagegen vor, wenn bei Sistieren der Gallensekretion (Gallengangsverschluß, intrahepatische

Cholestase) ein Mangel an Gallensäuren eintritt und ungenügende Emulgierung der Lipide und Aktivierung der Lipase sowie ausbleibende Bildung wasserlöslicher Fettsäuren-Gallensäure-Komplexe (bzw. Cholesterin-Gallensäure-Komplexe) zur Folge hat.

Die in der Abbildung schematisch dargestellten pathogenetischen Mechanismen werden nachstehend näher erläutert.

Da eine Maldigestion auch zu einer sekundären Malabsorption führt, dienen Funktionstests zunächst der **gemeinsamen** Diagnose von Maldigestion und Malabsorption. Hierfür sind im Gebrauch:

- Die Bewertung des **Stuhlgewichts,** das beim Erwachsenen 200−300 g/24 h beträgt. Es wird das Durchschnittsgewicht nach dreitägigem Sammeln des Stuhls ermittelt. Reduziert sich eine deutlich erhöhte Stuhlmenge nach hochdosierter Substitution von Pankreasenzympräparaten, so liegt eine Maldigestion vor.
- Zur Bestimmung der **Lipidbilanz** im Stuhl, die zum Nachweis einer Maldigestion und Malabsorption für Fette geeignet ist, gibt man eine Testdosis von 20 µCi ^{14}C-Tripalmitat in 1,0 g Maiskeimöl/kg Körpergewicht intragastral und bestimmt die ^{14}C-Aktivität der Serumlipide, den ^{14}CO$_2$-Gehalt der Ausatmungsluft und die ^{14}C-Lipidausscheidung. Bei Malabsorption werden 48−98% der Radioaktivität mit dem Stuhlfett (normal < als 5%) und nicht mehr als 0,5% der Radioaktivität/h als ^{14}CO$_2$ über die Lunge ausgeschieden (normal 1,5−2,0% von der 6.−8. h). Beweisend für eine Malabsorption ist nur die Kombination von erniedrigter ^{14}C-Serumlipidaktivität und erniedrigter ^{14}CO$_2$-Abatmung, da die alleinige Bestimmung der ^{14}C-Serumlipidaktivität auch bei beschleunigter Metabolisierung eine verringerte Resorption vortäuschen könnte.
Die Verwendung von ^{131}J- bzw. ^{125}J-markierten Triglyceriden (z. B. ^{131}J-Triolein) ist wegen der möglichen bakteriellen Dejodierung des Lipids im Darmtrakt weniger beweisend.

Gastrogene und pankreatogene Maldigestion. Der Ausfall des in den Hauptzellen des Magens gebildeten Pepsins (z. B. nach Magenresektion) wird zwar durch proteolytische Enzyme des Pankreas voll kompensiert, trotzdem kommt es nach Teilresektion des Magens infolge ungenügender Durchmischung des Speisebreis im Duodenum gelegentlich zur Steatorrhoe. Ebenso haben Pankreaserkrankungen unvollständigen Abbau der Kohlenhydrate, Proteine und Lipide (und die Entleerung voluminöser Stühle) zur Folge. Bei Lipasemangel (Pankreasinsuffizienz, S. 294) entsteht eine **Steatorrhoe** (Ausscheidung von >7 g Fett/24 h), wenn die Lipasesekretion < 40% der Norm beträgt.

Hepatogene Maldigestion. Wegen der notwendigen Mitwirkung von Gallensäuren bei der Lipidverdauung (Kap. Lipide, S. 84) bedingen cholestatische

Lebererkrankungen eine selektive Störung der Lipiddigestion und Resorption, die eine **Steatorrhoe** zur Folge hat.

Die *chologene Diarrhoe* ist dagegen durch mangelnde Rückresorption der Gallensäuren bei Unterbrechung des enterohepatischen Kreislaufs gekennzeichnet. Die durch mikrobielle Einwirkung dekonjugierten Gallensäuren verbleiben im Darmlumen und verursachen durch ihre laxierende Wirkung eine Diarrhoe (S. 297) sowie Natrium- und Wasserverlust (Wasser-und Elektrolythaushalt, S. 110). Die reaktive Gallensäurenmehrproduktion der Leber verstärkt die Symptome.

Eine vollständige Unterbrechung des enterohepatischen Kreislaufs der Gallensäuren infolge eines Resorptionsdefektes (z. B. nach vollständiger Entfernung des Ileums) kann allerdings auch durch maximale Steigerung der Gallensäuresynthese nicht kompensiert werden. Es resultiert eine Steatorrhoe.

Malabsorption. Als allgemeine Symptome einer Malabsorption werden osmotische Diarrhoe und Steatorrhoe häufig beobachtet. Folsäure- und Vitamin B_{12}-Malabsorption können Ursache einer megaloblastären Anämie (S. 216) sein. Spezifische Methoden zur Feststellung der intestinalen Resorption basieren auf der oralen Gabe von Prüfstoffen, deren Aufnahme durch Bestimmung ihrer Konzentration in Blut, Harn bzw. Stuhl verfolgt wird.

- Eine Information über den Umfang der Kohlenhydratresorption im oberen Dünndarm gibt der **D-Xylosebelastungstest.** Dazu werden ≈ 170 mmol (25 g) D-Xylose (bei Kindern 100 mmol (15 g))/m² Körperoberfläche oral verabfolgt, anschließend wird die Xyloseausscheidung über 5 h bestimmt. Bei normaler Resorption werden 20–40% der aufgenommenen D-Xylose mit dem Harn ausgeschieden. Eine Xyloseausscheidung unter 27 mmol (4 g)/5 h (< als 16%) zeigt eine intestinale Resorptionsstörung an.
- Der **Schillingtest** prüft die intestinale Resorption von ^{58}Co- oder ^{60}Co-Vitamin B_{12} (Cobalamin), das nach Bindung an den Intrinsicfaktor im Ileum resorbiert wird. Der Test erfordert die parenterale Vorbehandlung mit 0,73 µmol (1 mg) nichtradioaktiv markiertem Vitamin B_{12}, um einen latenten Mangel zu beseitigen. Nach 24 h wird die Testdosis von 0,1 µCi ^{60}Co-Cobalamin oder von 0,4 µCi ^{58}Co-Cobalamin oral gegeben und die Co-Aktivität im Harn gemessen (normal > 7%/24 h). Der Test ist geeignet für alle Formen der Malabsorption und gestattet – da das Vitamin B_{12} ausschließlich im Ileum resorbiert wird – auch Aussagen zur Lokalisation der Resorptionsstörung. Da der Organismus in der Leber über Vitamin B_{12}-Vorräte (1,46–2,19 µmol, 2–3 mg) für 2–4 Jahre verfügt, fällt der Test schon lange vor Auftreten einer makrozytären Anämie pathologisch aus (Schema).

Eine differentialdiagnostische Abgrenzung gegenüber der perniziösen Anämie (S. 218) kann durch gleichzeitige orale Applikation des Intrinsicfaktor (50 mg)

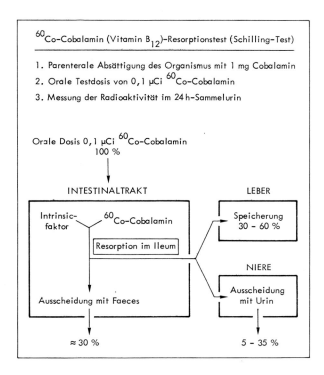

erfolgen, der bei Vorliegen einer Magenschleimhautatrophie, nicht jedoch bei Malabsorption im Ileum, den Test normalisiert. Bei isolierter Störung der Intrinsicfaktor-Produktion tritt eine weitgehende Normalisierung der Vitamin B_{12}-Resorption nach Intrinsicfaktorgabe ein, die bei pathologisch erhöhtem Vitamin B_{12}-Verbrauch im Dünndarm oder Resorptionsstörungen verschiedener Ursachen wie z. B. Sprue, Morbus Crohn im Ileum ausbleibt.

- Die methodisch einfache quantitative **Bestimmung des Stuhlfettes** ist aus zwei Gründen ein zuverlässiger Malabsorptionstest:
  Hohe Empfindlichkeit: Erhöhung des Stuhlfettes um 100% (z. B. von 6 auf 12 g/24 h) entspricht einer Abnahme der Resorption von 94% auf 88%. Der Test erfaßt also bereits geringfügige Resorptionseinschränkungen.
  Hohe Zuverlässigkeit: Fettsäuren werden im Gegensatz zu anderen Nahrungsbestandteilen kaum durch die Mikroorganismen des Darms verstoffwechselt, so daß die mit den Faeces ausgeschiedenen Lipide in guter Näherung dem nichtresorbierten Anteil der Nahrunglipide entspricht.

Eine selektive Unfähigkeit zur Verwertung von Lactose (Milchzucker, β-Gal (1−4)Glc) besteht bei der **Lactoseintoleranz** (Kap. Kohlenhydrate, S. 71). Der diagnostischen Erfassung dient der

- **Lactosetoleranztest,** bei dem am 1. Tag 0,15 mol (50 g) Lactose und am folgenden Tag 0,14 mol (25 g) eines der entsprechenden Monosaccharide (Glucose oder Galaktose) oral gegeben werden. Beim Stoffwechselgesunden kommt es nach Lactosegabe zu einem Anstieg des Blutglucose-bzw. Galaktosespiegels um etwa 1,6 mmol/l (30 mg/100 ml), der beim β-Galaktosidasemangel („Disaccharidasemangel") ausbleibt. Dagegen treten Flatulenz und Diarrhoe auf. Die Resorption der Monosaccharide ist jedoch auch bei Lactasemangel ungestört. Nach Zufuhr von Glucose bzw. Galaktose erfolgt ein normaler Anstieg des Blutglucose- bzw. -galaktosespiegels gegenüber dem Leerwert, und intestinale Störungen bleiben aus (Abbildung).

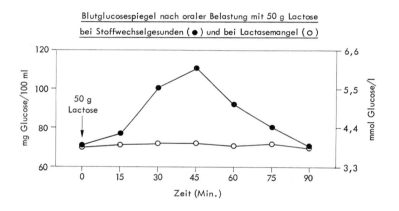

Eine Malabsorption kann verschiedene Ursachen haben:

Primäre (genetische) Defekte der in der Darmmucosa lokalisierten Enzyme sind Ursache charakteristischer Resorptionsstörungen. Zu ihnen zählen die Saccharose-Isomaltose-Malabsorption, die hereditäre kongenitale Lactose-Malabsorption und die Glucose-Galaktose-Malabsorption, die im Kapitel Kohlenhydrate (S. 72) beschrieben sind.

Zöliakie (Synonyma: Einheimische Sprue, Glutenintoleranz). Ein Sonderfall der Malabsorption ist die **Zöliakie,** eine häufig auftretende Krankheit (in europäischen Ländern 1:500 bis 1:2000), in deren Verlauf es unter Einwirkung der (lysinarmen und prolinreichen) Kleberproteine aus Weizen-, Roggen-, Hafer- und Gerstenmehl (Gluten, Gliadin) zu einer flachen zottenlosen Dünndarmschleimhaut mit sekundärer Beeinträchtigung der Resorption für zahlreiche Nahrungsbestandteile kommt. Die Pathogenese ist unklar.

Die Atrophie der Dünndarmschleimhaut erklärt die generelle Einschränkung der Resorption für K^+, Na^+, Glucose, Galaktose (wegen der Herabsetzung der Disaccharaseaktivität), Fettsäuren und fettlösliche Vitamine und Eisen. Die ausbleibende Resorption der Fettsäuren führt zu ihrer Ausscheidung als Calciumsalz („Kalkseifen") mit den Faeces (> 10 g/24 h), die eine sekundäre Hypocalcämie (Tetanie) und auf dem Wege der Gegenregulation eine sekundäre Hyperparathyreoidose und Osteoporose auslösen kann.

Eine konsequente Gluten-Gliadin-freie Diät (Verwendung von Mais-, Reis-, Soja- und Kartoffelmehl anstelle von Weizen-, Roggen-, Hafer- und Gerstenmehl) führt zu einer Verbesserung der Resorptionfähigkeit für die meisten Nahrungsbestandteile und im Laufe von Jahren auch zu einer strukturellen Regeneration der Dünndarmschleimhaut.

Ein *Malabsorptionssyndrom* kann auch bei verschiedenen intestinalen Erkrankungen (morphologische Schädigung der Darmschleimhaut, Obstruktion der intestinalen Lymphbahnen, atypische Besiedlung des Dünndarms mit Mikroorganismen), ferner bei Systemkrankungen mit Darmbeteiligung (Hypoparathyreoidose, Hypothyreose, Rechtsinsuffizienz, Arteriosklerose) entstehen.

Exsudative Enteropathie. Plasmaproteine werden physiologischerweise in den Intestinaltrakt ausgeschieden, die nach enzymatischem Abbau freigesetzten Aminosäuren jedoch reutilisiert.

Ein pathologisch vermehrter Übertritt von Plasmaproteinen wird bei zahlreichen Erkrankungen (des Magens, Darms, Herzens und der Niere) beobachtet. Können die entstehenden Verluste nicht mehr durch Synthesesteigerung kompensiert werden, tritt eine Verminderung der Plasmaproteine, insbesondere des Albumins, der Immunglobuline, des Caeruloplasmins und des Transferrins, ein. Die exsudative Enteropathie gehört zu den wichtigsten Ursachen einer Hypoproteinämie (S. 55). Ödeme, Kachexie und Infekte sind die Folgen. Der Nachweis einer exsudativen Enteropathie erfolgt durch intravenöse Verabreichung von ^{131}J-Polyvinylpyrrolidon (Mol.-Gew. ca. 70 000) oder ^{51}Chrom-Albumin, deren faecale Ausscheidung (normal < 1,6% der Testdosis innerhalb 96 h) gesteigert ist.

4. Pankreas

Das Pankreas sezerniert 300–1500 ml/24 h einer transparenten wäßrigen Lösung von pH 8,0–8,7, die Enzymproteine und anorganische Substanzen (Tabelle S. 276) enthält. Die Enzyme des Pankreassekrets und ihre Wirkungsweise sind in der Tabelle zusammengestellt.

Die Funktionsfähigkeit des Pankreas wird mit Hilfe des Sekretin-Pankreozymin-Tests ermittelt. Hierfür wird Pankreassekret (mit Hilfe der Doppelballonsonde, die das Duodenum nach oben und unten abdichtet) nach folgendem Schema entnommen und analysiert:

Enzyme des Pankreassekrets (Wirkungsbereich pH 6—9)

Substrat	Enzyme	Katalysierte Reaktion bzw. Spezifität (↓ = Spaltungsort)
Proteine	Trypsin	Peptidyl-Arg(Lys) ↓ Peptid
	Chymotrypsin A, G	Peptidyl-Tyr(Trp, Phe, Leu) ↓ Peptid
	Chymotrypsin C	Peptidyl-Leu(Tyr, Phe, Met, Trp, Gln, Asn) ↓ Peptid
	Elastase	Peptidyl-neutrale Aminosäusäure ↓ Peptid (Hydrolyse von Elastin)
	Kollagenase	Spaltung nativen Kollagens innerhalb der helikalen Region
	Kallikrein	Peptidyl-Arg(Lys) ↓ Peptid (Kininogen → Kinin)
	Carboxypeptidase A	Peptidyl-Aminosäure → Peptid + Aminosäure
	Carboxypeptidase B	Peptidyl-Lys(Arg → Peptid + Lys(Arg)
Kohlenhydrate	α-Amylase	Amylopektin (Glykogen) → αGlc(1−4)Glc (Maltose) + αGlc(1−6)Glc (Isomaltose) + Glc Amylose → αGlc(1−4)Glc (Maltose) + Glc
Lipide	Lipase	Triglycerid → Monoacylglycerin (Diacylglycerin) + Fettsäureanion
	Phospholipase A	Lecithin (Phosphatide) → Lysolecithin + Fettsäureanion
	Phospholipase B	Lysolecithin (Lysophosphatid) → Glycerylphosphorylcholin + Fettsäureanion
	Sterinesterhydrolase	Sterinfettsäureester → Sterin + Fettsäureanion
Nucleinsäuren	Ribonuclease	Endonucleolytische Spaltung von RNA an 3'-Position von Pyrimidinnucleotiden
	Desoxyribonuclease	DNA → Oligodesoxyribonucleotide

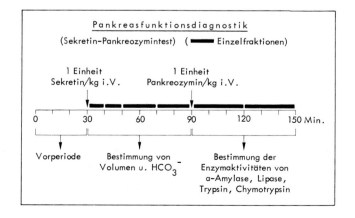

Das Ergebnis ist für die Diagnose einer chronischen Pankreatitis bzw. Pankreasinsuffizienz (s. u.) von Bedeutung.

Bei der oralen (nichtinvasiven) Pankreasfunktionsprüfung wird zusammen mit einer Testmahlzeit zur Stimulation des Pankreas eine Prüfsubstanz gegeben (z. B. Fluorescein-Dilaurinsäure), die durch die Pankreas-spezifische Arylesterase in Fluorescein und Laurinsäure gespalten wird. Das resorbierte und über den Urin ausgeschiedene Fluorescein gilt als Maß für die exokrine Pankreasfunktion. Zum Ausschluß einer individuellen Resorptions- oder Leberstoffwechselstörung bzw. einer Niereninsuffizienz muß der Test 2 Tage nach dem ersten Untersuchungstag mit Fluorescein allein wiederholt werden.

Akute Pankreatitis. Im exokrinen Pankreasgewebe liegen die Pankreasenzyme in inaktiver Form vor. Ihre Aktivierung erfolgt physiologischerweise nach Abgabe des Sekrets in das Lumen des Duodenums. Bei der — klinisch durch schwere Schocksymptome gekennzeichneten — akuten Pankreatitis kommt es zu einer massiven pathologischen Freisetzung proteolytischer und lipolytischer Aktivitäten im Pankreasgewebe selbst mit der Folge einer Autodigestion (Selbstverdauung) des Pankreas. Der Prozeß der Gewebsauflösung kann auch auf das Peritoneum und auf Nachbarorgane (Leber, Gallenblase) übergreifen. Sekundär entstehen Hämorrhagien, Zellgewebsnekrosen, Abszesse und Zystenbildung. An der Autodigestion sind nicht nur die für die Sekretion bestimmten Proteasen Trypsin und Chymotrypsin, sondern auch Gewebsproteasen beteiligt, die z. T. durch Trypsin aktiviert werden. Bei der Entstehung der Schocksymptome ist einerseits die durch Kallikreinaktivierung erfolgende Freisetzung der vasoaktiven Kinine, andererseits der durch das intra- und peripankreatische Ödem bedingte Flüssigkeitsverlust (Hypovolämie) beteiligt. Eine Inselzellschädigung kann über vermehrte Glukagonausschüttung eine transitorische Hyperglykämie- und Calcitoninfreisetzung hervorrufen. In schweren Fällen kann es dadurch zur Hypocalcämie mit Tetanie kommen.

α-Amylase und Lipase sind bei der akuten Pankreatitis in erhöhter Aktivität im Blutserum nachweisbar. Ein alleiniger Anstieg der α-Amylaseaktivität im Serum ist allerdings nicht beweisend, da auch bei anderen intraabdominalen Erkrankungen (z. B. Ulcus- und Gallenblasenperforation, Ileus, Peritonitis, Extrauteringravidität) und auch bei extraabdominalen Erkrankungen (Parotitis, Niereninsuffizienz, Bronchialcarcinom) die α-Amylase im Serum erhöht sein kann.

Hauptursache für die Entstehung einer akuten Pankreatitis sind Abflußhindernisse (Obstruktion der Pankreasgänge, Papillensteine, Tumoren), Zirkulationsstörungen (Gefäßerkrankungen) und intensive Sekretionsreize (z. B. voluminöse Mahlzeiten, Alkoholexzesse). Weitere ätiologische Faktoren können prädisponierend oder auslösend wirksam werden.

Der aus Rinderpankreas und Rinderlunge isolierte polyvalente Proteaseinhibitor **Aprotinin** (Trasylol®), kann in hoher i. v. Dosierung therapeutisch wirksam sein. Aprotinin inhibiert Trypsin, Chymotrypsin, Plasmin, lysosomale Proteasen und auch Kallikrein, das seinerseits die an der Pathogenese der akuten Pankreatitis beteiligten vasoaktiven Kinine freisetzt. Keine Hemmung entfaltet das Aprotinin gegenüber Thrombin, so daß die Bildung von Fibrin aus Fibrinogen nicht beeinflußt wird.

Makroamylasämie. Die vom Pankreas an das Blut abgegebene α-Amylase kann aus bisher nicht geklärten Gründen an Immunglobuline des Serums gebunden werden. Dadurch wird die Ausscheidung der α-Amylase über die Niere verhindert, und es kommt zu einer permanenten Steigerung der α-Amylaseaktivität im Serum.

Chronische Pankreatitis und Pankreasinsuffizienz. Bei der chronischen Pankreatitis kommt es – oft aus gleicher Ursachen wie bei der akuten Pankreatitis – zu protrahiertem Untergang des Pankreasparenchyms mit zunehmender Atrophie und bindegewebigem Ersatz, der sich in einer Pankreasinsuffizienz manifestiert. Als Folge der herabgesetzten Pankreasfunktion findet sich im Pankreassekret

- eine Verminderung des Volumens (Normbereich 1,8–5,0 ml/Min.),
- eine Abnahme der Konzentration von HCO_3^- (Normbereich nach Sekretin 80–130 mmol/l) und
- eine Abnahme der Aktivität der Verdauungsenzyme (Normbereich nach Pankreozymin: Trypsin 14–74 U/Min., Chymotrypsin 34–230 U/Min., Lipase 430–4600 U/Min., α-Amylase 430–2100 U/Min.).

Auch im Stuhl läßt sich bei chronischer Pankreatitis eine signifikante Reduktion der Chymotrypsinaktivität (Normbereich 60–100 U/g Stuhl) nachweisen.

Das pathophysiologische Korrelat des Enzymmangels bei chronischer Pankreasinsuffizienz sind Maldigestion und Malabsorption (S. 286) mit Steatorrhoe, Diarrhoe und u. U. auch Inselzellschädigung (Diabetes mellitus). Bei Schüben der chronischen Pankreatitis mit Sekretionsdruckerhöhung sind α-Amylase und Lipase im Blutserum in erhöhter Aktivität nachweisbar.

Cystische Pankreasfibrose (Mucoviscidose, cystische Fibrose). Mit einer Inzidenz von 1:1000 ist die cystische Pankreasfibrose das häufigste autosomal rezessiv vererbte genetische Leiden. Eine klinische Manifestation wird jedoch nur bei homozygoten Trägern beobachtet.

Die cystische Fibrose betrifft alle exokrinen Drüsen, die ein mucöses oder seröses Sekret abgeben. Dabei sind mucöse Sekrete (Pankreas, Intestinaltrakt, Respirationstrakt) durch abnorm hohe Viskosität gekennzeichnet. Die dadurch bewirkte obstruktive Verlegung der Ausführungsgänge und Sekretabflußstauung führt im Pankreas zu cystischer Erweiterung der Ausführungsgänge und Atrophie des exokrinen Pankreasgewebes mit Malabsorption. In der Lunge kommt es zur Verlegung der kleinen Bronchien, zu Atelektasen, Bronchiektasen und Bronchopneumonien. Beim Neugeborenen findet man im Mekonium eine Anreicherung von Albumin, das aus verschluckter Amnionflüssigkeit stammt.

Seröse Drüsen (Parotis, Schweißdrüsen) produzieren ein Sekret mit einer 2–5fach erhöhten NaCl-Konzentration. Dieser Befund ist neben der Pankreasinsuffizienz das führende klinische Symptom.

Die Ursache (oder Ursachen?) für diese Abweichungen im Stoffwechsel der exokrinen Drüsen (und eine kausale Therapie) sind unbekannt.

Die Frühdiagnose, welche die Prognose verbessert, beruht auf dem Nachweis des Albumins im Mekonium mit immunologischen Methoden. Bei mehr als 20 mg Albumin/g trockenes Mekonium besteht (bei Ausschluß von Blutungen in den Intestinaltrakt) Verdacht auf cystische Pankreasfibrose.

5. Colon

Die ins Colon gelangenden unlöslichen und nicht resorbierbaren Nahrungsbestandteile (ca. 700 ml/24 h) sind in einer isotonen Lösung von Verdauungssekreten suspendiert, die pro Liter etwa 100 mmol Na^+, 30 mmol K^+, 80 mmol Cl^- und 8 mmol Ca^{2+} enthält. Während der Passage durch das Colon werden ca. 600 ml Wasser zusammen mit Na^+, K^+ und Cl^- rückresorbiert, während das Ca^{2+} mit den Faeces ausgeschieden wird.

Die Faeces enthalten etwa 30% Trockensubstanz, die sich zu je 25% auf anorganische Substanzen und Bakterien und zu 50% auf andere organische Bestandteile verteilt. Die vom Menschen täglich mit den Faeces abgegebene Stickstoffmenge beträgt 1,0–1,5 g.

Die Bakterien des Dickdarms, unter denen das Bacterium E. coli physiologischerweise überwiegt, können in nennenswertem Umfang zur Versorgung des Menschen mit Phyllochinon (Vitamin K) und vermutlich auch anderen Vitaminen beitragen. Die Produkte des bakteriellen Eiweiß- bzw. Aminosäureabbaus sind biogene Amine, die in höherer Konzentration z. T. blutdruckwirksam, z. T. toxisch sind (Cadaverin, Agmatin, Putrescin, Ammoniak) und aus Aminosäuren durch reduktive Desaminierung gebildete Fettsäuren. Aus den schwefelhaltigen Aminosäuren können Ethylmercaptan, Methylmercaptan und H_2S, aus den aromatischen Aminosäuren Indol und Skatol, Histamin und Tyramin entstehen.

Diarrhoe. Als Diarrhoe wird ein Anstieg des Wassergehalts im Stuhl auf Werte über 80% bezeichnet. Die Diarrhoe ist verbunden mit einer verminderten Nettowasserbewegung vom Darmlumen in das Gewebe. Da im Darmtrakt Resorptions- und Sekretionsvorgänge nebeneinander laufen, kann eine Diarrhoe sowohl durch **verminderte Resorption** von Elektrolyten und Wasser als auch durch **gesteigerte Sekretion** zustandekommen. Folgende pathogenetische Mechanismen werden unterschieden:

- **Osmotische Diarrhoe.** Die Ansammlung osmotisch wirksamer, nicht resorbierbarer Substanzen führt zur Erhöhung der Osmolarität und zu entsprechender Wasserretention im Darmlumen. Dies gilt für osmotische Laxantien (z. B. Magnesiumsulfat), aber auch für nichtresorbierte Nahrungsbestandteile (Maldigestion, Zöliakie, Lactoseintoleranz). Auch langkettige, nicht resorbierte Fettsäuren (Steatorrhoe) haben einen selektiv hemmenden Einfluß auf die Wasserresorption.

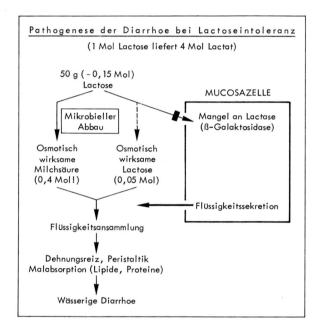

- **Sekretorische Diarrhoe.** Bakterielle Toxine, Prostaglandine, eine Überproduktion von VIP (S. 284) beim Verner-Morrison-Syndrom (S. 284) stimulieren die intestinale Sekretion von K^+, Na^+, Cl^-, HCO_3^- in das Darmlumen. Der sich entwickelnde osmotische Gradient hat eine korrespondierende Wasserbewegung zur Folge.
- **Exsudative Diarrhoe.** Zerstörung der Darmschleimhaut durch Entzündungen oder Allergie (Zöliakie S. 290), aber auch die Einwirkung von Dihydroxygallensäuren und Dihydroxyfettsäuren, die im Dickdarm durch bakterielle Einwirkung entstehen, steigern die Permeabilität der Dickdarmschleimhaut, so daß Wasser und Elektrolyte in das Darmlumen einströmen.
- **Diarrhoe durch abnorme intestinale Motilität** tritt bei Serotonin-bildenden Tumoren (Carcinoid S. 193) auf oder kann nerval-funktionell (Angst, Furcht, Streß) bedingt sein. Über eine dabei erfolgende übermäßige Produktion cho-

linerger Überträgerstoffe kann eine vermehrte Chloridsekretion in das Darmlumen zustande kommen und eine zusätzliche sekretorische Komponente der Diarrhoe darstellen. Auch Gallensäuren (S. 272) und schleimhautreizende Laxantien bedingen einen rascheren Durchlauf der intestinalen Flüssigkeit und verminderte Resorption von Wasser und Elektrolyten (chologene Diarrhoe).

- Ein passiver Abstrom von Wasser aus dem Gewebe in das Darmlumen kann auch bei **gesteigertem hydrostatischen Druck oder Gewebedruck** eintreten. Dies ist z. B. nach Obstruktion mesenchymaler Lymphbahnen der Fall, wobei vermehrt Lymphe filtriert wird.

Je schwerer die Diarrhoe und je größer die dabei ausgeschiedenen Flüssigkeitsmengen, desto höher ist der Verlust an Wasser, Na^+, K^+ und die Gefahr von Störungen im Säure-Basenhaushalt. Gehen Kochsalz und Wasser im gleichen Verhältnis verloren, bleibt der Serum-Natrium-Spiegel normal. Ist der Wasserverlust höher als der Kochsalzverlust, resultiert eine Hypernatriämie (Kap. Wasser und Elektrolythaushalt, S. 113). Isolierter Kaliumverlust ist bei Laxantienmißbrauch häufig.

Ein Vergleich der ausgeschiedenen Summe von Na^+ und K^+ und Cl^- mit der Serumbicarbonat-Konzentration erlaubt eine Aussage, ob die Gefahr eines Basen- oder Säureverlustes, d. h. einer Acidose oder Alkalose besteht.

V. Niere und Urin

1. Funktion und Funktionsstörung

Die Niere ist ein Kontroll- und Ausscheidungsorgan, das an der Homöostase des Blutes und der Körpersäfte entscheidend beteiligt ist und dabei folgende Funktionen erfüllt:

- In der Niere werden die nichtflüchtigen wasserlöslichen niedermolekularen Stoffwechselendprodukte, gegebenenfalls auch nichtmetabolisierbare exogene Substanzen (z. B. Pharmaka) und anorganische Bestandteile über einen Filtrations-Rückresorptionsprozeß ausgeschieden. Die zellulären Bestandteile und Makromoleküle werden dabei zurückgehalten. Die Niere vermag ihre Ausscheidung unter beträchtlicher Konzentrierung vorzunehmen, ist also an der Ökonomie des Wasserhaushalts beteiligt.
- Die Aufrechterhaltung der charakteristischen Elektrolytzusammensetzung und des osmotischen Drucks der Flüssigkeitskompartimente wird durch selektive Ausscheidung bzw. Rückresorption von Ionen reguliert.
- Nach den Erfordernissen des Säure-Basen-Haushalts und der Konstanz des pH-Werts von 7,4 in Blut und Körpersäften können Säure- oder Basenäquivalente ausgeschieden oder retiniert werden.
- In der Niere werden die Hormone Renin und Erythropoetin gebildet.

Die Aufgaben der Niere im Stoffwechsel zeigen sich vor allen Dingen bei Störungen oder Ausfall ihrer Funktion und kommen in typischen Syndromen zum Ausdruck, die zahlreichen Formen von Nierenerkrankungen gemeinsam sind:

- Störungen der **glomerulären Filtration** führen zu **Oligurie** bzw. **Anurie** und in deren Folge zu Retention harnpflichtiger Endprodukte des Stickstoff-Stoffwechsels (**Azotämie**); ferner wegen des häufig gleichzeitigen Permeabilitätsdefektes zu Proteinurie und Hämaturie.
- Störungen der **Tubulusfunktion** manifestieren sich in Defekten der Harnkonzentrierung, der Sekretion und Rückresorption von Bestandteilen des Primärharns und in damit verbundenen Störungen des Elektrolyt-, Säure- und Basenhaushalts oder vermehrter Ausscheidung von Glucose, Aminosäuren oder Elektrolyten.

2. Harnbildung und Regulation der Nierentätigkeit

Durchblutung und Filtration. Durch die etwa 2 Mill. Glomerula beider Nieren fließen beim Menschen in 24 h etwa 1700 l Blut. Die in den Glomerulumkapillaren bestehende Differenz zwischen dem (hydrostatischen) Blutdruck von 70 mm Hg und dem kolloidosmotischen Druck der Plasmaproteine von 30 mm Hg wird für eine Druckfiltration ausgenutzt, bei der die Basalmembran der Glomerulumkapillaren den eigentlichen Filter darstellt, der nur für niedermolekulare Substanzen, nicht jedoch für Moleküle von einem Mol.-Gew. von > 65 000 durchlässig ist. Durch diese Druckfiltration werden als Primärharn 160–180 l eines nahezu eiweißfreien Ultrafiltrats gebildet, das alle niedermolekularen Bestandteile des Plasmas in gleicher Konzentration enthält.

Isoosmotische Rückresorption und Sekretion im proximalen Tubulussystem. Im proximalen Tubulus findet eine aktive Rückresorption der Elektrolyte, der Glucose, der Aminosäuren und anderer noch im Stoffwechsel benötigter Verbindungen, z. T. aber auch der harnpflichtigen Substanzen statt. Auf diese Weise werden dem Blut 75–99% der filtrierten Bestandteile wieder zugeführt. Durch die Rücksorption sinkt der osmotische Druck des Primärharns unter den des umgebenden Gewebes. Die Folge ist eine Rückresorption von etwa 150 l Wasser. Da Elektrolyte und Wasser ausschließlich im gleichen Verhältnis rückresorbiert werden, bezeichnet man diesen Vorgang als **isoosmotische** (oder isotonische) **Rückresorption.** Während der Passage durch den proximalen Tubulus werden $^2/_3$ bis $^4/_5$ der glomerulär filtrierten Flüssigkeitsmenge resorbiert, ohne daß sich dabei die Osmolarität des Filtrates im Vergleich zum Plasma ändert. Die Zellen des proximalen Tubulus sezernieren auch verschiedene Endprodukte des Stoffwechsels und körperfremde Substanzen in den Harn.

Im absteigenden Teil der Henleschen Schleife nimmt die Osmolarität durch Austritt von Wasser progredient zu. Dies setzt ein osmotisches Druckgefälle voraus, das durch aktive NaCl-Rückresorption im aufsteigenden Schenkel der Henleschen Schleife geschaffen wird. Da gleichzeitig eine Impermeabilität der Tubuluswand für Wasser besteht, sinkt die Osmolarität der Tubulusflüssigkeit.

Resorption und Sekretion im distalen Tubulus. Im distalen Tubulus und in den Sammelröhrchen werden Na^+ und Cl^- rückresorbiert. Wenn es der Elektrolyt- bzw. Säure-Basenhaushalt erfordert, werden lediglich Na^+ und K^+ bzw. H^+ ausgetauscht. Zur Neutralisation überschüssiger saurer Valenzen kann von der Niere auch NH_4^+ (aus Glutamin) bereitgestellt werden. Über die Reaktion $NH_3 + H^+ \rightarrow NH_4^+$ kann die Niere Protonen ausscheiden, ohne den Bicarbonatbestand des Organismus anzugreifen.

Im distalen Tubulus und im Sammelrohr werden unter normalen Bedingungen etwa 13% des glomerulär filtrierten Wassers zurückgewonnen. Die verbleibende Wassermenge bestimmt die Konzentration des Endharns. Da viele Inhaltsstoffe des Blutplasmas im Harn in einer mehr- bis hundertfach höheren Konzentration gegenüber dem Blutplasma erscheinen und auch der pH-Wert des Endharns (pH

5,7—5,8) von dem des Blutes abweicht, findet im distalen Tubulus eine **Konzentrationsarbeit** statt.

Die Harnkonzentrierung kommt durch passive Rückdiffusion von Wasser aus dem distalen Tubulus und Sammelrohr zustande. Sie wird unterstützt durch eine aktive Rückresorption von Natrium, Chlorid und anderen gelösten Bestandteilen, durch die ein zusätzliches osmotisches Druckgefälle zwischen Tubuluslumen und peritubulärem Gewebe geschaffen wird.

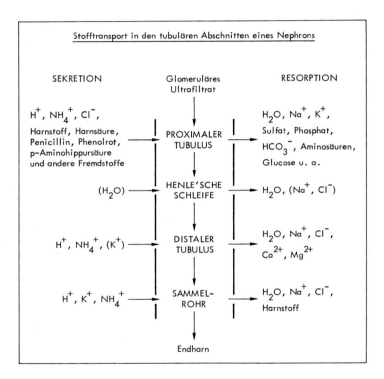

Die tubuläre Rückresorption von Glucose, Aminosäuren, Harnsäure und anorganischem Phosphat und die Sekretion von Wasserstoffionen beruhen auf einem „aktiven Transport", d. h. der Transportvorgang erfolgt gegen ein Konzentrationsgefälle, weist Substratspezifität auf, ist energieabhängig und zeigt eine Sättigungskinetik, d. h. die Transportgeschwindigkeit nimmt nicht linear mit Erhöhung der Konzentration der transportierbaren Teilchen zu, sondern erreicht ein Maximum, das auch bei weiterer Steigerung des Angebotes nicht überschritten wird. Die Spezifität der Transportprozesse zeigt sich im Auftreten selektiver Transportdefekte.

3. Kontrolle der Nierentätigkeit

Die fakultative Wasserrückresorption der Niere wird durch das **Adiuretin** (Vasopressin, Kap. Hormone, S. 190) beeinflußt, dessen Sekretion durch Osmorezeptoren reguliert wird. Die Adiuretinwirkung greift über den Adenylzyklase-Zyklo-AMP-Mechanismus im distalen Tubulus und in den Sammelröhrchen an und steigert ihre Permeabilität für Wasser.

Die **Mineralocorticoide** fördern die Natriumrückresorption (S. 171) und dadurch die Harnkonzentrierung. Sie wirken im proximalen und distalen Tubulus und vielleicht auch in der Henleschen Schleife. Die Wasserrückresorption wird auch durch **STH** gefördert. **Adrenalin** führt zu einer Verringerung der Harnmenge, der Natrium- und Chloridausscheidung. Die Pressorezeptoren der juxtaglomerulären Zellen der Niere sorgen über den **Renin-Angiotensin-**Mechanismus für eine Erhöhung des Blutdruckes, wenn der Nettofiltrationsdruck im Glomerulum absinkt.

Diuretika. Beeinflussung der Nierentätigkeit mit dem Ziel einer vermehrten Diurese — z. B. zur Ausschwemmung von Ödemen — wird vorzugsweise durch Medikamente erreicht, welche die Ausscheidung von Na^+ (und Cl^-) erhöhen („Saluretika") und damit entsprechende Wasserbewegungen bewirken. Hierzu gehören:

- **Benzothiadiazin-Derivate** (Thiazide), welche die Rückresorption von Na^+ und Cl^- vorwiegend im proximalen Tubulus hemmen, wo 65% des NaCl rückresorbiert werden (Abb.) Sie setzen allerdings gleichzeitig die Harnsäureausscheidung herab und können damit zu sekundärer Hyperurikämie (S. 39) führen.

- **Etacrynsäure** und **Furosemid,** die ebenfalls die Na^+- und Cl^--Rückresorption hemmen bzw. deren vermehrte Ausscheidung fördern (die jedoch häufig von einer vermehrten K^+-Ausscheidung begleitet ist), sich von den Thiaziden aber durch ihren Angriffspunkt auch im distalen Tubulus (Etacrynsäure) bzw. im aufsteigenden Schenkel der Henleschen Schleife (Furosemid) unterscheiden, und beide über eine Hemmung des ATP-abhängigen aktiven K^+-Na^+-Transportsystems wirksam werden.

- **Aldosteron-Antagonisten.** Sie sind kompetitive Inhibitoren des Aldosterons, mit dem sie um Rezeptoren an der Tubuluszelle konkurrieren und damit die NaCl-Ausscheidung fördern. Der akute diuretische Effekt ist relativ gering. Ein Vorteil besteht jedoch in der unveränderten oder sogar verminderten K^+-Ausscheidung, bei der allerdings die Gefahr einer Hyperkaliämie gegeben ist.

Antikaliuretische Substanzen erhöhen die Kaliumausscheidung nicht oder setzen sie sogar herab und wirken daher der (bei Anwendung anderer Diuretika) unerwünschten Hypokaliämie entgegen. Sie haben jedoch nur einen geringen natriuretischen Effekt.

Osmotisch wirksame Substanzen – wie z. B. Mannit – werden nach ihrer Filtration im Tubulussystem nicht rückresorbiert und nehmen eine entsprechende Menge Lösungswasser mit.

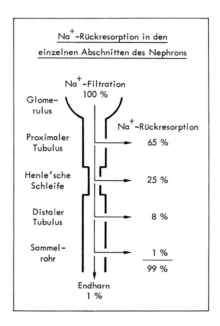

4. Akutes Nierenversagen

Das akute Nierenversagen bezeichnet eine plötzliche und kritische Herabsetzung der Ausscheidungsfunktion der Niere, die

- **prärenale** (hypovolämischer Schock, Kreislaufversagen)
- **renale** (akute Glomerulonephritis, Nephropathien, Nephrotoxine wie z. B. Schwermetalle, organische Lösungsmittel) oder
- **postrenale** (beidseitige Ureterobstruktion, Nierenvenenthrombosen)

Ursachen haben kann.

Die beim akuten Nierenversagen eintretenden Veränderungen betreffen primär den Wasser- und Elektrolythaushalt. Initial führen Schock oder toxische Schädigung des Nierenparenchyms zur renalen Ischämie mit Verminderung des Glomerulumfiltrats und Hemmung des tubulären Na^+-Transports. Der daraufhin einsetzende Anstieg der Na$^+$-Konzentration in den distalen Tubuli führt über eine Wirkung auf die Macula densa zu einer präglomerulären Vasokonstriktion (Drosselung der Vasa afferentia) und zum Sistieren der glomerulären Filtration in dem betreffenden Nephron. Die Wasserausscheidung geht auf geringe Volumina zurück (Oligurie = weniger als 0,4 l/d, 400 ml/24 h, Anurie = weniger als 0,1 l/d, 100 ml/24 h). Die konsequent sich entwickelnde Hyperkaliämie und die – als **Azotämie** bezeichnete – Stickstoffretention (Kreatinin, Harnstoff, Harnsäure) beherrschen die klinische Symptomatik (EKG-Störungen, Herzversagen, Urämie). Bei Anurie kann es auch bei Kalium-freier Ernährung zu einer **Hyperkaliämie** kommen, die durch Freisetzung von K$^+$ im Rahmen des physiologischen Zellverfalls entsteht. Liegt gleichzeitig ein schwerer Nierenparenchymschaden vor, treten infolge erhöhter Durchlässigkeit der Glomeruli auch **Proteinurie** und Erythrurie (Durchtritt von Erythrozyten) auf.

Bei Oligurie und Anurie dürfen – zur Verhütung einer Hyperhydration (S. 110) – lediglich die renalen und extrarenalen Flüssigkeitsverluste (intestinale Flüssigkeitsausscheidung, Perspiratio insensibilis) ergänzt werden (etwa 0,3 l/d, 300 ml/24 h).

Nach einer u. U. bis zu 3 Wochen dauernden oligurischen Phase setzt die Diurese mit zunehmenden Urinvolumina ein. Eine Funktionsschwäche der Niere (Na$^+$- und K$^+$-Verlustsyndrom) kann bis zu einer vollen Restitution über mehrere Wochen oder Monate bestehen bleiben.

5. Chronische Niereninsuffizienz

Bei zunehmender Zerstörung oder bei vollständigem Funktionsausfall von Nephronen entwickelt sich eine chronische Niereninsuffizienz.

Im ersten Stadium werden exkretorische und regulatorische Funktionen der Niere noch durch Vergrößerung der Glomeruli und Hypertrophie der Tubuli kompensiert. Der Defekt läßt sich nur durch Funktionstests aufdecken. In späteren Stadien sind eine herabgesetzte Konzentrationsfähigkeit (Isosthenurie, Hyposthenurie), Natrium- und Calciumverlust (hypochlorämische Acidose) und Retention harnpflichtiger stickstoffhaltiger Substanzen (Kreatinin, Harnstoff, Harnsäure) nachweisbar. Eine Tetanie tritt trotz Calciumverlust selten auf, da die Acidose für verstärkte Freisetzung von Calcium aus der Proteinbindung sorgt. Auch der sich entwickelnde sekundäre Hyperparathyreoidismus wirkt einer Hypocalcämie entgegen, ohne sie jedoch vollständig zu kompensieren. Eine nicht kompensierte unbehandelte chronische Niereninsuffizienz endet im Stadium der **Urämie.** Die Urämie bezeichnet das klinische Zustandsbild einer fortgeschrittenen Niereninsuffizienz.

Pathobiochemie der chronischen Niereninsuffizienz

Stoffwechselstörung	Symptome
Retention von Produkten des Stickstoff-Stoffwechsels (Harnstoff, Harnsäure, Kreatinin u. a.)	⟶ Urämiesyndrom (Komplexe neurologische, gastroenterologische u. a. toxische Symptome)
Eingeschränkte Reaktion 25-Hydroxycalciferol ⟶ 1,25-Dihydroxycalciferol	⟶ Verminderte intestinale Calciumresorption, sekundärer Hyperparathyreoidismus, Hypocalcämie, renale Osteopathie
Störungen der Elektrolytausscheidung	⟶ Hypokaliämie, Hyponatriämie, Hypochlorämie, im terminalen Stadium Hyperkaliämie
Verminderte renale H^+-Exkretion	⟶ metabolische Acidose mit teilweiser Kompensation durch Hyperventilation und Senkung des pCO_2
Ausfall der Erythropoetinbildung der Niere	⟶ Anämie
Hyperhydration und Gefäßveränderungen der Niere	⟶ Hypertonie, dekompensierte Linksherzinsuffizienz
Komplexe toxische Einflüsse auf den Stoffwechsel durch unbekannte Metabolite („Urämiegifte")	⟶ Anämie aufgrund verkürzter Lebenszeit endogener oder transfundierter Erythrozyten, Thrombopenie, Thrombopathie, zentrale und periphere Neuropathie, endokrine Funktionsstörungen (Veränderungen des Insulinstoffwechsels, Hypogonadismus)

Bei Einschränkung der glomerulären Filtrationsleistung auf 60% der Norm kommt es zum Anstieg des Serumkreatinins, bei Einschränkung auf 30–35% zum Anstieg des Serumharnstoffs und bei Einschränkung unter 20% zum Anstieg der Harnsäure- und Phosphatkonzentration im Serum. Die in % der Norm angegebene Ausscheidungsleistung entspricht der Zahl noch intakter Nephrone, die – nach der „Intact Nephron Hypothese" – entweder normal funktionieren oder vollständig ausfallen.

Die bei chronischem und fortschreitendem Nierenversagen infolge eines unheilbaren Grundleidens sich entwickelnden Symptome der dekompensierten Niereninsuffizienz lassen sich z. T. aus der Einschränkung der Nierenfunktion ableiten, z. T. sind sie als komplexe Auswirkungen des chronischen Nierenversagens auf den Gesamtorganismus zu werten (Tabelle).

Proteinstoffwechsel bei chronischer Niereninsuffizienz. Ein Anstieg der harnpflichtigen Metabolite des Proteinstoffwechsels zeigt eine dekompensierte Nierenfunktion bzw. ein Absinken der Anzahl funktionstüchtiger Nephrone an (s. o.).

Neben einer Retention von Kreatinin, Harnsäure und Harnstoff kommt es dabei zu einem Anstieg vermutlich toxischer Metabolite des Proteinstoffwechsels (Guanidin, Phenolderivate, Indol, Peptide). Ein für die Niereninsuffizienz spezifisches „Urotoxin" ließ sich jedoch nicht nachweisen.

Durch Einschränkung der täglich zugeführten Nahrungsproteinmenge auf 20–40 g ist es möglich, den Proteinstoffwechsel der eingeschränkten Eliminationsleistung der Niere anzugleichen und damit die erhöhte Konzentration der harnpflichtigen Substanzen wieder zu senken und die retentionsbedingte Intoxikation zu bessern. Das Problem einer bilanzierten Proteindiät besteht darin, daß einerseits – um einen katabolen Proteinstoffwechsel zu vermeiden – eine ausreichende Menge essentieller Aminosäuren (6–7 g/24 h) zugeführt werden, andererseits die Gesamtproteinmenge reduziert bleibt, aber eine ausreichende Kalorienzufuhr erreicht werden muß.

Eine reduzierte Proteinzufuhr (strenge Reduktion: 25–35 g Gesamtprotein/24 h, mäßige Reduktion: 40–55 g Gesamtprotein/24 h) bei chronischer Niereninsuffizienz ist erforderlich, weil bei Harnstoffretention eine verstärkte **Reutilisie-**

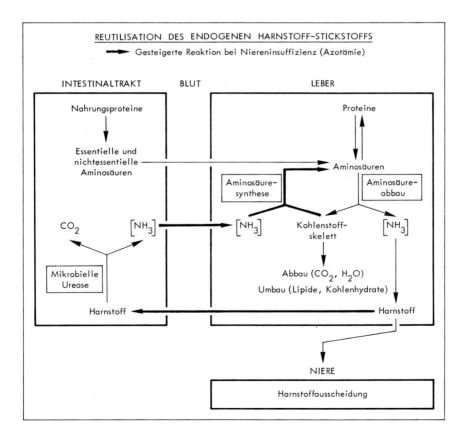

rung des **Harnstoff-Stickstoffs** über einen mikrobiellen intestinalen Abbau des Harnstoffs zu Ammoniak und CO_2 mit erhöhter Synthese nicht essentieller Aminosäuren in der Leber einsetzt (Schema), und dadurch die zusätzliche Bildung von Harnstoff begünstigt wird.

Eine reduzierte bzw. auf essentielle Aminosäuren limitierte Diät wird erreicht z. B. durch eine Kartoffel-Ei-Diät, welche bei etwa 30 g Protein/24 h (entsprechend 300 g Kartoffeln und 300 g Hühnervollei) die essentielle Aminosäuren in einer optimalen Proportion enthält. Eine andere Möglichkeit besteht in der Beschränkung der Nahrungsproteine auf 20 g/24 h bei gleichzeitiger Substitution der essentiellen Aminosäuren (15 g/24 h) in Tablettenform, wobei für das Nahrungsprotein kein Verbot für bestimmte Eiweißträger besteht.

6. Nephrose und Proteinurie

Strukturelle Läsionen der Glomeruluswand bzw. der glomerulären Basalmembran, die als entscheidende Filtrationsbarriere angesehen wird, haben zwei wesentliche funktionelle Konsequenzen:

1. Verminderung des Glomerulusfiltrats,
2. Erhöhung der Permeabilität für Makromoleküle.

Pathogenese. Die Pathogenese des nephrotischen Syndroms wird durch die erhöhte Permeabilität der glomerulären Kapillarwand bestimmt. Der hieraus resultierende Übertritt von Plasmaproteinen in das Glomerulusfiltrat hat eine **Proteinurie** verschiedenen Schweregrades (von <0,5 — >4 g Protein/24 h im Urin) zur Folge. Die entstehenden renalen Proteinverluste sind Ursache der Hypoproteinämie, die — je nach Art der Schädigung — entweder bevorzugt Proteine mit einem Mol.-Gew. bis 200000 betrifft wie z. B. Albumin (Mol.-Gew. 65000), Transferrin (Mol.-Gew. 90000), α_1-Glykoprotein (Mol.-Gew. 54000) und dann als **selektive Hypoproteinämie*** bezeichnet wird, oder ohne Selektion zu einem gleichmäßigen Verlust der meisten Plasmaproteine führt (**nichtselektive Hypoproteinämie**). Die aus der Hypoproteinämie bzw. Dysproteinämie sich entwickelnden Folgezustände gibt das nachstehende Schema wieder.

Die **Dysproteinämie** führt — insbesondere, wenn die Serumalbuminkonzentration unter einen Wert von 14 g/l (1,4 g/100 ml) sinkt (Hypoalbuminämie) — zum Abfall des onkotischen Drucks und zur Verminderung des zirkulierenden Plasma-

---

* Definitionsgemäß gehört die selektive Hypoproteinämie zu den Dysproteinämien (S. 55).

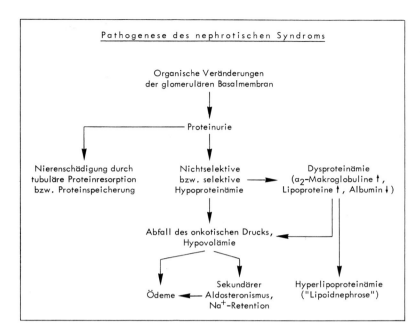

volumens (Hypovolämie). Die direkte Folge sind Wasserretention im Gewebe und die Entstehung von Ödemen. Seskundär entwickelt sich aufgrund der verminderten Nierendurchblutung über den Renin-Angiotensin-Mechanismus ein Hyperaldosteronismus mit Na^+-Retention.

Proteinverlust bzw. Dysproteinämie scheinen ferner eine Regulationsstörung der Lipoproteinsynthese der Leber auszulösen, da bei einer Nephrose meist sekundäre Hyperlipoproteinämie (S. 96) auftritt, die zu einem Übertritt von Lipoproteinen in den Urin (Lipidurie) führen kann. Ursache scheint eine kompensatorische Überproduktion von Lipoproteinen (VLDL) und deren ineffiziente Utilisation zu sein.

Proteinurie. Der Primärharn repräsentiert ein nahezu eiweißfreies Ultrafiltrat des Blutplasmas, wobei die Baumannsche Kapsel als Molekularsieb dient. Im Primärharn erscheinen die Plasmaproteine in einer Konzentration von 10–15 mg/100 ml Filtrat. Das bedeutet, daß die Proteinkonzentration des Primärharns etwa 500 mal geringer ist als diejenige des Blutplasmas. Bei einer glomerulären Filtrationsrate von 1,0–1,21 pro Minute wird jedoch eine Proteinmenge von etwa 10–30 g/24 h filtriert. Die Proteine werden jedoch von den proximalen Tubuluszellen durch Pinozytose wieder aufgenommen und nahezu quantitativ rückresorbiert, so daß der 24-Stunden-Harn beim Menschen < 0,15 g Protein enthält. Von diesem stammt die Hälfte jedoch nicht aus dem Serum, sondern aus abgestoßenen

Epithelien, aus Bakterien, Drüsensekreten und den von den Tubuluszellen abgegebenen Glykoproteinen („Uromucoid").

Unter Berücksichtigung der Filtration und Rückresorption von Blutplasmaproteinen in der Niere kann eine Proteinurie über folgende Mechanismen zustande kommen:

- **Praerenale Proteinurie.** Ist die Konzentration eines Proteins mit hoher renaler Clearance, d. h. eines Proteins, das physiologischerweise das glomeruläre Filter passiert, stark erhöht, wird die Kapazität der tubulären Rückresorption überschritten. Dies ist z. B. bei Albumininfusion der Fall oder bei exzessiver Vermehrung der L-Ketten des IgG im Serum (Bence-Jones-Protein, Plasmozytom, Myelom S. 48).
- **Glomeruläre Proteinurie.** Bei Schädigung des glomerulären Filters werden infolge einer gesteigerten Permeabilität nicht nur Proteine mit einer molekularen Masse bis 65 000 ausgeschieden, sondern auch größere Proteinmoleküle. Je nach Ausmaß der Schädigung kommt es entweder zu einer **selektiven Proteinurie,** bei der vorwiegend Proteine mit geringerem Mol.-Gew. ausgeschieden werden oder aber – bei schweren Schäden – zu einer **nichtselektiven Proteinurie,** bei der Proteine aller Molekulargewichtsklassen das glomeruläre Filter passieren, und das Proteinverteilungsmuster der Harnproteine dem des Serums weitgehend gleicht. Eine erhöhte Permeabilität des glomerulären Filters wird auch als Ursache der Proteinurie bei kardialer Stauung und Nierenvenenthrombose angenommen.
- **Tubuläre Proteinurie.** Werden infolge einer tubulären Schädigung und Beeinträchtigung der Funktion der Tubuluszellen die im Primärharn erscheinenden Proteine nicht rückresorbiert, kommt es zur Ausscheidung aller derjenigen Proteine, die nach Passage des Glomerulusfilters im Primärharn erscheinen. Hierzu gehören Proteine mit einer Molmasse von < 65 000 (z. B. Lysozym, Retinol-bindendes Protein, β_2-Mikroglobuline u. a.).
- **Postrenale Proteinurie.** Bei Entzündung oder neoplastischen Veränderungen des Nierenbeckens und der ableitenden Harnwege kommt es zu vermehrter Sekretion von Gewebs- bzw. Blutflüssigkeit, zu Zellabstoßung und Zytolyse. Die dann im Harn nachweisbaren Proteine stammen jedoch nicht aus dem Blut.

7. Tubulopathien

Eine Reihe erblicher Erkrankungen ist durch einen selektiven Defekt tubulärer Transportvorgänge gekennzeichnet. Störungen von Tubuluspartialfunktionen treten auch bei erworbenen Erkrankungen der Niere (z. B. bei der Pyelonephritis) auf, bei denen hauptsächlich das Nierenmark (Tubulussystem) betroffen ist. Die Störung kann auf einen Transportprozeß beschränkt sein oder mehrere Transportmechanismen betreffen. Im ersten Fall ist die Rückresorption einer einzigen Substanz (oder einer kleinen Gruppe verwandter Verbindungen) gestört, während im zweiten Falle der Transport verschiedener Stoffe reduziert oder aufgehoben ist.

Die Störungen für den spezifischen tubulären Transport von Aminosäuren sind auf S. 68 beschrieben. Aminosäurerückresorptionsstörungen treten auch in Kombination mit weiteren Tubulusdefekten auf. So ist z. B. eine Kombination mit Rückresorptionsstörung für Glucose und Glycin (Glucoglycinurie), für Aminosäure- und Säure-Basenregulation (Lowe-Syndrom) oder eine Kombination von Rückresorptionsstörungen von Glucose, Aminosäuren und Phosphat (Debré-de Toni-Fanconi-Syndrom) bekannt. Die Tabelle gibt weitere Beispiele für Störungen einzelner Tubulusfunktionen.

Beispiele für angeborene und erworbene Störungen von Tubuluspartialfunktionen (Tubulopathien)

Gestörte Funktion	Erkrankung		Symptome
	angeboren	erworben	
Rückresorptionsstörungen von			
Wasser	Diabetes insipidus renalis (ADH-Rezeptordefekt)	Chronische Niereninsuffizienz	Polyurie, Polydipsie, Salzverlust, Hyponatriämie
Aminosäuren	Aminoacidurie	Blei-, Maleatvergiftung	Aminosäuremangelerscheinungen, Retardierung von Wachstum und geistiger Entwicklung, Nierenschäden
Glucose	Renaler Glucosediabetes, Fanconi-Syndrom*	Chronische Niereninsuffizienz	Glucosurie bei normalem Blutzucker
Phosphat	Familiäre Hyperphosphaturie	Primärer/sekundärer Hyperparathyreoidismus	Hypophosphatämie, Demineralisierung des Skeletts
Gestörte Säure-Basen-Regulation (H^+-Exkretion)	Renal-tubuläre Acidose	Chronische Niereninsuffizienz	Hyperchlorämische Acidose

* Debré-de Toni-Fanconi-Syndrom

8. Nierenfunktionsprüfung

Die Nierenfunktionsprüfung gibt Einblick in die Gesamtfunktion der Niere, die als Teilfunktionen die Nierendurchblutung, die Filtrationsleistung durch die Glomeruli und die Rückresorption bzw. Sekretion durch die Tubulusepithelien erfaßt. Die Anwendung spezifischer Funktionstest gestattet die selektive Prüfung auf Störungen der

- glomerulären Filtration und Nierendurchblutung bzw. der
- Tubulusfunktion.

Messung der glomerulären Filtration und der Nierendurchblutung. Zur Messung der glomerulären Filtration, die mit der Nierendurchblutung direkt korreliert ist, werden Clearanceuntersuchungen durchgeführt. Die **Plasmaclearance** ist ein Maß für die Fähigkeit der Niere, eine Substanz auszuscheiden und wird nach der Formel

$$C = \frac{U \cdot V}{P}$$

bestimmt, wobei U = mg/l bzw. P = mg/l die Konzentration der Clearancesubstanz im Urin bzw. Plasma und V = ml/Min. das Harnzeitvolumen darstellt. Die Plasmaclearance C gibt die maximale Blutmenge an, welche in einer Minute von der Clearancesubstanz gereinigt werden kann.

Das Fructosepolysaccharid **Inulin** wird ausschließlich durch Filtration über das Glomerulussystem ausgeschieden und im Tubulussystem weder rückresorbiert noch sezerniert. Die Inulinclearance ist daher ein Maß für die glomeruläre Filtrationsrate. Die Normalwerte der Inulinclearance betragen 125 ml/Min. (Männer) bzw. 109 ml/Min. (Frauen).

Auch endogenes **Kreatinin** wird bei normalen Blutwerten ausschließlich im Glomerulusapparat filtriert, bei Abnehmen der Filtrationsleistung der Niere jedoch zunehmend auch über die Tubulusepithelien sezerniert. Unter dieser Einschränkung läßt sich Kreatinin zur Bestimmung der Glomerulusfiltratmenge in der Zeiteinheit heranziehen. Die normalen Clearancewerte betragen 95–105 ml/Min.

Die Prüfsubstanz **p-Aminohippursäure** (PAH) wird bei einmaligem Durchgang des Blutes durch die Niere nahezu vollständig aus dem Plasma eliminiert. Dies erklärt sich aus der Tatsache, daß PAH nicht nur über die Glomeruli filtriert, sondern zusätzlich über das Tubulussystem aktiv sezerniert wird. PAH stellt damit ein Maß für die Nierendurchblutung dar. Der Plasmaclearance-Wert beträgt für Männer 650 bzw. für Frauen 600 ml/Min.

Die rasche renale Ausscheidung von i.v. gegebenem Indigokarmin (**„Blauausscheidung"** nach 4–6 Min.) ist bei Erkrankungen der Niere oder Abflußbehinderungen der Harnwege verzögert.

Tubulusfunktion. Phenolsulphthalein (Phenolrot) wird nach intravenöser Injektion von 0,017 mmol (6 mg) rasch und vorwiegend tubulär ausgeschieden (bei normaler Tubulusfunktion innerhalb von 15 Min. 36–42% der verabreichten Dosis). Die Phenolrotausscheidung ist daher eine orientierende Methode zur Beurteilung der Tubulusfunktion.

Auch **Osmolarität** bzw. **spezifisches Gewicht** des Harns sind direkte Parameter der Tubulusfunktion, da die Konzentrationsarbeit der Nieren vorzugsweise im distalen Tubulus stattfindet. Das spezifische Gewicht des Harns ist eine Funktion der Zahl der im Harn gelösten Partikel. Es besteht jedoch keine direkte Proportionalität, da die gelösten Partikel das spezifische Gewicht in Abhängigkeit von ihrem Molekulargewicht in verschiedener Weise beeinflussen. Die Messung der Osmolarität gibt daher einen besseren Einblick in die Tubulusfunktion. Dies macht folgende Überlegung deutlich: Das Mol.-Gew. der Glucose (180) ist dreimal höher als das des Harnstoffs (60). Daher weist eine Glucoselösung bestimmter Osmolarität ein dreifach höheres spezifisches Gewicht auf als eine isoosmolare Harnstofflösung.

Auf die aufwendige Messung der Osmolarität wird jedoch zugunsten der einfachen Bestimmung des spezifischen Gewichts des Harns meist verzichtet. Bei gestörter tubulärer Harnkonzentrierung treten charakteristische Veränderungen des spezifischen Gewichts bzw. der Osmolarität ein (Tabelle).

Spezifisches Gewicht und Osmolarität bei gestörter Harnkonzentrierung

	Spezif. Gewicht (g/l)	Osmolarität* (mmol/l)
Normbereich	1002–1040	50–1400
Hyposthenurie	max. bis 1025	max. bis 850
Isosthenurie	≈ 1010	≈ 300
Asthenurie	≈ 1001	≈ 50

* mmol osmotisch wirksame Partikel/Liter
  (entsprechend der älteren Dimension mOsm/kg)

9. Harnkonkremente

Da der Harn bei Körpertemperatur in bezug auf viele Inhaltsbestandteile gesättigt ist, kann es bei Stoffwechselstörungen mit Konzentrationsveränderungen oder bei entzündlichen Vorgängen in den ableitenden Harnwegen zur Bildung von Harnsedimenten und zu Harnsteinen kommen. Epithelien, Fibrinflocken oder Bakterien wirken als Kristallisationskeime.

Eine Analyse von Harnsteinen ist notwendig, da ihr Ergebnis häufig einen Rückschluß auf die Pathogenese zuläßt und stets eine sinnvolle Rezidivprophylaxe (Metaphylaxe) ermöglicht.

Etwa die Hälfte aller Harnkonkremente besteht aus Calciumoxalat, $1/3$ aus Calciumphosphat ($Ca_3(PO_4)_2$), Magnesiumammoniumphospht ($MgNH_4PO_4$), Calciumcarbonat ($CaCO_3$) oder einer Mischung dieser Verbindungen. Der Rest sind Urate (Kalium- oder Ammoniumsalz) bzw. freie Harnsäure und seltenere Konkremente.

Die Ursachen für die Entstehung von Harnsteinen sind
- Stenose und/oder Infekt der ableitenden Harnwege,
- Stoffwechselstörungen (Hyperoxalurie, Hyperparathyreoidose, Hypercalciurie, Hyperurikämie und Hyperurikosurie),
- oder bleiben unbekannt.

Die Kristallisation bzw. Ausfällung von Salzen aus gesättigten oder übersättigten Lösungen wird physiologischerweise durch Hemmstoffe verhindert. Zu diesen mit dem Harn ausgeschiedenen Hemmstoffen gehören Pyrophosphat (0,82 – 1,22 mmol/d, 80 – 120 mg/24 h als Phosphor), Glykoproteine (200 – 300 mg/24 h) und saure Glykosaminoglykane (20 – 40 mg/24 h). Die Uringlykoproteine sind heterogen und enthalten auch Glykopeptide.

Andererseits kann die erhöhte Konzentration eines noch löslichen Salzes einen „Aussalzeffekt" auf ein anderes, schwerer lösliches Salz ausüben. So kann z. B. eine **Hyperurikämie** die Bildung von unlöslichem Calciumoxalat begünstigen.

Calciumoxalatsteine. Die Bildung von Calciumoxalat in der Niere bzw. den ableitenden Harnwegen hat ihre häufigsten Ursachen
- in einer Erhöhung der Calciumkonzentration des Harns oder in einem
- „Aussalzeffekt" für Calciumoxalat, der bei Erhöhung der Urat- oder Phosphatkonzentration im Harn eintritt.

Eine übermäßige Zufuhr von Oxalat mit der Nahrung (z. B. Rhabarber, Tomaten, Schokolade) führt wegen der schlechten Resorbierbarkeit des Oxalats bzw. wegen der Bildung von Calciumoxalat im Intestinaltrakt selten zu Oxalurie bzw. Oxalsteinen.

Auch ein gestörter Oxalatstoffwechsel kann zu einer vermehrten Ausscheidung von Oxalat mit dem Harn und zur Bildung von Oxalatsteinen Anlaß geben. Das mit dem Harn ausgeschiedene Oxalat stammt physiologischerweise zu 60% aus dem Stoffwechsel des Glycins und seinen Vorstufen bzw. aus Glyoxylsäure, zu 25 – 30% aus dem Abbau von Ascorbinsäure und zu 10% aus exogenem (Nahrungs-) Oxalat. Eine Oxalatanreicherung tritt ein, wenn eine der physiologisch bevorzugten Weiterreaktionen der Glyoxylsäure im Stoffwechsel vermindert oder blockiert ist (Schema).

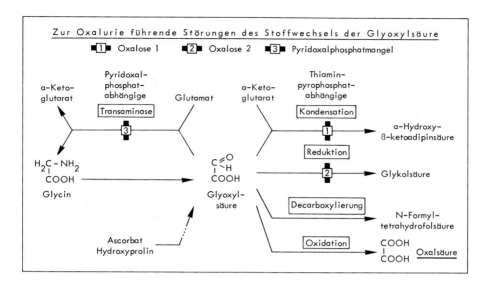

Glyoxylsäure kann mit α-Ketoglutarat zu einem Kondensationsprodukt, der α-Hydroxy-β-ketoadipinsäure, deren physiologische Bedeutung noch unklar ist, umgesetzt, zu Glykolsäure reduziert werden, unter Decarboxylierung mit Tetrahydrofolsäure zu N-Formyltetrahydrofolsäure reagieren oder direkt ausgeschieden werden (normal 0,135–0,945 mmol/d, 10–70 mg/24 h). Eine erhöhte endogene Bildung und renale Ausscheidung von Oxalat (> 100 mg/24 h) liegt bei der Oxalose 1 und 2 vor, bei der die Kondensationsreaktion bzw. die Reduktion blockiert ist (s. a. Kap. Proteine und Aminosäuren, Reaktionsschema S. 66).

Auch ein Pyridoxalphosphatmangel kann durch Limitierung der Transaminierungsreaktion zu erhöhter Oxalsäureausscheidung und zu Calciumoxalatablagerung führen.

Außer der Bildung von Nierensteinen, die häufig zu Nierenversagen und zum Tod schon im 20. Lebensjahr führen, kommt es zu Calciumoxalatablagerungen auch in verschiedenen Organen (z. B. Milz, Herz, Knochenmark).

Da die Oxalatbildung im Harn von der Konzentration weiterer Harnbestandteile positiv (Phosphat) oder negativ (Mg^{2+}, Citrat, Pyrophosphat) nach

$$k = \frac{[Ca^{2+}] \, [Oxalat] \, [Phosphat]}{[Mg^{2+}] \, [Citrat] \, [Pyrophosphat]}$$

beeinflußt wird, ist eine Prophylaxe (bzw. Metaphylaxe) mit Mg^{2+} (12 mmol/d, 300 mg/24 h) und Orthophosphat (0,016–0,022 mmol/d, 1,5–2,0 g/24 h), das die Pyrophosphatausscheidung steigert, die Calciumausscheidung dagegen senkt, sinnvoll. Zur Vermeidung des „Aussalzeffekts" von Urat werden Xanthinoxidasehemmer (300 mg Alllopurinol/24 h) gegeben. Eine diätetische Beschränkung von calciumhaltigen Nahrungsmitteln (Milch, Käse) ist angezeigt.

Calciumphosphatsteine. Die Löslichkeit von Calciumphosphat nimmt mit steigendem pH ab. Daher treten Calciumphosphatsteine bevorzugt bei alkalischen Harn-pH-Werten bzw. bei einem Infekt mit NH_4-bildenden (harnstoffspaltenden) Bakterien auf (z. B. *Proteus vulgaris*), sie werden aber häufig auch sekundär gebildet, wenn eine erhöhte Calcium- oder Phosphatausscheidung (z. B. Hyperparathyreoidismus, S. 327) vorliegt. Gleichzeitig ist auch die Bildung von unlöslichem Magnesium-Ammoniumphosphat begünstigt. Ist eine Infektion auszuschließen, weist ein Calciumphosphatstein auf eine Tubulusfunktionsstörung oder einen Stoffwechseldefekt (z. B. renaltubuläre Acidose, Phosphatdiabetes, S. 309) hin. Die therapeutisch indizierte Ansäuerung des Urins auf pH 5,4–6,0 kann durch Ammoniumchlorid, HCl oder Ascorbinsäure erreicht werden. Zur Hemmung der enteralen Phosphatresorption ist Aluminiumhydroxid (2,2–3,5 g/24 h) geeignet.

Harnsäuresteine. Harnsäure fällt bei saurer Reaktion als freie Säure, im neutralen Urin (Infektion mit NH_4-bildenden Bakterien) als schwer lösliches Ammoniumurat aus. Die zu einer Hyperurikämie und vermehrter Harnsäureausscheidung führenden Bedingungen und die sich ergebenden therapeutischen Möglichkeiten sind in Kap. „Nucleinsäuren" (S. 41) behandelt.

Patienten mit Hyperurikämie haben etwa 1000 mal häufiger Harnsteine als Stoffwechselgesunde, aber nur etwa 25% aller Harnsteine sind Harnsäure- bzw. Uratsteine, den überwiegenden Anteil machen Oxalatsteine aus (Aussalzeffekt!). Der konstanteste Laborbefund beim Harnsäuresteinleiden ist die Harnacidose mit einem durchschnittlichen pH-Wert zwischen 5,4 und 5,8. Die Acidose kann infolge eines steinbedingten Infektes überdeckt sein, wenn harnstoffspaltende Bakterien eine Alkalisierung des Harns (Ammoniakbildung) herbeiführen.

Seltene Steine. Die schwer löslichen Aminosäuren Cystin und Homocystin werden bei **Cystinurie** (S. 68), bzw. bei **Homocystinurie** (S. 65), Tyrosin und Leucin bei schwerem Leberschaden in hoher Konzentration mit dem Harn ausgeschieden und können dort auskristallisieren.

Bei der **Cystinurie** liegt eine Transportstörung für Cystin, Lysin, Arginin und Ornithin vor. Sie ist charakterisiert durch eine 20–30 mal gegenüber der Norm erhöhte Ausscheidung von Cystin, Lysin, Arginin und Ornithin im Urin, die durch eine Rückresorptionsstörung im Nierentubulussystem bedingt ist (S. 68).

Der Defekt betrifft jedoch auch den intestinalen Transport und äußert sich dort in einer Unfähigkeit der Mucosazelle zur Aufnahme von Cystin, Lysin, Arginin und Ornithin. Infolgedessen wird der Blutcystinspiegel nicht durch das Nahrungscystin, wohl aber durch exogen zugeführtes Cystein erhöht. Das an sich harmlose Stoffwechselleiden kann dadurch kompliziert werden, daß das schwer wasserlösliche Cystin in der Niere oder in den ableitenden Harnwegen ausfällt und zur Konkrementbildung (Cystinsteine) führt. Unter den Ausscheidungsprodukten wurde auch das aus Cystein und Homocystein bestehende „gemischte Disulfid" gefunden.

Xanthin- und Indigosteine sind sehr selten. Unter den Medikamenten können die Sulfonamide in ihrer schwer löslichen (acetylierten) Ausscheidungsform Kristalle bilden.

10. Pathologische Harnbestandteile

Aminosäuren. Einer vermehrten Ausscheidung von Aminosäuren (Aminoacidurie) liegt immer eine Störung der Nierentubulusfunktion (S. 309) zugrunde.

Kohlenhydrate. Physiologischerweise wird freie Glucose nicht ausgeschieden, kann jedoch während der Gravidität und nach reichlicher Glucoseaufnahme im Harn nachweisbar sein. Eine Glucosurie tritt bei endokrinen Erkrankungen (Diabetes mellitus, S. 153, Nebennierenrindenüberfunktion, S. 170) und bei Schädigung des Tubulusapparates (S. 309) auf.

Eine Ausscheidung von Fructose erfolgt nach reichlicher Fructoseaufnahme und bei der essentiellen Fructosurie (S. 75).

Endogen gebildete Lactose wird in den letzten Monaten der Gravidität und während der Lactation mit dem Harn ausgeschieden (1,5–3,0 mmol/d, 0,5–1,0 g/24 h).

Die nach oraler Aufnahme aus Milchzucker freigesetzte Galaktose wird resorbiert und von der Leber metabolisiert. Säuglinge können bei Milchkost einen Teil der Galaktose, bei essentieller Galaktosämie (Kap. Kohlenhydrate, S. 73) mehrere Gramm/24 h mit dem Harn ausscheiden.

Bei essentieller Pentosurie werden unabhängig von der Diät 7–33 mmol/d (1,0–5,0 g L-Xylulose/24 h) ausgeschieden (S. 81).

Da alle genannten Zucker eine positive Reduktionsprobe geben, muß bei Vorliegen einer Glucosurie eine Identifizierung des Zuckers durch spezifische enzymatische Nachweismethoden, durch Gaschromatographie oder Dünnschichtchromatographie vorgenommen werden.

Ketonkörper. Die Normalausscheidung von Ketonkörpern (10–15 mg/24 h) ist erhöht im Hunger (besonders bei gleichzeitiger Muskelarbeit), bei Diabetes mellitus, nach Ethernarkose, gelegentlich bei Thyreotoxikose und im Fieber.

Weitere pathologische Harnbestandteile. Freies Hämoglobin kann nach massiver Hämolyse, bei quantitativem Verbrauch des Haptoglobins (S. 230) oder schweren Verbrennungen, Myoglobin nach umfangreichen Muskelquetschungen (Crash-Syndrom) in den Harn übertreten. Die Anwesenheit von Bilirubin, Urobilinogen und Urobilin und ihre Beziehung zur Pathogenese der Lebererkrankungen sind auf S. 246 beschrieben. Die normale Koproporphyrinausscheidung beträgt bis 460 nmol/d (bis 300 µg/24 h). Die pathologische Ausscheidung von Metaboliten des Porphyrinstoffwechsels ist für Porphyrien (S. 231) kennzeichnend. Auch bei zahlreichen erblichen Stoffwechselstörungen und Vitaminmangelzuständen (s. d.) treten charakteristische Ausscheidungsprodukte im Harn auf.

11. Extrakorporale Dialyse und Hämoperfusion

Chronisches Nierenversagen kann — sofern konservative Maßnahmen, wie die Reduktion der täglichen Proteinzufuhr auf 20–40 g und die Gabe von Diuretika nicht ausreichen — eine Langzeittherapie mittels extrakorporaler Dialyse (oder Organtransplantation, s. S. 420) notwendig machen. Die extrakorporale Dialyse, die 2–3 mal/Woche über einen arterio-venösen Shunt vorgenommen wird, bringt das ungerinnbar gemachte Blut über ein Cellophanschlauchsystem mit einer Dialyseflüssigkeit in Kontakt, die alle physiologischen Bestandteile des Blutplasmas in normaler Konzentration enthält. Auf diese Weise entsteht ein Konzentrationsgefälle nur für die harnpflichtigen Substanzen, die aus dem Blut ausdialysiert werden. Allerdings bestehen Anämie, Hypertension und periphere Neuropathie (S. 304) weiter. Bei Hämodialyse beträgt die durchschnittliche Überlebensrate nach 3 Jahren 65–80 %.

Bei der Hämodialyse kann es zu neurologischen Symptomen (Erbrechen, tetanische Krämpfe, Somnolenz, Coma) kommen. Sie sind dadurch bedingt, daß bei rascher Elimination des extrazellulären Harnstoffs die Reduktion der intrazellulären Harnstoffkonzentration zeitlich nachhinkt. Folglich entwickelt sich ein osmotischer Gradient, der das entstehende Hirnödem und den Wassereinstrom in den Liquorraum mit den neurologischen Begleitsymptomen erklärt.

Bei schweren Intoxikationen kann die Hämodialyse der renalen Elimination — selbst bei medikamentös erzwungener forcierter Diurese — überlegen sein und zu einer schnelleren Ausscheidung führen, da in der Niere stets ein Teil des bereits abfiltrierten Giftes (z. B. Schlafmittel) im Tubulussystem wieder rücksorbiert wird.

Eine wesentliche therapeutische Bereicherung, die selbst die Hämodialyse an Wirksamkeit übertrifft, stellt die **Hämoperfusion** über Aktivkohle dar. Bei der Hämoperfusion wird das Blut des Patienten nach Heparinisierung über einen extrakorporalen Kreislauf durch eine mit Adsorbentien (Aktivkohle, Amberlite) gefüllte Patrone gepumpt, welche die Fremdsubstanz bindet. Die unspezifische Adsorption von Blutzellen, Serumproteinen, die Aktivierung des Gerinnungssystems sowie die Mikroembolien von Kohlepartikeln werden durch Überschichten der Adsorbentien mit einer biokompatiblen Membran verhindert.

Die Überlegenheit der Hämoperfusion gegenüber der Hämodialyse besteht in der wesentlich schnelleren Elimination (Tabelle) und der Möglichkeit, auch lipophile und proteingebundene Substanzen durch Adsorption aus dem Blut zu entfernen.

Der Anwendungsbereich der Hämoperfusion erstreckt sich daher auch auf Vergiftungen mit organischen Lösungsmitteln, Insektiziden, Herbiziden und auf Knollenblätterpilzvergiftungen (*Phalloidin, Amanitin*). Überraschende Behandlungserfolge lassen sich auch bei der Thyreotoxikose erzielen.

Elimination von Medikamenten durch Diurese, Hämodialyse und Hämoperfusion:
Angabe in Clearance-Werten (ml/Min.)

Substanz	Forcierte Diurese	Hämodialyse	Hämoperfusion
Phenobarbital	17	60	90–120
Glutethimid	10	40	125
Kurzzeitbarbiturate	5	20	50–120
Bromcarbamid	8	50–70	120*

* 200–300 bei Hämoperfusion mit Amberlite

VI. Skelettsystem

1. Homöostase des Calcium- und Phosphathaushalts

Im Blutplasma existiert Calcium z. T. in freier (ionisierter) Form (40%), z. T. als Calciumproteinat (60%). Seine Gesamtkonzentration beträgt 2,25−2,75 mmol/l (9−11 mg/100 ml). Da im menschlichen Körper 99% des Calciums (1,5 kg) und über 80% des Phosphats (0,7 kg) im Skelettsystem als Apatit deponiert sind, und die Knochenmineralien ein Reservoir darstellen, aus dem Calcium mobilisiert, und in welches überschüssiges Calcium abgegeben werden kann, sind der Blutcalcium- und -phosphatspiegel und Skelettstoffwechsel eng miteinander gekoppelt. Der normale Phosphatgehalt des Blutserums wird als anorganisches Phosphat angegeben und beträgt 0,65−1,94 mmol P/l (2−6 mg P/100 ml).

Da der Prozeß der Mineralisierung von der Bereitstellung einer skelettspezifischen extrazellulären bindegewebigen Grundsubstanz abhängt, bestehen weiterhin enge Beziehungen zwischen dem Stoffwechsel des Knochens und des Bindegewebes. Bei Systemerkrankungen des Bindegewebes (S. 353) ist häufig auch das Skelettsystem betroffen.

Funktionen des Ca^{2+}. Wichtige Funktionen freier Calciumionen sind:

- Kontrolle der Erregungsleitung im Nervensystem und der neuromuskulären Erregungsübertragung,
- ihre Beteiligung an der Blutgerinnung (Faktor IV),
- die Hemmung der Adenyl-Zyklase und Beeinflussung Zyklo-AMP vermittelter Hormonwirkungen, Bindung an Calmodulin (Kap. Hormone, S. 134),
- ihr positiver Effekt auf die Permeabilität der kapillaren Basalmembran („gefäßabdichtende" Wirkung des Ca^{2+}) und
- die Aktivierung zellulärer Enzyme (z. B. der Muskel-ATPase).

Bei Abnahme des ionisierten Calciums − **Hypocalcämie** − unter Werte von 0,5−0,75 mmol/l (2−3 mg/100 ml) im Blut kommt es zur Tetanie (tonische Krämpfe). Der Blutcalciumspiegel wird auch durch die Konzentration anderer Elektrolyte des Blutplasmas und den pH-Wert des Bluts positiv oder negativ beeinflußt, so daß die neuromuskuläre Erregbarkeit nicht ausschließlich durch die Konzentration an freiem Ca^{2+} bestimmt wird. Die nachstehende Formel zeigt die Abhängigkeit der neuromuskulären Erregbarkeit (k) von weiteren Anionen und Kationen.

$$k = \frac{[K^+]\,[HCO_3^-]\,[HPO_4^{2-}]}{[Ca^{2+}]\,[Mg^{2+}]\,[H^+]}$$

Die Zunahme von k bedeutet Übererregbarkeit, Abnahme Untererregbarkeit des Nervensystems. Ausdruck einer neuromuskulären Übererregbarkeit sind EKG-Veränderungen und tonische Muskelkontraktionen, die bis zum Spasmus gehen können. Weitere Symptome der Hypocalcämie sind eine Eintrübung der Augenlinse (Cataracta tetanica), Hautveränderungen und psychische Störungen.

Eine Erhöhung des Blutcalciumspiegels — **Hypercalcämie** — führt, vor allem in Verbindung mit einer Hyperphosphatämie, bei Überschreitung des physiologischen Ionenprodukts $[Ca^{2+}] \cdot [Phosphat] \approx 60\,mg/100\,ml$ Serum zu atypischen Calciumeinlagerungen in verschiedene Organe. Prädestinationsorte solcher metastatischen Verkalkungen sind die Cornea, Synovia („Calciumsynovitis", „Pseudogicht") und die Pankreasgänge (Pankreatitis durch calcifizierende Obstruktion).

Eine Hypercalcämie, die klinische Symptome (Tachykardie, Rhythmusstörungen, Herzstillstand, Verwirrtheit, Unruhe, Somnolenz) verursacht, wird als **Hypercalcämiesyndrom** bezeichnet. Ursache kann u. a. ein primärer Hyperparathyreoidismus (S. 325) sein. Durch Verschlechterung eines solchen Zustandes kann plötzlich und ohne Vorboten eine lebensbedrohliche Krise eintreten.

Resorption und Ausscheidung. Die Konstanz des Calcium- und Phosphatspiegels in Blut und Körpersäften setzt eine wirksame Regulation der Resorption, der Verteilung und der Ausscheidung von Calcium und Phosphat voraus.

Die tägliche **Resorption von Calcium,** das in einer gemischten Nahrung reichlich vorhanden ist, beträgt 0,5—0,8 g. Ein geringerer pH-Wert in der Intestinalflüssigkeit, die Anwesenheit von Citrat (Bildung eines löslichen Calciumkomplexes) und Vitamin D fördern die Resorption. Unlösliche Calciumsalze, wie das Calciumoxalat, das sich in Gegenwart von Nahrungsoxalsäure bildet, oder die unlöslichen Calciumsalze der Fettsäuren („Kalkseifen"), die bei Störungen der Fettverdauung auftreten, verhindern die Resorption. Auch der Calciumphytinsäurekomplex wird nicht resorbiert. Phytinsäure ist ein in Getreidekörnern vorkommendes Inosithexaphosphat.

15% ($\approx 2,5\,mmol/d$, $0,1\,g/24\,h$) des täglich resorbierten Calciums werden mit der Niere, der Rest durch den Intestinaltrakt ausgeschieden. Im Gegensatz hierzu wird das Phosphat praktisch vollständig über die Niere eliminiert. Auf diese Weise bleibt das physiologische Ionenprodukt $[Calcium] \cdot [Phosphat] = 1,5 \cdot 10^{-6}\,mol$ im Harn gering, und es wird vermieden, daß die Calcium-Phosphatkonzentration den kritischen Wert des Löslichkeitsproduktes ($3,5 \cdot 10^{-6}\,mol$) erreicht. Eine Übersicht über den Calcium- und Phosphatstoffwechsel und die endokrine Regulation gibt das Schema.

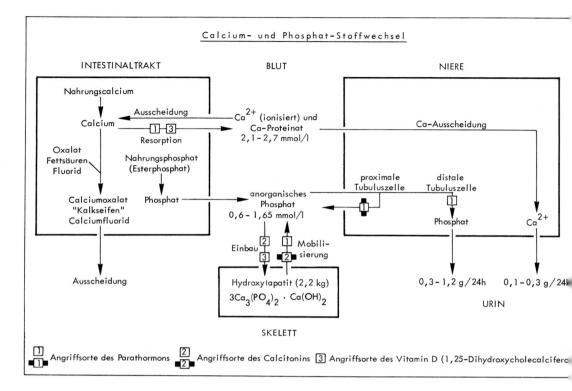

2. Hormonelle Regulation des Calcium- und Phosphathaushalts

Die Konstanz des Blutcalciumspiegels wird durch die antagonistische Wirkung des Blutcalcium-senkenden **Calcitonins** und des Blutcalcium-steigernden **Parathormons** gewährleistet. Die Ausschüttung dieser Hormone wird wiederum durch den Blutcalciumspiegel reguliert. In diesen Regelkreis eingeschaltet ist das Skelett, das als Calciumreservoir überschüssiges Blutcalcium aufnehmen oder fehlendes Blutcalcium ergänzen kann. Ein Konzentrationsabfall des Blutcalciums löst vermehrte Parathormonsekretion aus, wodurch wiederum Calcium aus den Knochen mobilisiert wird. Hohe Blutcalciumspiegel hemmen die Parathormonsekretion und führen über erhöhte Calcitoninausschüttung zur Calciumablagerung im Knochen.

Parathormon. Nach parenteraler Verabreichung von Parathormon (Polypeptid aus 84 Aminosäuren) lassen sich ein Anstieg des Blutcalciums, ein Absinken des Blutphosphatspiegels, eine Erhöhung der Phosphatausscheidung mit dem Urin (Phosphaturie), eine Entmineralisierung des Knochens und eine Aktivitätszunahme der alkalischen Serumphosphatase nachweisen. Diese Veränderungen sind

Folge einer direkten Wirkung des Parathormons auf Niere, Skelett und Gastrointestinaltrakt.

1. Renale Wirkung. Die erhöhte Phosphatausscheidung ist einerseits durch eine Zunahme der aktiven Sekretion von Phosphat im distalen Tubulus bedingt. Dieser Prozeß ist ein aktiver Transport. Andererseits wird auch die Rückresorption von Phosphat im proximalen Tubulus gehemmt. Auch dieser Effekt ist bei geschädigter Niere nicht mehr nachweisbar.

2. Skelettwirkungen. Auf die Osteoklasten des Skeletts hat Parathormon eine stimulierende Wirkung, die sich in einer vermehrten Synthese von mRNA und einer Aktivitätszunahme der Enzyme der Glykolyse und des Citratzyklus nachweisen läßt. Die Osteoklasten mobilisieren den extrazellulären Hydroxylapatit und verursachen den Anstieg des Blutcalciumspiegels. Ein Anstieg des gleichzeitig freigesetzten Phosphats im Blutserum bleibt jedoch aus, da es rasch über die Nieren ausgeschieden wird. Auch am kollagenen Bindegewebe des Knochens kommt es zu Umbauvorgängen. Eine vermehrte Ausscheidung von Glykosaminoglykanen („Mucopolysacchariden") und Hydroxyprolinpeptiden im Harn ist die Folge.

3. Calciumresorption. Parathomon verbessert die Resorption von Calcium aus dem Intestinaltrakt und die Abgabe von Calcium aus den Mucosazellen an das Blut. Dieser Effekt ist jedoch weniger deutlich als derjenige auf Niere und Skelettsystem und ist von einer ausreichenden Versorgung mit Nahrungscalcium und der gleichzeitigen Anwesenheit von Vitamin D abhängig.

4. Weitere Stoffwechselwirkungen. Die verbesserte Glucoseutilisation der Augenlinse und ein Absinken des Blutmagnesiumspiegels unter Parathormon sind gesicherte, aber in ihrem Mechanismus noch nicht geklärte Effekte.

Calcitonin. Calcitonin (Polypeptid aus 32 Aminosäuren) führt bei der Ratte schon in Dosen von 0,01 mmol (0,05 µg) zu einer Senkung des Blutcalciumspiegels, die durch eine stimulierende Wirkung auf die Osteoblasten und vermehrte Calciumphosphatdeponierung im Skelettsystem zustande kommt. Die gesteigerte Mineralisierung führt zu einer gleichzeitigen Senkung des Blutphosphatspiegels. An der Wirkung des Calcitonins ist ferner eine Blockierung des Übergangs von Skelettcalcium zum Blutcalcium beteiligt, die durch eine Hemmung der Osteoklasten bedingt ist.

1,25-Dihydroxycholecalciferol. Vitamin D (D_3 = Cholecalciferol) entsteht im menschlichen Organismus aus Cholesterin, das in einer Folge enzymatischer Reaktionen in der Haut, Leber und Niere in die Wirkform – das 1,25-Dihydroxycholecalciferol – umgewandelt wird. Da die Wirkform des Vitamin D_3 im menschlichen Organismus durch Totalsynthese gebildet werden kann und eine steroidhormonähnliche Wirkung entfaltet, wird 1,25-Dihydroxycholecalciferol auch als **D-Hormon** bezeichnet.

Unter dem Einfluß des 1,25-Dihydroxycalciferols (aber auch des 25-Hydroxycalciferols und Cholecalciferols) wird in der intestinalen Mucosazelle ein spezifisches calciumbindendes Protein gebildet (Mol.-Gew. 25 000, Calciumbindungsfähigkeit 1 Ca^{2+}/Proteinmolekül), das zusammen mit einer calciumabhängigen ATPase für die Resorption des Calciums aus dem Intestinaltrakt notwendig ist. Die Förderung der intestinalen Resorption von Calcium führt zu einem Anstieg des Calcium- (und Phosphat-)spiegels im Blutserum und unterstützt damit das Knochenwachstum und die Verknöcherung. Darüber hinaus besitzt es eine direkte Wirkung auf den Knochenstoffwechsel. Durch Versuche mit radioaktiv markiertem Calciferol ließen sich dessen Anreicherung in den Epiphysenfugen der langen Röhrenknochen und die Bildung eines calciumtransportierenden Proteins nachweisen. In Gegenwart von Proteinbiosynthesehemmstoffen (z. B. Aktinomycin D) ist Vitamin D wirkungslos.

Die Homöostase des Blutcalciumspiegels und seine hormonelle Kontrolle faßt das nachfolgende Schema zusammen.

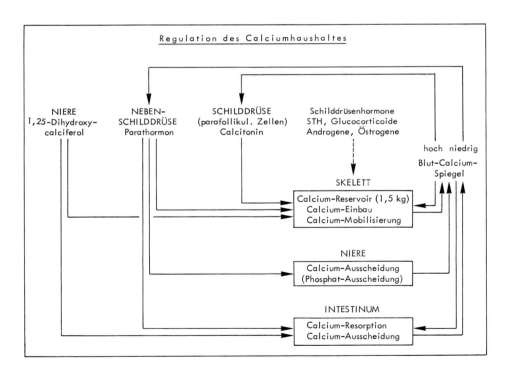

3. Dynamik des Knochenstoffwechsels

Bildung der organischen Matrix und Calcifizierung. Das longitudinale und appositionelle Wachstum und die Mineralisierung des Skelettsystems vollziehen sich nach folgendem Prinzip:

In den Osteoblasten erfolgt die Synthese von Kollagen (s. Bindegewebe, S. 343), Proteoglykanen und Glykoproteinen, die nach Ausscheidung aus den Zellen in den Extrazellulärraum eine organisierte Matrix mit spezifischer und funktionsadäquater Quartärstruktur bilden. An dieser Matrix (sog. „Osteoid") beginnt – mit einer Verzögerung von 8–10 Tagen – der Mineralisierungs-(Calcifizierungs-)vorgang. Hierfür bilden die Osteoblasten bzw. Osteozyten **Matrixvesikel,** die mit spezifischen Apatit-bildenden Inhaltsbestandteilen gefüllt und in den Extrazellulärraum sezerniert werden. Die Matrixvesikel enthalten Calcium in einer Konzentration, die 25–50 mal höher liegt als in den Matrixvesikel-bildenden Zellen. Innerhalb der Matrixvesikel ist das Calcium in komplexer Form an Serin- bzw. Inositphosphatide gebunden, wobei das molare Calcium/Phosphatverhältnis 1:1 beträgt. Außerdem enthalten die Matrixvesikel eine Reihe von Proteinen und Enzymen (u. a. alkalische Phosphatase, Pyrophosphatase, ATP-ase und 5'-AMP-ase), die in der Lage sind, bei Anwesenheit geeigneter Substrate die lokale Konzentration an anorganischem Phosphat zu steigern. Die Kristallbildung setzt bereits in den Matrixvesikeln ein. Die in den Matrixvesikeln eingeschlossenen Mikroapatitkristalle weden unter Auflösung der Membran im Extrazellulärraum freigesetzt und initiieren Kristallbildung und Wachstum an adäquaten Nukleationsorten. Die Funktion kristallinduzierender Nukleationsorte können von Kollagen, von dem γ-Carboxyglutaminsäure-haltigen **Osteocalcin,** vom **Osteonectin** oder anderen Strukturglykoproteinen übernommen werden. Umgekehrt verhindern Proteoglykane und Pyrophosphat, aufgrund ihrer Fähigkeit zur Bildung löslicher Calciumkomplexe, die Bildung einer festen Phase (Mineral). Die Bildung der initialen Apatitkristalle erfolgt vorzugsweise in den Mikrokanälen zwischen den Mikrofibrillen des Kollagens. Durch rasche Fusion und Wachstum der initialen Apatitkristalle werden die Mikrofibrillen des Kollagens schließlich vollständig durch Apatitkristalle eingebettet.

Die in den Osteoklasten (und Matrixvesikeln) enthaltene **alkalische Phosphatase** ist auf noch ungeklärte Weise an der Knochenbildung beteiligt. Bei defekter Knochenbildung fehlt das Enzym, in regenerierendem Knochen (nach Fraktur oder bei erhöhter Osteoblastentätigkeit s. u.) ist die alkalische Knochenphosphatase in Gewebe und Blutplasma in erhöhter Aktivität vorhanden. Während der embryonalen Entwicklung ist sie erst **nach** Einsetzen der ersten Verknöcherungsvorgänge nachweisbar.

Knochenstoffwechsel. Der größte Teil des in den Knochen und Zähnen vorhandenen Calciums und Phosphats liegt als Hydroxylapatit, Fluorapatit und Carbonatapatit vor. Die mehrere 100 Å langen hexagonalen Apatitkristalle ($\varnothing$ 50 Å) sind extrazellulär lokalisiert und mit ihrer Längsachse parallel zu den kollagenen Fasern des Knochens ausgerichtet. Aufgrund seiner großen Oberfläche ($200\,\text{m}^2/\text{g}$) stellt der Knochen jedoch besonders im Bereich der Epiphyse und Spongiosa eine labile Phase dar, die einem ständigen Stoffaustausch (Mobilisierung, Einlagerung) unterliegt. In dieser labilen Phase besteht das Knochenmineral ganz oder teilweise aus amorphem (und damit leicht disponiblem) Calciumphosphat ($Ca_3(PO_4)_2$).

Organische Matrix und Knochenmineralien sind auch nach Abschluß des Wachstums einem ständigen Umsatz unterworfen. Die große Oberfläche des Hydroxylapatit macht es möglich, daß etwa 0,3% des Knochenminerals einem ständigen Austausch mit dem Calcium und Phosphat des Blutplasmas unterliegen, der durch die Osteoblasten und Osteoklasten bewerkstelligt wird. Während Osteoblasten und Osteozyten für die Synthese der organischen Matrix („Osteoid") und Mineralisierung verantwortlich sind, werden die Abbauvorgänge durch Osteoklasten bewerkstelligt. Der Knochenabbau wird durch die Steigerung der anaeroben Glykolyse eingeleitet, die über vermehrte Bildung und Abgabe von Lactat zu einer Erhöhung der Wasserstoffionenkonzentration im Extrazellulärraum und damit zur Bildung von löslichem Calciumlactat und Phosphationen führt. Gleichzeitig kommt es zur vermehrten Abgabe lysosomaler Enzyme an den extrazellulären Raum, von denen eine Pyrophosphatase an der Solubilisierung des Minerals mitwirkt. Kollagenase, Glykosidasen und Sulfatasen entfalten eine synergistische Wirkung beim hydrolytischen Abbau von Kollagen, Proteoglykanen und weiteren Bestandteilen der organischen Matrix.

Calcium, Phosphat und ein Teil der enzymatischen Spaltprodukte des Kollagens (Hydroxyprolin, Hydroxyprolinpeptide) erscheinen im Blut. Die Hauptmenge der fragmentierten organischen Matrix wird jedoch durch adsorptive Pinozytose von den Osteoklasten aufgenommen und intralysosomal zu monomeren Bestandteilen abgebaut. Die Aktivität der alkalischen Knochenphosphatase ist ein Index für den Knochenaufbau- bzw. -anbau (Osteoblastenaktivität), die Konzentration des Hydroxyprolins und der Hydroxyprolinpeptide im Blut dagegen für den Knochenabbau (Osteoklastentätigkeit). Dabei kann ein Osteoklast in der Zeiteinheit die von 100–150 Osteoblasten gebildete Knochensubstanz (Grundsubstanz und Mineral) abbauen.

Eine Übersicht über die Dynamik des Knochenstoffwechsels gibt das nachfolgende Schema. Die selektiven Effekte der osteotropen Hormone und Wirkstoffe erklären sich durch die Existenz spezifischer zellmembrangebundener Rezeptoren (R).

Beim Erwachsenen sind anaboler und kataboler Knochenstoffwechsel synchronisiert und − wie die Konstanz des Calcium- und Phosphatbestandes des Gesamtorganismus ausweist − die Bilanz des Knochenstoffwechsels ausgeglichen. Absolutes oder relatives Überwiegen der Abbauvorgänge führt zur negativen Bilanz des

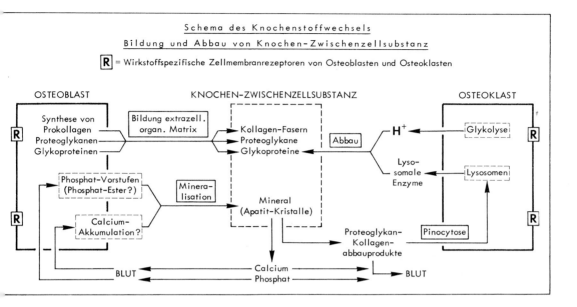

Knochenstoffwechsels und zur **Osteoporose** (Atrophie). Überwiegen dagegen Syntheseprozesse, resultiert positive Bilanz des Knochenstoffwechsels und **Hyperostose** (Osteosklerose). Beide Bilanzstörungen können verschiedene Ursachen haben.

4. Negative Bilanz des Knochenstoffwechsels

Unter den Regulationsstörungen, die zu einer negativen Bilanz des Knochen- bzw. Calciumstoffwechsels führen, sind **Osteoporose, Osteomalazie** sowie **primärer und sekundärer Hyperparathyreoidismus** am häufigsten. Zum Teil haben sie ihre Ursache in endokriner Fehlsteuerung, Vitaminmangel oder sind die Folge einer Grundkrankheit, z. T. ist ihre Pathogenese unklar („idiopathische Formen"). Die Tabelle gibt eine Übersicht.

Osteoporose. Die Osteoporose ist eine lokalisierte oder generalisierte Atrophie des knöchernen Skeletts als Ergebnis eines pathologisch gesteigerten Knochenabbaus bei normaler Knochenneubildung. Pro Volumenanteil sind organische Matrix und Mineral gleichmäßig vermindert.

Bei der **primären Osteoporose** ist die Ursache unbekannt (idiopathische Form). Obgleich sie gehäuft nach der Menopause bzw. im Senium auftritt, läßt sich ein Defizit an Sexualhormonen als alleinige Ursache ausschließen, da bei Postmeno-

NEGATIVE BILANZ DES KNOCHENSTOFFWECHSELS		
Biochemie:	Anaboler Stoffwechsel < kataboler Stoffwechsel → Abbau, Demineralisation	
Pathobiochemie:	Osteoporose (Atrophie), Osteomalazie, primärer und sekundärer Hyperparathyreoidismus, Ostitis deformans (Paget)	
Ursachen:	Hemmung der Osteoblasten und/oder	Stimulation der Osteoklasten
Hormone	Glucocorticoide, Östrogenmangel	Parathormon, Thyroxin, Glucocorticoide
Vitamine	Ascorbinsäuremangel, Vitamin D-Mangel	Hohe Dosen Vitamin D oder A
Andere Faktoren	Malnutrition, Maldigestion, Malabsorption, Inaktivität, Alter	Erhöhte Ca-Ausscheidung, Acidose, Heparin

pause-Osteoporose die therapeutische Gabe von Östrogenen zwar zum Sistieren des Prozesses, nicht jedoch zu einer Heilung mit Restitution führt. In den schweren Formen führt die Postmenopause-Osteoporose zu Kompressionsfrakturen der Wirbelkörper sowie zu Schenkelhals- und Unterarmbrüchen; Osteoporosetherapie mit Fluorid (S. 330) und Bisphosphonaten (S. 329).

Eine **sekundäre Osteoporose** kann als Folge langdauernder Glucocorticosteroidmedikation oder einer Cushingschen Erkrankung auftreten, da sich der antianabole Effekt der Glucocorticoide auch in einer Abnahme des Proteingehalts im Knochen mit Verlust des Kollagens und begleitender Entmineralisierung bemerkbar macht. Ein gleicher Effekt kommt unter der katabolen Wirkung der Schilddrüsenhormone bei Hyperthyreose zustande. Calcium-Mangelernährung (s. Malabsorption, S. 288) und Inaktivität bzw. Immobilisierung des Skeletts sind weitere pathogenetische Faktoren. Bei Ruhigstellung der Muskulatur oder ungenügender Beanspruchung (z. B. im Zustand der Schwerelosigkeit bei Astronauten) führt die Gefäßdilatation des Periosts zu einer Intensivierung des Knochenabbaus. Bei rheumatischer Arthritis und der Sudeckschen Erkrankung tritt eine lokalisierte Inaktivitätsosteoporose auf.

Osteomalazie. Als Osteomalazie wird die isolierte Störung des Mineralisationsvorgangs bei normaler Bildung der organischen Matrix (Osteoidbildung) bezeichnet. Morphologisch ist sie an dem breiten nichtverkalkten Osteoidsaum erkennbar. Eine Osteomalazie tritt bei allen pathologischen Zuständen mit Mangel an disponiblem Calcium oder Phosphat ein.

Die **Rachitis** – Folge eines Vitamin D-Mangels (S. 207) – repräsentiert den klassischen Typ der Osteomalazie. Die beobachteten Symptome der Rachitis sind Ausdruck einer generalisierten Störung des Calcium- und Phosphatstoffwechsels: Aufgrund der herabgesetzten (Vitamin-D-abhängigen!) intestinalen Resorption von Calcium kommt es zu einem Abfall des Serumcalciumspiegels. Da die – nicht Vitamin-D-abhängige und daher unveränderte – Calciumausscheidung die Resorption übertrifft, wird die Calciumbilanz negativ. Bei der engen Verbindung zwischen Calcium- und Phosphatstoffwechsel ist der Vitamin D-Mangel weiterhin durch eine starke Erniedrigung des Serumphosphatspiegels und eine vermehrte Ausscheidung von Phosphat mit dem Urin gekennzeichnet. Eine direkte Wirkung des Vitamin D auf die Nierentubuli (verminderte Phosphatrückresorption) kann dabei eine Rolle spielen. Die unter dem Vitamin D-Mangel unvollständige Mineralisation des Osteoids führt zur Knochenerweichung (Osteomalazie) mit charakteristischer Deformierung des Skeletts (Skoliose, Trichterbrust, Säbelbein, Caput quadratum). Die ausbleibende Calcifizierung stimuliert die Proliferation der Osteoblasten. Eine erhöhte Aktivität der alkalischen Phosphatase in den Zonen der (ausbleibenden) Verknöcherung und im Serum sind die Folge.

Das Absinken des Serumcalciumspiegels führt auf dem Weg der Gegenregulation zu einer Funktionssteigerung der Nebenschilddrüse (sekundärer Hyperparathyreoidismus, s. u.) mit Mobilisierung des Skelettcalciums, weshalb der Serumcalciumspiegel bei Rachitis oft nicht auffällig erniedrigt ist, es aber zu vermehrter Ausscheidung von Phosphat mit dem Urin kommt. Der Wirkungsgrad des Parathormons ist im Zustand des Vitamin D-Mangels allerdings herabgesetzt.

Ursache eines Vitamin D-Mangels können Mangelernährung (Vitamin D wird nur von Wirbeltieren gebildet und benötigt, VitaminD-reich sind Lebertrane) oder ungenügende intestinale Resorption des Vitamin D (z. B. beim Malabsorptions-Syndrom, bei Pankreasinsuffizienz oder Verschlußikterus) sein. Aber auch chronische Erkrankungen der **Niere** oder der **Leber** können einen Vitamin D-Mangel verursachen, wenn die Umwandlung des Cholecalciferols in 25-Hydroxycholecalciferol (Leber) oder die Reaktion 25-Hydroxycholecalciferol → 1,25-Dihydroxycholecalciferol (Niere) durch die geschädigten Organe ausbleibt.

Vitamin D-resistente Rachitis. Auch bei renalen Tubulopathien (Phosphatdiabetes, S. 309) führt der damit verbundene renale Calciumverlust zum Bild einer (Vitamin D-resistenten) Osteomalazie.

Hyperparathyreoidose. Eine vermehrte Bildung und Ausschüttung von Parathormon kann **primär** durch eine krankhafte Wucherung der Nebenschilddrüsen bedingt sein, aber auch **sekundär** durch alle mit Osteoporose oder Osteomalazie einhergehenden Krankheitsbilder ausgelöst werden.

Bei der **primären Hyperparathyreoidose** liegt eine autonome Nebenschilddrüsenüberfunktion vor, die zu 85% durch Adenome und zu 10% durch eine diffuse

Hyperplasie des Nebenschilddrüsengewebes bedingt ist. Unter der Wirkung des erhöhten Parathormonspiegels im Blut finden eine Mobilisierung von Calcium und Phosphat aus dem Skelett und eine vermehrte Phosphatausscheidung in der Niere statt. Der Serumcalciumspiegel ist daher meist erhöht, der Serumphosphatspiegel dagegen erniedrigt (< 0,97 mmol/l, < 3 mg Phosphor/100 ml). Da in der Niere nicht nur die Ausscheidung von Phosphat, sondern auch von Calcium erhöht ist (bis 6,24 mmol/d, 250 mg/24 h), kann es zu einer Überschreitung des Löslichkeitsproduktes von Ca^{2+} und Phosphat ($3,5 \cdot 10^{-6}$ M) und zu einer Bildung von Calciumphosphatsteinen in der Niere selbst (Nephrocalcinose) oder in den ableitenden Harnwegen (Nierenbeckenstein, Ureterstein, Blasenstein) kommen. Calciumphosphatablagerungen werden jedoch auch in anderen Organen (z. B. Blutgefäßen, Cornea des Auges, Synovia, Lunge, Conjunctiva, Trommelfell, Herzmuskel, Skelettmuskel und Gelenken) beobachtet. Die Entmineralisierung des Skeletts löst einen regellosen und überstürzten Ab- und Umbau des Knochengewebes mit Cystenbildung aus. In seiner schweren Form wird das Krankheitsbild als **„Osteodystrophia fibrosa generalisata"** (Fibroosteoklasie, Morbus Recklinghausen) bezeichnet. Die verstärkte Tätigkeit der Osteoblasten gibt sich in einer vermehrten Abgabe und erhöhten Aktivität der alkalischen Phosphatase im Blutserum zu erkennen.

Der **sekundäre Hyperparathyreoidismus** ist eine adaptive Funktionssteigerung zum Ausgleich eines extrazellulären Calciummangels (Calciummangelernährung, Vitamin D-Mangel, Malabsorption). Das Symptomenbild des sekundären Hyperparathyreoidismus entspricht dem des primären Hyperparathyreoidismus, jedoch treten vermehrte extraossäre Verkalkungen (Arterien, Haut) auf. Im Gegensatz zum primären Hyperparathyreoidismus zeichnet sich der sekundäre Hyperparathyreoidismus durch erniedrigte Calciumspiegel in Verbindung mit erhöhten Parathormonwerten im Serum aus. Der Phosphatgehalt im Blut kann – insbesondere in späteren Stadien als Folge einer Nephrocalcinose und der sich dabei entwickelnden Urämie – erhöht sein.

Osteodystrophia deformans Paget. Zu einer negativen, jedoch lokal begrenzten Bilanz des Knochenstoffwechsels kommt es bei der Osteodystrophia deformans Paget, die – aus unbekannter, aber wahrscheinlich genetisch bedingter Ursache – durch massive Steigerung des Knochenabbaus mit Destruktionen, Deformierung und Steigerung der Hydroxyprolinausscheidung einerseits, sowie reaktive gesteigerte Osteoblastentätigkeit mit überschießender Knochenneubildung und Erhöhung der Aktivität der alkalischen Phosphatase des Serums andererseits gekennzeichnet ist. Die Krankheit betrifft vorzugsweise Skelettanteile mit starker mechanischer Beanspruchung (Becken und Extremitäten).

Einen Hinweis auf die noch unklare Pathogenese könnte die Tatsache geben, daß der gesteigerte osteoklastische Knochenabbau durch Calcitonin, dessen osteoklastenblockierende Wirkung bekannt ist, therapeutisch beeinflußt werden kann. Auch die orale Gabe von Bisphosphonaten (Diphosphonaten) ist wirksam. Der Effekt der Bisphosphonate beruht auf ihrer hohen Affinität zu Calciumphosphatstrukturen. Sie sind in der Lage, die Ausfällung von Calciumphosphat und die Umwandlung von amorphem Calciumphosphat zu kristallinem Hydroxylapatit zu hemmen, schützen aber auch Calciumphosphat vor Auflösung. Dadurch hemmen sie zwar die normale Knochenmineralisation, gleichzeitig verlangsamen sie aber die zur Knochenresorption führenden osteoklastischen Prozesse, so daß als Nettoeffekt ein herabgesetzter Turnover des Knochens mit Überwiegen anaboler Stoffwechselprozesse resultiert.

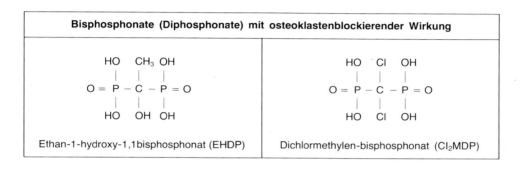

5. Positive Bilanz des Knochenstoffwechsels

Ist pro Volumeneinheit mehr Knochengewebe vorhanden als es dem physiologischen Normbereich entspricht, liegt eine **Hyperostose** (synonym: Osteosklerose) vor.

Eine positive Bilanz des Calciumstoffwechsels während des Wachstums ist physiologisch und tritt auch lokal (und vorübergehend) bei der Restitution von Knochenfrakturen (Callusbildung) auf. Fluorose, Somatomedin-Hyperostose und Osteopetrose sind Zustände einer pathologisch gesteigerten Knochenbildung (s. Tab.). Beim Hypoparathyreoidismus fehlt die stimulierende Wirkung des Parathormons auf die Osteoklasten.

Hypoparathyreoidismus. Die Unterfunktion der Nebenschilddrüse (oder ihre unbeabsichtigte Entfernung bei Operationen an der Schilddrüse) führt zum Hypoparathyreoidismus, der durch Tetanie, erhöhte muskuläre Erregbarkeit und verdichtete Knochenstruktur, u. U. auch durch extraossäre Verkalkungsherde der Basalganglien gekennzeichnet ist. Bei Kindern kommt es bei Hypoparathyreoidismus zu Wachstumsstillstand, defekter Zahnentwicklung und zum Zurückbleiben der geistigen Entwicklung. Die Veränderungen des Serum-Ca- und Phosphatspiegels sind der Tabelle (S. 332) zu entnehmen.

	POSITIVE BILANZ DES KNOCHENSTOFFWECHSELS	
Biochemie:	Anaboler Stoffwechsel ⟶ kataboler Stoffwechsel Aufbau, Mineralisation, Wachstum	
Pathobiochemie:	Hyperostosen (Fluorose, Somatomedin-Hyperostose), Osteopetrose	
Ursachen:	Stimulation der Osteoblasten und/oder	Hemmung der Osteoklasten
Hormone	Parathormonmangel, Calcitonin, Östrogene, Androgene, STH	Parathormonmangel, Calcitonin, Östrogene
Vitamine	1,25-Dihydroxycalci-ferol (Vitamin D)	
Andere Faktoren	Ca-reiche Diät, Protein-reiche Diät, mechanische Belastung, Fluorid	Fluorid (?)

Beim **Pseudohypoparathyreoidismus** ist die Produktion an Parathormonen normal, die Erfolgsorgane sprechen jedoch aufgrund eines Mangels an Parathormonspezifischen Rezeptoren nicht auf den Stimulus des Parathormons an. Vom Pseudohypoparathyreoidismus existieren mehrere Unterformen, von denen beim Typ I die renale Adenylcyclase nur ungenügend aktiviert wird und daher unter der Parathormonwirkung keine Phosphaturie zustande kommt. Beim Typ II wird zwar die renale Adenylcyclase normal aktiviert, trotzdem bleibt eine Phosphaturie aus. Auch das Skelett erweist sich gegen die Wirkung des Parathormons als resistent.

Fluorose. Langdauernde Zufuhr von Fluoriden in hohen Dosen bewirkt einen zunehmenden Ersatz des Hydroxylapatits durch den schwer abbaubaren Fluorapatit. Dies Prinzip wird unterstützt durch eine Stimulation der Osteoblasten durch Fluorid mit Anstieg der alkalischen Phosphatase, die von einer weniger intensiven Osteoklastentätigkeit (Abnahme der Ausscheidung von Hydroxyprolin und Hydroxyprolinpeptiden) begleitet ist. Dieser als Fluorose bezeichnete Zustand läßt sich auch für die Therapie der Osteoporose mit Natriumfluorid ausnützen (z. B. 1,25–2,50 mmol, 50–100 mg NaF/24 h über 1–2 Jahre).

Somatomedin. Somatomedin (S. 288) steigert über die Anregung der Synthese von Kollagen und Proteoglykanen den Knochenumsatz und die Neubildung und Mineralisierung von Osteoid, die nach Epiphysenfugenschluß zu einem Breitenwachstum führen, und sich in einer Vergrößerung der Phalangen manifestieren (Akromegalie).

Osteopetrose. Bei der Osteopetrose (Morbus Albers-Schoenberg), einem seltenen kongenitalen Leiden, liegt vermutlich eine Rezeptordefizienz der Osteoklasten für Parathormon vor. Die Folge ist ein permanentes Überwiegen des anabolen Knochenstoffwechsels.

Heterotope Ossifikationen. Eine pathologische Knochenbildung kann u. a. im Gefolge der Implantation von Totalendoprothesen (z. B. Hüftgelenk) als periartikuläre Verkalkung eintreten. Aber auch bei chronischen Gewebeschädigungen (Arteriosklerose, Tuberkulose) oder genetischer Disposition (Myositis ossificans progressiva) kann es zu extraossären Mineralisierungsprozessen kommen. Bei dieser pathologischen Verknöcherung bilden undifferenzierte Fibroblasten eine Osteoidgrundsubstanz, die sekundär – analog der physiologischen Mineralisation – unter Beteiligung von Matrixvesikeln verknöchert. **Bisphosphonate** (S. 329) hemmen in vitro das Wachstum von Hydroxylapatitkristallen und verhindern in vivo pathologische Verkalkungen. Die Bildung des Osteoids wird jedoch nicht unterdrückt.

6. Störungen des Proteoglykan- und Kollagenstoffwechsels

Da sich eine Mineralisation nur an der regulären extrazellulären Matrix vollziehen kann, sind Calcifizierungsstörungen auch dann zu erwarten, wenn Defekte im Stoffwechsel des Kollagens oder der Proteoglykane vorliegen, die beide die Hauptkomponenten der Knochengrundsubstanz ausmachen. Dies trifft z. B. für die Mucopolysaccharidosen (Kap. Bindegewebe, S. 352) zu, die infolge des gestörten Glykosaminoglykanabbaus und der resultierenden Akkumulation partieller Abbauprodukte in den Lysosomen häufig von Skelettmißbildungen begleitet sind. Ebenso sind Störungen in der Biosynthese des Kollagens für eine unzureichende Mineralisierung verantwortlich. Beispiele sind die Osteogenesis imperfecta, bei der Kollagen vom Typ I nicht gebildet werden kann, die Osteoblasten jedoch sonst voll funktionsfähig sind, einige Unterformen des Ehlers-Danlos-Syndroms (S. 347) und der Ascorbinsäuremangel (S. 209).

7. Diagnostik von Störungen des Calcium-Phosphatstoffwechsels

Einen Einblick in die Dynamik des Calcium- und Phosphatstoffwechsels gibt die quantitative Bestimmung des Blutcalcium- und -phosphatspiegels, die Bestimmung der Aktivität der alkalischen Phosphatase und die Ermittlung der 24 h-Ausscheidung von Calcium und Phosphat mit dem Harn. Die zusammenfassende Beurteilung dieser Parameter erlaubt eine Differenzierung der Störungen des Calcium- und Phosphatstoffwechsels, die häufig charakteristische Befunde aufweisen. Die Tabelle belegt dies durch einige Beispiele.

Klinisch-chemische Befunde bei Störungen des Calcium- und Phosphatstoffwechsels

	Parat-hormon*	Blut-Spiegel Ca	Phosphat	Alkalische Phosphatase	Ausscheidung im Harn Ca	Phosphat
Primärer Hyperparathyreoidismus	↑	↑	↓	↑ (N)	↑	↑
Sekundärer Hyperparathyreoidismus Glomeruläre Niereninsuffizienz Rachitis, Ca-Malabsorption	↑ ↑	↓ ↓	↑ ↓	↑ (N) ↑ (N)	↓ N	↓ ↑
Vitamin-D-Intoxikation	↓	↑	↑	N	↑	↓
Metastasierendes Malignom	↓	↑ (N)	N	↑ (N)	↑	N
Hypoparathyreoidismus	↓	↓	↑	N	↓	↓
Phosphatdiabetes (Tubulopathie)	N	N	↓	N	N	↑

* Bestimmung durch Radioimmunassay (Normbereich ≈ 0,4 ng/ml Plasma)

Skelettszintigraphie. Ein länger bestehendes Mißverhältnis zwischen An- und Abbau im Knochen (Tumoren, reaktive Knochenneubildung) kann durch die Skelettszintigraphie sichtbar gemacht werden. Die hierfür verwendeten radioaktiven ^{99m}Technetiumverbindungen gelangen während der Biomineralisation in die verkalkende organische Grundsubstanz des Knochens. Voraussetzung für eine Radionuclidanreicherung und den Einbau in das Knochenmineral ist das Vorhandensein einer verkalkungsfähigen Knochenmatrix. Reine Osteolysen mit pathologisch veränderter, nicht verkalkungsfähiger Knochenmatrix zeigen deshalb keine ^{99m}Tc-Anreicherung. Sie können jedoch u. U. trotzdem im Szintigramm dargestellt werden, wenn z. B. das den Tumor umgebende gesunde Knochengewebe reaktive Knochenneubildungen zeigt. Die Skelettszintigraphie mit radioaktiven Spurensubstanzen kann also die mit Biomineralisation einhergehenden pathologischen Prozesse erfassen, lange bevor es zu sichtbaren Veränderungen der Knochenstrukturen im Röntgenbild gekommen ist, das nur grobe Veränderungen im Mineralgehalt des Knochens (30–50%) aufdecken kann.

VII. Herz- und Skelettmuskel

1. Energiestoffwechsel des Herz- und Skelettmuskels

Die Fähigkeit des Herz- und Skelettmuskels, sich zu kontrahieren und damit mechanische Arbeit zu leisten, ist
1. an die Existenz kontraktiler Strukturelemente (Myofibrillen) und
2. an die Bereitstellung chemischer Energie (ATP) gebunden, die beim Kontraktionsvorgang in mechanische Energie umgewandelt wird.

Die kontraktilen Elemente, welche die Fähigkeit zur reversiblen Verkürzung besitzen – die Myofibrillen – bestehen aus 4 Proteinen (Myosin, Aktin, Troponin und Tropomyosin). Das für die Muskelkontraktion benötigte ATP wird durch den Energiestoffwechsel der Muskelzelle bereitgestellt.

Beim Kontraktionsvorgang kommt es zur Verkürzung der Myofibrillen. Dabei wird ATP als unmittelbare Energiequelle verbraucht. Die Kontraktion setzt eine Steigerung der Ca^{2+}-Konzentration von 10^{-7} auf 10^{-5} mol/l und eine Erhöhung der ATPaseaktivität voraus. Dies wird durch motorische Nervenimpulse eingelei-

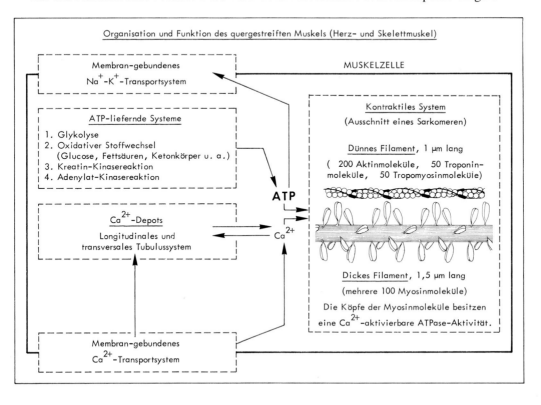

tet, unter deren Wirkung innerhalb weniger msec Ca^{2+} aus dem extrazellulären Raum in den sarkoplasmatischen Raum eintritt und auch die Calciumdepots der longitudinalen Struktur des sarkoplasmatischen Retikulums entleert werden.

Die ATP-Bildung des **Myocards** erfolgt über einen aeroben Stoffwechsel. Bei einem Coronardurchfluß von durchschnittlich 80 ml Blut/100 g Herzmuskel/Min. läßt sich ein durchschnittlicher myocardialer Sauerstoffverbrauch von 9,5 ml O_2/100 g Herzmuskel/Min. berechnen. Der vom Myocard utilisierte Sauerstoff dient der Oxidation von freien Fettsäuren, Glucose, Ketonkörpern (Acetessigsäure, β-Hydroxybuttersäure), Aminosäuren und Lactat bzw. Pyruvat. Ihren prozentualen Anteil am Gesamtsauerstoffverbrauch zeigt nachstehende Tabelle.

Substrate des Oxidationsstoffwechsels im Herzmuskel

Vom Herzmuskel oxidiertes Substrat	Anteil %
Freie Fettsäuren	60
Glucose	15
Lactat	15
Aminosäuren	5
Ketonkörper	4,5
Pyruvat	0,5

Proteinbiosynthese des Herzmuskels. Die Proteine des kontraktilen Systems und die Enzymproteine des Herzmuskels weisen einen hohen Gehalt an Polyribosomen, mRNA und hohe Proteinumsatzraten auf, die jedoch alternsabhängig abnehmen und auch auf Nahrungsentzug (Hungern, Fasten) mit einer drastischen Abnahme reagieren.

2. Myocardinsuffizienz

Bei der Myocardinsuffizienz (Herzinsuffizienz) ist die Ca^{2+}-Konzentration in den Myofibrillen herabgesetzt. Die Ursache hierfür liegt einmal in der Tatsache, daß bei einer Zunahme der Länge und Dicke der einzelnen Myofibrillen aufgrund einer Vermehrung der kontraktilen Elemente (Hypertrophie) bei gleichzeitig unverändertem Calciumbestand der Myofibrille die hypertrophische Muskelfaser eine relativ geringere Ca^{2+}-Konzentration aufweist. Der Calciummangel wird dadurch akzentuiert, daß der Übertritt von Ca^{2+} aus dem longitudinalen Tubulussystem in die Myofibrille gestört ist. Wegen der Abhängigkeit des Konzentrationsvorganges von einer ausreichenden Ca^{2+}-Konzentration kann bei Absinken des Ca^{2+} unter einen kritischen Gewebsspiegel die vorhandene Energie (ATP) nicht genutzt werden. Es liegt eine „Utilisationsinsuffizienz" vor. Dieser Tatsache entspricht der Befund, daß die calciumabhängige Adenosintriphosphatase bei Myocardinsuffizienz in ihrer Aktivität reduziert ist.

Gleichzeitig ist die Aktivität der ATP-abhängigen Na^+-K^+-Pumpe heraufgesetzt, so daß die K^+-Konzentration im Zellinnern zunimmt und sich damit die Kontraktionskraft weiterhin verringert. Es stellt sich ein Zustand ähnlich der Addisonschen Erkrankung ein, bei der als Folge einer Hyperkaliämie und erhöhten Kaliumgehalts der Muskulatur eine Adynamie auftritt.

Die therapeutische Wirkung der herzwirksamen Glykoside (Strophanthin, Digitalis) bei der Myocardinsuffizienz beruht auf einer Förderung des Übertritts von Ca^{2+} aus dem longitudinalen Tubulussystem in die Myofibrille und einer Blockierung des Calciumrückstroms während der Relaxationsphase. Dadurch steigen intrazelluläre Ca^{2+}-Konzentration und Kontraktionsfähigkeit. Unterstützt wird dieser Prozeß durch Hemmung der Na^+-K^+-Pumpe durch die herzwirksamen Glykoside, so daß sich das Na^+-K^+-Verhältnis in der Fibrille normalisiert.

Die Störung des Stoffwechsels des Herzmuskels zeigt sich im Zustand der Insuffizienz weiterhin in einer Umstellung des aeroben Stoffwechsels auf die anaerobe Glykolyse mit entsprechender Erhöhung der LDH-Aktivität. Ursache dieser Veränderung ist — wenigstens zum Teil — die infolge der Hypertrophie der Myofibrillen verlängerte Diffusionsstrecke für Sauerstoff von den Kapillaren bis an den Wirkungsort. Die damit verbundene Reduktion des aeroben Stoffwechsels äußert sich in einer herabgesetzten Aktivität der Malatdehydrogenase, die als eines der Schlüsselenzyme des Citratzyklus einen herabgesetzten Substratdurchsatz und damit eine verminderte Bereitstellung von oxidierbarem Wasserstoff anzeigt.

Als Folge der Myocardinsuffizienz kommt es zu einer **Ödembildung,** die auf einer positiven Natriumbilanz (Na^+-Ausscheidung $<Na^+$-Zufuhr) beruht. Zwei pathogenetische Mechanismen sind von Bedeutung:

1. Als unmittelbare Folge der Insuffizienz kommt es zu einer Minderdurchblutung der Niere und zur erhöhten Na^+-Retention. Diese führt zur Erhöhung der Osmolarität der extrazellulären Flüssigkeit und löst über das Hypothalamus-Hypophysenhinterlappen-System einen Osmolaritäts-Regulationsmechanismus mit vermehrter Ausschüttung von antidiuretischem Hormon (ADH) aus. Die dadurch bedingte vermehrte tubuläre Rückresorption von Wasser hält so lange an, bis wieder eine normale Osmolarität vorliegt. Der Serumnatriumspiegel verändert sich daher nicht dauerhaft, jedoch vermehren sich das intravasale und extrazelluläre Volumen (Ödem). Die daraufhin erfolgende vermehrte Produktion von Aldosteron, die den Charakter eines sekundären Hyperaldosteronismus aufweist, führt zu verstärkter Rückresorption von Natriumchlorid und Wasser.

2. An der Pathogenese des Ödems ist auch eine Dysregulation der Aldosteronausschüttung beteiligt. Die verminderte Nierendurchblutung wird mit einer ver-

mehrten Ausschüttung von Renin und dem Wirksamwerden des Renin-Angiotensin-Mechanismus beantwortet. Die daraufhin erfolgende vermehrte Produktion und Ausschüttung von Aldosteron führt zu verstärkter Rückresorption von Natriumchlorid und Wasser.

3. Ischämische Herzinsuffizienz

Die bei Hypoxie auftretende ischämische Herzinsuffizienz ist durch Unvermögen des Herzmuskels, Lactat aus dem arteriellen Blut aufzunehmen und unter Energiegewinn zu oxidieren, gekennzeichnet. Der physiologischerweise im Sinus coronarius nur geringe Lactatgehalt (im Vergleich zum systemischen arteriellen Blut) steigt unter den Bedingungen einer Ischämie an.

4. Myopathien

Als Myopathien bezeichnet man Erkrankungen und Funktionsstörungen der Muskelfaser, die nicht Folge von Störungen des Nervensystems sind. Es werden die mit Strukturveränderungen der Fibrillen einhergehenden Störungen – **Muskeldystrophie** und die als Folge von Elektrolytverschiebungen auftretenden funktionellen Myopathien – **Myotonien** – unterschieden.

Muskeldystrophie. Die Pathogenese der progressiven Muskeldystrophie (Duchenne-Erb) ist durch einen progressiven Untergang von Myofibrillen gekennzeichnet und betrifft vorwiegend die Skelettmuskulatur (Schultergürtelform, Beckengürtelform), aber auch das Myocard und die glatte Muskulatur. Ihre Pathogenese ist ungeklärt. Viele Symptome deuten jedoch auf einen Membrandefekt hin. Er erklärt die bei der progressiven Muskelatrophie stark erhöhten Aktivitäten der Serumenzyme LDH, GOT, CK-MM, ferner die Aminoacidurie als Folge der Muskeldegeneration und die Kreatinurie (normal $11,4-15,3$ mmol/d, $1,5-2,0$ g/Tag) als Folge der Unfähigkeit des Muskels, das von der Leber synthetisierte und auf dem Blutwege angebotene Kreatin zu utilisieren. Im Muskelgewebe selbst findet man eine korrespondierende Erniedrigung der Glykogenolyse, der Aktivität der Enzyme des oxidativen Stoffwechsels, des Phosphokreatins und des ATP-Gehalts. Dies deutet auf eine gestörte Korrelation zwischen Synthese und Abbau zugunsten des Abbaus hin, wodurch das Auftreten von Kreatin und muskelspezifischen Enzymen im Blutplasma in erhöhter Aktivität bzw. Konzentration erklärt ist.

Bei der **Polymyositis** (und Dermatomyositis) kommt es zur Nekrose, interstitiellen Entzündung und Bindegewebsvermehrung. Im akuten Stadium sind die Aktivitäten der Muskelenzyme im Serum, sowie die Konzentration des Kreatins und der Aminosäuren erhöht.

Myotonie. Die Myocard und Skelettmuskel betreffende *Myotonia congenita* (Thomson) und die *Myotonia dystrophica* beruhen auf einer abnormen Durchlässigkeit der Muskelfasermembran für K^+ und einer gestörten Kaliumrückresorption nach tonischer Kontraktion. Auch die Rückresorption des Calciums in das longitudinale Tubulussystem ist beeinträchtigt. Dies führt zu einer verzögerten Relaxation, da die Entspannungszeit von Herz- und Skelettmuskel durch die Geschwindigkeit des Calciumrücktransports bestimmt wird. Die Aktivität der Muskelenzyme im Serum liegt im Normbereich.

Myotonien treten weiterhin als Folge einer Störung der Elektrolytbilanz und des Elektrolytumsatzes auf. Eine Mitbeteiligung der Muskulatur, die bis zu Lähmungen gehen kann, wird als sekundäres Symptom bei Hyper- und Hypothyreose, bei Hyperparathyreoidismus und bei Cushingscher Erkrankung beobachtet.

Muskelatrophie. Eine Muskelatrophie kann entweder durch mangelnden Gebrauch eines Muskels (Inaktivitätsatrophie) oder durch Denervierung zustandekommen. Sie ist charakterisiert durch eine Abnahme der Muskelmassen mit Schwund der Myofibrillen, an dem bei der Denervierungsatrophie auch das Sarkoplasma beteiligt ist. Durch einen Verlust an Myoglobin und der Zahl der Mitochondrien kommt es zur Herabsetzung des oxidativen Stoffwechsels und der Aktivität der dabei beteiligten Enzyme, während der Stoffwechselweg der Glykolyse nur geringe Veränderungen zeigt. Im Stoffwechsel der am Aufbau der Myofibrillen beteiligten Proteine lassen sich eine herabgesetzte Syntheserate und ein beschleunigter Abbau nachweisen, an dem die (vermehrt nachweisbaren) Lysosomen beteiligt sind. Der bindegewebige Anteil des Muskels bleibt unverändert, steigt aber infolge des Schwundes der Muskelmassen relativ an.

Hereditäre Myopathien. Mit Muskelschwäche und Myalgien einhergehende Erkrankungen unbekannter Ursache können Folge eines bestimmten Enzymdefektes der Skelett- und Herzmuskulatur sein. Die in der Tabelle gegebenen Beispiele

Hereditäre Enzymdefekt-Myopathien

Defizientes Enzym	Folgen bzw. Symptome
Muskelphosphorylase	Glykogenspeicherkrankheit Typ V
Amylo-α1,4-Glucosidase	Glykogenspeicherkrankheit Typ II
Amylo-1,4 → 1,6-Transglucosidase	Glykogenspeicherkrankheit Typ IV
Xanthin-Oxidase	Harnsäure im Serum ↑, Einlagerung von Hypoxanthin- und Xanthinkristallen im Muskel
Adenylat-Desaminase	CK im Serum ↑, Muskelschwäche
Carnitin-Palmityl-Transferase	CK im Serum ↑, Myoglobinurie,, Muskelschwäche, Muskelkrämpfe
NADH-Ubichinon-Reduktase	Lactat und Pyruvat im Serum ↑, Muskelschwäche

zeigen, daß der Enzymdefekt alle Bereiche des Stoffwechels u. a. den Stoffwechsel des Glykogens, der Nucleotide, der Fettsäuren und der Atmungskette umfassen kann.

5. Motorische Endplatte

Das in den präsynaptischen Bläschen an Membranproteine gebundene und in inaktiver Form gespeicherte Acetylcholin wird auf einen Nervenimpuls hin freigesetzt, dringt in den synaptischen Spalt ein und bindet sich an die Rezeptoren der postsynaptischen Membran, die mit einer unmittelbaren Steigerung der Permeabilität für Na^+, K^+ und Ca^{2+} reagiert. Das dadurch veränderte elektrische Potential breitet sich über die gesamte Membran aus und führt schließlich zur Kontraktion des Muskels. Das freigesetzte Acetylcholin wird durch die Cholinesterase zu Ace-

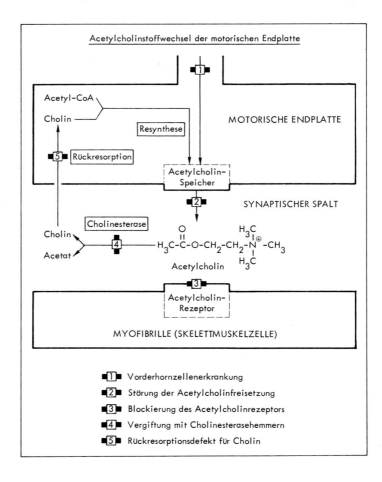

tat und Cholin abgebaut, das Cholin wird rückresorbiert und unter Energieverbrauch (Acetyl-Coenzym A) zu Acetylcholin resynthetisiert.

Jeder dieser (Synthese, Freisetzung, Rezeptorbindung und enzymatische Spaltung des Acetylcholins umfassenden) Teilschritte kann gestört sein:

- Störungen der Acetylcholin-Synthese bei Vorderhornzellerkrankungen (spinale Muskelatrophie, Poliomyelitis) oder Permeabilitätsstörung für Cholin.
- Störungen der Acetylcholinfreisetzung bei Calciummangel, Magnesiumvergiftung, Botulismus.
- Cholinesterasemangel bei Vergiftung mit Cholinesterasehemmern (Prostigmin, Alkylphosphate, Insektizide, Nikotin).
- Blockierung des Rezeptors durch kompetitive (Curare) oder depolarisierende Agentien (Succinyldicholin, Decamethonium), Auftreten von Antikörpern gegen den Acetylcholinrezeptor (Myasthenia gravis).

Myasthenia gravis. Diese schubweise verlaufende, einzelne Muskelgruppen (z. B. Lidheber, äußere Augenmuskeln, Schluckmuskeln) betreffende, oder generalisiert auftretende Krankheit ist durch abnorme Ermüdbarkeit der Muskulatur, Erholung erst nach längeren Ruhepausen, Empfindlichkeit gegenüber Curare und Besserung durch Cholinesterasehemmer gekennzeichnet. Ursache ist eine Blockierung und/oder Schädigung der Acetylcholinrezeptoren durch Antikörper oder ein beschleunigter Abbau der Acetylcholinrezeptoren. Dies ist aus Tierversuchen zu schließen, in denen eine Myasthenia gravis durch Immunisierung mit gereinigten Rezeptorproteinen erzeugt wurde, sowie aus der Tatsache, daß auch im Serum von Myasthenikern Antikörper gegen Acetylcholinrezeptoren nachweisbar waren. Da die Myasthenia gravis damit in die Gruppe der Autoimmunkrankheiten (S. 424) einzuordnen ist, bietet eine immunsuppressive Therapie Erfolgsaussichten.

Genetischer Serum-Cholinesterasemangel. Pharmaka, die den Acetylcholinrezeptor an der Membran der Muskelzelle besetzen (z. B. Succinyldicholin), setzen die motorische Aktivität der Skelettmuskulatur herab. Als „Muskelrelaxantien" werden sie bei der Narkose für chirurgische Eingriffe verwendet, bei denen die notwendige Muskelerschlaffung („Abwehrspannung") nicht allein durch das Narkosemittel erreicht wird. Die Muskelrelaxantien werden durch die unspezifische Serum-Cholinesterase (aus der Leber stammend) innerhalb mehrerer Minuten abgebaut. Zu beachten ist jedoch die Möglichkeit einer starken und lang anhaltenden Wirkung bei genetischem **Serum-Cholinesterasemangel.**

6. Muskelfunktionsdiagnostik

Stoffwechselstörungen oder Untergang von Muskelgewebe lassen sich durch Bestimmung der Aktivität von Muskelenzymen, der Konzentration von Kreatin und Kreatinin, des Lactatspiegels und durch Nachweis des Myoglobins (Mb) im Blutserum erfassen. Auch an Muskelbiopsieproben lassen sich biochemische Untersuchungen durchführen.

Myocardinfarkt. Einen diagnostisch verwertbaren Anstieg der Aktivität von CK (bzw. CK-MB), GOT und LDH (bzw. α-HBDH) im Serum findet man bei über 90% der Patienten mit Myocardinfarkt. Die Lactat-Dehydrogenase (LDH) des Herzmuskels enthält vorwiegend die Isoenzyme 1 und 2. Ihr relativer Anteil an der Gesamtlactat-Dehydrogenaseaktivität ist dadurch meßbar, daß die Isoenzyme 1 und 2 neben ihrem natürlichen Substrat Lactat auch das im Stoffwechsel nicht vorhandene α-Hydroxybutyrat umsetzen. Die α-Hydroxybutyrat-Dehydrogenase (α-HBDH) ist ein Parameter für die LDH 1 und 2. Der LDH/α-HBDH-Quotient im Serum, der normalerweise 1,38–1,62 beträgt, sinkt bei akuten Herzmuskelerkrankungen, ist dagegen bei Schädigung der Skelettmuskulatur erhöht.

Die Kreatinkinase (CK) ist ein Enzym mit relativ hoher Organspezifität für Herz- und Skelettmuskel. Für die Differentialdiagnose eines Myocardinfarkts ist die Bestimmung der Kreatinkinase-Isoenzyme nützlich, von denen die CK-MM (M = Muskel) relative Spezifität für Skelettmuskel, die CK-MB für Herzmuskel aufweist. Das im ZNS vorkommende Isoenzym CK-BB (B = Brain) spielt für die Diagnostik keine Rolle, da es die Blut/Hirnschranke nicht passieren kann.

Die Höhe des Enzymaktivitätsanstiegs im Serum ist abhängig von der Größe des infarzierten Bereichs. Da die verwertbaren Aktivitätsänderungen bereits wenige Stunden (CPK und GOT 4–8h, LDH bzw. α-HBDH 6–12h) nach Eintritt des Myocardinfarkts nachweisbar sind, ist der Zeitpunkt der Blutentnahme für die Interpretation des Enzymanstiegs von besonderer Bedeutung. Sie kann dem Ergebnis der Elektrocardiographie überlegen sein, wenn bereits ältere EKG-Veränderungen vorliegen. Beträgt bei der erhöhten Gesamt-CK-Aktivität im Serum der Anteil des Isoenzyms CK-MB mehr als 6%, ist ein Myocardschaden anzunehmen.

Für die Verlaufsbeobachtung des Myocardinfarkts ist ferner die Bestimmung der γ-GT des Serums geeignet, die einen maximalen Anstieg zwischen dem 8. und 12. Tag erreicht und eine meist subklinisch verlaufende Mitreaktion der Leber anzeigt.

Da bei einem Angina pectoris-Anfall die Enzymaktivitäten im Serum normal bleiben, muß ein nach einem Anfall eintretender Anstieg der Serumenzyme auch dann als Hinweis auf einen Myocardinfarkt angesehen werden, wenn Hinweise im EKG fehlen.

Ein empfindlicher und spezifischer Nachweis für traumatische oder ischämische Muskelschäden (Myocardinfarkt, Myositis, aber auch Barbiturat- und Ethanolvergiftungen) ist die immunologische Bestimmung des Myoglobins im Urin. So wird z. B. nach Myocardinfarkt das im Herzmuskel lokalisierte Myoglobin freigesetzt, das sowohl im Serum als auch im Urin nachweisbar ist. Der diagnostische Wert der quantitativen Myoglobinbestimmung im Serum und Urin mit Hilfe der Radialimmundiffusionstechnik liegt in der Tatsache, daß einerseits Myoglobin normalerweise nicht im Serum nachweisbar ist und andererseits die Myoglobinurie – im Vergleich zum Anstieg der Enzymaktivitäten – eher auftritt, länger anhält und größere Genauigkeit bringt.

Skelettmuskel. Ein Anstieg der Aktivität von CK (CK-MM), Aldolase und der LDH (Isoenzym 5 der LDH) wird bei

- Myopathien (progressiver Muskeldystrophie, Myotonie),
- Myositis und Dermatomyositis und
- bei der intermittierenden Myoglobinurie beobachtet.

Insbesondere die Bestimmung der CK bzw. der Isoenzyme CK-MM und CK-MB kann eine latente Myopathie erfassen. Sie erlaubt bei homozygoten männlichen Kindern mit einer progressiven Muskeldystrophie vom Typ III a eine Frühdiagnose bereits im 1. Lebensmonat aufgrund eines Anstiegs der CK. Heterozygote Anlageträgerinnen zeigen in 50–80% der Fälle ebenfalls erhöhte CK-Aktivitäten.

Auch nach ungewohnter Muskelarbeit (exzessive Muskelbelastungen bei Untrainierten wie z. B. Skigymnastik oder „Garten-Umgraben") können zu starken Erhöhungen der CK (10-20faches der Norm) führen.

VIII. Bindegewebe

Bindegewebe entsteht aus allen drei Keimblättern des embryonalen Gewebes, vor allem aus dem Mesenchym. Das nicht organspezifische, ungeformte Bindegewebe durchzieht kontinuierlich den ganzen Organismus, verbindet, unterteilt, durchsetzt und umhüllt alle Organe als Stütz- und Gerüstwerk. Spezielle Bindegewebsformen sind u. a. Knorpel, Knochen, Sehnen, Hornhaut, Lederhaut und Glaskörper des Auges, Haut, Lunge und das Blutgefäßsystem.

Bei aller Vielfalt der morphologischen Erscheinungsformen läßt jedes Bindegewebe einen typischen Aufbau aus Zellen und Extrazellulärsubstanz erkennen. Der prozentuale Anteil der Zellen ist in bindegewebigen Organen geringer als in parenchymatösen Organen und beträgt oft nur 20–30% des Organvolumens. Die extrazellulären Bestandteile – kollagene und elastische Fasern und die (strukturlose) Grundsubstanz – bilden die Hauptmasse des Bindegewebes.

1. Stoffwechsel des Bindegewebes

Die Zellen (Mesenchymzellen, Fibroblasten, Chondroblasten u. a.) sind die Stoffwechselzentren des Bindegewebes und sorgen für die Bildung und Erhaltung der extrazellulären Bestandteile. Die im Vergleich zu anderen Organen nur geringe oder fehlende Vaskularisation bindegewebiger Organe (z. B. Knorpel, Cornea, Arteriengewebe) und der große Anteil an extrazellulären Bausteinen bedingen Besonderheiten im Stoffwechsel des Bindegewebes. Sie bestehen einmal darin, daß die Energiegewinnung bis zu 50% auf dem Wege der anaeroben Glykolyse erfolgt, jedoch ist auch ein oxidativer Stoffwechsel in allen bindegewebigen Organen nachweisbar.

Die extrazellulären Bausteine werden von der Bindegewebszelle aus niedermolekularen, über das Blut in ausreichender Menge und gleichbleibender Konzentration angebotenen Substraten auf dem Wege der Totalsynthese hergestellt. Dies gilt für die Faserproteine Kollagen und Elastin und die Proteoglykane der Grundsubstanz, die nach der Synthese in den Extrazellulärraum abgegeben werden und dort als Strukturelemente verbleiben.

Für den Abbau werden die extrazellulären Bausteine des Bindegewebes von der Zelle durch adsorptive Pinozytose wieder aufgenommen und innerhalb der Lysosomen einem enzymatischen Abbau bis zu den monomeren Bestandteilen unterworfen (Schema).

Die Systemerkrankungen des Bindegewebes umfassen:
- vererbbare, durch einen Enzymdefekt bedingte Störungen des Proteoglykan-

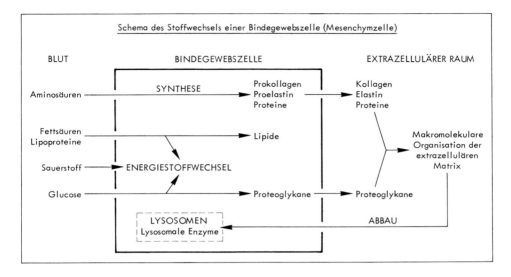

und Kollagenstoffwechsels, zu denen die **Mucopolysaccaridspeicherkrankheiten** und die sog. **Kollagenkrankheiten** gehören,
- komplexe, bezüglich ihrer molekular-biologischen Pathogenese noch nichtbekannte Stoffwechselstörungen, zu denen z. B. die **Osteoarthrose,** die Erkrankungen des **rheumatischen Formenkreises** und die **Arteriosklerose** gerechnet werden und
- **alternsbedingte Veränderungen** des Bindegewebsstoffwechsels, die auf Bindegewebserkrankungen einen begünstigenden oder modifizierenden Einfluß ausüben können.

Regenerative, durch eine de novo Synthese von kollagenem Bindegewebe gekennzeichnete Prozesse laufen bei der **Wundheilung** ab (S. 412). Sie können in bindegewebigen Organen (z. B. Haut) zu einer Restitutio ad integrum mit geringfügiger Texturstörung des Gewebes (Narbe) führen, bilden aber auch die Basis des Gewebsersatzes bei begrenzter Regenerationsfähigkeit parenchymatöser Organe (Substitution).

Entzündliche Veränderungen des kollagenen Bindegewebes sind für die **Kollagenosen** charakteristisch. Im Hinblick auf ihre Pathogenese sind sie jedoch nicht zu den Erkrankungen des Bindegewebes, sondern zu den Autoimmunkrankheiten (Kap. Immunchemie, S. 423) zu rechnen.

2. Störungen des Kollagenstoffwechsels

Kollagenbiosynthese. Die Biosynthese des Kollagens vollzieht sich nach den gleichen Prinzipien wie die Biosynthese anderer Proteine, weist jedoch Besonderheiten auf: Die primären Produkte der Kollagenbiosynthese sind Prae-pro-α-Ketten (Prolin-reiche Polypeptide mit etwa 1500 Aminosäuren), von denen für die verschiedenen Kollagentypen (Tab.) entsprechende, in ihrer Aminosäurezusammensetzung geringfügig variierte Kettentypen ($\alpha_1 I$, $\alpha_1 II$, $\alpha_1 III$, $\alpha_1 IV$, αA, αB und α_2) synthetisiert werden. In einer posttranslationalen Modifikation werden die N-terminalen Signalpeptide entfernt und es entstehen die Pro-α-Ketten, die im endoplasmatischen Retikulum weiter modifiziert werden. Zunächst erfolgt eine teilweise Umwandlung der Prolin- und Lysinreste durch eine Prolin(Lysin)-Hydroxylase zu Hydroxyprolin bzw. Hydroxylysin und die anschließende Anheftung von Galaktose- bzw. Galaktose- und Glucose-Resten ($Glc\alpha(1-2)Gal$), die mit den Hydroxylgruppen des Hydroxylysins in β-glykosidischer Bindung verknüpft werden.

Quartärstruktur und Verteilungsmuster verschiedener Kollagentypen

Typ	Kettenformel	Vorkommen	Morphologisches Äquivalent
I	$[\alpha_1(I)]_2\alpha_2$	Knochen, Sehnen, Haut, Bindegewebe	Kollagenfibrillen
II	$[\alpha_1(II)]_3$	Knorpel	Dünne Kollagenfibrillen
III	$[\alpha_1(III)]_3$	wie bei Typ I, Blutgefäßsystem	Retikulinfasern
IV	$[\alpha_1(IV)]_3$	Basalmembranen von Niere, Lunge, Plazenta und Linsenkapsel	Basalmembranen
V	$[\alpha B]_2 \alpha A$	Basalmembranen von Blutgefäßen und Plazenta	Basalmembranen
VI*		wie bei Typ V, Blutgefäße, Plazenta	Assoziiert an Zellmembranen

* Kurzkettenkollagen

Durch Assoziation von 2 α_1- und einer α_2-Kette (Kollagentyp I) oder je 3 α_1-Ketten entsteht eine spiralige Quartärstruktur, in der drei Ketten zu einer rechtsdrehenden Superhelix verdrillt sind, die als **Prokollagen** bezeichnet wird. Am C-terminalen und N-terminalen Ende enthält das Prokollagen nichthelikale Peptidbereiche und sog. Extensionspeptide.

Das Prokollagen wird nach Verpackung in Sekretionsvesikel in den Extrazellulärraum sezerniert. Vor oder während der Sekretion werden vom Prokollagen unter der Wirkung der spezifischen Prokollagenpeptidasen I und II die beiden Extensionspeptide abgespalten, wobei das Prokollagen zu neutralsalzlöslichem monomeren Kollagen wird. Im Extrazellulärraum formieren sich die Kollagenmoleküle in einer typischen Seit-zu-Seit- und End-zu-End-Anlagerung zu Fibrillen, die durch Ausbildung von kovalenten Bindungen zwischen den Kollagenmolekülen verfestigt werden. Die innerhalb des einzelnen Kollagenmoleküls oder zwischen verschiedenen Kollagenmolekülen ablaufenden Vernetzungsreaktionen spielen

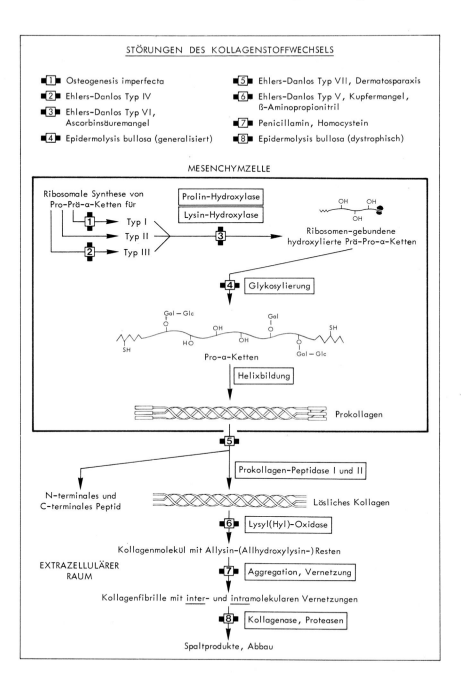

sich zwischen den Lysin- bzw. Hydroxylysinresten ab, von denen ein Teil zunächst enzymatisch zu Allysin bzw. Hydroxyallysinresten desaminisiert wird. Die durch Desaminierung der ε-Aminogruppe gebildete Aldehydgruppe reagiert mit einer zweiten Aldehydgruppe in einer Aldolkondensation bzw. mit einer Aminogruppe eines Lysin- oder Hydroxylysinrestes unter Aldiminbindung.

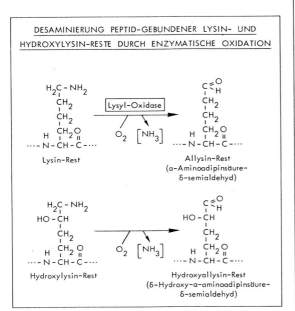

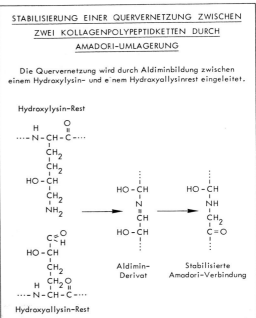

Das in den fibrillären Strukturen im Extrazellulärraum lokalisierte Kollagen hat eine biologische Halbwertszeit, die bei Säugetieren in Leber, Muskel, Arteriengewebe zwischen 30 und 60 Tagen liegt.

Biosynthesestörungen. Jeder der durch spezifische Enzyme gesteuerten Syntheseschritte kann Sitz einer Störung des Kollagenstoffwechsels (Schema, S. 345) sein und bedingt charakteristische Krankheitsbilder (Tab.).

Bei der **Osteogenesis imperfecta,** für die verschiedene Unterformen beschrieben wurden, ist die Synthese des für die Knochenbildung notwendigen Kollagen Typ I gestört. Bei dem näher untersuchten Untertyp I der Osteogenesis imperfecta ist die Synthese der Pro-$α_1$(I)-Ketten des Kollagen I auf die Hälfte herabgesetzt, so daß die Pro-$α_1$(I)- und Pro-$α_2$(I)-Ketten lediglich in einem Verhältnis von 1:1 (anstelle von 2:1 bei normaler Kollagenbildung) vorliegen. Das gestörte stöchiometrische Verhältnis der beiden Ketten verhindert eine normale Tripelhelixbil-

Genetische und erworbene Störungen des Kollagenstoffwechsels
(ED = Ehlers-Danlos)

Kollagenbiosynthese und Reaktionen der posttranslationalen Modifikation	Gestörtes genetisches Programm bzw. Enzymdefekt	Krankheitsbild bzw. Symptom	
		angeboren	erworben
Synthese von Pro-α-Ketten	mRNA gesteuerte ribosomale Proteinbiosynthese	Osteogenesis imperfecta Marfan-Syndrom ED-Syndrom IV ED-Syndrom VII	
Hydroxylierung von Lysin-Resten der Pro-α-Kette	Lysyl-Hydroxylase	ED-Syndrom VI	Ascorbinsäure-Mangel, Fe^{2+}-, O_2-Mangel
Glykosylierung von Hydroxylysin-Resten	Galaktosyl-Hydroxylysyl-Galaktosyltransferase	Epidermolysis bullosa (dominanter, generalisierter Typ)	
Abspaltung terminaler Extensionspeptide des Prokollagens	Prokollagen-Aminoprotease	ED-Syndrom VII (?) Dermatosparaxis (Rind, Schaf, Katze)	
Oxidative Desaminierung von Lys (Hyl)-Resten des Kollagens	Lysyloxidase	ED-Syndrom V Mencke-Syndrom Cutis laxa (X-chromosomal)	Kupfermangel, β-Aminopropionitril-Vergiftung, D-Penicillamin-Medikation
Intra- und intermolekulare Vernetzung des Kollagens	Spontan	Homocystinurie	D-Penicillamin-Medikation
Enzymatischer Abbau von Kollagen	Strukturveränderte Kollagenase mit erhöhter Aktivität	Epidermolysis bullosa (rezessiver, dystrophischer Typ)	

dung und begünstigt den intrazellulären Abbau von Pro-α-Ketten. Infolge dieses Defektes verlaufen zwar die Knorpelbildung in der Epiphysenfuge (die Kollagen-Typ II enthält) und auch das Längenwachstum des Knochens zunächst normal, die Metaphyse enthält jedoch lediglich calcifizierten Knorpel, aber keinen regelrechten Knochen oder normales Osteoid. Der calcifizierte Knorpel weist unzureichende mechanische Festigkeit auf und neigt zu Frakturen, die die Symptome des Krankheitsbildes bestimmen.

Das **Ehlers-Danlos-Syndrom** ist durch Hyperelastizität und abnorme Zerreißbarkeit der Haut, Überstreckbarkeit der Gelenke, Aortenklappeninsuffizienz, Aortenaneurysmen und hämorrhagische Diathese chrakterisiert. Die individuelle Variabilität des Krankheitsbildes und des Erbgangs deuten auf die Existenz verschiedener Formen hin. Je nach Ausprägung der klinischen Symptomatik werden **7 Formen des Ehlers-Danlos-Syndroms** unterschieden. Die Formen I–III werden autosomal-dominant, die Formen IV–VII rezessiv vererbt. Allen Formen gemeinsam ist eine Synthesestörung bzw. eine mangelhafte oder ausbleibende Vernetzung der extrazellulären Kollagenmoleküle mit der Folge einer unzureichenden mechanischen Belastbarkeit der kollagenen Fibrillen.

Beim Ehlers-Danlos-Syndrom **Typ VI** (okulärer Typ) liegt ein Defekt der Prolin- (bzw. Lysin-)Hydroxylase vor. Neben der allgemeinen Symptomatik werden Netzhautablösungen und Rupturen des Bulbus oculi nach Verletzungen beobachtet.

Beim Ehlers-Danlos-Syndrom **Typ IV** (ekchymotischer Typ) wird kein Typ III-Kollagen synthetisiert. Da die Blutgefäße, besonders die großen Arterien, einen hohen Anteil an Typ III-Kollagen enthalten ($\approx 40\%$), lassen sich die beim Typ IV beobachteten Blutungsneigungen und Gefäßrupturen auf diesen Defekt zurückführen. In der Veterinärmedizin ist eine dem Ehlers-Danlos-Syndrom Typ IV analoge Erkrankung des Rindes als **Dermatosparaxis** (abnorme Zerreißbarkeit der Haut) bekannt.

Der Ehlers-Danlos **Typ VII** hat seine Ursache entweder in einer Defizienz der Prokollagen-Aminoprotease (Prokollagenpeptidase) oder in einem mutationsbedingten Strukturdefekt bei der Synthese von Prokollagen Typ I. Die Symptomatik ist durch massiven Gelenkbefall (Arthrochalasis multiplex congenita) und durch Zwergwuchs gekennzeichnet. Die nicht abgespaltenen Prokollagenpeptide stören die Aggregation der Moleküle zu Fibrillen, die dann den funktionellen Erfordernissen nicht gerecht werden.

Die primäre Störung des Ehlers-Danlos-Syndrom **Typ V** besteht in einem Defekt der Lysyloxidase. Da die Lysyloxidaseaktivität von der Anwesenheit von Cu^{2+} abhängig ist, können dem Ehlers-Danlos-Typ V ähnliche Symptome auch bei Kupfermangel oder bei Medikation mit dem kupferbindenden D-Penicillamin eintreten. Dies gilt z. B. für das **Mencke-Syndrom,** eine erbliche intestinale Kupferresorptionsstörung des Menschen, bei der Aortenaneurysmen und fleckförmige degenerative Veränderungen der Blutgefäße auftreten. Dem entspricht, daß eine Kupfermangeldiät bei Schweinen eine Reihe von Bindegewebsveränderungen auslöst.

Auch Medikamente, die selektiv Enzyme des Kollagenstoffwechsels inhibieren (β-Aminopropionitril als Inhibitor der Lysyloxidase) oder mit den für die Vernetzung notwendigen Aldehydgruppen reagieren (z. B. D-Penicillamin), können die postribosomale Modifikation des Kollagenmoleküls unterbrechen und die extrazelluläre Fibrillenbildung beeinträchtigen. α-Amino- und β-Thiolgruppen des D-Penicillamins bilden mit der Aldehydgruppe des Allysins einen Thiazolidinring (Abb.).

Verhinderung der Quervernetzung des Kollagens durch reversible Reaktion von D-Penicillamin bzw. Homocystein mit Allysinresten der Kollagenmoleküle

$$\cdots -N(H)-CH(\text{-}(CH_2)_2\text{-}CHO)-C(=O)- \cdots \;+\; HS\text{-}CH(CH_3)\text{-}C(NH_2)H\text{-}COOH \;\rightleftharpoons\; \cdots -N(H)-CH(\text{-}(CH_2)_2\text{-}CH\langle\overset{NH}{S}\rangle CH\text{-}CH(CH_3)\text{-}COOH)-C(=O)- \cdots$$

Polypeptidkette des Kollagenmoleküls; Oxidierter Lysinrest (= Allysinrest); D-Penicillamin (bzw. L-Homocystein)

Einen ähnlichen Effekt wie das D-Penicillamin weist das strukturanaloge Homocystein auf, das ebenfalls eine Verbindung mit Aldehyden des Lysins und Hydroxylysins eingeht (Formel). Bei der Homocystinurie, der ein Defekt verschiedener Enzyme zugrunde liegen kann (S. 65), kommt es zu Akkumulation von Homocystein (und Homocystin) im Gewebe und damit zu einer kompetitiven Hemmung der Quervernetzungsreaktionen am Kollagen. Dies erklärt die bei Homocystinurie beobachteten Thoraxdeformitäten, Linsenektopie, generalisierte Osteoporose und Veränderungen des Blutgefäßsystems.

Epidermolysis bullosa. Bei der Epidermolysis bullosa, von der es einen dominanten generalisierten Typ (Epidermoslysis bullosa hereditaria polydysplastica) und einen rezessiven dystrophischen Typ (Epidermolysis bullosa hereditaria dystrophica) gibt, kommt es zu lokalen oder großflächigen Epidermolysen mit Blasenbildung in allen Hautpartien, die mechanischer Belastung ausgesetzt sind. Die Beteiligung des Magen-Darmtraktes erschwert die Nahrungsaufnahme und führt zu Dystrophie und Marasmus. Die generalisierte Form, die schon kurze Zeit nach der Geburt zum Tode führt, hat ihre Ursache in einem Defekt der Galaktosyl-Hydroxylysyl-Galaktosyltransferase (Tab.), während bei der rezessiven Form eine strukturveränderte Kollagenase mit erhöhter Aktivität gebildet wird.

Ein Defekt der Lysyloxidase scheint auch bei der **Cutis laxa** (angeborene abnorme Überdehnbarkeit der Haut) vorzuliegen. Im Gegensatz zum Ehlers-Danlos-Syndrom Typ V besteht jedoch keine verzögerte Wundheilung und Hypermobilität der Gelenke. Die häufigste Komplikation ist ein Lungenemphysem.

Marfan-Syndrom. Das Marfan-Syndrom umfaßt eine Gruppe vererbbarer Bindegewebserkrankungen, deren gemeinsames Merkmal Skelettveränderungen, Ektopie der Augenlinse, Myopie, Aortenaneurysma und Herzklappenveränderungen ist. Der molekulare Defekt liegt – in Einzelfällen – in einer fehlerhaften Synthese der α_2-Kette des Typ I-Kollagens. Die abnormen α_2-Ketten enthalten innerhalb der Polypeptidketten ein zusätzliches etwa 20 Aminosäuren langes Peptid. Diese Kettenveränderung beeinträchtigt die extrazellulären Vernetzungsreaktionen, so daß die Konzentration des extrahierbaren (nichtvernetzten) Kollagens etwa 5–10 mal höher liegt als bei Stoffwechselgesunden. Hautfibroblasten von Patienten mit Marfan-Syndrom synthetisieren außerdem mehr Hyaluronat als Kontrollzellen, doch ist nicht klar, ob es sich hier um eine primäre Störung oder sekundäre Veränderung handelt. In der Tunica media der großen Arterien weist das Verhältnis der Kollagentypen I/III (30/70) eine deutliche Verschiebung gegenüber dem Normbereich (60/40) auf.

3. Störungen des Proteoglykanstoffwechsels

Proteoglykanstoffwechsel. In der extrazellulären Matrix des Bindegewebes sind die Faserproteine Kollagen und Elastin in ein gelartiges Aggregat von Proteoglykanmolekülen (zusammen mit Glykoproteinen und Proteinen) eingebettet. Proteoglykane sind Makromoleküle mit einem Mol.-Gew. von $0{,}2-2{,}0 \cdot 10^6$ und bestehen aus einem zentralen Proteinfilament, an das eine variable Anzahl von **Seitenketten von Glykosaminoglykanen** (sauren Mucopolysacchariden) und z. T. auch Oligosaccharide in kovalenter Bindung angeheftet sind (Schema).

Proteoglykane können Chondroitinsulfat, Dermatansulfat, Keratansulfat, Heparansulfat oder Heparin als Glykosaminoglykankomponente enthalten, wobei die Proteinkomponente 10–70%, der Polysaccharidanteil 30–90% des Proteoglykanmoleküls ausmachen. Eine Ausnahme bildet Hyaluronat, dessen Proteingehalt nur 0,5–2% beträgt.

Proteoglykanreiche Organe (z. B. hyaliner Knorpel) können bis zu 30% ihres Trockengewichts Proteoglykane enthalten, während der Proteoglykangehalt Kollagen- und Elastin-reicher Bindegewebe (Arterien, Haut, Cornea des Auges) 0,5–2% des Trockengewichts beträgt. Die meisten Bindegewebe besitzen ein charakteristisches Glykosaminoglykanverteilungsmuster.

CHEMISCHE, PHYSIKOCHEMISCHE UND ELEKTRONENOPTISCHE KENNGRÖSSEN EINES PROTEOGLYKANMOLEKÜLS (KURZE FORM, RINDERNASENKNORPEL)

(A = Schematische Darstellung, B = Elektronenoptische Aufnahme)

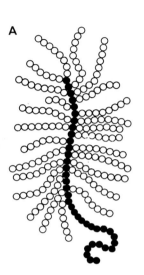
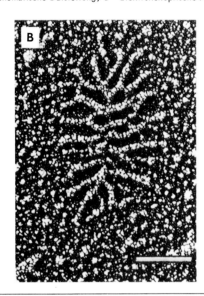

Chemische Analysen

Proteinanteil	16 %
Chondroitinsulfat	79 %
Keratansulfat	5 %
Zahl der Bindungsstellen	24

Physikochemische Messungen

Mol. Gew. (n)	0.55×10^6
Mol. Gew. (w)	2.8×10^6
Intrinsic viscosity (0.15 M NaCl)	2.55 g/ml
Durchmesser äquival. Kugel	203 nm
Form: Statistisches Knäuel	

Elektronenoptische Daten

Länge des Proteincore ($\approx$ 580 Aminosäuren)	180 nm
Zahl der Seitenketten	22
Länge der Seitenketten ($\approx$ 42 Disaccharideinheiten)	53 nm
Form: Ellipsoid (Halbachsen: a 160 nm, b 70 nm)	

Im Gegensatz zu den Faserproteinen Kollagen und Elastin weisen die Proteoglykane eine hohe Umsatzrate auf. Ihre biologische Halbwertszeit liegt in Abhängigkeit vom Lebensalter in der Größenordnung von 2–14 Tagen.

Die intrazelluläre Biosynthese der Proteoglykane verläuft in zwei Phasen. In der ersten Phase vollzieht sich die ribosomale Synthese der kohlenhydratfreien Proteinkomponente, die an das endoplasmatische Retikulum abgegeben wird. Dort erfolgt durch schrittweise Anheftung von Monosaccharidresten an das Akzeptorprotein die Synthese der Polysaccharid- (Glykosaminoglykan-)Kette, wobei deren Sequenz durch die Spezifität der beteiligten Glykosyltransferasen und Sulfotransferasen festgelegt wird. Die Hauptmenge der Proteoglykane wird von der Zelle, nach Verpackung in Sekretionsvesikel, in den Extrazellulärraum abgegeben, ein Teil der Proteoglykane bleibt jedoch mit der Zellmembran assoziiert.

Nach Abgabe in den Extrazellulärraum bilden die Proteoglykane zusammen mit den übrigen Bausteinen der extrazellulären Matrix eine Quartärstruktur von hohem Organisationsniveau. Im Knorpelgewebe treten dabei mehrere Proteoglykanmoleküle mit Hyaluronat zu strukturspezifischen Aggregaten mit einem Mol.-Gew. von mehreren 100 Mill. zusammen, die wiederum mit Kollagenfibrillen und Strukturglykoproteinen in Wechselwirkung treten (Abb. S. 359).

Im Rahmen des Stoffumsatzes werden die Proteoglykane des extrazellulären Raumes — nach partieller enzymatischer Mobilisierung — von der Bindegewebszelle durch adsorptive Pinozytose aufgenommen. Innerhalb der Bindegewebszelle vereinigt sich das Pinozytosebläschen mit einem primären Lysosom zum sekundären Lysosom, in dem der hydrolytische Abbau der Proteoglykane komplettiert wird. Die entstehenden Abbauprodukte können reutilisiert, jedoch auch aus den Bindegewebszellen ausgeschieden werden (Schema).

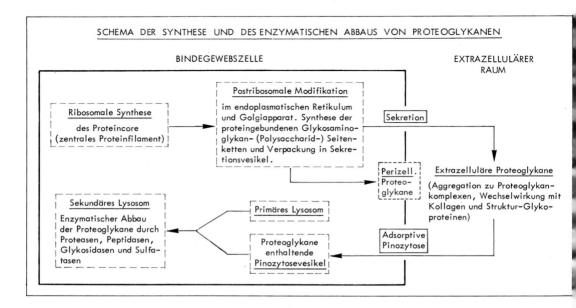

Mucopolysaccharidspeicherkrankheiten. Beim intralysosomalen Abbau der Proteoglykane wird die Glykosaminoglykankomponente — z. T. nach Depolymerisation unter Einwirkung von Endoglykosidasen — durch sukzessive Wirkung von Glykosidasen und Sulfatasen vom nichtreduzierenden Ende her schrittweise unter Abspaltung von Monosacchariden abgebaut. Fehlt ein am Abbau beteiligtes Enzym, ist der weitere Abbau blockiert und Polysaccharid- bzw. Oligosaccharidfragmente reichern sich in den Lysosomen der betroffenen Gewebe und Organe an. Dies ist bei den **Mucopolysaccharidspeicherkrankheiten** der Fall, bei denen als Ursache ein Mangel eines am Abbau der Glykosaminoglykankomponente beteiligten Enzyms erkannt worden ist (Tabelle).

Der Enzymdefekt betrifft besonders häufig den Abbau des Dermatansulfats und Heparansulfats, die bei den Mucopolysaccharidosen vom Typ I und II meist gemeinsam — bei den einzelnen Patienten jedoch in wechselndem Mengenverhältnis — in zahlreichen Organen gespeichert und auch mit dem Harn ausgeschieden wer-

Mucopolysaccharidspeicherkrankheiten

Typ	Name	Abbaustörung von	Symptome	Enzymdefekt
I	Hurler'sche Erkrankung (IH) Scheie'sche Erkrankung (IS)	Dermatansulfat Heparansulfat	Zwergwuchs, „Wasserspeiergesicht", Schwachsinn (IH), Corneatrübung (IH und IS)	α-L-Iduronidase
II	Hunter'sche Erkrankung	Dermatansulfat Heparansulfat	Zwergwuchs, „Wasserspeiergesicht", weniger schwer als Hurler'sche Erkrankung	Iduronid-2-sulfat-Sulfatase
III	Sanfilippo'sche Erkrankung (Polydystrophische Oligophrenie): Typ A, Typ B, Typ C, Typ D	Heparansulfat	geringe körperliche und schwere geistige Entwicklungsstörung	(A) Heparansulfat-sulfamat-Sulfatase (B) α-N-Acetylglucosaminidase (C) Acetyl-CoA-α-glucosaminid-N-Acetyltransferase (D) Heparansulfat-N-Acetylglucosamin-6-sulfat-Sulfatase
IV	Morquio-Brailsford'sche Erkrankung (Osteochondrodystrophie) Typ A, Typ B	Keratansulfat Chondroitin-6-sulfat	Zwergwuchs, Skelettdeformitäten, Corneatrübung	(A) N-Acetylgalaktosamin-6-sulfat-Sulfatase (B) β-Galaktosidase
VI	Maroteaux-Lamy'sche Erkrankung	Dermatansulfat Chondroitin-4-sulfat	Skelettdeformitäten, Corneaveränderungen, geistige Entwicklung normal	N-Acetylgalaktosamin-4-sulfat-Sulfatase (Arylsulfatase)
VII	β-Glucuronidase-Defizienz	Chondroitinsulfat Dermatansulfat Heparansulfat	ähnlich dem Typ I, jedoch variabler Schweregrad	β-Glucuronidase

den (bis 0,5 g/24 h). Die Wirkungsweise der am Abbau von Heparansulfat beteiligten Enzyme und die bislang bekannten Enzymdefekte zeigt das nachstehende Schema.

Die aufgrund des Abbaudefekts gespeicherten Mucopolysaccharide lassen sich in den Zellen des Knorpels, der Faszien, der Sehnen, des Periosts, der Blutgefäße, Meningen und der Hornhaut, aber auch in Leber- und Milzzellen nachweisen. Zellkulturen von Hautfibroblasten dieser Patienten speichern die nicht abgebauten Mucopolysaccharide in den Lysosomen.

ENZYME UND ENZYMDEFEKTE DES HEPARANSULFAT-ABBAUS

Hunter'sche Erkrankung (II) → L-Iduronid-Sulfatase

Hurler'sche Erkrankung (I H)
Scheie'sche Erkrankung (I S) → L-Iduronidase

Sanfilippo'sche Erkrankung (III, Typ D) → N-Ac-Glucosamin-6-sulfat-Sulfatase

Sanfilippo'sche Erkrankung (III, Typ B) → α-N-Ac-Glucosaminidase

ß-Glucuronidase-Defizienz → ß-Glucuronidase

Sanfilippo'sche Erkrankung (III, Typ A) → Heparansulfat-Sulfamidase

Sanfilippo'sche Erkrankung (III, Typ C) → Acetyl-CoA-αGlcN-N-Acetyl-Transferase → α-N-Ac-Glucosaminidase

Bei Zugabe des fehlenden Enzyms zur Zellkultur verhalten sich die Zellen von Patienten mit Mucopolysaccharidspeicherkrankheiten wie normale Fibroblasten. Die enzymdefizienten Zellen nehmen das (exogene) Enzym aus der Kulturflüssigkeit auf. Durch die Substitution des fehlenden Enzyms werden die intrazellulär akkumulierten Mucopolysaccharide abgebaut.

Die Tatsache, daß normale Fibroblasten ständig einen Teil ihrer lysosomalen Enzyme an den extrazellulären Raum abgeben, und die extrazellulären lysosomalen Enzyme von der gleichen oder benachbarten Zelle durch Pinozytose wieder aufgenommen werden, hat zu therapeutischen Ansätzen bei den Mucopolysaccharidspeicherkrankheiten geführt (Transplantation normaler Hautfibroblasten bei Patienten mit Mucopolysaccharidspeicherkrankheiten S. 33).

Das klinische Bild der Mucopolysacccharidosen zeigt disproportionierten Zwergwuchs mit Kurzhalsigkeit, großem Kopf und fratzenhaftem Gesichtsausdruck (Gargoylismus) sowie geistige Retardierung. Weitere Symptome sind Hepatosplenomegalie, Taubheit und Hornhauttrübungen. Dabei sind fließende Übergänge zwischen den einzelnen Mucopolysaccharidspeicherkrankheiten möglich. Ähnliche klinische Erscheinungsbilder können auf dem Defekt verschiedener Enzyme beruhen. Umgekehrt kann der Defekt eines einzelnen Enzyms beim Auftreten alleler Mutationen eine unterschiedliche klinische Symptomatik zur Folge haben. Die Diagnose wird als Suchtest aufgrund einer vermehrten Ausscheidung von Mucopolysacchariden mit dem Harn (normal 5–10 mg/24 h) und durch Nachweis des Enzymdefektes in Leukozyten oder kultivierten Hautfibroblasten gestellt. Eine frühzeitige genotypspezifische Diagnose der kranken Patienten macht eine genetische Beratung von Mitgliedern der betroffenen Familien möglich. Bei Vorliegen einer Risikoschwangerschaft ist eine pränatale Diagnostik nach Anzüchtung von Zellen aus der Amnionflüssigkeit angezeigt.

Mit Ausnahme der Hunterschen Erkrankung (Mucopolysaccharidose Typ II), die X-chromosomal-rezessiv vererbt wird, zeigen die Mucopolysaccharidosen autosomal rezessiven Erbgang. Ihre Häufigkeit beträgt etwa $1:10^5$.

Einige am Mucopolysaccharid-(Glykosaminoglykan-)Katabolismus beteiligten Enzyme sind auch für den Abbau von Gangliosiden und Glykoproteinen erforderlich. Dies erklärt, warum es auch bei der Mucolipidosis II und III (S. 357), bei den Gangliosidosen vom Typ G_{M1} und G_{M2} (S. 102) und bei der Mucosulfatidose (S. 357) zur Speicherung von Mucopolysacchariden kommt.

4. Mucolipidosen und Sulfatidose

Mucolipidosen sind Speicherkrankheiten, bei denen gleichzeitig Mucopolysaccharide (Glykosaminoglykane bzw. deren partielle Abbauprodukte) und Glykolipide gespeichert werden, die Ausscheidung von Glykosaminoglykanen mit dem Harn jedoch nur geringfügig erhöht ist.

Die Akkumulation von Glykosaminoglykanen und Glykolipiden in den Geweben führt zu Skelettveränderungen, neurologischen Symptomen, Myelindegeneration und Hepatomegalie (vacuolisierte Hepatozyten und Kupfersche Sternzellen). Aufgrund der klinischen Symptomatik wurde eine vorläufige Unterscheidung der Mucolipidosen in die Typen I–III vorgenommen.

Mucolipidose I. Der Basisdefekt bei der Mucolipidose I liegt in einer stark reduzierten Aktivität der Neuraminidase (Schema). Dies hat zur Folge, daß der Abbau

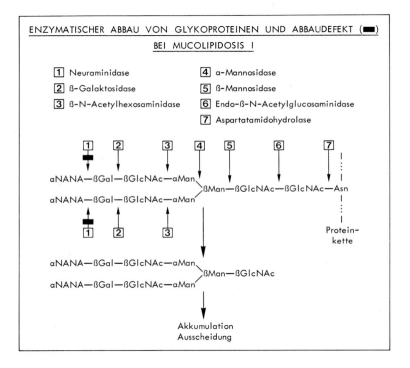

der prosthetischen Kohlenhydratgruppe von Glykoproteinen, die terminale Sialinsäurereste tragen, nicht vorgenommen werden kann. Eine Entfernung der Sialinsäurereste am nichtreduzierenden Ende der prosthetischen Oligosaccharide ist nämlich Voraussetzung für die nachfolgende Wirkung der übrigen am Abbau beteiligten Exoglykosidasen (2–5), die Oligosaccharide physiologischerweise vom nichtreduzierenden Ende her durch sukzessive hydrolytische Abspaltung von Monosacchariden schrittweise abbauen. Da jedoch die Aktivität der beim Abbau von Glykoproteinen beteiligten Aspartylamidohydrolase (7) und der Endo-β-N-Acetylglucosaminidase (6) unverändert ist, akkumulieren in den Lysosomen der betroffenen Zellen Oligosaccharide mit einer für Glykoproteine charakteristischen Teilstruktur und werden auch vermehrt mit dem Harn ausgeschieden. Die fehlende Neuraminidaseaktivität beeinträchtigt auch den Gangliosidabbau, der zwar weniger stark betroffen zu sein scheint, dessen Störung sich jedoch regelmäßig — wie bei der Tay-Sachsschen Erkrankung — in einem kirschroten Maculafleck zu erkennen gibt.

Mucolipidosis II und III. Charakteristisch für die Mucolipidose II (I-Zellerkrankung) sind die in kultivierten Fibroblasten nachweisbaren Einschlußkörperchen (Inclusions), die aus Glykolipiden und Glykosaminoglykanen bestehen. Der molekulare Defekt bei dieser autosomal-rezessiv vererbbaren Erkrankung liegt in einer fehlerhaften Struktur der lysosomalen Enzyme. Bei der Biosynthese lysosomaler Enzyme, von denen viele Glykoproteine sind, schließen sich an die ribosomale Synthese des Proteinanteils eine postribosomale Glykosylierung und Modifizierung des entstehenden Oligosaccharidanteils an, der physiologischerweise einen oder mehrere N-Acetylglucosamin-1-phospho-6-mannoserest(e) in terminaler Position trägt. Durch enzymatische Abspaltung des N-Acetylglucosaminrestes wird Mannose-6-phosphat zur terminalen Gruppierung und dient gleichzeitig als Erkennungsregion und Ligand für die Bindung an einen Rezeptor. Der Rezeptor ist Teil einer vesikulären Membran, welche die lysosomalen Enzyme nach ihrer Fertigstellung einschließt. Die Bindung lysosomaler Enzyme an Rezeptoren verhindert den Austritt lysosomaler Enzyme aus der Zelle bei Fusion der Vesikel mit der Zellmembran. Bei der Mucolipidose II und III bleibt die Übertragung des terminalen Glucosamin-1-phosphatrestes im Rahmen der postribosomalen Glykosylierung lysosomaler Enzyme aus. Wegen ihrer Unfähigkeit zur Bindung an die Vesikel—Rezeptoren gehen die lysosomalen Enzyme bei Fusion der Vesikel mit der Zellmembran durch Ausschleusung aus der Zelle verloren. Dadurch kommt es zu einer intrazellulären Verarmung lysosomaler Enzyme und in deren Folge zu einer Akkumulation nicht abgebauter Substrate (Abb.).

Mucosulfatidose (Multiple Sulfatasedefizienz). Der dieser Krankheit zugrunde liegende genetische Defekt führt zu einer herabgesetzten oder fehlenden Aktivität von mindestens 7 Sulfatasen, die am Abbau von Sulfatiden (S. 101) und Mucopolysacchariden (S. 354) beteiligt sind. Dazu gehören die Arylsulfatasen A, B und C, die Iduronidsulfatase, die 2-Desoxy-2-Aminoglucosid-2-Sulfamatsulfatase (Sulfamidase), die N-Acetylgalaktosamin-6-sulfat-Sulfatase und die N-Acetylglucosamin-6-sulfatase.

Die Symptome dieser seltenen Erkrankung entsprechen einer Kombination von Gangliosid- und Mucopolysaccharidspeicherkrankheiten und bestehen in Skelettabnormalitäten, Hepato-Splenomegalie und geistigen Entwicklungsstörungen, die sich morphologisch in einer diffusen Demyelinisierung mit metachromatischer Leukodystrophie bis zur vollständigen Decerebralisierung erstreckt.

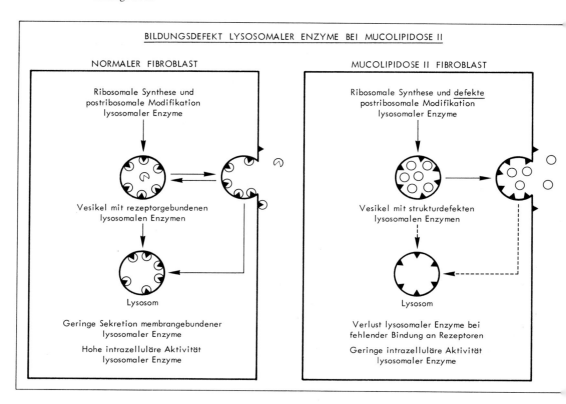

5. Arthrose und Arthritis

Die Arthrosen umfassen eine heterogene Gruppe von Erkrankungen, die durch Fissuren und Defekte im Gelenkknorpel, Sklerose des subchondralen Knochens und sekundär durch Hypertrophie des randständigen Knorpels, aus dem sich durch Verkalkung und Verknöcherung Osteophyten bilden, gekennzeichnet sind. Traumen, chronische Überlastungsschäden (z. B. Übergewicht) und fortgeschrittenes Lebensalter sind als prädisponierende Faktoren bzw. auslösende Ursachen bekannt.

Biochemie der extrazellulären Matrix des Knorpels. Die extrazelluläre Knorpelmatrix (Extrazellulärsubstanz), die etwa $^2/_3$ des Gewebsvolumens ausmacht, stellt einen „Verbundwerkstoff" dar, in dem Kollagen, Proteoglykane und Wasser als Hauptkomponenten eine Quartärstruktur von hohem Organisationsniveau bilden. Sie verleiht dem Knorpel seine mechanischen Eigenschaften (Formkonstanz, Stoßdämpfung). Die Proteoglykanmoleküle sind Syntheseprodukte der Zellen (Chondrozyten, Chondroblasten) des Knorpelgewebes und besitzen eine charakteristische chemische Struktur (S. 360) sowie funktionsadäquate physiko-chemische Eigenschaften (Wasserbindung, Viskoelastizität). Im hyalinen Knorpel bilden Chondroitin-4,6-sulfat und Keratansulfat die Glykosaminoglykanseitenketten der Proteoglykane.

Proteoglykanmoleküle besitzen die Fähigkeit, zusammen mit Hyaluronat und einer als Link-Protein bezeichneten Fraktion strukturspezifische Aggregate zu bilden. Dabei tritt ein polysaccharidfreier oder nur mit wenigen Keratansulfatseitenketten besetzter Anteil des Proteincores mit etwa 10 Disaccharideinheiten eines Hyaluronatmoleküls durch nichtkovalente, d. h. dissoziierbare Bindungen in Wechselwirkung, die durch ein Link-Protein stabilisiert wird (Abb.). Mit einem

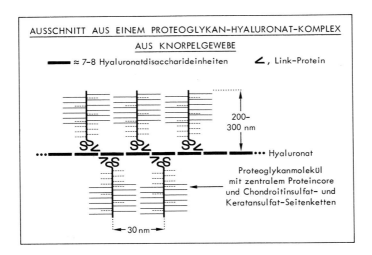

Hyaluronatmolekül können – je nach Molekulargewicht des Hyaluronats – 100–150 Proteoglykanmoleküle ein Aggregat bilden, wobei die Proteoglykaneinzelmoleküle an der Hyaluronatkette einen Abstand von 30–60 Disaccharideinheiten (etwa 30–60 nm) aufweisen. Die Proteoglykanaggregate können ihrerseits mit kollagenen Fasern in eine noch nicht näher definierte Wechselwirkung treten und auf diese Weise eine makromolekulare Überstruktur bilden.

Pathobiochemie der Arthrose (Arthrosis deformans, Osteoarthrosis). Untersuchungen an experimentellen Arthrosemodellen (z. B. Entfernung des Ligamentum cruciatum anterior des Kniegelenks) zeigen, daß die Osteoarthrose trotz ihrer zunächst morphologischen Begrenzung auf das betroffene Gelenk keine lokale Erkrankung darstellt, sondern biochemische Veränderungen auch am Knorpelgewebe anderer Gelenke verursacht. Charakteristisch für die Osteoarthrose ist ein Mißverhältnis zwischen Syntheseleistungen der Knorpelzellen und Abbauprozessen.

Die vermehrte Synthese und Freisetzung von Proteasen und Kollagenase aus den funktionell insuffizienten Knorpelzellen führen zu einem kontinuierlichen Verlust an Proteoglykanen und zu Veränderungen ihrer Struktur (Abb.). An der fortschreitenden Chondrolyse beteiligen sich auch aus der Synovia eingewanderte mononukleäre Phagozyten.

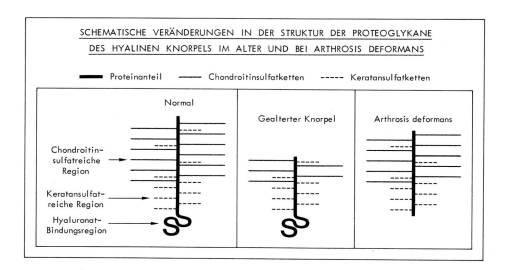

Die Veränderungen des Knorpelgewebes betreffen

- Zunahme des Wassergehaltes,
- leichtere Extrahierbarkeit der Proteoglykane aus dem Knorpelgewebe durch 0,15 M NaCl,
- geringeres Molekulargewicht und relativ geringeren Proteinanteil der Proteoglykanmoleküle und Verlust ihrer Fähigkeit, mit Hyaluronat spezifische Aggregate zu bilden (Abb.).

Da Proteoglykane einen höheren Stoffumsatz aufweisen als Kollagen, sind die Störungen des Kollagenstoffwechsels (vermehrtes Auftreten von Kollagenabbauprodukten, Umschaltung der Synthese von Typ II auf Typ I) vermutlich sekundärer Natur. Eine Störung des Glykosaminoglykanstoffwechsels wird auch dadurch nahegelegt, daß das von der Synovia produzierte Hyaluronat veränderte physikochemische Eigenschaften (Scherkraft) aufweist.

Chronische Polyarthritis (progredient chronische Polyarthritis*, rheumatoide Arthritis). Die chronische Polyarthritis ist eine chronische, durch unspezifische

---

* Ältere nicht mehr empfohlene Bezeichnung: pcP = primär chronische Polyarthritis.

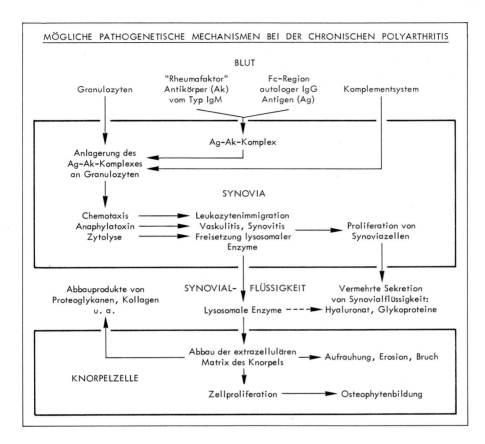

Entzündung der peripheren Gelenke charakterisierte Krankheit, die schließlich zu progressiver Zerstörung des gelenkeigenen und periartikulären Gewebes führt.

Dem schematisch dargestellten pathogenetischen Mechanismus liegt die Beobachtung zugrunde, daß sich bei Patienten mit chronischer Polyarthritis in einem Prozentsatz von 80—90% sowohl im Serum als auch in der Synovia Antigen-Antikörperkomplexe nachweisen lassen, in denen der **„Rheumafaktor"** das Antigen darstellt. Unter dem Begriff „Rheumafaktoren" werden polyklonale Immunglobuline vom Typ IgM (z. T. auch Typ IgG und Typ IgA) zusammengefaßt, die mit der Fc-Region von autologen, isologen oder heterologen Immunglobulinen vom Typ IgG reagieren. Der Rheumafaktor wird durch Agglutinationstests nachgewiesen, bei denen Schafserythrozyten oder Polystyrolpartikel, die mit IgG beladen sind, mit dem Rheumafaktor reagieren. Bilden sich in vivo Immunglobuline, die gegen Fc-Regionen autologer IgG-Antikörper reagieren, so wird durch die Bildung des Antigen-Antikörperkomplexes und dessen Anlagerung an Synovialzellen, bzw. Granulozyten der Synovia, eine charakteristische immunologische Folgereaktion ausgelöst, an der auch das Komplementsystem (S. 435) beteiligt ist. Die bei dieser Reaktionfolge entstehenden C3a- und C3b-Fragmente erklären die Anaphylatoxinwirkung, die über die Histaminfreisetzung zur Gefäßreaktion („Vaskulitis") führt, die Chemotaxis (Einwanderung von Granulozyten, Lymphozyten und kleinen Plasmazellen in die Synovia) und die reaktive, an dem gesteigerten ^{3}H-Thymidineinbau erkennbare Bildung eines pannikulären Granulationsgewebes (Synovitis).

Die Resultante dieser Prozesse ist eine vermehrte Sekretion von Synovialflüssigkeit, aber auch eine gesteigerte Abgabe lysosomaler Enzyme in die Gelenkflüssigkeit. Die Enzyme entstammen teilweise lysierten Synovialzellen, teilweise einer gesteigerten aktiven Sekretion von lysosomalen Enzymen aus dem Granulationsgewebe. Die Enzyme werden in die Synovialflüssigkeit abgegeben, wo sich z. B. Kathepsin, β-Glucuronidase, β-N-Acetylhexosaminidase, α-Mannosidase und β-Galaktosidase in erhöhter Aktivität nachweisen lassen. Diese am katabolen Stoffwechsel beteiligten Enzyme führen nicht nur zu einem hydrolytischen Abbau der Makromoleküle der Synovialflüssigkeit, sondern entfalten vor allem auf Gelenkknorpel und Gelenkknochen eine chondrolytische bzw. osteolytische Wirkung. Sie führen zum Abbau von Proteoglykanen, Kollagen und den übrigen Bestandteilen der extrazellulären Matrix des Gelenkknorpels, dessen Spaltprodukte in der Synovialflüssigkeit nachweisbar werden. Gleichzeitig löst die Destruktion des Knorpelgewebes Zellteilung und verstärkte Syntheseleistungen der Chondrozyten und Osteozyten aus. Aufrauhung der Oberfläche des Gelenkknorpels, Erosionen und Risse sowie Osteophytenbildung sind das morphologische Korrelat dieser Prozesse.

Die chronisch-entzündlich verdickte Synovia schaltet auf glykolytischen Stoffwechsel um (erhöhte Aktivität glykolytischer Enzyme und der Lactatkonzentration sowie Abnahme des Glucosespiegels in der Synovialflüssigkeit). Die Permeabilität der Synovia für Seruminhaltbestandteile ist erhöht.

Alkaptonurie. Die bei einem primären Defekt der Homogentisinsäure-Dioxygenase (Stoffwechsel des Tyrosins, S. 62) sich anreichernde Homogentisinsäure führt zu einer braun-schwarzen Pigmentierung von Knorpel, Sehnen, Blutgefäßen, Endocard und Skleren, in deren Folge sich degenerative Veränderungen der Gelenke, Herzklappenfehler und Aortenaneurysmen ausbilden. Das schwarze Pigment (Alkapton) entsteht bei der enzymatischen und nichtenzymatischen Reaktion der Homogentisinsäure, die bei der Polymerisation chinoide Farbstoffe bildet und auch „Vernetzungsreaktionen" am Bindegewebe verursacht.

6. Gelenkflüssigkeit (Synovia)

Die Gelenkhöhlen des Körpers, Sehnenscheiden und Schleimbeutel sind von Synovialmembranen ausgekleidet, welche Filterfunktionen für den Durchtritt von Blutplasmainhaltsbestandteilen übernehmen und auch die für Gelenkflüssigkeit typische Hyaluronsäure synthetisieren und sezernieren. Die Oberfäche der Synovialmembran des Kniegelenks beträgt etwa 0,02 m². Der Proteingehalt der Gelenkflüssigkeit ist geringer als derjenige der Interzellularflüssigkeit. Die Konzentration einiger Bestandteil ist der Tabelle zu entnehmen.

Bestandteile der Synovialflüssigkeit
Leukozyten $< 0,2 \times 10^9$/l
Protein 15–25 g/l
Hyaluronsäure 2,5–3,7 g/l
Chlorid 85–140 mmol/l
Kalium 3,5–4,5 mmol/l
Natrium 130–140 mmol/l
Harnsäure 60–75 mg/l
pH-Wert 7,4

Die Aktivität von Enzymen der Synovialflüssigkeit liegt innerhalb oder unterhalb des Serumnormbereichs. Bei entzündlichen Gelenkerkrankungen ist die Zahl der Leukozyten, die Konzentration des Gesamtproteins und die Aktivität der Enzyme in der Synovialflüssigkeit heraufgesetzt, diejenige des Hyaluronats herabgesetzt.

7. Arteriosklerose

Die Pathogenese von Erkrankungen des Arteriensystems, insbesondere der Arterioklerose, ist trotz zahlreicher Experimente und klinischer Untersuchungen ein vielschichtiges Problem. Es wird dadurch kompliziert, daß die Arteriosklerose in verschiedenen morphologischen Formen und Stadien in Erscheinung tritt, einen unterschiedlichen Befall einzelner Gefäßprovinzen zeigt und ätiologisch ein multifaktorielles Geschehen darstellt, bei dem Blut- und Gefäßwandfaktoren mitwirken.

Definition (WHO). Die **Arteriosklerose** ist eine variable Kombination von Veränderungen der Intima, bestehend aus herdförmigen Ansammlungen von Lipiden, komplexen Kohlenhydraten, Blut und Blutbestandteilen, Bindegewebe und Calciumablagerungen, verbunden mit Veränderungen der Arterienmedia.

Der Begriff **Atherosklerose** betont die intimale Akkumulation von Lipiden als charakteristisches Erscheinungsbild. Der Begriff **Arteriosklerose** wird als Oberbegriff verwendet und umfaßt neben der Atherosklerose auch die Mediasklerose und hypertoniebedingte Arteriopathien.

Biochemie der Arterienwand. Die Pathobiochemie der Arteriosklerose setzt genaue Kenntnisse der Chemie, der makromolekularen Struktur und des Stoffwechsels des Arteriengewebes voraus.

Untersuchungen zur chemischen Zusammensetzung menschlicher Arterien (Arterien elastischen Typs) lassen ein einheitliches Bauprinzip erkennen. Es ist dadurch gekennzeichnet, daß die mechanisch belastbaren Skleroproteine Kollagen und Elastin zusammen mehr als 60% und die extrazellulären Proteoglykane, Glykoproteine und Proteine (Bausteine der strukturlosen Grundsubstanz) weitere 10% des Trockengewichts der Arterienwand ausmachen, während der Gehalt an zellulären Bauelementen ($3-6 \times 10^6$ Zellkerne/g Frischgewicht) nur 20–30% des Gewebsvolumens beträgt. Für den Stoffwechsel der Arterienwandzellen ergeben sich daraus lange extrazelluläre Diffusionswege bei der Versorgung mit Sauerstoff und Substraten aus der Blutzirkulation.

Der Nachweis aller Enzyme der Hauptketten des Stoffwechsels (Glykolyse, Citratzyklus, Atmungskette), die Aufnahme von Sauerstoff sowie die Utilisation von Glucose, Aminosäuren und freien Fettsäuren weisen darauf hin, daß der Stoffwechsel des Arteriengewebes autonom und nach den gleichen Prinzipien verläuft wie in parenchymatösen Organen. Trotzdem weist das Arteriengewebe eine Reihe von Stoffwechselbesonderheiten auf:

- Die **hohe Glykolyserate** von Arteriengewebe, die sich darin ausdrückt, daß ^{14}C-Glucose zu etwa 80% in ^{14}C-Lactat umgewandelt wird, ist nicht nur Konsequenz der geringeren Versorgung der Arterienwandzellen mit Sauerstoff und der langen Diffusionswege, sondern wird auch von kultivierten Arterienwandzellen (z. B. glatten Muskelzellen) mit ausreichender O_2-Versorgung aufrecht erhalten. Ein oxidativer Stoffwechsel und ein entsprechender Sauerstoffverbrauch des Arteriengewebes (Abb. S. 367) sind jedoch immer nachweisbar.

- Das Arteriengewebe des Menschen besitzt spezifische **Regulationsmechanismen** des Energie- und Synthesestoffwechsels, die bei akuter oder chronischer Hypoxie wirksam werden. Die dabei erfolgende Stoffwechselumschaltung ist durch Steigerung der Glykolyserate und Steigerung der Synthese von Fettsäuren über den Mechanismus der Kettenverlängerung gekennzeichnet. Die Synthese von Fettsäuren durch Fettsäurekettenverlängerung im Stadium der Hypoxie dient der Aufrechterhaltung eines physiologischen NADH/NAD-Quotienten und dem Verbrauch (nicht oxidierbarer) Acetyl-CoA-Reste.

- die **Proteoglykane** (bzw. Glykosaminoglykane) des Arteriengewebes nehmen aufgrund ihres hohen Stoffumsatzes (Halbwertszeit 5–15 Tage) und ihrer funktionell wichtigen physikochemischen Eigenschaften eine Sonderstellung ein. Bei der Analyse des Proteoglykanverteilungsmusters der menschlichen Aorta lassen sich Chondroitinsulfat, Dermatansulfat und Heparansulfat als Polysaccharidkomponenten von Proteoglykanen und Hyaluronat als Glykosaminoglykan nachweisen. Der überwiegende Teil der von den Arterienwandzellen gebildeten Proteoglykane wird in den Extrazellulärraum des Arteriengewebes abgegeben und bildet hier zusammen mit dem Kollagen und Elastin sowie anderen Proteinen und Glykoproteinen, die extrazelluläre Matrix des Arteriengewebes. Ein Teil der Proteoglykane bleibt jedoch mit der Zellmembran assoziiert. Die zellmembranassoziierten und z. T. in die Zellmembran integrierten Proteoglykane können sich an Rezeptorfunktionen der Zellmembran, an der Kontrolle des Stoffaustausches und der Regulation von Zellteilungsvorgängen beteiligen.

  Die extrazellulären Proteoglykane sind hydratisierte Makromoleküle mit der Funktion eines Filters, dessen Poren ($\approx$ 5 nm) als molekulares Sieb wirken, das Fremdmoleküle mit einem kleinen Durchmesser (Glucoe, Aminosäuren u. a.) ungehindert passieren läßt, während Makromoleküle in Abhängigkeit von ihrem Molekulargewicht in der Passage durch das Filter behindert (Molekularsiebeffekt) oder im Extremfall vollständig ausgeschlossen werden (Ausschlußeffekt). Auf diese Weise vermögen die Proteoglykane des Arteriengewebes, die vorzugsweise im inneren Drittel der Arterienwand lokalisiert sind, die Transport- und Diffusionsvorgänge im Extrazellulärraum zu kontrollieren. Da sie mit Lipoproteinen in Gegenwart von Calcium unlösliche Komplexe bilden, können sie auch an der Lipidakkumulation bei arteriosklerotischen Prozessen beteiligt sein.

  Das extrazelluläre Hyaluronat, das zum großen Teil in der faserreichen Mediaschicht der Arterienwand lokalisiert ist, bildet aufgrund seiner rheologischen Eigenschaften ein viskoelastisches und schockabsorbierendes System, das einerseits als Gleitmittel für die Faserproteine wirkt, und andererseits bei starker und wiederholter mechanischer Beanspruchung in hohem Maße elastisch verformbar ist und dadurch energieverzehrend wirkt. Bei der rhythmischen Dilatation bzw. Retraktion der Arterienwand vermag das Hyaluronat die primär von den mechanisch belastbaren Kollagenfasern aufgefangene mechanische Energie zu übernehmen und in eine reversible Molekülverformung zu transformieren.

- **Lipide des Arteriengewebes.** Arteriengewebe ist zu endogener Fettsäuresynthese befähigt, die sowohl als de novo Synthese als auch über den Mechanismus der Kettenverlängerung präexistierender Fettsäuren erfolgen kann. Kultivierte Arteriengewebszellen und menschliches Arteriengewebe inkorporieren bei in vitro Inkubation ^{14}C-Acetat in die Fettsäuren der Lipide und ihrer

Subfraktionen. Wenn Arteriengewebszellen bzw. Arteriengewebe unter O_2-Mangel metabolisieren, kommt es zu einer mehrfachen Einbausteigerung von ^{14}C-Acetat in die Triglyceride. Gleichzeitig wird die Bildung endogener Fettsäuren von der de novo Synthese auf den Mechanismus der Kettenverlängerung umgeschaltet (s. o.). Eine gesteigerte Fettsäuresynthese in arteriosklerotischen Bezirken von menschlichen Arterien als Folge einer chronischen Hypoxie der betreffenden Gewebsabschnitte läßt sich nachweisen. Auch die **Lipoproteine** des Blutplasmas spielen im Lipidstoffwechsel der Gefäßwand eine wichtige Rolle. Nach Passage des Endothels werden Lipoproteine geringer Dichte (LDL) über eine rezeptorvermittelte Endozytose von den Arterienwandzellen aufgenommen und verstoffwechselt. Bei Hyperlipoproteinämie, reduzierter zellulärer Stoffwechselkapazität oder gestörtem Abtransport über das Lymphdrainagesystem können Lipoproteine bzw. die in ihnen enthaltenen Lipide intra- oder extrazellulär akkumulieren (Risikofaktor Hyperlipoproteinämie, S. 93).

- **Teilungsstoffwechsel der Arterienwandzellen.** Die glatte Muskelzelle des Arteriengewebes, die für die Erhaltung der Struktur und Funktion der extrazellulären Matrix des Arteriengewebes verantwortlich ist, geht unter dem Einfluß adäquater Reize bzw. Arteriosklerose-Risikofaktoren (s. u.) in Zellteilung über. Die Zellproliferation läßt sich durch erhöhten [^{3}H]Thymidineinbau in die DNA nachweisen. In der Phase der Proliferation sind Glucoseverbrauch, Lactatbildung, Kollagen- und Proteoglykansynthese gesteigert, das Proteoglykanverteilungsmuster jedoch verändert. Die Zahl der LDL-Rezeptoren an der Zelloberfläche und die Fähigkeit zur Aufnahme von Lipoproteinen geringer Dichte (LDL) nehmen zu.

Pathobiochemie der Arteriosklerose. Die über arteriosklerotische Gefäßveränderungen gewonnenen biochemischen Daten ergeben kein geschlossenes Bild. Dies liegt daran,

- daß zahlreiche Befunde an tierexperimentellen (mit der menschlichen Spontanarteriosklerose nicht vergleichbaren) Modellen erhoben wurden,
- daß in vitro Stoffwechselstudien an menschlichem Arteriengewebe – vor allem wegen der post mortem rasch einsetzenden Reduktion der Syntheseleistungen – nur begrenzten Aussagewert haben,
- daß die Pathobiochemie der Arteriosklerose in verschiedenen Stadien (Frühveränderungen, atheromatöser Herd, fibroatheromatöser Plaque) durch unterschiedliche Veränderungen der chemischen Zusammensetzung und des Stoffwechsels geprägt wird,
- daß hereditäre, geographische und rassische Faktoren in der Arterosklerosefrequenz bestehen, die nur teilweise auf unterschiedliche Ernährung und Lebensweise bezogen werden können und

- daß unterschiedliche individuelle Verlaufsformen beobachtet werden, bei denen entweder Abweichungen im Bindegewebsstoffwechsel **oder** im Lipidstoffwechsel im Vordergrund stehen.

Parameter des Arterienstoffwechsels und deren Änderung bei Arteriosklerose (kompilierte Daten, Aorta Mensch)
(↑ = Erhöhung, ↓ = Verminderung, 0 = keine signifikante Änderung, FG = Frischgewicht, TG = Trockengewicht, GAG = Glykosaminoglykane)

	Normalwert	Veränderung bei Arteriosklerose
Energiestoffwechsel		
Glucoseaufnahme (µMol/h/g FG)	130	↑↑
Lactatbildung (µMol/h/g FG)	180	↑
O_2-Aufnahme (µl/h/g FG)	80	↓
$^{14}CO_2$-Bildung (% utilisierte [U-^{14}C]Glc)	0,5	↓
Kollagenstoffwechsel		
Kollagengehalt (g/100 g TG)	25	0–↑
Kollagentyp I/III	60/40	↑
Proteoglykanstoffwechsel		
Gesamt-GAG (mg/g TG)	1,5	0
Chondroitin-6(4)-sulfat (%)	50	0
Dermatansulfat (%)	15	↑
Heparansulfat (%)	15	↓
Hyaluronat (%)	20	↓
Lipidstoffwechsel		
Gesamtlipide (mg/g FG)	6–8	↑↑
Triglyceride (%)	15	↑
Gesamtcholesterin (%)	20	↑↑
Phospholipide (%)	60	↓
Freie Fettsäuren (%)	5	↓
Mineralstoffwechsel		
Ca-Gehalt (g/100 g TG)	6–8	↑

Bei den Angaben der Tabelle ist daher zu berücksichtigen, daß die genannten Stoffwechselstörungen selten gleichzeitig und in gleicher Intensität, sondern in zeitlicher Folge und auch unter Dominanz von Abweichungen im Bindegewebs- **oder** Lipidstoffwechsel auftreten können.

So kann das **initiale Intimaödem** als lokale und passagere Permeabilitätsstörung des Endothels aufgrund einer Struktur- und Funktionsänderung des Proteoglykan-

Molekularsiebs im subendothelialen Bindegewebe aufgefaßt werden. Bei gleichzeitigem Eindringen von Lipoproteinen aus der Zirkulation, die von den Arterienwandzellen bei überhöhtem Angebot nicht metabolisiert, sondern akkumuliert werden (Umwandlung von Intimazellen in Schaumzellen), ergibt sich die **initiale lipoide Plaque.**

Die Frühveränderungen können durch Nekrosen kompliziert werden, bei deren akutem Verlauf eine massive Synthese wasserbindender (strukturell veränderter?) Proteoglykane mit hohem hydrodynamischen Volumen einsetzt und die durch akute Volumenzunahme umschriebener Intimabezirke lebensbedrohliche Arteriostenosen verursacht.

Die Nekrose kann sich jedoch auch — vor allem als Folge stärkerer Lipidakkumulation — in einen exulzerierenden atheromatösen Herd umwandeln und sekundär Proliferationsprozesse (Vermehrung von Kollagen Typ I!) oder Verkalkung und Ossifikation auslösen.

Theorien der Pathogenese der Arteriosklerose. Die Arteriosklerose ist weder eine originäre Erkrankung des Arteriengewebes noch eine Reaktion auf eine unabhängig vom Arteriensystem bestehende Grundkrankheit (z. B. Veränderungen in der Zusammensetzung des Blutplasmas), sondern entsteht durch Zusammenwirken von **Gefäß- und Blutfaktoren.** Die Pathogenese muß daher als multifaktorielles Geschehen mit multiplen ätiologischen Faktoren und wechselnden Schwerpunkten angesehen werden. Infolgedessen haben die nachstehend aufgeführten Einzeltheorien auch einen geringeren Wahrscheinlichkeitswert als ein Synergismus pathogenetischer Faktoren (Schema).

Allen Theorien ist jedoch gemeinsam, daß zahlreiche **Risikofaktoren** (z. B. Hypertonus, Hyperlipoproteinämie, starker Tabakkonsum, Übergewicht) die Manifestation einer Arteriosklerose begünstigen.

- **Theorie der unspezifischen Mesenchymreaktion.** Auf multiple exogene Einzelfaktoren (z. B. Infekte, Toxine, Nikotin, Hypertension, mechanische Reize, emotionelle Belastung) antwortet die multifunktionelle Mesenchymzelle der Arterienwand mit einer Proliferation, die sich in gesteigerter, aber im Muster veränderter Synthese der Bausteine der extrazellulären Matrix manifestiert. Die gleichzeitig erhöhte Bereitschaft proliferierender Arterienwandzellen zur rezeptorvermittelten Aufnahme von LDL führt — insbesondere bei Vorliegen einer Hyperlipoproteinämie — zu Akkumulation von Lipiden in der Gefäßwand (initiale lipoide Plaque). An der Lipidspeicherung können sich auch Makrophagen beteiligen. Das sich gleichzeitig entwickelnde **Intimaödem** bedingt eine verlängerte Diffusionsstrecke (Transitstrecke) für Sauerstoff und Substrate des Arterienwandstoffwechsels. Auf die resultierende Hypoxie antwortet die Gefäßwand mit gesteigerter Fettsäuresynthese.

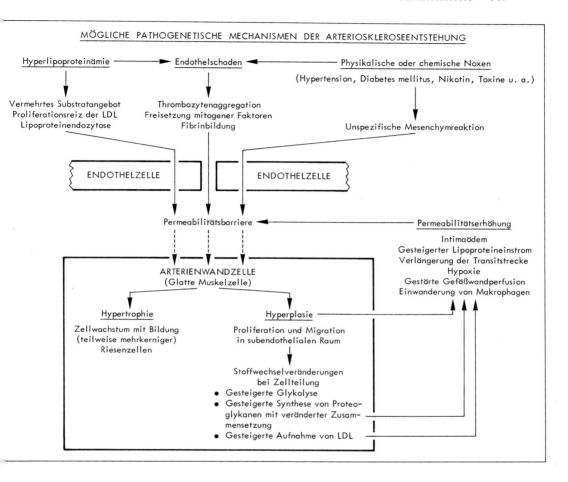

- **Thrombogene Theorie.** Auf der Basis einer Endothelschädigung entwickelt sich eine fokale Desquamation von Endothelzellen. Ihr folgen Adhärenz und Aggregation von Thrombozyten an die subendotheliale Basalmembran (Kollagen Typ IV und V). Aus den aggregierten Thrombozyten wird ein „Wachstumsfaktor" freigesetzt, der die Proliferation und Wanderung von glatten Muskelzellen der Media in den subendothelialen Raum induziert. Die durch die Proliferation der glatten Muskelzellen ausgelöste forcierte Neubildung bindegewebiger Matrix (Kollagen, Proteoglykane) führt zu einer lokalen Texturstörung der Arterienwand. Der wiederholte und chronische Verlust von Endothelzellen wird als der ätiologisch maßgebende Schaden angesehen, auf dessen Grundlage sich die Initialstadien der Arteriosklerose entwickeln. An Bezirken mit Endotheldefekten können sich aus aggregierten Thrombozyten bestehende Mikrothromben bilden, die durch sekundäre Endothelialisierung incorporiert werden können.

- **Theorie der monoklonalen Zellvermehrung.** Nach der Lyon-Hypothese ist in jeder Zelle weiblicher Individuen nur eines der beiden X-Chromosomen funktionell aktiv, während das andere zwischen dem 12.–16. Tag nach der Befruchtung inaktiviert wird. Die einmal festgelegte Aktivität bzw. Inaktivität wird bei allen folgenden Zellteilungen von den Tochterchromosomen beibehalten.

  Die Glucose-6-phosphat-Dehydrogenase ist ein X-chromosomal gebundenes Enzym, von dem es mehrere Isoenzyme gibt. Die Isoenzymformen A und B sind jedoch besonders häufig. Nach der Lyon-Hypothese ist bei heterozygoten weiblichen Individuen folglich eine Zellmosaikstruktur und eine etwa gleiche Aktivität der Isoenzyme A und B im Arteriengewebe zu erwarten, was auch der Fall ist. Überraschenderweise wird jedoch in arteriosklerotischen Plaques der gleichen Aorta nur ein Isoenzym gefunden, und zwar entweder aus Isoenzym A oder das Isoenzym B. Dies bedeutet, daß eine arteriosklerotische Plaque nur aus einem der beiden bei Heterozygoten vorkommenden Zelltypen entstanden sein kann, daß es also in der polyklonalen Zellpopulation der Arterienwand bestimmte Zellklone mit erhöhter Proliferationsbereitschaft gibt. Solche proliferationssensitiven Zellklone können das eine wie das andere X-Chromosom bei Heterozygoten enthalten.

- **Perfusionstheorie.** Der Stofftransport aus dem strömenden Blut in die Gefäßwand erfolgt über Transitstrecken, deren Durchlässigkeit durch morphologische Charakteristika des Wandaufbaus einer Arterie bestimmt wird. Aus dem Blutplasma gelangen Makromoleküle durch Pinozytose in die Endothelzellen und nach Durchwanderung ihres Hyaloplasmas und der Basalmembran in den subendothelialen Raum. Sie können das Endothel aber auch durch die interendothelialen Spalten passieren. Über Diffusions-, Filtrations- und Perfusionsprozesse im Extrazellulärraum erfolgt der Transport der Substratmoleküle durch die Basalmembran, die Elastica interna und durch das dreimensionale Netzwerk kollagener und elastischer Fasern zu den verbrauchenden Zellen aller Wandschichten. Ein Rückresorptionsstrom sorgt zusammen mit der Gewebsdrainage über die Lymphbahnen für den Abtransport nichtutilisierter Substrate bzw. Stoffwechselprodukte der Arterienwandzellen. Hierzu gehört auch die Fähigkeit der HDL, deponiertes Cholesterin aus der Gefäßwand abzutransportieren.

  Bei Störungen der extrazellulären Transport- und Diffusionspassage (Mißverhältnis zwischen Substrateinstrom und Transportkapazität) resultiert ein Flüssigkeits(Plasma-)aufstau, der von einer Lipoproteinakkumulation begleitet ist und Proliferationsvorgänge der an der Intima-Mediagrenze (Elastica interna) gelegenen Intimazellen in Gang setzen kann. Der beeinträchtigte Stofftransport der Gefäßwand führt schließlich zu metabolischer Insuffizienz der Arterienwandzellen.

8. Alternsabhängige Veränderungen des Bindegewebes

Für das Studium biochemischer Alternsveränderungen des Bindegewebes bieten insbesondere die Proteoglykane günstige Voraussetzungen, da sie chemisch und physiko-chemisch gut charakterisierte Makromoleküle darstellen und typischen Alternsveränderungen unterliegen. Aufgrund seines geringen Sauerstoffverbrauchs eignet sich das Bindegewebe zudem bevorzugt für in vitro Stoffwechselstudien.

Proteoglykansynthese. Der Einbau radioaktiv markierter Vorstufen (^{14}C-Glucosamin, ^{35}S-Sulfat) in die Polysaccharidkomponente von Proteoglykanen läßt sich unter in vitro oder in vivo Bedingungen verfolgen und durch Bestimmung der spezifischen Radioaktivität des Syntheseprodukts quantifizieren. Sie ergibt für die Proteoglykane zahlreicher mesenchymaler Gewebe (menschlicher Rippenknorpel, Haut, Arteriengewebe) einen charakteristischen exponentiellen Abfall der spezifischen Radioaktivität in Abhängigkeit vom Lebensalter. Bleiben Zellzahl und Proteoglykangewebskonzentration alternsabhängig konstant, entspricht diese Abnahme einer Reduktion der Syntheseleistung der Zelle (Abbildung).

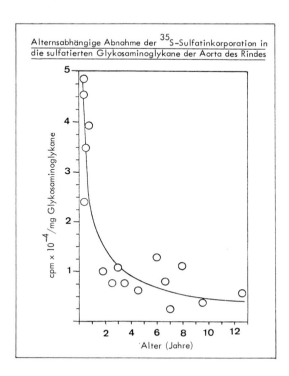

Veränderungen der Gewebskonzentration und der chemischen Zusammensetzung. Neben einer Verringerung der Syntheserate lassen sich alternsabhängige Änderungen in der Gewebskonzentration (Poolgröße) und in der chemischen Zusammensetzung der Proteoglykane nachweisen. Beispiele hierfür sind die von der Geburt an bzw. schon während der Embryonalentwicklung nachweisbare Abnahme des Hyaluronat/Chrondroitinsulfat-Quotienten in der Haut bzw. die Abnahme des Chondroitinsulfat/Keratansulfat-Quotienten im Knorpelgewebe mit zunehmendem Lebensalter.

Auch die einzelnen Polysaccharidketten des Proteoglykanmoleküls können Veränderungen aufweisen. So nimmt der Sulfatierungsgrad des Chrondroitinsulfats im Knorpelgewebe bei unverändertem Molekulargewicht der Chondroitinsulfatkette alternsabhängig zu unter gleichzeitiger Bevorzugung eines Sulfattransfers auf C-Atom 6 des Galaktosamins (Abnahme des Chondroitin-4-sulfats, Zunahme des Chondroitin-6-sulfats). Im Keratansulfat nehmen Kettenlänge (Molekulargewicht) und Sulfatgehalt (Galaktose-6-sulfatreste) zu (Abbildung).

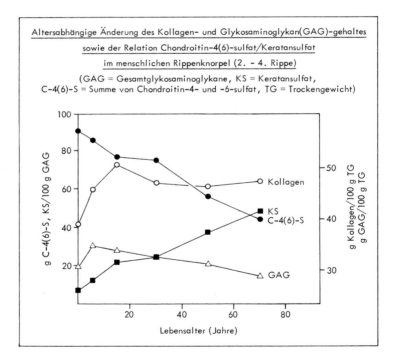

Proteoglykanaggregate. Die alternsabhängigen Veränderungen der chemischen Struktur der extrazellulären Proteoglykane sind durch Abnahme des Molekulargewichtes, jedoch bei erhaltener Fähigkeit zur Bildung gewebsspezifischer Aggregate mit Hyaluronat gekennzeichnet. Dies drückt sich in der Abnahme des Wasserbindungsvermögens der Proteoglykane des Knorpelgewebes (menschlicher Rippenknorpel) aus.

Kollagen. Die alternsabhängigen Veränderungen des Kollagens sind häufig durch eine Zunahme der Kollagenkonzentration von der Geburt bis zum 2.–4. Dezennium mit nachfolgender Verringerung gekennzeichnet. Daten über den Kollagenstoffwechsel sind wegen der langen biologischen Halbwertszeiten und der Unlöslichkeit des Kollagens schwierig zu ermitteln. Hinweise dafür, daß mit zunehmendem Alter auch der Vernetzungsgrad des extrazellulären Kollagens zunehmen kann, sind die Zunahme der Fibrillendicke und die Erhöhung der thermischen Kontraktion des Kollagens. Sie wird ausgedrückt durch die Gewichtsbelastung, die notwendig ist, um eine thermische Kontraktion einer Kollagenfibrille (z. B. Rattenschwanzsehne) zu verhindern.

IX. Malignes Wachstum

Die Erforschung der Pathogenese, der Diagnostik und Behandlung maligner Tumoren (Synonyma: bösartige Geschwulst, maligne Neoplasie, Malignom, „Krebs" („Cancer")) hat sich zu einer umfangreichen Spezialdisziplin der Medizin − der **Onkologie** − entwickelt.

Tumorzellen entstehen durch Umwandlung körpereigner Zellen. Die Bösartigkeit der Krebszellen drückt sich in einer Autonomie des Wachstums aus, d. h. in ihrer Fähigkeit, ungehemmt und ohne Einordnung in den Bauplan der Organe und unter Gewebszerstörung infiltrierend zu wachsen. Ein sicheres Zeichen der Malignität ist die Bildung tumorferner Absiedlungen (Metastasen) nach hämatogener oder lymphogener Ausbreitung von Tumorzellen.

1. Cancerogenese

Die auslösende Ursache für die spontane Entstehung menschlicher Tumoren ist − von Einzelfällen abgesehen − unbekannt. Im Tierexperiment lassen sich Tumoren durch

- Viren (Tumorviren, onkogene Viren),
- Chemikalien (Carcinogene bzw. Cancerogene und Cocarcinogene) und
- ionisierende Strahlen (energiereiche Strahlen)

erzeugen. Es ist nicht auszuschließen, daß auch menschliche Tumoren auf diese Ursachen zurückgehen.

Tumorviren. In der Tabelle sind die bekanntesten DNA-Tumorviren aufgeführt. Eine Eigenart der Tumorviren besteht darin, daß sie jeweils nur bei einer bestimmten Species maligne Erkrankungen auslösen. Im Gegensatz zur üblichen Virusinfektion rufen Tumorviren jedoch keine oder eine nur geringe produktive Infektion hervor. Es findet meist auch keine Vermehrung der Viruspartikel in der Wirtszelle statt, vielmehr wird die Virus-DNA in das Genom der Wirtszelle integriert. Die Integration der Tumorvirus-DNA wird als **maligne Transformation** bezeichnet, wenn sie der Wirtszelle die charakteristischen Eigenschaften einer Tumorzelle verleiht (Tab.). Dies muß nicht notwendigerweise bei jeder Integration von Virus-DNA in das Genom der Wirtszelle der Fall sein.

Eine Tumorauslösung durch Viren gelingt bei zahlreichen Versuchstieren. Humanpathogenität ist bisher nur für das **Epstein-Barr-Virus** bewiesen, das sein Genom in die DNA der humanen Wirtszelle einzubauen und diese maligne zu verändern in der Lage ist. Das Epstein-Barr-Virus ist Erreger des Burkitt-Lymphoms. Eigenartig bleibt jedoch, daß das Epstein-Barr-Virus häufig als Erreger der infek-

Beispiele für onkogene Viren (DNA- und RNA-Viren)

Familie	Größe (nm)	Zahl der Gene	Beispiele	Tumortyp bei Versuchstieren
DNA-Viren				
Papovaviren	40–55	5	Papillomaviren Polyomaviren Simian Virus (SV40)	Papillome (Warzen) Sarkome, Adenome, Sarkome
Adenoviren	60–90	23	Gruppe A–C	Sarkome
Herpesviren	150–170	≈100	Epstein-Barr-Virus Marek-Virus Herpes simplex Typ 2	Lymphome Lymphome ?
RNA-Viren (Retroviren, Onkorna-Viren)	≈20	2	Rous-Sarkom-Virus Bittner-Faktor Leukämie-Viren	Sarkome Mammacarcinom Leukämie

tiösen Mononucleose beobachtet wurde, während das Burkitt-Lymphom selten und geographisch streng abgesetzt (Zentralafrika, Asien) auftritt.

Die Rolle des **Herpes simplex** Virustyp 2 bei der Entstehung des Collumcarcinoms ist noch unklar. Immerhin zeigen in den USA 80% der Frauen mit Collumcarcinom Antikörper gegen dieses Herpesvirus.

Die **Adenoviren,** die humane kultivierte Zellen maligne transformieren können, werden entsprechend ihrem (abnehmenden) onkogenen Potential in die Gruppen A–C eingeteilt (Tabelle).

Die **Papovaviren** können bei verschiedenen Säugetieren Papillome (Warzen) hervorrufen, die bei Kaninchen regelmäßig maligne entarten.

In der weit verbreiteten Gruppe der **onko**genen **RNA**-Viren (Onkornaviren, Retroviren) sind zahlreiche Vertreter für die Leukämie, für Sarkome und Mammakarzinome von Versuchstieren verantwortlich. Obgleich wiederholt RNA-Viren auch aus menschlichen myeloischen und lymphatischen Leukämiezellen dargestellt wurden, fehlen überzeugende Beweise, daß RNA-Viren beim Menschen tumorerzeugend wirken. Ehe RNA-Viren ihr Genom in den DNA-Bestand der Wirtszelle integrieren können, müssen sie ihre RNA mit Hilfe der Reversen Transkriptase (S. 21) in die korrespondierende informationstragende DNA umschreiben. Die tumorerzeugenden RNA-Viren werden daher auch als **Retroviren** bezeichnet.

Die mögliche Bedeutung der Tumorviren für die Pathogenese maligner Tumoren wird durch den Nachweis gleichartiger **Tumorgene** (Onko-Gene) bei Viren und tierischen Zellen (S. 381) unterstrichen. Hinzu kommt, daß Tumorviren auch an kultivierten humanen Zellen eine maligne Transformation auslösen können.

Veränderte Eigenschaften von Zellen nach maligner Transformation durch DNA- oder RNA-Tumorviren

Wachstum
- Bildung von metastasierenden Tumoren bei Injektion in entsprechende Versuchstiere
- Wachstum zu höherer Zelldichte als nichttransformierte Zellen
- Nichtorientiertes Wachstum (Multilayer), Ablösung der Zellen von der festen Phase des Kulturgefäßes
- Proteaseaktivatoren werden in das Medium sezerniert, wodurch die Zellen invasive Eigenschaften erhalten
- Abnehmender Bedarf für Serumfaktoren (Wachstumsfaktoren)

Zelloberflächeneigenschaften
- Erscheinen Virus-spezifischer Antigene
- Veränderungen des Glykoprotein-, Glykolipid- und Proteinmusters und der Permeabilitätseigenschaften der Zellmembran (S. 379)

Zeichen der Anwesenheit eines Tumorvirus
- Nachweis von Virus-DNA-spezifischen Sequenzen
- Nachweis von Virus-messenger-RNA
- Nachweis Virus-spezifischer Antigene

Chemische Cancerogene. Zahlreiche Chemikalien haben sich im Tierexperiment als cancerogen (carcinogen, krebserzeugend) erwiesen (Tabelle). Ein Teil der Cancerogene entfaltet seine krebserzeugende Wirkung nicht direkt, sondern erst nach chemischer Veränderung im tierischen (oder menschlichen) Organismus. Es handelt sich z. T. um synthetische Kohlenwasserstoffe (Fremdstoffe), z. T. aber auch um Naturstoffe, die in Nahrungs- und Genußmitteln vorkommen oder entstehen können. Aufgrund tierexperimenteller Untersuchungen oder casuistischer Mitteilungen muß weiterhin eine Reihe von Arzneimitteln als potenell carcinogen gelten. Hierzu gehören z. B. Diethylstilböstrol und das Zytostatikum Procarbazin.

Die Gefährdung durch **Nitrosamine,** die mit zu den stärksten krebserregenden Substanzen gehören, liegt in folgenden Tatsachen:

- Nitrosamine können aus sekundären Aminen und Nitrit auch im menschlichen Organismus (z. B. im salzsauren Milieu des Magensaftes) entstehen (Reaktionsschema)

$$\underset{\text{sekundäres Amin}}{\underset{R_2}{\overset{R_1}{>}}\text{NH} + \underset{\text{Nitrit}}{\text{HNO}_2}} \longrightarrow \underset{\text{Nitrosamin}}{\underset{R_2}{\overset{R_1}{>}}\text{N}-\text{N}=\text{O}} + \text{H}_2\text{O}$$

Beispiele für chemische Cancerogene (A) und Cocarcinogene* (B)

	Bezeichnung	Vorkommen	Möglicher Carcinomtyp
A.	Arsen	Lebensmittel, Zigarettenrauch	Lebercarcinom, Bronchialcarcinom
	Benzypren (3,4-Benzo-a-pyren)	Abgase von Verbrennungsmotoren, Steinkohlenteer	Hautcarcinom, Bronchialcarcinom
	Nitrosamine	Geräucherte Lebensmittel (Fleisch, Fisch), Nitritbehandeltes Heringsmehl	Wechselnde Organmanifestation je nach Nitrosaminderivat
	2-Naphthylamin	Steinkohlenteer	Harnblasencarcinom
	Aflatoxine	Toxische Stoffwechselprodukte von Schimmelpilzen (z.B. in Erdnußmehl)	Lebercarcinom, Magencarcinom
	Benzol	Mineralöl	Leukämie
	Vinylchlorid	Zwischenprodukt der PVC-Herstellung	Angiosarkom der Leber
B.	Phorbolester (Diterpene)	Pflanzliches Öl (Crotonöl)	Hautcarcinom
	Basische Fraktion des Kreosotöls	Steinkohlenteer (Holzschutzmittel)	Hautcarcinom

* Cocarcinogene wirken nur in Verbindung mit anderen Substanzen bei gleichzeitiger oder zeitlich folgender Einwirkung krebserzeugend. Sie lassen z.B. die unterschwellige Dosis eines Cancerogens wirksam werden.

- Nitrit darf aufgrund einer gesetzlichen Zulassung bei der Fleischverarbeitung dem Kochsalz in einer Konzentration von 0,5–0,6% (Pökelsalz) beigemischt werden.
- Nitrit kann unter Umständen aus Ammoniak oder organischen Stickstoffverbindungen im oberen aeroben Teil des Intestinaltraktes gebildet werden.

Die meisten natürlich vorkommenden sekundären Amine sind entweder schwer nitrosierbar oder liefern unwirksame Nitrosoderivate, jedoch können manche biogene Amine (z.B. im Käse, Rotwein) sowie einige Arzneimittel (z.B. Chlordiazepoxid = Librium, Oxytetracyclin, Piperazin), die oft in hoher Dosis aufgenommen werden, cancerogene Nitrosamine bilden.

Ionisierende Strahlen. Unter der Wirkung von UV-Licht und ionisierenden Strahlen lassen sich Chromosomenbrüche und Mutationen erzeugen. Sofern es sich nicht um eine Letalmutation handelt, können diese Einwirkungen zu einer malignen Veränderung von Normalzellen führen.

2. Tumorstoffwechsel

Die verschiedenen Tumortypen zeigen – ähnlich wie ihre Muttergewebe – eine große Vielfalt und Unterschiedlichkeit in ihrer Enzymausstattung und ihrem Stoffwechsel. Die beobachteten Abweichungen vom Normalgewebe sind jedoch nur quantitativer, nicht aber qualitativer Natur.

Glykolyse und Glucosestoffwechsel. Ein häufig feststellbares Merkmal maligner Tumorzellen ist ihre hohe Glykolyserate und ihre geringe Sauerstoffaufnahme, die – im Gegensatz zum normalen ausgewachsenen Körpergewebe – auch bei ausreichender Sauerstoffversorgung beibehalten wird.

Viele Tumoren können allerdings bei Abwesenheit von Glucose auch endogene Substrate veratmen und zwar unter Sauerstoffaufnahme, die derjenigen normaler Gewebe gleichkommt. Gestört scheint lediglich die Veratmung der Glucose zu sein. Die Ursache hierfür könnte in der schlecht ausgeprägten Fähigkeit der Tumormitochondrien liegen, das glykolytisch bei der Glycerinaldehydphosphat-Dehydrogenasereaktion gebildete $NADH_2$ zu oxidieren. Die Tumorzelle verwendet das $NADH_2$ stattdessen für die Reduktion des Pyruvats zu Lactat. Mangel an NAD, Coenzym A, Thiaminpyrophosphat und auch die im allgemeinen geringere Zahl der Mitochondrien in der Tumorzelle sind weitere Faktoren, die als Ursache der ungenügenden Bereitschaft der Krebszellen zur Glucoseveratmung angesehen werden.

Die Energiegewinnung aus Glucose mit Hilfe der anaeroben Glykolyse ist für den Tumor bei genügend hohem Glucoseangebot und Glucosedurchsatz ausreichend. Das dabei gebildete Lactat kann ein Absinken des pH-Wertes im Tumor zur Folge haben. Die Aktivität der Glykolyseenzyme ist häufig erhöht.

Der im Vergleich mit Stoffwechselgesunden stark gesteigerte Glucoseverbrauch von Tumorpatienten (4,4 mol/d, 800 g/24 h statt 0,56–0,83 mol/d, 100–150 g/24 h) und die u. U. daraus resultierende **Tumorhypoglykämie** (S. 80) haben ihre Ursache jedoch offenbar nicht allein in dem Glucosemehrverbrauch durch den Tumor selbst, sondern scheinen auch mit einer generellen Hemmung der Lipolyse und der hepatischen Glykogenolyse zusammenzuhängen. Retroperitoneale Tumoren können durch Produktion von Indolderivaten, welche die periphere Glucoseaufnahme steigern, eine Hypoglykämie auslösen.

Enzyme der Tumorzelle. In Tumorzellen wurde auch ein Aktivitätsanstieg anderer Enzyme als derjenigen der Glykolyse, z. B. bei den RNA-methylierenden Enzymen und bei der Tumor-Kollagenase beobachtet, die bevorzugt die Kollagentypen III und I spaltet. Der Angriff der Tumorzellen auf die Bindegewebsmatrix ist die Basis des invasiven Wachstums und der Metastasenbildung. Umgekehrt führt eine mit zunehmender Malignität fortschreitende Entdifferenzierung der Tumorzelle zum Verlust organspezifischer Enzyme. In Hepatomen gehen z. B. Glucokinase-, Aldolase- und Glykogensynthetase-Aktivität verloren. Manche Tumoren sind auf die Versorgung mit Asparagin angewiesen, da ihnen das Enzym zur endogenen Asparaginsynthese (Asparaginsäure + Glutamin → Asparagin + Glutaminsäure) fehlt. Auch die Fähigkeit, Hemmstoffe der Nucleinsäurebiosynthese (5-Fluoruracil, 6-Mecaptopurin) enzymatisch abzubauen, kann herabgesetzt sein. Der Pentosephosphatzyklus wird jedoch nicht aufgegeben. Der wachsende Tumor ist somit von einer Versorgung mit Pentosephosphat für die Nucleinsäuresynthese abhängig. Eine geringe Restatmung scheint für die Teilung der Tumorzelle notwendig zu sein.

Alle geschilderten Veränderungen des Tumorstoffwechsels werden in ihrer Bedeutung dadurch stark eingeschränkt, daß man tierexperimentelle Lebertumoren kennt, die im Gärungs- und Atmungsstoffwechsel nur sehr geringfügig von normalen Leberzellen abweichen („minimal deviation" Hepatom), die aber trotzdem alle Kriterien des malignen Wachstums aufweisen. Die Annahme eines „tumorspezifischen" Stoffwechsels ist nicht gerechtfertigt.

Auch die Hoffnung, aus enzymologischen und biochemischen Besonderheiten von Tumorzellen diagnostische oder prognostische Schlüsse zu ziehen, hat sich nicht bestätigt. Die wenigen Ausnahmen betreffen hormonproduzierende Tumoren (Nebennierenrindenadenom bzw. -carcinom, Chorionepitheliom, Schilddrüsencarcinom). Die enzymologische Diagnostik kann wegen der geringen Trefferquote — vor allem im Hinblick auf eine Frühdiagnose — nur Hinweise geben. Über Tumorantigene und tumorassoziierte Antigene s. u.

Modifikation der Tumorzellmembran. Die Umwandlung einer Normalzelle in eine Tumorzelle ist mit dem Zugewinn zellmembrangebundener tumorspezifischer Antigene verbunden, kann aber gleichzeitig auch zu einem Verlust physiologischer Zellantigene führen. Die immunologisch differenzierbaren Abweichungen im Antigenmuster der Zellmembran haben ihre Basis in Veränderungen der chemischen Zusammensetzung und der makromolekularen Organisation der Zellmembran. In zahlreichen Fällen ließen sich an Tumorzellen — auch solchen menschlichen Ursprungs — folgende Veränderungen registrieren:

- Verlust oder Modifikation von Membranglykolipiden und -glykoproteinen. Verlust des zellmembranassoziierten Fibronectins (S. 414). Diese Veränderungen korrespondieren mit dem Verlust, der Modifikation und dem Neuerwerb von Zelloberflächenantigenen.
- Veränderte Zahl, Ladung und Dichte zellmembrangebundener ionisierter Gruppen. Diese Abweichungen sind z. T. durch einen veränderten Neuraminsäuregehalt bedingt.
- Beeinträchtigte Permeabilität, Transportmechanismen, Phagozytose- und Pinozytoseprozesse. Veränderungen im Mikrotubulus- und Mikrofilamentsystem.

- Veränderte Mobilität und Lectin-Agglutinabilität* von Oberflächenstrukturen.
- Veränderte Aktivität von Zelloberflächenenzymen.
- Verlust der Mitosehemmung bei Zell-Zell-Kontakt, Übergang vom Wachstum in einzelliger Schicht zum Wachstum in mehrzelliger Schicht bei Kultivierung (Monolayer → Multilayer).

3. Hypothesen der Cancerogenese

Die Vielzahl der experimentellen Befunde ist vereinbar mit der Annahme, daß Tumorzellen über verschiedene Mechanismen aus Normalzellen entstehen können. Sie hat ihren Niederschlag in verschiedenen Hypothesen der Cancerogenese gefunden, die sich jedoch gegenseitig nicht ausschließen.

Somatische Mutation. Chemische Cancerogene − wie z. B. Methylcholanthren oder Benzpyren − erzeugen ein außerordentlich variantenreiches Muster von Zelloberflächenantigenen. Auch zwei Tumoren, die durch das gleiche cancerogene Agens bei einem Versuchstier entstanden sind, weisen in ihrem Antigenmuster unterschiedliche Spezifität auf. Diese Veränderungen könnten das Ergebnis somatischer Mutationen sein oder aber durch eine Aktivierung von Genen bedingt sein, die normalerweise nur latent vorhanden sind, und nicht exprimiert werden, aber im foetalen Leben bestimmte Funktionen gehabt haben.

Virusinduzierte maligne Transformation. Die Gene von Mäuse-Leukämieviren werden bei leukämieanfälligen Inzuchtstämmen bei **allen** Versuchstieren in die DNA inkorporiert und werden damit Bestandteil des Genoms. Diese Veränderungen des Genbestandes (durch Zugewinn von Virus-DNA) können folgenlos bleiben oder zur Leukämie führen. Die Virus-DNA wird offenbar in ganz verschiedenem Ausmaß − und unter noch nicht geklärten Bedingungen − exprimiert. Bei der Expression erscheinen die als Proteine identifizierten und antigenwirksamen Bestandteile der Leukämieviruspartikel als Oberflächenantigene der transformierten Zellen (sog. **Neoantigene**).

Depression. Nach dem Ergebnis tierexperimenteller Untersuchungen an Mäusezuchtstämmen kann eine Virusinfektion auch zu einer Aktivierung „stummer", d. h. während des Lebens ständig reprimierter Gene, also zur Expression scheinbar

---

* **Lectine** (Phytoagglutinine) sind pflanzliche (Glyko-)Proteine, deren Proteinkomponente eine spezifische Bindung mit Kohlenhydraten einzugehen vermag. Die Reaktion von Lectinen mit Glykoproteinen bzw. Glykolipiden der Zellmembran verleiht ihnen die Fähigkeit zur Agglutination tierischer (und menschlicher) Zellen.

"neuer" Oberflächenantigene führen. Daß es sich hierbei nicht um Virusantigene handelt, sondern um Antigene, für welche die Information bereits im primären DNA-Bestand der Wirtszelle vorhanden war, zeigt sich darin, daß bei anderen Inzuchtstämmen diese Antigene zum normalen Antigenbesatz der Zellmembran gehören.

Tumorerzeugende Gene (Onko-Gene). Aus der Klasse der RNA-Viren (Retroviren) ließen sich Gene (Onko-Gene) isolieren, die nach Übertragung und Einbau in tierische Zellen die Synthese eines Proteins veranlassen, das die normale Zelle in eine Krebszelle transformiert. Das von den Onko-Genen kodierte Protein ist eine Proteinkinase, die Tyrosinreste von Zellproteinen phosphoryliert. Hierfür heftet sich die Proteinkinase an die Plasmamembran der Zelle an. Die Menge der phosphorylierten Tyrosinreste steigt nach der Transformation durch das Onko-Gen etwa um das 10fache an. Zu den durch die Proteinkinase spezifisch phosphorylierten Zellproteinen gehört auch das Vinculin – ein Protein, das an der Adhäsion der Zellen untereinander und an der extrazellulären Matrix beteiligt ist.

Die Bedeutung der viralen Onko-Gene für eine einheitliche Theorie der Krebsentstehung liegt in der Tatsache, daß **Onko-Gene auch zum Genombestand normaler Zellen** gehören und sich virale und zelluläre Onko-Genprodukte in Größe, chemischem Aufbau und katalytischen Eigenschaften als Tyrosin-phosphorylierende Proteinkinase nicht wesentlich unterscheiden. Es ist daher anzunehmen, daß das Produkt der zellulären Onko-Gene bei der Wachstumsregulation einer normalen Zelle eine Rolle spielt. Der Zustand einer malignen Transformation tritt erst ein, wenn es in der Zelle zu einer unangemessenen Überproduktion der Tyrosin-phosphorylierenden Proteinkinase kommt. Dies kann geschehen, wenn im Rahmen einer Virusinfektion zusätzliche (virale) Tumor-erzeugende Gene oder ein Promotor dieser Gene in das Genom der Wirtszelle inkorporiert werden. Ebenso könnten mutationsauslösende oder andere krebserregende Substanzen die zellulären Onko-Gene so beeinflussen, daß eine verstärkte Expression zustande kommt, die Zelle dadurch mit Tyrosin-phosphorylierenden Proteinkinasen überschwemmt und so die maligne Transformation eingeleitet wird.

Die Umwandlung einer Normalzelle in eine Tumorzelle vollzieht sich in verschiedenen Phasen. Mutationen oder maligne Transformationen, die als **Tumorinduktion** bzw. **Tumorinitiation** bezeichnet werden, sind irreversible, primäre Ereignisse und erfolgen innerhalb von Tagen oder Wochen. Die Zeichen der Malignität sind nach Zellteilung auch in den Tochterzellen nachweisbar. In diesem Stadium braucht es jedoch nicht zur Manifestation der Malignität zu kommen. Die Zellen sind potentielle Tumorzellen. Erst in der zweiten Phase, die nach Monaten oder Jahren der ersten Phase folgt, wird die potentielle Tumorzelle zur manifesten Tumorzelle mit allen Zeichen der Malignität. Dieser Prozeß, der als **Tumorprogression** oder **Tumorpromotion** bezeichnet wird, kann durch Cocarcinogene (Tab. S. 377) ausgelöst werden. Auf die Phase der Tumorinduktion mit Bildung potentieller Tumorzellen (sog. Präcancerose) kann jedoch eine Tumorregression, d. h. Rückwandlung der potentiellen Tumorzellen in eine Normalzelle erfolgen.

Die Frage, ob im gegebenen Fall die Entstehung des Tumors auf eine somatische Mutation des genetischen Materials – ausgelöst z. B. durch cancerogene Stoffe oder energiereiche Strahlung – zurückgeht, Folge einer Virusinfektion oder aber Ausdruck einer Aktivierung von Onko-Genen ist, kann vorläufig nicht entschieden werden. Die allen Prozessen gemeinsame Konsequenz ist der Informationsverlust der Zelle, der sich in ihrer Unfähigkeit zur Anpassung an intrazelluläre und extrazelluläre Regulationsmechanismen manifestiert.

4. Tumorimmunologie

Das von der Normalzelle abweichende Antigenmuster der Membran von Tumorzellen ist die Basis der immunologischen „Erkennung" der Tumorzelle durch den Wirtsorganismus und die Voraussetzung für eine wirksame immunologische Abwehr. Es gilt als erwiesen, daß im menschlichen Organismus entstehende Tumorzellen vom immunologischen Abwehrsystem als „fremd" erkannt und durch spezifische zytolytische Mechanismen vernichtet werden können.

Immunabwehr. Bei der immunologischen Abwehr von Tumorzellen ist die zellvermittelte Immunität entscheidend. Durch den Kontakt mit den Tumorzellen werden T-Lymphozyten zur Teilung und Differenzierung zu Blastenzellen angeregt, die nicht nur zellmembrangebundene, spezifisch gegen das Tumorantigen gerichtete Immunglobuline produzieren, sondern auch eine Reihe von Nicht-Antigen-spezifischen Faktoren abgeben, die chemotaktische, zytotoxische und mitogene Wirkung haben. Die T-Lymphozyten werden damit zu „Killerzellen" (Kap. Immunchemie, S. 425). An der Vernichtung der Tumorzellen sind neben den differenzierten T-Lymphozyten auch Makrophagen beteiligt, die durch den von den Lymphozyten produzierten Migration Inhibiting Factor (MIF) in der Nähe der Tumorzellen fixiert werden, und durch Produktion des Interleucins I die T-Lymphozyten zur Bildung des Interleucins II und zur Proliferation anregen (S. 425). Die komplexe immunologische Abwehr von Tumorzellen erfordert ferner die Mitwirkung von Helfer- und Suppressorzellen (S. 425), die Aktivierung des Komplementsystems (S. 435) und kann durch das Interferon (S. 425) moduliert werden. Für die Abtötung einer Tumorzelle sind ca. 1000 differenzierte T-Lymphozyten notwendig. Ein Tumor mit einem Volumen von etwa 5 mm^3 (ca.1 g) setzt sich aus $1 \cdot 10^9$ (1 Milliarde) Zellen zusammen.

Daß der Mechanismus der immunologischen Überwachung („Immune Surveillance") und Abwehr einen Schutz gegenüber neoplastischen Erkrankungen bietet, wird durch folgende Beobachtungen belegt:

- Die Krebshäufigkeit in der perinatalen Periode und in allen Stadien einer verminderten immunologischen Aktivität ist hoch.
- Bei Antikörpermangelsyndrom, bei Defektimmunopathien und Autoimmunkrankheiten (gestörte Regulation der Immunabwehr) steigt die Tumorhäufigkeit.
- Die Prognose eines bestimmten Tumors ist oder wird besser, wenn um den Tumor ausgeprägte Lymphozyteninfiltrate zu sehen sind oder die Immunabwehr durch Stimulation gesteigert wird.
- Es wurde wiederholt über statistisch gesicherte Beobachtungen berichtet, daß nach Entfernung immunaktiver Organe (Appendektomie, Tonsillektomie) häufiger maligne Tumoren auftreten als bei Kontrollkollektiven.

Eine nichtadäquate Immunabwehr kann den klinischen Ausbruch einer neoplastischen Erkrankung bedeuten. Die Konsequenz dieser Erkenntnis waren Versuche, die Prognose einer neoplastischen Erkrankung – neben der klassischen Therapie (s. u.) durch Stimulation der zellulären Immunität zu steigern. Als teilweise wirksam haben sich folgende Maßnahmen erwiesen:

- Applikation von Interferon (S. 437)
- Immunisierung mit Neuraminidase behandelten und durch massive Zytostatika-Einwirkung definitiv teilungsunfähig gemachten autologen oder homologen Tumorzellen
- Intracutane Verabreichung der für die aktive Immunisierung gegen Tuberkulose benutzten bovinen Tuberkelbazillen (BCG-Stamm) oder des Corynebakterium parvum bzw. von Freundschem Adjuvans.
- Orale Behandlung mit dem als Anthelminthikum bekannten Levamisol, dessen Einsatz jedoch mit dem Risiko einer Agranulozytose belastet ist.

Die Behandlung maligner Tumoren durch Immunstimulation weist jedoch noch zahlreiche Probleme, z. T. sogar Widersprüche auf.

„Escape"-Mechanismen. Aber auch ein intaktes Immunsystem garantiert noch keine Elimination maligner Zellen, wenn diese sich der immunologischen Abwehr entziehen („Escape-Mechanismus"). Dieser Fall kann unter folgenden Bedingungen eintreten:

Die antigenen Determinanten der Tumorzelloberfläche können durch nichtantigene Strukturen maskiert sein. Solche maskierenden, die Zelloberfläche umhüllenden Schutzschichten bestehen häufig aus neuraminsäurehaltigen Glykoproteinen. Die Entfernung der Neuraminsäurereste durch enzymatische Behandlung mit Neuraminidase (die aus Choleravibrionen- oder Clostridium perfringens-Kulturen gewonnen wird) macht die Tumorzelle wieder angreifbar für die antikörpertragenden T-Lymphozyten und die durch die Antigen-Antikörper-Bindung ausgelöste komplementvermittelte Lyse der Tumorzelle. Versuche, die spezifische Immunab-

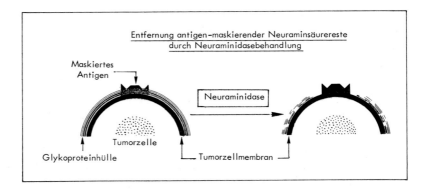

wehr durch Injektion von autologen Tumorzellen, die mit Neuraminidase behandelt waren, zu steigern, waren im Tierexperimenmt erfolgreich (s. o.).

Eine andere wichtige Möglichkeit der Tumorzellen, sich der immunologischen Attacke zu entziehen, besteht darin, daß die Tumorzellen ihr Antigen bzw. den Antigen-Antikörper-Komplex von der Zelloberfläche abstoßen. Solche in freier Form auch im Serum nachweisbaren Tumorantigene bzw. Tumorantigen-Antikörper-Komplexe werden als „blockierende Faktoren" bezeichnet und können die zellvermittelte Tumorabwehr nicht nur vollständig neutralisieren, sondern das ungestörte Tumorwachstum begünstigen (sog. „Enhancement").

Eine weitere, die immunologische Abwehr erschwerende Eigenschaft der Tumorzellen ist die mangelhafte Fixierung ihrer Oberflächenantigene, für die offenbar das Fehlen einer transmembranären Verankerung der Antigenstrukturen an das Zytoskelet (Mikrotubuli, zytoplasmatische Myofibrillen) verantwortlich ist. Diese fehlende Fixierung bzw. erhöhte Mobilität der Tumorantigene führt dazu, daß die Tumorantigene nach ihrer Bindung an Antikörper konfluieren und auf der Zellmembran „Kappen" oder dichtgedrängte Haufen („Cluster") bilden oder sich in Einstülpungen der Zellmembran aufhalten. Dies wiederum verhindert die Komplementfixation und die Komplementaktivierung, ohne die eine Zytolyse der Tumorzellen nicht zustande kommt.

Tumorassoziierte Antigene. Die Annahme, daß die Umwandlung der Normalzelle zur Tumorzelle mit einer Reaktivierung von Genen verbunden ist, die die foetale Entwicklung steuern, wird durch das Auftreten embryonaler Antigene gestützt. Sie werden als „tumorassoziierte Antigene" bezeichnet. Zu ihnen gehören das α_1-Fetoprotein (AFP) und das carcinoembryonale Antigen (CEA). Es sind Glykoproteine, die physiologischerweise während des Foetallebens im Serum vorhanden sind, im Erwachsenenalter jedoch, von Ausnahmen abgesehen, nur bei bestimmten Tumoren in erhöhter Konzentration im Serum nachweisbar sind.

Das α_1-**Fetoprotein** (Mol.-Gew. 65 000) kommt physiologischerweise in der foetalen Leber und im Dottersack vor und erreicht während des 6. Schwangerschaftsmonats im foetalen Plasma eine Konzentration bis zu 1 g/l, sinkt danach auf Werte zwischen 50 und 150 mg/l zum Zeitpunkt der Geburt ab. Beim gesunden Erwachsenen ist α_1-Fetoprotein in einer Konzentration von 1−4 µg/l vorhanden und durch Radioimmunassay quantitativ bestimmbar. Erhöhte Spiegel findet man bei primärem Lebercarcinom und embryonalen Tumoren der Genitalorgane, aber auch bei Hepatitis, Leberzirrhose und hepatischem Coma.

Das **carcinoembryonale Antigen** (Mol.-Gew. 180000) ist beim gesunden Erwachsenen in einer Menge von 2,5 µg/l Serum nachweisbar (Radioimmunassay). Beim Coloncarcinom kommt es in dem lumenwärts gerichteten Anteil der Drüsenzellen vor, ferner bei Carcinomen des Pankreas, Magens, der Mamma und der Bronchien. Das CEA wurde allerdings auch bei entzündlichen Erkrankungen des Magen-Darmtraktes und der Bronchialschleimhaut in erhöhter Konzentration im Serum nachgewiesen.

Für die Tumordiagnostik spielen diese Antigene wegen ihrer geringen Trefferquote (ca. 25% falsch-negative, ca. 12% falsch-positive Ergebnisse) keine Rolle. Sie können aber für eine Verlaufskontrolle von Tumorerkrankungen herangezogen werden. So läßt sich z. B. die Radikalität einer Tumorresektion durch Bestimmung des α_1-Fetoproteinspiegels 2−3 Wochen nach Operation kontrollieren, da das α_1-Fetoprotein mit einer Halbwertszeit von 5−10 Tagen aus dem Serum eliminiert wird.

Eine ähnliche Bedeutung wie das α-Fetoprotein und carcinoembryonale Antigen haben das Tissue Polypeptide Antigen (TPA) und das β_2-Mikroglobulin (S. 241). Als Proliferationsmarker sind sie ein Parameter zur Beurteilung des Erfolges oder Mißerfolges einer antineoplastischen Therapie.

Tumormarker. Zur Diagnostik, Identifizierung und Klassifizierung maligner Tumoren lassen sich u. a. spezifische Syntheseprodukte von Tumoren oder die Affinität radioaktiver Isotopen zum Tumorgewebe einsetzen. Von praktischem Nutzen haben sich das humane Choriongonadotropin (HCG) für Patienten mit Chorioncarcinom oder Hodenkrebs und die radioimmunologische Bestimmung des Calcitonins bei medullärem Schilddrüsencarcinom erwiesen. Mit dem hochempfindlichen HCG-Radioimmunassay ist es möglich, 10^4-Tumorzellen ($\approx 10^{-5}$ g Tumorgewebe) nachzuweisen.

Tumoraffine Radioisotope dienen nicht nur der Erkennung, sondern unter Umständen auch einer Therapie maligner Tumoren und ihrer Metastasen. Das radioaktive ^{131}Jod (γ-Strahler) dient der Aufdeckung von Metastasen von Schilddrüsencarcinomen mit aktivem Jodstoffwechsel. Die Anreicherung von ^{90}Sr (Strontiumisotop) und ^{99m}Tc (Technetiumisotop) bei osteoplastischen Skelettveränderungen geht auf den Einbau dieser Isotope im Knochenmineral zurück und läßt sich für die Erkennung von Prozessen, die mit Knochenneubildung einhergehen, einsetzen (Szintigraphie S. 332). Die Methode gestattet jedoch keine Aussagen über die Malignität.

Radioaktiv markiertes Bleomycin und ^{67}Ga (Galliumisotop) reichern sich in benignen und malignen Tumoren aber auch im entzündlichen Gewebe an, so daß eine nachgewiesene Akkumulation differentialdiagnostisch geklärt werden muß.

5. Therapeutische Aspekte

Die Möglichkeit einer Therapie maligner Tumoren umfaßt neben der — wenn möglich radikalen — operativen Entfernung des Tumors die

- radiologische Therapie (Röntgenstrahlen, α-, β-, γ-Strahlen),
- Chemotherapie und ggf.
- Immuntherapie (s. o.).

Die Therapieformen ergänzen sich und werden auch kombiniert bzw. sequentiell eingesetzt.

Radiologische Therapie. Die Wirkung energiereicher Strahlen auf Stoffwechselprozesse ist im Kap. Nucleinsäuren (S. 25) beschrieben. Die relative Wirkungsspezifität der radiologischen Therapie beruht auf der Beobachtung, daß rasch wachsende und sich teilende Zellen eine höhere Strahlenempfindlichkeit besitzen als ruhende Zellen.

Unter der Wirkung ionisierender Strahlen entstehen in wäßrigen Lösungen aus Wassermolekülen Hydroxyl- bzw. Perhydroxylradikale (OH$^{\cdot}$, O$_2$H$^{\cdot}$) und H-Atome (H$^{\cdot}$). Die Radikale vermögen mit zahlreichen Zellbestandteilen (z. B. Nucleinsäuren, Enzymen), insbesondere mit SH-Gruppen enthaltenden Verbindungen, unter Zerstörung ihrer Struktur zu reagieren. Wasserstoffradikale wirken reduzierend, aus OH$^{\cdot}$-Radikalen kann H_2O_2 in zellschädigender Konzentration entstehen. In DNA bzw. RNA-Molekülen sind Purin- und Pyrimidinbasen gegen energiereiche Strahlung empfindlicher und werden eher zerstört als die Desoxyribose- bzw. Riboseneste.

Chemotherapie. Viele Hemmstoffe der Purin-, Pyrimidin-, Nucleinsäure- und Proteinbiosynthese haben sich für eine Chemotherapie von Tumoren als wirksam erwiesen und werden als **Zytostatika** (S. 387) eingesetzt. Ihr Effekt beruht allerdings zum großen Teil auf der höheren Mitoserate der Krebszellen und einer gleichzeitigen Schädigung der Normalzellen — insbesondere derjenigen mit hoher Mitosefrequenz (z. B. hämatopoetisches System, Epithelzellen der Magen-Darm-Schleimhaut, Keimzellen, Haarfollikel) — muß in Kauf genommen werden.

Über die Klassifizierung der Zytostatika nach ihrem Angriffsort in der Zelle (Purin- Pyrimidin-, DNA-, Proteinbiosynthese) gibt das Kap. Nucleinsäuren (S. 31) Auskunft. Eine Ordnung nach der chemischen Struktur der Zytostatika würde zur folgenden Einteilung führen:

- **Alkylantien.** Verbindungen, die Alkylgruppen (Methyl-, Ethyl-, Propyl- usw. Gruppen) in Nucleinsäuren (DNA, RNA) u. a. Zellbausteine einführen und sie damit funktionell schädigen. Beispiele sind: N-Oxid-Lost, Chlorambucil, Cyclophosphamid, Thio-TEPA- und Busulphan.
- **Antimetabolite.** Kompetitive Inhibitoren definierter Reaktionen des Zellstoffwechsels, wie z. B. Folsäureantagonisten (S. 205), 6-Mercaptopurin (S. 31).
- **Antibiotika** (S. 30). Wirkstoffe aus Pilzen oder Mikroorganismen, die Syntheseprozesse der Zelle mit unterschiedlicher Spezifität hemmen. Doxorubicin, Daunorubicin und Mithramycin lagern sich in die DNA ein („Intercalation") und verhindern DNA-Replikation und RNA-Synthese.
- **Alkaloide.** Wirkstoffe aus Pflanzen (Colchicin, Vinka-Alkaloide, Mitopodocid), die das Mikrotubulus- bzw. Mikrofilamentsystem der Zelle angreifen und eine Mitose verhindern.
- **Sonstige Substanzen. Cisplatin** (Cis-Dichlorodiammin-Platin-II) bildet mit DNA Komplexe und verhindert Transkriptions- und Replikationsprozesse. **Asparaginase** katalysiert die Reaktion Asparagin → Asparaginsäure + NH_3 und reduziert damit den Stoffwechsel derjenigen Tumorzellen, die von der Zufuhr von exogenem Asparagin abhängig sind, d. h. die Fähigkeit zur Asparaginsynthese verloren haben.

Es hat sich gezeigt, daß eine kombinierte bzw. sequentielle Anwendung von Zytostatika die Wirksamkeit eines einzelnen Zytostatikums (Monotherapie) übertrifft und dadurch möglich ist, daß sich die z. T. erheblichen Nebeneffekte bei der Polychemotherapie nicht addieren.

Chemotherapie und Zellzyklus. Für die Chemotherapie hat sich die zunehmende Kenntnis über Zyklus und Phasenspezifikation verschiedener Tumoren günstig ausgewirkt. Wenn der besonders hohe Wirkungsgrad der einzelnen Zytostatika in bestimmten Abschnitten des Zellzyklus für eine phasenspezifische Therapie ausgenutzt wird, lassen sich mit der gleichen Dosis nicht nur höhere Effekte erzielen, sondern auch allgemeine Schäden, mit denen alle Zytostatika belastet sind, verringern und nutzlose Anwendung oder Einsatz zum falschen Zeitpunkt verhindern.

Als **Zellzyklus** bezeichnet man den Zeitraum zwischen dem Ende einer Zellteilung und dem Beginn der nächsten. Innerhalb dieses Generationszyklus, der für menschliche HeLa-Zellen unter Kulturbedingungen 15–30 h dauert, nimmt die eigentliche – durch typische Chromosomenbilder belegte – Zellteilung (Mitose) nur ≈ 1 h etwa ein. Die übrige Zeit (Interphase) dient der Vorbereitung auf die nächste Teilung. In der Interphase wird zunächst bei noch konstanter DNA-Menge RNA und Protein synthetisiert (G_1-Phase, 5–15 h). In der dann folgenden S-Phase vollzieht sich die DNA-Replikation (8–10 h), während der auch RNA und Protein gebildet werden. In der Post-DNA-Synthesephase (G_2-Phase) erfolgt wiederum eine 3–4 h RNA- und Protein-Synthese. Während der Mitose selbst findet keine nennenswerte Synthese statt, doch muß sich nicht notwendigerweise an jede DNA-Verdopplung eine Zellteilung anschließen.

Zytostatika können nur an proliferierenden, d. h. in einer der Phasen des Zellzyklus sich befindlichen Zellen wirksam werden.

Ein Problem der zytostatischen Tumortherapie besteht darin, daß es innerhalb jeder Zellpopulation – auch im Tumorgewebe – Zellen gibt, die in einer als G_0 bezeichneten Phase eine unbestimmte Zeit verharren können. In der G_0-Phase findet kein Teilungsstoffwechsel statt, und die Zellen sind daher auch nicht gegenüber einem Zytostatikum sensitiv. Wann und unter welchen Bedingungen solche G_0-Zellen wieder zu G_1-Zellen werden, d. h. in den Zellzyklus eintreten (sog. „Recruitment"), ist nicht bekannt.

Ein weiteres Handicap der phasenspezifischen Chemotherapie besteht in der Variation der Zeiträume, welche die einzelnen Phasen in Anspruch nehmen. Dabei weist die G_1-Phase die größte Streuung auf. Sie beträgt z. B. für die Epithelzellen der Krypten des Colons beim Menschen 20 h, für die Epithelzellen der Magenschleimhaut dagegen nur 10 h. Bei der Maus wurden für die G_1-Phase Werte zwischen 3 h (Haarfollikel) und 45 h (Alveolen der Brustdrüsen) gemessen. Die G_2- bzw. M-Phase scheint dagegen mit etwa 2 bzw. 5 h relativ konstant zu sein.

D. Dynamische Systeme

I. Hämostase

II. Entzündung

III. Wundheilung

IV. Immunchemie

I. Hämostase

1. Mechanismus der Blutgerinnung

Blutgerinnung und Blutstillung sind Schutzmechanismen des Organismus gegen den Verlust von Blut. Sie werden ausgelöst durch Gefäßläsionen, durch abnorme Durchlässigkeit der Gefäßwand für Blutproteine, Blutzellen oder durch Steigerung des intravasalen Drucks.

An der Blutstillung sind die **Gefäßwand** selbst, die **Blutplättchen** (Thrombozyten) und die in Plasma und extravasaler Flüssigkeit vorhandenen **Blutgerinnungsfaktoren** beteiligt. Alle drei Komponenten bilden eine funktionelle Einheit und ergänzen sich gegenseitig. Kein System ist jedoch in der Lage, Funktionsausfälle eines anderen Systems zu kompensieren.

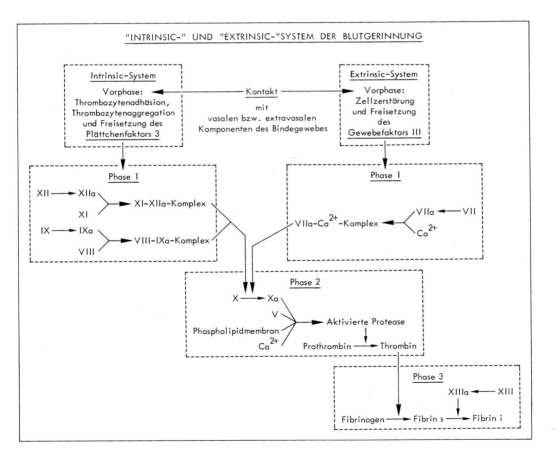

Bei der Hämostase laufen zeitlich koordiniert, aber komplex ineinandergreifend, folgende Reaktionen ab:

Nach der Kontinuitätstrennung eines Blutgefäßes kommt es z. T. durch nerval reflektorische Prozesse, z. T. durch Bildung vasoaktiver Peptide zur Konstriktion bzw. Kontraktion des Gefäßes. An der rauhen Oberfläche der verletzten Gefäße, speziell an freigelegten Kollagenfasern, lagern sich Thrombozyten an, aus denen ADP und biogene Amine (Serotonin, Adrenalin, Noradrenalin) freigesetzt werden, wodurch weitere Thrombozytenaggregation und Vasokonstriktion begünstigt werden. Die zu einem Hämostasepfropf verschmolzenen Thrombozyten und die Gefäßverengung führen zu primärer Blutstillung.

Aus dem verletzten Gewebe und den aggregierten Thrombozyten werden weiterhin der Gewebefaktor III (Extrinsic-System) und der Plättchenfaktor 3 (Intrinsic-System) frei, die nunmehr die in mehreren Phasen verlaufende plasmatische Gerinnungskaskade in Gang setzen, deren Endprodukt – das **Fibrin** – für die endgültige Abdichtung des verletzten Gefäßes sorgt. Die verschiedenen Phasen faßt das vorstehende Schema zusammen.

Blutgerinnungsfaktoren. Die Eigenschaften der plasmatischen Blutgerinnungsfaktoren sind in der Tabelle zusammengestellt. Einige von ihnen sind proteolytische Enzyme. Dies entspricht dem Prinzip der Aktivierung der Blutgerinnungsfaktoren, die in vielen Fällen durch Spaltung von Peptidbindungen und Ablösung von Peptiden erfolgt. Der Blutgerinnungsfaktor geht dabei unter Konformationsänderungen in die aktivierte Form über. Dies ist am Beispiel des Übergangs von Prothrombin in **Thrombin** näher untersucht. Prothrombin wird als Vorstufe eines proteolytischen Enzyms (Mol.-Gew. 68 700) in der Leber unter Mitwirkung von Vitamin K gebildet. Dabei wirkt Vitamin K (Phyllochinon) als Coenzym für die Übertragung von Carboxylresten auf 10 Glutaminsäurereste im N-terminalen Bereich des Prothrombinmoleküls. Die dadurch entstandenen γ-Carboxyglutaminsäuremoleküle bewirken eine durch Calciumionen vermittelte Bindung des Prothrombins an die Phospholipidmembran der Thrombozyten. Durch die Bindung an die Phospholipidmembran der Thrombozyten gelangt Prothrombin in die Nähe der Faktoren Xa und V, welche die Aktivierung des Prothrombins um den Faktor $\approx 10^4$ beschleunigen. Faktor Xa spaltet eine Arginin-Isoleucinbindung innerhalb des Prothrombins und verleiht ihm damit proteolytische Aktivität. Durch Spaltung einer Peptidbindung am N-terminalen Ende wird das aktive Thrombin (Mol.-Gew. 38 000) aus der Bindung an die Phospholipidmembran abgelöst.

Die Wirkung des Thrombins wird durch Antithrombin III beendet. Antithrombin III ist ein Glykoprotein mit einem Molekulargewicht von etwa 65 000. Durch Bindung an das Antithrombin III wird Thrombin inaktiviert. Unter physiologischen Bedingungen verbinden sich Antithrombin III und Thrombin nur mit relativ geringer Geschwindigkeit. Die Komplexbildung wird jedoch durch die Anwesenheit von Heparin stark beschleunigt. Durch Wechselwirkung von Heparin mit An-

Nomenklatur und Eigenschaften von Blutgerinnungsfaktoren

Faktor	Name	Eigenschaften bzw. Funktion	Bildungsort	Biologische Halbwertszeit
I	Fibrinogen	β_2-Glykoprotein	Leber	4– 5 d
II	Prothrombin	Endopeptidase, durch Faktor Xa aktivierbar	Leber	50–60 h
III	Thromboplastin	Lipoprotein, wird bei Verletzungen freigesetzt	Zellen	?
IV	Calcium	In Blut und Gewebe in konstanter Konzentration vorhanden		
V	Acceleratorglobulin (Proaccelerin)	Durch Calcium stabilisiertes Protein	Leber	35 h
VII	Proconvertin	Durch Kontakt mit Zellfragmenten aktivierbares Enzym	Leber	5– 6 h
VIII	Antihämophiles Globulin	Durch Calcium stabilisiertes β_2-Globulin	Milz, RES	6–20 h
IX	Plasmathromboplastinkomponente (Christmas-Faktor)	β_2-Globulin, bildet zusammen mit Faktor VIII, Calcium und Phospholipiden den Aktivator von Faktor X	Leber	18–30 h
X	Stuart-Prower-Faktor	Arginin-Esterase durch endogene oder exogene Faktoren aktivierbar	Leber	40–60 h
XI	Plasmathromboplastinantecedent	Substrat von Faktor XIIa, an Aktivierung von Faktor IX beteiligt	RES ?	48–60 h
XII	Hageman-Faktor	Arginin-Esterase, durch Kontakt mit Fremdoberflächen aktivierbar	RES ?	52–70 h
XIII	Laki-Lorand-Faktor (Fibrinstabilisierender Faktor)	Transglutaminase, durch Thrombin aktiviert. Verbindet Fibrinmonomere über Peptidbindungen zum Polymer	Leber	3– 4 d

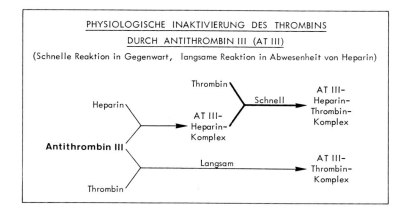

tithrombin III erfolgt eine Änderung der Tertiärstruktur des Antithrombin III-Moleküls, so daß das aktive Zentrum des Antithrombin III für die Wechselwirkung mit Thrombin verfügbar wird. Innerhalb des Heparinmoleküls ist lediglich ein kurzer Abschnitt — eine Pentasaccharidsequenz — für die Bindung an das Antithrombin verantwortlich (Abb., X = Wasserstoffatom oder Sulfatgruppe, Y = Sulfatgruppe).

ANTITHROMBIN-BINDUNGSREGION DES HEPARINS

Pentasaccharid-Ausschnitt aus dem Heparinmolekül

Über ähnliche Mechanismen hemmt Heparin die Aktivierung des Faktor IX durch den aktivierten Faktor XI und die Aktivierung des Faktor VIII durch den aktivierten Faktor IX.

Fibrinogen ist ein Faserprotein vom Mol.-Gew. 330 000. Es besteht aus 3 Paaren von Polypeptidketten (2α-, 2β-, 2γ-Ketten), die durch Disulfidbrücken zusammengehalten werden, und weist einen Kohlenhydratgehalt von 3% auf. Fibrinogen gehört in die Gruppe der β-Globuline des Blutplasmas. Seine Konzentration beträgt 2—3 g/l Plasma. Bei Einwirkung von Thrombin auf das lösliche Fibrinogen entsteht unlösliches Fibrin. Dabei erfolgt zunächst die proteolytische Spaltung von 4 Arginylglycinbindungen am Fibrinogenmolekül (je eine Bindung an beiden α- und β-Ketten), wobei zwei Glykopeptide A und B freigesetzt werden. Die unter Einwirkung des Thrombins aus dem Fibrinogenmolekül durch Abspaltung der Peptide A und B entstehenden Fibrinmonomeren lagern sich zu langen Polymersträngen zusammen, wobei jeweils zwei Polymerstränge einen Doppelstrang bilden. Mehrere Doppelstränge bilden durch seitliche Aggregation Fibrinfibrillen, die zunächst nicht durch kovalente Bindung, sondern nur durch Wassserstoffbrücken und hydrophobe Kräfte stabilisiert werden. Die Vernetzung erfolgt unter der Wirkung des Faktor XIII (Glutamylamidotransferase), wobei zwischen den Aminogruppen von Lysinresten und den Säureamidgruppen von Glutamylresten unter Austritt von NH$_3$ kovalente Bindungen geknüpft werden (Abb.).

2. Fibrinolyse

Unter physiologischen Bedingungen laufen Gerinnung und Fibrinolyse nacheinander ab. Ihr Zusammenspiel gewährleistet, daß sich zur Blutstillung Fibrin bildet

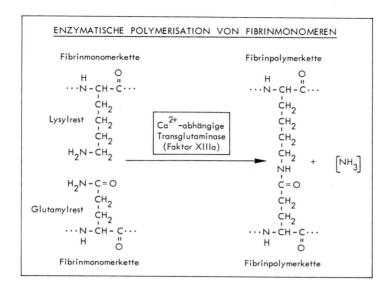

und dieses bei der Wundheilung wieder abgebaut wird, wenn es seine biologische Funktion erfüllt hat. Daher kann man die Fibrinolyse auch als „Nachphase der Blutgerinnung" betrachten.

Wie das nachstehende Schema zeigt, sind an der Blutgerinnung und Fibrinolyse trotz entgegengesetzter Wirkung sehr ähnliche Reaktionen beteiligt. Die biologische Aktivität ist jeweils an ein proteolytisches Enzym gebunden: **Thrombin** leitet die Gerinnung, **Plasmin** die Fibrinolyse ein. Beide Enzyme liegen im Blut als inaktive Enzymvorstufen vor und werden durch Aktivatoren, die sowohl im Blut als auch im Gewebe lokalisiert sind, in das aktive Enzym umgewandelt, wobei die Aktivatoren durch eine Zell- oder Gewebebarriere vom Blutstrom getrennt sind und erst bei Verletzung des Gewebes oder Veränderung der Zell- oder Gefäßoberfläche gebildet und freigesetzt werden.

Im gesunden Organismus besteht ein dynamisches Gleichgewicht zwischen Gerinnung und Fibrinolyse. Dieses Gleichgewicht wird aufrecht erhalten durch eine normale Konzentration und Funktion von Aktivatoren und Inaktivatoren beider Systeme (Abb.). Eine überschießende Enzymreaktion in der einen oder anderen Richtung führt zur Dysfunktion des Systems, ebenso ein Inaktivatordefizit, das eintritt, wenn die Inhibitoren Antithrombin-III bzw. α_2-Antiplasmin in ihrer Konzentration erniedrigt, funktionsunfähig oder aufgebraucht sind. Neben dem Antithrombin III (Hemmung der Blutgerinnung) und dem α_2-Antiplasmin (Hemmung der Fibrinolyse), die jeweils für die Sofortwirkung verantwortlich sind, können sich sekundär weitere Proteaseinhibitoren an der Aufrechterhaltung des Gleichgewichtes im Hämostasesystem beteiligen. Hierzu gehören u. a. der C-I-Inaktivator des

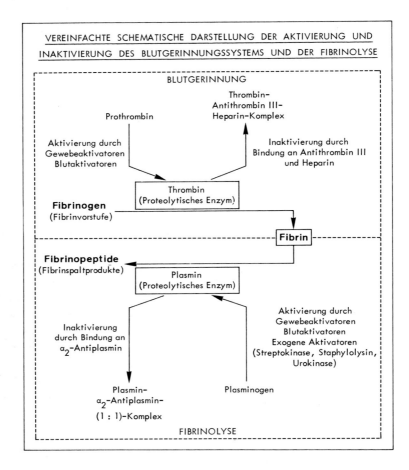

Komplementsystems, das α_2-Makroglobulin, das als Antiplasmin wirkt sowie das α_1-Antitrypsin, α_1-Antichymotrypsin und Inter-α-Trypsin-Inhibitor.

Die Rekanalisierung eines thrombotisch oder embolisch verschlossenen Gefäßabschnittes kann medikamentös durch Plasminogenaktivatoren (Streptokinase, Urokinase oder Staphylolysin) durchgeführt werden (fibrinolytische Thrombosetherapie). Eine Überwachung der Therapie ist erforderlich, um einerseits eine Antikoagulation sicherzustellen und andererseits das Blutungsrisiko erkennbar zu machen.

3. Klassifikation und Differentialdiagnose hämorrhagischer Diathesen

Da bei Blutgerinnungsstörungen (hämorrhagischen Diathesen) jedes der beteiligten Systeme betroffen sein kann, ergibt sich eine Aufgliederung in folgende Gruppen:

1. **Plasmatisch bedingte hämorrhagische Diathesen** (Koagulopathien). Störungen des Gerinnungs- und Fibrinolysemechanismus.
2. **Thrombozytär bedingte hämorrhagische Diathesen.** Blutungsneigungen, die auf einer zu geringen Zahl (Thrombozytopenien) oder fehlerhaften Funktion (Thrombozytopathien) der Thrombozyten beruhen.
3. **Vaskulär bedingte hämorrhagische Diathesen** (Angiopathien). Vaskuläre Blutungsneigungen, bei denen eine erhöhte Durchlässigkeit der Gefäßwände besteht.

Die unter 1–3 aufgeführten Schäden können angeboren oder erworben sein und auch kombiniert (z. B. 1 und 2) auftreten. Ihre Ursache kann in ungenügender Bildung oder einem beschleunigten Abbau der für eine Blutstillung notwendigen Faktoren liegen. Ihre differentialdiagnostische Beurteilung ergibt sich aus dem

Klassifikation hämorrhagischer Diathesen und Differentialdiagnose durch Globaltests

Hämorrhagische Diathesen	Blutungszeit (Duke)	Kapillarresistenz (Rumpel-Leede)	Thrombozytenzahl	Thromboplastinzeit (TPZ)	Thrombinzeit (PTZ)	Partielle Thromboplastinzeit (PTT)
1. Plasmatisch bedingt (Koagulopathien)						
Endogen (angeboren)	N	N	N	N	N	+
Exogen (erworben)	N	N	N	+	N	N(+)
Afibrinogenämie	N	N	N	+	+	+
2. Thrombozytär bedingt (z. B. Thrombozytopenie)	↑	+	↓	N	N	N
1. + 2. Plasmatisch und thrombozytär bedingt (z. B. Verbrauchskoagulopathie)	N(+)	N(+)	↓	+	+	+
(z. B. Hyperfibrinolyse)	N	N(+)	N	+	+	+
3. Vaskulär bedingt (Angiopathien)	↓	+	N	N	N	N

↑ verlängert, ↓ vermindert, + pathologisch, N Normal

Ausfall von Globaltesten (Tab.), deren Prinzip, Aussagewert und Normbereich nachstehend aufgeführt sind:

- **Blutungszeit.** Die Zeitspanne zwischen dem Setzen einer kleinen Stichwunde bis zum Eintritt der Gerinnung entspricht der Blutungszeit (nach Duke). Die Blutungszeit erfaßt in erster Linie Störungen, die auf gestörter Plättchenfunktion sowie hochgradiger Verminderung der Thrombozytenzahl beruhen. Normalwert: 3—5 Minuten.
- **Kapillarresistenz (Rumpel-Leede).** Auftreten petechialer Blutungen im Bereich der Ellenbeuge und des Unterarms nach Anlegen einer Druckmanschette (5—10 Minuten) am Oberarm mit einem Druckwert zwischen systolischem und diastolischem Druck. Die Kapillarresistenz erfaßt vaskulär bedingte hämorrhagische Diathesen.
- **Thrombozytenzahl** (Zählkammer). Normbereich: $120-250 \times 10^3$ Thrombozyten/µl Blut. Die Thrombozytenzahl ist vermindert bei angeborenen oder erworbenen Thrombozytopenien (s. u.).
- **Thromboplastinzeit (TPZ, Quick, Prothrombinzeit).** Die Bestimmung der Thromboplastinzeit dient der Prüfung des exogenen Gerinnungsablaufs und erfaßt außer Fibrinogen die Faktoren II, V, VII und X. Normalbereich: 70—100% (bei Vergleich mit einer Bezugskurve, die mit verdünntem Plasma von Gesunden aufgestellt wurde). Ein Quickwert über 100% hat keine pathologische Bedeutung und erlaubt keinen Rückschluß auf eine Hyperkoagulabilität. Erniedrigungen findet man bei Therapie mit Vitamin K-Antagonisten, Leberschäden, Vitamin-K-Mangel, Verbrauchskoagulopathie und Hyperfibrinolyse.
- **Thrombinzeit (Plasmathrombinzeit, PTZ).** Die Thrombinzeit dient einer Kontrolle der dritten Gerinnungsphase und ist verlängert bei vermindertem Fibrinogengehalt, in Gegenwart von Heparin, von Fibrinogen und Fibrinspaltprodukten. Die Thrombinzeit eignet sich zur Kontrolle der Heparin- und Streptokinasetherapie (s. u.). Normbereich: bis 22 Sekunden.
- **Partielle Thromboplastinzeit (PTT).** Die PTT erfaßt alle plasmatischen Gerinnungsfaktoren des endogenen Systems mit Ausnahme des Faktors IV und des Thrombozytenfaktors 3, da beide dem Reaktionsansatz im Überschuß zugesetzt werden. Die Methode erlaubt Rückschlüsse über Veränderungen der Gerinnungsfaktoren I, II, V, VIII, IX, X, XI und XII. Ein Mangel der Hämophiliefaktoren VIII und IX kann schell nachgewiesen werden. Normbereich: 30—40 Sekunden. Die Methode wird durch Thrombozyten-Zahl und -Funktion nicht beeinflußt.

Plasmatisch bedingte hämorrhagische Diathesen (Koagulopathien). Die plasmatisch bedingten hämorrhagischen Diathesen entstehen entweder durch

- Verminderung oder Fehlen oder durch Bildung von vermindert aktiven oder inaktiven Gerinnungsfaktoren (Defektkoagulopathien),

- Vermehrung von Hemmstoffen, Verbrauch von Gerinnungsfaktoren durch intravasale Gerinnung (auch Verbrauchskoagulopathie) oder
- Zerstörung von Gerinnungsfaktoren durch intravasale Fibrinolyse.

Die Defektkoagulopathien können angeboren oder erworben sein (Tab.).

Plasmatisch bedingte kongenitale und erworbene hämorrhagische Diathesen (A) und Koagulopathien (B)
(AT III = Antithrombin III, A2APL = A_2-Antiplasmin)

	Faktor	Kongenitaler Defekt	Erworbener Defekt (Ursache)
A	I	Afibrinogenämie und Hypofibrinogenämie	Verbrauchskoagulopathie bei diversen Grunderkrankungen, gesteigerte Fibrinolyse
	II	Idiopathische Hypoprothrombinämie	Leberzellschaden, hämorrhagische Diathese der Neugeborenen, Überdosierung von Cumarinderivaten
	IV	Nicht bekannt	Nicht bekannt
	V	„Parahämophilie" (M. Owren)	Schwerer Leberparenchymschaden, schwere Fibrinolyse
	VII	Faktor-VII-Mangel	Leberparenchymschaden, Vitamin-K-Mangelzustände Überdosierung von Cumarinderivaten
	VIII	Hämophilie A, Angiohämophilie A	Schwerer Leberparenchymschaden, Leukämie, intravasale Fibrinolyse
	IX	Hämophilie, B Angiohämophilie B	Schwerer Leberparenchymschaden, schwere allergische Reaktionen, Leukämie, Überdosierung von Cumarinderivaten
	X	Faktor-X-Mangel	Leberparenchymschaden, Vitamin-K-Mangel, Überdosierung von Cumarinderivaten
	XI	PTA-Mangel	Leberparenchymschaden
	XII	Hageman-Faktor-Mangel	
	XIII	FSF-Mangel	Gesteigerte Fibrinolyse
B	AT III	Thrombophilie	Leberparenchymschaden, Nephrose, Infektion
	A2APL	Miyasato-Syndrom	Leberparenchymschaden, Verbrauchskoagulopathie

Die häufigste angeborene Koagulopathie ist die **Hämophilie A** (Inaktivität des Faktor VIII), die X-chromosomal vererbt wird, an der Frauen jedoch äußerst selten erkranken. Etwa 5mal seltener ist die **Hämophilie B** (Mangel an Faktor IX). Der Faktor XI-Mangel (PTA-Mangel) wird auch als **Hämophilie C** bezeichnet, wobei die Blutungsneigung jedoch geringer ist als bei den anderen Hämophilieformen.

Eine Hämophilie läßt sich durch Substitution des fehlenden oder inaktiven Gerinnungsfaktors behandeln. Im Verlauf der Behandlung kann es zur Bildung von

Antikörpern gegen den im Rahmen der Behandlung zugeführten Gerinnungsfaktoren kommen. Durch Reaktion mit dem Antikörper wird der Blutgerinnungsfaktor inaktiviert. Die entstehende Blutungsneigung wird als „**Hemmkörperhämophilie**" bezeichnet.

Thrombozytär bedingte hämorrhagische Diathesen. Die Thrombozyten entstehen als zytoplasmatische Abschnürung aus den Megakaryozyten des Knochenmarks. 30% der funktionstüchtigen Thrombozyten können in der Milz gespeichert und bei Bedarf (Blutungen, Thrombozytenverbrauch) freigesetzt werden. Die Thrombozyten sind – obwohl kernlos – stoffwechselautonom. Für die Auslösung der viskösen Metamorphose (ein Zustand, der mit Veränderung der Oberflächenstruktur und Neigung zur Thrombozytenaggregation einhergeht), für die Retraktion und für die Phagozytose bilden und speichern die Thrombozyten ATP, das über die Glykolyse und den Atmungsstoffwechsel (oxidative Phosphorylierung in den Mitochondrien der Thrombozyten) gewonnen wird. Bei der Adhäsion der Thrombozyten an der Gefäßwand oder untereinander wird ADP freigesetzt, in dessen Gegenwart es in Anwesenheit von Calcium, Magnesium sowie Fibrinogen zur Aggregation kommt.

Auch die Enzyme des Pentosephosphatzyklus lassen sich in Thrombozyten nachweisen. Als funktionelle Inhaltsbestandteile sind in den Thrombozyten weiterhin Glykogen, Phospholipide (Plättchenfaktor 3), biologisch aktive Amine (Serotonin, Adrenalin, Noradrenalin), chemotaktische und mitogene Faktoren (S. 413) sowie ein kontraktiles Protein (Thrombosthenin) nachgewiesen worden. Die biologisch aktiven Amine werden bei Auslösung des Gerinnungsmechanismus freigesetzt und tragen zur lokalen Vasokonstriktion bei. Das Thrombosthenin befähigt die Thrombozytenaggregate zur Retraktion.

An die Oberfläche der Thrombozyten sind Plasmaproteine und Gerinnungsfaktoren adsorbiert. Nach Adsorption können auch Mikroorganismen und Antigen-Antikörper-Komplexe von den Thrombozyten phagozytiert werden. Nach einer Lebensdauer von 7–10 Tagen werden die Thrombozyten vorwiegend in der Leber und in der Milz abgebaut.

Jede der Thrombozytenteilfunktionen kann aufgrund erworbener oder hereditärer Defekte gestört sein (Tab.).

Verbrauchskoagulopathie (DIC-Syndrom, Disseminated Intravascular Coagulation). Die Verbrauchskoagulopathie ist ein erworbenes dysregulatorisches Syndrom der Hämostase, bei dem das Gleichgewicht in der Neubildung von Thrombozyten und Gerinnungsfaktoren und deren Katabolismus zugunsten des Abbaus verschoben ist. Die Verbrauchskoagulopathie stellt eine kombinierte Gerinnungsstörung dar, die sowohl die plasmatischen Gerinnungsfaktoren als auch die Thrombozyten betrifft. Eine Vielzahl von Grundkrankheiten kann den Prozeß auslösen, der in seiner schwersten Verlaufsform lebensbedrohend ist.

Angeborene (A) und erworbene (B) thrombozytäre Blutgerinnungsstörungen

A. **Kongenitale thrombozytäre Blutgerinnungsstörungen**

Thrombozytopenien
- mit Karyozytenmangel
- mit normalen Megakaryozyten
- mit Begleitanomalien (z.B. Wiskott-Aldrich-Syndrom)

Thrombozytopathien
- Reduzierte Gerinnselretraktion (Morbus Glanzmann, Thrombasthenie)
- ADP-Freisetzungsdefekt (Thrombopathie)
- Thrombozytopathie mit Begleitanomalien (ADP-Freisetzungsdefekt mit Apigmentation oder mit Nephritis und Taubheit)

B. **Erworbene thrombozytäre Blutgerinnungsstörungen**
- Schädigung der Thrombozyten in der Zirkulation (Autoantikörper, Isoantikörper, Medikamente, Verbrauchskoagulopathie)
- Verminderte Thrombozytenbildung im Knochenmark (Panmyelopathie, medikamentös-toxisch, Strahlenschäden)

Zum Verständnis der pathobiochemischen Mechanismen sind drei Stadien der Verbrauchskoagulopathie zu unterscheiden:

Das **Initialstadium** kann durch Einschwemmung Thromboplastin-ähnlicher Substanzen aus Muskulatur (Polytraumatisierung), Gehirn (Schädel-Hirntrauma), Leber (Leberzellnekrose), Uterus (geburtshilfliche Komplikationen, vorzeitige Lösung der Plazenta, verhaltener Abort) ausgelöst werden, wobei es zur Aktivierung des exogenen Gerinnungssystems kommt. Eine intravasale Aktivierung des endogenen Gerinnungssystems ist dagegen bei Acidose (als Folge eines länger bestehenden Schocks) oder unter Endotoxin-Einwirkung (Sepsis durch gramnegative-Keime oder Staphylokokken) möglich und wird durch eine Thrombozytenaggregation induziert. Auch Erythrozytenstromata, die bei intravasaler Hämolyse freigesetzt werden, können das endogene Gerinnungssystem aktivieren.

Als Ergebnis aller Prozesse kommt es zu intravasalem Auftreten von Thrombin, das einerseits eine weitere Thrombozytenaggregation begünstigt mit der Folge einer drastischen Abnahme des Thrombozytengehalts im Blut, andererseits die Proteinaseinhibitoren des Blutplasmas absättigt und damit eine (unphysiologische) Hydrolyse des Fibrinogens zu Fibrinogenspaltprodukten ermöglicht, so daß ein regulärer Gerinnungsvorgang wegen der resultierenden Fibrinogenopenie nicht mehr möglich ist. Das Initialstadium der Verbrauchskoagulopathie ist im nachfolgenden Schema dargestellt.

Im **zweiten Stadium** sinkt infolge steigender Thrombinfreisetzung die Konzentration der Gerinnungsfaktoren V, VIII, XIII rasch ab. Die Folgen sind Hämor-

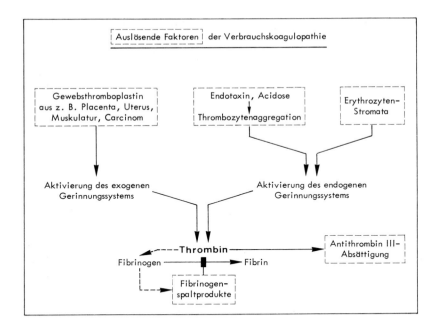

rhagien in Haut und Schleimhäuten. Gleichzeitig werden die Kapillaren von Organen mit hohem Durchströmungsvolumen (Lunge, Niere) durch Thrombozytenaggregate embolisiert. Diese Störung der Mikrozirkulation hat ihrerseits Anoxie und Acidose der betroffenen Organe zur Folge und kann einen Schock auslösen.

Im **dritten Stadium** werden aus den anoxisch geschädigten Organen Aktivatoren des Plasminogens freigesetzt, so daß das Fibrinogen nun zusätzlich durch das proteolytisch **aktive Plasmin** hydrolysiert wird. Die Fibrinogenspaltprodukte interferieren bei der physiologischen Reaktion der Fibrinmonomeren zu Fibrin und verhindern durch Fibrinkettenabbruch die Bildung eines mechanisch stabilen Fibrins. Das dritte Stadium der Verbrauchskoagulopathie ist durch schwere Thrombozytopenie, Erniedrigung fast aller Gerinnungsfaktoren und das Auftreten von unphysiologischen Fibrinspaltprodukten gekennzeichnet. Neben dem Verbrauch muß allerdings auch eine Synthesestörung der durch Hypoxie geschädigten Organe (Leber) angenommen werden. In schweren Fällen tritt der Tod durch Verbluten ein.

Vaskulär bedingte hämorrhagische Diathesen. Im Kapillargebiet der meisten Organe vollziehen sich transkapillare Austauschmechanismen zwischen Blut und Organzellen, die durch Diffusion, Filtration, vesikulären Transport und die intrazelluläre Passage von Wasser, niedermolekularen Substanzen, jedoch auch von Makromolekülen und zellulären Elementen des Bluts charakterisiert sind.

Die normale Kapillarstruktur garantiert den ungestörten Ablauf dieser Transportprozesse zwischen Gefäßlumen und dem von ihm zu versorgenden Gewebe. Endothelzellen bzw. der Kapillare benachbarte Fibrozyten sorgen durch synthetische Leistungen für die Aufrechterhaltung der Kapillarstruktur und die Bildung des Basalmembrankollagens.

Zahlreiche Noxen wie Entzündungsreize, Mangel an Calcium, Elektrolytverschiebungen u. a. können die Struktur der Kapillarwand so schädigen, daß es infolge Auftretens stark erweiterter Interzellularfugen zu einem Abstrom von Flüssigkeit und zu einem massiven Übertritt von zellulären Elementen des Bluts in den interstitiellen Raum kommt.

Störungen in der Struktur und im Stoffwechsel der Kapillarwand, die Ursache einer vaskulär bedingten hämorrhagischen Diathese sind, können angeboren oder erworben sein. Die praktisch wichtigsten sind die hereditären und entzündlichen Formen. Die pathogenetisch bedeutsame Rolle des Basalmembrankollagens zeigt sich im Auftreten von vaskulären Diathesen bei Kollagensynthesedefekten (Ehlers-Danlos-Syndrom, Ascorbinsäuremangel S. 209). Die folgende Tabelle gibt eine Übersicht.

Vaskulär bedingte hämorrhagische Diathesen

Defekt	Beispiele
hereditär	Teleangiectasia hämorrhagica hereditaria, Purpura simplex hereditaria familiaria, Ehlers-Danlos-Syndrom, Marfan-Syndrom
erworben entzündlich toxisch Stoffwechsel-Defekt	Purpura anaphylactoides Schönlein-Henoch, Purpura rheumatica Purpura urämica, hepatica, leucämica u. a. Ascorbinsäuremangel (Möller-Barlow'sche Erkrankung der Kinder)

4. Thrombosen

Unter einer Thrombose versteht man einen vollständigen oder partiellen Verschluß von Gefäßen (Arterien, Venen, Lymphgefäßen) oder von Herzhöhlen durch einen aus Thrombozytenaggregaten und Fibrin bestehendem Thrombus.

An der Bildung intravasaler Thromben sind folgende Faktoren beteiligt:

- **Verlangsamung der Zirkulation (sog. Stase).** Sie tritt lokal − vorzugsweise in den unteren Extremitäten und im kleinen Becken − bedingt durch körperli-

che Untätigkeit (längere Bettruhe, Adipositas, höheres Alter) auf, wird aber auch durch Varizen oder Polyzythämie (erhöhte Viskosität) begünstigt.
- **Veränderungen der Gefäßwand.** Jede größere Gewebsschädigung (Trauma, Infektion) aktiviert das Extrinsic-System der Blutgerinnung, ohne daß eine lokale Fibrinolyse (sofort) wirksam wird.
- **Beschleunigte Gerinnung.** Thrombozythämie, Thrombozytose nach Splenektomie.

Während arterielle Thrombosen der Endarterien zu ischämischer Nekrose (Myocardinfarkt, Encephalomalacie) führen, ist bei venösen Thrombosen infolge bestehender Kollateralen eine partielle Kompensation möglich, doch können Ödeme, Ulcus cruris und braune Pigmentierung auftreten.

II. Entzündung

Die Entzündung ist eine Gegenreaktion des Gewebes auf eine Zell- bzw. Gewebsschädigung, die durch unterschiedliche Faktoren ausgelöst werden kann:
- Physikalische Schäden (Verbrennung, energiereiche Strahlung, mechanische Schäden, Hypoxie),
- chemische Agentien („Zell- und Membrangifte", starke Säuren und Basen),
- Mikroorganismen (Inhaltsstoffe, Stoffwechselprodukte oder Bestandteile von Zellwänden und Kapseln von Bakterien, Viren, Pilzen, Protozoen, Parasiten u. a.),
- Antigen-Antikörperreaktionen mit Komplementaktivierung (allergische Reaktionen).

Art und Umfang der Zellschäden variieren in Abhängigkeit vom schädigenden Agens. Auf die schadensauslösende Initialphase folgt eine von der Qualität der schädigenden Noxe unabhängige Phase der Veränderung im Stoffwechsel der geschädigten Zellen, die die **Zellteilung** oder vermehrte **Synthese von Extrazellularsubstanz** auslösen kann, ggf. aber auch mit dem **Zelltod** endet.

Darüber hinaus löst die Zellschädigung **lokale Sekundärreaktionen** aus, an denen Blutplasmabestandteile, Blutzellen und aus den geschädigten Zellen freigesetzte Wirkstoffe beteiligt sind. Im Gefolge der initialen Zellschädigung können weiterhin auch biologisch aktive Substanzen entstehen, die heftige **Allgemeinreaktionen** hervorrufen.

1. Bakterielle Toxine und Enzyme

Bakterien besitzen nicht nur antigene Strukturen, die eine aktive Immunisierung induzieren, sondern wirken häufig direkt toxisch. Die Toxizität beruht auf der Produktion und Freisetzung von bakteriellen **Ektotoxinen** bzw. auf der Wirkung von **Endotoxinen,** die bei Absterben der Mikroorganismen frei werden. Während die Antigenwirkung erst nach einem Zeitraum von 8–10 Tagen an dem Auftreten von spezifischen Antikörpern erkennbar ist, setzt die toxische (zellschädigende) Wirkung unmittelbar nach der Infektion ein und ist häufig nicht nur lokal begrenzt, d. h. im Entzündungsgebiet nachweisbar, sondern auch von starken Allgemeinreaktionen begleitet (Fieber, Leukozytose, Aktivierung der Fibrinolyse). Unabhängig von dieser Sofortwirkung sind viele Ekto- und Endotoxine außerdem Antigene.

Bei gramnegativen Bakterien ist das Lipopolysaccharid A für diese Wirkungen verantwortlich, das noch in einer Dosis von 0,001 µg/kg Körpergewicht pyrogen (fiebererzeugend) wirkt. Die komplexe Struktur des Lipopolysaccharid A, die u. a. seltene Monosaccharide aufweist, zeigt das Schema in vereinfachter Form.

```
SCHEMATISCHER AUSSCHNITT AUS DER STRUKTUR DES LIPOPOLYSACCHARID A
Abe  = D-Abequose (3,6-Didesoxy-D-galaktose),  Rha   L-Rhamnose (6-Desoxy-L-mannose)
Hep = Heptose (L-Glycero-D-mannoheptose),  KDO = 2-Keto-3-desoxyoctonsäure

                                                    Ethanolamin
                                                         |
                                                        (P)           ╱ Fettsäure
                                                         |     GlcNAc ─ Fettsäure
                                                         |           ╲ Fettsäure
 ⎡Abe⎤       GlcNAc    Gal    (P)   KDO           |
  │           │      │      │     │            ╱ Fettsäure
 ⎣Man — Rha — Gal⎦ₙ  Glc — Gal — Glc — Hep — Hep ─ KDO ─ GlcNAc ─ Fettsäure
                                                            ╲ Fettsäure

   O-Seitenkette         Oligosaccharid-Basisstruktur           Lipid A
```

Aus der Kulturflüssigkeit von Pseudomonas- bzw. Streptomyces-Arten wurde das Toxoflavin isoliert (Formel).

Ektotoxin aus Pseudomonas cocovenans bzw. Streptomyces albus

Toxoflavin
(1,6-Dimethyl-5,7-dioxo-1,5,6,7-tetrahydro-pyrimidol(4,5e)triazin)

Andere Ektotoxine sind Enzyme (s. u.) bzw. Proteine wie z. B. das Botulismustoxin (Mol.-Gew. $9 \cdot 10^5$) aus *Clostridium botulinum*, das die Acetylcholinfreisetzung aus den cholinergischen Nervenendigungen blockiert.

Die vorstehenden Beispiele verdeutlichen, daß die Zellmembran- bzw. Zellstoffwechsel-schädigenden Effekte von Stoffwechselprodukten oder Inhaltsstoffen von Mikroorganismen eine reiche Skala der verschiedensten chemischen Strukturen umfaßt.

Die aus kollagenen und elastischen Fibrillen und makromolekularen Proteoglykanen aufgebaute Zwischenzellsubstanz (Kap. Bindegewebe, S. 343) stellt eine natürliche Barriere für die eingedrungenen Mikroorganismen dar, wirkt also einer Infektionsausbreitung entgegen. Dieser Schutz geht bei enzymatischem Abbau der Zwischenzellsubstanz verloren. Einige Bakterien vermögen Enzyme zu produzieren und abzugeben, die Kollagen, Proteoglykane und Proteine der extrazellulären Matrix hydrolytisch abbauen. So produzieren Clostridium histolyticum-Arten und Choleravibrionen eine **Kollagenase,** die bezüglich Spezifität und Wirkungsweise nicht mit der Säugetierkollagenase identisch ist, und im Kollagen enthaltene Aminosäuresequenzen mit folgender Spezifität hydrolytisch spaltet.

$$\begin{array}{c} \boxed{\text{Clostridium-Kollagenase}} \\ \downarrow \\ \cdots -\text{Gly}-\text{Pro}-\text{X}-\text{Gly}-\text{Pro}\,(\text{Hyp})-\cdots \end{array}$$ (Ausschnitt aus Kollagenpolypeptidkette)
X = beliebige Aminosäure

Manche Streptokokkenarten verfügen über eine Hyaluronatlyase, die Hyaluronat zu ungesättigten Disacchariden depolymersiert.

Hyaluronat $\xrightarrow{\text{Hyaluronat-Lyase}}$ $\Delta^{4,5}$ß-D-Glucuronosyl(1-3)-N-acetylglucosamin

Wegen des ausbreitungsbegünstigenden Effekts auf die Infektionserreger wurden Hyaluronidasen und Hyaluronatlyase früher als „Spreading-Faktor" bezeichnet. Andere Mikroorganismen eliminieren $\Delta^{4,5}$-D-Glucuroniddisaccharide aus Chondroitinsulfat bzw. Dermatansulfat mit Hilfe einer Chondroitinsulfatlyase AC bzw. ABC. **Proteolytische Enzyme** aus Bakterien vervollständigen die Desintegration der Zwischenzellsubstanz und bauen auch Fibrin ab (z. B. Streptolysin). Die mikrobielle Phospholipase C katalysiert die Reaktion

Lecithin → Diacylglycerin + Phosphorylcholin

Die Stärke der entzündlichen Gewebsreaktion und die Ausbreitung der Infektion werden durch das Ausmaß der Freisetzung mikrobieller Toxine und gewebszerstörender Enzyme bestimmt.

2. Zellulärer Schädigungsstoffwechsel

Im entzündeten Gewebe treten Stoffwechselveränderungen ein, die durch verstärkte Glykogenolyse, erhöhte Glykolyserate und vermehrte Lactatbildung mit entsprechender pH-Absenkung, drastischem Abfall der intrazellulären ATP-Konzentration und intra- und extrazellulärer Proteolyse gekennzeichnet sind. Dem Zusammenbruch des Stoffwechsels voraus geht eine Membranschädigung und die Freisetzung von intrazellulären Elektrolyten (K^+), zytoplasmatischen und lysosomalen Enzymen, welche durch die funktionsgeschädigte Membran der Zelle in den Extrazellulärraum gelangen und dort makromolekulare Substrate angreifen. Da gleichzeitig die de novo Synthese der Extrazellulärsubstanz blockiert ist, sind Ordnungszustand der extrazellulären Matrix und Wechselwirkung ihrer Baubestandteile aufgehoben. Diese Veränderung der makromolekularen Überstruktur der Extrazellulärsubstanz wird in der Morphologie als „Entmischung" bezeichnet.

Sowohl aus den geschädigten Zellen als auch aus den Makro- und Mikrophagen (S. 409) werden Kinine, Prostaglandine, Histamin, Serotonin, ADP und Polypeptide freigesetzt, die z. T. schmerzauslösend, z. T. gefäßlähmend und Hyperämie induzierend, z. T. kapillarpermeabilitätsfördernd wirken und damit den Einstrom von Blutplasma und Thrombozyten (Blutgerinnung, entzündliche Exsudation) und die Einwanderung weiterer polymorphkerniger Granulozyten und Monozyten („zelluläre Infiltration") fördern. Da einerseits die bei enzymatischer Hydrolyse entstehenden niedermolekularen Spaltprodukte osmotisch wirksam sind und so den Flüssigkeitseinstrom in das Entzündungsgebiet begünstigen, andererseits kollagene Fibrillen der Prädilektionsort für die Fibrinbildung sind, ergibt sich für die Morphologie das Bild der „fibrinoiden Verquellung" kollagener Fasern.

Die bei einer **akuten Entzündung** in der geschädigten Zelle, im Extrazellulärraum und benachbarten Kapillargebiet ablaufenden Veränderungen gibt die nachstehende Abb. in schematischer Form wieder.

Alle Prozesse im Entzündungsgebiet zielen auf eine Umwandlung unlöslichen, zelltoten Materials in lösliche niedermolekulare und diffusible Spaltprodukte bzw. auf eine Beseitigung nicht enzymatisch abbaubarer Zell- und Gewebsbestandteile durch Phagozytose. Diese Vorgänge dienen der Vorbereitung auf die nachfolgende Proliferation des Gewebes im Rahmen der Reparations- und Restitutionsprozesse. Sie sind im Kap. „Wundheilung" beschrieben (S. 415).

Persistiert die Zellschädigung aufgrund wiederholter oder dauernder Einwirkung der Noxe, weil ungenügende oder falsche Abwehrleistungen (Immundefekte, Autoimmunmechanismen) vorliegen, resultiert eine **chronische Entzündung.** Sie ist dadurch gekennzeichnet, daß Entzündungsstoffwechsel (Zellschädigung, Zellmembranpermeabilitätserhöhung mit Austritt lysosomaler Enzyme und Bildung entzündungsfördernder Substanzen) und Reparaturstoffwechsel (S. 415) mit Teilung von Bindegewebszellen, Synthese von Extrazellulärsubstanz und Narbenbildung nebeneinander und gleichzeitig ablaufen.

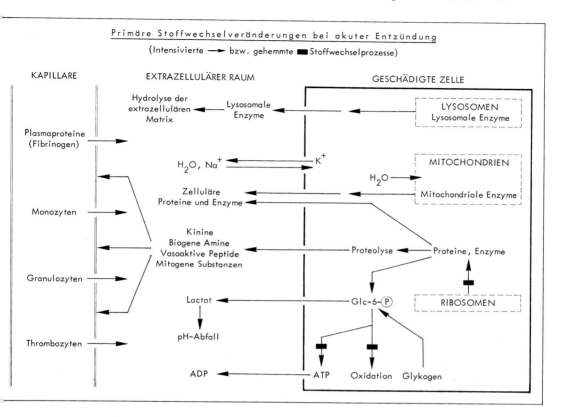

3. Allgemeinreaktionen

Akute entzündungsinduzierende Gewebsschäden rufen nicht nur lokale, auf das Entzündungsgebiet beschränkte Reaktionen hervor, sondern sind – je nach Ausmaß und Schwere der Schädigung – auch von Allgemeinerscheinungen begleitet. Dazu gehören die Erhöhung der Körpertemperatur (Fieber), Leukozytose, Aktivierung der Fibrinolyse und Änderungen in der Zusammensetzung der Blutplasmaproteine. Diese Reaktionen können sowohl durch bakterielle Toxine als auch durch endogene Entzündungsmediatoren hervorgerufen werden.

Im Tiermodell erzeugt z. B. die intraperitoneale Injektion von 1 µg Lipopolysaccharid A (ein aus der Zellwand gramnegativer Bakterien stammendes Endotoxin, Abb. S. 406) innerhalb von 36 Stunden eine dramatische Änderung des Blutplasmaproteinmusters. Dies zeigt sich in einem Anstieg der Konzentration des Fibrinogens, des sauren α_1-Glykoproteins, des α_2-Makroglobulins und des α_1-Antitrypsins. Der Anstieg dieser Blutplasmaproteine ist in besonders hohem Maße mit einer Erhöhung der **Blutkörperchensenkungsgeschwindigkeit** (BKS) korreliert. Zu den Blutplasmaproteinen, deren Konzentrationserhöhung eine Blutkörperchensenkungsbeschleunigung verursacht, gehören auch Caeruloplasmin, IgM, Haptoglobin, das C-reaktive Protein (s. u.), Hämopexin und IgG.

Eine Beschleuniguug der Blutkörperchensenkungsreaktion ist als objektiver Indikator eines krankhaften Prozesses zu werten. Die Schwere des Krankheitsbildes ist allerdings nicht mit dem Ausmaß der Senkungsbeschleunigung korreliert und nicht jeder Krankheitsprozeß führt zu einer beschleunigten Blutkörperchensenkungsreaktion. Die diagnostische Bedeutung der BKS beruht auf ihrer Eigenschaft als unspezifischer aber rascher Suchtest für unerkannte krankhafte Prozesse.

C-reaktives Protein. Das C-reaktive Protein (CRP) ist ein normales Plasmaprotein, das in der Leber gebildet wird und im Serum unter physiologischen Bedingungen in einer Konzentration von etwa 5 mg/l Serum vorhanden ist. Bei entzündlichen Reaktionen des Organismus steigt die Konzentration des CRP regelmäßig auf Werte von 140–330 mg/l Serum an. Der Anstieg der CRP-Konzentration hängt nicht von der Art der Entzündung ab, sondern ist ein unspezifischer Indikator (ähnlich wie die Blutsenkungsgeschwindigkeit), sein diagnostischer Wert besteht jedoch darin, daß ein Anstieg der CRP-Konzentration bei Entzündungsprozessen schneller erfolgt als die Erhöhung der Blutkörperchensenkungsgeschwindigkeit und der Körpertemperatur und auch nach Abklingen des entzündlichen Prozesses zuerst wieder verschwindet. Der Nachweis des C-reaktiven Proteins und die Bestimmung seiner Konzentration dient der allgemeinen Entzündungsdiagnostik und ist ein Gradmesser der Entzündungsaktivität bei verschiedenen Erkrankungen (Rheumatischer Formenkreis, Kollagenosen, Staphylokokken-Infektionen, Nieren- und Lebererkrankungen). CRP, das Komplement-aktivierende Eigenschaften besitzt und die Phagozytose von Bakterien durch körpereigene Zellen anzuregen vermag, besteht aus 6 identischen Untereinheiten (Mol.-Gew. $\approx$ 120 000).

Die Bezeichnung C-reaktives Protein geht auf die Beobachtung zurück, daß das CRP mit dem C-Polysaccharid bestimmter Pneumokokkenstämme in Gegenwart von Ca^{2+} Präzipitate bildet. Das C-reaktive Protein wird als „akute-Phase-Protein" bezeichnet.

Leukozytäre Entzündungsmediatoren. Im Verlauf einer Entzündung werden von Granulozyten zur Einleitung der Wundheilung verschiedene Signalstoffe gebildet und freigesetzt, die jeweils spezifische Funktionen erfüllen:

- **Leukomitogene** regen die Teilung von Knochenmarksstammzellen sowie die Differenzierung und Reifung von Granulozyten an.
- **Leukorekrutine** schleusen Granulozyten aus den Depots des Knochenmarks in den Blutstrom ein.

- **Leukokinesine** variieren die Beweglichkeit und damit die Wanderungsgeschwindigkeit von Leukozyten.
- **Leukotaxine** wirken chemotrop auf Leukozyten und zeigen ihnen damit ihr Zielgebiet an.
- **Angiotropine** lösen Neubildung und gerichtetes Wachstum von Blutgefäßen aus.

III. Wundheilung

Die Wundheilung stellt einen Grenzfall zwischen physiologischer Chemie und Pathobiochemie dar. Als Sonderfall des Wachstums mit Neubildung lebender Substanz gehört sie in den Bereich der physiologischen Chemie, wogegen Gewebsschädigung, Substanzverlust oder die Zusammenhangstrennung eines Gewebes pathologische Ereignisse darstellen.

Definiert man die Wunde als eine mit Substanzverlust verbundene bzw. durch Zellschädigung verursachte Zusammenhangstrennung von Geweben, so kann die Wundheilung als die natürliche Wiederherstellung der geweblichen Kontinuität bezeichnet werden. Die Gewebsschädigung kann durch mechanische, physikalische oder chemische Noxen verursacht oder Folge einer Infektion mit Mikroorganismen sein (s. Kap. Entzündung, S. 405).

Die Wundheilung vollzieht sich in einem mehrphasigen Verlauf und nach zeitlich genau festgelegten Gesetzmäßigkeiten.

Als erste unmittelbare Schutzmaßnahme hat die Abdichtung des verletzten Blutgefäßes und die Regulierung des Blutdrucks den primären Wundverschluß zum Ziel, der über die Aktivierung des Gerinnungssystems und der Fibrinbildung erfolgt (Kap. Hämostase, S. 391). Gleichzeitig werden jedoch Reaktionen in Gang gestzt, die durch Chemotaxis für Trümmerbeseitigung sorgen und durch Anregung der Zellteilung im Wundgebiet schließlich zur Gewebsneubildung (Substitution bzw. Restitution) führen.

1. Thrombozytenaggregation und Blutgerinnung

In der ersten Phase der Wundheilung löst der Kontakt von Blut, das aus dem verletzten Gefäß in das Gewebe eindringt, zwei rasche Reaktionen aus: Die Aggregation von Thrombozyten an Kollagen und die Aktivierung des plasmatischen Gerinnungssystems (S. 392).

Thrombozyten verfügen über eine hohe Tendenz, sich an Kollagen vom Typ III, IV und V anzuheften. Die Kollagentypen I und II sind weniger wirksam bzw. zeigen keine Affinität gegenüber Thrombozyten. Dieser Befund ist bedeutungsvoll, da Thrombozyten bei der Schädigung der Endothelschicht eines Blutgefäßes zunächst mit den subendothelialen Basalmembrankollagenen (Tab. S. 344) in Berührung kommen (Schema).

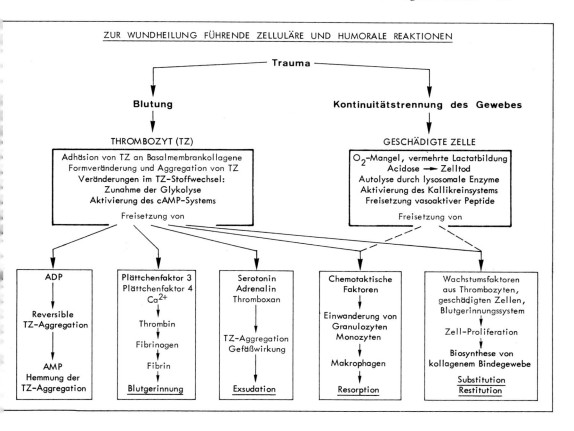

2. Chemotaktische und mitogene Faktoren

Die Anheftung der Thrombozyten an Kollagenfibrillen löst nicht nur eine Formveränderung der Thrombozyten und ihre Aggregation aus, sondern führt auch zu einer deutlichen Stimulation des Stoffwechsels der Thrombozyten und zur Sekretion zahlreicher Faktoren, deren Wirkung für einen regelrechten Ablauf der Wundheilung Voraussetzung ist: Neben dem Plättchenfaktor 3 (ein Lipoprotein mit starker koagulatorischer Wirkung) und dem Plättchenfaktor 4, einem Antiheparin, werden Ca^{2+}, ADP, Serotonin, Adrenalin, Thromboxan und permeabilitätsfördernde Faktoren freigesetzt, die weitere Thrombozyten zur Aggregation veranlassen und durch ihre Gefäßwirkung Vasokonstriktion und Blutstillung, bzw. durch Permeabilitätserhöhung eine Exsudation begünstigen.

Aggregierte Thrombozyten bilden und sezernieren aber auch **chemotaktische Faktoren** und Wachstumsfaktoren. Sie veranlassen Granulozyten – später auch

Monozyten, die sich in Makrophagen umwandeln – aus den angrenzenden Gefäßen in das Wundgebiet einzuwandern. Chemotaktisch wirksame Komponenten des Blutplasmas sind Kallikrein und der Plasminogenaktivator sowie das Fibrinopeptid B, das bei der Umwandlung von Fibrinogen in Fibrin durch Thrombin freigesetzt wird. Die eingewanderten Granulozyten und Makrophagen sorgen für Trümmerbeseitigung und Resorption des geschädigten Gewebes.

Unter dem Einfluß von **Wachstumsfaktoren** kommt es im Wundgebiet zu einer Vermehrung der Fibroblasten. Sie stammen z. T. aus aggregierten Thrombozyten, z. T. aus dem plasmatischen Gerinnungssystem sowie aus Zellen des geschädigten Gewebes. Die Stimulierung des Zellwachstums erfolgt vermutlich durch Proteasen, die spezifische Substrate an der Oberfläche von Fibroblasten angreifen.

Fibronectin. Unter den proteaseempfindlichen Proteinen der Fibroblastenoberflächen scheint das **Fibronectin** besondere Bedeutung zu besitzen, bei dessen proteolytischer Ablösung die Zellen in einen angeregten Zustand und schließlich in Zellteilung übergehen können. Fibronectin wird von den Fibroblasten ständig erzeugt und von ihrer Oberfläche auch an die Umgebung abgegeben. Im Blutplasma ist es in einer Konzentration von 330 mg/l vorhanden und identisch mit dem kälteunlöslichen Globulin. Fibronectin ist ein aus zwei durch Disulfidbrücken verbundene Polypeptidketten bestehendes Molekül (Molekulargewicht etwa 450 000).

Die funktionelle Bedeutung des Fibronectins resultiert aus seiner Fähigkeit zur Bindung an zahlreiche andere Makromoleküle. Dazu zählen Kollagen, Proteoglykane (Glykosaminoglykane) Fibrinogen bzw. Fibrin und Aktin sowie einige Bakterien. Diese Eigenschaften – einschließlich der Fähigkeit zur Bindung an die Zellmembran – sind im Fibronectin in verschiedenen Bindungregionen lokalisiert (Abb.). Die Bindung des Fibronectins an die Zelloberfläche einerseits, auf der es in unlöslicher Form vorliegt, und die Interaktion mit zahlreichen Molekülen der extrazellulären Matrix des Bindegewebes andererseits, begünstigen die Anheftung und Fixierung von Zellen an extrazelluläre Strukturen. Die Bindungsfähigkeit des Fibronectins gegenüber Fibrin vermittelt die Anlagerung von Zellen an Blutgerinnsel und schafft damit die Voraussetzung für die Ansiedlung von Zellen im Wundgebiet, für ihr Überleben und ihre reparativen Syntheseleistungen.

Die Beteiligung des Fibronectins an der Kontrolle der Zellmorphologie wird durch die Tatsache belegt, daß Fibronectin regelmäßiger Oberflächenbestandteil normaler Bindegewebszellen ist, doch an der Oberfläche virustransformierter oder maligne transformierter Zellen (S. 379) fehlt.

An der Phase der Trümmerbeseitigung, die durch enzymatischen Abbau defekter Gewebsstrukturen und Exsudation von Plasmainhaltsbestandteilen in das Wundgebiet gekennzeichnet ist, sind auch die primär geschädigten Zellen des Wundgebiets beteiligt, die ihre lysosomalen (proteolytischen) Enzyme abgeben und zusammen mit der phagozytotischen Aktivität der Granulozyten und Makro-

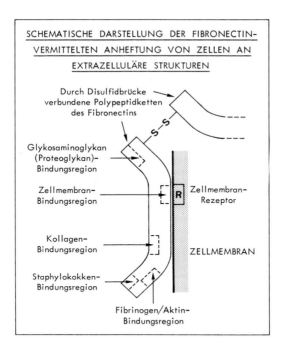

phagen schließlich einen vollständigen enzymatischen Abbau zelltoten Gewebsmaterials herbeiführen.

Ortsständige Mastzellen können ebenfalls Histamin, Serotonin und Leukotriene ausschütten und damit an der reaktiven Vasodilatation während der ersten Phase der Wundheilung beteiligt sein.

3. Bindegewebsneubildung

Die durch Fibroblastenproliferation vorbereiteten Reparationsvorgänge führen zu einer Gewebsregeneration oder — wenn dies nicht möglich ist — zu einer Substitution des verlorengegangenen Gewebes durch ein fibrilläres Bindegewebe („Narbengewebe") und damit zu einer bleibenden Störung der Gewebstextur.

Die Bildung eines kollagenen Bindegewebes ist durch lebhafte Biosynthese der Bestandteile der extrazellulären Matrix durch die Fibroblasten gekennzeichnet. Dabei werden zunächst (nicht näher identifizierte) Glykoproteine synthetisiert, denen in kurzem zeitlichen Abstand eine Biosynthese von Proteoglykanen und Kollagen folgt. Während die Glykoproteine, welche die Bildung kollagener Fibrillen verzögern, nach kurzer Zeit verschwinden, nimmt die Intensität der Proteoglykansynthese kontinuierlich zu, jedoch unter Verschiebung des Proteoglykanverteilungsmusters (Abnahme des Hyaluronat- und Chondroitin-4-sulfatgehalts, Zunahme des Chondroitin-6-sulfat- und Dermatansulfatgehalts). Nach Einsetzen der Kollagenfibrillenbildung wird die Proteoglykansynthese auf ein physiologisches Maß reduziert, während der Kollagengehalt nach Erreichen eines Maximums zwischen dem 20. und 35. Tag konstant bleibt (Abb.).

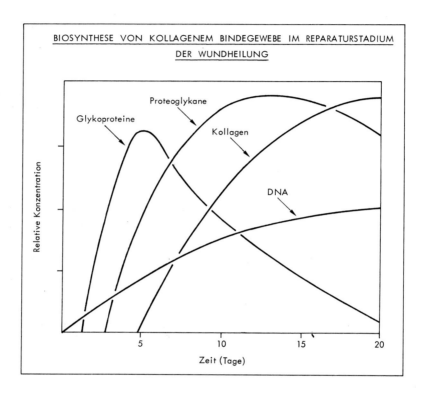

4. Regulation der Wundheilung

Die Wundheilung unterliegt einer Kontrolle durch Hormone und Wirkstoffe. Hormone, die an der Einstellung einer anabolen Stoffwechsellage beteiligt sind (STH, Glucocorticoide, Progesteron, Insulin, Androgene, Östrogene) oder Vitamine, die bei der Bindegewebssynthese direkt (Ascorbinsäure) oder indirekt (Vitamin A) mitwirken, fördern und beschleunigen die Wundheilung, während Vitaminmangelzustände und eine katabole Stoffwechsellage herbeiführende Hormone (hohe Dosen Glucocorticoide oder Schilddrüsenhormone) das Wachstum von Fibroblasten und die Synthese von Kollagen und Proteoglykanen hemmen.

Auch zellspezifische Wirkstoffe, welche die Zellteilung durch Stimulation oder Hemmung regulieren und das Zellwachstum nach Erreichen der vorgegebenen Organform zum Stillstand bringen, sind an der Wundheilung beteiligt. Ein epidermaler **Wachstumsfaktor** (Peptid aus 53 Aminosäuren), der sich aus menschlichem Urin isolieren läßt, aber auch von Thrombozyten und Speicheldrüsen produziert wird, stimuliert die Teilung zahlreicher Zelltypen in der Zellkultur. Der epidermale Wachstumsfaktor ist identisch mit dem Urogastron, das die HCl-Sekretion der Magenschleimhaut stimuliert.

Umgekehrt unterdrücken **Chalone** die Zellteilung. Es sind gewebsspezifische Proteine bzw. Glykoproteine, welche die Zellteilung in der G_1-Phase arretieren und damit einen Eintritt in die S-Phase (DNA-Synthese) verhindern oder die Zellteilung in der G_2-Phase zum Stillstand bringen und damit den Eintritt der Zelle in die Mitose verhindern.

5. Störungen der Wundheilung

Eine überschießende Narbenbildung mit erhöhter Zelldichte, exzessiver Kollagensynthese und Ausbildung wulstförmiger Erhebungen über das Niveau der Epidermis bezeichnet man als **Keloid**. Es liegt eine Regulationsstörung im Kollagenstoffwechsel vor, die durch eine Hemmung des Kollagenabbaus charakterisiert ist. Die von den Granulozyten, Makrophagen und Mesenchymzellen produzierte Kollagenase wird durch eine im Keloidgebiet erhöhte Konzentration von Kollagenaseinhibitoren (α_1-Antitrypsin, α_2-Makroglobulin) gehemmt. Die resultierende Akkumulation von Kollagen ist von einer erhöhten Gewebskonzentration an Proteoglykanen begleitet. Keloide entwickeln sich häufig nach Verbrennungen, Verätzungen oder Impfungen, lassen sich aber durch lokale Anwendung von Glucocorticoiden verhindern.

IV. Immunchemie

1. Mechanismen der Immunabwehr

Höhere Organismen besitzen die Fähigkeit, zwischen körpereigenen Strukturen und nichtkörpereigenen Strukturen zu unterscheiden. Für die Abwehr nichtkörpereigener Strukturen stehen dem Menschen humorale und zelluläre Immunmechanismen zur Verfügung, die z. T. angeboren sind und sich in einer unspezifischen Resistenz ausdrücken (natürliche Immunität), z. T. jedoch streng spezifische Immunreaktionen darstellen, die sich erst nach Kontakt mit einer als nichtkörpereigen erkannten Struktur ausbilden, die ohne Rücksicht auf ihre chemische Konstitution als **Antigen** bezeichnet wird (erworbene Immunität).

Zu den unspezifischen humoralen Immunmechanismen gehören das **Interferon,** das **Lysozym,** das **Komplementsystem** und das **Properdin,** ein Serumprotein, das in der Lage ist, in Gegenwart von Magnesium und Komplement Bakterien und Viren abzutöten. Die angeborenen zellulären Mechanismen der Immunabwehr sind

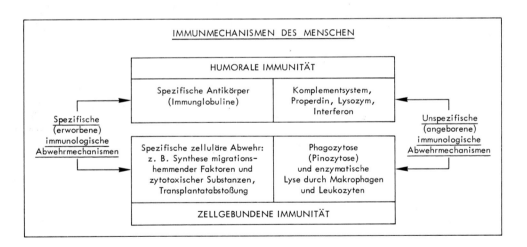

durch die Fähigkeit von Makrophagen und Granulozyten charakterisiert, sich Bakterien oder Partikel durch **Phagozytose** einzuverleiben und durch ihre lysosomalen Enzyme aufzulösen. Makrophagen und Leukozyten sind hierfür mit besonderen „Erkennungsregionen" auf ihrer Zellmembran ausgerüstet. Träger der spezifischen humoralen und zellulären Immunität sind die **B- und T-Lymphozyten.**

2. Homologe und autologe Antigene

Antigene sind Substanzen, die

- spezifische immunologische Abwehrmechanismen (Produktion humoraler Antikörper oder Veränderung der zellulären Reaktivität) induzieren und
- die Fähigkeit haben, mit spezifischen Antikörpern eine Bindung einzugehen.

Beide Eigenschaften sind nicht identisch. Manche Antigene reagieren mit einem Antikörper, sind aber nicht in der Lage, in jedem Fremdorganismus die Antikörperbildung anzuregen. Sie sind nicht „immunogen". Die **Immunogenität** hängt von der Reaktionslage des Organismus ab, während die **Antigenität** lediglich die Fähigkeit zur Reaktion mit Antikörpern beschreibt. Für beide Eigenschaften sind bestimmte Areale der Oberfläche des Antigenmoleküls – sog. Antigendeterminanten – verantwortlich.

Klassifizierung von Antigenen. Je nach Herkunft unterscheidet man verschiedene Antigentypen:

- **Heterologe** (oder xenogene) **Antigene** stammen von einer anderen Species ab (bakterielle Antigene, artfremde Serumproteine oder artfremde Zellen). Als
- **homologe** (allogene) **Antigene** bezeichnet man Antigene der gleichen Species, aber anderer Individuen (Transplantate, Transfusion von artgleichem Blut).
- **Autologe Antigene** sind körpereigene Substanzen, die zur unphysiologischen Antikörperbildung führen (Autoimmunkrankheiten, s. u.).

Homologe Antigene. Die genetische Identität eines Menschen ist durch den Besitz individualspezifischer Antigene determiniert. Sie werden dominant oder rezessiv vererbt und lassen sich in der Zellmembran, im Zytoplasma und im Kern aller Organe und Gewebe nachweisen. Die Antigenmuster zweier Individuen zeigen mehr oder weniger große Unterschiede. Infolge der Vielfalt der Antigene ist eine Übereinstimmung nur bei syngenen Individuen (eineiigen Zwillingen) vorhanden bzw. zu erwarten. Beispiele für homologe Antigene sind die **Blutgruppenantigene,** die sich auf der Zelloberfläche aller Zellen, insbesondere der Erythrozyten nachweisen lassen, und die **Histokompatibilitätsantigene.**

Histokompatibilitätsantigene (HLA-Antigene). Die HLA-Antigene stellen Strukturmerkmale der Zelloberfläche aller bisher untersuchten kernhaltigen Zellen des Menschen dar. Chemisch bestehen die HLA-Antigene aus 2 Polypeptidketten, einer schweren Kette (Molekulargewicht 29000–55000) und einer kleineren Kette (Molekulargewicht 12000), die dem β_2-Mikroglobulin (S. 241, 385) entspricht. Die Gene der HLA-Antigene sind auf dem Chromosom Nr. 6 lokalisiert. In der Formalgenetik des HLA-Systems werden mehrere Antigene unterschieden, deren Bildung vom Locus A, Locus B, Locus C und Locus D/DR (Abb.) gesteuert wird. Die Antigene werden fortlaufend numeriert. Soweit über ihre Zuordnug noch keine endgültige Klarheit herrscht, tragen sie ein W (= workshop) vor der Zahl. Auf den HLA-Loci sind derzeit 60 Allele bekannt. Die HLA-Gene werden als „Major Histokompatibility Complex" (MHC) zusammengefaßt.

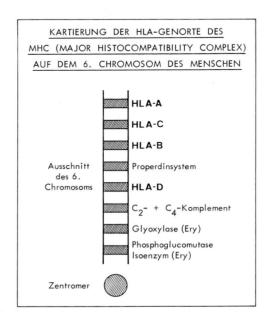

Praktische Bedeutung haben die HLA-Antigene erlangt, weil sie

- Parameter der Transplantationsimmunität, d. h. der Histokompatibilität, darstellen und
- auf das Risiko eines gehäuften Auftretens von Neoplasmen, Autoimmunkrankheiten oder Virusinfektionen hinweisen.

Transplantationsimmunität. Bei der Organtransplantation (z. B. Niere) wird die Spenderauswahl nach den Kriterien der HLA-Kompatibilität vorgenommen. Bei guter Übereinstimmung der mehr als 50 bekannten HLA-Antigene – wie dies z. B. bei Geschwistern der Fall ist – liegen die Überlebensraten bei 90%. Aber auch wenn keine Verwandtschaft zwischen Spender und Empfänger besteht, werden bei Übereinstimmung der HLA-Antigenmuster bessere Ergebnisse erhalten als bei nicht vorhandener oder geringer Übereinstimmung.

Die Histokompatibilität zweier Individuen läßt sich aber auch durch die gemischte Lymphozytenkultur (MLC) feststellen. Kultiviert man die Lymphozyten von potentiellem Spender und Empfänger in einer gemeinsamen Kultur, transformieren sich die Lymphozyten in um so stärkerem Ausmaß zu blastenähnlichen Zellen, je verschiedener die HLA-Antigenmuster der Lymphozyten von Spender und Empfänger sind. Die MLC-Gene liegen auf dem HLA-D/DR Genlocus.

HLA-Antigene und Erkrankungen. Die Assoziation der HLA-Antigene mit bestimmten Erkrankungen bzw. Erkrankungsrisiken stellt ein wichtiges Anwendungsgebiet der Diagnostik dar. Die Zuordnung verschiedener HLA-Spezifitäten zu einzelnen Erkrankungen steht erst im Anfang. Bei allen HLA-Antigen-assoziierten Krankheiten bestehen jedoch eine familiäre Häufung und eine Beteiligung immunologischer Faktoren an der Pathogenese. Die Tabelle gibt einige Beispiele.

Beispiele für die Korrelation zwischen HLA-Antigenen und Erkrankungen

Erkrankung	HLA-Antigen	Häufigkeit (%) bei		Relatives Risiko*
		Patienten	Kontrollen	
Spondylitis ankylopoetika (Bechterew)	B 27	90	7	141
Reiter-Syndrom	B 27	76	6	46
Akute Uveitis anterior	B 27	74	8	30
Myasthenia gravis	B 8	52	24	2,7
Zöliakie	D/DR 3	79	26	10,8
Multiple Sklerose	D/DR 2	59	26	4,1
Psoriasis vulgaris	Cw 6	87	33	13,3

* Das relative Risiko gibt an, wievielmal häufiger die Krankheit in Individuen vorkommt, die das Antigen besitzen, verglichen mit der Häufigkeit von Personen, die es nicht aufweisen.
Relatives Risiko 1,0 bedeutet keine Abweichung von der Norm.

Bisher hat man bei etwa 30 Krankheitsbildern eine direkte Beteiligung eines HLA-Typs (oder mehrerer) feststellen können. Bei weiteren Erkrankungen liegen Hinweise für ein Relation vor. Auch der juvenile Diabetes mellitus ist eine HLA assoziierte Krankheit, bei der die HLA-Typisierung zur Abgrenzung von Risikogruppen verwendet werden kann, da etwa 25% der älteren Geschwister juveniler Diabetiker das HLA D/DR 3 oder 4 aufweisen.

Die HLA-Antigene sind eng verknüpft mit den sog. Immunreaktions-Genen (IR-Gene), die für die Fähigkeit eines Organismus zur Immunreaktion verantwortlich sind.

Autologe Antigene und Autoimmunkrankheiten. Der Kontakt des noch unreifen embryonalen Immunsystems mit körpereigenen Antigenen führt zur Blockierung oder Elimination aller Abwehrmechanismen, die mit körpereigenen Antigenen reagieren könnten, d. h. zur Immuntoleranz gegen körpereigene Strukturen.

Unter dem Prinzip der **Autoimmunisierung** werden Vorgänge zusammengefaßt, bei denen eine Fehlreaktion humoraler oder zellulärer Immunmechanismen im Sinne einer Autoaggression besteht.

Der Autoimmunisierung können verschiedene auslösende Faktoren zugrundeliegen:

- Bei einer pathologischen Reaktivierung von immunkompetenten Elementen – sog. **„Forbidden Clons"** –, die nur während des Embryonallebens aktiv, später jedoch blockiert sind, liegt ein Versagen der immunologischen Selbstkontrolle vor. Hierbei kann der Thymus als übergeordnetes Kontrollorgan beteiligt sein.

- Erhalten körpereigene Antigene, die physiologischerweise außerhalb des immunologisch kontrollierten Raums lokalisiert liegen (z. B. Linsenkapsel, Myelinscheiden der Nerven, Spermatozoen, unlösliches Kollagen der bindegewebigen Grundsubstanzen), Kontakt mit dem Immunsystem, z. B. nach Trauma, so kommt es zur Autoimmunisierung. Solche Antigene werden, wenn sie die natürliche Barriere überwunden haben, als „sequestrierte Antigene" bezeichnet.

- Eine Autoimmunisierung kann sich bei primärer Heterosensibilisierung über eine Kreuzreaktion entwickeln. So können z. B. Antikörper, die gegen die M-Substanz hämolysierender A-Streptokokken gebildet werden und mit ihr reagieren, aufgrund einer biochemischen Verwandtschaft mit antigenen Strukturen des Sarkolemms der Muskulatur ebenfalls eine Bindung eingehen, worauf es zur Schädigung des Herzmuskels kommt.

- Schließlich können sich körpereigene Substanzen unter dem Einfluß exogener und endogener Faktoren so verändern, daß sie „körperfremd" werden und eine Autoimmunreaktion auslösen. Bei Infekten kann z. B. die bakterielle Neuraminidase die terminalen Neuraminsäurereste der Glykoproteine oder Glykolipide der Zellmembran von Erythrozyten abspalten, wobei bisher verdeckte neue Antigenstrukturen (sog. T-Antigene) freigelegt werden. Die dagegen produzierten Antikörper können eine Hämolyse hervorrufen (immunhämolytische Anämien).

Bindet sich ein Hapten an ein zellmembrangebundenes Trägerprotein, so kann der Antikörper, der primär gegen das Hapten gerichtet ist, auch das Trägerprotein schädigen und Zytolyse auslösen. Dieser Vorgang wird als „Haptenisierung" bezeichnet. Als chemisch definierte Haptene können Medikamente oder Gifte fungieren.

Kommt es nach Invasion von Viren zur Integration des Virusgenoms in die DNA der Wirtszelle, können sich an der Zellmembran neue virusspezifische Antigene, sog. Neoantigene, ausbilden (Kap. Malignes Wachstum).

Pathogenese bei Autoimmunreaktionen

Ursache	Beispiele für klinische Manifestation
1. Auftreten verbotener Klone (Thymuserkrankungen, maligne Immunproliferation)	Immunthyreoiditis, immunhämolytische Anämie
2. Freisetzung „sequestrierter Antigene"	Phakogene Uveitis, Azoospermie
3. Gemeinsame Antigene (Kreuzreaktion autologer und heterologer Antigene)	Rheumatische Carditis, Colitis ulcerosa
4. Modifikation körpereigener Strukturen (enzymatische Freilegung verdeckter Antigene) Auftreten neuer Antigene durch „Haptenisierung" Induktion von Neoantigenen nach Virusinfektion	Immunhämolytische Anämie, T-Agglutination mit Hämolyse Entzündliche Organerkrankungen

Die Tabelle zeigt an Beispielen die klinische Manifestation von Autoimmunkrankheiten.

Kollagenosen. Unter dem (umstrittenen) Begriff „Kollagenosen" wird eine Reihe von Erkrankungen zusammengefaßt, die als gemeinsames Merkmal u. a. entzündliche Veränderungen des kollagenen Gefäßbindegewebes aufweisen. Weitere Gemeinsamkeiten bestehen in der Progressionstendenz der entzündlichen Veränderungen, Erhöhung der Körpertemperatur und dem Nachweis humoraler Autoantikörper. Es handelt sich jedoch weder um eine ätiologisch oder pathogenetisch einheitliche Krankheitsgruppe, noch um definierte Störungen des Kollagenstoffwechsels, sondern um Autoimmunkrankheiten, für die vermutlich eine genetische Disposition besteht.

Die nachfolgende tabellarische Aufstellung der Kollagenosen, für die z. T. Unterformen existieren, enthält Angaben über die Antigene, gegen die humorale Autoantikörper nachgewiesen wurden. Die chemische Charakterisierung der beteiligten Gewebsantigene steht noch in den Anfängen.

3. Antikörper

Spezifische Immunsysteme des Menschen. Die Stammzelle des Knochenmarks hat in der Embryonalzeit die Fähigkeit, sich in zwei verschiedene immunkompetente Zellpopulationen zu differenzieren. Unter dem Einfluß des Thymus entstehen die thymusabhängigen Lymphozyten, die sog. **T-Zellen** (T-Lymphozyten), die vor allem für die zellulären Immunreaktionen verantwortlich sind, und die eine hohe Lebensdauer besitzen.

Beispiele für Autoimmunkrankheiten

Autoimmunkrankheit	Antikörper gegen
Immunthyreoiditis, Thyreotoxikose	Mikrosomale Schilddrüsenantigene, Schilddrüsenkolloid
Perniziöse Anämie mit atrophischer Gastritis	Intrinsicfaktor, Mikrosomales Antigen der Belegzellen
Colitis ulcerosa	Zytoplasmatisches Antigen der schleimbildenden Colonzellen
Chronisch aggressive Hepatitis	Leberzellkerne, Leberspezifisches Zellmembranprotein
Myasthenia gravis	Acetylcholinrezeptoren, I-Bande der quergestreiften Muskulatur
Encephalomyelitis disseminata	Basisches Polypeptid des Myelins
Immunhämolytische Anämien	Antigene der Erythrozytenoberfläche
Idiopathische thrombozytopenische Purpura	Thrombozytenantigene
Lupus erythematodes visceralis (Lupus erythematodes disseminatus, L.e.d.)	Native und denaturierte DNA und RNA, Erythrozyten, Organ- und Zellantigene
Sjögren-Syndrom	Speicheldrüsenantigene, Nicht-DNA-Kernantigene
Periarteriitis nodosa	Gefäßantigene (Endothel, Glomeruluskapillaren)
Sklerodermie	Lösliche Kollagenfragmente, Nicht-DNA-Kernantigene
Dermatomyositis	Muskelproteine, Myosin
Goodpasture-Syndrom	Basalmembranen der Nierenglomeruli und Lunge

Die andere Differenzierungsart führt unter dem Einfluß der Mikroumgebung zu den sog. **B-Zellen** (B-Lymphozyten). Die Bezeichnung „B-Zellen" erfolgt, weil bei den Vögeln diese Entwicklung in der Bursa *Fabricii* stattfindet. Diese Zellen können sich in immunkompetente Plasmazellen weiter differenzieren und sind vorzugsweise für die humoralen Immunreaktionen (Antikörperproduktion) verantwortlich.

Bei der Antikörperbildung ist jedoch eine Kooperation der immunkompetenten Zellen notwendig. Ohne Mithilfe der T-Zellen (sog. Helferzellen) vermögen die

B-Zellen im allgemeinen keine spezifischen Antikörper zu bilden. Im Rasterelektronenmikroskop unterscheiden sich B- und T-Zellen dadurch, daß die T-Zellen eine glatte Oberfläche besitzen, während B-Zellen durch zahlreiche handschuhfingerförmige Ausstülpungen der Oberflächenmembran einen wollknäuelartigen Eindruck machen.

T-Lymphozyten. T-Lymphozyten entwickeln nach Kontakt mit dem Antigen – oder mitogener Stimulierung z. B. durch Phytoagglutinine (Lectine, S. 380) – eine zelluläre Immunität, d. h. sie bilden zwar keine humoralen Antikörper, besitzen jedoch fest mit der Zellmembran verankerte antikörperähnliche Proteine mit der Fähigkeit zur spezifischen Erkennung und Bindung von Antigenen. Aufgrund dieser Eigenschaft reagieren T-Zellen, wenn auch meist verzögert, mit dem Antigen. Dieser Typ der verzögerten Immunreaktion ist für die Abstoßung transplantierter Gewebe (bei Homoio- oder Heterotransplantaten) und für die Abwehr von Tumorzellen (S. 382) verantwortlich. Allergische Reaktionen vom verzögerten Typ (S. 434) sind für bestimmte Antigene charakteristisch.

Die nach Antigenstimulation einsetzende Proliferation der T-Lymphozyten ist an die Mitwirkung von T-Zell-Wachstumsfaktoren (Interleucin I und II) gebunden. Das Interleucin I wird von aktivierten Makrophagen abgegeben und regt die T-Lymphozyten zur Produktion von Interleucin II an. Interleucin II reagiert mit spezifischen Interleucin II-Rezeptoren auf der Oberfläche von Effektor-T-Lymphozyten, die durch den Kontakt mit Interleucin II in Proliferation übergehen. Unter der Wirkung von Makrophagen, die sich mit dem Antigen auseinandergesetzt haben, werden im T-Lymphozyten-Pool die immunregulatorisch wirkenden **Helfer- und Suppressorzellen** induziert, die ihrerseits die T- und B-zellgebundenen Effektorfunktionen steuern.

Weitere von T-Zellen freigesetzte Mediatoren sind u. a. chemotaktisch wirksame Substanzen, die Makrophagen und polymorphkernige Leukozyten anlocken, mitogene Substanzen, welche die ortsständigen Zellen zur Proliferation anregen und das γ-Interferon (S. 437).

Als Antwort auf eine Fremdantigen enthaltende Zelle wird die überwachende T-Zelle zum Angreifer und scheidet eine zytotoxische Substanz aus, um den Eindringling abzutöten („Killerzelle"). Weitere spezifische Immunantworten dieser Zellen bestehen in der Bildung und Ausschüttung eines migrationshemmenden Faktors (MIF), der die Mobilität von Makrophagen und die Produktion des Lymphotoxins einschränkt. Am Ort der Antigen-Antikörper-Reaktion kommt es daher zu einer Akkumulation von Makrophagen.

Der Antigenreiz kann in immunkompetenten Zellen ein immunologisches Gedächtnis anregen (Memoryzellen) derart, daß zunächst zwar keine erkennbare Immunantwort erfolgt, die Zelle auf einen erneuten Kontakt mit dem gleichen Antigen jedoch mit einer massiven Immunantwort reagiert (Abb. S. 431).

B-Lymphozyten. Kontakt mit einem Antigen, das u. U. durch eine vorangehende Aufnahme in Makrophagen eine verstärkte Immunogenität erhalten hat („Superantigen"), regt die B-Lymphozyten zur Teilung und Differenzierung in antikörperbildende Plasmazellen an. Die von ihnen produzierten Antikörper werden in die Blutbahn ausgeschüttet (humorale Immunität). Die von den B-Lymphozyten produzierten Antikörper können verschiedene Eigenschaften aufweisen: Sie

- reagieren mit dem homologen, freien bzw. zellgebundenen Antigen unter Präzipitation bzw. Agglutination,
- sind in Abhängigkeit vom Komplement direkt zytotoxisch wirksam,
- reagieren mit antigenen Determinanten der Targetzellen* unter Blockierung, so daß die Determinanten von zytotoxischen Zellen nicht mehr erkannt werden können (blocking factor, enhancement),
- können über Fc-Rezeptoren an andere (keine Antikörper produzierende) Zellen gebunden und damit für diese Zellen zytotoxisch werden, wenn sie Kontakt mit dem Antigen erhalten. Der Fc-Anteil des Antikörpers (s. u.) bildet auch die Bindungsregion für die Komplementkomponente C1.

Struktur der Antikörper. Die von den Plasmazellen gebildeten humoralen (zirkulierenden) Antikörper gehören den γ-Globulinen an. Es ist anzunehmen, daß die γ-Globulinfraktion eine Mischung von mehreren 1000 verschiedenen Antikörpern ist. Aus diesem Grunde werden γ-Globuline auch Immunglobuline (Ig) genannt. Man kennt mehrere Klassen von Ig, die sich durch Molekulargewicht, Sedimentationskonstante, Kohlenhydratgehalt (3–12%), Konzentration im Serum und durch ihre chemische Konstitution unterscheiden (Abb.).

Humane Immunglobulinklassen im Blutserum

Immun-globulintyp	Struktur	Mol. Gew. $\times 10^{+3}$	Kettenkombination (Molekülformel)	Gehalt im Normalserum g/l	Funktion	Halbwertzeit (Tage)
IgG	Y	143–149	$\kappa_2\gamma_2$ oder $\lambda_2\gamma_2$	9–15	antivirale, antibakterielle Antitoxinaktivität, Komplementfixierung, placentarer Transfer, "Spätantikörper"	23
IgA		158–162	$(\kappa_2\alpha_2)_n$ oder $(\lambda_2\alpha_2)_n$	1,4–2,6	lokalisierter Schutz in externen Sekreten (sekretoriales I-Globulin)	5,8
IgM		800–950	$(\kappa_2\mu_2)_5$ oder $(\lambda_2\mu_2)_5$	0,7–1,8	"Frühantikörper", Komplementfixierung, Agglutination, (Autoantikörper, Rheumafaktor)	5,1
IgD	Y	175–180	$\kappa_2\delta_2$ oder $\lambda_2\delta_2$	< 0,03	unbekannt, geringe Antikörperaktivität	2,8
IgE	Y	185–190	$\kappa_2\epsilon_2$ oder $\lambda_2\epsilon_2$	< 0,06	Reaginaktivität, Mastzellfixierung, höhere Titer bei parasitären Infektionen	2,5

* Targetzellen sind die Zellen eines „Zielorgans", die aufgrund des Besitzes von antigenen Determinanten „gezielt" von spezifischen Antikörpern erreicht werden.

Das Strukturprinzip der Ig-Moleküle besteht im Aufbau aus H (Heavy)- und L (Light)-Ketten, die über Disulfidbrücken miteinander verknüpft sind und deren (in der Aminosäuresequenz) variabler Anteil jeweils gemeinsam die Antigenbindungsregion repräsentiert.

Ig-Moleküle (z. B. IgG) lassen sich durch das proteolytische Enzym Papain (pflanzlicher Herkunft) in definierte Spaltprodukte zerlegen (Abb.). Dabei entste-

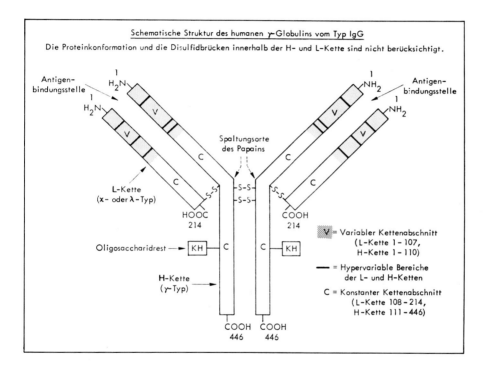

hen Fab-Fragmente (ab = antigenbindend), die noch Antigenbindungsfähigkeit besitzen, jedoch keine Präzipitate mit dem Antigen bilden können, und das Fc-Fragment (c = kristallisierbar). Dieser Befund hat praktische Bedeutung, da er zu der Erkenntnis führte, daß Leukozyten, Thrombozyten, Mastzellen, aber auch andere Körperzellen die Fähigkeit besitzen, den Fc-Anteil des intakten Ig-Moleküls auf ihrer Zelloberfläche fest zu fixieren. Durch diese Antikörperbeladung erhalten die Zellen die Fähigkeit zur Erkennung und spezifischen Bindung von Antigenen.

Die Fähigkeit zur Synthese spezifischer Immunglobuline ist eine erworbene Eigenschaft. Adäquater Reiz ist die nach der Geburt erfolgende Auseinandersetzung mit den Antigenen der Umwelt.

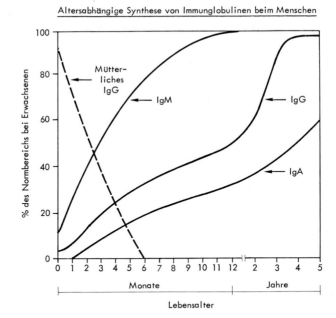

Altersabhängige Synthese von Immunglobulinen beim Menschen

Diagnostische Bedeutung der Immunglobuline. Die Immunglobuline IgG, IgM, IgA sind wichtige diagnostische Parameter. Bereits die Erhöhung einer einzelnen Immunglobulinklasse weist auf akute Prozesse (IgM), auf chronisch entzündliche Erkrankungen (IgG) bzw. auf toxische Schädigung oder allergisch-autoaggressive Vorgänge (IgA) hin.

Die Konstellation der Immunglobuline gibt insbesondere Auskunft über Erkrankungen der Leber, der Niere und des rheumatischen Formenkreises (Tabelle). Auch bei verschiedenen anderen Erkrankungen werden typische Ig-Erhöhungen beobachtet.

Monoklonale Antikörper. Antigene (Immunogene), welche die Bildung von Antikörpern auslösen, besitzen in aller Regel mehrere antigene Determinanten. Folglich sind die vom Wirtsorganismus gebildeten Antikörper polyklonal, d.h. sie bestehen aus einer größeren Gruppe von Antikörpern, die aus verschiedenen Plasmazellklonen stammen und gegen die verschiedenen antigenen Determinanten des applizierten Antikörpers gerichtet sind.

Monoklonale Antikörper, die ausschließlich (oder fast ausschließlich) gegen eine bestimmte antigene Determinante eines Antigens gerichtet sind, treten gelegentlich spontan, z.B. bei Patienten mit chronischer Kälteagglutinin-Krankheit (S. 228) auf. Experimentell lassen sich monoklonale Antikörper durch Fusion immunkompetenter antikörperproduzierender Milzzellen (aus hyperimmunisierten

Diagnostische Bedeutung der Immunglobuline bei Erkrankungen der Leber, Niere und des rheumatischen Formenkreises

	IgA	IgG	IgM
1. Leber			
Akute Hepatitis	N	N	↑↑
Chronische Hepatitis	N	↑	N
Chronisch-persistierende Hepatitis	N	↑	↑↑
Chronisch-aggressive Hepatitis	↑	↑↑	↑↑
Leberzirrhose und toxischer Leberzellschaden	↑↑	N	N
Akute Leberzirrhose	↑↑	N(↑)	↑↑
Primäre biliäre Zirrhose	↑↑	↑	↑↑
Cholangitis	N	N(↑)	↑
2. Niere			
Akute Pyelonephritis	N	N	↑↑
Chronische Pyelonephritis	↑	↑↑	↑↑
Glomerulonephritis	↑↑	↑↑	N(↑)
3. Rheumatischer Formenkreis			
Akutes rheumatisches Fieber	N	N	↑↑
Chronisch rezidivierendes rheumatisches Fieber	↑	↑	↑
Progressiv chronische Polyarthritis (pcP)	↑↑	N	N
Kollagenosen	↑	N	N

Versuchstieren) mit tierischen Myelomzellen gewinnen. Die durch Fusion dieser beiden Zelltypen entstehenden hybriden Zellen – sog. **Hybridome** – produzieren nach Klonierung in der Zellkultur oder nach Übertragung auf ein Versuchstier als Tumorzellen unbegrenzt monoklonale Antikörper, da sie die beiden Eigenschaften der Ausgangszellen miteinander vereinigen: Unsterblichkeit (Myelomzellen) und Fähigkeit zur Antikörperproduktion (Milzzellen). Die Bedeutung monoklonaler Antikörper für die medizinische Diagnostik liegt in der Tatsache, daß sie als „molekulare Sonden" antigene Strukturen mit hoher Spezifität erfassen und lokalisieren können. Dies gilt z.B. für den Nachweis von Tumorantigenen und die damit mögliche Klassifizierung von Tumoren, die differenzierte Analyse von Viren und Parasitenantigenen und die verbesserte Spezifität des Radioimmunassay (S. 138) und des Enzymimmunassay (S. 19).

Paraproteinämien. Paraproteinämien (Kap. Proteine und Aminosäuren, S. 48) entstehen durch maligne Transformation und unkontrollierte Vermehrung einer immunkompetenten Zelle bzw. eines Zellklons und werden deshalb (nach einem Vorschlag von Waldenström) als „monoklonale Gammopathien" bezeichnet. Die von diesen Zellklonen gebildeten Paraproteine haben den Charakter von monoklonalen Antikörpern (s.o.) und zeigen im Prinzip denselben strukturellen Aufbau wie die normalen Immunglobuline.

IgG-, IgA-, IgD- und IgE-Paraproteinämien sowie das Bence-Jones-Protein kommen hauptsächlich bei Plasmazytom, die IgM-Paraproteinämie bei **Makroglobulinämie Waldenström** und **Kälteagglutininkrankheit** und die isolierten H- bzw. Fc-Fragmente bei der sog. „**Schwereketten-Krankheit**" vor.

Auch Fälle von di-, tri- und multiklonalen Gammopathien sind beschrieben (s. Kap. Proteine und Aminosäuren, S. 48).

Amyloidose. Ohne erkennbare Vorerkrankung oder aber nach chronischen Infektionskrankheiten kann es in der Niere, im Herzmuskel, im Verdauungstrakt und in der Leber aber auch in allen anderen Organen zur Ablagerung eines fibrillären Proteins — des **Amyloids** — kommen. Dabei handelt es sich um Aggregate von Immunglobulin-Fragmenten — vorzugsweise der variablen Teile der L-Ketten vom λ-Typ, die als atypische, unter Wirkung von Proteasen entstandene Spaltprodukte der Immunglobuline anzusehen sind. Die Fibrillenbildung kommt durch Wechselwirkung der Immunglobulinfragmente untereinander zustande. Neben den Immunglobulinfragmenten können auch ganze Ketten und bislang nicht vollständig charakterisierte Glykoproteine an der Bildung des Amyloids beteiligt sein.

4. Immunkrankheiten

Die Komplexität des menschlichen Immunsystems spiegelt sich in zahlreichen Störungen und den daraus resultierenden Erkrankungen wider. Sie können angeboren oder erworben sein und das B- oder T-Zell-System betreffen, aber auch in kombinierten Defekten bestehen.

Primäre (angeborene) **Immundefekte.** Die Tabelle gibt die von der WHO empfohlene Klassifizierung primärer Immundefekte wieder. Besonderheiten (z. B. Ataxie, Thrombozytopenie, Ekzeme, Zwergwuchs) sind aus der Terminologie der Immundefekte ersichtlich.

Die Lokalisation primärer Immundefekte ist an einigen Beispielen schematisch dargestellt:

Die klinische Symptomatik der Immundefekte ist durch gestörte humorale und/oder zelluläre immunologische Reaktion gekennzeichnet. Erhöhte Infektanfälligkeit gegenüber Bakterien (humorale Immundefekte) bzw. Viren und Pilzen (zelluläre Immundefekte) sind charakteristisch, rekurrierende Infekte des Respirations- und Intestinaltrakts häufig.

Die in der Tabelle aufgeführten Immundefekte lassen sich aufgrund immunologischer, morphologischer und genetischer Kriterien definieren, die Diagnose erfolgt jedoch unter Einbeziehung zahlreicher Laboruntersuchungen (Zytohämag-

Klassifizierung primärer Immundefekte

1. Humorale Immundefektzustände (B-Zell-Defekte)
Infantile X-chromosomale Agammaglobulinämie (Bruton)
Selektiver Immunglobulin-A-Mangel
Selektiver Immunglobulin-E-Mangel
Transitorische Hypogammaglobulinämie des Kleinkindes
X-chromosomaler Immundefekt mit Hyper-IgM-Globulinämie

2. Zelluläre Immundefektzustände (T-Zell-Defekte)
Thymushypoplasie (Nezelof-Syndrom)
Thymushypoplasie und Hypoplasie der Nebenschilddrüse (Di George-Syndrom)
Episodische Lymphopenie mit Lymphozytotoxin

3. Kombinierte T- und B-Zelldefekte (z.T. auch Stammzelldefekte)
Immundefekt mit Normo- oder Hyperimmunoglobulinämie
Immundefekt bei Ataxia teleangiectasia
Immundefekt mit Thrombozytopenie und Ekzem (Wiscott-Aldrich-Syndrom)
Immundefekt mit Thymom
Immundefekt mit kurzgliedrigem Zwergwuchs
Immundefekt mit generalisierter hämopoetischer Hypoplasie
Schwere kombinierte Immundefekte (autosomal rezessiv, x-chromosomal, sporadisch)
Kombinierter Immundefekt mit Adenosin-Desaminasemangel
Variabler Immundefekt (nicht klassifizierbar, häufig)

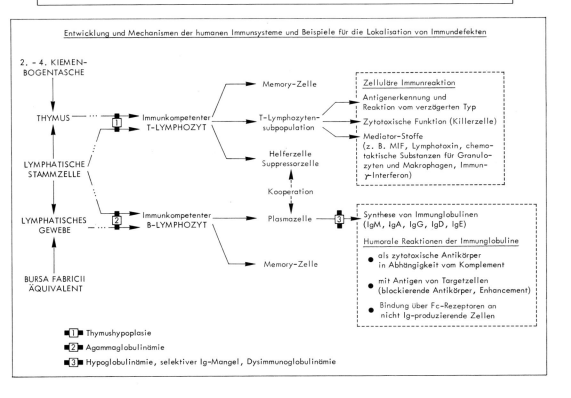

Entwicklung und Mechanismen der humanen Immunsysteme und Beispiele für die Lokalisation von Immundefekten

glutination, Stimulation der Lymphozyten, gemischte Lymphozytenkultur (MCL, Mixed Lymphocyte Culture), da eine Differenzierung allein nach klinischen Kriterien nicht möglich ist.

Allerdings läßt sich der weitaus größere Teil der Patienten mit Immundefektsyndromen nicht einem bestimmten Defekt zuordnen, sondern bildet eine heterogene Gruppe, die sich einer klaren nosologischen Zuordnung entzieht.

Bei Immundefekten besteht ein erhöhtes Risiko für rheumatische Arthritis und Kollagenosen (S. 423), aber auch für lymphatische Leukämie und maligne Lymphome. Die Zusammenhänge sind noch hypothetisch (Kap. Malignes Wachstum, S. 382).

Sekundärer Mangel an Immunglobulinen. Erworbene immunologische Defektsyndrome manifestieren sich z. T. in schwerer Form bei malignen Erkrankungen (insbesondere bei malignen Systemerkrankungen und hämatologischen Erkrankungen), bei renalen oder enteralen Eiweißverlustsyndromen oder Verbrennungen, bei Proteinmangelernährung und nach Milzentfernung. Immundefekte können auch durch therapeutische Maßnahmen (langfristige Verabfolgung von Steroidhormonen, immunsuppressiv-wirksame Medikamente, Zytostatika) ausgelöst werden (Tabelle).

Erworbene Immundefekte
+ deutlicher Defekt, (+) verminderte Immunität, − kein Defekt

Erkrankung	Humorale Immunität	Zelluläre Immunität	Phagozytose
Hodgkin-Erkrankung	(+)	+	−
Leukosen akute lymphatische	−	−	+
akute myeloische	−	−	+
chronisch myeloische	−	−	+
chronisch lymphatische	+	+	−
Multiples Myelom	+	−	−
Exsudative Enteropathie	+	selten (+)	−
Nephrotisches Syndrom	+	−	−
Verbrennungen	+	+	+
Kwashiorkor	−	+	−
Splenektomie	+	−	−
Sarkoidose	−	+	−

Graft-versus-host-Reaktion (GVH-Reaktion). Werden immunkompetente Zellen eines Spenders auf einen allogenen immuntoleranten Empfänger übertragen, so erkennen die immunkompetenten Zellen Antigene des allogenen Empfängers, und es kommt zu einer Antikörperproduktion der transplantierten Zellen (Graft) gegen den Wirt (Host). Die GVH-Reaktion führt zu Wachstumsstillstand, Milzvergrößerung, hämolytischer Anämie, Diarrhoen und Kachexie. Beim Menschen wird die GVH-Reaktion nach Behandlung von Immundefekten durch Übertragung von immunkompetenten Knochenmarkszellen beobachtet. Je größer dabei der Unterschied der HLA-Antigene ist, um so stärker ist die GVH-Reaktion.

Allergische Reaktionen. Allergie ist ein Zustand gesteigerter Reaktionfähigkeit bzw. spezifischer Überempfindlichkeit, der nach Erstkontakt mit einem Antigen („Sensibilisierung") durch Bildung spezifischer Antikörper entsteht. In diesem Zustand kann die spätere Exposition gegenüber dem gleichen Antigen schädliche Folgen haben und zur Allergie (Anaphylaxie) führen. Die allergische Reaktion wird durch Reaktion des Antigens mit freien oder zellgebundenen Antikörpern ausgelöst und kann akut (Sofortreaktion) oder später (verzögerte Reaktion) eintreten.

An der **anaphylaktischen Sofortreaktion** vom „Reagintyp" (Typ I), die 20–30 Min. nach Antigenkontakt einsetzt, sind Immunglobuline der Klasse E (Tabelle S. 426) beteiligt. Die IgE-Moleküle können mit ihrem Fc-Stück eine feste und spezifische Bindung an die Membran von Mastzellen eingehen. Auf die Reaktion des Antigens mit dem oberflächenfixierten IgE-Molekül antwortet die Mastzelle mit einer massiven Ausschüttung von Histamin, Serotonin, Heparin und den Leukotrienen (S. 199), die eine langsame Kontraktion der glatten Muskulatur bewirken. Außer an Mastzellen können sich IgE-Moleküle auch an Leukozyten und Thrombozyten anlagern.

Die Freisetzung der Mediatorsubstanzen erklärt die Symptomatik der anaphylaktischen Reaktion, die lokal (z. B. Konstriktion der Bronchialmuskulatur → allergisches Bronchialasthma bei Überempfindlichkeit gegen Pollen, Hausstaub u. a.) oder generalisiert (z. B. nach intravenöser Antigengabe) auftreten und dann zu tödlichem Kreislaufschock führen kann.

Bei Überempfindlichkeitsreaktion vom zytotoxischen Typ – Typ II-Reaktionen – beladen sich antigentragende Zellen mit dem korrespondierenden Antikörper. Werden solche Zellen an dem Fc-Fragment oder nach Bindung von Komplement von Makrophagen erkannt, können sie phagozytiert werden oder einer antikörperbedingten Zytolyse unterliegen. Auf solchen Reaktionen beruhen eine Reihe Immunkrankheiten (z. B. Hashimoto-Thyreoiditis, Goodpasture-Syndrom) sowie immunologisch bedingte Transfusionszwischenfälle, arzneimittelbedingte Hämolysen, Thrombozytopenie und Granulozytopenie.

Bei der **Sofortreaktion vom Arthustyp** (Typ III), die etwas verzögert erst nach 2—3 h einsetzt, kommt es zur intravasalen Bildung von — infolge Antigenüberschuß — löslichen Antigen-Antikörper-Komplexen. Sie gelangen durch die Gefäßwand an die Elastica interna der Gefäße oder die Basalmembran der Nierenglomeruli und lösen eine Komplementaktivierung aus, die wiederum zu Permeabilitätserhöhung, Ödembildung und Vasodilatation führt, aber auch eine chemotaktische Anlockung polymorphkerniger Leukozyten bewirkt. In diese Kategorie allergischer Reaktionen gehört die **Serumkrankheit,** die auftritt, wenn größere Mengen eines heterologen Serums (nach früherem Erstkontakt) appliziert werden. Über den gleichen Mechanismus kann auch die tierexperimentelle Immunkomplex-Nephrits — ein häufig benutztes Modell für die Glomerulonephritis — ausgelöst werden.

Bei der **Reaktion vom verzögerten Typ** (Typ IV) handelt es sich nicht um eine Reaktion humoraler Antikörper mit einem Antigen, sondern um ein Phänomen der zellvermittelten Immunität. Allergische Reaktionen vom verzögerten Typ werden bevorzugt von bestimmten Antigenen gegeben. Die klassische Reaktion vom verzögerten Typ ist die **Tuberkulinreaktion,** die sich bei einer Infektion mit *Mycobacterium tuberculosis* ausbildet und nach intrakutaner Injektion abgetöteter Mykobakterien oder von Tuberkulin erst nach 24—48 h ihr Maximum erreicht.

Allergische Reaktionen vom verzögerten Typ werden jedoch auch nach Infektionen mit Brucellose-, Lepraerregern, zahlreichen Viren (z. B. Mumps, Psittakose) und bei Mykosen (z. B. Candidiasis) beobachtet, können aber ebenso durch niedermolekulare Substanzen ausgelöst werden (z. B. durch Dinitrochlorbenzol (DNCB), Pikrylchlorid, Chromate, Nickelsalze), die bei perkutaner Exposition zum Kontaktekzem führen.

Sensibilisierte T-Lymphozyten wandeln sich beim Kontakt mit dem Antigen in lymphoblastenartige Zellen um (sog. Lymphozytentransformation) und beginnen sich mitotisch zu teilen. Die DNA-Synthese ist durch Einbau von ^{3}H-Thymidin meßbar. Die lokale entzündliche Reaktion wird durch die von den T-Lymphozyten bei Antigenkontakt freigesetzten Faktoren (S. 425, Abb. S. 431) in Gang gesetzt und unterhalten. Die Bedeutung einer Allergie vom verzögerten Typ für den Krankheitsverlauf ist jedoch noch unklar.

Die Immunreaktion vom verzögerten Typ kann passiv nicht nur durch sensibilisierte Lymphozyten, sondern auch durch den **Transferfaktor** übertragen werden. Der Transferfaktor, der sich aus Lymphozyten immunisierter Personen isolieren und reinigen läßt, ist eine niedermolekulare (dialysable) Substanz mit einem Mol.-Gew. von < 1000. Er besitzt weder Antigen- noch Antikörpereigenschaften und wird durch DNA-ase- und RNA-ase-Behandlung nicht zerstört, ist jedoch thermolabil und durch Pronase (bakterielle Protease) inaktivierbar.

5. Komplementsystem

Der durch die Reaktion eines Antigens mit einem spezifischen Antikörper und Bildung eines Antigen-Antikörper-Komplexes eingeleitete Immunprozeß löst eine Reihe unspezifischer Folgeerscheinungen aus, bei denen das Komplementsystem – ein aus Blutplasmaproteinen bestehendes Mehrkomponentensystem – eine wichtige Rolle spielt. Das Komplementsystem besteht aus 9 funktionellen Einheiten bzw. 11 verschiedenen Serumproteinen der Globulinklasse, deren Nomenklatur und Reihenfolge ihrer sequentiellen Reaktion auf der folgenden Tabelle und dem Reaktionsschema wiedergegeben sind.

Eigenschaften von Komplementproteinen aus menschlichem Serum

Komplement-Komponente	Elektrophoret. Beweglichkeit	Mol.-Gew. $\times 10^{-3}$	Konzentration im Serum mg/dl	Zahl der Untereinheiten
C1q	γ	400	10–25	18
C1r	β	180		2
C1s	α_2	86	2–4	1
C4	β_1	206	20–50	3
C2	β_2	117	1–3	
C3	β_1	180	150–170	2
C5	β_1	180	4–15	2
C6	β_2	110	1–7	1
C7	β_2	100	5–6	1
C8	γ	163	6–8	3
C9	α_2	79	0,1–1,0	

Die Auslösung des Komplementsystems beginnt mit der Bindung eines Antikörpers vom Typ IgG oder IgM an ein lösliches Antigen oder ein auf der Oberfläche einer Zelle lokalisiertes Antigen (Erythrozyten, Tumorzellen, Bakterien). In einer Serie hintereinander geschalteter Reaktionen der verschiedenen Komponenten des Komplementsystems entstehen Zwischen- bzw. Reaktionsprodukte mit vielfältigen Wirkungen: Erhöhung der Gefäßpermeabilität, Chemotaxis für polymorphkernige Leukozyten bzw. Thrombozyten, vermehrte Phagozytose der angegriffenen Zellen durch polymorphkernige Leukozyten bzw. Makrophagen und schließlich die Produktion eines Defekts in der Membran der antigentragenden Zellen, die mit osmotischer Lyse und Zelltod reagieren.

Ein Teil der an der Komplementreaktion beteiligten Faktoren hat Enzymaktivität (z. B. das aus drei Untereinheiten bestehende C 1, das Esteraseaktivität besitzt) oder erhält durch Einwirkung anderer Komplementfaktoren Enzymaktivität (Proteaseaktivität des 4-2-Komplexes = C 3-Konvertase).

Die C 3-Komponente nimmt im Komplementsystem eine zentrale Position ein: Ihre Aktivierung durch C 4-2 führt zur Spaltung in die Bruchstücke 3a und 3b. Während 3a als Anaphylatoxin zur Histaminfreisetzung und Steigerung der Gefäßpermeabilität mit Ödembildung führt, bleibt 3b membrangebunden und begünstigt die Phagozytose der Antigen-Antikörper-Komplex-beladenen Zellen („Opsonierung") durch Anlockung von Makrophagen (Chemotaxis) sowie ihre Agglutination („Immunadhärenz").

Die proteolytische Spaltung der C 3-Komponente kann jedoch auch antikörperunabhängig durch Endotoxine (Lipopolysaccharide aus der Zellwand gramnegativer Bakterien), Zymosan (Rohextrakte aus Hefezellwänden) oder durch Proteasen selbst (z. B. Trypsin, Plasmin, Gewebsproteasen) ausgelöst werden und damit das Gesamtkomplementsystem in Gang setzen (Schema).

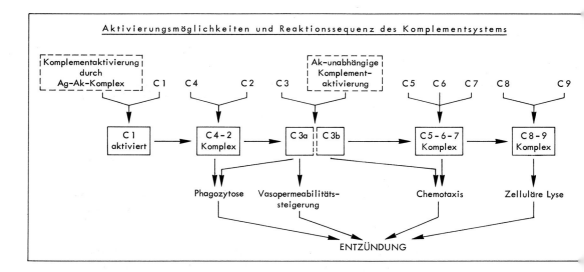

Die Wirkung des Komplementsystems auf die Zellmembran wird durch die Bildung eines makromolekularen Komplexes aus C 6–7 und 5 ausgelöst, der sich mit C 8 verbindet, und dessen Wirksamkeit durch Zugabe von C 9 gesteigert wird. Als sichtbarer Effekt treten elektronenmikroskopisch nachweisbare Löcher bzw. Blasen der Zellmembran mit einem Durchmesser von 10 nm auf.

Die klinische Bedeutung des Komplementsystems liegt in der Tatsache, daß eine gesteigerte Aktivierung zu lokalisierter oder generalisierter Anhäufung von wirksamen Reaktionsprodukten des Komplementsystems führt und damit krankheitsauslösend oder -unterhaltend wirkt*. Dies gilt z. B. für die **Serumkrankheit**

* Die Reaktionsprodukte des Komplementsystems wurden früher als „Anaphylatoxin" bezeichnet.

(S. 434), für **immunhämolytische Anämien** (S. 424), für die rheumatoide Arthritis (S. 360), den Lupus erythematodes sowie die akute und chronische Glomerulonephritis.

Das Komplementsystem wird in seiner Aktivität durch verschiedene im Blutplasma vorhandene Inhibitoren kontrolliert. Das Fehlen solcher Inhibitoren kann Ursache vererbbarer Krankheiten sein. So ist z. B. das **hereditäre Angioödem** durch einen Defekt des Inhibitors für C1 bedingt (Tabelle, S. 57).

Auch das Fehlen bestimmter Komplementkomponenten, sei es auf genetischer Grundlage oder durch gesteigerten Verbrauch, kann zu bestimmten Krankheiten führen. Eine **Steigerung der Infektanfälligkeit** wurde für eine Form von C3-Hyperkatabolismus sowie für ein abnormes C5 beschrieben.

6. Interferon

Virus-infizierte (oder auf andere Weise stimulierte) Zellkulturen produzieren ein lösliches Protein — das Interferon — das antivirale, antiproliferative und immunregulatorische Effekte entfaltet. Die verschiedenen Interferontypen sind durch unterschiedliche Herkunftszellen charakterisiert:

- α-**Interferon** wird von Leukozyten unter Virusstimulation gebildet,
- β-**Interferon** wird von Fibroblasten unter Stimulation von Viren oder synthetischer RNA gebildet
- γ-**Interferon** wird von Lymphozyten nach Stimulation mit Mitogenen oder Antigenen synthetisiert. γ-Interferon wurde früher als „Immuninterferon" bezeichnet.

Beim Menschen ist das α- und β-Interferongen auf dem 9. Chromosom lokalisiert. Die in *E. coli* zur Expression gebrachten menschlichen Interferongene liefern Genprodukte mit 166 Aminosäuren.

Wirkungsprinzipien der Interferone:

- **Antiviraler Effekt.** Nach Virusbefall einer Zelle wird eine spezifische mRNA gebildet, mit deren Hilfe die Zelle innerhalb von 1–3 Stunden Interferon synthetisiert. Nach 4–12 Stunden gelangt das Interferon aus der Zelle und kann durch rezeptorvermittelte endozytotische Aufnahme von nichtinfizierten Zellen aufgenommen werden und vermag hier sowohl die Transkription viraler Nucleinsäuren als auch deren Translation in virale Proteine zu inhibieren, so daß die Zelle gegen Befall mit Viren resistent wird (Abb.).
- **Antiproliferative Wirkung.** Die zytostatische Wirkung des Interferons beruht auf seiner Fähigkeit, wachstumshemmend auf Zellen zu wirken. Dies läßt sich

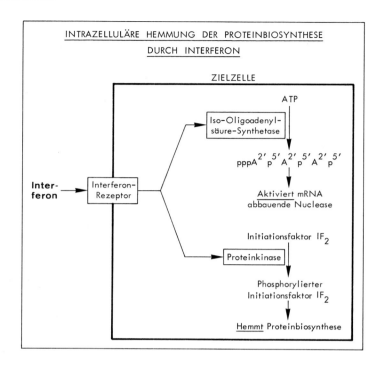

an normalen Zellen, z. B. des lymphatischen Systems nachweisen. Es gibt jedoch auch resistente Zellinien – speziell bei Lymphoblastomen, während umgekehrt z. B. Osteosarkome niemals resistent gegen Interferon sind. Der antiproliferative Mechanismus ist noch nicht im Detail geklärt.
- **Immunregulatorische Wirkungen.** Die Wirkung des Interferons auf Immunsuppression und Immunstimulation ist komplexer Natur. Neben einem immunsuppressiven Einfluß, der im Tierexperiment z. B. Transplantatabstoßungsreaktionen verhindert, besitzt Interferon auch die Fähigkeit, die Aktivität der „Killer-Zellen" (S. 425) gegenüber verschiedenen Zielzellen zu verstärken. Diese Fähigkeit kann zur direkten zytotoxischen Reaktion auf maligne Zellen beitragen.
- **Multifaktorielle antitumorale Wirkung.** Die Antitumorwirkung der Interferone ergeben sich einmal aus ihrem direkten antiproliferativen Effekt auf Tumorzellen und zum anderen indirekt durch Aktivierung und Rekrutierung zytotoxischer Killer-Zellen.

Therapeutische Anwendungen von Interferon. Bei Viruserkrankungen der Hornhaut des Auges durch Herpes simplex-Viren kann eine lokale bzw. systemische Applikation von Interferon den Krankheitsverlauf mitigieren. Auch die Generalisierung einer Herpes zoster-Infektion läßt sich verhindern, wenn Interferon prophylaktisch gegeben wird. Dagegen sind die Auswirkungen der Interferontherapie auf Hepatitisviren, vor allem bei der chronisch-aktiven B-Hepatitis umstritten.

Bei neoplastischen Erkrankungen (u. a. Plasmozytom, akute und chronische Leukämie, Lymphome, Osteosarkome) wurden in einzelnen Fällen Remissionen erzielt, denen allerdings, soweit Verlaufsangaben vorliegen, stets Rezidive folgten. Interferon könnte vor allem als adjuvante Therapie nach konventioneller Tumorreduktion eingesetzt bzw. bei umschriebenen Läsionen lokal appliziert werden.

7. Immunsuppression und Immuntoleranz

Die Herstellung einer **Immuntoleranz,** d. h. eines Zustandes, in dem gegen ein Antigen keine Antikörper mehr gebildet werden bzw. die spezifischen Reaktionen einer zellulären Immunantwort ausbleiben, wird aus klinischer Indikation zur Verhinderung einer Transplantatabstoßung oder zur Ausschaltung pathogener Immunreaktionen bei Autoimmunerkrankungen angestrebt, läßt sich jedoch nicht vollständig erreichen. Dagegen ist eine **Immunsuppression** bei alternativer oder kombinierter Anwendung folgender Maßnahmen möglich.

- Glucocorticoide und Zytostatika, die die Proteinbiosynthese bzw. Nucleinsäurebiosynthese inhibieren, hemmen auch die Immunglobulinbiosynthese bzw. zelluläre Immunreaktionen.
- Unter der Wirkung ionisierender Strahlen entstehen in wäßriger Lösung aus Wassermolekülen Hydroxyl- bzw. Perhydroxylradikale und H-Atome. Die Radikale reagieren mit zahlreichen Zellbestandteilen (z. B. Nucleinsäuren) unter Zerstörung ihrer Struktur. Bei Einwirkung auf das lymphatische System führt dies zu einer Reduktion spezifischer Immunantworten.
- Antilymphozytenserum, das durch heterologe Immunisierung mit menschlichen Lymphozyten gewonnen und von agglutinierenden und zytotoxischen Substanzen befreit wird, zeigt einen inhibierenden Effekt auf immunkompetente menschliche Lymphozyten.
- Operative Entfernung lymphatischer Gewebe oder Zellen (Thymektomie, Splenektomie).

Die immunologische Reaktionsfähigkeit des Menschen gegenüber verschiedenen Antigenen ist individuell verschieden und altersabhängig. Die Entwicklung des Immunitätssystems beginnt im Foetalleben, ist jedoch dort nur schwach ausgeprägt und steigert sich erst nach der Geburt unter dem Einfluß des Antigenreizes der Umwelt (Abb. S. 428). Der Kontakt mit einem Antigen während des Foetallebens kann zur **Immuntoleranz** führen, d. h. daß dieses Antigen während des ganzen Lebens als körpereigen anerkannt wird und damit den Charakter eines Antigens verloren hat.

Bibliographie

Das nachstehende Verzeichnis enthält meist neuere – vorwiegend deutschsprachige – Monographien, Handbuchartikel und Übersichtsarbeiten, die den Zugang zur Primärliteratur vermitteln sollen, jedoch keine vollständige Übersicht geben. Die Schrifttumsnachweise sind nach Kapiteln und chronologisch geordnet.

Lehrbücher der Pathophysiologie, Pathobiochemie und Klinischen Chemie

Curtis, H. Ch. and M. Roth (eds.), Clinical Biochemistry, Principles and Methods (Vol. I and II), de Gruyter, Berlin, 1974

Engelhardt, A., Klinische Chemie und Laboratoriumsdiagnostik, Schattauer, Stuttgart, 1974

Mehnert, H. und H. Förster, Stoffwechselkrankheiten (2. Aufl.), Thieme, Stuttgart, 1975

Prellwitz, W., Klinisch-chemische Diagnostik (2. Aufl.), Thieme, Stuttgart, 1976

Müller, G., Klinische Biochemie und Laboratoriumsdiagnostik, VEB Fischer, Jena, 1977

Rick, W., Klinische Chemie und Mikroskopie (5. Aufl.), Springer, Berlin, 1979

Bock, H. E., W. Kaufmann und G.-W. Löhr, Pathophysiologie (2. Aufl.), Thieme, Stuttgart, 1981

Bühlmann, A. A. und E. R. Froesch, Pathophysiologie (4. Aufl.), Springer, Berlin, 1981

Karlson, P., W. Gerok und W. Groß, Pathobiochemie (2. Aufl.), Thieme, Stuttgart, 1982

Siegenthaler, W. (Hrsg.), Klinische Pathophysiologie (5. Aufl.), Thieme, Stuttgart, 1982

Smith, L. H. and S. O. Thier (eds.), Pathophysiology, Saunders, Philadelphia, 1982

Stanbury, J. B., J. B. Wyngaarden and D. S. Fredrickson, J. L. Goldstein, M. S. Brown (eds.), The metabolic basis of inherited disease (5. ed.), McGraw Hill, New York, 1983

A I. Enzyme

Boyer, P. D. (ed.), The Enzymes (Vol. I bis VIII), Academic Press, New York, 1970–1973

Bergmeyer, H. U. (Hrsg.), Methoden der enzymatischen Analyse (Bd. I und II, 3. Aufl.), Verlag Chemie, Weinheim, 1974

Bergmeyer, H. U. (Hrsg.), Grundlagen der enzymatischen Analyse, Verlag Chemie, Weinheim, 1977

Enzyme Nomenclature, Recommendations of the Commission on Biochemical Nomenclature on the Nomenclature and Classification of Enzymes, Academic Press, New York, 1979

Adolph, L. and R. Lorenz, Enzyme Diagnosis in Diseases of the Heart, Liver and Pancreas, Karger, Basel, 1982

A II. Nucleinsäuren

Mertz, D. P., Gicht – Grundlagen, Klinik und Therapie (2. Aufl.), Thieme, Stuttgart, 1973

Harris, H., Biochemische Grundlagen der Humangenetik, Akademie-Verlag, Berlin, 1974

Kersten, H. and W. Kersten, Inhibitors of Nucleic Acid Synthesis, Springer, Berlin, 1974

Korfmacher, I. und N. Zöllner, Gicht – lebenslange Behandlung unerläßlich. Dtsch. Ärztebl. **17,** 1221 (1974)

Harbers, E. Nucleinsäuren (2. Aufl.), Thieme, Stuttgart, 1975

Watson, J. B., Molecular Biology of the Gene (3. ed.), W. A. Benjamin, New York, 1975

Lenz, W., Medizinische Genetik (3. Aufl.), Thieme, Stuttgart, 1976

Murken, J. D. und H. Cleve, Humangenetik (2. Aufl.), Enke, Stuttgart, 1977

Laskowski, W., Biologische Strahlenschäden und ihre Reparatur, de Gruyter, Berlin, New York, 1981

Traupe, H., R. Happle und M. A. Kim, DNA-Reparatur bei Xeroderma pigmentosum, Fortschr. Med. **99,** 212 (1981)

A III. Proteine und Aminosäuren

Nythan, W. L. (ed.) Amino Acid Metabolism and Genetic Variation, McGraw-Hill, New York, 1967

Nythan, W., Heritable Disorders of Amino Acid Metabolism, J. Wiley, New York, 1974

Dörfler, H. und P. U. Heuckenkamp, Unterernährung und Kachexie (in: Klinische Ernährungslehre, Bd. II, 1), Thieme Stuttgart, 1976

Rosenberg, L. E. and C. R. Scriver, Disorders of Amino Acid Metabolism, in: Bondy, P. and L. E. Rosenberg (eds.), Metabolic Control and Disease, Saunders, Philadelphia, 1980

Wellner, D. and A. Meister, A Survey of Inborn Errors of Amino Acid Metabolism and Transport in Man, Ann. Rev. Biochem **50,** 911 (1981)

A IV. Kohlenhydrate

Förster, H., Das Krankheitsbild der Lactat-Acidose, Fortschr. Med. **95,** 2243 (1977)

Köttgen, E., Ch. Bauer, W. Reutter und W. Gerok, Neue Ergebnisse zur biologischen und medizinischen Bedeutung von Glykoproteinen, Klin. Wschr. **57,** 151 (1979)

Lennarz, W. J. (ed.), The biochemistry of glycoproteins and proteoglycans, Plenum Press, New York, 1980

A V. Lipide

Undeutsch, D., Fettstoffwechselstörungen, Schattauer, Stuttgart, 1975

Greten, H. (ed.), Lipoprotein Metabolism, Springer, Berlin, 1976

Robert, L. and A. M. Robert (eds), Adipose Tissue, Karger, Basel, 1976

Sandhoff, K., Biochemie der Sphingolipidspeicherkrankheiten, Angew. Chem. **89**, 283 (1977)

Assmann, G., Die Tangier Krankheit – Klinik und Pathophysiologie, Klin. Wschr. **57**, 53 (1979)

Assman, G. und H. Schriewer, Biochemie der High Density Lipoproteine, Klin. Wschr. **58**, 749 (1980)

Kather, H. und B. Simon, Neue Aspekte in der Pathogenese der Fettsucht, Dtsch. Ärzteblatt **77**, 1034 (1980)

Assmann, G. Lipidstoffwechsel und Atherosklerose, Schattauer, Stuttgart, 1982

Schlierf, G. und P. Oster, Diagnostik und Therapie der Fettstoffwechselstörung, Thieme, Stuttgart, 1982

A VI. Wasser- und Elektrolythaushalt

Moll, H. C. und G. W. Daugherty, Stoffwechsel des Wassers und der Elektrolyse (in: N. Zöllner [Hrsg.], Tannhausers Lehrbuch des Stoffwechsels und der Stoffwechselkrankheiten), Thieme, Stuttgart, 1957

Siegenthaler, W., Klinische Physiologie und Pathologie des Wasser-und Salzhaushalts, Springer, Berlin, 1961

Davenport, H., Säure–Basen–Regulation, Thieme, Stuttgart, 1973

Muntwyler, E., Elektrolytstoffwechsel und Säure–Basen–Gleichgewicht, de Gruyter, Berlin, 1973

Zumkley, H. (Hrsg.), Klinik des Wasser-, Elektrolyt- und Säure–Basen–Haushalts, Thieme, Stuttgart, 1977

Halliday, J. W. and L. W. Powell, Serum ferritin and isoferritin in clinical medicine, in Brown, E. B. (ed.) Progress in Hematology, Grune and Stratton, New York, 1979

Peerenboom, H., Intestinale Absorption von Calcium und Magnesium, Thieme, Stuttgart, 1982

B I. Hormone

Schirren, C., Fertilitätsstörungen des Mannes, Diagnostik, Biochemie des Spermaplasmas, Enke, Stuttgart, 1961

Wieland, O. und H. Mehnert (Hrsg.), Biochemie und Klinik des Insulinmangels, Thieme, Stuttgart, 1970

Labhart, A., Klinik der Inneren Sekretion (2. Aufl.), Springer, Berlin, 1971

Williams, R. H., Textbook of Endocrinology (4. ed.), Saunders, Philadelphia, 1972

Klein, E., J. Kracht, H.-L. Krüskemper, D. Reinwein und P. C. Scriba, Klassifikation der Schilddrüsenkrankheiten, Dtsch. med. Wschr. **98**, 2249 (1973)

Schleusener, H. und B. Weinheimer (Hrsg.), Schilddrüse, Thieme, Stuttgart, 1974

Gupta, D., Radioimmunoassay of Steroid Hormones, Verlag Chemie, Weinheim, 1975

Gupta, D. und W. Voelter (eds.), Hypothalamic Hormones-Structure, Synthesis and Biological Activity, Verlag Chemie, Weinheim, 1975

Löffler, G. und L. Weiss, Die Stoffwechselwirkungen des Insulins (Handbuch der Inneren Medizin, Bd. VII/2 A), Springer, Berlin, 1975

Oberdisse, K., Diabetes mellitus (Handbuch der Inneren Medizin, Bd. VII/2 A), Springer, Berlin, 1975

Ludvik, W., Andrologie, Thieme, Stuttgart, 1976

Weber, P. C., W. Siess and B. Scherer, Vaskuläre, thrombozytäre und renale Prostaglandine. Biochemie, Funktion, klinische Aspekte, Klin. Wschr. **57**, 425 (1979)

Williams, R. H. (ed.) Textbook of Endocrinology, (6. ed.), Saunders, Philadelphia, 1980

Brownlee, M. and A. Cerami, The Biochemistry of the Complications of Diabetes Mellitus, Ann. Rev. Biochem. **50**, 385 (1981)

Ondetti, M. A. and D. W. Cushman, Enzymes of the Renin-Angiotensin System and their Inhibitors, Ann. Rev. Biochem. **51**, 283 (1982)

Wieland, O. H., Zur Rolle der Hyperglykämie in der Pathobiochemie des Diabetes mellitus, Verh. Dtsch. Ges. Inn. Med. (1981)

Bottermann, P. und Th. Gain, Glykosylierte Hämoglobine und Diabeteskontrolle, Med. Welt **33**, 329 (1982)

Büchler, E., K. Kremer und W. Lierse, Schilddrüsenerkrankungen, Thieme, Stuttgart, 1982

Flamigni, C. and J. R. Givens, The Gonadotropins; basic science and clinical aspects in females, Academic Press, New York, 1982

Tharandt, L., Gonadotropin-Releasing-Hormonstoffwechsel des Menschen, Thieme, Stuttgart, 1982

B II. Vitamine und Coenzyme

Kress, v. H. und K. U. Blum, Vitamine A, E und K. Klinische und physiologisch-chemische Probleme, Schattauer, Stuttgart, 1969

Kress, v. H. und K. U. Blum, B-Vitamine. Klinische und physiologisch-chemische Probleme, Schattauer, Stuttgart, 1969

McLaren, D. S., The Vitamins (in: P. K. Bondy [ed.], Diseases and Metabolism), Saunders, Philadelphia, 1969

Lang, K., Biochemie der Ernährung (2. Aufl.), Steinkopff, Darmstadt, 1970

Norman, A. W., K. Schaefer, J. W. Coburn, H. F. DeLuca, D. Fraser, H. G. Grigoleit, D. von Herrath, (eds.), Vitamin D. Biochemical, Chemical and Clinical Aspects related to Calcium Metabolism, de Gruyter, Berlin, 1977

Isler, O., Fettlösliche Vitamine, Thieme, Stuttgart, 1982

C I., II. Erythrozyten, Granulozyten, Monozyten

Pribilla, W., Erythrämie und Erythroleukämie (in: R. Gross und J. van de Loo [Hrsg.], Leukämie), Springer, Berlin, 1972

Gerlach, E., K. Moser, E. Deutsch und W. Wilmanns (Hrsg.), Erythrocytes, Thrombocytes, Leucocytes, Thieme, Stuttgart, 1973

Fliedner, T. M., Kinetik und Regulationsmechanismen des Granulozytenumsatzes, Schweiz. med. Wschr. **104**, 98 (1974)

Doss, M., Pathobiochemie der Porphyrien, Med. Klin. **72**, 1501 (1977)

Beck, W. D. (ed.) Hematology, Vol. 2, MIT Press, Cambridge, Mass., 1977

Doss, M., Hepatische Porphyrien, Dtsch. Ärzteblatt **76**, 2959 (1979)

Block, L. H., R. Lüthy und W. Siegenthaler, Oxidativer Metabolismus von Phagozyten: Physikochemische Grundlagen und klinische Relevanz, Klin. Wschr. **58**,1271 (1980)

Weatherall, D. J. and J. B. Clegg, The Thalassaemia Syndromes, (3. ed.), Blackwell Scientific Publications, Oxford, 1980

Liebermann, P. H. and R. A. Good, Diseases of the Hematopoietic System, Raven Press, New York, 1981

C III. Leber

Wallnöfer, H., E. Schmidt und F. W. Schmidt, Synopis der Leberkrankheiten, Thieme, Stuttgart, 1974

Keppler, D. (ed.), Pathogenesis and Mechanisms of Liver Cell Necrosis, MTP-Press Ltd., Lancaster, 1975

Schiff, L. (ed.) Diseases of the Liver (4. ed.), Lippincott, Philadelphia, 1975

Sherlock, S., Diseases of the Liver and Biliary System, Blackwell Scientific Publ., Oxford, 1975

Wallnöfer, H., E. Schmidt und F. W. Schmidt (eds.), Diagnosis of Liver Diseases, Thieme, Stuttgart, 1977

Gressner, A. M., Zur Pathobiochemie und klinisch-chemischen Diagnostik der Leberfibrose, Med. Welt **31**, 11 (1980)

Arias, I. M., H. Popper, D. Schachter and D. A. Shafritz (eds.), The Liver − Biology and Pathobiology, Raven Press, New York, 1982

Gerlach, U., G. Pott, J. Rauterberg and B. Voss (eds.), Connective tissue of the normal and the fibrotic human liver, Thieme, Stuttgart, 1982

C IV. Gastrointestinaltrakt

Demling, L. (Hrsg.), Klinische Gastroenterologie (Bd. II), Thieme, Stuttgart, 1973

Caspary, W. F., Resorption von Kohlenhydraten und Proteinen im Dünndarm unter normalen und krankhaften Bedingungen, Thieme, Stuttgart, 1975

Csaky, T. Z. (ed.), Intestinal Absorption and Malabsorption, Raven Press, New York, 1975

Domagk, G. F. und K. Kramer, Ernährung und Verdauung (2. Aufl.), Urban und Schwarzenberg, München, 1977

Ruppin, H. und W. Domschke, Chronische Diarrhoe, Fortschr. Med. **99**, 1583 (1981)

C V. Niere

Gerok, W., Primäre Tubulopathien, Störungen des zellulären Transportes, Thieme, Stuttgart, 1969

Reubi, F., Nierenkrankheiten (2. Aufl.), Huber, Bern, 1970

Black, D., Renal Disease, Blackwell Scientific Publ., Oxford, 1972

Heptinstall, R. H., Pathology of the Kidney (2. ed.), Churchill, London, 1974

Thoenes, W., Aktuelle Pathologie der Glomerulonephritis, Klin. Wschr. **57**, 799 (1979)

DeFronzo, R. A. and S. O. Their, Inherited Disorders of Renal Tubular Function, in Brenner, B. M. and F. C. Rector (eds.), The Kidney (2. ed.), Saunders, Philadelphia, 1981

C VI. Skelettsystem

Rasmussen, H. and P. Bordier, The Physiological and Cellular Basis of Metabolic Bone Disease, Williams & Wilkins, Baltimore, 1974

Delling, G., Endokrine Osteopathien, Fischer, Stuttgart, 1975

Kuhlencordt und H. P. Kruse (eds.), Calcium Metabolism, Bone and Metabolic Bone Diseases, Springer, Berlin, 1975

Talmage, R. V., O. Maureen, and J. A. Parsons (eds.), Calcium-Regulating Hormones, Excerpta Medica, Amsterdam, 1975

Dambacher, M. A., H. G. Haas, Th. Lauffenburger und W. Schneider, Die Osteoporosen, Therapiewoche **29**, 668 (1979)

Smith, R., Biochemical Disorders of the Skeleton, Butterworths, London, Boston, 1979

Klümper, A., Knochenerkrankungen, Thieme, Stuttgart, 1982

C VII. Herz- und Skelettmuskel

Beckmann, R., Myopathien, Thieme, Stuttgart, 1965

Schwarzbach, W., Die Herzinsuffizienz, Urban & Schwarzenberg, München, 1972

Schwartz, A., L. A. Sordahl, M. L. Entman, J. C. Allen, Y. S. Reddy, M. A. Goldstein, R. J. Luchy, and L. E. Wyborny, Abnormal Biochemistry in Myocardial Failure, Amer. J. Cardiol. **32**, 407 (1973)

Kuhn, E., Hereditäre metabolische Myopathien durch nachweisbaren Enzymdefekt, Dtsch. Med. Wschr. **105**, 1469 (1980)

C VIII. Bindegewebe

Mathews, M. B., Connective Tissue, Springer, Berlin, 1975

Perper, R. J. (ed.), Mechanisms of Tissue Injury with Reference to Rheumatoid Arthritis, Ann., New York Acad. Sci. **256** (1975)

Camerini-Davalos et al. (eds.), Atherogenesis, Ann. N. Y. Acad. Sci. **275,** New York, 1976

Effert, S. and J. D. Meyer-Erkelenz (eds.), Blood Vessels, Springer, Berlin, 1976

Hauss, W. H., The Role of the Mesenchymal Cells in Arteriosclerosis, Front. Matrix Biol. (Vol. 2), Karger, Basel, 1976

Platt, D., Biologie des Alterns, Quelle und Meyer, Heidelberg, 1976

Gay, S., E. J. Miller, Collagen in the Physiology and Pathology of Connective Tissue, Fischer, Stuttgart, New York, 1978

McKusick, V. A., Heritable Disorders of Connective Tissue (5. ed.), Mosby, St. Louis, 1978

Prockop, D. J., K. I. Kivirikko, L. Tuderman and N. A. Guzman, The biosynthesis of collagen and its disorders, New Engl. J. Med. **77**, 301–313 (1979)

Kivirikko, K. I. and E.-R. Savolainen, Genetic disorders of collagen, Medical Biol. **59**, 1 (1981)

Kresse, H., M. Cantz, K. v. Figura, J. Glössl and E. Paschke, The Mucopolysaccharidoses: Biochemistry and Clinical Symptoms, Klin. Wschr. **59**, 867 (1981)

C IX. Malignes Wachstum

Langen, P., Antimetabolite des Nucleinsäurestoffwechsels, Akademie Verlag, Berlin, 1968

Müller, W. E. G., Chemotherapie von Tumoren, Verlag Chemie, Weinheim, 1975

Sartorelli, A. C. and D. G. Johns (eds.), Antineoplastic and Immunsuppressive Agents, Springer, Heidelberg, 1974, 1975

Friedman, H. and C. Southam (eds.), International Conference on Immunobiologie of Cancer, Ann. N. Y. Acad. Sci. **276**, New York, 1976

Andreeff, M., Zellkinetik des Tumorwachstums, Thieme, Stuttgart, 1977

Waring, M. J., DNA Modification and Cancer, Ann. Rev. Biochem. **50**, 159 (1981)

Colnaghi, M. I., G. L. Buraggi and M. Ghione, Markers for Diagnosis and Monitoring of Human Cancer, Academic Press, New York, 1982

D I. Hämostase

Breddin, K., Die Thrombozytenfunktion bei hämorrhagischen Diathesen, Thrombosen und Gefäßkrankheiten, Schattauer, Stuttgart, 1968

Bang, N. U., F. Beller, E. Deutsch and E. F. Mammen, Thrombosis and Bleeding Disorders, Thieme, Stuttgart, 1971

Hiemeyer, V., H. Rasche und K. Diehl, Hämorrhagische Diathesen, Thieme, Stuttgart, 1972

Deutsch, E., Blutung und Fibrinolyse (in: E. Deutsch und G. Geyer [Hrsg.], Laboratoriumsdiagnostik, 2. Aufl.), Hartmann, Berlin, 1975

Lasch, H. G., D. Heeme und C. Mueller-Eckhardt, Pathophysiologie und Klinik der hämorrhagischen Diathesen (in: H. Begemann [Hrsg.], Klinische Hämatologie, 2. Aufl.), Thieme, Stuttgart, 1975

Jaenecke, J., Antikoagulantien- und Fibrinolysetherapie (3. Aufl.), Thieme, Stuttgart, 1982

D II., III. Entzündung und Wundheilung

Chayen, I. and L. Bitewsky, Multiphase Chemistry of Cell Injury (in: E. E. Bittar and N. Bittar [eds.], The biological basis of medicine, Vol. 1). Academic Press, London, 1969

Slater, T. F., Aspects of Cellular Injury and Recovery (in: E. E. Bittar and N. Bittar [eds.], The biological basis of medicine, Vol. 1), Academic Press, London, 1969

Shoshan, S., Wound Healing, Int. Rev. of Connective Tissue Res. **9**, 1 (1981)

D IV. Immunchemie

Burnet, M., Körpereigene und körperfremde Substanzen bei Immunprozessen, Thieme, Stuttgart, 1973

Feltkamp, T. E. W., Autoimmunkrankheiten, Lehmann, München, 1975

Gergely, J. und H. H. Ott, Immunglobuline und Immunopathien, Fischer, Stuttgart, 1975

Keller, R., Immunologie und Immunpathologie, Thieme, Stuttgart, 1977

Sell, S., Immunologie, Immunpathologie und Immunität, Verlag Chemie, Weinheim, 1977

Yelton, D. E. and M. D. Scharff, Monoclonal Antibodies, Ann. Rev. Biochem. **50**, 657 (1981)

Benacerraf, B. und E. R. Unanue, Immunologie, de Gruyter, Berlin, New York, 1982

Lengyel, P., Biochemistry of Interferons and their Actions, Ann. Rev. Biochem. **51**, 251 (1982)

Sachregister

Die Seitenzahlen, auf denen das Stichwort ausführlich behandelt wird, sind durch halbfette Schrift hervorgehoben.

A-Caeruloplasminämie 47
A-Fibrinogenämie 47
A-γ-Globulinämie 47
A-Haptoglobinämie 47
A-β-Lipoproteinämie 47, 84, 100
A-Streptokokken 422
A-Transferrinämie 47
AB-Cofaktor 102
Abdominelle Koliken 94
D-Abequose 406
Abführmittel 116
Abnorme Lipoproteine 97
Abortiva, Prostaglandine 198
Acarbose 165
Acceleratorglobulin 393
Acetaldehyd 253
Acetessigsäure 40, 121, 154
Aceton 154
Acetonurie 120
Acetyl-CoA 257
Acetyl-CoA-α-glucosaminid-N-Acetyltransferase 353
Acetyl-CoA-Carboxylase 152
N-Acetyl-S-arylcystein 257
N-Acetyl-S-(p-Bromphenyl)-cystein 256
Acetylcholin 135, 197, 406
Acetylcholinesterase 227
Acetylcholinrezeptor 338
Acetylcholinrezeptor-Antikörper 339
Acetylcholinspeicher 338
N-Acetylgalaktosamin-Glykosidtransferase 23
N-Acetylgalaktosamin-4-sulfat-Sulfatase 353
N-Acetylgalaktosamin-6-sulfat-Sulfatase 357
β-N-Acetylgalaktosaminidase 100
N-Acetylglucosamin-1-phospho-6-mannose 357
N-Acetylglucosamin-6-sulfat-Sulfatase 353, 357
β-N-Acetylhexosaminidase 8, 102, 243, 269, 356, 362
Acetylierungsreaktionen 256, 257
Acetylsalizylsäure 13, 198

Achlorhydrie 216, 283, 284
Achlorhydrie, Magensaft 280
Achylie 124
Acidose 115, **119**, 222, 297, 402
Acidotisches Coma 120
Acridinfarbstoffe 26
ACTH 42, 107, 167
ACTH-Konzentration i. Plasma 174, 179
ACTH-releasing Hormon 169
ACTH-Stimulationstest 180
Actinomycin 31
Acyl-CoA-Cholesterin-Acyl-transferase 90, 245
Acyl-CoA-übertragendes Enzym 152
Addison-Erkrankung 115, **178**
Adenin 36
Adenosin-Desaminasemangel 431
Adenotrope Hormone 133
Adenoviren 375
Adenyl-Zyklase 134
Adenylat-Desaminase 337
Adenylat-Kinase 22
Adermin 206
ADH **190**, 253, 335
ADH-Rezeptordefekt 309
Adipositas **104**, 404
Adiuretin 109, 111, **190**, 301
Adiuretin, isoosmotische Rückresorption 190
ADP 408
ADP-Freisetzungsdefekt 401
Adrenale Hyperplasie, nichtvirilisierende kongenitale 176
Adrenalin 79, 107, **147**, 151, 301, 400, 413
Adrenalin-Belastungstest 76
Adrenalinempfindlichkeit 142
Adrenogenitales Syndrom 24, 32, 173, **175**
Äthanol s. Ethanol
Äther s. Ether
Äthyl- s. Ethyl-
Ätiocholanon 180
Afibrinogenämie 57, 397, 399
Aflatoxin 253, 377

AFP 384
Agammaglobulinämie 431
Agmatin 295
Agranulozytose 241, 383
Ahornsirupkrankheit 12, 60, 63
Akanthozytose 47, 100
Akne vulgaris 184, 207
Akrodermatitis enterohepatica 129
Akromegalie 189, 330
Aktin 414
Aktinomycin D 123, 322
Aktinomyzeten 165
Aktiver und passiver Transport 108, 109
Aktives Plasmin 402
Aktives Sulfat 256, 264
Aktivitätsanstieg, Zellenzyme 16
Akut-allergische Reaktionen 171
Akut-intermittierende Porphyrie 231
Akut-entzündliche Prozesse 57
Akut-toxische Alkohol-Hepatitis 261
Akute Blutungen 223
Akute Entzündung 58, 408
Akute Glomerulonephritis 302
Akute hämolytische Krise 33
Akute hepatische Porphyrie 233
Akute Hepatitis 429
Akukte intermittierende Porphyrie 233
Akute Leberschädigung 258
Akute Leberzirrhose 429
Akute Leukämie 239
Akute myeloische Leukämie 239
Akute Niereninsuffizienz 114
Akute Pankreatitis 84, 293
Akute Pyelonephritis 429
Akute Uveitis anterior 421
Akute Virushepatitis, Elektropherogramm 243
Akute Virushepatitis 261
Akute-Phase-Protein 410

Akutes Nierenversagen 40, 41, **302**
Akutes rheumatisches Fieber 429
Al-Hydroxid 223
Alactäsie 71
Albinismus 24, 60, 62, 63
Albumin 45, 47, 56, 57
Albumin i. Mekonium 295
Albuminsynthese 244
Albuminurie 176
Albuminverlust 58
Aldehyd-Dehydrogenase 253
Aldehyd-Oxidase 193, 195, 253
Aldolase 341
Aldolase-Isoenzyme 14
Aldose-Reduktase 73, 161, 165
Aldosteron 117, 167, 168, 169
Aldosteron i. Urin 177
Aldosteronantagonisten 172, 301
Aldosteronbestimmung i. Plasma 180
Aldosteronmangel 111
Alginat 223
Alkalische Knochen-Phosphatase 18
Alkalische Phosphatase 17, 18, 245, 260, 323
Alkalische Phosphatase, Granulozyten 240
Alkalische Phosphatase, Leber 269
Alkalische Placenta-Phosphatase 18
Alkalische Serumphosphatase 320
Alkalose 115, **119**, 176, 297
Alkaptonurie 24, 60, 62, 63, **362**
Alkohol 285
Alkohol-Dehydrogenase 253
Alkoholabhängigkeit 254
Alkoholfettleber 267
Alkoholismus 96, 117, 249, 293
Alkoholtoxischer Leberschaden 234, 259
Alkoholvergiftung 254
Alkoholzirrhose 269
Alkylierende Substanzen 13, 26, 387
Alkylphosphate 339
Allele 46

Allergische Reaktionen 32, 200, 241, 433
Allergischer Schock 195
Allopurinol 14, 41
Allosterische Enzyme 7
Allylessigsäure 234
Allysin 346, 349
Altersdiabetes 155, 156
Altersveränderungen, Bindegewebe 371
Aluminiumhydroxid 314
Alveoläre Hyperventilation 121
Alveoläre Hypoventilation 121
α-Amanitin 260
Amanitine 31
Amaurose 103
Amaurotische Idiotie 102
Amidophosphoribosyl-Transferase 41
Aminoacidurie 60, 315
α-Aminoadipinsäure-δ-semialdehyd 346
γ-Aminobuttersäure 134, 200
p-Aminohippursäure 300, 310
β-Aminoisobutyrat 43
δ-Aminolävulinsäure-Synthetase 232, 233
δ-Aminolävulinsäure 129, 215, 235
4-Amino-10-methylfolsäure 205
Aminonaphthol 253
Aminopeptidase 192
β-Aminopropionitril 345, 347
L-Aminosäure-Decarboxylase 195
Aminosäureabbaudefekte 59
Aminosäurekonzentration i. Blut 53
Aminosäurestoffwechsel 59
Aminosäuretransportdefekte 53, 59, 68
Aminozucker 69
Ammoniak 295, 299
Ammoniak i. Blut 53, 263
Ammoniakvergiftung 67
Ammoniumchlorid 122
Ammoniumurat 314
5′-AMP 134
5′-AMPase 323
Amphetamin 251
α-Amylase 9, 15, 22, 70, 292, 294
α-Amylaseaktivität i. Blut 84

Amylo-1,4-α-Glucosidase 75, 337
Amylo-1,6-α-Glucosidase 75
Amylo-1,4 → 1,6-Transglucosidase 75, 337
Amyloidose 53, 430
An-α-Lipoproteinämie 47, 99
Anabole Steroide 249, 261
Anabolika 185
Anacidität 125
Anämie 123, 240, 304
Anämien, Differentialdiagnose 224, 229
Anaerobe Glykolyse 324
Analbuminämie 47
Anaphylaktische Sofortreaktion 433
Anaphylatoxin 436
Anaphylaxie 433
Andersen-Erkrankung 76
Androgene 134, 167, 168, **181**, 183, 322, 416
Androgenwirkungen 184
5α-Androstendiol 185
Androstendion 175, 181, 183, 186
5α-Androstendion 185
Androsteron 180, 183
Aneurin 202
Angeborenes adrenogenitales Syndrom 175
Angina pectoris 340
Angiohämophilie 399
Angiokeratoma corporis diffusum 102
Angioneurotisches Ödem 57
Angiopathien 397
Angiosarkom 377
Angiotensin I 177
Angiotensin II 168, **177**, 301
Angiotensinogen 169
Angiotropine 411
Anorganische Bestandteile d. Gallenflüssigkeit 270
Anoxie 402
Antacida 223
Anthracycline 31
Anthramycin 31
Anti-Mutation 28
Antiandrogene Substanzen 184
Antibiotika 30, 241, 387
Antibiotikabehandlung 206
α₁-Antichymotrypsin 396
Antidiabetogene Hormone 79
Antidiuretisches Hormon **190**, 335

Antigen-Antikörperkomplexe 361
Antigen-Antikörperreaktion 195, 405
Antigene 419
Antigene Determinante 428
Antigrauehaarefaktor 203
Antihämophiles Globulin 45, 393
Antihämorrhagisches Vitamin 206
Antihistaminika 195
Antikaliuretische Substanzen 301
Antikoagulantien-Therapie 57, 261
Antikoagulation 396
Antikörper 423
Antikörper gegen Leberzellen 246
Antikörpermangel-Syndrom 32, 47
Antikörpersynthese, Hemmung 171
Antilymphozytenserum 439
Antimetabolite 387
Antiperniziosafaktor 205
α_2-Antiplasmin 395
Antipyretika 261
Antirachitisches Vitamin 207
Antiskorbutisches Vitamin 208
Antisterilitätsvitamin 208
Antithrombin III 57, 392
α_1-Antitrypsin 57, 396, 409, 417
α_1-Antitrypsinmangel 47, 269
Anulozyten 224
Anurie 154, 298, 303
Aortenaneurysma 348, 350
AP 15, 260
Aplastische Anämie 216, 229
Apo A, B, C, D, E, 86
Apo B/Apo AI-Quotient 98
Apo B-Rezeptor 86, 87
Apo E-Rezeptor 86, 87
Apo E-Variante 94
Apoferritin 123
Apolipoproteine 86, 87
Apolipoprotein AI und AII 99
Apolipoprotein E-Variante 95
Apolipoproteine AI und AII 269
Apoplex 159

Aprotinin 293
Aquocobalamin 205
Arachidonsäure 196
Arbeitshypoglykämie 80
Arginase 67
Arginin-Esterase 393
Arginin-Isoleucinbindung, Prothrombin 392
Arginin-Provokationstest 189
Argininobernsteinsäure 67
Argininosuccinase 67
Argininosuccinat-Synthetase 67
Arias-Syndrom 249
Arnold-Heley-Syndrom 115
Arsen 377
Arterielle Hypertonie 174
Arterielle Hypoxie 231
Arterienstoffwechsel 366, 367
Arteriosklerose 41, 94, 100, 107, 343, 363, **366**, 368
Arteriosklerose-protektive HDL 91
Arterioskleroserisiko 93
Arthritis 358
Arthritis urica 36
Arthrochalasis multiplex congenita 348
Arthrose 358, 359
Arthusphänomen 434
Arylesterase 293
Arylsulfatasen A, B 357
Ascorbinsäure 69, 122, **208**, 223, 228, 237, 313, 416
Ascorbinsäurebedürfnis 24
Ascorbinsäuremangel 209, 331, 345, 347
Ascorbinsäureoxidase 127
ASH 168
Asparaginase 387
Aspartatamidohydrolase 356
Aspermie 186
Aspirin 198
Asthenozoospermie 192
Asthenurie 311
Asthma bronchiale 121
AT III-Heparin-Thrombin-Komplex 393
Ataxia teleangiektasia 29, 431
Ataxie 430
Atheromatose 155
Atherosklerose, s. Arteriosklerose
Atmungskette 8
ATP 31, 135
dATP 31

ATP-abhängige Reaktionen 116
ATP-ase 323
ATP-ase, MG^{2+}-aktivierbar 8
Atransferrinämie 126, 224
Atrophie der Haut 171, 174
Atrophie, Magenschleimhaut 280
Ausscheidungsstörungen, Leber 244
Autoantikörper 228, 401
Autoimmunhämolytische Anämien 228
Autoimmunkrankheiten 48, 57, 144, 146, 241, 420, **421**
Autologe Antigene 419
Avidin 204
Avitaminosen 12, 201
Axerophthol 207
Azaserin 31
Azathioprim 41
5-Azauridin 31
Azoospermie 176, 423
Azotämie 298, 303

B-Lymphozyten 418, 424, 426
Bakterielle Enzyme 405
Bakterielle Toxine 296, 405
Bakterien, Abbau 238
BAO 278
Barbiturate 121, 164, 233, 252
Barbituratinduzierte biotransformierende Enzyme 8
Barbituratvergiftung 341
Bartter-Syndrom 177
Basal acid output 278
Basalmembran 369
Basalmembran der Niere 163
Basalmembrankollagen 412
Basalmembranproteine 160
Basalsekretion 278
Basedow-Erkrankung 144
Basenabweichung 119
Basenaddition 26
Basendeletion 26
Basenexzeß 119
Bassen-Kornzweig-Syndrom 100
BCG-Stamm 383
Bechterew-Erkrankung 421
Belegzellen 277
Bengalrosa 245
Benigne Gammopathien 48
Benzbromaron 41
Benzoesäure 255, 256

Benzol 377
Benzolvergiftung 216
Benzothiadiazin-Derivate 301
Benzpyren 13, 377
Beri-Beri 202
Beryllium 39
Betain 267
Bezafibrate 99
Bicarbonatkonzentration i. Blut 114, 119
Big-Gastrin 281
Biguanide 78, 155, 165
Bilanzierte Proteindiät 305
Biliäre Zirrhose 269, 271
Bilifuscin 248
Bilirubinämie 220
Bilirubindiglucuronid 246, 248
Bilirubinsteine 273
Bilirubinstoffwechsel 246, 255
Biliverdin 248
Bindegewebe, Stoffwechsel 342
Bindegewebserkrankungen 415
Biogene Amine 191
Biologische Halbwertszeit 27
Biotin 12, 202, 203
Biotinmangel 204
Biotransformation 242
Biotransformationsreaktionen, Leber 250−257
Bishomo-γ-Linolensäure 196
2,3-Bisphosphoglycerat 162, 227
Biphosphonate 326, 329, 331
Bittner-Faktor 375
BKS 410
Blasengalle 270
Blasenkrebs 253
Blasensteine 37, 328
Blastenschub 240
Blauausscheidung 310
Blei 39, **129**
Bleigicht 129
Bleivergiftung 129, 235, 309
Bleomycin 31, 386
Blinde Schlinge 125
Blockierende Faktoren 384
Blocking factor 426
Bloom-Syndrom 30
Blue diaper disease 68
Blut-Hormonjod 141
Blutalkoholspiegel 39, 254
Blutcalciumspiegel 318, 322

Blutdruckkrisen 193
Blutgalaktosespiegel 245, 290
Blutgerinnung **391**, 412, 413
Blutgerinnungsfaktoren 56, 191, 206, 244, 259, 269, 392, **393**
Blutgerinnungsstörungen 47, 397
Blutglucoseprofil 164
Blutglucosespiegel 290
Blutgruppen 4, 23, 24, 419
Blutharnsäurespiegel 40
Bluthirnschranke 33, 265
Blutkörperchensenkungsgeschwindigkeit 410
Blutkonserven 114
Blutliquorschranke 263
Blutplasmaproteindefekte 46
Blutplasmaproteine 55
Blutplasmaproteine, Elektrophorese 58
Blutplasmaspiegel, Aldosteron 167
Blutplasmaspiegel, Cortison 167
Blutungsanämien 215, 228, 229
Blutungsneigung 206
Blutungszeit 398
Blutzucker 78, 263
Blutzucker, hormonelle Regulation 79
Blutzuckerhomöostase 163
Blutzuckerkontrolle 187
Botulismus 339
Bradykinin 197
Braunpigmentierung der Haut 178
Brombenzol 256
Bromcarbamid 317
Bromikterus 249
Bromsulfalein 246, 257, 269
5-Bromuracil (BU) 25
Bronchialasthma 200
Bronchialcarcinom 293, 377
Bronchiektasen 294
Bronchopneumonien 294
Bronchospasmen 193
Bronzepigmentierung, Haut 126
Brucelloseerreger 434
Bruton-Erkrankung 431
Büffelnacken 171, 174
Burkitt-Lymphom 374
Bursa Fabricii 424
Busulphan 387

C-Peptid 150
C-Polysaccharid 410
C-reaktives Protein 56, 57, 410
C-Zellen der Schilddrüse 146
C1-Inaktivator 57, 192, 395
C2-Komponente 57
C2O:4 s. Arachidonsäure
C3-Fragment, Komplementsystem 57, 238
Ca^{2+} 238, 318, 392, 413
Ca i. Blut 318, 332
Ca i. Harn 332
Ca-Ausscheidung 320
Ca-Malabsorption 332
Ca-Proteinat 318, 320
Cadaverin 68, 295
Caeruloplasmin 17, 56, 57, **128**, 244, 410
Calciferol 202, 207
Calcifizierung, Skelettsystem 323
Calcifizierungsprozesse, Blutgefäße 207
Calcifizierungsprozesse, Niere 207
Calcitonin 146, 293, **320**, 385
Calcium 393
Calcium-EDTA 129
Calciumbilanz, Knochenstoffwechsel 189
Calciumbindendes Protein 322
Calciumfluorid 320
Calciummangel 339
Calciumoxalat 66, 312, 319
Calciumoxalatsteine 60, 312
Calciumphosphat 312
Calciumphosphatsteine 314, 328
Calciumresorption 85, 319
Calciumsalze der Fettsäure 84
Calciumstoffwechsel 318
Calciumsynovitis 319
Callusbildung 329
Calmodulin 135, 318
Cancerogene 374
Cancerogenese 374, 376, 380
Caput quadratum 327
Carbamazepin 191
Carbamylphosphat 67
Carbamylphosphat-Synthetase II 42
Carbonatapatit 323
γ-Carboxyglutaminsäure 323, 392
Carboxypeptidase 292

Carcinoembryonales Antigen 56, 384
Carcinogene 374
Carcinoid 193, 296
Carnitin-Palmityl-Transferase 337
Carotinoide 82
Cataracta tetanica 319
Catecholamine s. Katecholamine
CCK-PZ 282
cDNA 35
CEA 56, 384
Cellobiase 70
Ceramid-Phosphorylcholinspaltendes Enzym 102
Ceramidase 101
Cerebellare Ataxie 104
Cerebral- s. a. Zerebral-
Cerebrale Thrombose 230
Cerebrales Salzverlustsyndrom 111
Cerebrosidsulfatase 101
Chalone 417
CHE 9, 15
Chemische Hepatitis 259
Chemolitholyse 274
Chemotaktische Faktoren 413
Chemotaxis 238, 362, 436
Chemotherapeutika 30
Chemotherapie, Tumoren 386
Chenodesoxycholsäure 273, 274, 275
Chlorambucil 387
Chloramphenicol 31, 241, 252
Chlorate 228
Chloridhaushalt 113
Chloridrückresorption 300
Chloroform 259
Chlorophyll 103
Chlorpromazin 251, 261
Chlorpropamid 191
Cholangiohepatitis 248
Cholangitis 249, 271, 429
Cholecalciferol 208, 321
Cholecystitis 271
Choledocholithiasis 271
Choleinsäuren 272, 273
Cholelithiasis 271
Choleravibrionen 407
Cholerese 283
Cholestase 96, 97, 234, 249, 261, **271**
Cholestaseanzeigende Enzyme 18, 271
Cholesterin 89, 263, 274

Cholesterin-Acyl-Transferase (LCAT) 90, 92
Cholesterin/Gallensäure-Quotient 274
Cholesterin-7α-Hydroxylase 275
Cholesterin-Gallensäure-Komplex 84
Cholesterin-Lecithinmicellen 93
Cholesterin-Speicherkrankheit 267
Cholesterinbiosynthese 8
Cholesterinester i. Tonsillen 100
Cholesterinester 90, 92
Cholesterinesterase 269, 271
Cholesterinesterhydrolase 83, 84
Cholesterinresorption i. Darm 99
Cholesterinsteine 273
Cholesterinsynthese 89
Cholesterinsynthese, Hemmung 95, 272
Cholesterintransport d. HDL 92
Cholestyramin 99
Cholezystokinin 106, 200, 270, 277, 282, **284**
Cholin 266, 267
Cholinbiosynthese 267
Cholinesterase 17, 260, 338
Cholinesterasehemmer 253, 338
Cholinesterasemangel 339
Chologene Diarrhoe 272, 288
Cholsäure 273
Chondroitinsulfat 103, 268, 350, 353, 365
Chondroitinsulfat i. Knorpelgewebe 372
Chondroitinsulfatase AC, ABC 407
Chorea Huntington 200
Chorionepitheliom 186, 187, 379
Choriongonadotropin 385
Christmas-Faktor 393
Chrom 122
Chromate 434
Chromatidaberrationen 23
Chromomycine 31
Chromosom Nr. 6 419
Chromosomen 20, 22, 240

Chromosomenaberration 186
Chromosomen-DNA 35
Chromosomenmutationen 23
Chronisch-aggressive Hepatitis 234, **261**, 424, 429
Chronisch-aktive B-Hepatitis 439
Chronisch-hämolytische Anämie 39
Chronisch-kongenitale Lactatacidose 77
Chronisch-myeloische Leukämie 39, 240
Chronisch-persistierende Hepatitis 261, 429
Chronisch-rezidivierendes rheumatisches Fieber 429
Chronische Bleivergiftung 235
Chronische Blutungen 223
Chronische Bronchitis 121
Chronische Darmatrophie 267
Chronische Darmerkrankungen 266
Chronische Entzündung 58, 408
Chronische Gastritis 280
Chronische Hepatitis 48, **261**, 429
Chronische hepatische Porphyrien 234
Chronische Leberschäden 234, 258
Chronische Leukämie 239
Chronische Niereninsuffizienz 41, 121, **303**
Chronische Nierenkrankheiten 39, 208
Chronische obstruktive Lungenleiden 231
Chronische Pankreatitis 53, 84, 282, 284, **294**
Chronische Polyarthritis 48, 360
Chronische Pyelonephritis 429
Chronische Saluretikabehandlung 111
Chronische Steroidzufuhr 111
Chronische Strumitis 143
Chronische Urämie 111
Chronischer Alkoholismus 203, 266
Chylomikronämie 95
Chylomikronen 83, 85, 87
Chymotrypsin 7, 292, 294
Cis-Dichlordiammin-Platin-II 387

Citrat i. Samenflüssigkeit 184, 186
Citrat 135, 182
Citratzyklus 8
CK i. Serum 337
CK-BB 340
CK-MB 340
CK-MM 336, 340
CK 8, 9
Cl⁻ i. Körperflüssigkeiten 276
Cl$_2$MDP 329
Clofibrate 99, 191
Clostridium botulinum 406
Clostridium histolyticum 407
Clostridium-Kollagenase 407
CN⁻ 257
⁶⁰Co-Vitamin B$_{12}$ 288
Cobalamin 12, 202, 205, 288
Cobalaminabhängige Methyltransferase 65
Cobalaminmangel 205, 215, **216**, 229
Cobalt 122
Cocarcinogene 374
Cockayne-Syndrom 29
Coenzym A 202
Coenzymabhängige Enzyme 33
Coenzymbedingte Enzymopathien 11
Coenzyme 12, 201
Coenzymvorstufen 10
Coffein, Purinstoffwechsel 42
Coffein 107
Colchicin 42, 238
Colitis ulcerosa 116, 125, 423, 424
Colon, mikrobielle Syntheseprodukte 285
Coma 316
Coma diabeticum 154
Coma hepaticum 258, 264
Complementäre DNA (cDNA) 35
Conn-Syndrom 111, 121, **176**
Coombstest 228
Cori-Erkrankung 76
Corneaschäden 202
Corneatrübung 353
Coronarinsuffizienz 149
Coronarthrombose 206, 230
Corticoidtherapie 59
Corticosteroide 96
Corticosteron 167, 168
Corticotropin-Releasing-Hormon 167

Cortisol-bindendes Globulin 138
Cortisol 167, 168, 270
Cortisolkonzentration, circadiane Rhythmik 178
Cortison 167, 168
Corynebacterium parvum 383
CPK 15
Crash-Syndrom 115, 316
Crigler-Najjar-Syndrom 249
Crotonöl 377
CRP 410
CTP 31
dCTP 31
Cumarintherapie 399
Curare 339
Cushing-Syndrom 111, 166, **174**, 237, 239
Cutis laxa 347, 350
Cyanatderivat des Hb S 223
Cyclo- s. a. Zyklo-
Cycloheximid 31
D-Cycloserin 40
Cyproteron 184
Cystathionin-Synthetase 12, 60, 64, 65
Cystathioninlyase 12, 60
Cystathioninurie 12, 60, 65
Cystein 122, 223
Cysteinstoffwechsel 64
Cystin-Lysinurie 68
Cystinsteine 68, 315
Cystinurie 68, 314
Cystische Pankreasfibrose 24, **294**
Cyto- s. a. Zyto-
Cytochalasin B 238
Cytochrom P-450–Monooxygenase 251
Cytochrom P-450 13
Cytochrom a 127

D-Hormon 146, 207
Darmflora, pathologische 216
Darmparasiten 216
Darmschleimhaut, Resorptionsstörungen 216
Darmsterilisation 266
Darmwandglukagon 166
Daunorubicin 387
DDT 252
Debre-de-Toni-Fanconi-Syndrom 81, 309
Decamethonium 339
Decarboxylase-Defekt 64
Decarboxylase 60

Decerebralisierung 357
Decerebration 103
Defektdysproteinämie 48, 55
Defekte des Harnstoffzyklus 264
Defektkoagulopathien 399
Dehydration 59, **110**, 112
Dehydrierung 110
7-Dehydrocholesterin 208
11-Dehydrocorticosteron 167, 168
Dehydroepiandrosteron 168, 181, 183
3β-Dehydrogenase 175
Dehydrogenasen 4
Dejodasen 143
Dekompensierte Herzinsuffizienz 112
Dekonjugation von Gallensäuren 84
Deletion 25
Demenz 103
Demyelinisierung 357
Depot-Triglyceride 266
Depotfette 51
Depotlipide 51
Depression, Virusinfektion 380
Depressionen 200
Dermatansulfat 103, 143, 268, 350, 353, 365
Dermatomyositis 336, 341, 424
Dermatosen 203
Dermatosparaxis 345, 347
Desaminase 60
5′-Desoxy-adenylcobalaminsynthese 12
Desoxyadenosylcobalamin 202
2-Desoxy-2-aminoglucosid-2-Sulfamatsulfatase 357
6-Desoxy-L-mannose 406
Desoxycholsäure 273
11-Desoxycorticosteron 168
11-Desoxycortisol 168
2-Desoxyglucose 151
Desoxyribonuclease 292
Desoxyribonucleinsäure 20
Detoxikationsreaktionen 242
Dexamethason 144, 173
Dexamethasontest 178
DHT 182
Di George-Syndrom 431
Diabetes insipidus 190
Diabetes insipidus renalis 309

Diabetes mellitus 39, 57, 78, 79, 96, 106, 126, **152**, 259, 266, 267, 294, 315, 369
Diabetes mellitus, Epidemiologie 153
Diabetes mellitus, Stoffwechselstörungen 153
Diabetes mellitus-Typen 155–156
Diabetes, asymptomatischer 158
Diabetes, latenter 158
Diabetes, subklinischer 158
Diabetes-Risiko 159
Diabetische Acidose 120
Diabetische Katarakt 159, 160
Diabetische Neuropathie 160, 161, 163
Diabetische Spätsymptome 155
Diabetisches Koma 154
Diabetogene Hormone 79
Diaminoxydase 195
Diarrhoe 72, 111, 121, 223, **295**
Diathese, hämorrhagische 244
Diazoxid 151
6-Diazo-5-oxo-norleucin 31
Dibasicaminoacidurie 68
DIC-Syndrom 400
Dichlormethylen-bisphosphat 329
Dichte, Lipoproteine 86
Dicumarol 42, 206, 261
3,6-Didesoxy-D-galaktose 406
Diethyl-p-nitrophenyl-phosphat 13, 253
Diethyl-p-nitrophenyl-thiophosphat 253
Diethylstilböstrol 376
Digitalis 335
Dihydroandrosteron 186
Dihydrofolatreduktase 204
7,8-Dihydrofolsäure 204
5α-Dihydrotestosteron-Rezeptor 184
Dihydrotestosteron 184
1,25-Dihydroxycalciferol 146, 202, **207**, 304, 321
Dihydroxyfettsäuren 296
Dihydroxygallensäuren 296
3α,7α-Dihydroxykoprostan 273
3,4-Dihydroxymandelsäure 147

Dihydroxyphenylalanin 62
3,4-Dihydroxyphenylethyl-amin-β-Hydroxylase 62
3′,3-Dijodthyronin 143
Dijodtyrosinhaltige Spaltprodukte 141
Dinitrochlorbenzol 434
γ-, δ-Dioxovaleriansäure 233
Diphosphonate 326, 329, 331
Dipyrrolpolymere 248
Direktes Bilirubin 247
Disaccharidasemangel 290
Disaccharidasen, Darmepithel 70
Disseminated Intravascular Coagulation 400
Diterpene 377
Diuretika 301
Diuretika, kaliumsparende 115
DNA, Dunkelreparatur 27
DNA, Quervernetzungen 26
DNA, Replikation 20
DNA, Strangbrüche 26
DNA, Transkription 20
DNA-abhängige RNA-Polymerase 13
DNA-Kettenbruch 24
DNA-Kurzstrangreparatur 28
DNA-Ligase 28
DNA-Polymerase-Multienzymkomplex 21, 28
DNA-Rekombination 34
DNA-Reparatur 27, 28
DNA-Reparaturdefekte 29
DNA-Synthese, Hemmstoffe 30
DNA-Synthese 417
DNA-Viren 34, 375
DNCB 434
Donath-Landsteiner-Hämolysine 228
Donnan-Verteilung 108
DOPA 62, 147, 265
Dopamin 147, 200, 265
Dopamin-β-Hydroxylase 149
Down-Syndrom 23
Doxorubicin 387
Drogeninduzierte Hepatitis 259, 261
Duarte-Variante 74
Dubin-Johnson-Syndrom 249
Duchenne-Erb-Erkrankung 336
Dünndarmverdauung 285
Dulcit 14, 73, 74

Dysfunktion der Leydigschen Zellen 186
Dysimmunoglobulinämie 431
Dyslipoproteinämien 99
Dysproteinämie 55, 56, 59, 306, 307

E 605 57, 253
E. coli 33, 271, 295
Ectopia lentis 60
ED s. a. Ehlers-Danlos-Syndrom
EHDP 329
Ehlers-Danlos-Syndrom 331, 345, 347, **348**, 403
EIA 19
Eikosapentaensäure 196
Eikosatetraensäure 196
Eikosatriensäure 196
Einheimische Sprue 290
Eisenbindende Gerbsäure 125
Eisenbindungskapazität 123
Eisenbindungskapazität, Serum 224
Eisenhaltiges Trinkwasser 126
Eisenmangel 125, 219, 223, 229
Eisenmangelanämie 57, 214, 215, **223**, 224
Eisenrefraktäre Anämie 47
Eisenstoffwechsel **122**–124
Eisenverluste 124
Eiweißsparmechanismus 51
EKG bei Hyperkaliämie 114
EKG bei Hypokaliämie 115
EKG-Veränderungen 178
Ektopie, Augenlinse 350
Ektotoxine 405
Elastase 292
Elastin, Arterienwand 364
Elektrolyte, Körperflüssigkeiten 276
Elektrolyte, Synovialflüssigkeit 363
Elektrolythaushalt 108
Elektropherogramm, Akute Virushepatitis 243
Elektropherogramm, Leberzirrhose 243
Elektropherogramm, Verschlußikterus 243
Elektrophorese, Blutplasmaproteine 55
Elektrophorese, Lipoproteine 86

Elektrophorese-Diagramme, Serum 58
ELISA 19
Elliptozytose 214, 227
Embryonale Tumoren 57
Encephalomalacie 404
Encephalomyelitis disseminata 424
Endo-β-N-Acetylglucosaminidase 356
Endocytose, Enzyme 17
Endogenes Lebercoma 263
Endokrine Organe 137
Endonucleasen 34
Endopeptidase 393
Endoperoxid 198
Endorphine 106, 200
Endotoxine 405
Energiereiche Strahlung 241, 374
Energiestoffwechsel, Arteriosklerose 367
Enhancement 384, 426
Enkephaline 200
Enolase 22
Enteraler Proteinverlust 111
Enterogastron 282, 284
Enteroglukagon 79, 151, 166
Enterohepatischer Kreislauf 99, 246
Enterokokken 271
Entzündliche Exsudation 408
Entzündung 193, **405**, 436
Entzündung, Allgemeinreaktionen 409
Entzündungsmediatoren 410
Enzymdefekte 10, 14, 54
Enzymdefekte, Adrenogenitales Syndrom 175
Enzymdefekte, Erythrozyten 225
Enzymdefekte, Glutathionstoffwechsel 215
Enzymdefekte, Harnstoffzyklus 67
Enzymdiagnostik 19
Enzyme i. Synovialflüssigkeit 363
Enzyme, Blutplasma 15
Enzyme, Einheiten 4, 6
Enzyme, Erythrozytenstoffwechsel 215
Enzyme, Gallenflüssigkeit 16
Enzyme, genetische Varianten 7
Enzyme, genetischer Defekt 10

Enzyme, Halbwertszeiten 15
Enzyme, Hitzestabilität 6
Enzyme, Inhibitoren 6, 10
Enzyme, katalytische Aktivität 6
Enzyme, K_m-Werte 6
Enzyme, Molekulargewicht 16
Enzyme, Multiple Enzymformen 6
Enzyme, Nomenklatur 4
Enzyme, Organverteilungsmuster 7, 9
Enzyme, Pankreassekret 292
Enzyme, Radioimmunassay 139
Enzyme, Tumorzelle 378
Enzyme, Zellstoffwechsel 3
Enzymimmunassay **19**, 137, 138
Enzyminduktion 33, 136
Enzyminhibitoren 13
Enzymopathien, Erythrozyten 11, 214
Enzymopathien, primäre 9
Enzymopathien, sekundäre 9
Enzympolymorphismen 11
Enzymprofile bei Lebererkrankungen 260
Enzymrepression 136
Enzymvarianten **11**, 226
Eosinophiles Adenom des HVL 186
Epidermaler Wachstumsfaktor 417
Epidermolysis bullosa 345, 347, 349
Epithelschäden 202
Epstein-Barr-Virus 374, 375
Eruptive Xanthome 94
Erworbene extrakorpuskuläre Anämien 228
Erworbenes adrenogenitales Syndrom 176
Erythroblasten 214, 240
Erythrodermia desquamativa 204
Erythropoese 236
Erythropoetinbildung 304
Erythropoetische Porphyrie 231, 247
Erythropoetische Protoporphyrie 231
Erythrozyten, Abbau 218
Erythrozyten, Enzymdefekte 215, 225

Erythrozyten, Glucose-6-phosphat-Dehydrogenase 33
Erythrozyten, Glykolyse 51, 225
Erythrozyten, Kugelzellbildung 227
Erythrozyten, Membranpermeabilitätsstörungen 215
Erythrozyten, mittlere Lebensdauer 217
Erythrozyten, Pentosephosphatzyklus 225
Erythrozyten, Sichelung 222
Erythrozyten, T-Antigene 422
Erythrozytenaggregation 220
Erythrozyten-Antikörper 218
Erythrozytenmembrandefekte 226
Erythrozytenstoffwechsel **213**
Erythrozytenumsatz 214
Erythrozytenantigene A bzw. B 23
Erythrozytose 230
Erythrurie 303
Escape-Mechanismus, Tumorzellen 383
Essentielle Aminosäuren 49
Essentielle Fructosurie 75, 81
Essentielle Galaktosämie 81
Esteraseaktivität 241, 435
Etacrynsäure 301
Ethambutol 40
Ethan-1-hydroxy-1,1-bisphosphat 329
Ethanol 191, 266
Ethanol, Abbau 254
Ethanolamin 66, 406
Ethanolvergiftung 341
Ether 191
Ethinylöstradiol 270
Ethylalkohol 253
Ethylenglykol 255
Ethylenimine 26
Ethylmercaptan 295
Eunuchoider Hochwuchs 185
Euthyreote Stoffwechsellage 143
Euthyreote Struma 142
Excluded-Antrum-Syndrom 283
Exkretionsenzyme 18
Exkretions-Ikterus 248, 249
Exogenes Lebercoma 264
Exon 20, 21
Exophthalmus 144, 146
Exsikkose 154, 178

Exsudation 413
Exsudative Diarrhoe 296
Exsudative Enteropathie 53, 286, 291, 432
Extensionspeptide, Kollagen 344
Extracorporale Dialyse 316
Extrahepatische Cholestase 270
Extrakorpuskuläre Anämien 228
Extrakorpuskuläre hämolytische Erkrankungen 218
Extraossäre Verkalkungen 328, 329
Extrauteringravidität 293
Extrinsicfaktor 205
Extrinsic-System, Blutgerinnung 391, 392

Fab-Fragmente 427
Faber-Erkrankung 102
Fabry-Erkrankung 33, 102
FAD 202
Fäces, Zusammensetzung 295
Faktor IV 318
Faktor VIII 32
Faktor-VII-Mangel 399
Faktor-X-Mangel 399
Falsche Neurotransmitter 265
Familiäre Dysautonomie 62, 149
Familiäre Dys-β-Lipoproteinämie 95
Familiäre essentielle Pentosurie 81
Familiäre Hypercholesterinämie 91
Familiäre Hyperphosphaturie 309
Familiäre kombinierte Hyperlipidämie 95
Familiäre Methämoglobinämie 227
Familiärer hämolytischer Ikterus 226
Fanconi-Anämie 29
Fasten 39, 45, 50
Favabohnen 46
Fc-Region, IgG 32, 361, 427
Fe^{2+}-Mangel 347
Fe-Resorption 223
Feedback-Kontrolle (IMP, GMP, AMP) 39
Fehlernährung 59, 266, 267
Ferritin 56, **123**, 125, 246

Ferritin i. Blutserum 123
Ferrochelatase 232, 233, 234
Ferroxidase I 123, 127
α_1-Fetoprotein 56, 57, 384
Fettgewebsadenylzyklase 99
Fettgewebslipase 166
Fettleber 41, 49, 254, 258, **266**
Fettlösliche Vitamine 285
Fettsäure-Gallensäure-Komplex 84
Fettsäuren i. Blut 83, 148
Fettsäuren, Halbwertszeit 83
Fettsäuren, Stuhl 83
Fettsäureoxidation 8
Fettsäuresynthese 8, 154
Fettsucht 41, 104
Fibrin 414
Fibrinmonomere 394
Fibrinogen 45, 47, 57, 259, 393, **394**, 414
Fibrinogenopathie 401
Fibrinolyse 394, 396
Fibrinopeptide 396
Fibrinstabilisierender Faktor (XIII) 57, 393
Fibrinsynthese 54
Fibroblasten, β-Interferon 437
Fibronectin 379, 414
Fibroosteoklasie 328
Fischbandwurm 205
Fischöle 103
9α-Fluor-16α-methylprednisolon 179
Fluorapatit 323
Fluorescein-Dilaurinsäure 293
Fluorid 320, 326
Fluorose 329, 330
5-Fluoruracil 31, 379
Flushing 193
FMN 202
Föllingsche Erkrankung 61
Folatreduktase 204
$FolH_2$ 31
Follikelstimulierendes Hormon 182
Folsäure 202, 204
Folsäureantagonisten 31, **205**, 216, 261, 387
Folsäuremangel 215, 216, 229
Forbidden Clons 422
Formaldehyd 254
Formiat 254
Formiminoglutaminsäure 60, 205
Formiminotransferasemangel 60

Formyl-$FolH_4$ 31
Formyltetrahydrofolsäure 254, 313
Freies Thyroxin, Serum 145
Freundsches Adjuvans 383
Fructokinase 165
Fructokinasemangel 81
Fructose 40, 160, 165, 182
Fructose i. Samenflüssigkeit 184, 186
Fructose-Bisphosphataldolase 74
Fructose-1,6-bisphosphat s. Fructose-1.6-diphosphat
Fructose-1,6-diphosphat-Phosphatase 74, 77, 158
Fructose-1,6-diphosphat-Phosphatasemangel 78, 80
Fructoseintoleranz 71, 74, 80
Fructosurie 315
Frühantikörper 426
FSF-Mangel 399
FSH 181, 182
FSH-Releasing-Hormon 181, 182
fT_4, Serum 145
Fucose 69
α-Fucosidase 22, 102
Fucosidose 102
Fumarat-Hydratase 22
Furosemid 40, 301

G-Zellen 277
G_1-Phase 387, 417
G_2-Phase 387, 417
Gal-1-P-uridyl-Transferasemangel 71
Gal-Gal–Glc-Ceramid 33
Gal-Operon 33
Galaktit 73
Galaktocerebrosid 102
Galaktokinase 33, 73
Galaktokinasemangel 71
Galaktosämie 14, 24, 32, 33, **73**, 80, 269, 315
Galaktosaminhepatitis 262
Galaktose 69
Galaktose-1-P 73
Galaktose-1-phoshat-Uridyltransferase 33, 73
Galaktose-Glykosidtransferase 23
Galaktosediabetes 71, 73, 74, 80, 81
Galaktoseintoleranz 73
Galaktosetoleranztest 245

β-Galaktosidase 70, 100, 101, 102, 353, 356, 362
β-Galaktosidasemangel 71, 290
Galaktosyl-Hydroxylysyl-Galaktosyltransferase 347, 349
Galle 270
Galle, Cholesterinelimination 93
Galle, Kupferausscheidung 128
Gallenblasenperforation 293
Gallenfarbstoffe 248, 285
Gallenflüssigkeit 242
Gallengangsatresie 249
Gallengangsenzyme 17
Gallengangsverschluß 83, 84, 206, 244, **271**, 249, 286
Gallenpigmentsteine 273
Gallensäuren 83, 99, **272**, 274, 280, 285
Gallensäuren, enterohepatischer Kreislauf 87, 272, 288
Gallensteine 272
Gallenwegsepithel 9
Galliumisotop 386
Gammopathien 48, 430
Gangliosid G_{M1} 100
Gangliosidose 100
Gangliosidosen 103, 357
Gangliosidspeicherkrankheiten 103, 357
Gargoylismus 355
Gastrektomie 53
Gastric Inhibitory Polypeptide 282, 284
Gastrin 270, 277, **281**, 282, 283
Gastrin i. Serum 283
Gastroenteritis 116
Gastrogene Maldigestion 286, 287
Gaucher-Erkrankung 102
Gc-Globulin 57
Gefäßrupturen 348
Gehirndegeneration 103
Geistige Entwicklungsstörung 353
Gelenkflüssigkeit 363
Genchirurgie 36
Gene, Tandemanordnung 20
Generalisierte Gangliosidose 102

Generalisierte Ödeme 111
Genetische Defekte, Therapie 32
Genetische Faktoren der Fettsucht 105
Genetischer Molekulardefekt 22
Genlokalisation 22
Genmutationen 23
Genommutationen 23
Genveränderung 10
Gerinnungsenzyme 17
Gerinnungsfaktoren s. a. Blutgerinnungsfaktoren
Gesamtproteinumsatz 44
Gesamtspeichereisen 125
Geschlechtsmerkmale, primäre und sekundäre 182
Gestagene 134
Gewebefaktor III 392
Gewebshormone 133, **191**
Gewebsmastzellen, Histamingehalt 195
Gewebsproteasen 436
Gibbs-Donnan-Effekt 109
Gicht **36**, 239, 314
Gichtanfall, Alkoholexzeß 254
Gichtniere 37
v. Gierke-Erkrankung 76
Gilbert-Meulengracht-Syndrom 249
GIP 151, 282, 284
Gipfelsekretion 279
Glandotrope Hormone 133, 173, 182
GLDH 8, 9, 15, 17, 243, 260
Gliadin 290
β$_2$-Globulin 393
α$_1$-, α$_2$-, β-, γ-Globuline 47, 56
α$_2$-Globuline 192, 230
Glomeruläre Niereninsuffizienz 332
Glomeruläre Proteinurie 308
Glomerulonephritis 57, 116, 429, 434
Glomerulosklerose 159
γ-Glu-cystein-Synthetase 226
Glucocerebrosid-β-Glucosidase 102
Glucocorticoidbehandlung, Ulkusbildung 170
Glucocorticoidbehandlung 280
Glucocorticoide 47, 79, 134, 151, 156, 158, 164, **169**, 322, 416, 439

Glucocorticoide, circadianer Rhythmus 174
Glucocorticoide, immunsuppressive Wirkung 170, 439
Glucocorticoid-Mangel 80
Glucoglycinurie 309
Gluconeogenese 51, 69, 153, 166, 169
Glucose i. Harn 81, 120, 153, 315
Glucose-Cortison-Toleranztest 164
Glucose-Galaktose-Malabsorption 71, 72, 290
Glucose-6-phosphat 229
Glucose-6-phosphat-Dehydrogenase 7, 8, 22
Glucose-6-phosphat-Dehydrogenase, Arteriengewebe 370
Glucose-6-phosphat-Dehydrogenasedefekt 11, 225
Glucose-6-phosphat-Phosphatase 8, 37, 75
Glucoseaufnahme 165
Glucosebelastungstest 163
Glucoserezeptor 151
Glucosestoffwechsel, Tumorzelle 378
Glucosetoleranz 95, 98, 142, 158, 169, 259
Glucosetoleranz, pathologische 159, 164, 189
Glucosetoleranztest 72, 158, 164
β-Glucosidase 100, 101
Glucosidasehemmer 165
α-Glucosidasemangel 71
Glucosurie 78, 79, 149, **153**, 309, 315
β-Glucuronidase 8, 247, 253, 353, 362
β-Glucuronidase-Defizienz 353
Glucuronidsynthese 8
Glucuronsäure 69
Glucuronsäurekonjugation 250 255
Glukagon 79, 107, 135, 150, 156, **166**, 187
Glukagon-Belastungstest 76
Glukagon-produzierende Tumoren 166
Glutamat-Dehydrogenase 7, 8

Glutamat-Oxalacetat-Trans-
aminase s. GOT
Glutamat-Pyruvat-Trans-
aminase s. GPT
Glutamin 299
Glutaminsäure-Dehydro-
genase 9
γ-Glutamyl-Transpeptidase
s. γGT
Glutamylamidotransferase 394
Glutathion 199, 223, **225**, 237,
239, 257
Glutathion-Peroxidase 246
Glutathion-Reduktase 39, 225,
226
Glutathion-Reduktasemangel
11
Glutathionsynthese-Defekt
226
Gluten 290
Glutenintoleranz 290
Glutetimid 317
Glycerinaldehyd-3-phosphat-
Dehydrogenase 239
Glycerinphosphatide 82
L-Glycero-D-mannoheptose
406
Glycinabbau 65
Glycinämie mit Hypooxalurie
66
Glycinforminotransferase 60
Glycinkonjugation 250, 256
Glycinose 60, 66
Glycinoxidase 60, 66
Glycophorin i. Erythrozyt 218
Glykochenodesoxycholsäure
273
Glykocholsäure 273
Glykogen, Leber 51
Glykogen, Skelettmuskulatur
51
Glykogenabbau 69
Glykogenabbaustörung 80
Glykogenmobilisation 51
Glykogenosen 71
Glykogenspeicherkrankheiten
32, 37, 71, **75**, 96, 269
Glykogensynthese 69
Glykogensynthetase 170
Glykohämoglobin 162
Glykolaldehyd 66
Glykolipide 69, 73
Glykolsäure 66, 313
Glykolyse 8, 69, 152
Glykolyse, Arteriengewebe
364

Glykolyse, Tumorzelle 378
Glykopeptide A, B 394
α_1-Glykoprotein 57, 393, 409
Glykoproteinbiosynthese 8
Glykoproteine 69, 73, 312,
415
Glykoproteine i. Galle 270
Glykoproteine i. Magensaft
277
Glykosaminoglykane 14, 350
Glykosaminoglykane, Leber
268
Glykosidasen 101, 237, 324,
352
Glykosidasen, intestinale 165
Glykosyl(Glucuronid)-Trans-
ferasen 8
Glykosylierte Hämoglobine
160, 161
Glykosylierte Proteine 163
Glyoxylat-α-Ketoglutarat-
carboligase 12
Glyoxylat-Transferase 60, 66
Glyoxylsäure 66, 313
Gonosomen 23
Goodpasture-Syndrom 424
GOT 8, 9, 15, 17, 243, 260,
336, 340
GPT 9, 15, 243, 260
dGTP 31
Graft-versus-host-Reaktion
433
Granulozyten 236
Granulozytopenie 241
Granulozytopoese 236
Gravidität 96, 216
Growth Hormon-Releasing-
Faktor (GRF) 187
Grundumsatz, Fasten 52
γ-GT 8, 9, 15, 245, 260, 271,
340
GTP 31
Guanidin 305
Guanin 36
Guanyl-Zyklase 135
Guanylat-Kinase 22
L-Gulonolacton-Oxidase 23
Guthrie-Test 63
GVH-Reaktion 433
Gynäkomastie 182

H-Ketten 427
H-Kettenkrankheit 48
H_2O_2 237
H_2S 295
Häm 232

Hämatokrit 213
Hämbiosynthese 215
Hämoblastosen 216, 241
Hämochromatose **125**, 126,
269
Hämoglobin 45, 214
Hämoglobin M-Typen 221
Hämoglobin-Puffer 118
Hämoglobinabbau 248
Hämoglobinmolekül, α-, β-, γ-,
δ-, ε-Kette 219
Hämoglobinopathien 11, 214,
215, **219**, 231
Hämoglobinurie 229
Hämoglobinvarianten 220
Hämolyse 115, **217**, 220, 229,
247
Hämolytische Anämien 57,
100, 206, 215, 217, 230
Hämolytische Bluttrans-
fusionsreaktionen 230
Hämolytische Ikterusformen
247
Hämolytischer Ikterus 248
Hämoperfusion 316
Hämopexin 56, 57, 229, 230,
244, 410
Hämophilie A, B, C 399
Hämophilie, klassische 32
Hämorrhagien 202, 401
Hämorrhagische Diathesen
244, 348, 397, 402
Hämosiderin 125
Hämosiderinablagerung 47
Hämosiderindepots 125
Hämosiderose 125, 224
Hämostase 391
Hagemann-Faktor 191, 393
Hagemann-Faktor-Mangel
399
Halbwertszeiten, Enzyme 15
Haptene 422
Haptene, Radioimmunassay
139
Haptenisierung 241, 422
Haptoglobin 56, 57, 229, **230**,
244, 316, 410
Haptoglobin, Halbwertszeit
230
Haptoglobinverbrauch 226
Harn 54
Harn, Osmolarität 311
Harn, spezifisches Gewicht 311
Harnacidose 314
Harnbildung 298
Harnblasencarcinom 377

Harnglucosebestimmung 163
Harnkonkremente 311
Harnkonzentrierung 300
Harnsäure 36, 40, 52, 300, 303
Harnsäure i. Serum 337
Harnsäure i. Synovialflüssigkeit 363
Harnsäureausscheidung 39
Harnsäuresteine 314
Harnsteine 66, **311**
Harnsteine, Metaphylaxe 312
Harnstoff 300, 303
Harnstoff i. Blut 170, 263
Harnstoff, mikrobieller Abbau 306
Harnstoffreutilisierung 305
Harnstoffsynthese 8
Harnstoffzyklus 54, 67
Hartnupsche Krankheit 12, 68
Hauptzellen 277
Hautatrophie 171
Hautcarcinom 377
Hautverbrennungen 54
Hb 213, 224
Hb A_1 161, 219
Hb A_{Ia-c} 162
Hb A_2 219
Hb-Varianten 220, 221
HbCO 215
HbF 220
HbS 221, 222
HbS, Carbaminsäurederivat 222
α-HBDH 8, 9, 340
HCG 385
HCl-Sekretion 277
HCl-Sekretion, Histamin 195
HCO_3^- i. Darmsekret 276
HCO_3^- i. Fäces 276
HCO_3^- i. Magensaft 276
HCO_3^- i. Pankreassaft 276
HCO_3^- i. Speichel 276
HDL 85, **90**, 92, 370
HDL_2/HDL_3-Quotient 98
Heiße Knoten 145
Helferzellen 382, 425, 431
Hemmkörperhämophilie 400
Hemmstoffe, Nucleinsäuresynthese 30
Hemmstoffe, Proteinbiosynthese 30
Hemmung der Antikörpersynthese 171
Heparansulfat 268, 350, **353**, 365

Heparansulfat-Abbau-Defekte 354
Heparin 392, 433
Heparininduzierbare Lipoproteinlipase 95
Heparintherapie 398
Hepatische Porphyrien 231
Hepatisches Coma 385
Hepatitis 53, 57, 96, 248, **259**, 385
Hepatitis, Immunologie 262
Hepatitis, Therapie 262
Hepato-Splenomegalie 73, 230, 357
Hepatocerebrale Degeneration 127
Hepatogene Enzephalopathie 263
Hepatogene Maldigestion 287
Hepatogener Diabetes 269
Hepatolentikuläre Degeneration 127
Hepatom 57
Hepatomegalie 49, 76, 267, 356
Hepatosplenomegalie 94, 355
Hepatozelluläre Erkrankungen 230
Heptose 406
Heptulosen 151
Herbizide 317
Hereditäre Elliptozytose 226
Hereditäre Enzymdefekt-Myopathien 337
Hereditäre Fructoseintoleranz 81
Hereditäre Koproporphyrie 231, 233, 234
Hereditäre Myopathien 337
Hereditäre sideroachrestische Anämie 224
Hereditäres angioneurotisches Ödem 192, 437
Heredopathia atactica polyneuritiformis 103
Herpes simplex-Viren 375, 438
Herpes zoster-Viren 438
Hers-Erkrankung 76
Herz, Energiestoffwechsel 333
Herzinfarkt s. Myocardinfarkt
Herzinsuffizienz 126, 177, 334, 336
Herzkreislaufversagen 171
Herzmuskel, Citratzyklus 335
Herzmuskel, LDH-Aktivität 9, 335

Herzmuskel, Stoffwechsel 334
Herztod 114
Heterogene nukleäre RNA 20
Heterotope Ossifikationen 331
Heterotransplantate 425
Heuasthma 195
Heuschnupfen 195
Hexachlorbenzol 234
Hexokinase 239
β-NAc-Hexosaminidase 101
HHL, Hormone 190
Hippel-Lindausche Angiomatose 149
Hippursäure 256
Hirnschäden 74
Hirsutismus 174
Histamin 134, 135, **195**, 197, 295, 408, 433
Histidin-Ammoniaklyase 60
Histidin-Decarboxylase 195
Histidinämie 60
Histokompatibilitätsantigene 419, 420
Histon-Kinase 136
HK 213
HLA-Antigene 419
HLA-assoziierte Erkrankungen 421
HLP 93
HMG-CoA-Reduktase 89, 91
Hochdruck 149
Hodenatrophie 186
Homocystin 65, 345, 349
Homocystin 60
Homocystinurie 12, 59, 60, 64, **65**, 314, 347, 349
Homogentisinsäure 60, **62**, 63, 362
Homoiotransplantate 425
Homologe Antigene 419
Hormonabbauprodukte 138
Hormone 19, **133**
Hormone, Gastrointestinaltrakt 281
Hormone, Klassifizierung 133
Hormone, Radioimmunassay 139
Hormonelle Regelkreise 137
Hormonproduzierende Tumoren 379
Hornhauttrübungen 355
Humorale Immunität 418, 426
Hunger 45, **50**, 266
Hunter'sche Erkrankung 353
Hurler'sche Erkrankung 353
HVL-Insuffizienz 96

Sachregister 461

Hyaluronat 143, 350, 365
Hyaluronatlyase 407
Hyaluronidasen 407
Hyaluronsäure i. Synovialflüssigkeit 363
Hybride DNA 35
Hybridome 429
Hydration 110
Hydrocele 186
Hydrogencarbonat/Kohlensäure-System 119
Hydrogencarbonat-Puffer 118
Hydrolasen 4
5-Hydroperoxieikosatetraensäure (5-HPETA) 199
Hydrostatischer Druck 109, 297
δ-Hydroxy-α-aminoadipinsäure-δ-semialdehyd 346
α-Hydroxy-β-ketoadipinsäure 313
β-Hydroxy-β-methylglutaryl-CoA-Reduktase 274
2-Hydroxy-3-Ketoadipinsäure 66
2-Hydroxy-3-oxoadipat-Carboxylase 60, 66
17-Hydroxy-pregnenolon 168
Hydroxyallysin-Rest 346
β-Hydroxybuttersäure 40, 68, 121, 154
β-Hydroxybutyrat-Dehydrogenase 8, 9
25-Hydroxycholecalciferol 327
17-Hydroxycorticosteroide 138
17-Hydroxycorticosteroide i. Harn 179
5-Hydroxyindolessigsäure 61, 138, 193, 194
Hydroxylamin 26
Hydroxylapatit 320, 323
11β-Hydroxylase 168, 175
17α-Hydroxylase 168, 175, 176
21β-Hydroxylase 168, 175
Hydroxylierungssystem der Leber 13
Hydroxylradikale 25, 238, 386, 439
Hydroxyperoxieikosatetraensäure 200
p-Hydroxyphenylbrenztraubensäureoxidase 60
17α-Hydroxyprogesteron 168

Hydroxyprogesteron-Desmolase 186
4-Hydroxyphenylpyruvat-Dioxygenase 62
Hydroxyprolin 313
Hydroxyprolin i. Serum 268, 324
Hydroxyprolinämien 60
Hydroxyprolinpeptide i. Harn 321
Hydroxypyrrolincarboxylatreduktase 60
17-Hydroxysteroide 173
5-Hydroxytryptamin 193
5-Hydroxytryptophan 193
5-Hydroxytryptophan-Decarboxylase 62, 194
Hyperaldosteronismus 176, 307
Hyperammonämie 67
Hyperbilirubinämie 33
Hypercalcämie 319
Hypercalciurie 312
Hyperchlorämische Acidose 114, 309
Hyperchlorhydrie, Magensaft 280
Hypercortisolismus 174
Hyperfibrinolyse 57, 397
Hypergastrinämie 281
Hyperglukagonämie 166
Hyperglycinämie 60
Hyperglykämie 76, 79, 153, 293
Hyperhämolyse 217
Hyperhydratation 110, 112, 303
Hyperimmunglobulinämie 431
Hyperinsulinismus 80
Hyperkaliämie **114**, 226, 301, 303
Hyperlactatämie 77
Hyperlipämie 76
Hyperlipidacidämie 107
Hyperlipidämie-Gen 94
Hyperlipoproteinämie 41, 91, **93**, 159, 203, 254, 273, 307, 368
Hyperlipoproteinämie-Typen 94, 95
Hyperlipoproteinämien, Therapie 98
Hyperlipoproteinämien, sekundäre 96, 143
Hypermagnesiämie 116
Hypermenorrhoe 125

Hypernatriämie 112, **113**, 176, 297
Hyperosmolares hyperglykämisches Coma 155
Hyperostosen 189, 325, 329
Hyperoxalurie 60, 312
Hyperparathyreoidismus 281, 312, 314, **327**, 337
Hyperphenylalaninämie 63
Hyperphosphatämie 189, 319
Hyperprolinämie 60
Hyperproteinämien 55, 59
Hypersarkosinämie 60, 66
Hypersekretion, Salzsäure 280
Hypertension 369
Hyperthyreose 107, **144**, 337
Hypertone Dehydration 112
Hypertone Hyperhydration 112
Hypertonus 41, 149, 200, 304, 368
Hyperurikämie **36**, 52, 96, 312
Hyperurikosurie 312
Hypervalinämie 64
Hypervariable Bereiche, IgG 427
Hyperventilation 111, 120, 122
Hypervitaminosen 201
Hypervolämie 177
Hypervolämischer Schock 78
Hypoalbuminämie 53, 306
Hypoaldosteronismus 115
Hypocalcämie 293, 318
Hypochlorämie 114, 304
Hypochlorämische Acidose 303
Hypochlorämische Alkalose 114
Hypochlorhydrie, Magensaft 280
Hypochrome Anämie 223
Hypoferrämie 125
Hypofibrinogenämie 399
Hypogammaglobulinämie 33, 431
Hypoglykämie 80, 178, 254, 259, 378
Hypoglykämischer Schock 74, 79
Hypogonadismus 185, 304
Hypokaliämie **115**, 172, 176, 283, 284, 302, 304
Hypolipoproteinämien 99
Hypomagnesiämie 117

Hyponatriämie 112, 113, 304, 309
Hypoparathyreoidismus 329, 332
Hypophosphatämie 309
Hypophysärer Diabetes insipidus 190
Hypophysärer Diabetes mellitus 157
Hypophysärer Minderwuchs 189
Hypophysärer Riesenwuchs 189
Hypophysenademon 189
Hypophysenhinterlappen, Hormone 190
Hypophysenvorderlappen-Hormone 137
Hypoproteinämie 49, 53, 55, 59, 195, 291, 306
Hypoprothrombinämie 206
Hyposiderinämie 125
Hyposthenurie 303, 311
Hypothalamus-Hormone 137
Hypothalamus-Hypophysen-Nebennierenrinden-System 167
Hypothalamus-Hypophysen-Testosteron-System 181
Hypothalamus-STH-Somatomedin-System 187
Hypothalamustumor 186
Hypothyreose 32, 96, **143**, 337
Hypotone Dehydration 112
Hypotransferrinämie 126
Hypovitaminosen 12, 85, **201**
Hypovolämie 293, 307
Hypovolämischer Schock 112, 302
Hypoxanthin 14
Hypoxanthin-Guanin-Phosphoribosyltransferase 39
Hypoxie 123, 402
Hypoxie, Arteriengewebe 364

Iatrogene Hämochromatose 126
ICSH 181
Idiopathische Gammopathie 48
Idiopathische Hämochromatose 124
Idiopathische Hypoprothrombinämie 399
Idiopathische perinatale Hämochromatose 126
Idiopathische thrombozytopenische Purpura 424
IDL 85
Iduronid-2-sulfat-Sulfatase 353, 357
α-L-Iduronidase 353
IgA 45, 426
IgD 426
IgE 426, 433
IgG 32, 45, 238, 426
IgM 45, 361, 410, 426
Ikterus 247
Ileus 284, 293
Imidazol-5-essigsäure 195
Imidazollactat 60
Imidazolpyruvat 60
Iminoglycinurie 68
Immun-γ-Interferon 431, 437
Immunabwehr 418
Immunabwehr von Tumorzellen 382
Immunadhärenz 436
Immunchemie 418
Immundefekt, Lymphozyten 240
Immundiffusion, radiale 56
Immunelektrophorese 56
Immunglobuline 56, 58, 423
Immunglobuline, Synthese 428
Immunglobulintypen 426
Immunhämolytische Anämien 228, 422, 424, 437
Immunkompetente T-Lymphozyten 431
Immunkrankheiten 430
Immunogenität 419
Immunoglobulinämien 48
Immunsuppression 439
Immuntherapie, Tumoren 386
Immunthyreoiditis 423, 424
Immuntoleranz 421, 439
Inaktivitätsosteoporose 326
Indigokarmin 310
Indigosteine 315
Indikan 256
Indikanderivat des Tryptophans 68
Indirektes Bilirubin 247
Indocyaningrün 245
Indol 295, 305
Indometazin 280
Infektanämie 124, 224
Infektanfälligkeit 437

Infusion salzfreier Lösungen 111
INH 262
Innenkörperbildung 226
Inosithexaphosphat 319
Inositphosphatide 323
Insektizide 17, 317, 339
Inselzelladenom 80
Inselzellcarcinom 80
Inselzellschädigung 293
Insertion 25
Insulin 79, 135, **150**, 187, 270, 416
Insulinantagonismus, STH 188
Insulinantagonisten 156
Insulinantikörper 151, 156
Insulinbindende Blutplasmaproteine 151
Insulinmangel 107
Insulintoleranztest 189
Intact Nephron Hypothese 304
Inter-α-Trypsin-Inhibitor 396
Intercalation 26, 387
Interferon 382, 383, 418, 425, **437**
Interferon, Antitumorwirkung 438
Interferon-Rezeptor 438
Interferon-Wirkung 438
Interleucine 382, 425
Intermediate density Lipoprotein (IDL) 85, 95
Intermittierende Myoglobinurie 341
Intestinale Hämorrhagie 76
Intestinale Lymphangiektasie 53
Intestinale Maldigestion 286
Intestinaler Tryptophantransport 12
Intimaödem 367
Intoxikation 239
Intrahepatische Cholestase 270
Intravasale Fibrinolyse 399
Intrinsicfaktor 205, 277, 288
Intrinsicfaktormangel 217
Intrinsic System, Blutgerinnung 391, 392
Intron 20, 21
Ionisierende Strahlen 216, 374, 377
Irritables Colon 282, 284
Ischämie, Magenschleimhaut 280

Sachregister 463

Ischämische Herzinsuffizienz 336
Isoantikörper 401
Isoenzyme 6, 46, 226
Isoenzyme, β-N-Acetylhexosaminidase 269
Isoleucin i. Blut 63
Isoleucinstoffwechsel 63
Isomaltase 70
Isomaltose 70
Δ^5-Δ^4-Isomerase 168
Isomerasen 5
Isonicotinsäurehydrazid 40, 206
Isoosmotische Rückresorption 299
Isosthenurie 303, 311
Isotone Dehydration 112
Isotone Flüssigkeitsverluste 111
Isotone Hyperhydration 112
Isotone Infusionen 111
Isovalerianacidämie 64
Isovaleriansäure 60
Isovaleryl-CoA-Dehydrogenase-Defekt 64
Isovalinacidose 60

^{125}J-Bengalrosa 245
Jodaufnahme 142
Jodid i. Blut 141, 143
Jodid-Peroxidase 141, 143
Jodmangel 143, 144
Jodtyrosin-Dejodase 141
Juveniler Diabetes mellitus 155, 421
Juxtaglomeruläre Zellen 169, 177

K$^+$ s. a. Kalium
K$^+$ i. Darmsekret 276
K$^+$ i. Fäces 276
K$^+$ i. Magensaft 276
K$^+$ i. Pankreassaft 276
K$^+$ i. Speichel 276
K$^+$-Verlust 159
Kachexie 291
Kälteagglutinine 228, 428, 430
Kälteurtikaria 48
Kaliumhaushalt 114, 115
Kaliummangelsyndrom 115
Kaliumretention 178
Kaliumsubstitution 154
Kaliumverlust 116, 121
Kalkseifen 85, 291, 319

Kallidin 192
Kallikrein 191, 292, 293
Kallikreinogen 191
Kalorienarme Diät 98
Kalorische Überernährung 267
Kalter Knoten 145
Kammerflimmern 114
Kanalisationsikterus 248, 249, 271
Kanchanomycin 31
Kapillarfragilität 171
Kapillarresistenz 398
Kardiomegalie 76
Kartoffel-Ei-Diät 306
Karyozytenmangel 401
Kastration 186
Katal 5
Katalase 233, 239
Katalytische Einheit 5
Katarakt 73
Katecholamine 79, 134, 135, **147**, 151, 197, 266
Katecholaminmangel 149
Katecholaminsynthese 61
Kathepsin 362
Kayser-Fleischersche Ring 127
KDO 406
Keloide 171, 417
Keratansulfat 73, 103, 350, 353
Keratansulfat i. Knorpelgewebe 372
Keratinisierung, Cornea 207
Kernikterus 206
2-Keto-3-desoxyoctansäure 406
6-Keto-PGF$_{1a}$ 196
Ketoacidose 39, 52, 76
Ketoacidotisches Coma 154
Ketoacidurie 63, 64
Ketogenese 51
α-Ketoglutaramid 263
α-Ketoglutarat 66
α-Ketoglutaratacidose 78
Ketonämie 120, 154
Ketonkörper 51, 148, 154
Ketonkörperutilisation, ZNS 52
Ketonurie 120, 315
α-Ketosäure-Dehydrogenase 78
α-Ketosäuredecarboxylase 12
17-Ketosteroide 138, 173, 175, **180**, 186
α-Ketten-Thalassämie 220

β-Ketten-Thalassämie 220
Killerzellen 382, 425
Kinasen 135
Kininsystem 191, 408
Klärfaktor 95
Klinefelter Syndrom 23, 186
Knochen, Phosphatase 18
Knochenabbau 324
Knochengewebe, Stoffwechsel 185
Knochenmarkshyperplasie 220
Knochenmineral 324
Knochenstoffwechsel 185, 322, 323
Knollenblätterpilzgifte 260, 263
Knollenblätterpilzvergiftung 258, 317
Knorpelgewebe, Proteoglykane 360
Koagulopathien 397
Kohlenhydrat-Abbaustörungen 70
Kohlenhydrat-Eiweißverbindungen 69
Kohlenhydrat-Lipidverbindungen 69
Kohlenhydrat-Resorptionsstörungen 70
Kohlenhydrat-Stoffwechsel 69
Kohlenhydratarme Diät 98
Kohlenhydratreiche Ernährung 96
Kohlenhydrattoleranz 41
Kohlensäurepartialdruck des Blutes 119
Kollagen 45, 330, **343**, 358, 364, 415
Kollagen, Altersveränderungen 373
Kollagen, Quervernetzungen 346
Kollagen-Disaccharide i. Serum 268
Kollagenase 292, 324, 345, 347, 407
Kollagenaseinhibitoren 417
Kollagenbiosynthese 128, 343
Kollagenkrankheiten 171, 343
Kollagenosen 241, 343, 410, **423**, 429, 432
Kollagenpeptidase 269
Kollagenstoffwechsel, Arteriosklerose 367
Kollagenstoffwechsel, Störungen 345

Kollagentypen I–VI 268, 344, 350, 369, 412
Kolloidosmotischer Druck 109
Kompetitive Proteinbindungsanalyse 137, 138
Komplementaktivierung 436
Komplementationsgruppen, Xeroderma pigmentosum 29
Komplementsystem 56, 192, 238, 362, 382, 418, **435**
Kongenitale erythropoetische Porphyrie 231
Kongenitale Galaktosämie 71, 73
Konjugase-Defekt 143
Konjugations-Ikterus 248, 249
Konjugationsreaktionen, Leber 242, 255
Konjugationsstörungen, Leber 244
Konjugierte Gallensäuren 83, 272
Konstanter Kettenabschnitt, IgG 427
Kontrainsulinäre Wirkstoffe 151
Kontrazeptiva 164, 233, 249
Kontrazeptive Östrogene 13
Kontrollgenmutation 11
Koproporphyrinausscheidung 316
Koproporphyrine 231, 232
Koproporphyrinogen 224, 232
Koproporphyrinogen-Oxidase 232, 234
Koprosterin 93
Koronarsklerose 159
Koronarspasmen 200
Korpuskuläre Anämien 218
Korpuskuläre hämolytische Erkrankungen 217
Krabbe-Erkrankung 102
Kreatin-Kinase 8, 9, 15, 340
Kreatinin 303
Kreatininclearance 310
Kreatinurie 336
Krebs 374
Krebszellen, Mitoserate 386
Kreosotöl 377
Kropfbildung 143
Kryoproteine 48
Kryptogenetische Zirrhosen 269
Kryptorchismus 186
Kükenantidermatitisfaktor 203
Kupfermangel 345, 347

Kupferstoffwechsel **127**, 128
Kurzkettige Fettsäuren 83
Kurzzeitbarbiturate 317
Kwashiorkor 49, 432

L-Ketten 427
L.e.d. 424
Lactacidämie 39
Lactacidose 77, 165
Lactase 71
Lactat i. Blut 148
Lactat i. Serum 40, 337
Lactat-Dehydrogenase 7, 8, 205
Lactat-Dehydrogenase-Isoenzyme 14
Lactatacidose 76, 77, 254
Lactatacidotisches Coma 155
Lactatämie 76
Lactation 81, 223
Lactoferrin 237
Lactoflavin 203
Lactosämie 72, 315
Lactose 70
Lactose-Intoleranz 71, 81, 289, 296
Lactose-Malabsorption 71, 72, 290
Lactosetoleranztest 72, 290
Lactosid-Lipidose 102
Lactosurie 72
Lactulose 266
δ-NH$_2$-Lävulinsäure 231
δ-NH$_2$-Lävulinsäure-Dehydratase 232
Laki-Lorand-Faktor 393
Langzeithämodialyse 216
LAP 9
Laron-Zwerge 189
Latente Myopathie 341
LATS 144
Laxantien 296
Laxantienabusus 121
LCAT 89, 100
LDH 8, 15, 336, 340
LDH/α-HBDH-Quotient 340
LDH, Erythrozyten 18
LDH-Isoenzyme 15, 243
LDL 85, 86, **88**, 369
LDL-Cholesterin/HDL-Cholesterin-Quotient 97, 98
LDL-Katabolismus 99
LDL-Rezeptor 90
LDL-Rezeptormangel 94
LDL-Spiegel i. Serum 90

LDL-Stoffwechsel 88
Leber, Aminosäurestoffwechsel 264
Leber, Biotransformation 250
Leber, Fettsäuresynthese 267
Leber, Intermediärstoffwechsel 242
Leber, Kupfergehalt 128
Leber, Lipoproteinsynthese 266
Leber, Proteinstoffwechsel 264
Leberausfallscoma 264
Lebercarcinom 231, 377, 384
Lebercoma 258, **263**
Leberdystrophie 115
Leberenzyme 9, 15, 53
Leberfibrose 233, 268
Leberfructokinase 75
Leberfunktionsdiagnostik 243
Lebergalle 270
Leberglykogen 78
Leberlipase 93
Leberphosphofructaldolase 74
Leberphosphorylase 75
Leberschaden, alkoholtoxischer 234
Leberschädigung 57, 60, 74, 155, **258**, 267
Lebertran 327
Lebertumoren 14
Leberxanthin-Oxidase 39
Leberzelle, Sekretionsenzyme 244
Leberzellinsuffizienz 258
Leberzellschaden 264, 399
Leberzerfallscoma 263
Leberzirrhose 47, 53, 57, 76, 126, 166, 171, 177, 233, 248, 254, 258, 261, 264, **268**, 385, 429
Leberzirrhose, Elektrophero-gramm 243
Lecithin 92, 274
Lecithin-Cholesterin-Acyl-Transferase 89, 100
Lectine 380, 425
Leinersche Erkrankung 204
Lepraerreger 434
Lesch-Nyhan-Syndrom 39
Leucin i. Blut 63
Leucin-Aminopeptidase 9, 18, 245, 271
Leucin-induzierte Hypoglykämie 80
Leucinstoffwechsel 63
Leucoverin 205

Leukämie 22, 205, **239**, 375, 377, 439
Leukämie-Viren 375
Leukodystrophie 102
Leukokinesine 411
Leukomitogene 410
Leukopenie 204
Leukorekrutine 410
Leukotaxine 411
Leukotriene 134, **199**, 415, 433
Leukozyten, γ-Interferon 437
Leukozytose 171, 174, 239, 405, 409
Levamisol 383
LH (ICSH) 182
LH-Releasing-Hormon 181, 182
Liberine 133
Ligandin 246
Ligasen 5
Lightwood-Albright-Syndrom 114
Link-Protein 359
Linksherzinsuffizienz 121, 304
Linksverschiebung, Blutbild 239
Linsenektopie 64, 349
Linsentrübung 74
Lipämia retinalis 94
Lipase 9, 15, 237, 292
Lipaseaktivität i. Blut 84
Lipid-Gallensäure-Komplexe 272
Lipid-Resorptionsstörungen 83, 100
Lipidabbauprodukte 91
Lipide 82
Lipide, Arteriengewebe 365
Lipide i. Gallenflüssigkeit 270
Lipide i. HDL 92
Lipide i. Serum 85
Lipide, Umsatz 83
Lipide, Untergruppen 82
Lipidlösliche Vitamine 83
Lipidosen 101
Lipidreiche Ernährung 96
Lipidsenkende Medikamente 99
Lipidspeicherkrankheiten 100, 355
Lipidstoffwechsel, Arteriosklerose 367
Lipidstoffwechsel, Leber 242
Lipidtransport 83
Lipidurie 307

Lipoide Plaque 368
Lipoidnephrose 307
Lipolyse 51, 86
α-Liponsäure 206
Lipopolysaccharid A 405, 409
Lipopolysaccharide 436
Lipoprotein a 96
Lipoprotein X 97, 271
Lipoproteine 47, 56, 85, 99, 366
Lipoproteine, Stoffwechsel 87
Lipoproteine geringer Dichte 85
Lipoproteine hoher Dichte 85
Lipoproteine sehr geringer Dichte 85
Lipoproteinlipase 86, 88, 89, 94
Liposomen 32
Lipotrope Substanzen 267
Lipoxygenase 199
Lithocholsäure 273
Lithogener Index, Galle 274
Little-Gastrin 281
Long acting thyreoid stimulator 144
Lowe-Syndrom 309
LP-Lipase s. Lipoproteinlipase
LTA (B, C, D) s. Leukotriene
Lungenemphysem 47, 121, 350
Lungenödem 149
Lupus erythematodes 48, 57, 424
Luteinisierendes Hormon 182
Lymphatische Leukämie 432
Lymphgefäßstauung 286
Lymphoblasten 240
Lymphogranulomatose 128
Lymphome 375, 439
Lymphopenie 171, 174
Lymphopoese 236
Lymphosarkom 48
Lymphotoxin 431
Lymphozytenkultur 420
Lyon-Hypothese 370
Lysin-Hydroxylase 345
Lysolecithin 274, 280
Lysosomale Enzymdefekte 101
Lysosomale Enzyme 17, 408
Lysosomale Enzyme, Mannose-6-phosphatrest 357
Lysosomale Enzyme, Strukturdefekte 358
Lysosomale Proteasen 294

Lysosomale Speicherkrankheiten 14, 101
Lysosomen 238
Lysozym 57, 237, 418
Lysyl-Bradykinin 192
Lysyl-Hydroxylase 347
Lysyl-Oxidase 127, 269, 345, 347

Macula densa 303
Maculafleck 357
Magen-Lipase 84
Magencarcinom 280, 377, 385
Magenresektion 216
Magensäuresekretionsanalyse 278
Magensaftsekretion 276
Magenschleim 277
Magentetanie 114
Magnesia usta 223
Magnesiumammoniumphosphat 312
Magnesium-Fettsäuresalze 117
Magnesiumhaushalt 116, 117
Magnesiumsulfat 116, 296
Magnesiumvergiftung 339
Major Histocompatibility Complex 420
Makroamylasämie 294
Makroangiopathie 159
Makroblasten 213
α₂-Makroglobulin 57, 396, 409, 417
Makroglobulinämie Waldenström 48, 430
Makrophagen 237, 382, 408, 413
Makrozytäre Anämie 288
Malabsorption 45, 53, 59, 70, 84, 117, 124, 205, 223, 264, 272, **286**
Malariainfektion 228
Malariaresistenz 11
Malat-Dehydrogenase 7
Maldigestion 45, 53, 70, 205, 264, **286**, 296
Maleatvergiftung 309
Maleylacetoacetat 62
Maligne Gammopathien 48
Maligne Lymphome 48
Maligne Transformation 374
Malignes Carcinoid 193
Malignes Wachstum 30, 57, **374**
Malondialdehyd i. Serum 198
Maltase 70

Maltose 70
Mammacarcinom 22, 375, 385
Mangan 122
Mannit 302
Mannose 69, 151
Mannose-6-phosphat-Rezeptor 357
α-Mannosidase 356, 362
β-Mannosidase 356
MAO 269, 278
MAOS 253
Marasmus 49
Marcumar 13, 42
Marek-Virus 375
Marfan-Syndrom 350, 403
Maroteaux-Lamy'sche Erkrankung 353
Marschhämoglobinurie 229
Mastzellen 415, 433
Mastzellen, Heparin 195
Mastzellen, Histamin 195
Mastzellen, Serotoninspeicher 193
Matrixvesikel 323
Maximal acid output 278
McArdle-Erkrankung 76
MCH 213, 224
MCHC 213
MCL 432
MCV 213
Mechanische Hämolyse 229
Mediatorstoffe 133
Medulläres Schilddrüsenkarzinom 149
Megakaryoblasten 240
Megakaryozyten 236, 401
Megaloblastenanämie 202, 204, 205, 214, 215, **216**, 288
Megalozytäre Anämie 214
Melanin 62
Melaninmangel 60
Melaninsynthese 61
Melanodermie 126
Melanom 149
Melatonin 134
Melliturien 81, 315
Membran-Glykolipide, Erythrozyt 218
Membran-Glykoproteine, Erythrozyt 218
Membrangifte 405
Memoryzelle 425, 431
Mencke-Syndrom 128, 347
Menstruation 223
Menstruationsstörungen 174
Menthol 255

6-Mercaptopurin 31, 41, 379, 387
Merkaptursäurebildung 256, 257
Mesenchymreaktion, unspezifische 368
Mesobilifuscin 248
Mesobilileucan 248
Messenger-RNA 20
MetHb s. Methämoglobin
Metabolische Acidose 60, 112, 116, **120**, 148, 154, 178, 304,
Metabolische Alkalose 112, 120
Metabolische Lactatacidose 78
Metachromatische Leukodystrophie 102
Metanephrin 147, 149
Metastasen 241
Metastasenleber 261
Metastasierendes Malignom 332
Methadon 251
Methämoglobinämie 209, 215, 226, **227**, 231.
Methämoglobin-Reduktase 225, 227
Methanol 254
Methanolvergiftung 255
Methionin 266, 267
Methioninmalabsorption 68
Methotrexat 31, 204, 205
3-Methoxy-4-hydroxymandelsäure 147, 149
17-Methyl-B-nor-Testosteron 184
Methyl-DOPA 164
α-Methyl-DOPA 262
Methyl-FolH$_4$ 31
5-Methyl-FolH$_4$ 65
5-Methyl-Tetrahydrofolsäure 204
Methylcobalamin 202
Methylen-FolH$_4$ 31, 65
5,10-Methylen-FolH$_4$-Reduktase 65
Methylenblau 228
Methylgruppen 267
1-Methylharnsäure 42
Methylkallidin 192
Methyllysyl-Bradykinin 192
Methylmalonacidurie 12, 60
Methylmalonat 205
Methylmalonsäure-Semialdehyd 43
Methylmercaptan 295

N-Methylnicotinamid 203, 257
N-Methyltransferase 147
Methylxanthine 107
Metopirontest 180
Mevalonsäure 91
Mg s. a. Magnesium
Mg-Ausscheidung 117
Mg-Resorption 117
MHC 420
MIF 382, 425, 431
Migration Inhibiting Factor s. MIF
Migrationshemmender Faktor 425
Mikroangiopathie 159
Mikrobielle Toxine 407
Mikrofilamentsystem 379
β$_2$-Mikroglobulin 56, 308, 385, 419
Mikrophagen 237, 408
Mikrosomales alkoholoxidierendes System 253
Mikrosomen 8
Mikrotubulussystem 379
Mikrozirkulationsstörungen 402
Milchsäure s. Lactat
Milchzucker 73
Mineralocorticoide 109, 134, 167, **171**, 301
Mineralocorticoide, Elektrolythaushalt 172
Mineralstoffwechsel, Arteriosklerose 367
Minigastrine 281
Mithramycin 387
Mitochondriale Enzyme 16, 17
Mitochondrien 8
Mitomycin 31
Mitose 387
Mittelkettige Fettsäuren 98
Mittlerer Hb-Gehalt 213
Mittleres korpuskuläres Volumen 213
Mixed Lymphocyte Culture 420, 432
Miyasato-Syndrom 399
MLC 420, 432
Möller-Barlowsche Erkrankung 209, 403
Molekularkrankheiten 27
Mongolismus 23
Monoaminoxidase 147, 269
Monojodtyrosinhaltige Spaltprodukte 141
Monoklonale Antikörper 428

Monoklonale Gammopathien 429
Monoklonale Immunglobulinopathien 48
Monoklonale Zellvermehrung 370
Mononucleose 128
Monozyten-Leukämie 57
Monozytopoese 236
Morbus Addison 115
Morbus Albers-Schönberg 331
Morbus Basedow 144
Morbus Bechterew 421
Morbus Crohn 289
Morbus Glanzmann 401
Morbus Osler-Weber-Rendu 125
Morbus Owren 399
Morbus Recklinghausen 328
Morbus Vaquez-Osler 230
Morphin 121, 191
Morquio-Brailsford'sche Erkrankung 353
Motilin 282
Motorische Endplatte, Acetylcholinstoffwechsel 338
Mucolipidosis 355, 356, 357
Mucopolysaccharidosen 33, 331, 343, **352**, 357
Mucopolysaccharidosen, pränatale Diagnostik 355
Mucopolysaccharidspeicherkrankheiten s. Mucopolysaccharidosen
Mucosulfatidose 355, 357
Mucoviscidose 294
Multiple Formen von Enzymen 6, 11
Multiple Sklerose 421
Multiple Sulfatasedefizienz 357
Multiples Myelom 432
Mumps 434
Muraminidase 57
Muskel-ATPase 318
Muskel-Phosphorylase 75, 149, 337
Muskelatrophie 337
Muskeldenervierungsatrophie 337
Muskeldystrophie 336
Muskelenzyme 15, 340
Muskelerkrankungen 208
Muskelfunktionsdiagnostik 340
Muskelinaktivitätsatrophie 337

Muskelrelaxantien 339
Muskelschwäche 176, 178
Mutation 10, **22**, 26
Mutation, Basenanaloge 25
Mutation, energiereiche Strahlung 23
Mutation, UV-Licht 23
Myasthenia gravis 339, 421, 424
Mycobacterium tuberculosis 434
Myelindegeneration 356
Myelinnekrose 78
Myeloblast 236
Myeloische Leukämie 23, 124, 128, 432
Myelomzelle 429
Myeloperoxidase 237
Myelopoese 236
Mykobakterien 239, 434
Myocard, Ca-Stoffwechsel 334
Myocardialer Sauerstoffverbrauch 334
Myocardinfarkt 16, 58, 159, **340**, 404
Myocardinsuffizienz 334, 335
Myoglobin 316
Myoglobin i. Urin 341
Myopathien 336, 341
Myosin 45
Myositis ossificans progressiva 331
Myositis 341
Myotonia congenita 337
Myotonia dystrophica 337
Myotonie 336, 337, 341
Myxödem 143

Na s. a. Natrium
Na$^+$ i. Darmsekret 276
Na$^+$ i. Fäces 276
Na$^+$ i. Magensaft 276
Na$^+$ i. Pankreassaft 276
Na$^+$ i. Speichel 276
Na$^+$-Ausscheidung 113
Na$^+$-K$^+$-Pumpe, Herzmuskel 335
Na$^+$/K$^+$-Relation 108
Na$^+$-Mangel 110
Na$^+$-Resorption 113
Na$^+$-Retention 307
Na$^+$-Rückresorption, Niere 302
Na$^+$-Überschuß 110
Na$^+$-Verlust 111, 159

NaCl i. Schweiß 295
NaCl-Rückresorption 299
NaCl-Verlust 159
Nachtblindheit 202, 207
NADH-Ubichinon-Reduktase 337
Nächtliche Hämoglobinurie 227
Nahrungsausnutzung 106
Nahrungscalcium 320
Nahrungsfructose 75
Nahrungskohlenhydrate 78
Nahrungsphosphat 320
Nahrungsproteine 264
Nahrungspurine 36, 39, 40
Nanosomie 189
Naphthol-AS-D-Chloracetat 241
α-Naphthylacetat 241
α-Naphthylacetatesterase 267
β-Naphthylamin 253
2-Naphthylamin 377
Nascent HDL 90
Natriumchloridausscheidung 172
Natriumfluorid 330
Natriumhaushalt 110, 113
Natriumpumpe 109
Natriumrückresorption 300
Natriumthiosulfat 228
Natriumverlust 178
Nebennierenmark-Tumor 149
Nebennierenrinden-Adenom 379
Nebennierenrindenfunktionsdiagnostik 178
Nebennierenrindenhormone, Biosynthese 168
Nebennierenrindeninsuffizienz 178
Nebennierenrindenüberfunktion 315
Nebenzellen 277
Negative Calciumbilanz 189
Negative Stickstoffbilanz 169
Neoantigene 380, 422
Neocarcinostatin 31
Neomycin 266
Neoplastische Erkrankungen 30
Nephrocalcinose 60, 68, 328
Nephron, Stofftransport 300
Nephropathien 40, 111, 159, 302
Nephrose 54, 57, 58, 177, **306**, 399

Nephrotisches Syndrom 96, 111, 112, 121, 432
Nephrotoxine 302
Nervus opticus-Degeneration 103
Netzhautablösung 348
α-Neuraminidase 100, 101, 356, 383
Neuraminsäure 69
Neuraminsäuregehalt, Tumorzellmembran 379
Neuroaminidasebehandlung, Tumorzellen 384
Neurofibromatose 149
Neurohormone 148
Neuromuskuläre Erregbarkeit u. Ca^{2+} 318
Neuropathie 159, 304
Neurosekretorische Hormone 133
Neurotransmitter 200
Neurotransmitter b. Enzephalopathie 265
Neutrale β-Galaktosidase 102
Neutralfette 82
Nezelof-Syndrom 431
NH_3 263, 299
Nichtdiabetische Glucosurien 81
Nichtselektive Hypoproteinämie 306
Nick translation 28
Nickel 122
Nickelsalze 434
Nicotinamid 12, 202, 203
Nicotinamidmangel 68, 203
Nicotinsäure 99, 107
Niemann-Pick-Erkrankung 102
Niere, glomeruläre Filtration 298
Nierendurchblutung 310
Nierenfunktion 298
Niereninsuffizienz 111, 281, 293, 309
Niereninsuffizienz, Proteinstoffwechsel 304
Nierenschwelle, Glucose 78
Nierensteine 37
Nierentransplantation 33
Nierentubuluszelle, K^+-Sekretion 177
Nierentubuluszelle, Na^+-Resorption 177
Nierenvenenthrombose 302
Nierenversagen mit Proteinurie 100

Nikotin 191, 339, 369
Nitrit 26, 228, 376
Nitrobenzol 228
Nitrosamine 376
NNR, ektopische Tumoren 174
Noradrenalin 62, 107, **147**, 151, 200, 400
Normetanephrin 147, 149
Normocalcämische Tetanie 120
Normochlorhydrie, Magensaft 280
Normozyten 214
Novobiocin 249
Nucleasen 237
Nucleinsäuren 20
5'-Nucleotidase 8, 17, 245, 271
Nüchternblutzucker 163
Nüchternhypoglykämie 80
Numerische Chromosomenaberrationen 23

O_2-Mangel 347
Ochronose 60, 63
OCT 8, 17
Octopin 265
Ocytocin 190
Ödembildung 177
Ödeme 49, 53, 291
Ösophagusvarizen 265
Östradiol 168, 183
Östradiol-bindendes Globulin 138
Östrogene 134, 168, 183, 234, 249, 322, 326, 416
Oligo-1,6-α-Glucosidase 70
Oligopeptide, Transportsystem 68
Oligophrenia phenylpyruvica 61
Oligozoospermie 192
Oligurie 298, 303
Onko-Gene 375, 381
Onkogene Viren 374
Onkologie 374
Onkorna-Viren 375
Operatorgen 47
Opsonierung 436
Orale Antidiabetika 164
Oraler Glucosetoleranztest 163
Orchitis 186
Organinfarkte 222
Organische Phosphorverbindungen 17

Organtransplantation 33, 170
Ornithin 67
Ornithin-Carbamyl-Transferase 8, 67, 243
Orosomucoid 56
Orotacidurie 42
Orotidin-5-phosphat 42
Orotsäure 31
Orthophosphat s. Phosphat
Osmorezeptoren 109, 169, 301
Osmotische Diarrhoe 296
Osmotische Diurese 154
Osmotischer Druck 109
Osteoarthrose 343, 359
Osteoblasten 325
Osteocalcin 323
Osteochondrodystrophie 353
Osteodystrophia deformans Paget 328
Osteodystrophia fibrosa generalisata 328
Osteogenesis imperfecta 331, 345, **346**
Osteoid 323
Osteoklasten 323, 325
Osteomalazie 207, 325, 326
Osteomyelosklerose 39
Osteonectin 323
Osteopetrose 329, 330, 331
Osteophytenbildung 362
Osteoporose 169, 171, 174, 291, **325**, 349
Osteoporose, Therapie 330
Osteosarkome 439
Osteosklerose 325, 329
Ostitis deformans 326
Ovulationshemmer 96, 261
Oxalat 66, 209, 213
Oxalatausscheidung, Urin 209
Oxalatsteine 209
Oxalose 12, 33, 60, 66, 313
Oxalsäure s. Oxalat
Oxalurie 312
N-Oxid-Lost 387
Oxidasen 4, 233
Oxidative Phosphorylierung 8
Oxidoreduktasen 4
Oxygenasen 233
Oxyphenisatin 262
Oxyphile Normoblasten 213

Paget-Erkrankung 326
PAH 310
Palmare Xanthome 94
Pankreas, α-Zellen 166
Pankreas, β-Zellen 150

Pankreas-Protease-Inhibitor 192
Pankreascarcinom 53, 385
Pankreascholera 284
Pankreaserkrankungen 84
Pankreasfunktionsdiagnostik 292
Pankreasinsuffizienz 282, 284, **294**
Pankreaslipase 83, 271
Pankreaslipasemangel 84
Pankreassekret, Enzyme 292
Pankreassteine 293
Pankreastumoren 293
Pankreatisches Polypeptid 282
Pankreatitis 96, 234, **293**
Pankreatogene Maldigestion 286, 287
Pankreozymin 277, 282
Panmyelopathie 241, 401
Pantothensäure 202, 203
Panzytopenie 241
PAO 279
Papillomaviren 375
Papillome 375
Papovaviren 375
PAPS 256
Parästhesien 48
Parahämophilie 399
Paraleukoblasten 239
Paraproteinämien 48, 55, 58, 59, **429**, 430
Parasiten 405
Parathion 253
Parathormon 117, 146, **320**
Parathormon, Stoffwechselwirkungen 321
Parietalzellen 277
Parkinson-Syndrom 200
Parotis 9
Parotitis 293
Paroxon 253
Paroxysmale nächtliche Hämoglobinurie 226
Partielle Thromboplastinzeit 398
PAS 262
PAS-Färbung 241
Pathologische Darmflora 216
Pathologische Glucosetoleranz 94
PcP 57, 360
Peak acid output 279
Pektin 255
Pellagra 194, 202
Pellagraschutzfaktor 203

D-Penicillamin 128, 345, 349
D-Penicillamin, Therapie 206, 347
Penicillin 300
Penicillin-Kalium 114
Pentagastrin 278
Pentagastrintest 279
Pentasaccharid, Heparinmolekül 394
Pentobarbital 251
Pentosephosphatzyklus 8, 69, 152, 154
Pentosurie 24, 315
Pepsin 277
Pepsinogen 277
Peptidase C 22
Peptidhormone 134
Peptisches Ulcus 125, 284
Perhydroxylradikale 25, 386, 439
Periarteriitis nodosa 424
Periartikuläre Verkalkung 331
Periphere Neuropathie 104
Peritonitis 293
Permeabilitätsstörungen, Leberzellen 243
Perniziöse Anämie 202, 205, **217**, 230, 247, 280, 282, 283, 424
Peroxidasen 233, 241
Peroxide 238
Peroxisomen 239
Pfortaderstauung 53, 286
PG s. Prostaglandine
pH-Wert des Blutes 119
Phäochromozytom 107, 149, 166
Phage λ 33
Phagosom 238
Phagozytose 32, **237**, 414, 418, 436
Phakogene Uveitis 423
Phalloidin 260
Phenacetin 228
Phenobarbital 13, 33, 123, 249, 251, 317
Phenolderivate 305
Phenole 255
Phenoloxidase 17
Phenoloxigenase 62
Phenolrot 300
Phenothiazine 121, 241, 261
β-Phenyl-ethanolamin 265
Phenylacetylglutamin 61
Phenylalanin-Hydroxylae 60, 62, 63

Phenylalaningehalt i. Blut 62
Phenylalaninstoffwechsel 61
Phenylbrenztraubensäure 61
Phenylbutazon 13, 164, 216, 252, 261, 280
Phenylessigsäure 14, 61
Phenylethylamin 265
Phenylglucuronide 264
Phenylketonurie 14, 24, 32, 60, **61**, 149
Phenylketonurie, maternale 63
Phenylmilchsäure 61
Phenylsulfat 264
Philadelphiachromosom 240
Phleomycin 31
Phlorrhizindiabetes 81
Phorbolester 377
Phosphat 114, 122, 223, 313
Phosphat i. Blut 332
Phosphat i. Harn 332
Phosphat i. Urin 327
Phosphat-Puffer 118
Phosphatase 237, 271
Phosphatase, Knochen 18
Phosphatase, Placenta 18
Phosphatdiabetes 207, 314, 327, 332
Phosphatrückresorption, Nierentubuli 207
Phosphatstoffwechsel 318
Phosphaturie 189
Phosphodiesterase 42, 134
Phosphoenolpyruvat-Carboxykinase 158
Phosphofructoaldolase 243
Phosphofructoaldolasemangel 71
Phosphofuctokinase 75
Phosphoglucomutase 22
Phospholipasen 83, 84, 198, 292, 407
Phospholipide 89, 238
Phosphor 259
5-Phosphoribosyl-1-pyrophosphat 31
5-Posphoribosyl-1-pyrophosphat-Synthetase 37
Phosphorylase a und b 7
Phosphorylase-Aktivierung 148
Phosphorylase-Kinase 75
Photodermatose 233
Photosensibilität 60
Phyllochinon 202, 206, 295, 392
Phytansäureabbau 103

Phytat 122, 223
Phytinsäure 319
Phytoagglutinine 380, 425
Phytolstoffwechsel 103
Pigmentmangel 60
Pikrylchlorid 434
Placenta, Phosphatase 18
Plättchenfaktor 3, 392, 400, 413
Plättchenfaktor 4 413
Plasmaclearance 310
Plasmacortisol, Radioimmunoassay 178
Plasmacortisolspiegel, Tagesprofil 179
Plasmakinine, biologische Wirkungen 192
Plasmakupfer 128
Plasmaproteine, Funktionen 55
Plasmaproteine, Radioimmunoassay 139
Plasmareninaktivität 180
Plasmathrombinzeit 398
Plasmathromboplastinantecedent 393
Plasmathromboplastinkomponente 393
Plasmazelle 431
Plasmid-DNA 35
Plasmide 34
Plasmin 294, 395, 436
Plasminogen 57
Plasmozytom 48, 439
Pökelsalz 228
Poliomyelitis 339
Polychemotherapie 387
Polychlorierte Biphenole 252
Polychromatische Normoblasten 213
Polycythämia rubra vera 230
Polydipsie 191, 309
Polydystrophische Oligophrenie 353
Polyglobulie 171
Polymyositis 336
Polyomaviren 375
Polyposis 53
Polyurie 191, 309
Polyzythämie 39, 40, 174, **230**, 404
Pompe-Erkrankung 76
Porphobilinogen 231, 232
Porphyria cutanea tarda 231, 234
Porphyria variegata 231, 233, 234

Porphyrien 214, 215, **231**
Porphyrinbiosynthese 129, 231
Porphyrinfluoreszenz, Leber 234
Porphyrinproteine 246
Porto-cavale Enzephalopathie 264
Positive Stickstoffbilanz 187
Postgastrektomiesyndrom 282
Postheparinlipaseaktivität 98
Posthepatische Zirrhosen 269
Postmenopause-Osteoporose 326
Postmikrosomaler Ikterus 248
Postnatale Hb-Synthese 219
Postrenale Proteinurie 308
Posttranskriptionaler Fertigungsprozeß 21
Posttranslationale Modifikation 21
Prä-Proinsulin 150
Präalbumin 45, 140
Präcancerose 382
Präkallikrein 191
Prämikrosomaler Ikterus 248
Pränatale Hb-Synthese 219
Prärenale Proteinurie 308
Präzirrhose 269
Pregnandiol 183, 249
Δ^4-Pregnen-Derivate 168
Pregnenolon 168, 183
Primär chronische Polyarthritis 360
Primäre Amenorrhoe 176
Primäre biliäre Zirrhose 429
Primäre Enzymopathien 9
Primäre Hyperlipoproteinämie 93, 94
Primäre Hyperoxalurie 33, 66
Primäre Hyperurikämie 37
Primäre idiopathische Hämochromatose 126
Primäre idiopathische Nebennierenrindenatrophie 178
Primäre Immundefekte 430, 431
Primäre NNR-Überfunktion 173
Primäre Osteoporose 325
Primäre Proteinstoffwechselstörungen 45
Primärer Aldosteronismus 176
Primärer Hyperaldosteronismus 173
Primärer Hyperparathyreoidismus 319, 325, **327**, 332

Primärer Hypogonadismus 185
Primäres Cushing-Syndrom 173, 174
Pro-α-Ketten, Kollagen 345
Proaccelerin 393
Probenicid 41
Procarbazin 376
Processing 21
Produktionsikterus 247
Proenzyme 7
Proerythroblast 213, 236
Progesteron 167, 168, 183, 416
Progesteron-bindendes Globulin 138
Progredient chronische Polyarthritis 360, 429
Progressive Muskeldystrophie 336, 341
Proinsulin 150
Prokain 252
Prokollagen 344
Prokollagen-Aminoprotease 347
Prokonvertin 45, 393
Prolactin 187
Prolylhydrolase 268, 345
Promotor 47
Promyelozyt 236
Prontosil 252
Properdin 418
Propionacidurie 12
Propionsäurestoffwechsel 78
Propionyl-CoA-Carboxylase 12
Proportionierter Zwergwuchs 189
Propylthiouracil 144
Prostaglandine 42, 134, 135, **196**, 296, 408
Prostaglandine, Abbau 198
Prostata 9
Prostatacarcinom 184
Prostazyklin-Synthetase 196
Prostazyklin 196
Prostigmin 339
Proteaseinhibitoren 395
Proteasen 237
Protein i. Synovialflüssigkeit 363
Protein-Kinase 136
Protein-Polymorphismus 46
Proteinat-Puffer 118
Proteinausscheidung 54
Proteinbiosynthese 8, 136
Proteinbiosynthese, Hemmstoffe 30

Proteindefekte 46
Proteine 44
Proteine, Blutserum 57
Proteine, Halbwertszeit 44, 45
Proteine, multiple molekulare Formen 46
Proteine, Primärstruktur 44
Proteintoleranz 67
Proteinkonformation 44
Proteinmangel 49, 53, 111
Proteinreserven 52
Proteinspeicher 51
Proteinstoffwechsel 44
Proteinstoffwechsel, Leber 242
Proteinstoffwechsel, Niereninsuffizienz 304
Proteinurie 54, 303, 306, **307**
Proteinvarianten 46
Proteinverluste bei Ascites und Pleuraerguß 59
Proteoglykan-Hyaluronat-Komplex 359
Proteoglykanaggregate 359, 372
Proteoglykanbiosynthese 8
Proteoglykane 69, 323, 330, **351**, 352, 358, 414, 415
Proteoglykane, adsorptive Pinozytose 352
Proteoglykane, Arteriengewebe 365
Proteoglykane, Arthrosis deformans 360
Proteoglykane, Leber 268
Proteoglykane, Stoffwechsel 331, 351, 352
Proteoglykane, Strukturveränderungen 360
Proteoglykanstoffwechsel, Arteriosklerose 367
Proteoglykansynthese 371
Proteohormone 134
Proteus vulgaris 314
Prothrombin 57, 392
Prothrombinmangel 206
Prothrombinzeit 398
Protoporphyrin 231, 232
Protoporphyrinogen 232
Protoporphyrinogen-Oxidase 234
Protozoen 405
Proximales Tubulussystem 299
Pruritus 271
Pseudocholinesterase 45
Pseudogicht 319
Pseudohermaphroditismus 176

Pseudohypoparathyreoidismus 330
Pseudomonas cocovenans 406
Psittakose 434
Psoriasis 39, 421
PTA-Mangel 399
Pteroylglutaminsäure 204
PTT 398
Pubertätsstruma 142
Pufferbasen 119
Puffersysteme des Blutes 118
Punktmutation 10, 44
Purin-freie Kost 37
Purinbasen 25
Purinbiosynthese, Inhibitoren 30
Purinbiosynthese 37, 216
Purinstoffwechsel 36
Puromycin 31, 267
Purpura 48, 403, 424
Putrescin 68, 295
PVC 377
Pyelonephritis 41, 54, 116
Pylorusstenose 116, 281
Pyrazinamid 39, 40
Pyridoxalphosphat 202
Pyridoxalphosphatmangel 215, 224, 313
Pyridoxin 12, 65, 202, 206
Pyridoxinmangel 206
Pyrimidinbasen 25
Pyrimidinbiosynthese, Inhibitoren 30
Pyrimidinstoffwechsel 42
Pyrimidinsynthese 216
Pyroglutamylhistidylprolinamid 139
Pyrophosphat 135, 312
Pyrophosphatase 323, 324
Pyrrolincarbonsäure 60
Pyrrolincarboxylatdehydrogenase 60
Pyrrolincarboxylatreduktase 60
Pyruvat i. Serum 337
Pyruvat-Carboxykinase 158
Pyruvat-Carboxylase 77
Pyruvat-Carboxylasemangel 78
Pyruvat-Dehydrogenase 78, 152

Quick-Test 398

Rachitis 202, 207, 327, 332
Radioimmunassay 19, 137, 138, 139

Radioimmunassay, Seruminsulin 163
Radiojodszintigraphie 145
Radiologische Therapie 386
Rattenpellagraschutzstoff 206
Reagintyp 433
Recruitment 388
Reduktionsprobe 315
Refsumsche Erkrankung 32, 103
Regulatorgen 11
Reisekrankheit 206
Reiter-Syndrom 421
Releasing Hormone 133
Remnant-Konzentration i. Serum 98
Remnants 87, 88
Renal-tubuläre Acidose 309, 314
Renale Glucosurie 81
Renale Harnsäureausscheidung 36
Renale Osteomalazie 208
Renaler Diabetes 72
Renaler Diabetes insipidus 190
Renaler Glucosediabetes 309
Renaler Hochdruck 100
Renaler Phosphatdiabetes 81
Renin 177, 301
Renin-Angiotensin-Mechanismus 169, 336
Reninbestimmung i. Plasma 180
Reparaturenzyme, DNA 28
Replikase 21
Repressor 47
Repressorgen 47
RES 246
Reserveeisen 246
Respiratorische Acidose 120
Respiratorische Alkalose 121, 263
Restriktionsenzyme 34
Restriktionsendonuclease Eco RI 35
Retikulozyten 214, 226
Retinitis pigmentosa 100
Retinol 202, 207
Retinol-bindendes Protein 45, 308
Retinopathie 159
Retinsäure 207
Retinylphosphat 202
Retroperitoneale Tumoren 378
Retroviren 375

Reverse Transkriptase 21
Rezeptor-vermittelte Endo-
  zytose, LDL 95
α-Rezeptorenblocker 151
β-Rezeptorenblocker 151
L-Rhamnose 406
Rheumafaktor 361, 426
Rheumatische Arthritis 326,
  432
Rheumatische Carditis 423
Rheumatische Erkrankungen
  171, 410
Rheumatischer Formenkreis
  343
Rhodanid 257
Rhodanid-Synthetase 257
RIA s. Radioimmunassay
Riboflavin 202, 203
Ribonuclease 292
Ribose 151
Ribosomen 8
Rifampicin 13, 31
Rifamycin 31
Riley-Day-Syndrom 62
Rippenknorpel, Proteoglykane
  372
Risikofaktor Fettsucht 106
hn-RNA 20
RNA, processing 20
RNA, splicing 20
RNA-abhängige DNA-
  Polymerase 21
RNA-abhängige RNA-
  Polymerase 21
RNA-Biosynthese 136
RNA-Synthese, Hemmstoffe
  30
RNA-Tumorviren 21, 375
Röntgenstrahlen 25, 386
Rotor-Syndrom 249
Rous-Sarkom-Virus 22, 375
Rumpel-Leede 398

S-Phase 387, 417
Saccharase 70
Saccharose 70
Saccharose-Isomaltose-
  Intoleranz 71, 72
Saccharose-Isomaltose-
  Malabsorption 290
Saccharose-Maltose-
  Malabsorption 72
Säure-Basen-Haushalt 118,
  299
Salizylatintoxikation 121
Salizylsäure 40, 164, 256, 280

Salmonellen 271
Saluretika 39, 121, 301
Salzsäure, Hypersekretion 280
Sanfilippo'sche Erkrankung
  353
Sarkoidose 432
Sarkome 375
Sarkosin 66
Sarkosinoxidase 60, 66
Saubohnen 226
Saure Glykosaminoglykane
  312
Saure Mucopolysaccharide 350
Saure Phosphatase 8, 9, 182
Saure Phosphatase (Prostata)
  9, 18
Saure Phosphatase i. Samen-
  flüssigkeit 184
Saures α₁-Glykoprotein 57
Schaumzellen, Leber 103
Schaumzellen, Milz 103
Scheie'sche Erkrankung 353
Schilddrüse, Hyperplasie 142
Schilddrüsenadenom 145
Schilddrüsenatrophie 143
Schilddrüsencarcinom 379,
  385
Schilddrüsenhormone 117,
  134, 135, **139**, 140, 322
Schilddrüsenüberfunktion 144
Schilddrüsenunterfunktion 143
Schillingtest 217, 288
Schimmelpilze 377
Schizophrenie 200
Schlaf-Wach-Rhythmus 200
Schlangengifte 192, 218, 228
Schock 171, 293
Schwangerschaftserbrechen
  206
Schwereketten-Krankheit 430
Schwermetallintoxikationen
  234
SCN⁻ 257
SDH 8, 9
Second messenger 135
Sekretin 151, 270, 277, 282,
  283
Sekretin-Pankreozymintest
  292
Sekretionsenzyme 16
Sekretionsstarre, Insulin 155
Sekretorische Diarrhoe 296
Sekretorische Enzyme 17
Sekundäranämie 123, 215
Sekundäre Enzymopathien 9,
  13

Sekundäre Hämochromatose
  126
Sekundäre Hyperlipo-
  proteinämie 93, **96**, 143, 154,
  159, 267, 271
Sekundäre Hyperurikämie 37,
  39, 301
Sekundäre Hypocalcämie 291
Sekundäre hpophysäre Hypo-
  thyreose 143
Sekundäre Immundefekte 432
Sekundäre Osteoporose 326
Sekundäre Polyzythämie 230
Sekundäre Proteinstoff-
  wechselstörungen 45
Sekundärer Aldosteronismus
  307
Sekundärer Diabetes mellitus
  157
Sekundärer Hyperaldo-
  steronismus 176, 177, 335
Sekundärer Hyperparathyreo-
  idismus 191, 303, 325, 327,
  328, 332
Sekundärer Hypogonadismus
  176, 186
Sekundäres Cushing-Syndrom
  173, 174
Selektive Hypoproteinämie
  306
Seminome 186
Sequestrierte Antigene 422
Serin-Hydroxy-Methyltrans-
  ferase 60, 66
Serinphosphatide 323
Serotonin 134, **193**, 200, 400,
  408, 413, 433
Serum-Cholinesterase 9, 17, 57
Serum-Cholinesterasemangel
  339
Serumalbumin, Bilirubin-
  bindung 247
Serumcalciumspiegel 328
Serumcholezystokininspiegel
  284
Serumeisen 224
Serumeisenkonzentration 246
Serumferritin 123, 224
Seruminsulinspiegel 150, 157
Serumkomplementsystem 238
Serumkrankheit 434, 436
Serumphosphatspiegel 327,
  328
Serumproteine 55
Serumproteine, Komplement-
  system 435

Sexualhormon-Derivate 233
Sexualhormonbindendes
  Globulin 138, 182, 185
Sexualhormone 181, 252
SHBG 182
Shuntbilirubinämie 247
Sibiromycin 31
Sichelzell-Hämoglobin 222
Sichelzellanämie 11, 24, 222,
  273
Sideroachrestische Anämie
  224
Sideroblasten 224, 235
Sideropenische Anämie 127
Siderophilin 126
Siderozyten 224, 235
Siggaard-Andersen-Nomo-
  gramm 119
Simian Virus 375
Sitosterin 99
Sjögren-Syndrom 424
Skatol 295
Skelettanomalien 60
Skelettmißbildungen 331, 353
Skelettmuskel, Energiestoff-
  wechsel 333
Skelettszintigraphie 332
Skelettveränderungen 356
Sklerodermie 53, 424
Skoliose 327
Skorbut 63
Slow Reacting Substances 200
Somatische Mutation 380
Somatomedin-Hyperostose
  329
Somatomedine 187, 330
Somatomedinwirkungen 188
Somatostatin 79, 139, 151, 157,
  187
Somatotropes Hormon 187
Sorbit 40, 160, 165
Sorbit-Dehydrogenase 8, 9,
  161, 165, 243
Sorbitstoffwechselweg 160
SP 9
Spacer 20, 21
Spätantikörper 426
Speichereisen 246
Speicherfunktionsstörungen,
  Leber 245
Spermiogenese 182
Spezifische β-Galaktosidasen
  102
Spezifische Sulfatase 102
Sphärozytose 214, 226, 229
Sphingolipide 14, 82

Sphingolipidosen 101, 102
Sphingomyelinase 101
Spinale Muskelatrophie 339
Spironolacton 40, 115
Splenektomie 439
Splenomegalie 221
Spondylitis ankylopoetica 421
Spontanmutation 23
Spreading-Faktor 407
Sprue 125, 289
Stammfettsucht 171, 174
Stammzelldefekte 431
Staphylokokken-Infektionen
  228, 410
Staphylokokkensepsis 401
Status asthmaticus 171
Steatorrhoe 49, **84**, 100, 272,
  287, 288, 296
Stechapfelform der Erythro-
  zyten 100
Steinkohlenteer 377
Stercobilin 248
Stercobilinogen 247, 248
Sterilität 176
Sterinesterhydrolase 292
Steroid-Diabetes 158, 170,
  174
Steroid-Hydroxylasen 8
Steroidbindendes Globulin 56,
  167
Steroide 82, 138
Steroidhormon, zytoplas-
  matisches Rezeptorprotein
  136
STH 107, 156, 157, **187**, 301,
  322, 416
STH Releasing Hormon 79,
  187
STH-Release Inhibiting
  Hormon 79, 157
STH-Rezeptoren 189
Stickstoffausscheidung i. Urin
  51
Stickstoffbilanz 44, 54, 142
Stickstofflost 26
Stoffwechselnebenwege 14
α-,β-,γ-Strahlen 25
Strahlenschäden 206, 401
Streptokinasetherapie 398
Streptokokkeninfektionen 228
Streptolysin 407
Streptomyces albus 406
Streptomycin 31
Streptonigrin 31
Streptovaricin 31
Strophanthin 335

Strumitis fibrosa Riedel 144
Strumitis lymphomatosa
  Hashimoto 144
Stuart-Prower-Faktor 393
Stuhl, Lipidbilanz 287
Stuhl, Pankreasenzyme 287
Stuhlfett 289
Stuhlgewicht 287
Subfebrile Temperaturen 144
Succinyldicholin 339
Sudecksche Erkrankung 326
Sulfamidase 357
Sulfatasen 324, 352
Sulfatidose 355
Sulfatkonjugation 250, 256
Sulfinpyrazon 41
Sulfobromophthalein 245, 257
Sulfonamide 241, 256
Sulfonylharnstoffe 151, 165
Sulfotransferase 256
Superoxid-Dismutase 127, 227
Superoxidanion 238
Superoxidradikal 127, 227
Suppressorzellen 382, 425, 431
SV 40 375
Symptomatische Gammo-
  pathie 48
Symptomatische hepatische
  Porphyrie 234
Symptomatische Polyglobulie
  230
Synovia-Stoffwechsel 361
Synovitis 361

T-Lymphozyten 418, 423, 425
T-Zell-Defekte 431
T-Zell-Wachstumsfaktoren
  425
T_3 139
T_3 i. Serum 106
T_3-Synthesestörungen 143
T_3-Test 146
T_4 139
T_4-Synthesestörungen 143
T_4-T_3-Konversion 106, 144
Tabakkonsum 368
Tachycardie 144
Tangier-Krankheit 99
Targetzelle 426
Tartrat-hemmbare Phospha-
  tase 18
Tay-Sachs-AB-Variante 102
Tay-Sachs-Erkrankung 102,
  357
Tay-Sachs-Sandhoff-Variante
  102

TBG 138, 146
TEBK 224
^{99m}Technetium 145, 332, 385
Teleangiectasia hämorrhagica hereditaria 403
Teratome 186
Testosteron 168, 175, 183
Testosteron, Plasmakonzentration 182
Testosteron-bindendes Globulin 138
5α-Testosteron-Reduktase 184, 185
Tetanie 122, 293
Tetanische Krämpfe 316
Tetrachlordibenzo-p-dioxin 234
Tetrachlorkohlenstoff 253, 259, 263
Tetraessigsäure-tetrapropionsäureporphyrinogen 232
Tetrahydrofolsäure 202
5,6,7,8-Tetrahydrofolsäure 204
Tetrajodthyronin 139
Tetramethylhexadecansäure 103
Tetramethylpentadecansäure 103
Tetrazyklin 31, 164, 223, 262
TG-Lipase s. Triglyceridlipase
Thalassämie 33, **220**, 224, 229, 247, 273
Theophyllin 151
Thermogenese 106
Thermoregulatorische Wärmebildung 106
Thiamin 12, 202
Thiaminmangel 203
Thiaminpyrophosphat 202
Thiazide 40, 164, 301
Thio-TEPA 387
Thioctsäure 206
Thiocyanat 257
Thomson-Erkrankung 337
Thrombin 294, 392
Thrombasthenie 401
Thrombinzeit 398
Thrombopathie 304
Thrombopenie 204, 304
Thrombophilie 399
Thromboplastinzeit 398
Thrombosen 403
Thrombosthenin 400
Thromboxan 196, 413
Thromboxan-Synthetase 196

Thrombozytäre Blutgerinnungsstörungen 401
Thrombozyten 15, 400
Thrombozyten, Adhäsion 65, 197
Thrombozyten, Aggregation 197, 369, **412**, 413
Thrombozyten, Serotoninspeicher 193
Thrombozyten, Wachstumsfaktor 369
Thrombozytenzahl 398
Thrombozythämie 404
Thrombozytopathien 397, 401
Thrombozytopenie 240, 397, 401, 430
Thrombozytopoese 236
Thrombozytose 171, 404
Thymektomie 439
Thymidinkinase 240
Thymidimere 23
Thymom 431
Thymushypoplasie 431
Thyreoidektomie 142
Thyreoglobulin 141
Thyreoglobulinsynthese 142
Thyreoidea-stimulierendes Hormon 139
Thyreotoxikose 106, 121, 317, 424
Thyreotropin-Release-Inhibiting-Hormon 139
Thyroxin 47, 139, 270
D-Thyroxin 99, 142
L-Thyroxin, Enzymimmunassay 145
L-Thyroxin, Radioimmunassay 145
Thyroxin-bindendes Globulin 56, 138, 140, 146
Tissue Polypeptide Antigen 385
Tocopherol 208
Tolbutamidtest 163, 164
Toxische hämolytische Anämie 228
Toxische Knoten 145
Toxischer Leberzellschaden 429
Toxoflavin 406
TPA 385
TPZ 398
Transcortin 57, 138
Transcortinmangel 47
Transduktion 33
Transferasen 4

Transferfaktor 434
Transferrin 45, 56, 57, **123**, 244
Transfusionshämosiderose 124
Transglutaminase 393
Transition 26
Translation 21
Transplantationsimmunität 420
Transport-Ikterus 247, 248
Transportdefekte 47, 71
Transportprozesse 27
Transversion 26
Trasylol 192, 293
Trauma 171
TRH 146
Tricarbonsäurezyklus 152
Trichterbrust 327
Trifluoromethyluracil 31
Trifluoromethyluridin 31
Triglyceridlipase 83, 88, 89
Trihydroxycholsäure 273
Trijodthyronin 139
$3^i,5^i,3$-Trijodthyronin 143
1,3,7-Trimethylxanthin 42
Trioctanoin 83
Tripalmitat 287
Trisomie 21, 23
Trypsin 292, 294, 436
Tryptophan i. Serum 265
Tryptophan, Abbauprodukte 68
Tryptophan-2,3-Dioxygenase 60
Tryptophan-Hydroxylase 194
Tryptophanmalabsorption 68
Tryptophanurie 60
TSH 142, 146, 187
dTTP 31
Tuberkulinreaktion 434
Tuberkulostatika 241
Tubuläre Proteinämie 308
Tubuläre Rückresorption 300
Tubuläre Sekretion 40
Tubulärer Nierenschaden 60
Tubulopathien 116, 308, 332
Tubulustransportdefekte 300
Tumor, helle Zellen des Darmtraktes 193
Tumor-Kollagenase 378
Tumoranämie 124, 224
Tumorantigene 384
Tumorassoziierte Antigene 56, 384
Tumoren 58, 224, **374**
Tumoren, Ductus choledochus 271

Sachregister 475

Tumoren, Hoden 186
Tumoren, Hypophyse 174
Tumoren, Nebennierenmark 149
Tumoren, Nebennierenrinde 173
Tumoren, Pankreas 271
Tumorerzeugende Onko-Gene 381
Tumorgene 375
Tumorhypoglykämie 80, 378
Tumorimmunologie 382
Tumorinduktion 381
Tumorinitiation 381
Tumormetastasen 239
Tumorprogression 381
Tumorpromotion 381
Tumorregression 382
Tumorstoffwechsel 378
Tumorviren 374
Tumorzellen 374
Tumorzellmembran 379
Tyramin 265, 295
Tyrosin i. Serum 265
Tyrosinämie 60
Tyrosinase 60, 127
Tyrosinosis 60, 62, 63
Tyrosinpeptide 141
Tyrosin-phosphorylierende Proteinkinasen 381
Tyrosinphosphorylierung 381
Tyrosinstoffwechsel 61
Tyrosinsynthese 14
TZ s. Thrombozyten

UDP-Galaktose 73
UDP-Galaktose-4-Epimerase 33, 73
UDP-Galaktose-Pyrophosphorylase 73
UDP-Glucose 73
UDP-Glucuronsäure 264
UDP-Glucuronyl-Transferase 33, **246**, 249, 255
Überernährung 266
Übergewicht 368
Übergewichtiger Altersdiabetes 156
Überhydrierung 110
Ulcusblutungen 187
Ulcus duodeni 280
Ulcus jejuni pepticum 280
Ulcus pepticum 279
Ulcus ventriculi 280
Ulcusperforation 293
Ullrich-Turner-Syndrom 23

Ultraviolettbestrahlung, Haut 207
Umgekehrte Transkription 21
UMP 42
Ungesättigte Fettsäuren 98
Unterernährung 264
Urämie 96, 216, 239, **303**
Urämiegifte 304
Uralyt 41
Urat-Stoffwechsel 36, 37
Ureterobstruktion 302
Uretersteine 37, 328
Uricase 127
Uridin-diphosphatgalaktose-Pyrophosphorylase 74
Uridinmonophosphat-Kinase 22
Uridinnucleotide, Leber 262
Uridyldiphosphatglucose-Phosphorylase 22
Urin, Kupferausscheidung 128
Urobilin 248
Urobilinogen 247, 248
Urogastron 417
Uromucoid 308
Uroporphyrin I, III 232
Uroporphyrine 231
Uroporphyrinogen 232
Uroporphyrinogen I-Synthetase 232
Uroporphyrinogen III-Cosynthetase 232
Uroporphyrinogen III-Decarboxylase 232
Uroporphyrinogen-Decarboxylase 224, 234
Ursodesoxycholsäure 274
Uterusmyome 231
UTP 31
UV-Fluoreszenz, Urin u. Stuhl 233

Valin i. Blut 63
Valin-Desaminase-Defekt 64
Valin-Transaminase 60
Valinstoffwechsel 63
Vanillinmandelsäure 138, 147, 149
Variabler Kettenabschnitt, IgG 427
Varizen 125, 404
Vascular Intestinal Peptide 282, 284
Vasculitis 361
Vasopermeabilitätsstörung 436
Vasopressin 135, 301

Vegetative Dystonie 80
Vegetative Regulation 148
Verätzungen 417
Verbrauchskoagulopathie 397, 399, **400**, 401
Verbrennungen 417
Verdauungstrakt, Resorption 285
Verdünnungs-Hyponatriämie 112
Verner-Morrison-Syndrom 282, **284**, 296
Vewrschlußikterus 261
Verschlußikterus, Elektropherogramm 243
Vicia fava 226
Vinculin 381
Vinylchlorid 377
VIP 282, 284, 296
Viren 405
Virilisierung 187
Virilismus 174
Virilismus, dissoziierter 176
Virus-DNA 22
Virus-RNA 22
Virus-spezifische Antigene 376
Virushepatitis 249, 258, 259
Virusinduzierte Transformation 380
Vitamin A 207, 416
Vitamin A-Mangel 47, 85, 207
Vitamin A-Säure 207
Vitamin A-Toxizität 207
Vitamin B_1 11, 202
Vitamin B_2 203
Vitamin B_6 11, 65, 206
Vitamin B_{12} 12, 205, 288
Vitamin B_{12}, Ausscheidung 289
Vitamin B_{12}, Speicherung 289
Vitamin B_{12}-Intrinsicfaktor-Komplex 285
Vitamin B_{12}-Mangel 215
Vitamin C 208
Vitamin C-Mangel 209
Vitamin D 207, 319, 321
Vitamin D-Intoxikation 207, 332
Vitamin D-Mangel 327
Vitamin D-resistente Rachitis 207, 327
Vitamin E 208
Vitamin H 203
Vitamin K 206, 392
Vitamin K-Antagonisten 42, 206

Vitamin K-Mangel 85, 244, 399
Vitamin K-Toxizität 206
Vitamin PP 203
Vitamine 10, **201**
VLDL 85, 307
VLDL-Katabolismus 99
VLDL-Stoffwechsel 88
VLDL-Synthese 95, 99
VLDL-Vorstufe 87
Vogelmyeloblastose 22
Vollmondgesicht 174
Volumenrezeptoren 109, 169

Wachstumsfaktor, Thrombozyten 369
Wachstumsfaktoren 413
Wachstumsfaktoren, Tumorzellen 376
Wachstumshormon 151
Wärmeautoantikörper 228
Waldenström-Syndrom 48
Warzen 375
Wasserhaushalt 108, 110
Wasserlösliche Vitamine 285
Wasserspeiergesicht 353
Wasserstoff i. Atemluft 72
Wasserstoffionenverlust 121
Wasserverlust 59, 111
WDHA-Syndrom 282, 284
Whipple'sche Erkrankung 53
Wilson'sche Erkrankung 47, 57, **127**, 269
Wiskott-Aldrich-Syndrom 33, 401, 431
Wundheilung 57, 129, 343, **412**
Wundheilung, gestörte 174
Wundheilung, Regulation 416

X-Chromosom 186
Xanthin-Oxidase 253, 337
Xanthin-Oxidasehemmer 314
Xanthinsteine 315
Xanthinurie 42
Xanthome 94, 98
Xeroderma pigmentosum 28, 29
Xerophthalmie 207
Xerosis 207
Xylit 40, 79, 151
D-Xylosebelastungstest 288
L-Xylulose 81, 315
D-Xylulose-5-phosphat 74
L-Xylulose-Reduktase 81

α-Zellen 166
β-Zellen 150
Zellenzyme 16
Zellgebundene Immunität 418
Zellgifte 405
Zellklone 48
Zellmauserung 15
Zellmembran 8
Zellmembranschädigung, Leber 258
Zellpermeabilität 18
Zellproliferation 240
Zellschäden 16
Zellteilung 387
Zelltod 16
Zelluläre Infiltration 408
Zelluläre Lyse 436
Zellzyklus 387
Zellzyklus, myeloischer 240
Zentraler Diabetes insipidus 190
Zerebralsklerose 159
Zigarettenrauch 377

Zink 122, 128
Zink i. Blutplasma 128
Zinkresorption 129
Zirrhose 73, 112
ZNS, Ketonkörperaufnahme 51
ZNS-Entwicklungsstörungen 68
ZNS-Neurotransmitter 200
Zöliakie 68, 205, 282, 284, **290**, 296, 421
Zollinger-Ellison-Syndrom 280, 282, 283
Zuckeraustauschstoffe 165
Zuckerkrankheit 152
Zwergwuchs 143, **189**, 348, 353, 430
Zyanose 48
Zyklo-AMP 42, 134, 151
Zyklo-AMP-Abbau 135
Zyklo-AMP-Synthese 107, 135
Zyklo-GMP 135
Zykloendoperoxid 196
Zykloheximid 122
Zyklooxygenase 196, 198
Zyklophosphoamid 26
Zystische Pankreasfibrose 53, 53, **294**
Zytolyse 16
Zytoplasmatische Enzyme 16, 17
Zytoplasmatisches Rezeptorprotein, Steroidhormone 136
Zytoskelett, Tumorzellen 384
Zytostatika 30, 216, 241, 261, **386**, 439
Zytostatika-Medikation 40
β-Zytotrope Viren 155
Zytotoxische Antikörper 431

Über den Autor

Eckhart Buddecke war nach Studium der Humanmedizin und Chemie (Promotion zum Dr. med. 1952) an der Medizinischen Forschungsanstalt der Max-Planck-Gesellschaft in Göttingen und – mit Unterbrechungen durch Studienaufenthalte in Schweden und den USA – an den Instituten für Physiologische Chemie in Gießen und Tübingen tätig. Seit 1966 ist er o. Prof. für Physiologische Chemie und Direktor des Instituts für Physiologische Chemie an der Universität Münster/Westf. Als Arzt für Laboratoriumsmedizin leitet er die klinisch-chemische Abteilung des Instituts. Seine Arbeitsgebiete sind: Chemie, Physikochemie und spezielle Enzymologie der Proteoglykane und Glykoproteine, Biochemie und Pathobiochemie des Arteriengewebes und mesenchymaler Organe.

Postanschrift: Institut für Physiologische Chemie der Universität, Waldeyerstr. 15, 4400 Münster

Manuskriptredaktion: Dr. med. A. Buddecke

Tabelle der Normbereiche und SI-Einheiten: Dr. med. H. J. Enders

Graphik: Horst Bauer

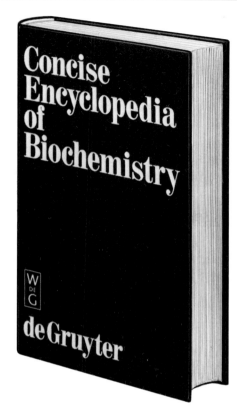

Edited by
Thomas Scott and **Mary Brewer**

1983. 14,0 cm x 21,5 cm.
VI, 519 pages.
Approx. 650 illustrations.
Hardcover. DM 59,–; US $29.90
ISBN 3 11 007860 0

Prices are subject to change without notice

The Concise Encyclopedia of Biochemistry, with more than 4,200 entries, is the foremost collection of current information in this rapidly expanding field. The contents are complemented by numerous structural formulas, metabolic pathways, figures and tables. All those interested in or working in the field of Biochemistry and Biology (Life Sciences), will profit from the information contained in this encyclopedia.

This truly remarkable book is an essential reference for Biochemists, Clinical Chemists, Clinical Biochemists, Clinicians, Medical Researchers and Experimental Biologists. It will also serve as a very useful source of information for students.

 WALTER DE GRUYTER · BERLIN · NEW YORK
Verlag Walter de Gruyter & Co., Genthiner Str. 13, D-1000 Berlin 30, Tel.: (0 30) 2 60 05-0, Telex 1 84 027
Walter de Gruyter, Inc., 200 Saw Mill River Road, Hawthorne, N.Y. 10532, Tel.: (914) 747-0110, Telex 64 6677

Walter de Gruyter
Berlin · New York

E. Buddecke **Grundriß der Biochemie**
Für Studierende der Medizin, Zahnmedizin und Naturwissenschaften
6., neu bearbeitete Auflage.
17 cm x 24 cm. XXXV, 583 Seiten. 400 Formeln, Tabellen und Diagramme. 1980. Flexibler Einband. DM 43,–

E. Buddecke **Biochemische Grundlagen der Zahnmedizin**
17 cm x 24 cm. XV, 193 Seiten. 90 Abbildungen. 19 Tabellen. 1981. Flexibler Einband. DM 36,–

H. Wachter
A. Hausen **Chemie für Mediziner**
4., durchgesehene Auflage.
15,5 cm x 23 cm. XX, 319 Seiten. 70 Abbildungen, 43 Tabellen. 1982. Flexibler Einband. DM 34,–
(de Gruyter Lehrbuch)

B. Krieg **Chemie für Mediziner**
zum Gegenstandskatalog
3. Auflage.
17 cm x 24 cm. VIII, 337 Seiten. 181 Abbildungen, z.T. zweifarbig, zahlreiche Tabellen. 1982. Flexibler Einband. DM 36,–
(de Gruyter Lehrbuch)

A. Trautwein
U. Kreibig
E. Oberhausen **Physik für Mediziner**
Biologen, Pharmazeuten
3., völlig neu bearbeitete Auflage.
17 cm x 24 cm. XIV, 521 Seiten. 367 Abbildungen. 1983. Flexibler Einband. DM 48,–
(de Gruyter Lehrbuch)

Preisänderungen vorbehalten